항공종사자를 위한

항공역학의 원리

진원진 지음

BM (주)도서출판 성안당

도서 A/S 안내

성안당에서 발행하는 모든 도서는 저자와 출판사, 그리고 독자가 함께 만들어 나갑니다.

좋은 책을 펴내기 위해 많은 노력을 기울이고 있습니다. 혹시라도 내용상의 오류나 오탈자 등이 발견되면 "좋은 책은 나라의 보배"로서 우리 모두가 함께 만들어 간다는 마음으로 연락주시기 바랍니다. 수정 보완하여 더 나은 책이 되도록 최선을 다하겠습니다.

성안당은 늘 독자 여러분들의 소중한 의견을 기다리고 있습니다. 좋은 의견을 보내주시는 분께는 성안당 쇼핑몰의 포인트(3,000포인트)를 적립해 드립니다.

잘못 만들어진 책이나 부록 등이 파손된 경우에는 교환해 드립니다.

저자 문의 e-mail : jwonjin@hanmail.net(진원진)

본서 기획자 e-mail : coh@cyber.co.kr(최옥현)

홈페이지 : http://www.cyber.co.kr 전화 : 031) 950-6300

머리말
PREFACE

항공기가 하늘을 나는 원리는 항공역학과 비행역학이라는 학문의 두 분야에서 탐구되어 왔다. 항공역학은 **다양한 형태로 흐르는 공기(air)가 항공기 주위를 지날 때 공기와 항공기의 상호작용에 의하여 양력(lift)과 항력(drag)이라는 힘이 발생하는 원리**를 다룬다. 그리고 비행역학은 이러한 힘들에 의하여 비행(flight)이라고 일컫는 항공기의 운동을 설명한다. 항공역학은 영어로 '**aerodynamics**'이다. 이 단어의 접두사인 'aero-'는 공기(空氣)를 뜻하고 'dynamics'는 역학(力學)이므로 항공역학을 공기역학으로 일컫기도 한다.

저자는 **항공 관련 전공에 입문**한 독자 또는 **항공 분야에 종사**하는 독자를 대상으로 하여 **항공역학의 주요 기본 개념** 위주로 이 책을 집필하였으며, 총 **5개의 Part**와 **13개의 Chapter**로 구성하였다.

Part I에서는 항공역학을 학습하기 위한 **기본 개념**들을 소개한다. 항공역학에서 사용하는 주요 물리량과 단위, 그리고 기본 물리법칙과 유체역학의 기본공식에 관하여 설명하였다. 또한, 다른 운송체와 차별화되는 항공기의 특징은 공기로 이루어진 대기(atmosphere)라는 곳에서 비교적 높게 그리고 빠른 속도로 이동한다는 것이다. 그러므로 항공기가 활동하는 무대가 되는 대기의 특성과 고도, 속도 구분에 대해 정리하였다.

공기 흐름의 형태와 특성에 따라 항공기와의 상호작용이 달라지므로 공기 흐름의 종류도 항공역학에서 매우 중요하게 다룬다. 즉, 여러 기준에 따라 공기 흐름의 종류도 다양하게 구분되는데, 대표적인 예가 점성 유동과 압축성 유동이다. 그러므로 **Part II**에서는 **점성 유동**에서 정의되는 층류 경계층과 난류 경계층, 그리고 **압축성 유동**에서 나타나는 대표적인 현상인 충격파와 팽창파에 대하여 알아보았다.

항공기와 공기 간 상호작용의 결과 중에서 가장 중요한 것은 양력과 항력의 발생이다. 양력은 항공기가 공중에 뜨게 하는 힘이고, 항력은 항공기가 앞으로 나아가는 데 방해가 되는 힘이다. 따라서 항공기, 특히 날개에서 만들어지는 양력이 클수록 비행성능이 향상되지만, 항력은 가능한 한 작아야 한다. **Part III**에서는 **양력과 항력**의 발생원리와 종류, 그리고 양력을 높이고 항력을 줄이는 방법에 대하여 설명하였다.

Part IV에서는 **날개이론**을 다루며, 다양한 날개 형상의 특징과 장단점을 기술하였다. 비행성능이 뛰어난 항공기는 항공역학적으로 우수한 날개, 즉 큰 양력과 작은 항력을 발생시키는 날개를 탑재하고 있다. 따라서 비행기를 설계할 때 여러 날개 형상을 면밀히 검토하여 비행속도, 항속거리, 이착륙거리 등 주어진 성능요구조건에 가장 부합하는 날개를 선택하는 것이 매우 중요하다. 또한, 양력을 높이기 위한 고양력장치와 착륙속도를 늦추기 위한 감속장치도 Part IV에서 소개하였다.

프로펠러는 비행기 날개와 유사한 형태로 제작되며, 엔진에 의하여 회전할 때 날개의 양력 발생원리를 이용하여 추력을 만드는 추진장치이다. 그러므로 프로펠러의 성능에 대한 이론은 항공역학에서 중요한 주제 중 하나이다. **Part V**의 **프로펠러이론**에서는 추력 발생의 원리, 프로펠러의 종류, 그리고 프로펠러의 성능을 이해하기 위한 공기역학적 원리를 살펴보았다.

항공역학은 원래 물리적 개념과 수학적 표현에 기반하지만, 이 책의 집필 목적은 **항공역학의 기본 개념을 독자에게 쉽게 전달하는 것**이다. 그러므로 가능한 한 복잡하고 자세한 수학적 표현은 생략하고, 기본적인 원리와 개념을 설명하는 데 꼭 필요한 주요 공식과 수식만 수록하였다. **독자들의 이해를 돕기 위하여 주요 공식과 수식의 도출과정도 소개**하였는데, 이에 대한 학습이 불필요한 독자들은 건너뛰어도 무방하다. 또한, 저자가 항공역학 수업을 하면서 학생들이 이해하기 어려워하는 개념들에 대해서는 될 수 있으면 **상세하고 충분하게 설명**하였다.

독자들이 이 책을 읽을 때 **중요한 개념과 정의**를 쉽게 식별할 수 있도록 해당 부분을 볼드체로 강조하였다. 그리고 **볼드체**로 표시한 내용을 각 장의 마지막 부분에 다시 **요약 정리**하였으며, 이를 토대로 구성된 **연습문제**를 풀어봄으로써 독자들이 반복 학습을 통하여 이해도를 높일 수 있도록 구성하였다. 아울러, 최근에 출제된 **항공산업기사 필기시험 기출문제**도 수록하여 독자들이 학습한 내용을 점검할 수 있도록 하였다.

다양한 매체와 영화에 등장하는 **수많은 양의 항공기 사진들**을 검토하여 가장 적합한 것을 찾아 수록하는 데 집필 중 많은 시간을 할애하였다. 이는 항공역학의 개념을 더욱 직관적으로 현장감 있게 독자들에게 전달하기 위함이다. 일반에게 공개된 사진과 저자가 사용허가를 받은 개인 촬영 사진은 아래에 **사진 출처와 촬영자의 이름을 기재**하였다. 반면에, 출처를 별도로 표기하지 않은 사진들은 유료 포토 사이트에서 구매한 것이다.

여객기를 타고 여행할 때 누구나 한 번쯤은 어떻게 무게가 수백 톤이나 되는 육중한 기계가 하늘 높이 떠서 시속 천 킬로미터 이상의 빠른 속도로 안전하게 날아갈 수 있는 것인지 경이로워한다. 이처럼 최고의 지식과 기술이 집약된 항공기는 사람이 만든 가장 매력적인 창조물 중의 하나로 여겨지고 있다. 이 책을 통하여 독자들이 **항공기가 하늘을 나는 원리를 쉽게 이해하고 현장에서 실용적으로 적용**하는 데 도움이 되기를 바란다. 끝으로 **항공기와 비행에 대한 독자들의 끊임없는 관심과 열정을 필자는 항상 응원**한다.

저자 진원진

차례 CONTENTS

머리말 / iii

PART 1 기본 개념

Chapter 1 물리량과 단위 3

1.1 개 요 ······ 5
1.2 기본 물리량 ······ 6
1.3 속도와 가속도 ······ 7
1.4 운동량 ······ 8
1.5 힘 ······ 8
1.6 중 량 ······ 10
1.7 에너지와 일 ······ 11
1.8 모멘트 ······ 12
1.9 일률과 동력 ······ 13
1.10 회전속도 ······ 15
1.11 상태량과 단위 ······ 16
• Summary ······ 24
• Practice 연습문제 및 기출문제 ······ 26

Chapter 2 기본 물리법칙과 유체역학 기본 공식 29

2.1 질량 보존의 법칙과 연속방정식 ······ 31
2.2 운동량 보존의 법칙과 운동량 방정식 ······ 33
2.3 관성, 가속도, 작용 – 반작용의 법칙 ······ 34
2.4 각운동량 보존의 법칙 ······ 36
2.5 에너지 보존의 법칙과 베르누이 방정식 ······ 38
2.6 벤투리 효과 ······ 41
2.7 피토 정압관의 속도 측정 원리 ······ 44
• Summary ······ 48
• Practice 연습문제 및 기출문제 ······ 50

Chapter 3 대기, 고도, 비행속도 53

3.1 대 기 ······ 55
3.2 국제표준대기 ······ 57
3.3 표준대기의 상태량 ······ 59
3.4 대기의 밀도 ······ 62
3.5 고도의 분류 ······ 64
3.6 속도의 분류 ······ 67
• Summary ······ 89
• Practice 연습문제 및 기출문제 ······ 92

PART 2 점성 유동과 압축성 유동

Chapter 4 점성 유동 99

4.1 유동의 종류 ······ 101
4.2 점성 유동의 개요 ······ 102
4.3 경계층 ······ 102
4.4 층류와 난류 ······ 104
4.5 레이놀즈수 ······ 106
4.6 유동박리 ······ 108
4.7 층류 경계층 제어 ······ 113
4.8 경계층과 공기 흡입구 ······ 116
• Summary ······ 121
• Practice 연습문제 및 기출문제 ······ 123

Chapter 5 압축성 유동 127

5.1 압축성 유동의 개요 ······ 129
5.2 열역학 제1법칙 ······ 129
5.3 등엔트로피 유동(isentropic flow) ······ 133
5.4 음속과 마하수 ······ 136

C O N T E N T S

5.5 등엔트로피 유동 방정식 ···· 144
5.6 압축성 피토 정압관 속도식 ···· 149
• Summary ···· 154
• Practice 연습문제 및 기출문제 ···· 156

Chapter 6 충격파와 팽창파 159
6.1 마하파(Mach wave) ···· 161
6.2 충격파 ···· 163
6.3 경사 충격파와 수직 충격파 ···· 166
6.4 팽창파 ···· 169
6.5 다이아몬드형 날개 단면 ···· 172
6.6 충격파 다이아몬드와 마하 디스크 ···· 174
6.7 수축-확산 노즐 ···· 177
6.8 극초음속 유동 ···· 183
• Summary ···· 187
• Practice 연습문제 및 기출문제 ···· 189

PART 3 양력과 항력

Chapter 7 양 력 195
7.1 항공기에 작용하는 4가지 기본 힘 ···· 197
7.2 중 량 ···· 198
7.3 양 력 ···· 198
7.4 양력의 발생원리 ···· 201
7.5 양력계수 ···· 216
7.6 실 속 ···· 217
• Summary ···· 225
• Practice 연습문제 및 기출문제 ···· 227

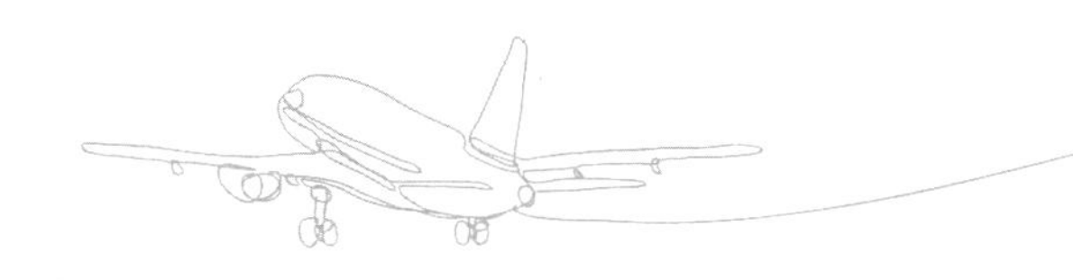

Chapter 8 **항 력** 231

8.1 항력계수 ········ 233
8.2 항력의 구분 ········ 233
8.3 압력항력 ········ 234
8.4 표면마찰항력 ········ 235
8.5 간섭항력 ········ 238
8.6 조파항력 ········ 240
8.7 유도항력 ········ 244
8.8 전항력 ········ 255
8.9 양항비 ········ 258
8.10 풍동시험과 전산유체역학 ········ 262
• Summary ········ 271
• Practice 연습문제 및 기출문제 ········ 273

PART 4 **날개 이론**

Chapter 9 **2차원 날개** 279

9.1 날개 단면 ········ 281
9.2 압력계수 ········ 283
9.3 날개 단면의 형상요소 ········ 288
9.4 속도별 날개 단면의 특징 ········ 298
9.5 NACA 날개 단면 ········ 300
9.6 층류 날개 단면 ········ 301
9.7 날개 단면과 마하수 ········ 304
9.8 초임계 날개 단면 ········ 308
9.9 날개 결빙 ········ 310
• Summary ········ 313
• Practice 연습문제 및 기출문제 ········ 315

C O N T E N T S

Chapter 10 3차원 날개 319

10.1 날개 평면 ········ 321
10.2 평균시위길이 ········ 323
10.3 사각날개 ········ 324
10.4 타원날개 ········ 326
10.5 테이퍼 날개 ········ 327
10.6 후퇴날개 ········ 329
10.7 날개 평면 형상에 따른 실속 특성 ········ 333
10.8 날개 끝 실속 방지 ········ 338
10.9 전진날개 ········ 345
10.10 가변날개 ········ 346
10.11 삼각날개 ········ 348
• Summary ········ 350
• Practice 연습문제 및 기출문제 ········ 352

Chapter 11 고양력장치 및 감속장치 355

11.1 고양력장치 ········ 357
11.2 날개 앞전 고양력장치 ········ 358
11.3 플 랩 ········ 364
11.4 블로운 플랩 ········ 374
11.5 스트레이크 ········ 377
11.6 엔진 나셀 스트레이크 ········ 378
11.7 감속장치 ········ 379
• Summary ········ 383
• Practice 연습문제 및 기출문제 ········ 385

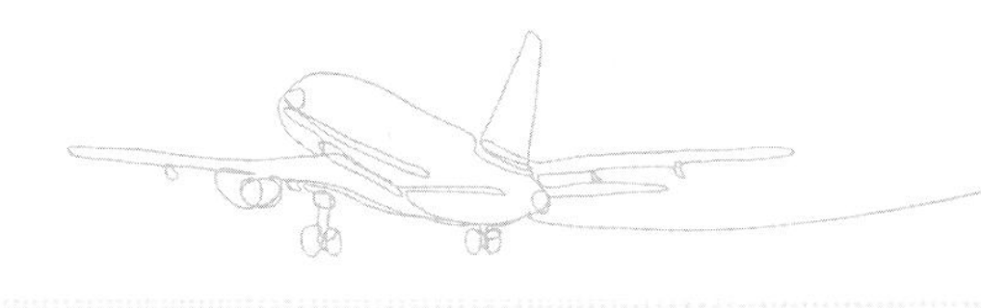

PART 5 프로펠러 이론

Chapter 12 항공기 엔진과 프로펠러 391

12.1 항공기 엔진의 종류 ······ 393
12.2 항공기 엔진의 선택 ······ 400
12.3 프로펠러의 개요 ······ 401
12.4 프로펠러 추력 발생의 원리 ······ 403
12.5 프로펠러 미끄럼 ······ 407
12.6 프로펠러의 종류 ······ 410
• Summary ······ 417
• Practice 연습문제 및 기출문제 ······ 420

Chapter 13 프로펠러 공기역학 423

13.1 프로펠러 고형비 ······ 425
13.2 프로펠러 깃 끝 실속 ······ 427
13.3 프로펠러의 발전 ······ 431
13.4 P-factor ······ 434
13.5 상호 반전 프로펠러와 동축 반전 프로펠러 ······ 437
13.6 프로펠러 성능 해석 ······ 439
13.7 프로펠러 성능 해석: 추력계수, 동력계수, 전진비 ······ 445
• Summary ······ 452
• Practice 연습문제 및 기출문제 ······ 454

■ 참고문헌 ······ 457
■ 찾아보기 ······ 460

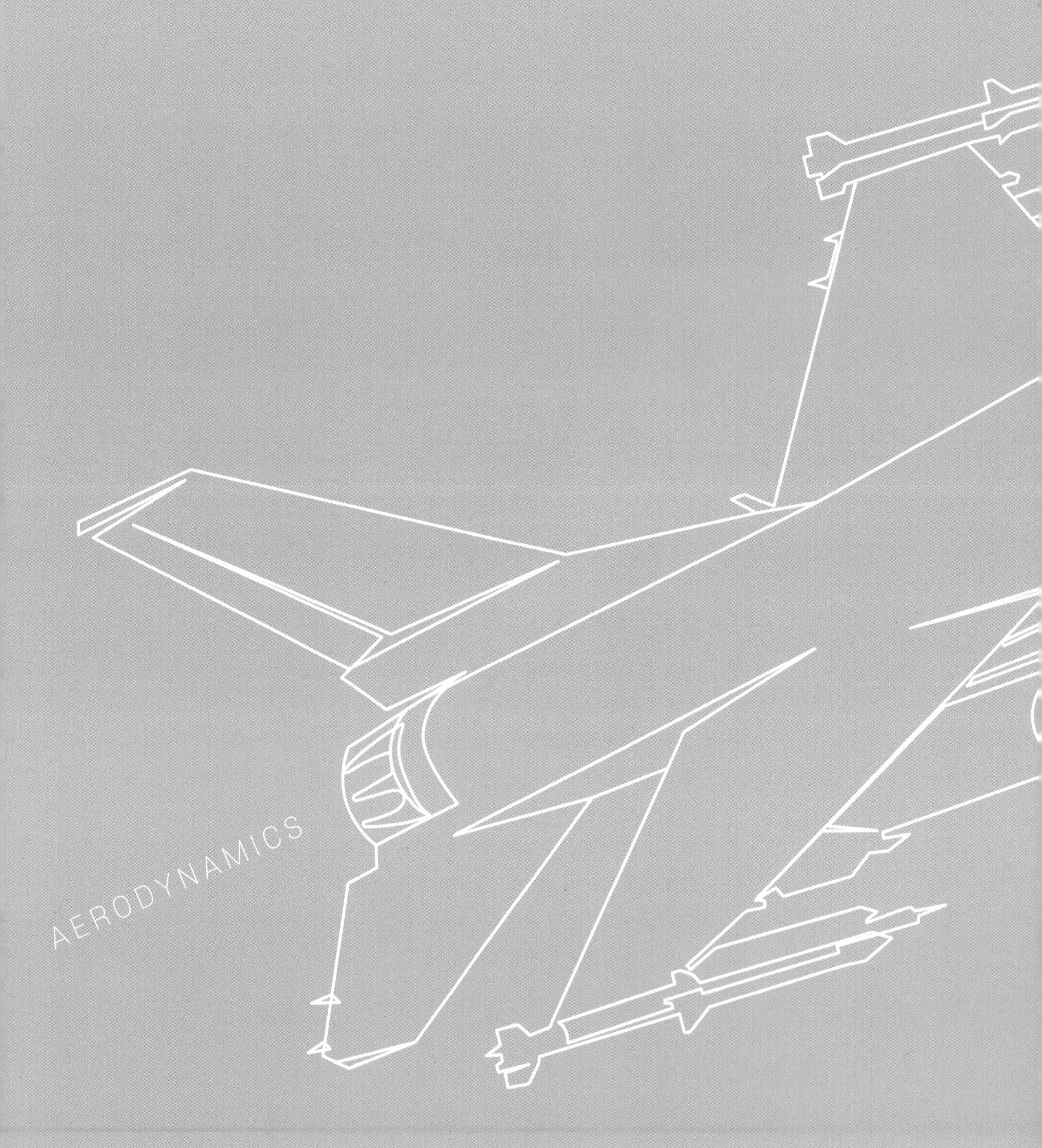

AERODYNAMICS

PART

1

기본 개념

Chapter 1 물리량과 단위

Chapter 2 기본 물리법칙과 유체역학 기본 공식

Chapter 3 대기, 고도, 비행속도

Principles of Aerodynamics

CHAPTER **01**

물리량과 단위

1.1 개요 | 1.2 기본 물리량 | 1.3 속도와 가속도 | 1.4 운동량
1.5 힘 | 1.6 중량 | 1.7 에너지와 일 | 1.8 모멘트 | 1.9 일률과 동력
1.10 회전속도 | 1.11 상태량과 단위

CHAPTER 1

500명 이상의 승객을 싣고 상승 중인 Airbus A380-800 여객기. 중량(weight)이 560 ton이 넘는 이 항공기는 4개의 엔진에서 발생하는 1,400,000 N이 넘는 추력(thrust)으로 하늘에 떠서 12 km 이상의 높이(height), 즉 고도(altitude)에서 약 900 km/hr의 빠른 속도(velocity)로 15,000 km 이상의 먼 거리를 비행할 수 있다. 여기서, 중량·추력·높이·속도를 물리량(physical quantity)이라고 하고 ton, N(newton), km, km/hr를 단위(unit)라고 한다. 그리고 항공역학에서 등장하는 대부분의 물리량은 단위와 함께 수치값으로 표현될 때 그 크기와 세기의 정도가 정의된다. 또한, 압력(pressure), 밀도(density), 온도(temperature) 등 공기의 상태를 나타내는 물리량도 항공역학에서 매우 중요하다.

1.1 개 요

항공역학(aerodynamics)은 유체역학(fluid mechanics)의 한 분야로서 **공기역학**이라고 일컫기도 하는데, **다양한 형태로 흐르는 공기(air)가 날개와 항공기 주위를 지날 때 공기와 항공기의 상호작용에 의하여 양력(lift)과 항력(drag)이라는 힘이 발생하는 원리**를 다루는 학문이다.

항공역학은 양력으로 하늘을 나는 항공기의 설계와 제작뿐만 아니라 엔진 개발, 자동차와 기차 외형 설계, 건축물 디자인과 배치, 기상학, 스포츠 과학 등 공기의 흐름과 관련 있는 모든 분야에 폭넓게 적용되고 있다. 또한, 우리가 일상에서 쓰는 선풍기, 컴퓨터의 냉각장치 그리고 헤어드라이어 등에도 항공역학의 원리가 사용된다.

항공역학의 기본 원리는 **물리적 정의**(definition)와 **법칙**(law) 그리고 **방정식**(equation)을 통하여 설명된다. 정의, 법칙, 방정식 또는 공식은 속도·압력·밀도 등 다양한 물리량과 물리량의 크기를 표현하는 **단위**(unit)로 나타낼 수 있다.

풍동(wind tunnel)이라고 하는 항공역학 성능 시험장치에서 새로 개발된 스포츠카의 목업(mock up)을 테스트 중인 장면. 항공역학은 항공기뿐만 아니라 자동차의 외형 설계에도 적용된다. 사진과 같이 자동차 표면에서 공기의 흐름이 떨어지지 않을 뿐만 아니라 뒷부분에서 부드럽게 공기가 흘러 나가도록 외형이 잘 디자인되면 주행하는 동안 압력항력(pressure drag)이 낮아서 속력이 증가하고 연료 소모가 감소한다.

1.2 기본 물리량

[표 1-1]은 KF-21 전투기의 제원표이다. 항공기 크기와 무게, 그리고 비행성능에 대한 정보를 나타낸다. 이 항공기가 얼마나 크고 무거운지, 얼마나 빠르고 멀리 비행할 수 있는지는 항공기의 크기와 무게, 그리고 성능에 대한 제원을 검토하면 알 수 있다. 공기의 밀도와 공기가 흐르는 속도 및 압력, 그리고 비행기 날개의 길이, 폭, 면적, 비행기의 무게 등 항공역학에서는 다양한 종류의 물리량(physical quantity)이 등장한다. **물리량은 객관적으로 측정할 수 있는 양(quantity)**으로 정의하는데, 측정된 수치값과 물리적 단위로 표현한다. 즉, KF-21의 최대속도는 '621m/s'로 표현하는데, 이는 '621'로 측정된 수치값과 그 값의 많고 적음의 기준을 나타내는 'm/s'라는 속도 단위로 구성된다.

[표 1-1] KF-21 제원(specification)

구분	값[단위]	구분	값[단위]
길이	16.9 m	최대이륙중량	26,000 kgf
폭	11.2 m	최대속도	621 m/s
높이	4.7 m	최대항속거리	2,900 km
날개면적	46.5 m^2		

Photo: 대한민국 공군

[그림 1-1] 한국항공우주산업(KAI) KF-21 004호기

이렇게 다양한 물리량은 기본 물리량의 조합으로 이루어져 있다. 기본 물리량은 질량(mass), 길이(length), 시간(time), 전류(electric current), 온도(temperature), 몰(분자)질량(molar mass),

그리고 광도(luminous intensity) 등 7가지인데, 이 중 비행역학에서 주로 활용되는 **기본 물리량은 질량(M), 길이(L), 시간(T)**이며 **국제단위계**(SI unit)와 **영국단위계**(British unit)에 따른 단위는 다음과 같다. 면적은 m^2이므로 길이의 제곱으로, 부피는 m^3이므로 길이의 세제곱으로 이루어지므로 면적과 부피 또한 길이라는 기본 물리량으로 정의할 수 있다.

[표 1-2] 기본 물리량과 단위

기본 물리량	SI 단위	영국단위
질량(M)	킬로그램[kg]	파운드[lb]
길이(L)	미터[m]	피트[ft]
시간(T)	초[s]	초[s]

1.3 속도와 가속도

기본 물리량을 조합하여 복잡하고 다양한 물리량을 나타낼 수 있다. 예를 들어 항공기의 **속도**(velocity, V)**는 일정 시간 동안 이동한 거리, 즉 시간당 길이의 변화이므로 '길이×시간'**으로 정의하고 단위는 m/s 또는 ft/s로 나타낸다.

$$\text{속도}(V) = \frac{\text{거리 또는 길이}(l)}{\text{시간}(t)}$$

$$\textbf{SI 단위: } \left[\frac{\text{m}}{\text{s}}\right] \qquad \textbf{영국단위: } \left[\frac{\text{ft}}{\text{s}}\right]$$

가속도(acceleration, a)**는 일정 시간 동안 속도의 변화, 즉 시간당 속도의 변화**로 정의하므로 '속도 ÷ 시간'이고, 단위는 $\frac{\text{m/s}}{\text{s}}$, 즉 $\frac{\text{m}}{\text{s}^2}$ 또는 $\frac{\text{ft}}{\text{s}^2}$로 나타낸다.

$$\text{가속도}(a) = \frac{\text{속도}(V)}{\text{시간}(t)}$$

$$\textbf{SI 단위: } \left[\frac{\text{m}}{\text{s}^2}\right] \qquad \textbf{영국단위: } \left[\frac{\text{ft}}{\text{s}^2}\right]$$

아울러 가속도는 시간에 대한 속도의 변화율이므로, 수학적으로 다음과 같이 속도를 시간에 대하여 미분하여 가속도를 나타낼 수 있다.

$$a = \frac{d}{dt}V$$

1.4 운동량

활주로에 착지한 뒤 활주 중인 항공기를 완전히 멈추게 할 때 항공기가 클수록, 그리고 항공기의 활주속도가 빠를수록 정지시키기 힘들다. 즉, **운동하는 물체의 크기(질량)와 속도에 비례하는 물리량을 운동량**(momentum)이라고 하고, '질량×속도'로 정의한다. 질량이 크거나 속도가 빠른 경우, 물체의 운동량이 크다고 표현한다.

$$\text{운동량}(p) = \text{질량}(m) \times \text{속도}(V)$$

그러므로 운동량의 단위는 kg·m/s 또는 lb·ft/s로 나타낸다.

$$\textbf{SI 단위: } \left[\text{kg}\frac{\text{m}}{\text{s}}\right] \qquad \textbf{영국단위: } \left[\text{lb}\frac{\text{ft}}{\text{s}}\right]$$

운동량 보존의 법칙(the law of conservation of momentum)**은 물체에 외부의 힘이 작용하지 않으면 운동량, 즉 속도는 일정**하다는 것이다. 이를 다르게 표현하면 물체에 힘이 작용하면 운동량 또는 속도는 변화한다고 할 수 있다. 즉, 힘은 시간에 대하여 물체의 속도를 변화시킨다.

1.5 힘

앞서 정의한 바와 같이, 힘은 물체의 운동량을 변화시킨다. 즉, 정지한 물체가 힘을 받으면 움직이기 시작하여 속도가 발생하고, 계속 힘을 받으면 움직이는 속도가 빨라지는 가속도가 발생한다. 앞서 운동량(p)은 다음과 같이 질량(m)과 속도(V)의 곱으로 정의하였다.

$$p = mV$$

힘(force, F)**은 시간에 대하여 운동량을 변화시키는 물리량**이다. 이를 수학적으로 표현하면 **힘은 운동량을 시간에 대하여 미분**한 것이다$\left(F = \frac{d}{dt}p\right)$. 이는 운동량을 정의하는 질량과 속도를 시간에 대하여 미분한 것과 같은데, 속도를 시간에 대하여 미분하면 가속도가 된다$\left(\frac{dV}{dt} = a\right)$.

$$F = \frac{d}{dt}p = m\frac{d}{dt}V = m\frac{dV}{dt} = ma$$

그러므로 힘은 다음과 같이 '질량×가속도'로 정의할 수 있다.

$$\text{힘}(F) = \text{질량}(m) \times \text{가속도}(a)$$

물체에 작용하는 힘은 여러 가지가 있을 수 있다. 비행 중인 항공기에 작용하는 힘은 양력·중력·추력·항력 등이 있기 때문에 앞서 소개한 식의 힘은 여러 가지 힘의 **알짜힘**(net force, ΣF)으로 정의해야 하고, 항공기에 작용하는 알짜힘으로 일정 질량(m)을 가진 항공기가 가속도(a) 비행을 한다고 해석해야 한다.

$$\Sigma F = ma$$

[그림 1-2]와 같이 항공기가 추력을 발생시키며 비행 중일 때 기체에서는 항력(drag)이 발생한다. 추력은 항공기를 비행 방향으로 나아가게 하는 힘이지만 **항력은 항공기가 비행 방향으로 나아가지 못하게 방해하는 힘**이다. 그러므로 추력과 항력은 서로 반대 방향으로 작용한다. 그런데 항력의 크기만큼 추력을 발생시키고 있다면 두 힘의 크기는 같지만 방향이 반대이고, 따라서 항공기에 작용하는 **알짜힘은 0이 된다**($\Sigma F = 0$). 이에 따라 가속도도 0이 되므로 항공기는 가속도가 없는 일정한 속도, 즉 **등속비행**(steady flight)을 하게 된다.

위의 공식은 물리학자 뉴턴(Isaac Newton, 1643~1727)에 의하여 정립되었기 때문에 **뉴턴의 가속도 법칙** 또는 **뉴턴 제2법칙**이라고 한다. 이 공식은 항공역학뿐만 아니라 과학사에서 가장 중요한 공식 중 하나이다. 힘은 질량과 가속도의 곱이므로 단위는 $\mathrm{kg}\dfrac{\mathrm{m}}{\mathrm{s}^2}$인데, 힘을 정의한 뉴턴의 업적을 기리기 위하여 N(newton)으로 나타내기도 한다.

$$\textbf{SI 단위: } \left[\mathrm{kg}\frac{\mathrm{m}}{\mathrm{s}^2}\right] = [\mathrm{N}] \qquad \textbf{영국단위: } \left[\mathrm{lb}\frac{\mathrm{ft}}{\mathrm{s}^2}\right]$$

[그림 1-2] 비행 중 서로 반대 방향으로 작용하는 추력(T)과 항력(D)의 크기가 같으면 $\Sigma F = 0$이고, 가속도는 $a = 0$이므로 등속비행(steady flight)을 한다.

1.6 중 량

물질의 고유한 양을 질량(mass)이라고 하고, 일반적으로 물질의 양이 얼마나 되는지, 또는 물질이 얼마나 무거운지 나타내는 척도이다. 따라서 **무게**(weight)와 같은 개념이라고 생각할 수 있는데 공학적 관점으로 보면 서로 다른 물리량이다.

무게는 질량이 있는 물체에 중력(gravity)**이 작용할 때 발생하는 물리량**이고, 이런 이유로 **중량**이라고도 한다. 즉, 우리가 체중계 위에 올라가면 몸무게의 값이 지시되는데, 이는 우리 몸에 중력이 작용하여 아래로 향하는 힘이 발생하고 이 힘이 체중계를 눌러 몸무게의 값이 나타나는 것이다. 덩치가 큰 사람은 질량이 크므로 더 큰 힘으로 체중계를 누르게 된다. 즉, **중량은 힘과 같은 물리량**으로 볼 수 있다. 단, 힘은 질량과 가속도의 곱으로 정의되지만, 중량은 질량과 중력가속도의 곱으로 정의된다. **중력가속도**(gravitational acceleration, g)**는 물체에 작용하는 중력에 의하여 낙하할 때의 가속도**로, 고도가 높아질수록 중력의 영향이 작아지므로 중력가속도의 값도 작아진다.

표준대기해면고도 기준으로 중력가속도의 값은 $g = 9.80665\ \mathrm{m/s^2}$인데 일반적으로 $g = 9.8\ \mathrm{m/s^2}$으로 나타내고 영국단위계로는 $g = 32.2\ \mathrm{ft/s^2}$이다. 따라서 질량이 있는 물체는 중력이 없으면 중량은 '0'으로 정의한다. 즉, 우주선 내부 무중력 상태에서 체중계로 몸무게를 측정하면 중량이 없다. 따라서 질량은 중력과 관계없이 일정한 물리량인 반면, 중량은 중력의 크기에 따라서 달라진다.

앞서 설명한 바와 같이, **무게 또는 중량**(weight, W)**은 질량에 중력가속도를 곱하여 정의**한다.

$$\text{중량}(W) = \text{질량}(m) \times \text{중력가속도}(g)$$

아울러 중량의 단위는 kgf(kilogram force) 또는 lbf(pound force)이다. 즉, 단위의 'f'는 중력가속도 $g = 9.8\ \mathrm{m/s^2}$ 또는 $g = 32.2\ \mathrm{ft/s^2}$이다. 따라서 중량의 단위인 kgf는 다음과 같이 표현할 수도 있다.

$$1\ \mathrm{kgf} = [1\ \mathrm{kg} \times 9.8\ \mathrm{m/s^2}] = 9.8\,[\mathrm{kg\ m/s^2}] = 9.8\,\mathrm{N}$$

$$1\ \mathrm{lbf} = [1\ \mathrm{lb} \times 32.2\ \mathrm{ft/s^2}] = 32.2\ \mathrm{lb\ ft/s^2}$$

중량은 힘과 같은 물리량을 가지고 있으므로 중량의 단위를 힘의 단위로 변환할 수 있다. 즉, 중량의 SI 단위 1 kgf는 9.8 N에 해당한다. 그러나 일반적으로 무게 또는 중량은 kgf로, 힘은 N으로 나타낸다. 또한, 우리가 몸무게를 말할 때 kg이라는 단위를 쓰는데 실제로 우리 몸무게는 중량이기 때문에 kgf로 표현하는 것이 정확하다.

1.7 에너지와 일

물체가 움직이게 하는 것을 힘이라고 하면, 힘의 원천은 **에너지**(energy, *E*)라고 할 수 있다. 즉, **에너지는 물체가 운동을 하게 하는 능력**으로 정의한다. 자연계에는 열에너지, 원자력 에너지, 전자기장 에너지 등 다양한 에너지가 있는데, 항공역학에서는 운동에너지와 위치에너지 등 역학적 에너지를 중심으로 다룬다.

물체에 힘을 가하면 에너지가 물체로 전달되어 물체를 움직이게 한다. 따라서 에너지의 크기는 물체에 얼마나 큰 힘을 가하고, 이에 따라 물체가 얼마나 멀리 움직였는지를 통하여 정의한다.

그런데 **힘을 통하여 에너지가 물체로 전달되어 물체를 움직이게 하는 것을 일**(work, *W*)이라고 한다. 그러므로 에너지는 일을 발생시킨다. 물체에 힘을 가했을 때 물체가 움직이면 일을 한 것이지만, 힘을 가했음에도 불구하고 물체가 움직이지 않으면 물리적으로 한 일이 없는 것이다. 그리고 반대로 일이 에너지를 만들어 낼 수 있다. 엔진의 터빈이 회전하는 일을 하여 전기에너지를 만들어 내는 것이 그 예이다. 그러므로 **일과 에너지는 서로 전환되기 때문에 같은 물리량**으로 간주한다.

에너지와 일은 물체에 가해진 힘과 물체가 이동한 거리로 표현하므로 다음과 같이 정의할 수 있다.

$$\text{일}(W)\ \text{또는 에너지}(E) = \text{힘}(F) \times \text{거리}(L)$$

그리고 에너지와 일의 SI 단위는 N·m인데 줄여서 J (joule)이라고도 하고, 영국단위는 ft·lbf이다.

SI 단위: [N·m] = [J]　　**영국단위:** [ft·lbf]

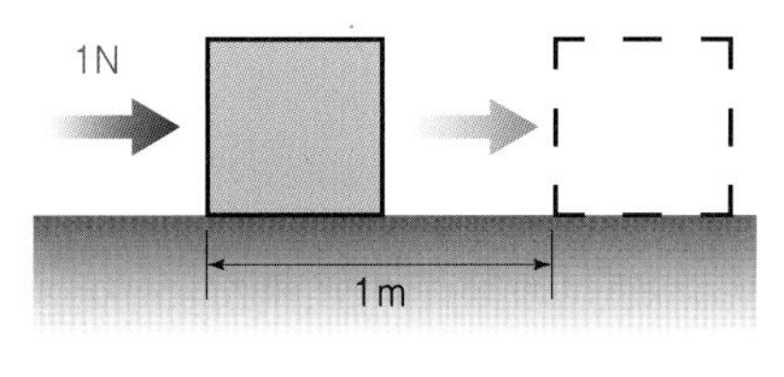

1 Joule = 1 N × 1 m

[그림 1-3] 에너지(일)의 정의

아울러 일(에너지)의 단위인 J은 다음과 같이 기본 물리량으로 표현될 수 있다.

$$[\mathrm{J}] = [\mathrm{N \cdot m}] = \left[\mathrm{kg}\frac{\mathrm{m}}{\mathrm{s}^2}\cdot \mathrm{m}\right] = \left[\mathrm{kg}\frac{\mathrm{m}^2}{\mathrm{s}^2}\right]$$

1.8 모멘트

물체를 회전시키는 힘을 모멘트(moment, *M*)라고 하는데, 회전력 또는 토크(torque, *Q*)로 표현하기도 한다. [그림 1-4]에서 볼 수 있듯이, 회전중심을 기준으로 물체가 회전할 때 물체에 작용하는 힘(*F*)이 클수록, 그리고 회전중심부터 힘의 작용점의 거리(*L*)가 멀수록, 즉 모멘트 암(moment arm)의 길이가 길수록 회전력은 증가한다. 그러므로 회전력은 '힘 × 모멘트 암의 길이'로 나타낸다.

$$\text{모멘트}(M) = \text{힘}(F) \times \text{모멘트 암의 길이}(L)$$

그런데 회전력은 앞서 설명한 일 또는 에너지와 같은 물리량인 것을 알 수 있으나 서로 구별하기 위하여 단위는 J(joule)이 아닌 N·m를 사용한다.

SI 단위: [N·m] **영국단위:** [ft·lbf]

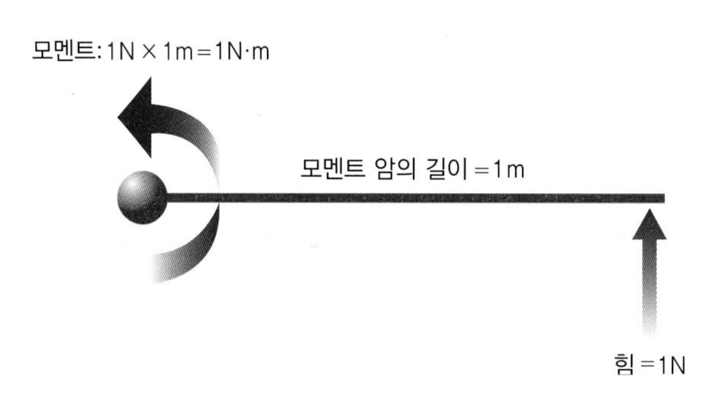

[그림 1-4] 모멘트(moment)의 정의

[그림 1-5]에 나타낸 것과 같이, 항공기가 비행할 때 무게중심(center of gravity, *cg*)을 기준으로 기수가 들리거나 반대로 내려가는 모멘트가 발생하는데, 이를 **키놀이 모멘트**(pitching

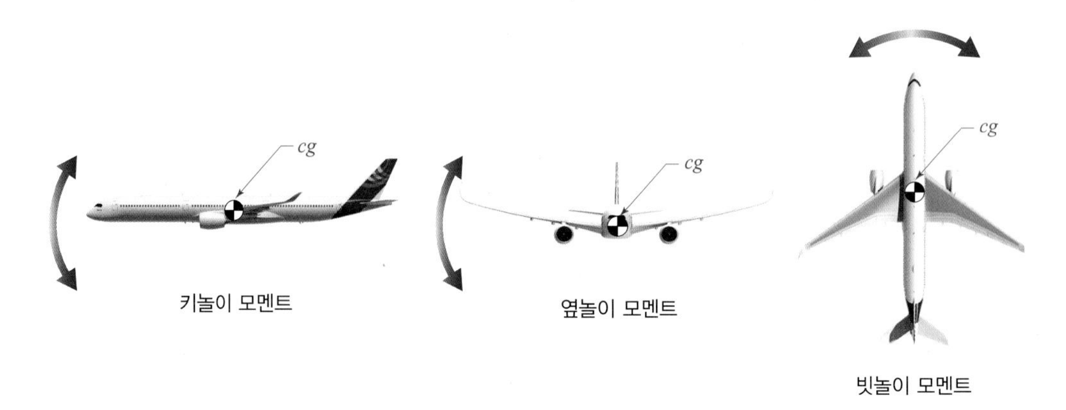

[그림 1-5] 항공기에 작용하는 모멘트

moment)라고 한다. 아울러 항공기를 앞에서 보았을 때 한쪽 날개가 내려가거나 올라가는 모멘트를 **옆놀이 모멘트**(rolling moment)라고 하고, 항공기를 위에서 보았을 때 기수가 시계 방향, 또는 반시계 방향으로 돌아가는 모멘트를 **빗놀이 모멘트**(yawing moment)라고 한다. 이때 모멘트 암은 날개의 평균공력시위(Mean Aerodynamic Chord, MAC) 또는 날개폭을 기준으로 한다. 이렇게 항공기에는 힘뿐만 아니라 모멘트가 발생하거나 작용하고 있다.

1.9 일률과 동력

A학생과 B학생이 과제를 하고 있다고 하자. 그런데 A학생은 1시간 만에 과제를 끝냈지만, B학생은 같은 과제를 마치는 데 5시간이 걸렸다. 따라서 A학생이 B학생보다 훨씬 효율적으로 일(work)을 했다고 판단할 수 있다. 일 또는 에너지에 대하여 논할 때 효율, 즉 **일의 능률**도 고려해야 하는데 이를 **일률**(power)이라고 한다.

즉, **일률은 일정 시간 동안 발생하거나 적용된 일 또는 에너지**로 정의하기 때문에 일률은 다음과 같이 '(일 또는 에너지) ÷ 시간'으로 표현한다.

$$\text{일률}(P) = \frac{\text{일}(W)\ \text{또는 에너지}(E)}{\text{시간}(t)}$$

일률의 SI 단위는 J/s이고, 줄여서 W(Watt)로 표기하며, 영국단위는 ft·lbf/s이다.

SI 단위: [J/s] = [W]　　**영국단위:** [ft·lbf/s]

일률도 다음과 같이 기본 물리량으로 나타낼 수 있다. 따라서 앞서 설명한 바와 같이, 모든 물리량은 kg, m, s 등 기본 물리량의 단위로 표현할 수 있음을 알 수 있다.

$$[\mathrm{W}] = \left[\frac{\mathrm{J}}{\mathrm{s}}\right] = \left[\frac{\mathrm{N \cdot m}}{\mathrm{s}}\right] = \left[\frac{\mathrm{kg}\frac{\mathrm{m}}{\mathrm{s}^2}\cdot \mathrm{m}}{\mathrm{s}}\right] = \left[\mathrm{kg}\frac{\mathrm{m}^2}{\mathrm{s}^3}\right]$$

일률은 영어로 Power이며, 이는 '**동력**'으로 번역하기도 한다. 즉, **동력의 물리적 정의 역시 일정 시간 동안 발생하거나 적용된 일 또는 에너지**이다. 그런데 모멘트(moment), 즉 회전력은 '힘×모멘트 암의 길이'로, 단위는 N·m로 정의한다. 여기에 회전속도의 단위인 1/s을 곱하면 (N·m)/s가 되는데, 이는 회전운동의 일률로서 직선운동의 일률, 즉 동력과 같은 단위를 가진다. 물리적 단위가 같다는 것은 물리량의 명칭은 달라도 물리적 의미는 같다고 볼 수 있다.

$$\text{회전운동의 일률(동력)}: \left[\mathrm{N \cdot m} \times \frac{1}{\mathrm{s}}\right] = \left[\frac{\mathrm{N \cdot m}}{\mathrm{s}}\right] = \left[\frac{\mathrm{J}}{\mathrm{s}}\right] = [\mathrm{W}]$$

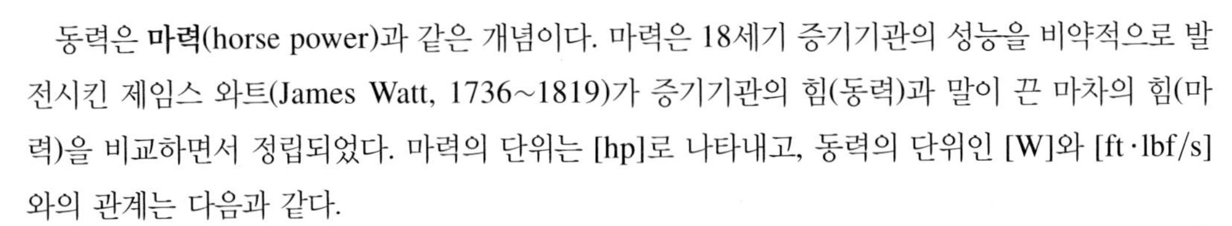

동력은 **마력**(horse power)과 같은 개념이다. 마력은 18세기 증기기관의 성능을 비약적으로 발전시킨 제임스 와트(James Watt, 1736~1819)가 증기기관의 힘(동력)과 말이 끈 마차의 힘(마력)을 비교하면서 정립되었다. 마력의 단위는 [hp]로 나타내고, 동력의 단위인 [W]와 [ft·lbf/s]와의 관계는 다음과 같다.

$$1\ [\text{hp}] = 735.5\ [\text{W}] = 75\left[\text{kgf}\cdot\frac{\text{m}}{\text{s}}\right] = 550\ [\text{ft}\cdot\text{lbf/s}]$$

일반적으로 항공기용 **터보팬과 터보제트 엔진**에서 나오는 출력은 추력, 즉 **힘**(force)을 기준으로 하는 반면, 프로펠러를 구동하는 **터보프롭**, **터보샤프트**, **왕복엔진**에서 나오는 출력은 **동력**(power)을 기준으로 한다. 이는 프로펠러를 회전시켜 항공기를 앞으로 밀어내는 추력을 발생시키는 엔진은 회전운동의 일률, 즉 동력으로 엔진의 힘을 가늠하기 때문이다.

[표 1-3]은 서로 다른 형식의 터빈엔진의 성능을 나타내고 있다. 노즐을 통하여 강한 제트를 분사하여 힘을 얻는 터보팬엔진은 추력[N]으로 힘을 정의하는 반면, 프로펠러 회전력으로 항공기를 앞으로 밀어내는 터보프롭엔진은 동력[W] 또는 마력[hp]으로 엔진의 힘을 정의하는 것을 볼 수 있다.

[표 1-3] Airbus A330neo와 Airbus A400M 항공기에 장착되는 엔진 비교

Aircraft	Engine name	Engine type	Engine output each
Airbus A330neo	Rolls-Royce Trent 7000	**Turbofan**	324 kN
Airbus A400M	Europrop TP400-D6	**Turboprop**	8,200 kW(11,000 hp)

터보팬엔진을 장착한 Airbus A330neo 여객기(왼쪽)와 터보프롭엔진을 장착한 Airbus A400M 군용 수송기(오른쪽). 터보팬엔진은 추력[N]으로 엔진의 힘을 정의하는 반면, 프로펠러를 회전시켜 힘을 얻는 터보프롭엔진은 동력[W] 또는 마력[hp]으로 엔진의 힘을 정의한다.

앞서 살펴본 바와 같이, 동력의 단위는 $\frac{\text{N}\cdot\text{m}}{\text{s}}$로 표현할 수 있다. 이때 N은 힘, m/s는 속도의 단위이므로 **동력은 힘(F)과 속도(V)의 곱**으로 정의할 수도 있다.

$$동력\ 또는\ 일률(P) = \frac{일(W)\ 또는\ 에너지(E)}{시간(t)} = \frac{힘(F) \times 거리(l)}{시간(t)}$$

$$= 힘(F) \times \frac{거리(l)}{시간(t)} = 힘(F) \times 속도(V)$$

1.10 회전속도

물체가 회전할 때의 속도를 회전속도(rotational velocity, ω)라고 하고, **시간당 각**(angle)**의 변화**로 표현할 수도 있으므로 **각속도**(angular velocity)라고도 한다. 즉, 회전속도가 빠르다는 것은 같은 시간 동안 각의 변화가 크다는 것을 의미한다. 회전속도의 단위는 시간당 라디안(radian) 각도인 rad/s이며, rad은 각도를 나타내는 무차원값이므로 1/s로 표기하기도 한다.

그런데 긴 막대기가 한쪽 끝을 중심으로 회전할 때, 회전속도가 같다고 해도 **중심으로부터 거리가 멀어질수록 이동속도, 즉 선속도**(linear velocity, v)**는 빨라진다**. 선속도는 물체가 원을 그리며 회전할 때 일정 위치에서의 순간속도로서 직선 방향으로 움직이는 속도를 말한다. 예를 들어 운동장에서 여러 명의 학생들이 달리기를 할 때, 운동장 중심을 기준으로 바깥쪽에서 달리는 학생은 안쪽에서 달리는 학생에게 뒤처지지 않으려면, 즉 같은 회전속도를 유지하려면 훨씬 빨리 달려서 많은 거리를 이동하는 높은 선속도를 내야 하는 것과 같은 원리이다. 이를 식으로 표현하면 다음과 같다.

$$선속도(v) = 회전속도(\omega) \times 회전면\ 반지름(R)$$

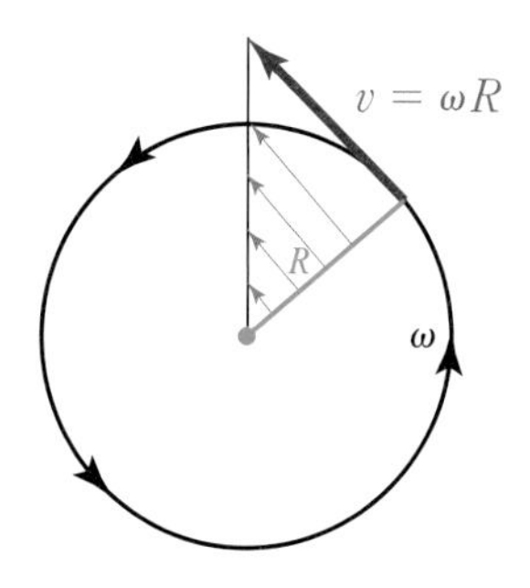

[그림 1-6] 선속도(linear velocity)의 정의

즉, 선속도(v)는 일정한 회전속도(ω)로 회전하더라도 회전중심을 기준으로 회전면 반지름 R이

길어질수록 또는 회전중심에서 멀어질수록 커진다. 회전속도(ω)를 선속도(v)와 회전면 반지름(R)으로 나타내면 다음과 같다.

$$\text{회전속도}(\omega) = \frac{\text{선속도}(v)}{\text{회전면 반지름}(R)}$$

$$\textbf{단위:}\ \left[\frac{\text{rad}}{\text{s}}\right],\ \left[\frac{1}{\text{s}}\right]$$

프로펠러(propeller)를 회전시켜 이륙을 준비 중인 ATR-72-202 터보프롭 여객기. 프로펠러의 선속도는 프로펠러 중심으로부터 멀어져 회전반지름이 커질수록 증가한다. 높은 속도로 비행하는 경우, 프로펠러 깃 끝(blade tip)에서는 빠른 선속도에 비행속도가 더해져서 상대풍의 속도가 초음속에 도달하고, 충격파(shock wave) 형성 등의 압축성 효과 때문에 실속(stall)이 발생하기도 한다.

1.11 상태량과 단위

(1) 압력

유체의 현재 상태를 나타내는 물리량을 **상태량**(property)이라고 하는데, 대표적인 상태량에는 **압력**(p), **밀도**(ρ), **온도**(T)가 있다. **압력**(pressure)**은 일정 면적에 수직으로 작용하는 힘**으로서, '수직힘 ÷ 면적'으로 나타내고 단위는 N/m^2 또는 lbf/ft^2이다. 특히, N/m^2는 파스칼(pascal), 즉 Pa로 줄여서 표시하고, lbf/ft^2는 lbf/in^2 또는 psi(pound per square inch)로 표시한다. 물론 1 ft = 12 in이기 때문에 $1\ \text{lbf/in}^2 = 1\ \text{psi} = 144\ \text{lbf/in}^2$이다.

$$\text{압력}(p) = \frac{\text{수직힘}(F)}{\text{면적}(A)}$$

$$\textbf{SI 단위: } \left[\frac{\mathrm{N}}{\mathrm{m}^2}\right] = [\mathrm{Pa}] \qquad \textbf{영국단위: } \left[\frac{\mathrm{lbf}}{\mathrm{ft}^2}\right], \left[\frac{\mathrm{lbf}}{\mathrm{in}^2}\right] = [\mathrm{psi}]$$

압력은 면적에 반비례하므로 같은 힘이 작용하더라도 면적이 작으면 압력이 증가한다. 주삿바늘이 작은 힘으로도 피부를 뚫을 수 있는 것은 피부와 접촉하는 주삿바늘 끝의 단면적이 매우 작기 때문이다. **베르누이 방정식**(Bernoulli's equation)은 다음과 같이 표현하는데, 이 방정식은 위치 1에서 위치 2로 유체가 흐를 때 유체의 압력과 속도의 관계를 설명한다. 여기서 첫 번째 항(p)이 **정압**(static pressure) 그리고 두 번째 항$\left(\frac{1}{2}\rho V^2\right)$이 **동압**(dynamic pressure, q)을 나타내고, 그 합은 **전압**$\left(\text{total pressure, } p_t = p + \frac{1}{2}\rho V^2\right)$이다.

$$p_1 + \frac{1}{2}\rho V_1^2 = p_2 + \frac{1}{2}\rho V_2^2,\ p_{t1} = p_{t2}$$

$$\text{전압}(p_t) = \text{정압}(p) + \text{동압}(q)$$

위의 베르누이 방정식은 저속으로 유체가 흐를 때 사용할 수 있는데, 위치 1에서의 정압과 동압의 합인 전압(p_{t1})과 위치 2에서의 정압과 동압의 합인 전압(p_{t2})은 같다. 따라서 저속으로 공기가 흐른다면 공기가 흐르는 곳 어디에서나 **전압은 변하지 않기 때문에 일정 지점에서의 정압과 동압은 서로 반비례**한다. 즉, 일정 지점에서 공기의 흐름 속도가 증가하여 동압이 높아지면 그 지점의 정압이 감소하고, 반대로 속도가 감소하여 동압이 떨어지면 그 지점에서의 정압은 증가하여 전압이 일정하게 유지된다. 동압은 위의 식에서 정의된 바와 같이 공기의 밀도(ρ)와 공기 흐름 속도의 제곱(V^2)에 비례하기 때문에 상대적으로 대기의 밀도가 높은 저고도에서 비행할 때는 상대풍의 동압이 증가하고, 비행속도가 2배 증가하면 동압은 4배 높아지게 된다.

공기와 같은 기체의 압력은 기체 입자의 운동과 기체 입자의 이동으로 발생한다. 특히, **기체가 흐르거나 정지해 있어도 각각의 기체입자들은 모든 방향으로 무질서하게 운동하기 때문에 압력이 발생하는데, 정압이 이에 해당**한다. 그러므로 정압은 모든 방향으로 작용한다. 하지만 물체의 표면에 작용하는 압력은 일정 면적에 수직으로 작용하는 힘으로 정의하였다. 따라서 공기가 날개 표면을 따라 나란히 흐를 때 날개 표면에 작용하는 정압은 공기입자들의 무질서한 운동에 의하여 날개 표면에 수직으로 작용하는 힘을 통하여 나타난다. 그리고 날개 윗면과 아랫면을 흐르는 공기 유동의 속도차에 의한 정압차에 따라 양력이 발생하여 항공기를 공중에 뜨게 한다.

대기(atmosphere)**는 지구를 둘러싸고 있는 공기층**으로서 지구에서 만들어진 공기입자들이 지구 중력의 영향으로 지구 근처에 머물러 있으면서 대기가 형성된다. 그런데 대기에 포함된 공기입자의 무질서한 운동뿐만 아니라 공기입자의 무게(중량)로 인하여 대기 내부에서는 **대기압**

(atmospheric pressure)이 존재한다. 낮은 고도의 경우 공기입자들의 양이 많아서 대기의 밀도가 높으면 공기입자들의 무질서한 운동에 의한 정압, 즉 대기압이 높다. 또한, 낮은 고도에서는 항공기 위에 있는 대기층의 두께가 두껍고 공기입자들의 양이 많아서 대기층의 무게가 무겁기 때문에 대기압이 높다. 이는 잠수부가 바닷속으로 깊이 내려갈수록 잠수부를 누르는 물의 양이 많아져서 수압이 증가하는 것과 같은 이치이다. 반대로 높은 고도에서는 그 고도 위에 존재하는 대기층이 얇고 공기입자들의 양이 적으므로 대기압은 낮다. 밀폐된 장소와 용기에 공기가 갇혀 있는 경우를 제외하면 공기의 압력(정압)은 고도에 따라 변화하는 대기압이다. 표준대기 해면고도(sea level)에서의 **대기압은 101,325 Pa이고 영국단위계로 14.7 psi에 해당**한다.

유체의 흐름 또는 이동을 유동(流動)이라고 하는데, **유동 속의 모든 유체입자들이 함께 일정한 방향과 속도로 이동할 때 나타나는 압력을 동압**이라고 한다. 달리는 차에서 밖으로 손을 내밀었을 때 공기 유동이 부딪혀 손바닥에서 압력을 느낄 수 있다. 이 압력은 공기입자들의 무질서한 운동(정압)과 모든 공기입자들이 함께 일정한 방향과 속도로 이동하여(동압) 부딪혀 나타난 결과이기 때문에 전압에 해당한다. 그리고 손바닥에 부딪혀 작용하는 공기 유동의 힘을 공기역학적 힘 또는 **공기력**(aerodynamic force)이라고 한다. 물체의 표면에 작용하는 압력은 일정 면적에 수직으로 작용하는 힘으로 정의하였다. 따라서 압력(p)은 수직힘(F)을 수직힘이 작용하는 면적(A)으로 나누어 나타내기 때문에($p = F/A$), 수직힘은 압력과 면적의 곱으로 표현할 수 있다($F = pA$). 그러므로 항공기 표면에 작용하는 공기력은 전압과 항공기 표면의 일정 면적의 곱이다. 따라서 전압은 공기력에 비례하는데, 전압은 동압에 따라 증감하므로 동압은 공기력에 비례한다. 또한, 동압은 $q = \frac{1}{2}\rho V^2$이므로 결론적으로 공기력은 대기의 밀도(ρ)와 비행속도의 제곱(V^2)에 따라 증감한다.

날개와 수직·수평 안정판에 설치되는 승강타(elevator), 도움날개(aileron), 방향타(rudder) 등의 조종면(control surface)과 플랩(flap), 슬랫(slat) 등의 고양력장치(high-lift device)는 항공기의 비행에 매우 중요한 구성품이다. 특히 고양력장치는 이착륙할 때 날개의 캠버(camber)와 면적을 증가시켜 양력계수를 높임으로써 낮은 속도에서도 실속하지 않게 한다. 그런데 조종면과 고양력장치를 작동시키는 힘은 항공기의 비행속도에 크게 영향을 받는다. 즉, 상대풍에 의하여 조종면과 고양력장치에 작용하는 공기력은 비행속도의 제곱에 비례한다. 따라서 **비행속도가 높아질수록 비행 중 조종면과 플랩에 작용하는 공기력이 대폭 증가하여 조종면과 고양력장치를 작동시키는 데 큰 힘 또는 높은 압력이 필요**하다. 그러므로 고속으로 비행하는 중대형 여객기의 조종면과 고양력장치를 움직이려면 조종계통에서 20,000,000 Pa 또는 3,000 psi 이상의 압력을 발생시켜야 한다. 이에 따라 대부분의 고속 항공기는 유압 또는 전기적 에너지를 이용하여 조종면과 고양력장치를 작동하는 힘과 압력을 증폭시키는 조종계통을 장비하고 있다.

또한, 항공기의 조종면과 고양력장치를 작동했을 때 날개 또는 수직·수평 안정판 단면의 캠버가 바뀌어 날개와 안정판 표면의 압력 분포가 변화하여 압력차(정압차)가 생긴다. 따라서 공기역학적 힘이 발생하는데, 이 힘 역시 공기력으로 일컫는다. 날개 윗면과 아랫면의 압력차로 인하여 항공기가 뜨게 하는 양력도 공기력의 한 종류라고 할 수 있다. 특히 조종면의 경우, 여기에서 발생하는 공기력으로 항공기의 자세를 바꾸고, 일정 비행경로와 고도로 비행하도록 키놀이운동, 옆놀이운동, 빗놀이운동을 하게 한다.

그런데, 고속으로 비행하여 상대풍의 동압이 증가할수록 캠버가 있는 날개 또는 안정판 단면의 양쪽 표면으로 흐르는 유동의 속도차가 커지므로 압력차(정압차) 또한 증가한다. 이에 따라 조종면에서 발생하는 공기력도 커지기 때문에 조종면의 작은 각도 변화, 즉 날개 또는 안정판 단면의 작은 캠버 변화로도 큰 힘을 발휘한다. 따라서 고속비행 중에는 조종면을 조금만 움직여도 항공기의 자세와 비행경로를 바꿀 수 있는 충분한 공기력이 발생한다. 반면에 속도가 느려지는 이착륙 중에는 항공기 자세와 경로 유지를 위하여 조종면의 각도 변화를 크게 해야 한다.

작은 각도로 상향된 여객기의 우측 도움날개. 고속으로 순항할 때는 날개 표면에 큰 압력차가 발생하므로 객실에서 볼 때 식별이 되지 않을 만큼 작은 각도로 도움날개를 움직여도 항공기의 자세와 비행경로를 변경할 만큼의 강한 공기력을 발생시킨다. 물론 비행속도가 느려 동압이 낮은 이착륙 중에는 항공기 자세와 경로 유지를 위하여 큰 각도로 도움날개를 움직여야 한다.

(2) 밀도

밀도(density)라는 상태량도 항공역학에서 자주 등장한다. **밀도는 일정 부피 안에 들어 있는 물질의 양**으로 나타내므로 '질량 ÷ 부피'로 표현한다. 단위는 kg/m^3 또는 $kgf \cdot s^2/m^4$이다. 여기서, $1\ kgf = 9.8\ kg \cdot m/s^2$이므로 $1 kgf \cdot s^2/m^4 = 9.8\ kg/m^3$이다. 표준대기 해면고도에서의 대기 밀도는 $1.225\ kg/m^3$인데, 이는 $0.125\ kgf \cdot s^2/m^4$에 해당한다. 영국단위계로는 lb/ft^3이다.

$$밀도(\rho) = \frac{질량(m)}{부피(V)}$$

$$\textbf{SI 단위: } \left[\frac{kg}{m^3}\right] = \left[kgf \cdot \frac{s^2}{m^4}\right] \qquad \textbf{영국단위: } \left[\frac{lbf}{ft^3}\right]$$

밀도는 일정 부피에 들어 있는 물질의 질량으로 정의하므로 같은 부피라도 물질의 질량이 커지면, 즉 양이 많아지면 밀도가 증가한다. 공기입자에 의하여 구성된 대기는 고도가 높아질수록 중력의 영향이 낮아지므로 지구 근처에 붙들려 있는 공기입자 수가 적어지기 때문에 공기의 밀도, 즉 대기의 밀도는 낮아진다. 따라서 **대기밀도는 고도가 증가할수록 낮아진다**. 밀도가 높은 저고도를 비행하는 경우, 대기 중 공기입자가 많으므로 양력이 증가하지만 기체에 부딪히는 공기입자가 많으므로 항력도 증가한다. 그러므로 고속으로 비행하는 항공기는 가능한 한 높은 고도에서 비행한다. 그러나 대기밀도가 낮아지면 항공기 엔진에 들어가는 공기가 희박해지므로 엔진의 출력은 떨어진다. 다단 압축기를 통하여 흡입공기가 높은 압축비로 압축되는 제트엔진은 밀도가 낮은 높은 고도에서 출력 감소가 크지는 않지만, 압축비가 낮은 왕복엔진은 높은 고도에서 출력이 급감한다.

그리고 같은 고도 기준으로 **대기의 온도가 증가하면 밀도는 감소**한다. 따라서 온도가 높은 열대지역에서 항공기가 이륙할 때는 활주로 주위의 대기밀도가 상대적으로 낮다. 따라서 항공기가 이륙하기 위해 활주로에서 가속할 때 더디게 양력이 증가하므로 보다 긴 이륙 활주거리가 필요하게 된다.

(3) 온도

온도(temperature, T)**는 뜨겁고 차가운 정도를 나타내는 상태량**이다. 공기의 온도는 압력(p)과 부피 또는 비체적(specific volume, v)에 비례하는데, 그 관계는 아래의 이상기체 상태방정식을 통하여 정의할 수 있다. 여기서, 비체적은 기체의 부피($\forall$)를 기체의 질량(m)으로 나눈 값이다. 만약 온도(T)가 일정하면 압력(p)과 비체적(v)은 반비례한다. 즉, 비체적이 2배가 되면 압력은 절반으로 감소한다. 또한, 비체적이 일정하면 압력과 온도는 비례하므로 온도가 2배가 되면 압력도 2배로 증가한다. 그리고 압력이 일정한 경우에는 온도와 비체적은 비례한다.

$$\text{이상기체 상태방정식: } pv = RT$$

여기서, R은 기체상수(gas constant)라고 하는데, 이상기체 상태방정식에서 압력과 부피의 곱이 온도와 같아지도록 하는 일종의 비례상수이며 기체의 종류에 따라 고유한 값을 가진다. 공기의 기체상수의 값과 단위는 다음과 같다.

$$\text{공기(air)의 기체상수: } R = 287 \ \frac{J}{kg \cdot K} = 0.287 \ \frac{kJ}{kg \cdot K}$$

또한, 비체적은 부피를 질량으로 나눈 것으로, 이는 밀도(ρ)의 역수와 동일하므로 위의 이상기체 상태방정식을 다음과 같이 밀도를 포함하여 표현할 수도 있다.

$$\text{비체적: } v = \frac{1}{\rho}$$

$$\text{이상기체 상태방정식: } p = \rho RT, \quad pv = RT$$

이상기체(ideal gas)는 위의 상태방정식에 따라 기체의 온도, 부피 또는 밀도, 압력의 관계가 정의되는 기체를 말한다. 공기도 이상기체에 포함되기 때문에 공기의 압력, 부피(밀도), 온도 중 두 가지가 정의되면 나머지는 이상기체 상태방정식을 통하여 구할 수 있다.

온도의 일반적 단위는 다음과 같이 섭씨(°C) 또는 화씨(°F)로 정의한다.

SI 단위: [°C]　　**영국단위:** [°F]

그런데 높은 고도에서는 대기의 온도가 음(−)의 값, 즉 영하가 되는데 이상기체 상태방정식을 통하여 압력과 온도를 구하는 경우 음(−)의 압력 또는 음(−)의 부피가 정의될 수 있다. 특히, 부피가 음수가 되는 것은 물리적으로 불가능하므로 음(−)의 온도값이 배제되는 **절대온도의 단위인 K**(Kelvin)을 사용한다. 온도가 감소할수록 기체의 부피가 감소하는데, **−273°C는 기체의 부피가 '0'이 되는 온도**로서 그 이하의 온도는 정의되지 않는다. 따라서 −273°C를 0 K이라고 하면 모든 온도는 양(+)의 값으로 나타낼 수 있다. 즉, **절대온도는 섭씨온도에 273을 더하여 정의**한다. 영국단위 기준 절대온도의 단위는 °R(Rankine)이고 −460°F가 0°R에 해당한다. 따라서 **영국단위의 절대온도는 화씨온도에 460**을 더하여 나타낸다.

절대온도 SI 단위: [K] = [°C] + 273
영국단위: [°R] = [°F] + 460

(4) 전단응력

유체가 고체의 표면을 따라 평행하게 흐를 때 표면과 유체입자들 사이의 마찰 때문에 유체의 속도가 감소한다. 즉, 유체의 흐름에 저항하며 유체의 속도를 감소시키는 힘을 마찰력(friction force)이라고 한다. 그리고 다음과 같이 **일정 면적(A)에 평행하게 작용하는 마찰력(F)을 전단응력**(shear stress, τ)이라고 정의한다. 전단응력은 압력(p)과 물리적 차원이 동일하다. 단, 압력은 일정 면적에 수직으로 작용하는 힘인 반면, 전단응력은 일정 면적에 평행하게 작용하는 힘이다. 항공역학에서의 **전단응력은 항공기 표면과 공기입자들 사이의 마찰에 의하여 발생**한다.

$$\text{전단응력}(\tau) = \frac{\text{전단력}(F)}{\text{면적}(A)}$$

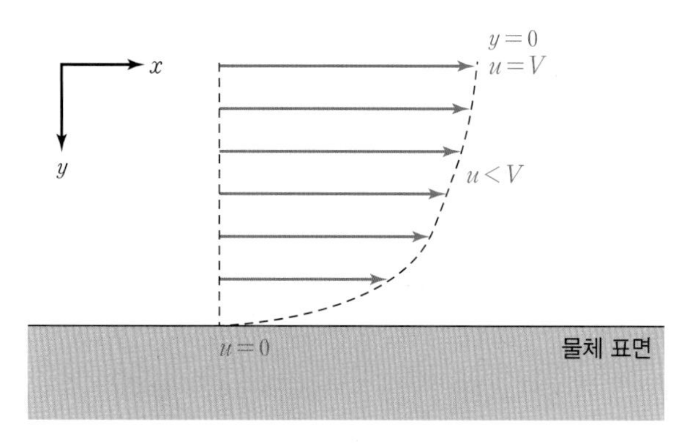

[그림 1-7] 물체 표면을 지나는 유체의 속도 변화

[그림 1-7]에서 볼 수 있듯이, 유체입자들이 x방향으로 흐를 때 물체 표면의 영향이 없을 만큼 멀리 떨어진 위치($y=0$)에서 유체입자들은 $u=V$의 속도로 흐른다. 하지만 물체 표면에 가까워질수록 유체입자들의 속도는 감소하고($u<V$), 물체 표면에서는 속도가 $u=0$이 된다. 즉, 물체 표면의 영향이 없어서 마찰력이 작용하지 않는 위치에서($y=0$)의 전단응력은 $\tau=0$이므로 유체입자들이 최고 속도로 흐르는데, y방향으로 물체 표면에 가까워질수록 전단응력이 증가하여 속도가 감소하며, 전단응력이 최대가 되는 물체 표면에서는 유체입자들의 속도가 최소가 된다.

이렇게 유체의 속도는 y방향으로 변화(감소)하는데, 이를 수학적으로 표현하면 y에 대한 속도(u)의 변화율, 즉 du/dy이다. 그리고 마찰력, 즉 전단응력이 커져서 유체의 속도가 많이 감소한다는 것은 그만큼 속도의 변화율이 크다는 것을 의미한다. 다시 말하면 전단응력은 속도의 변화율인 du/dy에 비례한다.

한편 유체입자가 서로 붙어 있으려고 하는 성질을 점성(viscosity)이라고 하고, 점성의 크기는 점성계수(coefficient of viscosity, μ)로 정의한다. 그리고 마찰력, 즉 전단응력은 점성이 클수록 증가하므로 전단응력은 점성계수에 비례한다. 정리하면, 전단응력(τ)은 속도의 변화율(du/dy)과 점성계수(μ)에 비례하므로 다음의 관계식으로 전단응력을 나타낼 수 있다.

$$\text{전단응력: } \tau = \mu \frac{du}{dy}$$

점성계수(μ)는 유체에 따라 특정한 값을 가지고, 온도와 압력의 변화에 따라 달라진다. 점성계수의 단위는 다음과 같다.

$$\textbf{SI 단위: } \left[\frac{\mathrm{N \cdot s}}{\mathrm{m^2}}\right] = [\mathrm{Pa \cdot s}] \qquad \textbf{영국단위: } \left[\frac{\mathrm{lbf \cdot s}}{\mathrm{ft^2}}\right]$$

점성계수는 경우에 따라 동점성계수(kinematic viscosity, ν)로 나타내기도 한다. 동점성계수는 점성계수(μ)를 밀도(ρ)로 나누어 정의한다.

$$\text{동점성계수: } \nu = \frac{\mu}{\rho}$$

$$\textbf{SI 단위: } \left[\frac{\mathrm{m^2}}{\mathrm{s}}\right] \qquad \textbf{영국 단위: } \left[\frac{\mathrm{ft^2}}{\mathrm{s}}\right]$$

- **항공역학**(aerodynamics) : 공기역학이라고 일컫기도 하는데, 다양한 형태로 흐르는 공기(air)가 날개와 항공기 주위를 지날 때 공기와 항공기의 상호작용에 의하여 양력(lift)과 항력(drag)이라는 힘이 발생하는 원리를 다루는 학문이다.
- **기본 물리량[단위]** : 질량 [kg], 길이 [m], 시간 [sec]
- 속도$(V) = \dfrac{\text{거리 또는 길이}(l)}{\text{시간}(t)}$ 단위기호: $\left[\dfrac{\text{m}}{\text{s}}\right]$
- 가속도$(a) = \dfrac{\text{속도}(V)}{\text{시간}(t)}$ 단위기호: $\left[\dfrac{\text{m}}{\text{s}^2}\right]$
- 운동량(p) = 질량(m) × 속도(V) 단위: $\left[\text{kg}\dfrac{\text{m}}{\text{s}}\right]$
- **운동량 보존의 법칙** : 물체에 외부의 힘이 작용하지 않으면 운동량 또는 속도는 일정
- 힘(F) = 질량(m) × 가속도(a) 단위: $\left[\text{kg}\dfrac{\text{m}}{\text{s}^2}\right]=[\text{N}]$
- 중력가속도$(g) = 9.8\ \text{m/s}^2$
- 중량(W) = 질량(m) × 중력가속도(g) 단위: 1 kgf = 9.8 N
- 일(W) 또는 에너지(E) = 힘(F) × 거리(L) 단위: [N·m] = [J]
- 모멘트(M) = 힘(F) × 모멘트 암의 길이(L) 단위: [N·m]
- 일률 또는 동력$(P) = \dfrac{\text{일}(W)\text{ 또는 에너지}(E)}{\text{시간}(t)}$ = 힘(F) × 속도(V) 단위: [J/s] = [W]
- 선속도(v) = 회전속도(ω) × 회전면 반지름(R)
- 회전속도$(\omega) = \dfrac{\text{선속도}(v)}{\text{회전면 반지름}(R)}$
- 압력$(p) = \dfrac{\text{수직힘}(F)}{\text{면적}(A)}$ 단위: $\left[\dfrac{\text{N}}{\text{m}^2}\right] = [\text{Pa}]$
- **정압**(static pressure, p) : 기체가 흐르거나 정지해 있어도 각각의 기체입자들은 모든 방향으로 무질서하게 운동하기 때문에 발생하는 압력으로, 물체에 작용하는 정압은 표면에 수직으로 작용하는 압력이다.
- **동압**(dynamic pressure, $q = \frac{1}{2}\rho V^2$) : 유동 속의 모든 기체입자들이 함께 일정한 방향과 속도로 이동할 때 나타나는 압력으로, 유동의 속도와 밀도가 증가하면 동압이 증가한다.
- **전압**(total pressure, p_t) : 정압과 동압의 합

$$\text{전압}(p_t) = \text{정압}(p) + \text{동압}(q) = p + \frac{1}{2}\rho V^2$$

- 밀도$(\rho) = \dfrac{\text{질량}(m)}{\text{부피}(V)}$　　단위: $1\left[\dfrac{\text{kg}}{\text{m}^3}\right] = \dfrac{1}{9.8}\left[\text{kgf}\cdot\dfrac{\text{s}^2}{\text{m}^4}\right]$
- 비체적(specific volume, v) : $v=\dfrac{1}{\rho}$
- 온도(temperature, T) : 뜨겁고 차가운 정도를 나타내는 상태량
- 이상기체 상태방정식 : $pv = RT$ 또는 $p = \rho RT$　(T: 온도)
- 공기(air)의 기체상수 : $R=287\dfrac{\text{J}}{\text{kg}\cdot\text{K}}=0.287\dfrac{\text{kJ}}{\text{kg}\cdot\text{K}}$
- 절대온도 단위 : [K] = [℃] + 273
- 점성계수(coefficient of viscosity) : μ　　단위: $\left[\dfrac{\text{N}\cdot\text{s}}{\text{m}^2}\right]=[\text{Pa}\cdot\text{s}]$
- 동점성계수(kinematic viscosity) : $\nu = \dfrac{\mu}{\rho}$　　단위: $\left[\dfrac{\text{m}^2}{\text{s}}\right]$
- 전단응력(shear stress) : $\tau = \mu\dfrac{du}{dy}$　(du/dy : 속도의 변화율)

PRACTICE

01 다음 중 기본 물리량에 해당하지 않는 것은?

① 힘 [N]　② 시간 [sec]
③ 길이 [m]　④ 질량 [kg]

해설 기본 물리량[단위]에는 질량[kg], 길이[m], 시간[sec]이 있다.

02 다음 중 힘(F)을 질량(m)과 가속도(a)로 바르게 정의한 것은?

① $F=m+a$　② $F=m-a$
③ $F=ma$　④ $F=m/a$

해설 힘(F)은 질량(m)×가속도(a)로 정의한다.

03 중량(weight)을 바르게 정의한 것은?

① 질량×속도　② 질량×중력가속도
③ 질량×운동량　④ 질량×거리

해설 중력(W)=질량(m)×중력가속도(g)로 정의한다.

04 다음 중 $1.225\,kg/m^3$와 동일한 것은?

① $0.125\,kgf\cdot s^2/m^4$
② $0.125\,kgf\cdot s/m^4$
③ $12.0\,kgf\cdot s^2/m^4$
④ $12.0\,kgf\cdot s/m^4$

해설 $1\,kgf=9.8\,N=9.8\left[kg\frac{m}{s^2}\right]$이므로,
$1\left[\frac{kg}{m^3}\right]=\frac{1}{9.8}\left[kgf\cdot\frac{s^2}{m^4}\right]$이다. 따라서 $1.225\,kg/m^3$
$=\frac{1.225}{9.8}kgf\cdot s^2/m^4=0.125\,kgf\cdot s^2/m^4$이다.

05 일(work)의 단위인 Joule(J)을 기본 물리량의 단위로 바르게 정의한 것은?

① $kg\frac{m}{s}$　② $kg\frac{m}{s^2}$
③ $kg\frac{m^2}{s}$　④ $kg\frac{m^2}{s^2}$

해설 일(에너지)의 단위인 Joule은 $[J]=[N\cdot m]=\left[kg\frac{m}{s^2}\cdot m\right]=\left[kg\frac{m^2}{s^2}\right]$의 기본 물리량 단위로 나타낸다.

06 일률(P)에 대한 설명 중 바르지 않은 것은?

① 일(W)을 시간(t)으로 나누어 정의한다.
② 일률은 에너지(E)와 같은 물리량이다.
③ 힘(F)×속도(V)로 나타낼 수 있다.
④ 단위는 [W]이다

해설 일률은 동력과 같은 물리량이다.

07 다음 중 유체의 압력에 대한 설명 중 사실과 가장 다른 것은?

① 압력은 일정 면적에 수직으로 작용하는 힘이다.
② 전압(p_t)은 정압(p)과 동압(q)의 합이다.
③ 유체의 속도가 2배가 되면 동압도 2배가 된다.
④ 유체가 저속으로 흐를 때 전압은 일정하다.

해설 동압은 $q=\frac{1}{2}\rho V^2$으로 정의하므로 유체의 속도(V)가 2배가 되면 동압은 4배가 된다.

08 압력(pressure)을 바르게 정의한 것은?

① 수직힘×면적　② 수직힘÷면적
③ 수평힘×면적　④ 수평힘÷면적

해설 압력은 $\frac{수직힘(F)}{면적(A)}$으로 정의한다.

09 밀도가 $1.225\,kg/m^3$인 대기에서 항공기가 $100\,m/s$의 속도로 비행할 때 동압을 가장 바르게 정의한 것은?

① 6,125 Pa　② 6,125 N
③ 61.25 Pa　④ 61.25 N

해설 동압은 $q=\frac{1}{2}\rho V^2$으로 정의하므로,
$q=\frac{1}{2}\times1.225\frac{kg}{m^3}\times100^2\frac{m^2}{s^2}=6,125\frac{kg\frac{m}{s^2}}{m^2}=$
$6,125\frac{N}{m^2}=6,125\,Pa$이다.

정답 1. ① 2. ③ 3. ② 4. ① 5. ④ 6. ② 7. ③ 8. ② 9. ①

10 밀도(density)의 단위를 가장 바르게 나타낸 것은?

① kg/m^2 ② kg/m^3
③ kgf/m^2 ④ kgf/m^3

해설 밀도는 일정 부피에 포함된 물질의 양으로 정의하고, 단위는 $\left[\frac{kg}{m^3}\right]$이다.

11 절대온도 기준으로 0 K이 되는 것은?

① 273°C ② −273°C
③ 460°C ④ −460°C

해설 절대온도는 [K] = [°C] + 273으로 정의하므로, 절대온도를 기준으로 0 K이 되는 섭씨온도는 −273°C이다.

12 밀도가 $0.1 kgf \cdot s^2/m^4$인 대기를 120 m/s의 속도로 비행할 때 동압은 몇 kgf/m^2인가? [항공산업기사 2018년 3회]

① 520 ② 720
③ 1,020 ④ 1,220

해설 동압은 $q = \frac{1}{2}\rho V^2$으로 정의하므로,

$$q = \frac{1}{2} \times 0.1 kgf \cdot \frac{s^2}{m^4} \times 120^2 \frac{m^2}{s^2} = 720 kgf/m^2$$

이다.

13 이상기체의 온도(T), 밀도(ρ), 그리고 압력(p)과의 관계를 옳게 나타낸 식은? (단, V: 체적, v: 비체적, R: 기체상수이다.) [항공산업기사 2018년 2회]

① $p = TV$ ② $pv = RT$
③ $p = \frac{RT}{\rho}$ ④ $p = RV$

해설 이상기체 상태방정식은 $pv = RT$ 또는 $p = \rho RT$로 정의한다.

14 물체에 작용하는 공기력에 대한 설명으로 옳은 것은? [항공산업기사 2013년 4회]

① 공기력은 공기의 밀도와 속도의 제곱에 비례하고 면적에 반비례한다.
② 공기력은 공기의 밀도와 속도의 제곱에 반비례하고 면적에 반비례한다.
③ 공기력은 속도의 제곱에 비례하고 공기밀도와 면적에 비례한다.
④ 공기력은 공기의 밀도와 속도의 제곱에 반비례하고 면적에 비례한다.

해설 공기력은 동압에 비례하는데 동압은 $q = \frac{1}{2}\rho V^2$으로 정의하므로, 공기력은 밀도(ρ)와 속도의 제곱(V^2)에 비례하고 면적에 반비례한다.

15 다음 중 동압, 정압 및 전압과의 관계가 옳은 것은? [항공산업기사 2013년 2회]

① 동압 = 전압 × 정압
② 전압 = 정압 + 동압
③ 정압 = 전압 + 동압
④ 정압 = 동압 ÷ 전압

해설 정압과 동압의 합을 전압(total pressure)이라고 한다.

정답 10. ② 11. ② 12. ② 13. ② 14. ① 15. ②

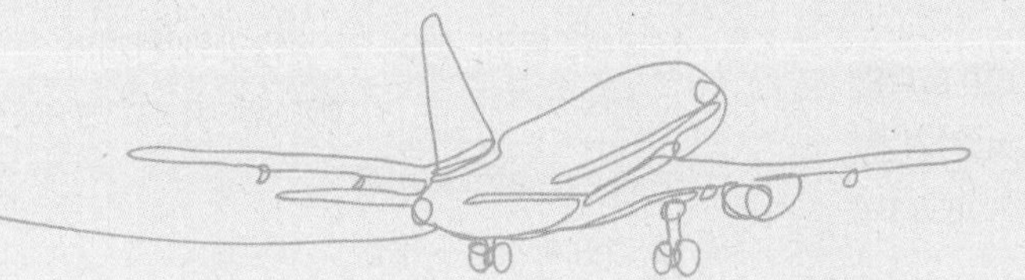

Principles of Aerodynamics

CHAPTER **02**

기본 물리법칙과 유체역학 기본 공식

2.1 질량 보존의 법칙과 연속방정식 | 2.2 운동량 보존의 법칙과 운동량 방정식

2.3 관성, 가속도, 작용-반작용의 법칙 | 2.4 각운동량 보존의 법칙

2.5 에너지 보존의 법칙과 베르누이 방정식 | 2.6 벤투리 효과

2.7 피토 정압관의 속도 측정 원리

CHAPTER 2

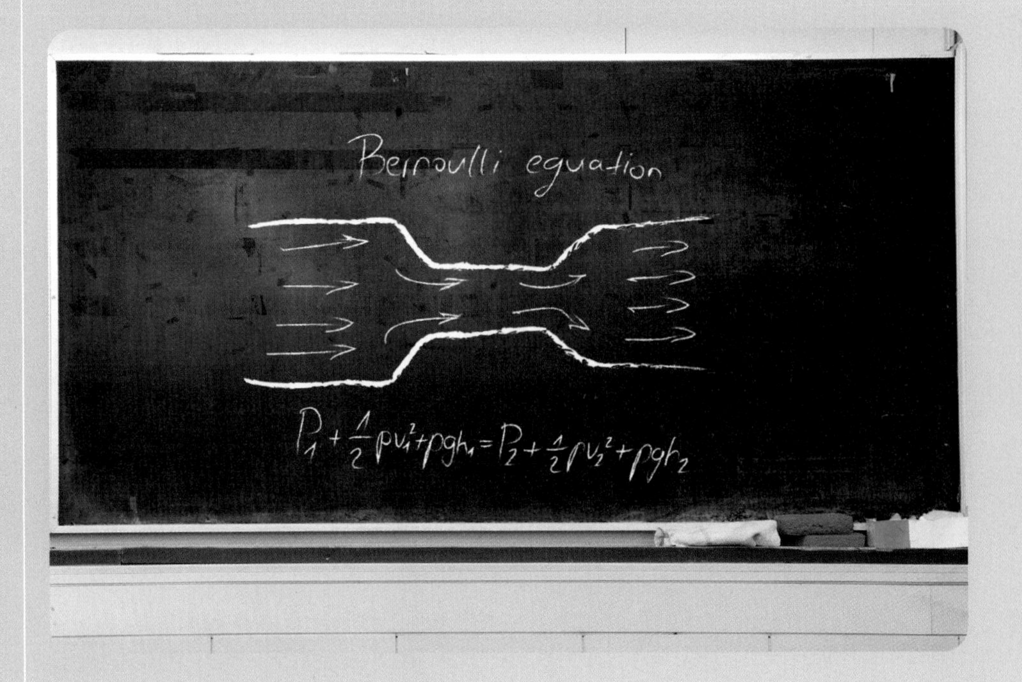

파이프의 단면적이 줄어들면 그 안을 지나는 유체의 속도는 빨라지고 압력은 높아진다. 파이프의 단면적과 유체 흐름의 속도가 반비례하는 것은 기본 물리법칙 중 하나인 질량 보존의 법칙에서 나온 연속방정식(continuity equation)으로 설명할 수 있다. 또한, 유체 흐름의 속도와 압력의 반비례 관계는 에너지 보존의 법칙에서 유도된 베르누이 방정식(Bernoulli's equation)으로 정의한다. 연속방정식과 베르누이 방정식을 유체역학의 기본 방정식이라고 일컫는데, 특히 베르누이 방정식은 항공기를 공중에 뜨게 하는 양력(lift)의 발생원리를 설명하는 데 사용되므로 항공역학에서 가장 중요한 방정식 중 하나이다.

2.1 질량 보존의 법칙과 연속방정식

항공역학과 관계된 공기의 운동과 상태는 **연속방정식**, **운동량 방정식**, **베르누이 방정식** 등 유체역학의 기본 방정식으로 설명할 수 있다. 그리고 이러한 유체역학의 기본 방정식은 기본 물리 법칙, 즉 **질량 보존의 법칙**, **운동량 보존의 법칙** 그리고 **에너지 보존의 법칙**으로부터 도출되었다.

우선 질량 보존의 법칙에서 연속방정식을 유도하는 과정을 설명하도록 한다. **질량 보존의 법칙**(the law of conservation of mass)**은 일정한 경계 내의 물질의 질량은 새로 생성되거나 없어지지 않고 시간과 관계없이 일정**함을 설명한다. [그림 2-1]과 같이, 단면적이 점점 좁아지는 노즐(nozzle) 내부를 공기가 흐르고 있다고 하자. 이때 노즐의 형상이 경계가 되고, 공기는 물질에 해당한다. 그러므로 노즐 입구(inlet)로 들어갈 때의 유체 질량과 노즐 출구(outlet)에서 나올 때의 유체 질량은 시간에 따라 변화하지 않고 일정하다. 왜냐하면 노즐 내부를 통과할 때 유체의 질량은 증가하거나 감소할 수 없기 때문이다.

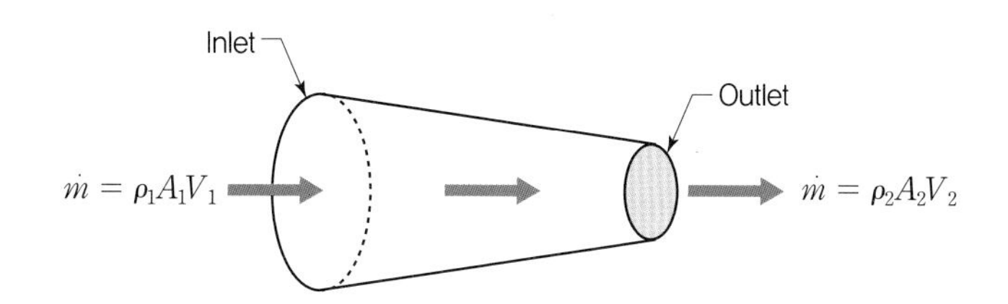

[그림 2-1] 노즐 내부를 흐르는 유동에 대한 연속방정식

시간당 질량을 질량유량(mass flow rate)으로 정의하는데 단위는 [kg/s]이다. 질량 보존의 법칙에 의하면 노즐로 들어갈 때의 공기의 질량유량과 나올 때의 질량유량은 같다고 표현할 수 있다. 그런데 밀도·속도·단면적의 단위의 곱은 다음과 같이 질량유량의 단위와 같기 때문에 질량유량은 물리적으로 경계 내부를 흐르는 유체의 밀도, 속도, 그리고 경계, 즉 통로의 단면적의 곱으로 정의할 수 있다.

$$\text{밀도} \times \text{속도} \times \text{단면적} \rightarrow \text{단위: } \left[\frac{\text{kg}}{\text{m}^3}\right] \times \left[\frac{\text{m}}{\text{s}}\right] \times [\text{m}^2] = \left[\frac{\text{kg}}{\text{s}}\right] \rightarrow \text{질량유량}$$

그러므로 노즐 입구를 기준으로 유체의 '밀도 × 속도 × 입구 면적'은 출구 기준 유체의 '밀도 × 속도 × 출구 면적'과 항상 같다. 뿐만 아니라 노즐 내부 어느 위치에서도 공기의 밀도, 속도, 단면적의 곱은 항상 일정하므로 다음과 같은 식으로 표현할 수 있는데, 이를 **연속방정식**(continuity equation)이라고 한다. 따라서 연속방정식은 질량 보존의 법칙에서 도출되어 유체의 밀도, 속도, 유체가 흐르는 통로의 단면적의 관계를 설명한다.

$$연속방정식:\ \rho_1 A_1 V_1 = \rho_2 A_2 V_2 = \text{constant}(일정)$$

만약 유동의 속도가 느린 **비압축성 유동**(incompressible flow)**이라면 밀도는 변화 없이 항상 일정하다**($\rho_1 = \rho_2$). 따라서 저속, 즉 비압축성 유동에 대한 연속방정식은 다음과 같다.

$$연속방정식(비압축성\ 유동):\ A_1 V_1 = A_2 V_2 = \text{constant}(일정)$$

저속 비압축성 유동에 대한 연속방정식에 의하면 **유체의 속도와 유체가 지나는 통로의 단면적은 반비례**한다. 호스의 끝을 손가락으로 눌러 출구의 면적을 작게 하면 출구에서 물이 분출되는 속도가 빨라지는 현상도 연속방정식으로 설명할 수 있다. 또한, 단면적이 좁아지는 노즐을 통하여 유체의 속도를 증가시킬 수 있다. 항공기의 추진기관인 제트엔진도 후방에 노즐을 부착하여 엔진에서 분출되는 제트를 가속시킨다.

하지만 연속방정식을 통하여 설명하는 유동의 속도와 단면적의 반비례 관계는 저속, 즉 소리가 전파되는 속도인 음속보다 낮은 아음속(subsonic) 유동에만 적용할 수 있고, 음속보다 빠른 속도로 흐르는 초음속(supersonic) 유동에 대해서는 성립하지 않는다.

출구 면적을 최소화한 Boeing F/A-18E 전투기의 엔진 노즐(nozzle). 노즐의 면적이 감소하면 연속방정식에 의하여 분출되는 제트의 속도는 증가한다. 그러나 이러한 현상은 속도가 낮은 아음속 제트가 분출될 때 나타나고, 초음속으로 제트가 분출되는 경우 제트의 속도는 면적에 비례하여 증가한다.

2.2 운동량 보존의 법칙과 운동량 방정식

앞서 설명한 바와 같이, 운동량(p)은 물체의 질량(m)과 속도(V)의 곱으로 정의된 바 있다.

$$p = mV$$

운동량 보존의 법칙(the law of conservation of momentum)**은 운동하는 물체에 외부 힘**(외력)**이 작용하지 않으면 물체의 운동량은 보존된다**는 것을 의미한다. 이는 물체에 힘이 작용하면 운동량은 보존되지 않고 시간의 흐름에 따라 변화한다고 해석할 수 있다. 다시 말하면, 힘(F)은 시간에 대하여 운동량을 변화시키는데, 이를 수학적으로 표현하면 아래와 같다.

$$F = \frac{d}{dt}p = \frac{d}{dt}mV$$

즉, 시간의 변화에 대한 운동량의 변화로 힘을 표현할 수 있는데, 이를 **운동량 방정식**(momentum equation)이라고 한다.

운동량 방정식: $F = \frac{d}{dt}mV$

위 식의 질량에 대한 시간의 미분$\left(\frac{d}{dt}m\right)$을 질량유량($\dot{m}$)이라고 하고, 질량유량은 연속방정식에서 정의한 바와 같이 밀도와 유동의 단면적, 그리고 유동의 속도의 곱과 같다($\dot{m} = \rho AV$). 따라서 힘은 다음과 같이 표현할 수도 있다.

$$F = \dot{m}V = \rho AV \cdot V$$

위의 운동량 방정식을 기반으로 프로펠러(propeller)에서 발생하는 추력을 구하는 계산식을

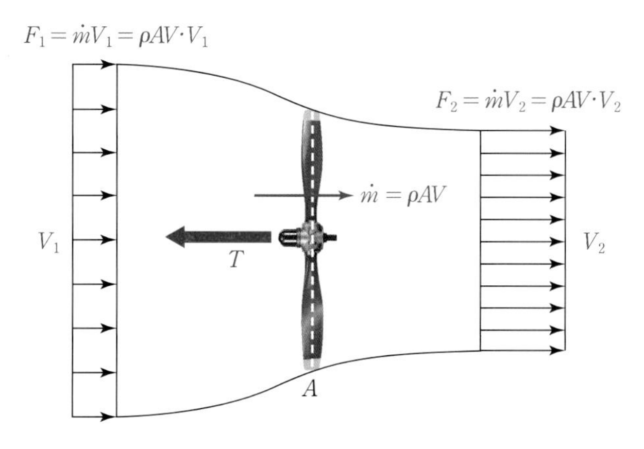

[그림 2-2] 운동량 방정식에 의한 프로펠러(propeller) 추력(T)의 정의

도출할 수 있다. 즉, [그림 2-2]와 같이 회전하는 프로펠러는 항공기 전방의 공기 유동을 가속하고 후방으로 분출하여 이때 발생하는 반작용으로 추력을 만들어낸다.

프로펠러 회전에 의한 유동의 가속으로 프로펠러 후방의 유동속도(V_2)는 프로펠러 전방의 속도(V_1)보다 빠르다. 이에 따라 위에 제시된 힘의 관계식에 의하여 프로펠러 후방 유동의 힘 ($F_2 = \dot{m}V_2$)이 전방 유동의 힘($F_1 = \dot{m}V_1$)보다 커지며, 그 힘의 차이에 의하여 추력(T)이 발생한다. 이때 질량보존의 법칙에 의하여 프로펠러를 지나는 유동의 질량유량($\dot{m}$)은 일정하다. 이를 식으로 정리하면 다음과 같고, 이 식을 이용하여 프로펠러가 만들어 내는 추력을 계산할 수 있다.

$$T = F_2 - F_1 = \dot{m}(V_2 - V_1) = \rho A V(V_2 - V_1)$$

2.3 관성, 가속도, 작용-반작용의 법칙

운동량 보존의 법칙은 물체에 외부의 힘이 가해지지 않으면 운동량은 일정하다는 것이다. 운동량은 운동의 관성(inertia)이라고 할 수 있기 때문에 운동량 보존의 법칙은 **관성의 법칙**(the law of inertia)으로 해석되기도 한다. 즉, **뉴턴 제1법칙인 관성의 법칙은 외부의 힘이 작용하지 않으면 정지한 물체는 계속 정지($V = 0$)하려고 하고, 일정 속도(V)로 운동하는 물체는 계속 운동하려고 하는 경향성을 설명한다.**

뉴턴 제2법칙은 **가속도의 법칙**(the law of acceleration)이다. 외부의 힘이 물체에 작용하지 않으면 운동량(mV), 즉 속도(V)는 일정하다는 운동량 보존의 법칙을 바꾸어 말하면 물체에 힘이 작용하면 시간에 따라 운동량 또는 속도가 변화한다고 이해할 수 있다. 그리고 시간에 대한 속도의 변화를 가속도(a)로 정의한다. 그러므로 **물체에 힘을 가하면 물체는 가속하는 운동을 하게 되는데** 이를 **가속도의 법칙**이라고 한다.

운동량 보존의 법칙에서 파생되는 또 하나의 중요 역학적 법칙은 **뉴턴 제3법칙**으로 불리는 **작용-반작용의 법칙**(the law of action-reaction)이다. 이번에는 상호작용을 하는 복수의 물체가 만들어내는 운동량을 기준으로 한다. A와 B라는 두 개의 물체가 동일한 속도로 움직이다가 충돌하여 A는 속도가 감소하고 B는 속도가 증가한 경우를 생각해 보자. 두 물체의 질량은 충돌 후에도 일정하지만 달라진 속도 때문에 각각의 운동량은 변화한다. 즉, A는 운동량이 감소했지만 그만큼의 운동량이 B로 전달되어 B의 속도는 증가한다. 그런데 두 물체의 운동량 총합을 기준으로 볼 때 운동량의 변화는 없는데, 이는 운동량 보존의 법칙으로 설명된다.

1장에서 시간에 대한 운동량(p)의 변화는 힘(F)으로 정의하였다.

$$\frac{d}{dt}p = \frac{d}{dt}mV = m\frac{d}{dt}V = ma = F$$

즉, 두 물체가 부딪치는 동안의 시간은 두 물체에 동일하고, 같은 시간 동안 발생한 두 물체의 운동량 변화는 두 물체와 관련된 힘으로 간주할 수 있다. 만약 두 물체가 부딪쳐 A는 속도가 줄고 B는 속도가 늘었다면 A는 B에 힘을 가하여 B의 속도를 증가시켰지만, B 역시 그 만큼의 힘

장식용으로 많이 사용하는 뉴턴 요람(Newton's cradle). 운동량 보존의 법칙(the law of conservation of momentum)에 의하여 진자들이 반복적으로 서로 운동량을 교환하며 속도가 변화하면서 정지와 이동을 반복한다. 이는 하나의 물체가 다른 물체에 힘을 가하여 이동하게 만들고, 자신은 그만큼의 힘을 반대로 받아 정지하게 되는 작용-반작용 법칙(the law of action-reaction)의 예시이다.

좌측은 후기 연소기(after burner)를 작동하며 큰 추력으로 이륙 활주하는 Lockheed Martin F-16C이다. 항공기 엔진에서 만들어지는 고온·고압의 배기가스, 즉 제트(jet)를 후방으로 분출하면 작용-반작용의 법칙(the law of action-reaction)으로 항공기 역시 그만큼의 힘을 반대 방향으로 받아 앞으로 나아가게 되는데, 이를 추력(thrust)이라고 한다.

우측은 꼬리 부분에 꼬리 회전날개(tail rotor)를 장착한 Mil Mi-26 헬리콥터이다. 헬리콥터의 엔진은 회전날개(rotor)에 회전력(torque)을 가하여 회전날개를 회전시켜 양력과 추력을 발생시킨다. 그런데 작용-반작용의 법칙에 따라 엔진을 장착한 동체 역시 같은 크기의 회전력을 받아서 반대 방향으로 도는 현상이 발생한다. 따라서 동체 후방에 꼬리 회전날개를 부착하여 역회전력 또는 역토크(counter torque)를 발생시켜 동체가 도는 회전력을 상쇄시키거나 제어한다.

을 반대 방향, 즉 A에 가하여 A는 속도가 줄어들게 된다. 따라서 **작용-반작용의 법칙은 한 물체가 다른 물체에 힘을 가하면 힘을 가한 물체 역시 같은 크기의 힘을 반대 방향으로 받는다**고 정리할 수 있다.

2.4 각운동량 보존의 법칙

운동하는 물체에 힘이 가해지지 않으면 운동량은 일정하다는 것이 운동량 보존의 법칙인데, 이는 회전운동을 하는 물체에도 적용된다. 즉, **회전하는 물체는 외력이 작용하지 않으면 회전운동량 또는 각운동량**(angular momentum, L)**은 보존**되는데, 이를 **각운동량 보존의 법칙**(the law of angular momentum)이라고 부른다.

앞서 1.3절에서 각속도(ω) 또는 회전속도는 다음과 같이 선속도(v)와 회전반지름(R)으로 정의하였다.

$$\omega = \frac{v}{R}$$

그리고 회전하는 물체의 선속도는 $v = \omega R$로 나타낼 수 있다. 또한, 운동량은 $p = mV$이므로 속도 대신 회전운동의 선속도(v)를 대입하여 각운동량(L)을 다음과 같이 표현할 수 있다.

$$L = m\omega R$$

회전하는 물체의 질량은 변하지 않는다. 물체의 질량(m)은 일정하기 때문에 각운동량(L)이 보존, 즉 일정하다는 것은 각속도(ω)와 회전반지름(R)의 곱도 일정하다는 뜻이다.

$$\omega R = \text{constant}(\text{일정})$$

그러므로 **물체의 회전반지름이 증가하면 각속도, 즉 회전속도가 감소하고 반대로 회전반지름이 감소하면 회전속도가 증가**한다.

각운동량 보존의 법칙에 의하여 나타나는 이러한 물리적 현상을 **코리올리 효과**(Coriolis effect)라고 부른다. 코리올리 효과는 주위에서 쉽게 관찰할 수 있다. [그림 2-3]과 같이, 피겨 스케이트 선수가 스핀(spin) 동작을 할 때 양팔을 펴면 회전속도가 감소하고, 양팔을 몸 쪽으로 오므리면 다시 회전속도가 증가한다. 즉, 피겨 스케이팅 선수의 양팔이 회전반지름이 되기 때문에 양팔을 펴고 오므림에 따라 각운동량을 보존하기 위하여 회전속도가 달라지는 것이다.

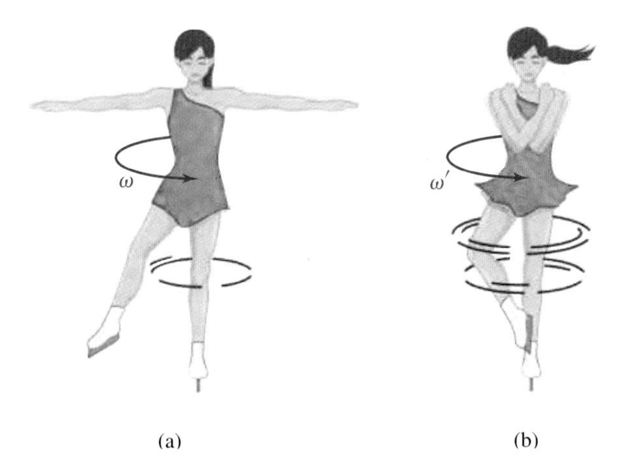

[그림 2-3] 코리올리 효과(Coriolis effect)에 의한 회전속도 변화

날개 스팬(span) 길이가 짧은 공중곡예용 복엽기(aerobatic biplane)인 Pitts S-1S. 날개가 내려가는 옆놀이운동(rolling)을 할 때 날개의 스팬 길이, 즉 회전반지름이 길면 코리올리 효과(Coriolis effect)로 인해 회전속도가 감소하여 급기동이 힘들어진다. 따라서 민첩한 기동을 해야 하는 공중곡예기는 가능한 한 스팬 길이를 짧게 하는데, 이에 따라 부족해지는 날개면적의 문제는 날개 한 쌍을 위와 아래로 겹쳐서 구성하는 복엽기 형태로 제작하면 해결할 수 있다. 그리고 날개의 폭, 즉 스팬 길이가 길면 날개가 파손되기 쉬우므로 날개의 구조를 튼튼하게 보강해야 하는데, 이로 인해 날개의 무게가 늘어나게 된다. 그런데 날개를 복엽기 형상으로 구성하여 스팬 길이를 줄이면 구조 보강에 필요한 무게를 줄여 비행기의 전체 중량을 낮출 수 있다는 장점이 있다. 하지만 위와 아래의 날개를 지지하는 복잡한 구조물 형상은 비행 중 많은 항력을 발생시키는 단점이 있다.

2.5 에너지 보존의 법칙과 베르누이 방정식

항공기 날개에서 양력이 발생하는 원리는 **베르누이 방정식**(Bernoulli's equation)을 통하여 설명할 수 있다. 즉, 날개 위를 지나는 공기의 속도가 빨라지면 날개 위의 압력(정압)은 낮아지기 때문에 날개 위쪽으로 양력이 발생한다. 베르누이 방정식은 이를 연구하고 발표한 다니엘 베르누이(Daniel Bernoulli, 1700~1782)의 이름을 따서 명명되었다.

베르누이 방정식은 **에너지 보존의 법칙**(the law of conservation of energy)**에서 도출**된다. 역학적 에너지에는 운동에너지(kinetic energy)와 위치에너지(potential energy)가 있는데, 두 에너지의 총합은 항상 일정함을 설명하는 것이 역학적 에너지 보존의 법칙이다. 운동에너지와 위치에너지는 다음과 같이 정의한다. 이때 m은 질량, V는 유체의 속도, g는 중력가속도, 그리고 h는 높이이다.

운동에너지 $E_k = \frac{1}{2} m V^2$ 단위: $[\mathrm{kg}] \times \left[\frac{\mathrm{m}^2}{\mathrm{s}^2}\right] = \left[\mathrm{kg}\frac{\mathrm{m}}{\mathrm{s}^2} \cdot \mathrm{m}\right] = [\mathrm{N} \cdot \mathrm{m}] = [\mathrm{J}]$

위치에너지 $E_p = mgh$ 단위: $[\mathrm{kg}] \times \left[\frac{\mathrm{m}}{\mathrm{s}^2}\right] \times [\mathrm{m}] = [\mathrm{N} \cdot \mathrm{m}] = [\mathrm{J}]$

위에 나타낸 바와 같이, 운동에너지와 위치에너지 공식에 포함된 각 물리량 단위의 곱을 검토해 보면 에너지의 단위인 J(joule)로 정리됨을 확인할 수 있다. 흐르는 공기의 유동에 대해서도 운동에너지와 위치에너지가 보존된다.

그런데 유체의 흐름, 즉 유동을 발생시키는 것은 압력차이다. 압력차에 의한 힘은 압력이 높은 곳에서 낮은 곳으로 유체를 흐르게 하는 일(work)을 한다. [그림 2-4]와 같이 덕트(duct) 내부를 공기가 흐른다고 가정하자. 위치 ①에서의 압력 p_1은 위치 ②에서의 압력 p_2보다 크기 때문에 압력차는 ①에서 ②로 유동이 흐르게 한다. 아울러 압력은 '힘 ÷ 면적'이고 따라서 힘은 '압력 × 면적'으로 정의된다. 그리고 압력에 의한 일은 '힘 × 이동거리'이므로 압력을 포함하여 일의 형태로 정리하면 '압력 × 면적 × 이동거리'가 된다. 일의 단위 역시 에너지와 같이 J(joule)이다.

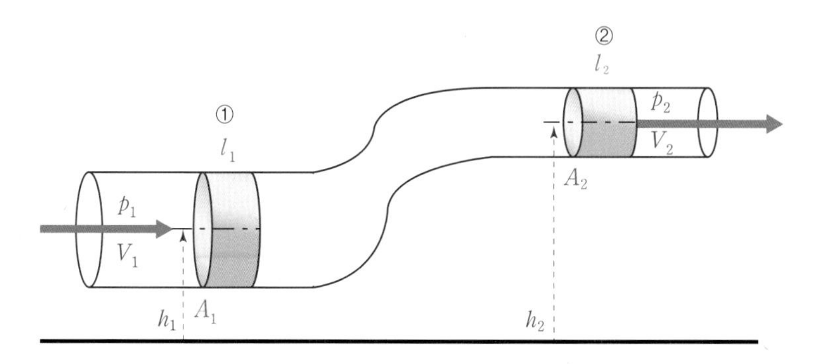

[그림 2-4] 단면적이 변하는 덕트(duct) 내부를 지나는 유동의 압력 및 속도 변화

$$압력 \times 면적 \times 거리 = pAl$$

$$단위: \left[\frac{\mathrm{N}}{\mathrm{m}^2}\right] \times [\mathrm{m}^2] \times [\mathrm{m}] = [\mathrm{N \cdot m}] = [\mathrm{J}]$$

앞서 설명한 대로 압력차에 의하여 유동이 위치 ①에서 ②로 이동하려면 $p_1 > p_2$이어야 하므로 압력차에 의한 일(work)은 다음과 같이 표현할 수 있다.

$$p_1 A_1 l_1 - p_2 A_2 l_2$$

압력차에 의한 힘 때문에 유체가 흐르게 되는데, 위치 ①과 ②에서의 면적 차이 때문에 연속방정식에 의하여 유체의 이동속도가 서로 다르고($V_1 \neq V_2$), 따라서 이동거리인 l_1과 l_2는 서로 다르다. 하지만 밀도가 일정한 **비압축성 유동**(incompressible flow)이라면 ①와 ②에서의 밀도 차이는 없고, 그러므로 공기 유동의 부피 차이도 없다($\forall_1 = \forall_2$). 즉, ①에서 일정한 부피만큼 공기가 이동했다면 ②에서도 동일한 부피의 공기가 이동한다. 그러므로 ①과 ②에서 이동 중인 공기의 부피는 일정하고($\forall_1 = \forall_2 = \forall$), 부피는 '면적 × 거리'로 정의하므로 압력차에 의한 일은 다음과 같이 다시 정리할 수 있다.

$$p_1 \forall_1 - p_2 \forall_2 = \forall(p_1 - p_2)$$

질량과 마찬가지로 에너지는 보존된다. 따라서 위치 ①과 ②에서 유동의 역학적 에너지, 즉 운동에너지와 위치에너지의 합은 일정하다. 아울러, 에너지와 일은 같은 물리량이기 때문에 압력차에 의한 일(work)도 다음과 같이 에너지 보존식에 포함한다. 여기서, h_1과 h_2는 각각 위치 ①과 ②에서의 높이이다.

$$\underset{\text{①에서의 운동에너지}}{\frac{1}{2}mV_1^2} + \underset{\text{①에서의 위치에너지}}{mgh_1} + \underset{\text{압력차에 의한 일}}{\forall(p_1 - p_2)} = \underset{\text{②에서의 운동에너지}}{\frac{1}{2}mV_2^2} + \underset{\text{②에서의 위치에너지}}{mgh_2}$$

위의 식을 부피($\forall$)로 나누고 정리하면 다음과 같다.

$$p_1 + \frac{1}{2}\frac{m}{\forall}V_1^2 + \frac{m}{\forall}gh_1 = p_2 + \frac{1}{2}\frac{m}{\forall}V_2^2 + \frac{m}{\forall}gh_2$$

그런데 $\frac{m}{\forall}$은 밀도(ρ)와 같다.

$$\frac{m}{\forall} = \rho$$

위의 정의를 이용하여 다음과 같이 정리할 수 있는데, 이를 비압축성 베르누이 방정식이라고 한다.

$$비압축성\ 베르누이\ 방정식: p_1 + \frac{1}{2}\rho V_1^2 + \rho gh_1 = p_2 + \frac{1}{2}\rho V_2^2 + \rho gh_2 = \text{constant(일정)}$$

[그림 2-5]와 같이 날개 위와 아래의 높이 차이가 크지 않다면($h_1 \approx h_2$), 비압축성 베르누이 방정식은 다음과 같이 간략하게 표현할 수 있다.

비압축성 베르누이 방정식(높이 차 무시): $p_1 + \frac{1}{2}\rho V_1^2 = p_2 + \frac{1}{2}\rho V_2^2 = \text{constant}$(일정)

베르누이 방정식은 일정 위치를 흐르는 유동의 정압(p)과 동압$\left(\frac{1}{2}\rho V^2\right)$의 합인 전압이 일정하고, 이에 따라 압력(정압)과 속도(V)가 반비례함을 나타낸다. 즉, 유동의 속도가 증가하면 유동의 정압은 감소하고, 속도가 감소하면 정압은 증가한다. 동압은 모든 공기입자들이 함께 일정 방향과 속도로 이동할 때 나타나는 압력이고, 정압은 각각의 공기입자들이 무질서하게 운동함으로써 발생하는 압력이다. 유동의 속도, 즉 동압이 높아져서 모든 공기입자들이 함께 이동하는 데 필요한 에너지가 증가하는 만큼 각각의 공기입자들이 무질서하게 운동하는 에너지가 감소하므로 정압은 낮아지게 된다. 이러한 속도와 정압의 반비례 관계를 통하여 날개에서 양력이 발생하는 원리를 설명할 수 있다. 날개의 윗면이 볼록하거나 날개 받음각을 주어 날개 윗면을 지나는 공기의 속도가 아랫면을 지나는 공기의 속도보다 빨라지면 윗면의 정압이 아랫면보다 낮아지므로 위로 향하는 힘인 양력이 발생한다.

앞서 설명한 바와 같이, 베르누이 방정식은 에너지 보존의 법칙을 기반으로 유도되었기 때문에 베르누이 방정식은 에너지의 유입이나 유출이 없는 유동에 한하여 적용할 수 있다. 예를 들어 프로펠러는 유동을 가속하여 추력을 발생시키는데 **프로펠러에 전후 유동에 대하여 베르누이 방정식을 적용할 수 없다.** 이는 엔진이라는 외부의 에너지원에 의하여 프로펠러로 에너지가 전달되기 때문에 프로펠러를 지나는 유동의 에너지는 증가하고, 따라서 **에너지가 보존된다는 가정이 성립되지 않기 때문**이다.

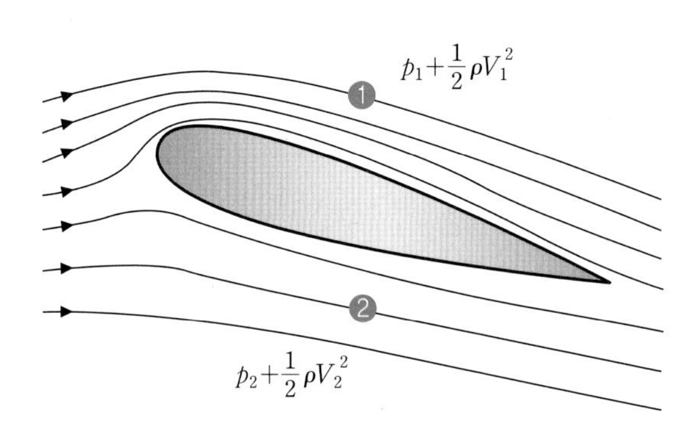

[그림 2-5] 베르누이 방정식에 의한 날개 양력 발생

또한, 유동의 속도가 초음속에 도달하여 충격파가 발생한다면 **충격파 전과 후의 위치에 대해서도 베르누이 방정식을 적용할 수 없다.** 충격파를 지나면서 발생하는 유동의 열에너지 소산(dissipation)에 의하여 유동의 에너지, 즉 전압은 감소하기 때문이다.

충격파를 거치며 압축된 유동의 내부 공기입자들이 서로 충돌하고 마찰하여 열에너지가 증가한다. 그리고 마찰에 의한 열에너지는 일부 사라지는데 이를 열에너지 소산이라고 한다. 그러므로 **비압축성 베르누이 방정식은 유동의 사이에 충격파가 발생하지 않는 저속**(low speed)**의 유동에 대해서만 적용**할 수 있다.

2.6 벤투리 효과

비압축성 연속방정식과 비압축성 베르누이 방정식으로 작동원리를 설명할 수 있는 또 다른 장치는 **벤투리관**(Venturi tube)이다. [그림 2-6]과 같이, 벤투리관은 유체가 흐르는 도관(tube)의 중간 부분 단면적이 수축하다가 다시 확대되는 형태를 하고 있다. 연속방정식은 비압축성(incompressible) 유동의 속도와 유동이 흐르는 통로의 단면적이 반비례함을 설명하므로 수축부를 흐르는 비압축성 유체의 속도는 증가($V_1 < V_2$)하게 된다. 아울러, 비압축성 베르누이 방정식은 비압축성 유동의 속도와 압력(정압)이 반비례함을 나타낸다. 따라서 단면적의 감소($A_1 > A_2$)에 따라 비압축성 유동의 압력은 감소($p_1 > p_2$)한다. 정리하면 벤투리관은 비압축성 유동의 속도를 증가시키고 압력을 감소시키기 위하여 고안된 장치이다. 그리고 **비압축성 유동이 면적이 작아지는 통로를 지나갈 때 속도가 증가하고 압력이 감소하는 현상을 벤투리 효과**(Venturi effect)라고 한다.

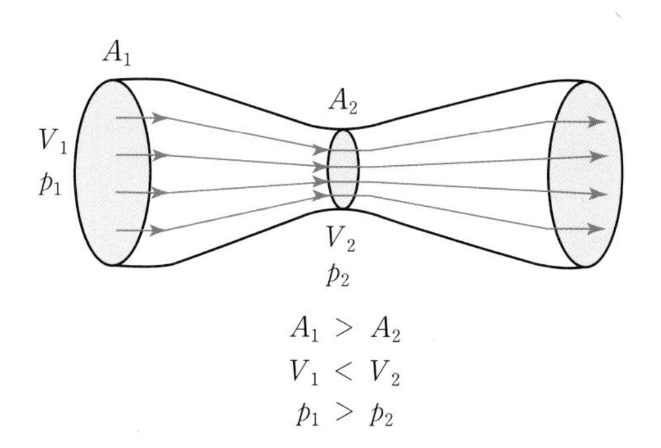

[그림 2-6] 벤투리관(Venturi tube)

벤투리관의 입구와 수축부의 면적을 각각 A_1, A_2라고 하고, 입구와 수축부에서의 속도를 각각 V_1, V_2라고 하자. 마찬가지로 입구와 수축부에서의 압력(정압)은 p_1, p_2이고, 비압축성 유동에 대한 연속방정식은 다음과 같다.

$$A_1 V_1 = A_2 V_2$$

아울러 비압축성 베르누이 방정식은 다음과 같이 정의하고 있다.

$$p_1 + \frac{1}{2}\rho V_1^2 = p_2 + \frac{1}{2}\rho V_2^2$$

입구 속도 V_1을 구하기 위하여 V_1^2에 대하여 베르누이 방정식을 정리하면 다음과 같다.

$$V_1^2 = \frac{2(p_2 - p_1)}{\rho} + V_2^2$$

그런데 비압축성 연속방정식에 의하여 $V_2 = \frac{A_1}{A_2}V_1$으로 정의할 수 있고, 이를 위의 식에 대입하여 정리하면 다음과 같다.

$$V_1^2 = \frac{2(p_2 - p_1)}{\rho} + \left(\frac{A_1}{A_2}\right)^2 V_1^2$$

$$V_1^2 - \left(\frac{A_1}{A_2}\right)^2 V_1^2 = \frac{2(p_2 - p_1)}{\rho}$$

$$V_1^2\left[1 - \left(\frac{A_1}{A_2}\right)^2\right] = \frac{2(p_2 - p_1)}{\rho}$$

$$V_1^2 = \frac{2(p_2 - p_1)}{\rho\left[1 - \left(\frac{A_1}{A_2}\right)^2\right]}$$

따라서 벤투리관의 입구 속도 V_1을 다음과 같이 나타낼 수 있다.

$$\text{벤투리관의 입구 속도} : V_1 = \sqrt{\frac{2(p_2 - p_1)}{\rho\left[1 - \left(\frac{A_1}{A_2}\right)^2\right]}}$$

즉, 수축부와 입구의 압력차$(p_2 - p_1)$와 면적비(A_1/A_2)를 알면 입구 속도 V_1을 계산할 수 있다. 면적비는 벤투리관의 형상을 통하여 알 수 있고, 압력차는 압력계 또는 액주계(manometer)를 통하여 측정한다. 특히, 압력차의 크기에 따라서 속도가 결정되고, 압력차가 클수록 속도가 빠르다.

벤투리관은 유동의 양적 크기, 즉 **유량**(flow rate, Q)**을 측정하는 유량계**(flow meter)**로도 사용**된다. 유량은 유동이 흐르는 관(tube, pipe, duct) 내부의 일정 지점에서의 유동속도(V)와 그 지점에서의 단면적(A)의 곱으로 정의한다. 물론, 질량 보존의 법칙에 의하여 관 내부 어느 지점에서나 유량은 일정하다($Q = A_1V_1 = A_2V_2$). 따라서 벤투리관을 흐르는 유량을 다음과 같이 단면적 A_1과 속도 V_1에 대한 관계식의 곱으로 표현할 수 있다.

$$\text{벤투리관의 유량}: Q = A_1 V_1 = A_1 \sqrt{\frac{2(p_2 - p_1)}{\rho\left[1 - \left(\frac{A_1}{A_2}\right)^2\right]}}$$

경비행기 동체 측면에 장착된 벤투리관(Venturi tube). 조종사에게 항공기의 자세, 방향, 경사 각도 정보를 제공하는 자이로 계기(gyroscopic instrument)는 소형 항공기의 경우 벤투리관을 통하여 발생하는 공기의 유동에 의하여 작동한다. 비행 중 항공기 동체 외부에 장착된 벤투리관의 수축부에서는 공기의 속도가 증가하여 압력이 낮아지는데, 이에 따라 벤투리관과 연결된 자이로 계기 내부의 공기는 벤투리관 쪽으로 지속적으로 흡입된다. 그러므로 자이로 계기를 지나는 공기의 흐름이 발생하고, 이는 자이로 계기를 작동시키는 자이로를 회전시키게 된다.

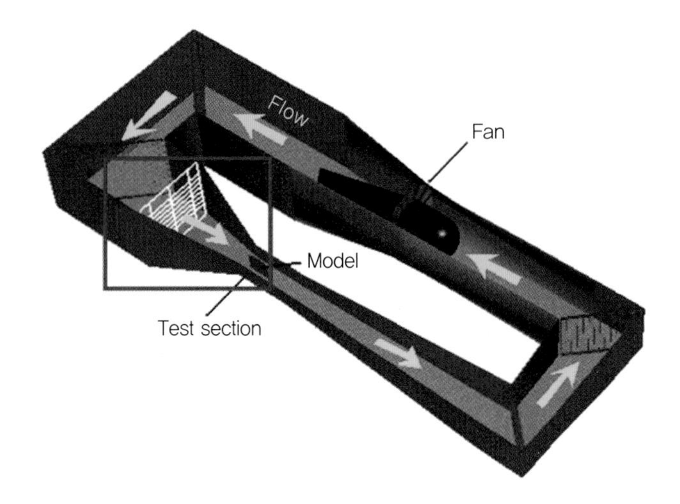

항공기의 공기역학적 성능을 측정하는 저속 풍동(subsonic wind tunnel)의 시험부(test section)에 적용된 벤투리 효과. 항공기 모형(model)이 장착되는 시험부에서 유동의 속도를 높이기 위하여 시험부 앞쪽에 면적이 감소하는 수축부를 설치하고 벤투리 효과를 통하여 유동을 가속시킨다.

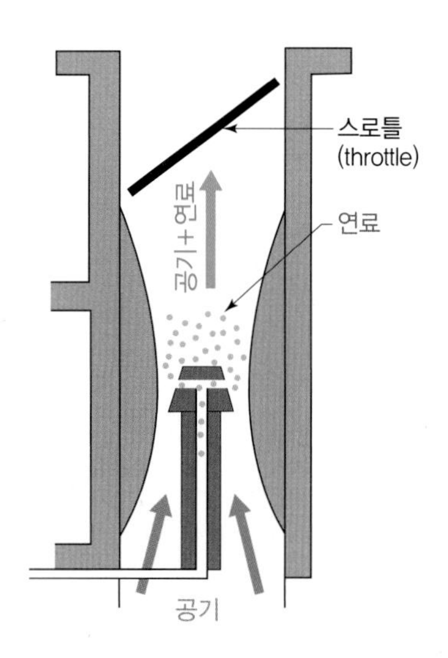

왕복엔진의 기화기(carburetor)에 적용된 벤투리 효과. 기화기의 수축부에 연료분사 장치(discharge nozzle)를 위치시켜 공기가 통과하며 가속될 때 발생하는 압력 감소에 따라 연료가 흡입되어 공기와 연료의 혼합기(air-fuel mixture)가 만들어진다.

2.7 피토 정압관의 속도 측정 원리

피토관(pitot tube)**은 항공기 외부에 장착되어 대기 속에서 비행 중인 항공기 속도를 측정하는 장치**이다. 또한, **측면에 정압구가 있는 피토관을 피토 정압관**(pitot-static tube)이라고 한다. 피토관 전면에 있는 구멍인 **전압구**(stagnation pressure hole)**에서 대기의 전압**(p_t)**을 측정**하고, 항공기 동체의 표면 또는 피토관 측면에 설치된 **정압구**(static pressure port)**를 통하여 대기의 정압**(p)**, 즉 대기압을 측정**한다. 피토관 또는 피토 정압관에서 측정된 **상대풍의 전압과 정압(대기압)의 차이로 비행속도가 도출**된다.

항공기가 대기 속에서 일정 속도로 비행할 때 공기입자들이 같은 속도로 흘러와 피토관의 전압구로 흘러 들어가게 되고, 전압구에 공기입자들이 차면서 공기의 흐름이 더 이상 없는 상태가 되어 공기 유동의 속도는 $V=0$이 된다. 동압은 $\frac{1}{2}\rho V^2$으로 정의하므로 속도가 없는 경우에 동압은 $\frac{1}{2}\rho V^2=0$이 된다.

그런데 전압구에 공기가 차고 흐름이 멈추어 속도가 0이 되지만, 비행 중 전압구 쪽으로 계속 흘러오는 공기입자들에 의하여 전압구 내부에 정체된 공기입자들을 미는 힘이 발생하게 된다. 이에 따라 전압구 안에서 공기가 정체된 상태에서도 압력이 발생하는데 이를 **정체압력**(stagnation pressure)이라고 부른다. 즉, **정체압력은 유동의 속도가 0이 될 때의 압력**이다. 그리고 **정체압력이 발생하는 지점을 정체점**(stagnation point)이라고 하는데, 피토관의 경우 전압구 앞쪽이 정체점이 된다. 따라서 피토관의 전압구는 정체압력을 측정한다.

정압구는 비행 중 상대풍의 흐름에 방해가 되지 않도록 설치되어 대기압을 측정하는 장치이다. 정압구에 공기가 흘러 들어가면 정압이 아닌 전압이 측정되기 때문에 동체 표면 또는 피토관의 측면에 매우 작은 지름의 구멍 형태로 정압구가 만들어진다. 특히, 정압구가 설치된 표면의 각도를 상대풍의 방향과 나란하게 유지하는 것이 중요하다. 만약 상대풍의 방향과 나란하지 않다면 정압구 위를 지나는 공기 유동의 속도가 변화하여 상대풍의 속도(비행속도)보다 빨라지거나 느려지므로, 정압구에서 측정하는 정압도 대기압보다 낮아지거나 높아지게 되어 정확한 대기압의 값을 측정할 수 없다.

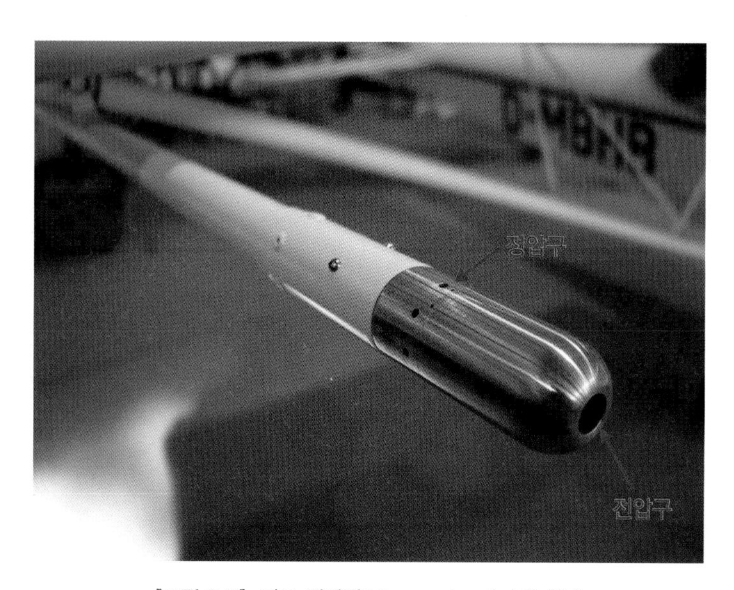

[그림 2-7] 피토 정압관(pitot-static tube)의 형태

앞서 정리한 베르누이 방정식을 통하여 피토 정압관에서 비행속도를 측정하는 원리를 설명할 수 있다. 상대풍에 대하여 [그림 2-8]과 같이 피토 정압관이 위치해 있을 때 정압구와 전압구의 위치를 각각 위치 ①과 ②로 정의하고, 아래와 같이 비압축성 베르누이 방정식을 적용한다.

$$p_1 + \frac{1}{2}\rho V_1^2 = p_2 + \frac{1}{2}\rho V_2^2$$

그런데 전압구로 들어가는 유동은 정체하게 되므로 위치 ②에서의 유동속도는 0이 되며 ($V_2 = 0$), 따라서 베르누이 방정식을 다음과 같이 나타낼 수 있다.

$$p_1 + \frac{1}{2}\rho V_1^2 = p_2$$

위치 ②에서의 동압은 없으므로$\left(\frac{1}{2}\rho V_2^2 = 0\right)$, ②에서의 정압($p_2$)은 전압($p_t$)으로 표시할 수 있다($p_2 = p_t$). 그리고 위의 베르누이 방정식에서 위치 ①에서의 정압(p_1)과 속도(V_1)를 각각 p와 V로 표시하여 다음과 같이 정리할 수 있다. 여기서 p_t는 위치 ②에서 유동의 속도가 0이 되어서

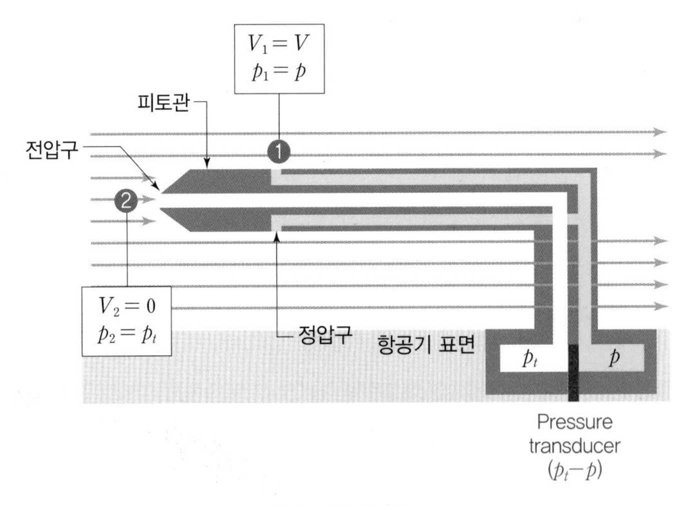

(a) 피토 정압관

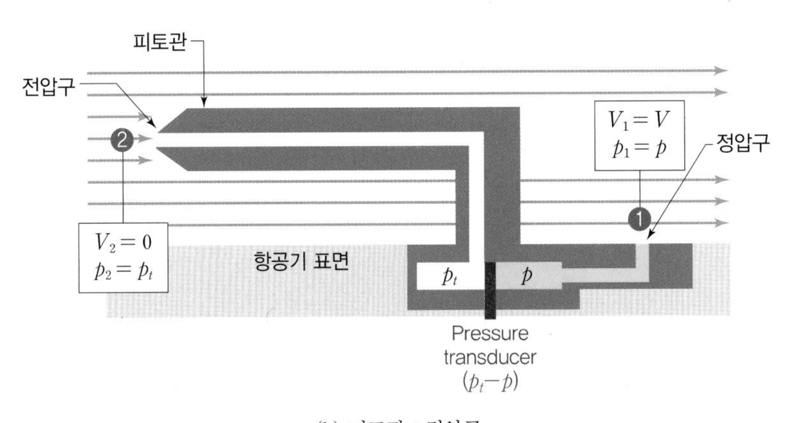

(b) 피토관+정압구

[그림 2-8] 속도 측정장치에서 전압과 정압의 차$(p_t - p)$ 측정

동압도 0이 될 때의 전압인 정체압력이다. 그리고 위치 ②에서의 정체압력은 위치 ①에서의 동압$\left(\frac{1}{2}\rho V^2\right)$, 즉 상대풍의 밀도와 속도의 제곱에 따라 증감한다.

$$p + \frac{1}{2}\rho V^2 = p_t$$

위의 식을 속도(V)에 대하여 정리하면 다음과 같이 속도 산출식을 나타낼 수 있다. 단, 다음의 속도 산출식은 비압축성 베르누이 방정식에 기반하므로 저속에서만 유효하고, 압축성 또는 충격파가 발생하는 경우에는 오차를 유발할 수 있다.

$$\text{속도 산출식: } V = \sqrt{\frac{2(p_t - p)}{\rho}}$$

위치 ①에서의 속도 V가 피토 정압관에 대한 상대풍의 속도, 즉 비행속도이다. 베르누이 방정식에서 도출된 위의 속도식에서 알 수 있듯이 비행속도는 피토 정압관을 통하여 읽어 들인 전압과 정압의 차이($p_t - p$)와 비행 중인 대기의 밀도값(ρ)으로 계산된다. 그리고 해당 비행속도를 진대기속도(True Air Speed, TAS)라고 한다.

피토관이 발명된 초창기에는 액주계(manometer)를 통하여 압력차($p_t - p$)를 측정하여 속도계기에서 속도를 지시하였지만, 최근에는 피토관 아래에 부착된 압력 변환기(pressure transducer)를 이용하여 압력차를 전기신호로 바꾸어 속도계기로 송출하여 속도를 나타낸다.

- **연속방정식** : $\rho_1 A_1 V_1 = \rho_2 A_2 V_2 = \text{constant}$(일정) ($\rho$: 유동의 밀도)
- **연속방정식(비압축성 유동)** : $A_1 V_1 = A_2 V_2 = \text{constant}$(일정), 즉 유동의 속도($V$)와 유동이 지나는 통로의 단면적($A$)은 반비례함을 설명한다.
- **뉴턴 제1법칙** : 관성의 법칙이라고도 하며, 외부의 힘이 작용하지 않으면 정지한 물체는 계속 정지하려고 하고, 일정 속도로 운동하는 물체는 계속 운동하려고 하는 경향을 설명한다.
- **뉴턴 제2법칙** : 가속도의 법칙이라고도 하며, 외부의 힘이 물체에 작용하면 물체는 가속하는 운동을 한다.
- **뉴턴 제3법칙** : 작용-반작용의 법칙이라고도 하며, 한 물체가 다른 물체에 힘을 가하면 힘을 가한 물체 역시 같은 크기의 힘을 반대 방향으로 받는다.
- **질량 보존의 법칙**(the law of conservation of mass) : 일정한 경계 내의 물질의 질량은 새로 생성되거나 없어지지 않고 시간과 관계없이 일정하다.
- **운동량 보존의 법칙**(the law of conservation of momentum) : 운동하는 물체에 외부 힘(외력)이 작용하지 않으면 물체의 운동량(momentum)은 일정하다.
- **각운동량 보존의 법칙**(the law of angular momentum) : 회전하는 물체는 외력이 작용하지 않으면 회전운동량 또는 각운동량은 일정하다. 즉 각속도(ω)와 회전반지름(R)의 곱이 일정하므로 각속도와 회전반지름은 반비례한다.
- **코리올리 효과**(Coriolis effect) : 각운동량 보존의 법칙에 의하여 나타나는 현상으로서, 물체의 회전반지름이 증가하면 각속도, 즉 회전속도가 감소하고, 반대로 회전반지름이 감소하면 회전속도가 증가한다.
- **에너지 보존의 법칙**(the law of conservation of energy) : 운동에너지(kinetic energy)와 위치에너지(potential energy)의 총합은 항상 일정하다.
- **비압축성 베르누이 방정식** : $p_1 + \frac{1}{2}\rho V_1^2 + \rho g h_1 = p_2 + \frac{1}{2}\rho V_2^2 + \rho g h_2$

  (g : 중력가속도, h : 높이)
- **비압축성 베르누이 방정식(높이 h차 무시)** : $p_1 + \frac{1}{2}\rho V_1^2 = p_2 + \frac{1}{2}\rho V_2^2$

  일정 위치를 흐르는 유동의 정압(p)과 동압$\left(\frac{1}{2}\rho V^2\right)$의 합인 전압은 일정하고, 이에 따라 유동의 정압(압력)과 속도(V)는 반비례함을 설명한다.
- **벤투리 효과**(Venturi effect) : 비압축성 유동이 면적이 좁아지는 통로를 지나갈 때 속도가 증가하고 압력이 감소하는 현상을 말한다.

- **벤투리관의 유량** : $Q = A_1 V_1 = A_1 \sqrt{\dfrac{2(p_2 - p_1)}{\rho\left[1 - \left(\dfrac{A_1}{A_2}\right)^2\right]}}$

  (V_1 : 벤투리관의 입구 속도, A_1 및 A_2 : 벤투리관의 입구 및 수축부 면적,
  p_1 및 p_2 : 벤투리관의 입구 및 수축부 압력)

- **피토관**(pitot tube) : 항공기 외부에 장착되어 대기 속에서 비행 중인 항공기 속도를 측정하는 장치이다. 전압구(stagnation pressure hole)에서 대기의 전압(p_t)과 정압구(static pressure port)에서 대기압(p)을 각각 측정하여 전압과 대기압의 차이($p_t - p$)로 속도를 산출한다.

- **정체압력**(stagnation pressure) : 유동의 속도가 $V = 0$이 될 때의 압력으로, 정체압력이 발생하는 지점을 정체점(stagnation point)이라고 한다.

PRACTICE

01 다음 보기의 괄호에 들어갈 내용으로 맞게 짝지어진 것은?

> 유체역학에서 연속방정식은 (a.)보존의 법칙에서 도출되었으며, (b.)와 (c.)의 관계를 설명하는 방정식이다.

① a. 질량 b. 속도 c. 면적
② a. 질량 b. 속도 c. 압력
③ a. 에너지 b. 속도 c. 면적
④ a. 에너지 b. 속도 c. 압력

해설 유체역학에서 연속방정식은 질량 보존의 법칙에서 도출되었으며, 비압축성 유동의 경우 유동의 속도(V)와 유동이 지나는 통로의 단면적(A)은 반비례함을 설명한다.

02 비압축성 유체가 파이프(pipe) 내부를 저속으로 흐르고 있다. 파이프의 지름이 증가할 때 유체의 속도 변화로 올바른 것은?

① 증가한다.
② 감소한다.
③ 변함이 없다.
④ 초음속이 된다.

해설 비압축성 유체에 대한 연속방정식은 $A_1V_1 = A_2V_2 =$ constant(일정)로 정의하므로, 유동의 속도(V)는 통과면적(A)에 반비례한다.

03 외력이 없는 한 정지한 물체는 계속 정지하려고 하고, 운동하는 물체는 계속 운동하려고 하는 경향성을 설명하는 물리법칙은?

① 관성의 법칙
② 가속도의 법칙
③ 작용-반작용의 법칙
④ 각운동량 보존의 법칙

해설 뉴턴 제1법칙인 관성의 법칙은 외력이 없는 한 정지한 물체는 계속 정지하려고 하고, 일정 속도로 운동하는 물체는 계속 운동하려고 하는 경향성을 설명한다.

04 항공기 제트엔진의 추진원리를 설명할 수 있는 물리법칙으로 가장 적절한 것은?

① 질량 보존의 법칙
② 각운동량 보존의 법칙
③ 가속도의 법칙
④ 작용-반작용의 법칙

해설 제트를 후방으로 분출하면 작용-반작용의 법칙(the law of action-reaction)에 따라 항공기 역시 그 만큼의 힘을 반대 방향으로 받아서 앞으로 나아가는 추력(thrust)이 발생한다.

05 각운동량 보존의 법칙을 가장 바르게 설명한 것은?

① 회전하는 물체의 각속도(회전속도)와 회전반지름은 반비례한다.
② 유체의 속도와 유체가 지나는 통로의 단면적은 반비례한다.
③ 일정 위치를 흐르는 유동의 압력(정압)과 속도는 반비례한다.
④ 운동하는 물체에 외부 힘(외력)이 작용하지 않으면 물체의 운동량은 보존된다.

해설 각운동량이 보존된다는 것은 각속도(ω)와 회전반지름(R)의 곱이 일정하므로 각속도와 회전반지름은 반비례함을 의미한다.

06 급기동을 하는 공중곡예기(acrobatic plane) 날개의 형상적 특징은?

① 날개의 스팬 길이(폭)가 길다.
② 날개의 스팬 길이(폭)가 짧다.
③ 날개의 시위길이가 길다.
④ 날개의 시위길이가 짧다.

해설 코리올리 효과(Coriolis effect)에 의하면 각속도는 회전반지름과 반비례하므로, 각속도가 높아 기동성이 개선되려면 날개의 회전반지름이 작아서 날개의 스팬 길이, 즉 날개폭이 짧아야 한다.

정답 1. ① 2. ② 3. ① 4. ④ 5. ① 6. ②

07 다음 중 비압축성 베르누이 방정식을 가장 적절히 표현한 것은? (단, p: 압력, ρ: 밀도, V: 속도)

① $p_1\rho + \frac{V_1^2}{2} = p_2\rho + \frac{V_2^2}{2}$

② $p_1 + \frac{V_1^2}{2\rho} = p_2 + \frac{V_2^2}{2\rho}$

③ $p_1 + \frac{1}{2}\rho V_1^2 = p_2 + \frac{1}{2}\rho V_2^2$

④ $p_1 + \frac{1}{\rho}V_1^2 = p_2 + \frac{1}{\rho}V_2^2$

해설 높이 차를 무시할 때 비압축성 베르누이 방정식은 $p_1 + \frac{1}{2}\rho V_1^2 = p_2 + \frac{1}{2}\rho V_2^2$으로 정의한다.

08 비압축성 베르누이(Bernoulli) 방정식에 대한 설명 중 사실과 다른 것은?

① 에너지 보존법칙에서 도출되었다.
② 속도와 압력(정압)과의 관계를 정의할 수 있다.
③ 밀도가 변화하는 유동에 적용할 수 있다.
④ 방정식에서 정압, 동압, 전압을 정의할 수 있다.

해설 비압축성 베르누이(Bernoulli) 방정식은 밀도가 변화하는 압축성 유동에 적용할 수 없다.

09 피토 정압관에 대한 비압축성 베르누이 공식으로 맞는 것은?

① $p_t + \frac{1}{2}\rho^2 V = p$

② $p + \frac{1}{2}\rho^2 V = p_t$

③ $p_t + \frac{1}{2}\rho V^2 = p$

④ $p + \frac{1}{2}\rho V^2 = p_t$

해설 베르누이 방정식 $p_1 + \frac{1}{2}\rho V_1^2 = p_2 + \frac{1}{2}\rho V_2^2$에서 피토관 전압구로 들어가는 유동은 정체하게 되므로 유동속도는 0이 되고($V_2 = 0$), 정압(p_2)은 전압(p_t)으로 표시할 수 있으므로 $p + \frac{1}{2}\rho V^2 = p_t$로 정리된다.

10 정체압력(stagnation pressure)을 가장 바르게 설명한 것은?

① 유동의 속도가 0이 될 때의 압력
② 유동의 밀도가 0이 될 때의 압력
③ 유동의 부피가 0이 될 때의 압력
④ 유동의 정압이 0이 될 때의 압력

해설 정체압력은 유동의 속도가 0이 될 때의 압력이다.

11 지름이 20 cm와 30 cm로 연결된 관(pipe)에서 지름이 20 cm인 관에서의 속도가 2.4 m/s일 때 30 cm관에서의 속도는 약 몇 m/s인가? [항공산업기사 2020년 3회]

① 0.19 ② 1.07
③ 1.74 ④ 1.98

해설 비압축성 유동의 연속방정식은 $A_1V_1 = A_2V_2$이므로,

$$V_2 = V_1\frac{A_1}{A_2} = 2.4\,\text{m/s} \times \frac{\frac{\pi}{4}\times(0.2\,\text{m})^2}{\frac{\pi}{4}\times(0.3\,\text{m})^2} = 1.07\,\text{m/s}$$

이다.

12 정상흐름의 베르누이 방정식에 대한 설명으로 옳은 것은? [항공산업기사 2016년 1회]

① 동압은 속도에 반비례한다.
② 정압과 동압의 합은 일정하지 않다.
③ 유체의 속도가 커지면 정압은 감소한다.
④ 정압은 유체가 갖는 속도로 인해 속도의 방향으로 나타나는 압력이다.

해설 동압$\left(\rho = \frac{1}{2}\rho V^2\right)$은 속도에 비례하고, 정압과 동압의 합인 전압$\left(p_t = p_s + \frac{1}{2}\rho V^2\right)$은 비압축성 유동에서는 항상 일정하며, 유동 속의 모든 기체입자들이 함께 일정한 방향과 속도로 이동할 때 나타나는 압력이 동압이고, 정압(p_s)은 유동의 방향에 수직으로 작용하는 압력으로 동압, 즉 유동의 속도에 반비례한다.

정답 7. ③ 8. ③ 9. ④ 10. ① 11. ② 12. ③

13 공기가 아음속의 흐름으로 풍동 내의 지점 1을 밀도 ρ, 속도 250 m/s로 통과하는 지점 2를 밀도 $4/5\rho$인 상태로 지난다면 이때 속도는 약 몇 m/s인가? (단, 지점 2의 단면적은 지점 1의 1/20이다.) [항공산업기사 2019년 2회]

① 155 ② 215
③ 465 ④ 625

해설 $\rho_1 A_1 V_1 = \rho_2 A_2 V_2$이고 $\rho \times A \times 250\,\text{m/s} = \frac{4}{5}\rho \times \frac{1}{2}A \times V_2$이므로, $V_2 = 250\,\text{m/s} \times \frac{5}{4} \times 2 = 625\,\text{m/s}$이다.

14 360 km/h의 속도로 표준 해면고도 위를 비행하고 있는 항공기 날개상의 한 점에서 압력이 100 kPa일 때 이 점에서의 유속은 약 몇 m/s인가? (단, 표준 해면고도에서 공기의 밀도는 1.23 kg/m³이며, 압력은 $1.01 \times 10^5\,\text{N/m}^2$이다.) [항공산업기사 2015년 4회]

① 105.82 ② 107.82
③ 109.82 ④ 111.82

해설 높이 차를 무시할 때 비압축성 베르누이 방정식은 $p_1 + \frac{1}{2}\rho V_1^2 = p_2 + \frac{1}{2}\rho V_2^2$으로 정의한다. 주어진 조건에서 해면고도 대기에서의 한 점을 1지점, 그리고 날개상의 한 점을 2지점이라고 하고 베르누이 방정식을 정리하면, $(1.01 \times 10^5\,\text{N/m}^2) + \frac{1}{2} \times 1.23\,\text{kg/m}^3 \times \left(\frac{360}{3.6}\,\text{m/s}\right)^2 = (100 \times 10^3\,\text{N/m}^2) + \frac{1}{2} \times 1.23\,\text{kg/m}^3 \times V_2^2$과 같다. 이 식을 정리하면 날개상의 한 점에서의 속도는 $V_2 = 107.82\,\text{m/s}$이다.

15 유체의 연속방정식에 관한 설명으로 틀린 것은? [항공산업기사 2013년 1회]

① 압축성의 영향을 무시하면 밀도 변화는 없다.
② 단면적을 통과하는 단위시간당 유체의 질량을 질량유량이라고 한다.
③ 아음속의 일정한 유체 흐름에서 단면적이 작아지면 유체속도는 감소한다.
④ 관내 흐름이 정상흐름이면 동일 관내 임의의 두 단면에서 각각의 질량유량은 동일하다.

해설 비압축성 유동의 경우 $A_1V_1 = A_2V_2 = \text{constant}$(일정)이므로 유동의 속도($V$)와 유동이 지나는 통로의 단면적($A$)은 반비례한다.

16 공기가 아음속으로 관내를 흐를 때 관의 단면적이 점차로 증가한다면 이때 전압(total pressure)은? [항공산업기사 2012년 4회]

① 일정하다.
② 점차 증가한다.
③ 감소하다가 증가한다.
④ 점차 감소한다.

해설 비압축성 베르누이 방정식은 일정 위치를 흐르는 유동의 정압(p)과 동압$\left(\frac{1}{2}\rho V^2\right)$의 합인 전압은 일정하고, 이에 따라 유동의 압력(정압, p)과 속도(V)는 반비례함을 설명한다.

정답 **13.** ④ **14.** ② **15.** ③ **16.** ①

CHAPTER **03**

대기, 고도, 비행속도

3.1 대기 | 3.2 국제표준대기 | 3.3 표준대기의 상태량
3.4 대기의 밀도 | 3.5 고도의 분류 | 3.6 속도의 분류

CHAPTER 3

Photo: Russian Ministry of Defense

성층권에 해당하는 고도 22 km에서 비행 중인 Mikoyan Mig-31 요격기의 조종석에서 촬영한 지구의 대기(atmosphere). 고고도 요격기(high-altitude interceptor)로 개발된 Mikoyan Mig-31은 현존하는 가장 높이 그리고 가장 빨리 나는 비행기 중 하나이다. 최고상승기록은 고도 38 km이고, 최고속도는 약 3,000 km/hr, 즉 마하수로는 $M = 2.85$이다. 현대 제트 여객기들의 순항고도는 약 10 km이고, 순항속도가 약 1,000 km/hr인 것을 고려하면 3배 이상 높이 그리고 3배 이상 빨리 비행할 수 있다. 대기는 지구를 둘러싸고 있는 공기층으로, 항공기가 비행하는 무대이다. 그런데 고도가 높아질수록 공기의 밀도가 감소하므로 항공기는 작은 저항을 받으며 더 빠른 속도로 비행할 수 있다. 또한, 높은 고도에서 낮아지는 공기 밀도 때문에 공기입자에 부딪혀 빛이 산란(scattering)하는 현상이 감소하여 사진과 같이 낮에도 하늘이 어둡게 보인다.

3.1 대 기

대기(atmosphere)는 항공기가 비행하는 무대이다. 그리고 항공기와 항공기 엔진의 성능은 항공기 표면을 흐르고 엔진을 통과하는 공기(air)의 상태에 따라 달라진다. **대기는 공기입자가 중력에 의하여 지구 근처에 머물러 있는 층**을 말한다. 대기를 구성하는 공기는 질소(N_2)가 78%, 산소(O_2)가 21%로 이루어져 있고, 아르곤(Ar) 및 이산화탄소(CO_2) 등의 기체가 나머지 1%를 차지하고 있다.

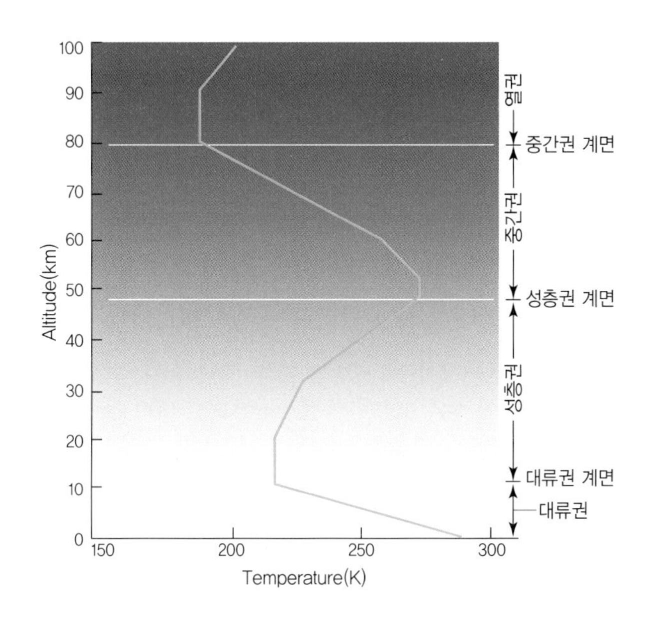

[그림 3-1] 고도별 온도 변화에 따른 대기권의 구분

[그림 3-1]과 같이, **대기권은 해수면**(sea level)**에서 항공기가 비행하는 높이, 즉 고도**(altitude)**의 증가에 따른 대기 온도의 변화를 기준으로 대류권, 성층권, 중간권, 열권**으로 구분된다. 그러나 지역마다 지표면의 온도가 다르고, 따라서 대기의 온도 변화가 다르므로 대기권을 구분하는 절대적인 높이의 기준은 없다.

가장 아래에 위치한 **대류권**(troposphere)은 해수면부터 고도 약 10 km까지이며, **태양의 복사열을 받는 지표면 근처의 대기는 온도가 높고, 고도가 높아질수록 온도가 감소**한다. 따라서 가열된 수증기가 상승하다 다시 냉각되어 비 또는 구름의 형태로 하강하는 대류 현상, 즉 **기상 현상이 발생**한다. 따라서 **대류권의 대기는 불안정하기 때문에 장거리 비행을 하는 항공기는 대류권보다 높은 성층권 아랫부분의 고도에서 비행**한다. 하지만 단거리를 비행하는 항공기는 성층권 아랫부분까지 상승하는 데 시간과 연료가 소모되므로 더욱 낮은 고도, 즉 대류권의 윗부분에서 비행한다.

고도가 높아져도 대기의 온도가 일정해지기 시작하는 고도부터는 **성층권**(stratosphere)으로 분류하는데, 대략 고도 10 km에서 50 km까지가 성층권에 해당한다. **성층권 윗부분에는 태양으로부터 오는 자외선**(ultraviolet radiation)**을 흡수하는 오존**(ozone)**층이 존재**하는데, 오존층에서 자외선, 즉 에너지를 흡수함에 따라 **고도가 높아질수록 온도가 상승**한다. 따라서 성층권 아랫부분은 온도가 낮고 윗부분은 높기 때문에 대류 현상이 발생하지 않아서 대기가 안정적이다. 성층권 윗부분, 즉 고도 약 20 km 이상부터는 대기의 밀도가 현저히 감소하여 제트엔진과 프로펠러엔진 모두 효율이 떨어지고, 항공기 기체에서 발생하는 양력이 낮아져서 일반적인 형태의 항공기는 비행이 불가능하다.

고도가 높아지면서 다시 대기의 온도가 하강하는 고도부터는 **중간권**(mesosphere)으로 분류한다. 중간권은 고도 약 50 km에서 80 km 사이의 영역이며, 중간권 윗부분의 대기의 온도는 −130°C까지 떨어진다. 대류권과 마찬가지로 고도 증가에 따라 온도가 감소하여 대기가 불안정하지만, 공기의 밀도가 낮고 수증기가 거의 없어서 기상 현상은 발생하지 않는다. 우주에서 떠돌다가 대기권으로 진입하여 공기가 희박한 열권을 통과한 유성(meteor)들은 대부분 중간권에 존재하는 공기입자와 마찰하여 타서 소멸한다.

공기입자의 수는 적지만 태양에서 방출된 에너지가 높은 극자외선(extreme ultraviolet radiation)과 X선(X-ray)을 공기입자가 흡수함에 따라 대기의 온도가 다시 높아지는 영역을 **열권**(thermosphere)이라고 한다. 열권은 고도 약 80 km부터 1,000 km까지이며, 가장 온도가 높은 부분은 1,000°C에 이른다. 태양에서 생성된 플라스마(plasma)가 지구 극지방 열권에 도달하여 공기입자와 부딪혀 오로라(aurora) 현상이 나타나기도 한다. 또한, 우주정거장(space station)과 저궤도(low earth orbit) 인공위성은 400 km 전후의 열권에서 지구 주위를 도는 비행을 한다.

그리고 공기입자가 거의 사라지는 고도 약 1,000 km 이상부터는 대기권의 외부, 즉 **외기권**(exosphere)으로 분류한다. 지구의 대기권은 고도 약 1,000 km이지만, 항공역학에서 언급하는 대기는 항공기가 비행하는 영역인 고도 약 20 km 이하, 즉 성층권 아랫부분의 공기층을 지칭한다.

대기의 상태량, 즉 압력(대기압)**, 밀도, 온도 등은 고도에 따라서 변화**하기 때문에 **항공기의 기체 형상과 추진기관의 형태는 항공기의 비행고도와 비행속도에 적합하게 결정**되어야 한다. 항공기의 형상과 추진기관의 종류에 따라 순항고도 및 순항속도가 다르다. 터보제트, 터보팬 등 제트엔진을 탑재한 항공기는 높은 고도에서 빠른 속도로 순항한다. 터보프롭, 왕복엔진, 그리고 프로펠러로 추진하는 항공기는 비교적 낮은 고도에서 낮은 속도로 순항한다. [그림 3-2]는 각각 다른 형식의 엔진을 탑재한 다양한 항공기의 비행고도와 비행속도를 보여 주고 있다.

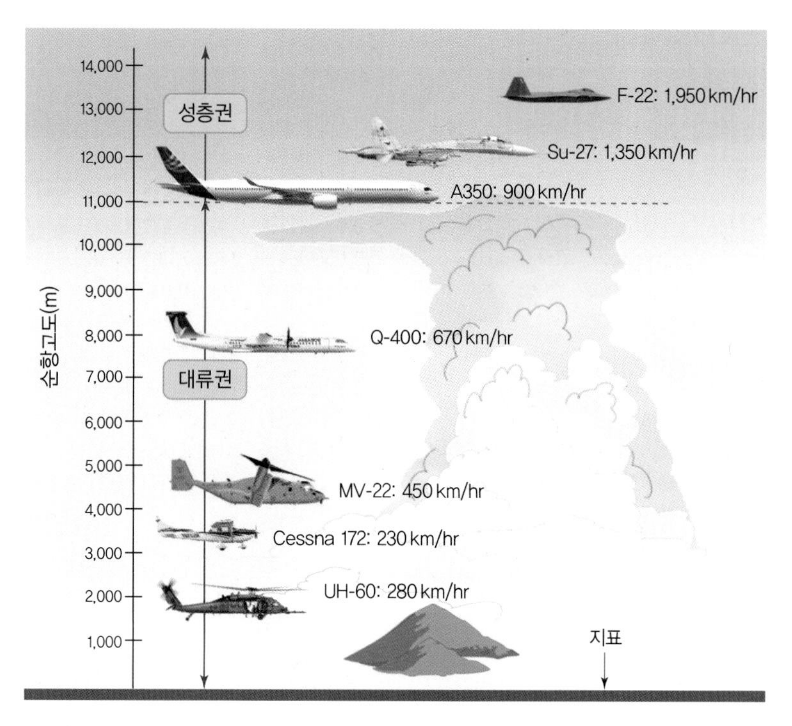

[그림 3-2] 항공기 종류에 따른 순항고도와 순항속도

3.2 국제표준대기

앞서 설명한 바와 같이, 지표면의 온도가 지역마다 다르기 때문에 대기권의 구분도 지역마다 차이가 난다. 예를 들어, 지표면의 온도가 높아 대류 활동의 규모가 큰 적도 부근에서는 고도 약 16 km를 대류권으로 구분하지만, 극지방에서는 대류권의 경계가 6 km로 낮아진다. 또한, 같은 고도를 비행하더라도 지역에 따라 온도가 달라지기 때문에 압력과 밀도 등 다른 상태량도 변화한다. 그리고 같은 지역에서도 온도가 변화하는 계절에 따라 대기의 상태량이 달라진다. 지표면의 온도가 높아 대류 현상이 활발해지는 여름이 겨울보다 대류권의 경계가 더 높아진다.

따라서 **국제민간항공기구**(International Civil Aviation Organization, ICAO)는 **항공기의 운항과 성능의 지표가 되도록 고도에 따른 대기 상태량을 표준화**하였는데, 이를 **국제표준대기**(International Standard Atmosphere, ISA)라고 한다. **국제표준대기표는 고도에 따른 대기의 온도·압력·밀도 등의 상태량값을 나타내고, 이는 지역 및 계절과 관계없이 일정하고 표준화된 기준**이 된다.

[표 3-1] 국제표준대기표(SI 단위)

고도 h [m]	온도 T [°C]	중력가속도 g [m/s²]	압력 p [N/m²]	밀도 ρ [kg/m³]	점성계수 μ [Pa·s]
−1,000	21.50	9.810	1.139 E+5	1.347 E+0	1.821 E-5
0	15.00	9.807	1.013 E+5	1.225 E+0	1.789 E-5
1,000	8.50	9.804	8.988 E+4	1.112 E+0	1.758 E-5
2,000	2.00	9.801	7.950 E+4	1.007 E+0	1.726 E-5
3,000	−4.49	9.797	7.012 E+4	9.093 E-1	1.674 E-5
4,000	−10.98	9.794	6.166 E+4	8.194 E-1	1.661 E-5
5,000	−17.47	9.791	5.405 E+4	7.364 E-1	1.628 E-5
6,000	−23.96	9.788	4.722 E+4	6.601 E-1	1.595 E-5
7,000	−30.45	9.785	4.111 E+4	5.900 E-1	1.564 E-5
8,000	−36.94	9.782	3.565 E+4	5.258 E-1	1.527 E-5
9,000	−43.42	9.779	3.080 E+4	4.671 E-1	1.493 E-5
10,000	−49.90	9.776	2.650 E+4	4.135 E-1	1.458 E-5
15,000	−56.50	9.761	1.211 E+4	1.948 E-1	1.422 E-5
20,000	−56.50	9.745	5.529 E+3	8.891 E-2	1.422 E-5
25,000	−51.60	9.730	2.549 E+3	4.008 E-2	1.448 E-5
30,000	−46.64	9.715	1.197 E+3	1.841 E-2	1.475 E-5
40,000	−22.80	9.684	2.871 E+2	3.996 E-3	1.601 E-5
50,000	−2.50	9.654	7.978 E+1	1.027 E-3	1.704 E-5
60,000	−26.13	9.624	2.196 E+1	3.097 E-4	1.584 E-5
70,000	−53.57	9.594	5.221 E+0	8.283 E-5	1.438 E-5
80,000	−74.51	9.564	1.052 E+0	1.846 E-5	1.321 E-5

자료 출처: US Standard Atmosphere(1976)

Image from TV drama *Masters of the Air* (Apple TV+, 2024)

TV 드라마 '마스터스 오브 디 에어(Masters of the air, 2024)'에서 B-3 항공용 방한재킷을 입고 적기를 향하여 사격 준비 중인 미육군 항공대 Boeing B-17G 폭격기의 기관총 사수. 제2차 세계대전 당시 B-17G는 독일 대공포의 공격을 피하기 위하여 약 8,000 m 고도에서 비행했는데, 위의 표준대기표에 의하면 해당 고도의 대기 온도는 −36.94°C이다. 당시 항공기는 여압과 냉난방장치가 없었고, 사격을 위하여 창문이 개방되어 있었기 때문에 높은 비행고도에서 혹한의 환경에서 임무를 수행해야 하는 폭격기 승무원들은 두꺼운 가죽 의류를 착용하였다. 이러한 항공용 방한재킷은 현재 일반인들의 겨울철 패션 아이템이 되었다.

3.3 표준대기의 상태량

대기의 상태량에는 밀도·압력·온도·점성계수·중력 등이 있으며, 고도에 따라 대기의 상태량은 변화한다. 특히 대기의 밀도, 즉 공기의 밀도는 양력에 직접적인 영향이 있으므로 고도가 변하면서 대기의 밀도가 변화하면 항공기의 비행성능도 달라진다. 일반적으로 표준대기 기준 **해수면 또는 해면고도, 즉 고도가 $h=0$ m**일 때 대기의 상태량은 다음과 같다. 표준대기에서 대기의 상태량은 고도에 따라 정해지기 때문에 단일 고도, 즉 해수면에서는 하나의 상태량만 정의된다. 단, 상태량의 단위에 따라 다음과 같이 값은 달라진다.

- 압력: $p_0 = 101{,}325\ \text{Pa} = 1013\ \text{hPa} = 760\ \text{mmHg} = 1\ \text{atm}$
  $= 29.92\ \text{inHg} = 14.7\ \text{psi}$
- 밀도: $\rho_0 = 1.225\ \text{kg/m}^3 = 0.125\ \text{kgf}\cdot\text{s}^2/\text{m}^4 = 0.002378\ \text{slug/ft}^3$
- 온도: $T_0 = 15°\text{C} = 288\ \text{K} = 59°\text{F} = 519°\text{R}$
- 중력가속도: $g_0 = 9.8\ \text{m/s}^2 = 32.2\ \text{ft/s}^2$
- 음속: $a_0 = 340.4\ \text{m/s}$

[표 3-1]의 국제표준대기표에서 확인할 수 있듯이, 항공기가 주로 비행하는 **대류권에서는 고도(h)가 증가함에 따라 대기의 온도는 선형적으로 일정하게 감소**한다. 그리고 **온도 감소에 따라 대기의 압력과 밀도도 감소한다**. 지구 지표면 근처는 태양의 복사열에 의하여 온도가 높지만, 고도가 높아지면서 지표면에서 멀어질수록 기온은 감소한다. 대류권 내에서는 **1 m 상승할 때마다 약 0.0065°C 또는 0.0065K씩 감소**하는데, 이를 식으로 나타내면 다음과 같다.

$$\text{대기온도 관계식: } T = T_0 - 0.0065\,h$$

즉, 해수면의 대기 온도(T_0)는 결정된 값(15°C = 288 K)이므로, 위의 관계식을 이용하여 대류권 내 표준대기 기준 일정 고도에서의 대기 온도(T)와 밀도(ρ)도 다음의 과정을 통하여 구해지는 공식으로 계산할 수 있다.

대기의 압력(p)은 다음과 같이 대기의 밀도(ρ), 중력가속도(g) 그리고 고도(h)의 곱으로 나타낼 수 있다.

$$p = \rho g h$$

$\rho \times g \times h$의 단위는 다음과 같이 정의할 수 있고, 압력의 단위와 동일함을 확인할 수 있다.

$$\left[\frac{\text{kg}}{\text{m}^3}\right] \times \left[\frac{\text{m}}{\text{s}^2}\right] \times [\text{m}] = \left[\text{kg}\frac{\text{m}}{\text{s}^2}\frac{1}{\text{m}^2}\right] = \left[\frac{\text{N}}{\text{m}^2}\right]$$

고도의 변화(dh)를 기준으로 압력의 변화(dp)를 표현할 수 있는데, 고도가 증가하면 대기의 압력은 감소하므로, 즉 고도와 압력은 반비례하므로 음(−)의 부호를 포함하여 다음과 같이 표현할 수 있다. 단, 여기서 밀도(ρ)는 일정하다고 가정한다.

$$dp = -\rho g dh$$

아울러 공기는 이상기체(ideal gas)이므로 이상기체 상태방정식(ideal gas equation)을 적용할 수 있다.

$$p = \rho RT$$

그러므로 이상기체의 밀도는 다음과 같이 나타낸다.

$$\rho = \frac{p}{RT}$$

따라서 관계식 $dp = -\rho g dh$는 이상기체 상태방정식을 이용하여 아래와 같이 나타낼 수 있다.

$$dp = -\frac{gp}{RT}dh$$

$$\frac{dp}{p} = -\frac{g}{RT}dh$$

그리고 고도가 1 m 증가할 때마다 0.0065°C 또는 0.0065 K씩 감소하므로 이를 다음과 같이 수학적으로 표현할 수 있다. 여기서, dh와 dT는 각각 고도 및 온도의 변화이다.

$$dT = -0.0065\,dh$$

$$dh = -\frac{dT}{0.0065}$$

따라서 압력에 관한 관계식을 다음과 같이 표현할 수 있다. 여기서 공기의 기체상수(gas constant) $R = 287\frac{\mathrm{J}}{\mathrm{kg \cdot K}}$이다.

$$\frac{dp}{p} = -\frac{g}{RT}dh = \frac{9.8}{0.0065 \times 287}\frac{dT}{T} = 5.25\frac{dT}{T}$$

$$\frac{dp}{p} = 5.25\frac{dT}{T}$$

$$\frac{1}{p}dp = 5.25\frac{1}{T}dT$$

해수면의 대기압력(p_0)과 온도(T_0) 그리고 일정 고도에서의 압력(p)과 온도(T)에 대하여 다음과 같이 짖직분한다.

$$\int_{p_o}^{p}\frac{1}{p}dp = 5.25\int_{T_o}^{T}\frac{1}{T}dT$$

$$\ln p - \ln p_0 = 5.25(\ln T - \ln T_0)$$

$$\ln\frac{p}{p_0} = 5.25\ln\frac{T}{T_0}$$

따라서 압력비는 온도비를 통하여 다음과 같이 표현할 수 있다. 즉, 해수면의 대기의 온도(T_0)와 일정 고도에서의 온도(T)가 정의되고, 해수면의 대기압은 결정된 값이므로 아래의 관계식을 이용하여 해당 고도에서의 대기압을 구할 수 있다.

$$\text{대기압 관계식: } \frac{p}{p_0} = \left(\frac{T}{T_0}\right)^{5.25}$$

한편 이상기체 상태방정식을 이용하여 밀도비를 구할 수 있다. 즉 $p = \rho RT$이므로 해수면의 대기에 대한 이상기체 상태방정식은 $p_0 = \rho_0 RT_0$이다. 따라서 앞서 정리한 온도비에 의한 압력비의 정의를 이용하여 다음과 같이 밀도비를 온도비로 나타낼 수 있다.

$$\frac{p}{p_0} = \left(\frac{T}{T_0}\right)^{5.25}$$

$$\frac{\rho RT}{\rho_0 RT_0} = \left(\frac{T}{T_0}\right)^{5.25}$$

$$\frac{\rho T}{\rho_0 T_0} = \left(\frac{T}{T_0}\right)^{5.25}$$

$$\frac{\rho}{\rho_0} = \left(\frac{T}{T_0}\right)^{-1}\left(\frac{T}{T_0}\right)^{5.25}$$

$$\text{대기밀도 관계식: } \frac{\rho}{\rho_0} = \left(\frac{T}{T_0}\right)^{4.25}$$

표준대기 기준 해수면에서의 온도, 압력, 밀도는 각각 $T_0 = 288\text{ K}$, $p_0 = 101{,}325\text{ Pa}$, $\rho_0 = 1.225\text{ kg/m}^3$이다. 즉, 해수면의 대기 상태량과 위에서 정리된 관계식을 이용하면 일정 고도에서의 대기의 온도(T), 압력(p), 밀도(ρ)를 계산할 수 있다. 국제표준대기표에서 제시된 대기의 상태량 역시 이와 같은 관계식을 통하여 계산된 값이다.

$$T = T_0 - 0.0065h = 288\,\text{K} - 0.0065h$$

대기상태량 관계식: $p = p_0\left(\dfrac{T}{T_0}\right)^{5.25} = 101{,}325\,\text{Pa} \times \left(\dfrac{T}{288\,\text{K}}\right)^{5.25}$

$$\rho = \rho_0\left(\frac{T}{T_0}\right)^{4.25} = 1.225\,\text{kg/m}^3 \times \left(\frac{T}{288\,\text{K}}\right)^{4.25}$$

Airbus A350 여객기 동체의 원형 단면 형상. 원형의 단면은 공기역학적으로 항력이 낮을 뿐만 아니라 구조적으로 가장 효율적이다. 현대 여객기의 순항고도는 10,000 m 전후이며, 10,000 m 기준 대기압은 해수면 대기압의 26% 정도이다. 따라서 여압장치를 이용하여 객실의 압력을 인위적으로 높이게 되는데 동체는 객실의 가압 상태를 충분히 견디도록 설계된다. 그런데 응력(stress)이 가장 균일하게 분포하는 형상이 원형이므로 단면을 원형으로 구성하면 같은 구조 강도를 기준으로 가장 가볍게 동체를 제작할 수 있다.

3.4 대기의 밀도

대기의 상태량 중에서 항공기의 성능에 가장 큰 영향을 미치는 것은 대기의 밀도이다. 날개에서 발생하는 양력(L)은 아래의 식으로 정의하는데, **밀도(ρ)가 증가할수록 동압$\left(\frac{1}{2}\rho V^2\right)$이 높아지고 따라서 양력이 증가**한다.

$$L = C_L \frac{1}{2} \rho V^2 S$$

그러므로 밀도가 감소하는 높은 고도에서는 비행에 필요한 만큼의 양력을 유지하기 위하여 비행속도(V)를 높이거나, 면적(S)이 큰 날개를 장착해야 한다.

또한, **대기의 밀도가 감소하면 공기를 흡입하여 작동하는 엔진의 효율이 낮아진다**. 특히, 흡입한 공기를 높은 압축비로 압축하는 데 구조적인 한계가 있는 왕복엔진은 공기의 밀도가 낮은 고고도에서는 성능이 급감한다. 그리고 프로펠러를 장착한 엔진의 힘은 추력이 아닌 동력으로 나타내는데, 항공기에서 발생하는 항력을 이기고 나아가는 데 필요한 동력, 즉 필요동력(P_R)은 항력(D)에 비행속도(V)를 곱하여 다음과 같이 나타낸다.

$$P_R = DV = C_D \frac{1}{2} \rho V^2 S \times V = C_D \frac{1}{2} \rho V^3 S$$

여기서, 필요동력은 비행속도의 세제곱(V^3)에 비례함을 알 수 있다. 그런데 높은 고도에서 양력을 유지하기 위해서는 속도를 높여야 하므로 이로 인해 필요동력이 속도의 세제곱에 비례하여 급증하기 때문에 프로펠러로 추진하는 항공기는 연료 소모가 많아지는 단점이 발생한다.

공기와 같은 이상기체(ideal gas)는 이상기체 상태방정식을 따른다.

$$p = \rho RT$$

여기서, R은 기체상수로서 항상 일정한 값이므로 위의 식을 통하여 대기의 밀도에 대한 대기의 압력(대기압) 및 온도의 영향을 다음과 같이 정리할 수 있다.

- 대기 압력의 영향: 만약 **대기의 온도가 일정하다면 대기의 밀도는 대기의 압력에 비례**한다.
- 대기 온도의 영향: 만약 **대기의 압력이 일정하다면 대기의 밀도는 대기의 온도에 반비례**한다. 항공기가 같은 지역에서 이륙할 때 기온이 높아지는 여름철에는 대기의 밀도가 감소하기 때문에 항공기에서 발생하는 양력이 감소하므로 더 긴 이륙거리가 필요하다. 그리고 고

Image from Movie *Bridge of Spies*(Dream Works Pictures, 2015)

고도 20,000 m 이상의 성층권에서 비행할 수 있도록 설계 및 제작된 고고도 정찰기 Lockheed U-2A. 고도 20,000 m에서의 대기밀도는 약 0.08891 kg/m³로, 해수면의 대기밀도의 7% 정도에 지나지 않는다. 대기, 즉 공기의 밀도가 떨어지면 양력도 감소하기 때문에 양력 유지를 위하여 면적이 매우 큰 날개를 장착하고 있다.

도가 높아질수록 대기의 온도가 감소함을 보았다. 이때 밀도는 온도에 반비례하여 고도가 높아질수록 증가해야 하는데 오히려 감소하는 이유는 실제로 대기의 압력은 일정하지 않고 고도가 높아질수록 급감하기 때문이다.

- 대기 습도(humidity)의 영향: 위의 이상기체 상태방정식에서 나타나지 않지만 **대기의 밀도는 대기의 습도에 반비례**한다. 습도는 공기 중에 포함된 물(H_2O) 입자의 비율로 정의한다. 따라서 습도가 높을수록 물 입자의 양이 많아서 그만큼 공기입자가 차지하는 양이 감소한다. 공기의 양이 적으면 양력이 감소하므로 기온과 습도가 높은 여름철은 대기의 밀도가 낮아서 항공기가 이착륙하는 데 더 긴 활주거리가 요구된다.

3.5 고도의 분류

항공기가 비행하고 있는 높이, 즉 **고도**(altitude)**를 지시하는 계기를 고도계**(altimeter)라고 한다. 대기압은 고도가 높아짐에 따라 감소하기 때문에 고도계는 항공기 외부의 대기압을 측정하여 대기압이 감소한 만큼을 높이 변화로 환산하여 고도를 지시한다. 하지만 고도가 '0'이 되는 높이를 어떻게 설정하느냐에 따라 같은 높이를 비행 중이라도 고도계는 다른 고도값을 지시할 수 있다. 그리고 외부 대기의 상태량(온도 및 밀도)이 변화하면 대기압도 변화하므로 같은 높이에서도 고도계가 지시하는 고도는 달라질 수 있다. 이렇게 복잡한 기준에 따라 다양한 고도의 종류가 존재하는데, 각각의 특징에 대하여 알아보도록 하자.

(1) 절대고도

절대고도(absolute altitude)**는 지표면에서부터 수직 높이를 측정한 것으로서 절대고도 기준으로 고도가 '0'이 되는 곳은 지표면**(ground)이다. 즉, 절대고도는 지표면에서의 대기압을 시작으로 고도 증가에 따른 대기압의 감소에 기준하여 고도를 나타낸다. 그리고 절대고도로 고도계를 설정하는 것을 **QFE**(Query: Field Elevation)라고 한다. [그림 3-3]에 나타낸 바와 같이 고도계를 QFE로 설정하면 고도계에서 지시하는 고도는 지표면부터 비행 중인 항공기까지의 수직 높이를 뜻한다. QFE로 고도계를 설정하고 항공기가 공항에 착륙하면 고도계는 '0'을 지시하기 때문에 착륙하는 공항의 **표고**(elevation), **즉 해수면**(sea level)**부터 지표면까지의 높이**에 대한 정보 없이 직관적으로 착륙을 진행할 수 있다.

(2) 진고도

진고도(true altitude)**는 해수면에서부터 수직 높이를 측정한 실제 고도로서, 진고도 기준으로**

고도가 '0'이 되는 곳은 해수면이다. 또한 **QNH**(Query: Nautical Height)는 진고도를 기준으로 고도계를 설정할 때 쓰는 용어이다. 진고도는 해수면에서의 대기압을 기준으로 고도 증가에 따른 대기압의 감소로 고도를 지시한다. 표준대기를 기준으로 해수면에서의 대기압은 101,325 Pa이다. 하지만 실제 해수면의 대기압은 표준대기의 대기압과 다른 경우가 대부분이다. 예를 들면 항공기가 저기압의 영향에 있는 공항에서 이륙하는 경우를 고려해 보자. 고도가 증가하면 대기압이 감소하므로 대기압이 낮게 측정된다는 것은 고도계에서 지시하는 고도가 높아짐을 의미한다. 따라서 저기압 지역에 위치한 공항의 대기압은 표준대기의 대기압보다 낮기 때문에 QNH로 설정된 고도계는 공항의 실제 표고보다 높은 표고값을 지시한다. 즉, 항공기가 지상에서 이륙 준비 중임에도 불구하고 공중에 떠 있는 것 같은 상황을 나타낸다. 이와 같이 표고 정보에 오류가 있는 상태에서 항공기가 이착륙을 진행하면 사고를 유발할 수 있다.

하지만 진고도 기준으로 해수면의 고도가 '0'이 되도록 해수면에서 101,325 Pa보다 낮아진 대기압을 시작점으로 고도계를 설정하면 고도계는 공항의 실제 표고를 지시하게 된다. 그러므로 공항에서 이착륙할 때는 고도계를 진고도, 즉 QNH 기준으로 설정해야 한다. 하지만 서로 다른 지역에서 이륙한 항공기들의 고도계가 각각 해당 지역 진고도 기준이라면 동일한 고도를 비행 중이라도 서로 다른 고도를 지시할 수 있다.

(3) 기압고도

표준대기를 기준으로 해수면에서의 대기압을 101,325 Pa로 정의하였다. **기압고도**(pressure altitude)**는 대기압이 101,325 Pa이 되는 고도에서부터 수직 높이를 측정한 고도**이기 때문에 **기압고도 기준으로 고도가 '0'이 되는 높이는 대기압이 101,325 Pa이 되는 곳**이다. 그리고 **기압고도로 고도계를 설정하는 것을 QNE**(Query: Nautical Elevation)라고 한다. 따라서 기압고도는 101,325 Pa이 되는 높이를 시작으로 고도 증가에 따른 대기압의 감소를 기준으로 고도를 표현한다.

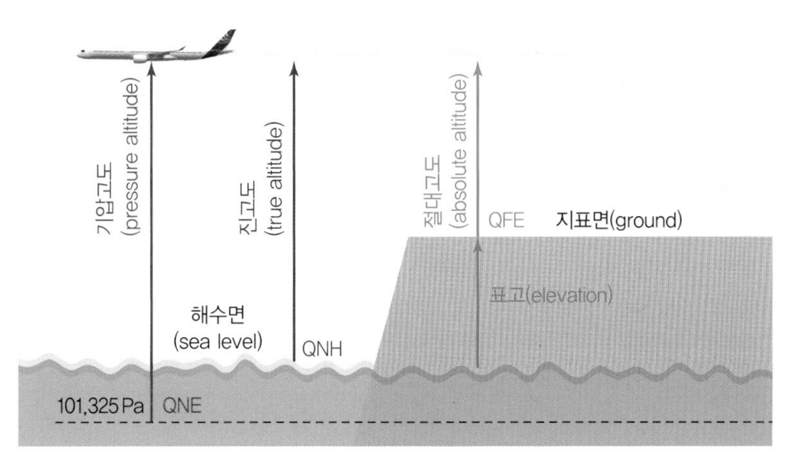

[그림 3-3] 고도의 종류

예시를 통하여 절대고도(QFE), 진고도(QNH), 기압고도(QNE)의 특징을 구분해 보자. QFE의 경우 고도가 '0'인 곳은 지표면이고, 지표면의 대기압을 시작점으로 하여 고도를 나타낸다. [그림 3-4]와 같이, 표고 1,000 m의 공항 A에서 이륙한 항공기와 표고 500 m인 공항 B에서 이륙한 항공기가 대기압이 35,600 Pa인 동일한 고도에서 순항하며 서로에게 접근 중이다. 만약 QFE로 고도계가 설정되면 고도가 '0'인 표고가 서로 다르고 따라서 지표면에서의 대기압도 서로 다르다. 그러므로 서로 다른 대기압 기준을 시작점으로 하여 순항고도까지 감소된 대기압으로 고도를 지시하는 양쪽 항공기의 고도계들은 동일한 순항고도에서 서로 다른 고도값을 나타낸다.

또한, QNH는 해수면의 고도가 '0'인 곳이고, 해수면의 대기압을 기준으로 하여 고도 증가에 따른 대기압의 감소로 고도가 결정된다. [그림 3-4]와 같이, 공항 A가 있는 지역의 경우 해수면 대기압은 101,325 Pa 이고, 대기압이 35,600 Pa인 순항고도까지의 대기압 감소에 의한 고도는 8,000 m이다. 이는 공항 A를 이륙하여 해당 고도를 비행 중인 항공기의 QNH 고도계에 지시된다. 반면에, 저기압 지역에 있는 공항 B에서의 해수면 대기압은 97,800 Pa이다. 이 값은 QNH 고도계가 해수면에서는 0 m, 그리고 공항 B에서는 실제 표고인 1,000 m를 지시하도록 설정하는 기준값이다. 이에 따라 대기압이 35,600 Pa인 순항고도까지의 대기압 감소는 공항 A지역보다 줄어들기 때문에 공항 B를 이륙한 항공기의 QNH 고도계에 지시되는 고도는 7,700 m로 낮아진다. 즉, 동일한 고도에서 순항 중인 양쪽 항공기의 QNH 고도계는 다른 고도값을 지시하므로 조종사들은 다른 고도에서 비행하고 있는 것으로 오해할 수 있다. 이에 따라 항공기들이 공중 충돌하는 매우 위험한 상황이 전개될 수 있다. 그러므로 같은 고도를 비행하는 모든 항공기의 고도계는 같은 고도를 지시해야 한다.

QNE는 지표면 또는 해수면의 높이와 관계없이 대기압이 101,325 Pa이 되는 곳의 고도가 '0'인 곳이고, 101,325 Pa로부터의 대기압 감소로 고도를 표현한다. 그러므로 QNE로 고도계를 설

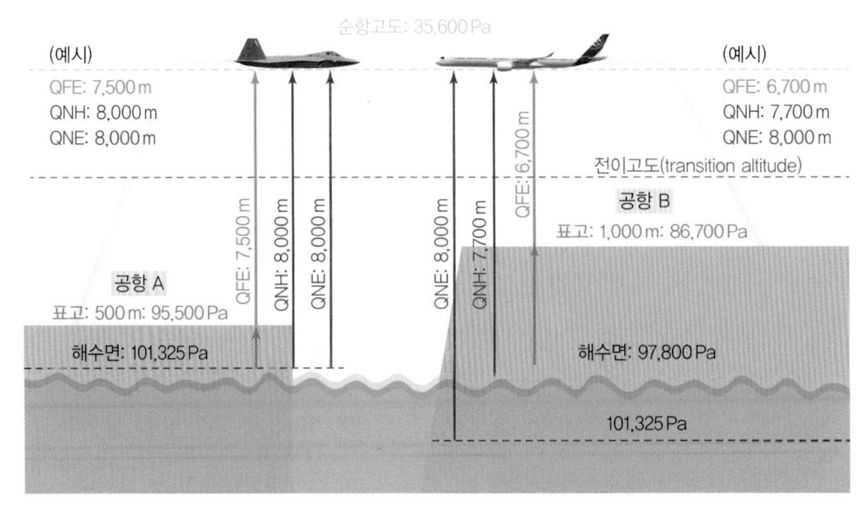

[그림 3-4] 고도 설정에 따라 다양하게 지시되는 고도

정하면 동일한 압력의 대기를 비행하는 모든 항공기는 같은 고도 기준으로 안전하게 비행할 수 있다. [그림 3-4]에서 보면 공항 A와 공항 B에서 이륙한 두 항공기는 35,600 Pa인 고도를 순항 중이고, QNE 기준 고도는 모두 8,000 m이다. 이러한 이유로 **QFE 또는 QNH로 고도계를 설정하고 이륙해도 다수의 항공기들이 순항하는 높은 고도에서는 QNE로 고도계 설정을 변경**하는 것이 일반적이다.

그리고 **고도계의 설정을 변경하는 고도를 전이고도**(transition altitude)라고 한다. 즉, 이륙 후 상승비행 중 전이고도에 다다르는 모든 항공기는 QNE로 변경하여 전이고도 이상의 고도에서는 모두 압력고도 기준으로 비행한다. 그리고 순항 후 착륙을 위하여 하강하며 다시 전이고도 아래로 내려오면 QFE 또는 QNH로 고도계를 재설정하여 착륙공항의 표고가 '0' 또는 실제 표고로 지시되도록 한다. 그렇지 않고 QNE 상태로 착륙을 진행하면 착륙공항의 표고 또는 기압상태를 제대로 반영하지 못하여 발생하는 부정확한 고도 정보 때문에 또 다른 안전문제가 발생할 수 있다.

(5) 밀도고도(density altitude)

항공기의 공기역학적 성능, 즉 양력과 항력은 대기의 밀도에 비례한다. 특히, 대기의 밀도가 부족하면 동압이 떨어지고, 따라서 양력이 감소하여 항공기의 비행성능이 낮아진다. 항공기가 일정 진고도 또는 기압고도에서 문제 없이 비행했다고 하더라도 계절 또는 날씨가 변하여 대기의 온도가 올라가면 밀도도 감소하기 때문에 양력이 떨어지는 문제가 발생할 수 있다. 그리고 저속에서 양력 유지가 중요한 이착륙비행 중에 온도 또는 습도의 증가로 밀도가 감소하면 이착륙거리가 늘어난다.

또한, 대부분의 항공기용 엔진은 압축한 공기와 연료로 추진력을 발생시키기 때문에 **대기의 밀도가 감소하면 엔진의 효율이 감소**하게 된다. 특히, 구조상 흡입공기의 압축에 한계가 있는 왕복엔진은 고도 증가에 따른 성능 감소가 심각하다. 프로펠러의 효율 역시 밀도의 영향을 받는다. **대기의 밀도가 낮으면 날개에서 발생하는 양력이 줄 듯이 프로펠러의 추력 또한 감소**한다.

그러므로 왕복엔진과 프로펠러를 장착하는 소형 저속 항공기는 **온도에 따른 밀도의 변화를 고려하여 보정한 압력고도를 기준으로 비행하는 경우가 많은데, 이를 밀도고도**(density altitude)라고 한다. 고도가 증가할수록 밀도는 감소하기 때문에 밀도고도가 높아지고, 높은 밀도고도에서는 항공기의 비행성능이 떨어진다.

3.6 속도의 분류

항공기는 지상에서는 도달하기 힘든 높은 속도로 3차원 공간에서 나아간다. 항공기의 속도는 양력 및 항력과 연관된 가장 중요한 비행성능의 변수 중 하나이다. 고도가 높아지면 대기의 밀도가 떨어지기 때문에 항공기 기체 표면에 부딪히는 공기입자의 수가 적어져서 항력이 낮아지므로 더 빨리 비행할 수 있다. 또한, 비행속도는 항공기의 안전에도 매우 중요하다. 비행속도가 너무 낮으면 양력 부족을 유발하여 항공기가 실속(stall)하게 된다. 그리고 비행속도가 너무 빠르면 동압이 과도해지거나 충격파가 발생하여 항력이 급증하거나, 항공기 구조에 하중이 증가하여 기체가 파손될 수 있다. 따라서 최저 및 최고 비행속도를 규정하여 그 범위 안에서 비행함으로써 항공기의 안전을 확보하도록 한다. 그리고 항공기에 부착된 속도 측정장치의 오차 또는 항공기의 자세 및 비행조건에 따라 발생하는 속도 오차도 존재하는데, 안전한 비행을 위하여 이

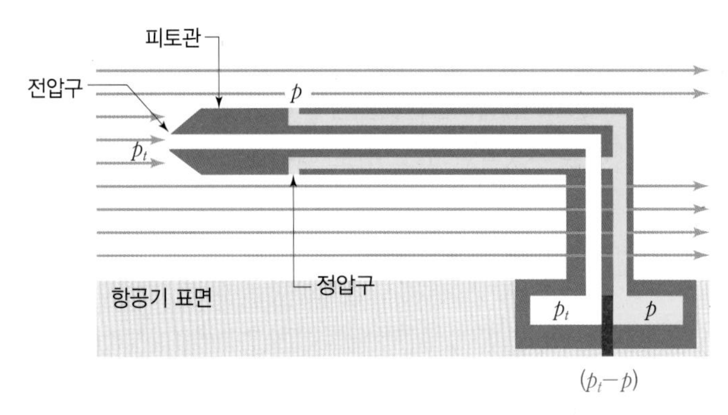

(a) 피토 정압관: 피토관과 정압구가 결합

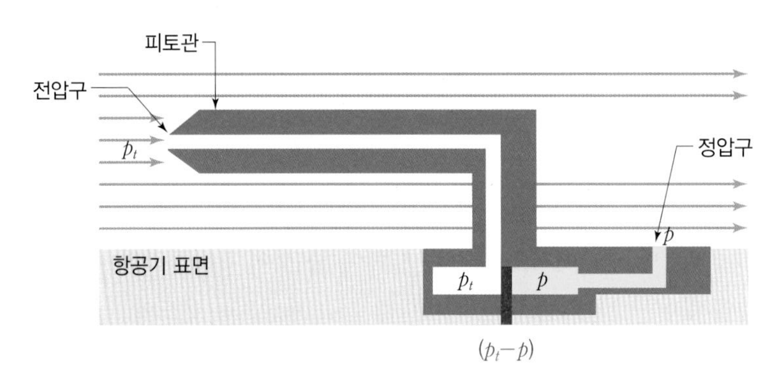

(b) 피토관과 정압구

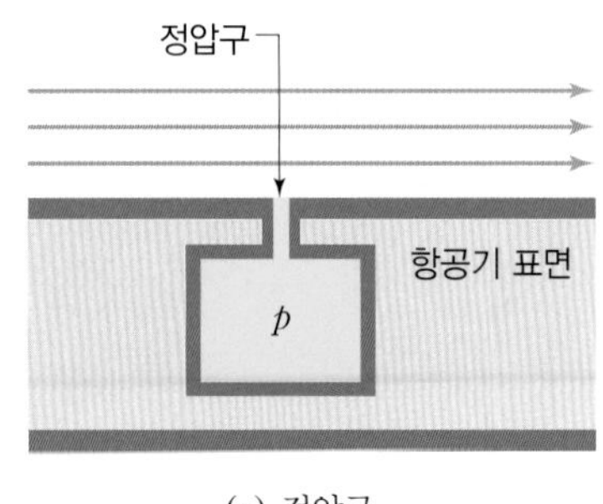

(c) 정압구

[그림 3-5] 속도와 정압 측정장치의 구조

러한 속도 오차는 수정되어 계기에 지시되어야 한다.

대기 중에서 비행하는 항공기의 속도(V)는 [그림 3-5]에서 볼 수 있듯이 피토 정압관(pitot-static tube) 또는 피토관(pitot tube)과 정압구(static port)를 통하여 측정한다. 2.7절에서 소개한 바와 같이, 피토 정압관에 대한 베르누이 방정식과 이를 통하여 유도된 속도 계산식은 다음과 같다. 하지만 베르누이 방정식은 오직 낮은 속도로 비행할 때 발생하는 비압축성(incompressible) 유동에 대하여 유효하다. 따라서 높은 비행속도, 즉 상대풍에서 압축성(compressible) 특성이 나타난다면 또 다른 물리법칙으로 정의되는 관계식을 통하여 속도를 산출해야 한다.

$$p + \frac{1}{2}\rho V^2 = p_t$$

$$p_t - p = \frac{1}{2}\rho V^2$$

$$V = \sqrt{\frac{2(p_t - p)}{\rho}}$$

피토관의 전압구와 정압구에서 각각 전압(p_t)과 정압(p)이 측정되는데, 전압과 정압의 차이 ($p_t - p$)를 피토관의 전압구에 부딪히는 공기입자들의 충격량에 의하여 측정되는 압력이라고 하여 충격압력(impact pressure, q_c)이라고 일컫는다. 즉, 피토 정압관을 통하여 측정되는 충격압력으로 속도가 산출된다. 공기역학적 힘, 즉 공기력(aerodynamics force)에 의한 동압은 충격파가 발생하지 않는 한 압축성 유동, 비압축성 유동의 구분 없이 항상 $q = \frac{1}{2}\rho V^2$으로 정의한다. 하지만 비압축성 유동에 대한 베르누이 방정식의 경우 전압과 정압의 차($p_t - p$)는 동압$\left(\frac{1}{2}\rho V^2\right)$과 같기 때문에 비압축성 유동을 기준으로 충격압력과 동압은 동일($q_c = q$)하다.

$$q_c = p_t - p = \frac{1}{2}\rho V^2 = q \quad \text{(비압축성 유동 기준)}$$

(1) 지시대기속도(IAS)

앞서 저속 비압축성 속도 산출식은 다음과 같이 정의하였다.

$$V = \sqrt{\frac{2(p_t - p)}{\rho}}$$

위의 속도식의 ρ는 상대풍의 밀도, 즉 대기의 밀도이다. 대기의 밀도는 고도에 따라 달라지므로 항공기가 비행 중인 고도에 해당하는 밀도값을 속도 산출식에 대입해야 정확한 속도를 산출할 수 있다. 하지만 **속도계**(Air Speed Indicator, ASI)에 지시되는 속도는 표준대기 해수면에서의 대기밀도($\rho_0 = 1.225\ \mathrm{kg/m^3} = 0.002378\ \mathrm{slug/ft^3}$), 즉 고정밀도값을 사용하여 계산한다. 이렇게 비행고도의 대기 상태량이 아닌 **해수면에서의 대기 상태량을 기준으로 산출되어 속도계에 지시되는 속도를 지시대기속도**(Indicated Air Speed, IAS)라고 한다. 반면에 **비행고도의 대기**

상태량을 기준으로 산출된 실제 비행속도를 진대기속도(True Air Speed, TAS)라고 한다. 앞서 설명한 바와 같이 비압축성 유동에 대하여 $p_t - p = q$이므로 다음과 같이 표준대기 해수면 대기의 밀도(ρ_0)를 기준으로 비압축성 유동에 대한 지시대기속도 산출식을 정리할 수 있다.

$$\text{지시대기속도(비압축성)}:\ V_{IAS} = \sqrt{\frac{2(p_t - p)}{\rho_0}} = \sqrt{\frac{2q}{\rho_0}}$$

속도계에서 지시하는 지시대기속도가 비행 중인 고도의 실제 대기의 상태량(ρ)이 아닌 고정값, 즉 표준대기 해수면에서의 상태량(ρ_0)을 사용하는 이유는 다음과 같다. 중량만큼 양력을 발생시켜 수평비행 중인 항공기의 실속속도(stall speed, V_S)는 다음과 같이 정의한다. 여기서 W는 항공기의 중량이고 S는 날개의 면적이며 $C_{L_{max}}$는 최대양력계수이다. 실속속도 이하로 비행속도가 느려지면 양력이 중량보다 부족해짐에 따라 실속하여 추락할 수도 있으므로 안전상 매우 중요한 기준 속도이다. 그러므로 조종사는 항상 비행속도를 실속속도 이상으로 유지하도록 주의해야 한다.

$$\text{실속속도(진대기속도 기준)}:\ V_S = \sqrt{\frac{2W}{\rho S C_{L_{max}}}}$$

그런데 위의 실속속도 관계식의 ρ는 비행 중인 고도 대기의 밀도인데, 비행고도의 변화 또는 대기의 상태 변화에 따라 달라진다. 즉, 위의 실속속도는 진대기속도(TAS) 기준이다. 그러므로 실속속도를 진대기속도로 속도계에 지시하면 비행하는 동안 바뀌는 대기의 밀도값에 따라 실속속도가 변화하기 때문에 이를 참고하여 항공기의 비행성능을 유지해야 하는 조종사는 혼란을 느낄 수 있다. 뿐만 아니라, 해당 고도의 대기밀도값을 항공기에서 측정하기도 쉽지 않다.

$$\text{실속속도(지시대기속도 기준)}:\ V_S = \sqrt{\frac{2W}{\rho_0 S C_{L_{max}}}}$$

그런데 표준대기 해수면의 대기밀도(ρ_0)를 이용한 지시대기속도 기준으로 실속속도를 산출하면 플랩(flap) 등의 고양력장치를 전개함으로써 날개면적(S)과 최대양력계수($C_{L_{max}}$)가 변하는 경우를 제외하고 실속속도는 비행고도와 대기의 상태와 관계없이 일정하게 유지된다. 그러므로 실속속도 및 실속속도를 기반으로 정의되는 이륙속도와 착륙속도, 그리고 순항속도와 최고속도 등과 같이 **항공기 비행성능 및 비행안전과 관련된 속도는 해수면의 고정 상태량값으로 산출하는 지시대기속도로 속도계에 지시되면 비행을 위한 속도 기준이 명확하고 단순**해진다. 따라서 **지시대기속도는 실제 비행속도가 아니라 항공기를 조종할 때 비행성능과 안전 유지를 위한 기준 속도**라고 볼 수 있다.

공기 유동의 속도가 느려도 사실상 밀도가 변화하는 압축성(compressible) 유체이다. 하지만 대략 마하수 $M < 0.3$에서는 압축성 효과가 매우 작기 때문에 비압축성(incompressible)으로 가정하는 것이 일반적이다. 따라서 $M < 0.3$의 저속 영역에서는 앞서 소개한 비압축성 지시대기속도 산출식은 유효하다. 하지만 $M > 0.3$의 고속 영역에는 밀도 변화 등의 압축성 효과를 고려해야 하므로 다음의 압축성 지시대기속도 산출식을 사용해야 한다. 즉, $M > 0.3$의 속도를 산출할 때 비압축성 베르누이 방정식에서 유도되어 압축성 효과를 고려하지 않은 저속용 비압축성 속도식을 사용하면 오차를 유발한다. 압축성 속도 관계식은 등엔트로피 방정식에서 유도되는데 자세한 내용은 5장에서 다루기로 한다. 여기서 ρ_0는 해수면의 대기압이고, q_c는 충격압력, 즉 피토 정압관으로 측정되는 압축성 유동의 전압과 정압(대기압)의 차이($p_t - p$)다. 앞서 소개한 비압축성 유동에 대한 속도식에서는 충격압력과 동압(q)은 동일하지만, 압축성의 경우 충격압력과 동압은 같지 않다.

$$q_c = p_t - p \neq \frac{1}{2}\rho V^2 \text{ 또는 } q_c \neq q \quad \text{(압축성 유동 기준)}$$

또한, γ는 비열비(specific heat ratio)라고 일컬으며, 대기를 이루고 있는 공기의 경우 $\gamma = 1.4$이다. 현대 항공기는 대부분 높은 속도로 비행하기 때문에 상대풍은 밀도가 변화하는 압축성 유동이다. 그러므로 압축성 지시대기속도 산출식으로 항공기의 속도를 도출하는 것이 일반적이다.

비행속도가 음속을 넘어서 초음속(supersonic)이 되면 충격파(shock wave)라고 하는 독특한 현상이 나타나고, 충격파를 거치면 유동의 전압과 정압이 변화한다. 피토관 앞에 충격파가 발생하면 전압구에서 측정되는 유동의 전압은 충격파의 영향으로 실제와 달라지므로 잘못된 비행속도가 산출된다. 따라서 아래의 속도식은 충격파의 영향이 없는 아음속(subsonic) 압축성 유동에 대해서만 유효하고, 충격파에 의한 압력 변화를 고려한 초음속 압축성 속도식은 별도로 정의하여 사용한다. 즉, 지시대기속도, 진대기속도 등 속도의 종류뿐만 아니라 속도의 빠르기에 따라 비압축성($M < 0.3$), 아음속 압축성($0.3 < M < 1$), 초음속($M > 1$) 비행속도 산출식이 각각 존재한다. 아래의 아음속 압축성 속도식을 도출하는 과정은 5.6절에서 설명하고, 초음속 속도식은 6.3절에서 소개하도록 한다.

$$\text{지시대기속도(아음속 압축성)}: V_{IAS} = \sqrt{\frac{2\gamma}{\gamma-1}\frac{p_0}{\rho_0}\left[\left(\frac{q_c}{p_0}+1\right)^{\frac{\gamma-1}{\gamma}} - 1\right]}$$

위의 지시대기속도 산출식에 포함된 표준대기 해수면에서의 대기압(p_0)과 대기밀도(ρ_0)는 고정값이므로 피토관에서 측정하는 전압과 정압의 차이, 즉 충격압력(q_c)이 일정하면 비행고도 및 대기의 상태와 관계없이 지시대기속도는 일정하다. 그리고 해수면 대기압(p_0)과 대기밀도(ρ_0) 대신 실제 비행고도의 대기압(p)과 대기밀도(ρ)를 대입하면 진대기속도가 산출된다. 지시대기속도와 진대기속도 모두 항공기 계기에 표시되는데, 속도계는 항공기의 비행성능에 중요한 지시대기 속도 위주로 속도를 표시한다. 반면에 실제 비행속도인 진대기속도는 도착지까지의 거리와 시간 등의 항법정보를 나타낼 때 중요하므로 대지속도(GS)와 함께 항법계기(Navigation Display, ND)에 표시된다.

(2) 교정대기속도(CAS)

지시대기속도(IAS)**에서 계기오차**(instrument error, ΔV_i)**와 위치오차**(position error, ΔV_p)**를 수정하면 교정대기속도**(Calibrated Air Speed, CAS)가 된다. **계기오차는 말 그대로 측정계기의 불완전성, 즉 영점 보정의 문제 또는 눈금의 부정확성 등으로 인해 발생하는 오차**이다. 하지만 계기의 정밀도가 높아진 현대에는 계기오차의 크기는 무시할 정도로 작기 때문에 일반적으로 위치오차만 보정하여 교정대기속도를 산출한다.

위치오차는 전압과 정압을 측정하여 속도와 고도를 산출하는 피토관과 정압구의 위치와 방향 때문에 발생한다. 피토관은 대기 속에서 비행 중인 항공기의 속도를 측정하는 장치이다. 따라서 공기와 기체 표면의 마찰력 때문에 실제 비행속도보다 유동의 속도가 느려지는 경계층(boundary layer)을 피하여 항공기의 기수 맨 앞, 또는 [그림 3-5(a), (b)]와 같이 기체의 표면에서 멀리 떨어져 설치되어 위치오차를 최소화한다. 또한, 피토관의 전압구는 상대풍을 직접 받아 전압을 측정하므로 상대풍의 방향과 수직일 때 가장 정확한 속도값을 도출한다. 그리고 상대풍의 정압은 항공기의 표면에 수직으로 작용하는 압력이다. 따라서 상대풍의 정압인 대기압을 측정하는 정압구(static port)는 상대풍에 대하여 수직으로 위치하도록 [그림 3-5(a)~(c)]와 같이 상대풍의 방향에 나란하게 피토관 또는 항공기의 표면에 설치된다. 그뿐만 아니라 정압구의 구멍이 커서 정압구 위를 흐르는 유동의 일부가 정압구 안으로 들어가면 정압이 아닌 전압이 측정되는 문제가 발생한다. 그러므로 정압구의 구멍은 가능한 한 작게 가공되어야 한다.

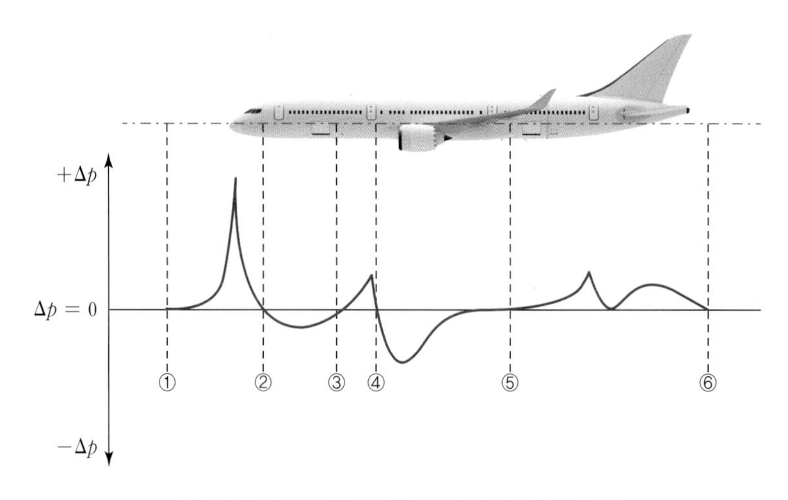

[그림 3-6] 항공기 동체 표면의 압력오차(Δp) 변화

[그림 3-6]은 제트 여객기의 동체 표면 기준선(청색)에서 측정한 압력오차(Δp)를 나타내고 있는데, 정압구에서 측정한 압력값이 정확하지 않으면 비행속도의 오차, 즉 위치오차(ΔV_p)를 유발한다. 그림의 압력오차는 측정된 정압과 대기압의 차이($\Delta p = p - p_\infty$)로서, 양의 값($+\Delta p$)은 측정된 정압이 대기압보다 높고, 음의 값($-\Delta p$)은 대기압보다 낮으며, 0은 대기압과 같음을 의미한다. 여기서 설명하는 압력오차는 동체 표면의 곡률과 경계층, 그리고 날개와의 간섭 등으로 인해 발생한다. 정압구는 대기압을 정확히 측정하는 장치이므로 그림의 ②, ③, ④, ⑤와 같이 압력오차가 없는, 즉 $\Delta p = 0$인 지점에 설치된다.

항공기를 옆에서 보았을 때 상대풍의 방향에 대하여 기체축(또는 날개 시위선)이 올라가거나 내려가서 받음각(angle of attack)이 발생하면 피토관과 정압구의 방향이 상대풍의 방향과 어긋나기 때문에 정확한 속도와 고도 정보를 산출하지 못하는데, 이것도 위치오차에 해당한다. 마찬가지로 항공기를 위에서 보았을 때 상대풍의 방향에 대하여 기체축이 시계 또는 반시계 방향으로 돌아가며 발생하는 옆미끄럼각(sideslip angle)이 있는 상태에서도 위치오차가 발생한다.

그리고 항공기가 지면 근처에서 **이착륙할 때 지면의 영향으로 양력이 증가하는 현상을 지면 효과**(ground effect)라고 한다. 그리고 지면 효과는 피토관과 정압구를 지나는 유동의 방향에 영향을 주기 때문에 이 역시 위치오차의 원인이 된다. 또한, 착륙장치와 플랩(flap) 등의 고양력장치를 전개하여 항공기 주위를 흐르는 유동의 방향이 바뀌어도 위치오차가 발생한다.

그러므로 항공기 제작사는 비행시험을 통하여 다양한 항공기 자세와 비행조건에서 발생하는 모든 위치오차와 오차의 크기를 식별하여 교정대기속도(CAS)를 산출할 수 있도록 관련 장치를 제작한다. 현대 항공기에 탑재되는 속도계는 정밀도가 높아서 계기오차가 거의 없고, 위치오차는 보정되기 때문에 속도계의 지시대기속도는 사실상 교정대기속도이다.

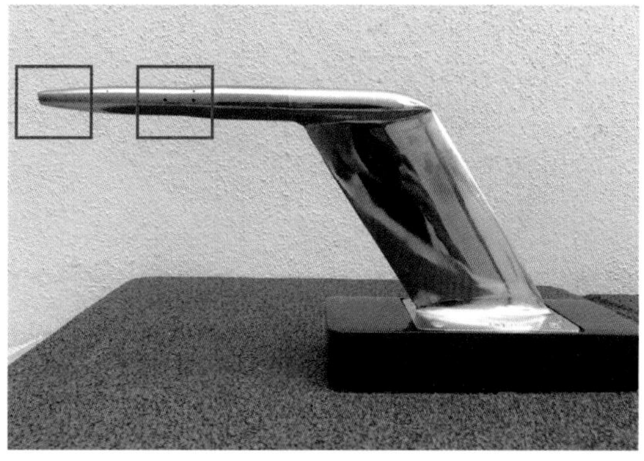

Mikoyan Mig-29 전투기(왼쪽)와 Boeing 737 여객기에 장착되는 피토 정압관(오른쪽). 앞쪽 끝의 전압구에서 전압(p_t), 옆의 작은 구멍의 정압구에서 정압(p)의 크기를 읽고, 전압과 정압의 차($p_t - p$)를 측정하여 조종석에 설치된 속도계기에 비행속도를 지시한다. 피토 정압관이 기수 맨 앞 또는 지지대를 이용하여 기수 표면에서 떨어져서 설치되는 이유는 피토 정압관이 경계층에 들어가서 발생하는 위치오차(position error)를 방지하기 위함이다. 경계층은 흐르는 공기의 입자와 기체 표면 간의 마찰에 의하여 공기의 유동속도가 낮아지는 영역을 말한다. 따라서 피토 정압관이 경계층 안으로 들어가게 되면 실제 비행속도보다 낮은 속도가 측정되는 문제가 발생한다.

Photo courtesy of Yannick Delamarre

시험비행 중인 Airbus A320의 수직 안정판에 부착된 static trailing cone. 항공기 동체 표면에서는 다양한 이유로 위치오차가 발생하기 때문에 대기압(정압)을 정확히 측정하기 힘들다. 따라서 static trailing cone과 같이 특별히 고안된 장치를 시험비행용 항공기의 수직 안정판에 케이블로 연결하여 동체로부터 일정 거리만큼 떨어진 위치오차가 없는 지점에서 대기압을 측정한다. 그리고 이를 토대로 해당 항공기에서 발생하는 위치오차를 식별하여 실제 운항비행 중 정확한 고도값과 교정대기속도(CAS)를 산출할 수 있도록 한다.

$$\text{교정대기속도(아음속 압축성)}: V_{CAS} = V_{IAS} = \sqrt{\frac{2\gamma}{\gamma-1}\frac{p_0}{\rho_0}\left[\left(\frac{q_c}{p_0}+1\right)^{\frac{\gamma-1}{\gamma}}-1\right]}$$

(3) 등가대기속도(EAS)

등가대기속도(Equivalent Air Speed, EAS)**는 교정대기속도**(CAS) **또는 지시대기속도**(IAS) **에서 비행고도에 따른 압축성 오차**(compressibility error, ΔV_c)**를 보정한 속도**이다. 아음속 압축성 지시대기속도 또는 교정대기속도 산출식에서 고정값인 해수면의 대기압(p_0) 대신 비행고도에 따른 대기압(p)을 대입하여 수정하면 아래와 같은 등가대기속도 산출식이 정의된다.

$$\text{등가대기속도(아음속 압축성)}: V_{EAS} = \sqrt{\frac{2\gamma}{\gamma-1}\frac{p}{\rho_0}\left[\left(\frac{q_c}{p}+1\right)^{\frac{\gamma-1}{\gamma}}-1\right]}$$

표준대기 해수면의 대기 상태량(p_0 및 ρ_0)에 기준한 지시대기속도와 교정대기속도는 충격압력(q_c)이 일정하다면 비행고도가 달라지더라도 항상 일정한 값을 가진다. 하지만 고도에 따라 변화하는 대기압(p)을 기준으로 등가대기속도가 산출되기 때문에 충격압력이 일정하더라도 비행고도가 달라져서 대기압이 변화하면 등가대기속도값도 변화한다. 따라서 압축성 오차(ΔV_c)는 비압축성과 압축성 속도 산출식의 계산값 차이가 아니고, 앞서 소개한 압축성 교정대기속도(CAS) 산출식과 압축성 등가대기속도(EAS) 산출식의 계산값 차이인데, 이는 비행고도에 따른 대기압의 변화 때문에 발생한다. 교정(지시)대기속도에서 압축성 오차를 보정한 속도가 등가대기속도이므로 다음과 같은 관계식이 성립한다.

$$V_{EAS} = V_{CAS} - \Delta V_c$$

[그림 3-7]은 비행고도에 따른 압축성 오차(ΔV_c)의 변화를 보여주고 있다. 고도가 0 ft인 해수면에서는 표준대기 기준 대기압이 $p = p_0$이므로 압축성 등가대기속도와 압축성 교정대기속도의 산출식이 같아지기 때문에 압축성 오차가 없다($\Delta V_c = 0$). 또한, 10,000 ft 이하의 고도 그리고 압축성 효과가 미미한 200 kts 이하의 교정대기속도에서도 압축성 오차가 매우 작기 때문에 등가대기속도는 교정대기속도와 유사하다. 하지만 [그림 3-7]에서 볼 수 있듯이 비행고도 증가에 따른 대기압의 감소와 200 kts 이상 비행속도의 증가로 인하여 압축성 오차가 커짐에 따라 등가대기속도는 교정대기속도보다 느려지게 된다.

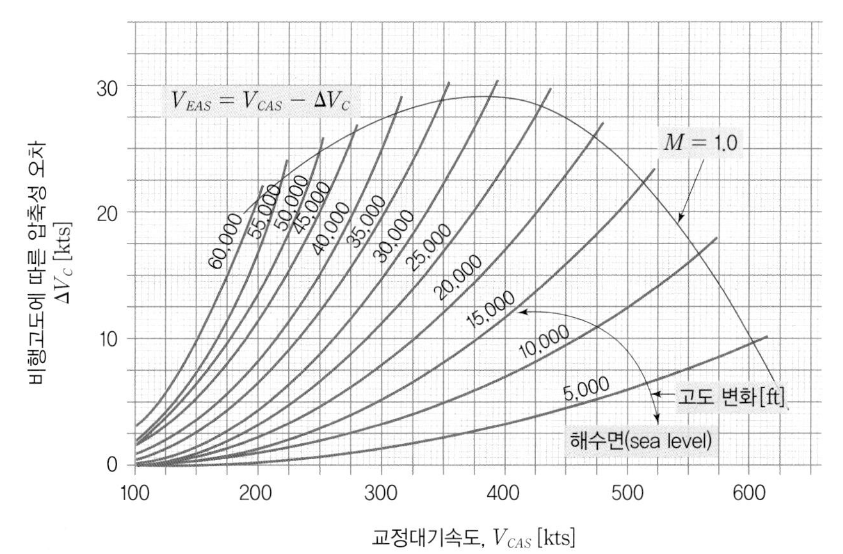

자료 출처: Dole, C. E. et al., *Flight Theory and Aerodynamics: A Practical Guide for Operational Safety*, Wiley & Sons, Ltd., 2016.

[그림 3-7] 교정대기속도와 비행고도에 따른 압축성 오차(ΔV_c)의 변화

(4) 진대기속도(TAS)

진대기속도(True Air Speed, TAS)**는 항공기의 실제 비행속도로, 해수면의 대기 상태량 대신 비행 중인 고도의 실제 대기 상태량을 기준으로 산출된 속도**이다. 따라서 진대기속도는 고도에

따라 변화하는 속도이다. 진대기속도를 비압축성 속도 산출식으로 나타내면 다음과 같다. 여기서, ρ는 비행 중인 고도의 대기밀도이다.

$$\text{진대기속도(비압축성)}: V_{TAS} = \sqrt{\frac{2(p_t - p)}{\rho}} = \sqrt{\frac{2q}{\rho}}$$

또한, 아음속 압축성 유동에 대한 진대기속도 산출식은 다음과 같다. 즉, 아음속 압축성 지시대기속도(IAS) 산출식에서 해수면의 대기압(p_0)과 대기밀도(ρ_0) 대신 비행 중인 고도에서의 대기압(p)과 대기밀도(ρ)를 대입하면 진대기속도 산출식이 된다.

$$\text{진대기속도(아음속 압축성)}: V_{TAS} = \sqrt{\frac{2\gamma}{\gamma-1}\frac{p}{\rho}\left[\left(\frac{q_c}{p}+1\right)^{\frac{\gamma-1}{\gamma}}-1\right]}$$

등가대기속도(EAS)를 식으로 나타내면 다음과 같다.

$$V_{EAS} = \sqrt{\frac{2\gamma}{\gamma-1}\frac{p}{\rho_0}\left[\left(\frac{q_c}{p}+1\right)^{\frac{\gamma-1}{\gamma}}-1\right]}$$

즉, 등가대기속도 산출식의 해수면 대기밀도(ρ_0)를 비행 중인 고도의 대기밀도(ρ)로 바꾸면 진대기속도 산출식이 도출된다. 진대기속도 산출식을 등가대기속도 산출식으로 나누면 다음과 같이 정리된다.

$$\frac{V_{TAS}}{V_{EAS}} = \frac{\sqrt{\frac{2\gamma}{\gamma-1}\frac{p}{\rho}\left[\left(\frac{q_c}{p}+1\right)^{\frac{\gamma-1}{\gamma}}-1\right]}}{\sqrt{\frac{2\gamma}{\gamma-1}\frac{p}{\rho_0}\left[\left(\frac{q_c}{p}+1\right)^{\frac{\gamma-1}{\gamma}}-1\right]}} = \frac{\sqrt{\frac{1}{\rho}}}{\sqrt{\frac{1}{\rho_0}}} = \frac{\sqrt{\rho_0}}{\sqrt{\rho}} = \frac{1}{\sqrt{\rho/\rho_0}}$$

따라서 진대기속도는 다음과 같이 등가대기속도와 밀도비로 나타낼 수 있다. 밀도비(σ)는 해수면 대기밀도에 대한 비행고도 대기밀도의 비율이고(ρ/ρ_0), 고도가 증가하면 대기의 밀도가 감소하므로 1보다 작은 값으로 정의된다. 그러므로 등가대기속도를 밀도비의 제곱근($\sqrt{\sigma}$)으로 나누면 진대기속도가 된다.

$$V_{TAS} = \frac{V_{EAS}}{\sqrt{\rho/\rho_0}} = \frac{V_{EAS}}{\sqrt{\sigma}}$$

항공기가 일정한 양력과 항력을 유지하기 위해서는 요구되는 만큼의 동압을 비행고도와 관계없이 유지해야 한다. 그뿐만 아니라 동압의 정확한 계산은 항공기에 작용하는 공기력의 추정이나 조종면의 구성 등 항공기의 구조설계와 형상설계에 매우 중요하다. 항공기에 실제 작용하는 동압(q)은 다음과 같이 실제 비행속도인 진대기속도(V_{TAS})와 비행 중인 고도의 실제 대기밀도값(ρ)을 이용하여 계산할 수 있다. 그러나 비행고도에 따라 대기의 밀도값이 변화하므로 해당 비행고도에서 항공기에 작용하는 동압을 계산하기 위하여 진대기속도뿐만 아니라 비행고도의 실제 대기밀도값도 측정해야 하는 번거로움이 생긴다.

$$q = \frac{1}{2}\rho V_{TAS}^2$$

하지만 표준대기 해수면에서 대기밀도의 값은 고정값인 $\rho_0 = 1.225\ \mathrm{kg/m^3} = 0.002378\ \mathrm{slug/ft^3}$이므로 동압을 구할 때 이를 이용하면 편리하다. 그리고 앞서 살펴본 바와 같이, "진대기속도(V_{TAS}) = 등가대기속도(V_{EAS}) ÷ 밀도비의 제곱근($\sqrt{\rho/\rho_0}$)"이므로 동압을 다음과 같이 나타낼 수 있다.

$$q = \frac{1}{2}\rho V_{TAS}^2 = \frac{1}{2}\rho\left(\frac{V_{EAS}}{\sqrt{\rho/\rho_0}}\right)^2 = \frac{1}{2}\rho\frac{V_{EAS}^2}{\rho/\rho_0} = \frac{1}{2}\rho_0 V_{EAS}^2$$

즉, **해당 비행고도에서 항공기에 작용하는 동압을 실제 비행속도인 진대기속도(V_{TAS})와 비행고도의 실제 대기밀도값(ρ)의 조합 대신 등가대기속도(V_{EAS})와 표준대기 해수면에서의 고정밀도값(ρ_0)의 조합으로 보다 편리하게 산출할 수 있다.** 따라서 등가대기속도는 동압을 계산할 때 주로 활용된다. 그러므로 교정(지시)대기속도 및 진대기속도는 항공기가 얼마나 빨리 나는지 가늠하는 기준이 되는 속도지만, **등가대기속도는 항공기의 성능을 검토하거나 항공기를 설계할 때 기준이 되는 속도**이다.

[그림 3-8]은 각종 오차를 기준으로 지금까지 소개한 속도의 종류를 구분하여 정리한 것이다. 먼저 피토관과 정압구 또는 피토 정압관에서 측정한 전압과 정압의 차($p_t - p$), 즉 충격압력(q_c)

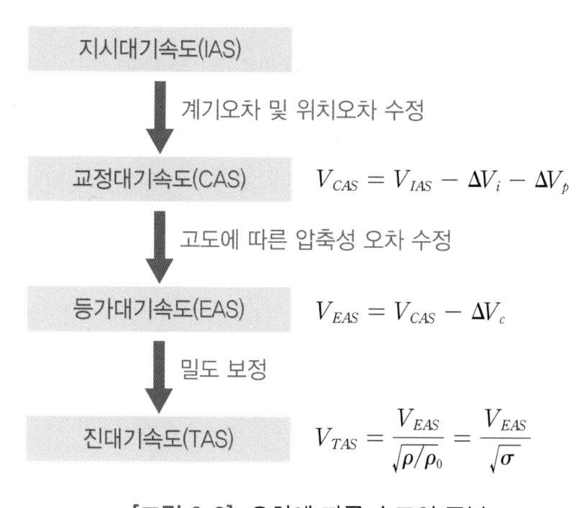

[그림 3-8] 오차에 따른 속도의 구분

으로 지시대기속도(IAS)가 산출된다. 여기서 계기오차(ΔV_i)와 위치오차(ΔV_p)를 수정하면 교정대기속도(CAS)가 된다. 그리고 고도에 따른 압축성 오차(ΔV_c)를 수정하면 등가대기속도(EAS)가 정의되며, 등가대기속도 기준으로 밀도($\sqrt{\rho/\rho_0} = \sqrt{\sigma}$)를 보정하면 진대기속도(TAS)가 된다.

또 다른 속도 기준인 **비행 마하수**(Mach number, M)**는 진대기속도를 음속**(sonic speed, a)**으로 나눈 값**이다. 음속이란 소리가 전파되어 나아가는 속도이며 $a = \sqrt{\gamma RT}$로 정의한다. 여기서 γ는 비열비이고, R은 기체상수이다. 또한, 이상기체 상태방정식은 $p = \rho RT$이므로 $RT = \dfrac{p}{\rho}$이고, 이를 음속의 관계식에 대입하면 $a = \sqrt{\gamma RT} = \sqrt{\dfrac{p}{\rho}}$가 된다. 따라서 마하수는 아래와 같이 나타낼 수 있다.

$$M = \frac{V_{TAS}}{a} = \frac{V_{TAS}}{\sqrt{\gamma RT}} = \frac{V_{TAS}}{\sqrt{\dfrac{\gamma p}{\rho}}}$$

그리고 마하수의 정의를 진대기속도 산출식에 대입하여 정리하면 다음과 같은 비행 마하수 산출식이 된다. 즉, 피토관과 정압구에서 측정한 충격압력(q_c)과 대기압(p)을 기준으로 비행 마하수를 도출할 수 있다. 비행 마하수는 속도계에서 지시되거나, 속도계와 별도로 구성된 마하계(Machmeter)라고 하는 계기에서 지시된다.

$$\text{비행 마하수: } M = \frac{V_{TAS}}{\sqrt{\gamma RT}} = \sqrt{\frac{2}{\gamma-1}\left[\left(\frac{q_c}{p}+1\right)^{\frac{\gamma-1}{\gamma}} - 1\right]}$$

[표 3-2]에서는 고도에 따른 속도 변화의 예시를 속도의 종류에 따라 구분하여 보여주고 있다. 피토 정압관에서 측정되는 충격압력(q_c)은 고도와 관계없이 일정하고, 위치오차(ΔV_p)가 없어서 지시대기속도(IAS)와 교정대기속도(CAS)가 같은 경우이다. 고도가 0 m인 해수면에서는 지시대기속도(IAS) 또는 교정대기속도(CAS), 등가대기속도(EAS), 진대기속도(TAS) 산출식의 대기압과 대기밀도는 모두 표준대기 해수면을 기준으로 하므로 동일한 속도를 지시한다. 해수면의 대기압과 대기밀도로 산출되는 **지시(교정)대기속도는 충격압력**($q_c = p_t - p$)**이 일정하게 유지되는 한 고도와 관계없이 같은 값**을 가진다.

[표 3-2] 고도에 따른 비행속도 변화의 예시[충격압력(q_c)은 일정하고 IAS와 CAS는 같다고 가정]

고도 [m]	IAS (CAS) [m/s]	EAS [m/s]	TAS [m/s]	M
0	170	170	170	0.50
2,000	170	169	186	0.56
4,000	170	167	204	0.63
6,000	170	165	225	0.71
8,000	170	162	247	0.80

하지만 [그림 3-7]에서 알 수 있듯이, 고도가 높아질수록 대기압 감소에 따른 압축성 오차(ΔV_c)가 증가하기 때문에 **고도의 증가에 따라 등가대기속도는 느려진다**. 또한, 대기의 밀도(ρ)는 고도가 높아질수록 급감하기 때문에 속도관계식에서 분모의 대기밀도로 나누어 정의되는 **진대기속도는 고도의 증가에 따라 빨라진다**. 마하수(M)는 진대기속도를 음속(a)으로 나누어 정의한다($M = V_{TAS}/a$). 음속은 $a = \sqrt{\gamma RT}$이므로 대류권에서는 고도가 높아지면 대기의 온도(T)는 낮아지므로 음속은 높은 고도에서 느려진다. 그러므로 **고도가 증가하면 진대기속도는 빨라지고 음속은 느려지므로 마하수는 증가한다**. 하지만 속도계에서 지시되는 지시(교정)대기속도는 고도에 따른 밀도의 변화와 대기압의 변화를 반영하지 않기 때문에 고도가 변화하더라도 일정한 값을 지시하므로 조종사가 지시(교정)대기속도를 통하여 안전비행을 위한 비행속도를 용이하게 가늠할 수 있다.

고도 12,194 m(40,007 ft)에서 순항하고 있는 제트 여객기를 고려해 보자. 해당 여객기 조종석의 주 비행계기(Primary Flight Display, PFD)에서 지시되는 비행성능 정보는 [그림 3-9]와 같다. 기압고도(QNE), 즉 표준대기 기준 12,194 m에서 대기압은 $p = 18{,}817$ Pa이고, 대기밀도는 $\rho = 0.303$ kg/m^{3}이며, 대기의 온도는 $T = 216$ K이다. 비행 중 피토관에서 측정한 충격압력이 $q_c = 9{,}115$ Pa이라면 교정(지시)대기속도(V_{CAS}), 등가대기속도(V_{EAS}), 진대기속도(V_{TAS}), 비행 마하수(M)는 앞서 소개한 산출식을 통하여 각각 다음과 같이 계산할 수 있다. 여기서, 표준대기 해수면의 대기압

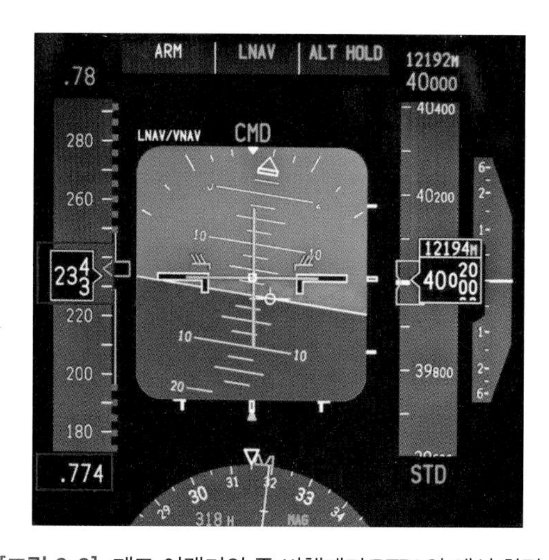

[그림 3-9] 제트 여객기의 주 비행계기(PFD)의 예시 화면

과 대기밀도는 각각 $p_0 = 101{,}325$ Pa 및 $\rho_0 = 1.225$ kg/m^{3}이다. 지시대기속도와 비행 마하수를 계산한 결과는 주 비행계기에서 지시되는(빨간 네모) 정보와 일치하고 있다. 따라서 등가대기속도와 진대기속도는 해당 계기 화면에 나타나 있지 않지만 아래 계산 결과와 같음을 알 수 있다. 참고로, 국제적으로 통용되는 가장 일반적인 항공기 속도 단위는 kts(knots, nautical mile per hour)인데, KIAS, KCAS, KEAS, KTAS는 속도 단위 kts를 각각 지시대기속도(IAS), 교정대기속도(CAS), 등가대기속도(EAS), 진대기속도(TAS) 기준으로 표시함을 의미한다.

$$V_{IAS} = V_{CAS} = \sqrt{\frac{2\gamma}{\gamma-1}\frac{p_0}{\rho_0}\left[\left(\frac{q_c}{p_0}+1\right)^{\frac{\gamma-1}{\gamma}}-1\right]}$$

$$= \sqrt{\frac{2\times1.4}{1.4-1}\frac{101{,}325\,\text{Pa}}{1.225\,\text{kg/m}^3}\left[\left(\frac{9{,}115\,\text{Pa}}{101{,}325\,\text{Pa}}+1\right)^{\frac{1.4-1}{1.4}}-1\right]} = 120.1\,\text{m/s}\,(233.5\,\text{KCAS})$$

$$V_{EAS} = \sqrt{\frac{2\gamma}{\gamma-1}\frac{p}{\rho_0}\left[\left(\frac{q_c}{p}+1\right)^{\frac{\gamma-1}{\gamma}}-1\right]}$$

$$= \sqrt{\frac{2\times1.4}{1.4-1}\frac{18{,}817\,\text{Pa}}{1.225\,\text{kg/m}^3}\left[\left(\frac{9{,}115\,\text{Pa}}{18{,}817\,\text{Pa}}+1\right)^{\frac{1.4-1}{1.4}}-1\right]} = 113.3\,\text{m/s}\,(220.3\,\text{KEAS})$$

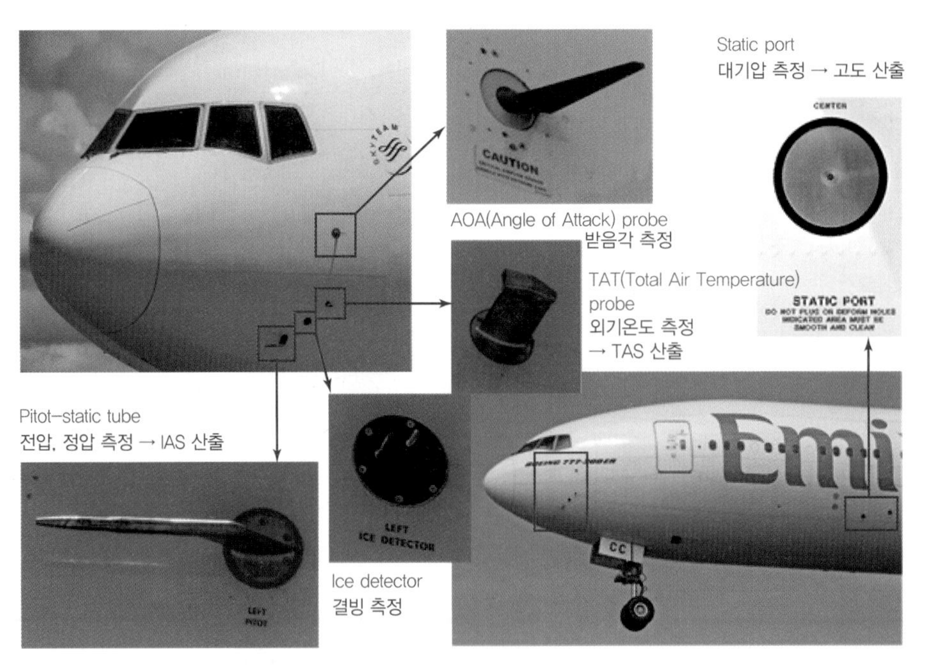

Boeing 777-300 여객기의 다양한 외부 측정장치. 상대 유동의 전압(p_t), 정압(p) 또는 대기압, 충격압력(q_c), 온도(T) 등을 측정하여 지시대기속도(IAS), 교정대기속도(CAS), 등가대기속도(EAS), 진대기속도(TAS), 수직속도(VS), 마하수(M), 고도(altitude)를 산출할 수 있게 한다.

$$V_{TAS}=\sqrt{\frac{2\gamma}{\gamma-1}\frac{p}{\rho}\left[\left(\frac{q_c}{p}+1\right)^{\frac{\gamma-1}{\gamma}}-1\right]}$$

$$=\sqrt{\frac{2\times1.4}{1.4-1}\frac{18,817\ \mathrm{Pa}}{0.303\ \mathrm{kg/m^3}}\left[\left(\frac{9,115\ \mathrm{Pa}}{18,817\ \mathrm{Pa}}+1\right)^{\frac{1.4-1}{1.4}}-1\right]}=228.0\ \mathrm{m/s}(443.2\ \mathrm{KTAS})$$

$$M=\frac{V_{TAS}}{\sqrt{\gamma RT}}=\frac{228.0\ \mathrm{m/s}}{\sqrt{1.4\times287\frac{\mathrm{J}}{\mathrm{kg\cdot K}}\times216\mathrm{K}}}=0.774$$

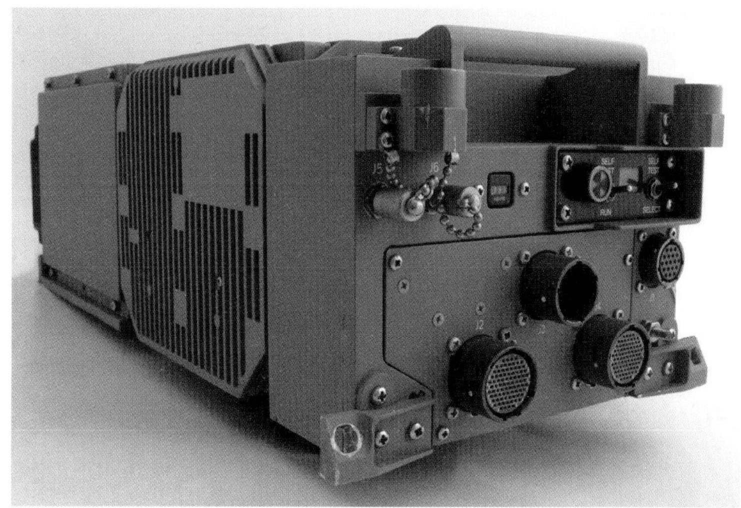

Photo: rochesteravionicarchives.co.uk

Grumman F-14A 전투기에 탑재되었던 SCADC2 대기자료컴퓨터(Air Data Computer, ADC). 현대 항공기에 장착된 대기자료컴퓨터는 위치오차를 보정하는 데이터와 고도별 압축성 오차와 밀도를 보정할 수 있는 산출식과 정보를 탑재하고 있다. 그리고 이를 이용하여 정확한 속도와 고도 정보를 계산하여 조종사에게 제공한다. 지시대기속도(IAS)에서 계기오차, 위치오차, 고도별 압축성 오차, 밀도비를 보정하면 진대기속도(TAS)가 된다.

(5) 대지속도(GS)

항공기가 대기 중을 비행하면 항공기에 작용하는 상대풍의 속도는 비행속도, 즉 진대기속도(TAS)와 같다. 하지만 이는 대기가 정지한 상태를 말하고 실제 대기는 정지해 있지 않고 움직이는데, 이러한 **대기의 이동을 기류**(air current)라고 한다. 기류는 지구의 자전과 위도별 태양광의 강도 차이에 따른 지표면 온도 차이 때문에 발생하는데, 기류의 규모와 속도는 지역과 계절에 따라 일정하지 않다.

지표면에 서 있는 사람이 항공기를 보고 있다고 가정하자. 그런데 기류의 방향과 항공기의 비행 방향이 같다면 항공기가 실제 비행속도인 진대기속도(TAS)보다 훨씬 빠른 속도로 비행하고

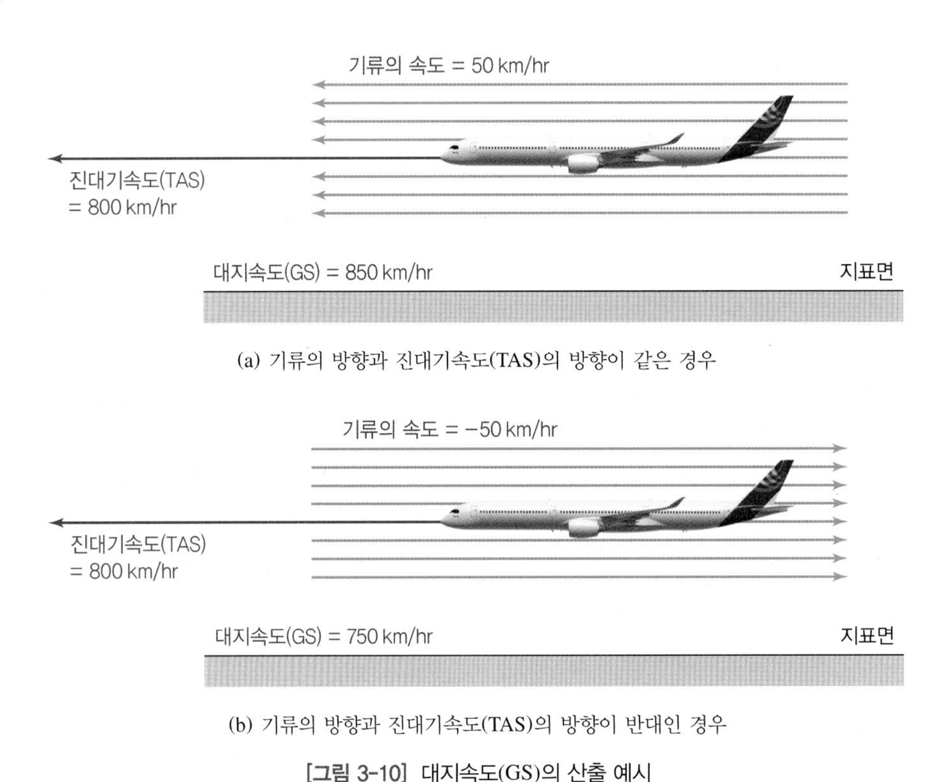

(a) 기류의 방향과 진대기속도(TAS)의 방향이 같은 경우

(b) 기류의 방향과 진대기속도(TAS)의 방향이 반대인 경우

[그림 3-10] 대지속도(GS)의 산출 예시

있는 것을 지표면의 사람은 보게 된다. 이는 무빙워크(moving walkway)를 이용하면 걷는 속도가 무빙워크의 속도만큼 증가하는 것과 같은 이치이다. **지표면**(ground)**의 고정된 지점을 기준으로 한 항공기의 상대속도를 대지속도**(Ground Speed, GS)라고 한다.

[그림 3-10(a)]와 같이, V_{TAS}=800 km/hr의 속도로 비행 중인 항공기가 비행 방향과 같은 방향으로 50 km/hr의 속도로 흐르는 기류를 타고 비행하면 대지속도 V_{GS}=850 km/hr가 된다. 비행 방향과 반대로 흐르는 기류를 타고 비행하면 대지속도는 감소한다. [그림 3-10(b)]에 나타난 바와 같이, 반대 방향으로 50 km/hr의 속도로 흐르는 기류는 대지속도를 V_{GS}=750 km/hr로 감소시킨다. 무빙워크가 움직이는 방향과 반대로 걸어가면 걷는 속도가 감소하는 것과 같은 이유이다.

항공기의 비행 방향과 반대 방향의 기류 또는 항공기의 기수(head) **쪽으로 부는 바람을 정풍**(**역풍**, head wind)이라고 하고, **비행 방향과 같은 방향으로 흐르는 기류 또는 항공기의 꼬리**(tail) **쪽으로 부는 바람을 배풍**(**순풍**, tail wind)이라고 한다.

한국에서 북미 또는 유럽으로 비행할 때는 강한 **제트기류**(subtropical jet stream)를 만나게 된다. 제트기류는 북위 50도 전후 항공기 순항고도인 대류권계면 상부에 발달하므로 한국에서 출발하거나 한국으로 향하는 항공기의 운항과 비행속도에 큰 영향을 미친다. 제트기류는 편서풍으로서 서쪽에서 동쪽을 향해 흐른다. 그러므로 한국에서 미국으로 비행하는 경우, 제트기류는 배풍으로 작용하기 때문에 비행시간이 줄어들고, 미국에서 한국으로 항공기가 향할 때는 정풍으로 작용하여 비행시간이 늘어난다.

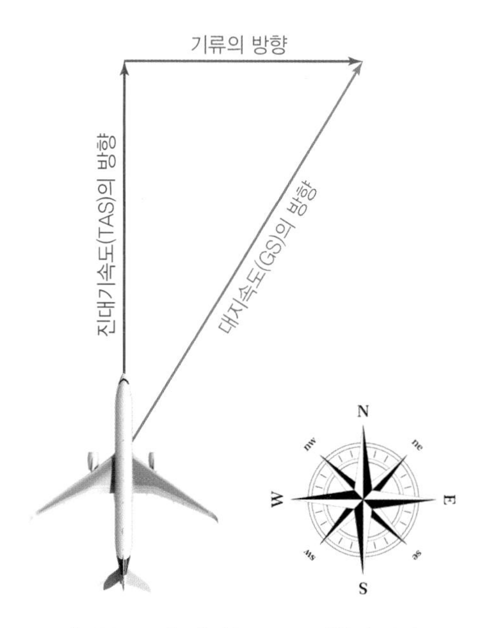

[그림 3-11] 대지속도(GS) 방향의 정의

대지속도는 항공기의 진행 방향에도 영향을 미친다. [그림 3-11]과 같이, 항공기 속도(TAS)의 방향이 북쪽을 향하고 있다고 가정하자. 그런데 기류가 동쪽으로 이동 중이라면 항공기의 기수는 북쪽을 향하고 있음에도 불구하고 항공기의 진행 방향은 오른쪽으로 비스듬하게 기울어진 북동쪽이 된다. 이렇게 진대기속도와 대지속도의 방향은 각각 지표면에 대한 실제 항공기의 비행속도, 즉 이동 속도와 이동 방향이므로 이동 경로와 남은 비행시간 등 항법정보를 산정하는 데 중요한 역할을 한다. 따라서 대지속도는 진대기속도와 함께 항법계기에 표시된다.

(6) 정풍과 배풍

앞서 살펴본 바와 같이, 기류의 방향은 항공기의 실제 속도에 큰 영향을 준다. **항공기가 순항할 때 뒤에서 불어오는 배풍은 대지속도를 증가**시켜 항공기가 목적지에 일찍 도착할 수 있게 하여 항공기의 순항성능에 도움이 되거나, 엔진의 추력을 낮추어 연료 절감의 효과를 발생시킨다. 이와 반대로 **순항 중 앞에서 불어오는 정풍은 대지속도를 낮추어** 순항성능에 악영향을 미치고, 정풍에 대응하여 추력을 높여야 하므로 경제적으로 유익하지 않다.

하지만 이착륙 중에 발생하는 정풍과 배풍은 순항할 때와는 다른 결과를 초래한다. 즉, **이착륙할 때 항공기 기수 쪽으로 부는 정풍은 날개 위를 흐르는 유동의 속도를 증가시켜 양력을 높이고,** 이에 따라 이착륙거리가 짧아지는 이점이 나타난다. 반대로 **이착륙 중의 배풍은 날개를 지나는 유동의 속도를 낮추어 양력을 감소시키고,** 배풍이 속도가 높은 경우에는 날개에 작용하는 상대풍의 속도를 지나치게 낮추어 항공기가 실속할 수도 있다.

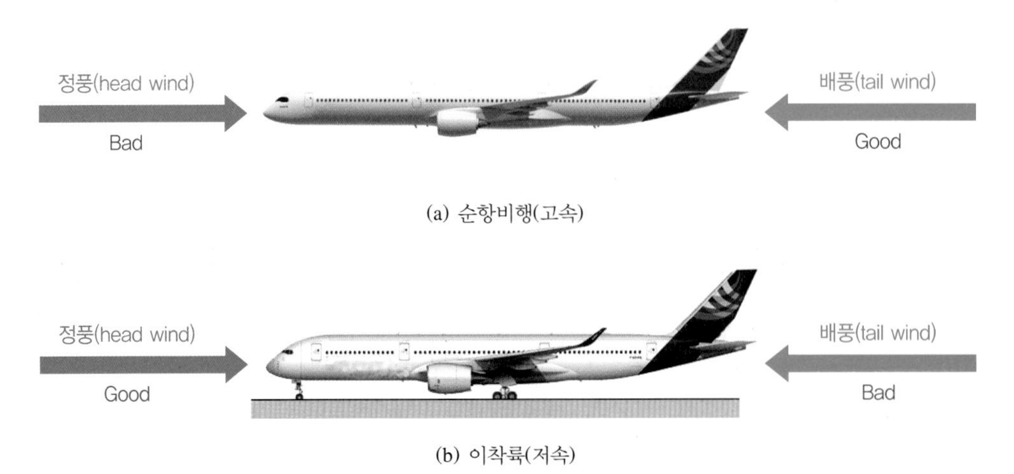

(a) 순항비행(고속)

(b) 이착륙(저속)

[그림 3-12] 비행성능에 대한 정풍과 배풍의 영향

위는 Eurofighter F-2000A Typhoon이 이륙 활주하는 사진이고, 아래는 착륙하는 사진이다. 풍향기(wind sock)를 보면 해당 항공기는 정풍을 받으며 이착륙하고 있음을 알 수 있다. 풍향기는 천으로 제작된 원뿔 모양의 장치이며, 바람의 방향과 속도의 크기를 가늠하기 위하여 활주로 근처에 설치한다.

이러한 비행성능의 차이는 비행속도와 양력 및 항력 증감과의 관계 때문이다. 항공기는 양력 성능이 가장 중요하다. 하지만 고속에서는 양력이 충분히 발생하기 때문에 항력의 감소가 중요해진다. 물론 저속에서는 양력의 유지가 항력의 증가보다 우선시된다. 순항은 항공기가 목적지까지 이동하는 비행 단계로서 속도가 매우 빠르다. 속도가 빠르면 양력은 충분해지지만, 항력이 증가하는 문제가 발생한다. 고속으로 불어오는 정풍 때문에 항공기는 큰 항력을 유발하고, 일정한 대지속도를 유지하려면 추력을 높여야 한다. 추력이 증가함에 따라 연료 소모도 커지고, 항속거리가 단축된다. 하지만 순항단계에서의 배풍은 대지속도를 높이고, 추력을 감소시켜 항속거리를 늘릴 수 있다.

하지만 저속으로 이착륙할 때는 항력보다는 양력 유지가 우선시된다. 양력의 감소는 실속과 추락을 의미하므로 안전을 위해서 항력의 증가는 큰 문제가 되지 않는다. 그러므로 항력이 급증함에도 불구하고 플랩(flap)과 같은 고양력장치를 사용하는 것도 충분한 양력을 유지하기 위함이다. 이착륙 중에 발생하는 정풍은 양력을 증가시키는데, 가능한 한 정풍을 받는 방향으로 이착륙하는 것도 이러한 이유 때문이다.

(7) 실속속도

항공기의 안전비행에 가장 중요한 속도 기준은 실속속도(stall speed, V_S)이다. 실속속도는 항공기가 양력을 유지할 수 있는 최저속도로서 실속속도 이하로 속도가 느려지면 양력 부족으로 항공기는 실속하거나 추락하게 된다.

지시대기속도(IAS) 또는 교정대기속도(CAS)가 아닌 진대기속도(TAS)로 실속속도를 표시하는 경우, 고도의 변화 또는 대기의 상태 변화에 따라 실속속도 역시 변화하기 때문에 조종에 혼란이 발생할 수 있다. 그런데 실속속도는 속도계에서 지시대기속도로 표시되기 때문에 조종사는 고도 변화에 신경 쓰지 않고 양력이 유지되는 실속속도 이상으로 비행하면 항공기는 고도와 관계없이 안전하게 비행할 수 있다.

단, **저속으로 이착륙할 때 항공기가 실속할 수 있으므로 실속속도를 낮추기 위하여 플랩**(flap) **등의 고양력장치를 사용**한다. 즉, 고도와 대기의 상태가 일정하여 밀도에 변화가 없더라도 고양력장치가 전개되어 날개의 형상이 바뀌면 실속속도는 낮은 값으로 정의된다. 특히, 이착륙속도가 감소함에 따라 이에 대응하여 고양력장치의 전개 각도를 증가시킬수록 실속속도는 더욱 낮아진다. 그러므로 플랩의 전개 각도에 따라 실속속도가 구분되어 지시되도록 속도계가 구성된다. 고양력장치와 실속속도의 관계는 이 책의 4장 '날개 이론' 부분에서 자세히 다루도록 한다.

(8) 최대운용속도

항공기의 비행에 허용된 최저속도가 앞서 설명한 실속속도라면 **항공기의 안전을 보장하는 최고속도는 최대운용속도**(Maximum Operating speed, V_{MO})이다. 최대운용속도는 크게 두 가지 현상을 기준으로 정의된다. 첫 번째는 **속도가 높아짐에 따라 항공기 기체 구조에 작용하는 하중이 증가하는 현상**이고, 두 번째는 **고속에서 발생하는 충격파**(shock wave) **현상**이다.

고속으로 순항할 때 양력이 과도하게 증가하여 날개의 뿌리에 큰 하중이 발생할 수 있고, 속도가 높아지면 항공기에 작용하는 압력, 즉 동압이 커져서 날개와 동체 등에 피로가 발생할 수 있다. 그러므로 **최대운용속도(V_{MO})는 항공기의 구조 강도가 양력과 동압에 의한 하중을 견디는 최고속도**이고, 비행속도가 최대운용속도를 넘어서면 기체 구조물이 공중에서 파손될 수 있다.

항공기의 중량이 커지면 양력을 증가시켜야 하는데, 양력이 증가하면 항력도 함께 늘어난다. 그리고 늘어난 항력에 비례하여 추력을 높여야 하므로 연료 소모가 늘어나 항속성능이 낮아진다. 따라서 가능한 한 항공기의 중량이 가벼울수록 비행성능이 개선된다. 그러나 가벼운 중량은 낮은 기체구조 강도를 의미하므로 최대운용속도가 낮아진다. 따라서 고속 항공기는 최대운용속도를 높이기 위하여 기체구조의 강도를 높이거나, 기체의 형상이 상대풍에 방해가 되지 않도록 유선형으로 설계 및 제작되어야 한다.

압력은 일정 면적에 작용하는 수직힘으로 정의한다. 즉, 일정 면적에 대하여 비스듬한 방향으로 힘이 작용한다면 실제 압력은 감소한다. 그러므로 항공기 표면에 대하여 상대풍이 작용하는 방향이 수직에 가까울수록 동압은 증가한다. 이착륙 중에는 낮아진 비행속도에서 양력을 유지하기 위하여 플랩과 같은 고양력장치를 전개한다. 그리고 플랩의 전개 효과를 극대화하기 위해서 플랩의 전개 각도를 최대한 증가시키는데, 이에 따라 플랩에 작용하는 상대풍의 방향이 수직에 가까워진다. 결과적으로 플랩에 작용하는 동압이 커지고 구조 하중이 증가하여 낮은 비행속도에서도 최대운용속도에 다다른다. 즉, **플랩 등의 고양력장치를 전개하면 최대운용속도(V_{MO})가 감소**한다. 그리고 양력의 유지를 위하여 플랩의 각도를 증가시키면 최대운용속도는 더욱 낮아진다. 최대운용속도 역시 고도와 대기상태와 무관하도록 지시대기속도(IAS) 또는 교정대기속도(CAS)로 정의된다.

또한, **비행속도가 증가하여 음속**(speed of sound)**에 접근하면 압축성 효과가 현저해지며 날개와 동체 등 기체 표면에 충격파가 발생**한다. 충격파를 지나는 유동의 압력은 급증하는데, 이에 따른 기체 표면 압력의 불균형으로 항공기가 진동하는 고속 버피팅(high-speed buffeting)이 나타나 항공기의 기체구조에 악영향을 미친다. 또한, 강도가 큰 충격파가 날개 표면에 형성되면 급격한 압력 변화로 유동이 떨어져 나가고 실속하는 상황이 발생할 수 있다. 무엇보다도 충격파는 항력을 급증시켜 항속 성능을 악화시킨다. 그러므로 **항공기에 충격파가 형성되기 직전의 속도 역시 최대운용속도(V_{MO})**로 규정한다.

추진기관의 성능도 최대운용속도의 결정에 영향을 준다. 즉, 프로펠러 비행기의 경우 비행속도가 과도하게 빨라지면 프로펠러 깃 끝에서의 압축성 효과와 실속 때문에 프로펠러의 효율이 낮아지고 연료소모율이 증가한다. 제트엔진도 마찬가지인데, 일정 속도 이상으로 빠르게 비행하면 제트엔진의 터빈 또는 압축기의 깃에서 실속이 발생하여 추력이 감소한다.

(9) 최대운용마하수

앞서 설명한 바와 같이, 최대운용속도(V_{MO})는 충격파 현상이 발생하는 속도 영역으로 항공기가 가속하는 것을 방지하는 제한속도로 정의되기도 한다. 압축성 효과는 마하수가 $M > 0.3$일 때 현저해지고, 충격파 현상은 비행속도가 음속에 가까워질 때($M \approx 1$) 발생한다. 즉, 압축성 효과와 충격파 현상은 동압보다는 마하수의 영향을 받는다. 만약 어떤 항공기의 날개는 형상적인 특징 때문에 비행속도가 $M = 0.8$일 때 날개에 충격파가 나타나기 시작한다면 그 항공기는 고도의 변화와 대기의 상태 변화와 관계없이 비행속도가 $M = 0.8$이 되면 충격파가 발생하여 항력이 급증하기 시작한다. 그러므로 속도계에서 충격파 현상과 연관된 최고속도는 마하수(M)를 기준으로 지시된다. 즉, **낮은 고도에서 저속으로 비행할 때 구조 강도와 연관된 최고속도는 최대운용속도(V_{MO})로 나타내고, 높은 고도에서 고속으로 상승·순항·하강할 때 압축성 효과 및 충격파와 관련된 최고속도는 최대운용마하수**(Maximum Operating Mach Number, M_{MO})**로 정의**하는 것이 일반적이다.

날개 또는 항공기 표면 위를 지나는 유동의 속도가 일정 지점에서 음속($M = 1$)에 도달할 때의 비행 마하수를 임계마하수(critical Mach number, M_{cr})라고 한다. 만약 어떤 항공기가 가속 중일

착륙단계의 Boeing 737-800 여객기의 주 비행계기(PFD)의 비행속도 정보. 오른쪽 부분이 비행속도를 나타내는 속도계(Air Speed Indicator, ASI)이다. 속도계에서는 175 kts라는 지시대기속도(IAS) 또는 교정대기속도뿐만 아니라 실속속도(V_S)와 최대운용속도(V_{MO})도 각각 아래쪽과 위쪽에 빨간색 표식으로 지시된다. 이 항공기의 최대운용속도(V_{MO})가 205 kts(380 km/hr) 정도로 낮게 설정된 것은 착륙 중 플랩(flap) 전개에 따른 구조하중의 증가 때문이다. 또한, 속도계 하단의 대지속도(GS = 181 kts)는 실제 비행속도인 진대기속도(TAS)에 정풍 또는 역풍을 고려하여 계산된다.

아날로그 방식의 속도계(ASI). 녹색 표시는 플랩(flap)을 전개하지 않은 상태로 순항비행할 때의 속도 범위를 나타내는데, 이 항공기의 순항 중 실속속도와 최대순항속도는 각각 60 kts와 155 kts이다. 황색 표시는 주의가 필요할 만큼 높은 속도를 의미하고, 적색으로 표시된 부분은 넘지 말아야 하는 최대운용속도(V_{MO})를 나타낸다. 그리고 백색 표시는 이착륙 중 플랩이 전개되었을 때 실속속도(V_S)와 최대운용속도(V_{MO})의 범위를 나타낸다.

때 $M=0.8$의 비행속도에서 날개 위를 지나는 유동의 속도가 음속에 도달한다면 임계 마하수는 $M_{cr}=0.8$이다. 그리고 임계마하수 이상으로 가속하면 **날개 또는 항공기 표면에서 충격파가 형성되면서 항력이 급증하기 시작하는데, 이때의 비행 마하수를 항력발산마하수**(drag divergence Mach number, M_{dd})라고 부른다. 하지만 항력 급증의 기준이 다소 모호하기 때문에 명확히 항력발산마하수를 판단하기 어려운 점이 있다. 따라서 항력발산마하수에 대한 기준은 다양한데, 항공기 제작사인 Boeing에서는 충격파로 인하여 항력이 급증할 때 항력의 증가분이 $\Delta C_D=0.002$를 넘어가는 순간의 비행 마하수를 항력발산마하수로 정의한다. 최대운용마하수(M_{MO})는 항력발산마하수(M_{dd}) 이전의 속도로 정의되어 속도계에 지시되는데, 이를 통하여 조종사는 그 이상으로 비행속도를 높이지 않도록 주의할 수 있다.

- **대기**(atmosphere) : 공기(air)의 입자가 중력에 의하여 지구 근처에 머물며 층을 이루는 것으로, 고도(altitude)의 증가에 따라 대류권, 성층권, 중간권, 열권으로 구분한다.
- **대류권**(troposphere) : 기상현상이 발생하고 고도가 증가함에 따라 대기의 온도, 압력, 밀도가 감소한다.
- **성층권**(stratosphere) : 자외선을 흡수하는 오존(ozone)층이 존재하므로 고도 증가에 따라 온도가 상승한다.
- **국제표준대기**(International Standard Atmosphere, ISA) : 항공기의 운항과 성능의 지표가 되도록 국제민간항공기구(International Civil Aviation Organization, ICAO)에서 정한 고도에 따라 표준화된 대기의 상태량으로, 지역 및 계절과 관계없이 일정하다.
- **국제표준대기표** : 고도에 따른 대기의 온도, 압력, 밀도 등의 표준화된 대기의 상태량값을 나타낸다.
- **고도가 $h = 0\,\text{m}$인 해수면**(sea level) **기준 표준대기의 상태량**
  - 압력 : $p_0 = 101,325\,\text{Pa} = 1013\,\text{hPa} = 760\,\text{mmHg} = 1\,\text{atm}$
    $= 29.92\,\text{inHg} = 14.7\,\text{psi}$
  - 밀도 : $\rho_0 = 1.225\,\text{kg/m}^3 = 0.125\,\text{kgf}\cdot\text{s}^2/\text{m}^4$
    $= 0.002378\,\text{slug/ft}^3$
  - 온도 : $T_0 = 15℃ = 288\,\text{K}$
    $= 59°\text{F} = 519°\text{R}$
  - 중력가속도 : $g_0 = 9.8\,\text{m/s}^2 = 32.2\,\text{ft/s}^2$
  - 음속 : $a_0 = 340.4\,\text{m/s}$
- **고도에 따른 대기의 상태량 관계식**
  - 온도 : $T = T_0 - 0.0065h = 288\text{K} - 0.0065h$
  - 압력 : $p = p_0\left(\frac{T}{T_0}\right)^{5.25} = 101,325\,\text{Pa} \times \left(\frac{T}{288\,\text{K}}\right)^{5.25}$
  - 밀도 : $\rho = \rho_0\left(\frac{T}{T_0}\right)^{4.25} = 1.225\,\text{kg/m}^3 \times \left(\frac{T}{288\,\text{K}}\right)^{4.25}$
- **절대고도**(absolute altitude, QFE) : 지표면(ground)에서부터 수직 높이를 측정한 고도로서, 절대고도 기준으로 고도가 '0'이 되는 곳은 지표면이다.
- **진고도**(true altitude, QNH) : 해수면에서부터 수직 높이를 측정한 고도로서, 진고도 기준으로 고도가 '0'이 되는 곳은 해수면이다.
- **기압고도**(pressure altitude, QNE) : 대기압이 101,325Pa이 되는 고도에서부터 수직 높이를 측정한 고도로서, 기압고도 기준으로 고도가 '0'이 되는 곳은 대기압이 101,325Pa이 되는 곳이다.

- **밀도고도**(density altitude) : 온도에 따른 밀도 변화를 고려하여 보정한 압력고도
- **지시대기속도**(Indicated Air Speed, IAS) : 피토관(pitot tube)과 정압구(static port)에서 전압과 정압의 차이($p_t - p$), 즉 충격압력(q_c)을 측정하여 해수면에서의 상태량(p_0, ρ_0)을 기준으로 산출되어 속도계에 지시되는 속도로, 충격압력이 일정하면 비행고도 및 대기의 상태와 관계없이 지시대기속도는 일정하다.
  - 지시대기속도(비압축성) : $V_{IAS} = \sqrt{\dfrac{2(p_t - p)}{\rho_0}}$
  - 지시대기속도(아음속 압축성) : $V_{IAS} = \sqrt{\dfrac{2\gamma}{\gamma-1}\dfrac{p_0}{\rho_0}\left[\left(\dfrac{q_c}{p_0}+1\right)^{\frac{\gamma-1}{\gamma}}-1\right]}$

    ($\gamma = 1.4$, $q_c = p_t - p$: 충격압력)
- **교정대기속도**(Calibrated Air Speed, CAS) : 지시대기속도(IAS)에서 계기오차(instrument error)와 피토관과 정압구의 위치와 방향 때문에 발생하는 위치오차(position error)를 수정한 속도이다.
- **등가대기속도**(Equivalent Air Speed, EAS) : 교정대기속도(CAS) 또는 지시대기속도(IAS)에서 비행고도에 따른 압축성 효과를 보정한 속도로, 비행고도의 대기압(p)을 기준으로 정의한다.
  - 등가대기속도(아음속 압축성) : $V_{EAS} = \sqrt{\dfrac{2\gamma}{\gamma-1}\dfrac{p}{\rho_0}\left[\left(\dfrac{q_c}{p}+1\right)^{\frac{\gamma-1}{\gamma}}-1\right]}$
- **진대기속도**(True Air Speed, TAS) : 항공기의 실제 비행속도로, 비행 중인 고도의 대기 상태량(p, ρ)을 기준으로 도출된 속도이다.
  - 진대기속도(비압축성) : $V_{TAS} = \sqrt{\dfrac{2(p_t - p)}{\rho}}$
  - 진대기속도(아음속 압축성) : $V_{TAS} = \sqrt{\dfrac{2\gamma}{\gamma-1}\dfrac{p}{\rho}\left[\left(\dfrac{q_c}{p}+1\right)^{\frac{\gamma-1}{\gamma}}-1\right]}$
- **비행 마하수** : $M = \dfrac{V_{TAS}}{\sqrt{\gamma RT}} = \sqrt{\dfrac{2}{\gamma-1}\left[\left(\dfrac{q_c}{p}+1\right)^{\frac{\gamma-1}{\gamma}}-1\right]}$
- **대지속도**(Ground Speed, GS) : 지표면의 고정된 지점을 기준으로 한 항공기의 상대속도이다.
- **정풍**(**역풍**, head wind) : 비행 방향과 반대 방향의 기류 또는 항공기의 기수(head) 쪽으로 부는 바람
- **배풍**(**순풍**, tail wind) : 비행 방향과 같은 방향으로 흐르는 기류 또는 항공기의 꼬리(tail) 쪽으로 부는 바람
- 순항 중의 정풍은 대지속도를 낮추기 때문에 추력을 높여야 하므로 연료 소모가 증가하며, 순항 중의 배풍은 대지속도를 증가시켜 연료 절감의 효과를 발생시킨다.

- 이착륙 중의 정풍은 날개 위를 흐르는 유동의 속도를 증가시켜 양력을 높이고, 이착륙거리를 단축시킨다. 이착륙 중의 배풍은 날개를 지나는 유동의 속도를 낮추어 양력을 감소시키고, 실속을 촉진시킬 수 있다.
- **최대운용속도**(Maximum Operating speed, V_{MO}) : 항공기의 구조 강도가 양력과 동압 때문에 증가하는 하중을 견디는 최고제한속도
- **최대운용마하수**(Maximum Operating Mach Number, M_{MO}) : 압축성 효과 및 충격파와 관련된 최고제한속도
- **임계마하수**(critical Mach number, M_{cr}) : 날개 또는 항공기 표면 위를 지나는 유동의 속도가 일정 지점에서 음속($M = 1$)에 도달할 때의 비행 마하수
- **항력발산마하수**(drag divergence Mach number, M_{dd}) : 항공기가 임계마하수 이상으로 가속하면 날개 또는 항공기 표면에서 충격파가 형성되면서 항력이 급증하기 시작하는 비행마하수

PRACTICE

01 대기권 내에서 기상 현상이 발생하는 곳은?

① 대류권 ② 성층권
③ 중간권 ④ 열권

해설 대류권에서는 기상 현상이 발생하고, 고도가 증가함에 따라 대기의 온도, 압력, 밀도가 감소한다.

02 표준대기 기준 일정 고도에서 대기압을 계산하는 공식으로 바른 것은?
(단, p_o: 해수면 대기압, T: 해당 고도 대기온도, T_o: 해수면 대기온도)

① $p = p_o \times \left(\dfrac{T}{T_o}\right)^{4.25}$

② $p = p_o \times \left(\dfrac{T}{T_o}\right)^{5.25}$

③ $p = p_o \times \left(\dfrac{T_o}{T}\right)^{4.25}$

④ $p = p_o \times \left(\dfrac{T_o}{T}\right)^{5.25}$

해설 일정 고도의 대기압을 계산하는 공식은 $p = p_o\left(\dfrac{T}{T_o}\right)^{5.25}$ 이다.

03 지시대기속도(V_{IAS})를 구하는 공식을 바르게 정의한 것은? (단, p_t: 전압, p: 정압, ρ: 비행 중인 고도의 대기밀도, ρ_0: 해수면 대기밀도)

① $V_{IAS} = \sqrt{\dfrac{(p_t - p)}{2\rho_0}}$

② $V_{IAS} = \sqrt{\dfrac{(p_t - p)}{2\rho}}$

③ $V_{IAS} = \sqrt{\dfrac{2(p_t - p)}{\rho_0}}$

④ $V_{IAS} = \sqrt{\dfrac{2(p_t - p)}{\rho}}$

해설 지시대기속도는 $V_{IAS} = \sqrt{\dfrac{2(p_t - p)}{\rho_0}}$ 로 정의한다.

04 고도를 분류할 때 고도가 "0"이 되는 곳이 해수면(sea level)인 것은?

① 절대고도 ② 기압고도
③ 진고도 ④ 밀도고도

해설 진고도(true altitude)는 해수면에서부터 수직 높이를 측정한 고도로서, 진고도 기준으로 고도가 "0"이 되는 곳은 해수면이다.

05 다음 보기의 ( ) 안에 알맞은 오차의 종류는?

EAS는 CAS 또는 IAS에서 ( )을 보정한 속도로, 비행고도의 대기압을 기준으로 정의한다.

① 계기오차
② 위치오차
③ 밀도오차
④ 고도에 따른 압축성 오차

해설 등가대기속도(EAS)는 교정대기속도(CAS) 또는 지시대기속도(IAS)에서 비행고도에 따른 압축성 효과를 보정한 속도이다.

06 피토 정압관으로 측정한 전압과 정압의 차이가 $p_t - p = 200\text{kPa}$일 때 비압축성 지시대기속도(IAS)에 가장 가까운 것은? (단, 해수면에서의 대기밀도는 $\rho_0 = 1.0\,\text{kg/m}^3$로 가정한다.)

① 141 m/s ② 200 m/s
③ 20,000 m/s ④ 40,000 m/s

해설 비압축성 지시대기속도는 $V_{IAS} = \sqrt{\dfrac{2(p_t - p)}{\rho_0}}$ 로 정의하므로 $V_{IAS} = \sqrt{\dfrac{2 \times 20{,}000\,\text{Pa}}{1.0\,\text{kg/m}^3}} = 200\,\text{m/s}$이다.

정답 **1.** ① **2.** ② **3.** ③ **4.** ③ **5.** ④ **6.** ②

07 대기속도를 분류할 때 해수면에서의 대기밀도값으로 산출하지 않는 것은?

① 지시대기속도(IAS)
② 교정대기속도(CAS)
③ 등가대기속도(EAS)
④ 진대기속도(TAS)

해설 진대기속도(TAS)는 항공기의 실제 비행속도로서, 해수면에서의 대기밀도값이 아닌 실제 비행 중인 고도의 밀도값을 기준으로 도출된 속도이다.

08 비행 중인 항공기에 대한 정풍(head wind)과 배풍(tail wind)의 영향을 가장 바르게 설명한 것은?

① 이착륙 중인 항공기에 대한 정풍은 양력을 증가시킨다.
② 이착륙 중인 항공기에 대한 배풍은 항력을 증가시킨다.
③ 순항 중인 항공기에 대한 정풍은 대지속도를 증가시킨다.
④ 순항 중인 항공기에 대한 배풍은 대지속도를 감소시킨다.

해설 항공기가 이착륙할 때 기수 쪽으로 부는 정풍(head wind)은 날개 위를 흐르는 유동의 속도를 증가시켜 양력을 높인다.

09 다음 식은 등가대기속도(EAS)를 구하는 공식이다. 공식에 포함된 물리량 중에서 고정값이 아니라 고도에 따라 변화하는 것은?

$$V=\sqrt{\frac{2\gamma RT_0}{\gamma-1}\left[\left(\frac{p_t-p}{p_0}+1\right)^{\frac{\gamma-1}{\gamma}}-1\right]}$$

① p　　② p_0
③ T_0　　④ R

해설 p_0, T_0, R는 각각 해수면의 대기밀도, 해수면의 대기온도, 공기의 기체상수로서 고도에 따라 변화하지 않는 고정값을 가진다.

10 다음 중 항력발산마하수(M_{dd})를 가장 바르게 정의한 것은?

① 날개 위 일정 위치에서 음속에 도달할 때의 비행 마하수
② 날개 위 일정 위치에서 충격파가 발생하여 항력이 급증할 때의 비행 마하수
③ 날개 위 일정 위치에서 음속에 도달할 때 그 위치에서의 마하수
④ 날개 위 일정 위치에서 충격파가 발생하여 항력이 급증할 때 그 위치에서의 마하수

해설 항력발산마하수(drag divergence Mach number, M_{dd}) : 항공기가 임계마하수 이상으로 가속하면 날개 또는 항공기 표면에서 충격파가 형성되면서 항력이 급증하기 시작하는 비행 마하수를 말한다.

11 고도 10km 상공에서의 대기온도는 몇 ℃인가? [항공산업기사 2022년 3회]

① −35　　② −40
③ −4　　④ −50

해설 표준대기 기준 해수면의 대기온도는 $T_0=15℃$이다. 고도에 따른 대기온도 관계식 $T=T_0-0.0065h$에 의하여 10km(10,000m)에서의 대기온도는 $T=15℃-0.0065\times10{,}000\,\text{m}=-50℃$이다.

12 항공기의 성능 등을 평가하기 위하여 표준대기를 국제적으로 통일하여 정한 기관의 명칭은? [항공산업기사 2020년 3회]

① ICAO　　② ISO
③ EASA　　④ FAA

해설 국제표준대기(International Standard Atmosphere, ISA)는 항공기의 운항과 성능의 지표가 되도록 국제민간항공기구(International Civil Aviation Organization, ICAO)에 의하여 고도에 따라 표준화된 대기의 상태량이다.

정답 7. ④ 8. ① 9. ① 10. ② 11. ④ 12. ①

13 비행기가 고속으로 비행할 때 날개 위에서 충격 실속이 발생하는 시기는?

[항공산업기사 2020년 3회]

① 아음속에서 생긴다.
② 극초음속에서 생긴다.
③ 임계 마하수에 도달한 후에 생긴다.
④ 임계 마하수에 도달하기 전에 생긴다.

해설 임계마하수(critical Mach number, M_{cr})는 날개 또는 항공기 표면 위를 지나는 유동의 속도가 일정 지점에서 음속($M=1$)에 도달할 때의 비행 마하수로서, 임계마하수 이상으로 가속하여 항력발산마하수(M_{dd})에 도달하면 날개 또는 항공기 표면에서 충격파가 형성되면서 항력이 급증하고 실속이 발생한다.

14 대기권의 구조를 낮은 고도에서부터 순서대로 나열한 것은? [항공산업기사 2019년 2회]

① 대류권 → 성층권 → 열권 → 중간권
② 대류권 → 중간권 → 성층권 → 열권
③ 대류권 → 성층권 → 중간권 → 열권
④ 대류권 → 중간권 → 열권 → 성층권

해설 대기는 고도(altitude)의 증가에 따라 대류권, 성층권, 중간권, 열권으로 구분한다.

15 국제표준대기의 특성값으로 옳게 짝지어진 것은? [항공산업기사 2019년 1회]

① 압력 = 29.92 mmHg
② 밀도 = 1.013 kg/m^3
③ 온도 = 288.15 K
④ 음속 = 340.429 ft/s

해설 표준대기 해수면(sea level) 기준으로 압력, 밀도, 음속은 각각 $p_0 = 29.92\,\text{inHg}$, $\rho_0 = 1.225\,\text{kg/m}^3$, $a_0 = 340.4\,\text{m/s}$이다.

16 고도가 높아질수록 온도가 높아지며, 오존층이 존재하는 대기의 층은?

[항공산업기사 2018년 3회]

① 열권 ② 성층권
③ 대류권 ④ 중간권

해설 성층권(stratosphere)에는 자외선을 흡수하는 오존(ozone)층이 존재하므로 고도 증가에 따라 온도가 상승한다.

정답 **13.** ③ **14.** ③ **15.** ③ **16.** ②

AERODYNAMICS

PART 2

점성 유동과 압축성 유동

Chapter 4 점성 유동
Chapter 5 압축성 유동
Chapter 6 충격파와 팽창파

Principles of Aerodynamics

CHAPTER 04

점성 유동

4.1 유동의 종류 | 4.2 점성 유동의 개요 | 4.3 경계층
4.4 층류와 난류 | 4.5 레이놀즈수 | 4.6 유동박리
4.7 층류 경계층 제어 | 4.8 경계층과 공기 흡입구

CHAPTER 4

Photo: NASA

초음속(supersonic) 영역에서 층류 경계층 제어(laminar boundary-layer control) 기술을 실험 중인 General Dynamics F-16XL(1992). 왼쪽 날개의 검정색 부분에는 날개 표면 위의 경계층의 일부를 흡입하여 표면마찰항력이 작은 층류 경계층을 유지하기 위한 장치가 설치되었다. 경계층은 공기입자와 항공기 표면 사이의 마찰을 일으키는 점성(viscosity)의 영향으로 항공기 표면에 형성된다. 층류 경계층은 난류 경계층(turbulent boundary-layer)과 비교하여 표면마찰항력은 작지만 에너지가 낮아서 항공기의 받음각이 증가할 때 날개 표면에서 경계층이 박리되는 실속(stall)에 취약한 단점이 있다.

4.1 유동의 종류

항공기는 공기로 이루어진 대기 중을 비행하기 때문에 항공기라는 물체와 공기는 상호작용을 한다. 그리고 항공기를 공중에 뜨게 하는 힘인 양력은 항공기와 공기 사이의 상호작용의 결과이다. **공기와 같은 유체의 흐름을 유동**(流動, flow)이라고 하는데, 유동의 종류와 특성에 따라 항공기와의 상호작용의 결과가 달라지므로 유동 자체의 종류와 특성에 대해서도 항공역학에서 매우 중요하게 다룬다. 유동은 밀도, 속도, 점성 등 유동의 특성에 영향을 주는 여러 가지 요인의 변화 또는 유무에 따라 유동의 종류도 다음과 같이 다양하게 구분된다.

- **점성 유동과 비점성 유동:** 유체 입자 사이 또는 유체와 고체 사이의 마찰을 유발하는 **점성**(viscosity)**을 고려**하면 점성 유동(viscous flow)이고, 점성이 없다고 가정하면 비점성 유동(inviscid flow)이 된다. 유체와 고체 사이의 점성력의 영향이 커서 유동이 규칙적으로 흐르게 되면 **층류**(laminar flow)라고 하고, 점성력보다 관성력의 영향이 커서 유동이 불규칙한 형태로 흐르는 것을 **난류**(turbulent flow)로 정의한다.
- **압축성 유동과 비압축성 유동:** 흐르는 공기가 압축되면 밀도(ρ)가 변화한다. 즉 압축성(compressibility)이 있다는 것은 밀도가 변화함(즉, 밀도가 일정하지 않음, $\rho \neq$ constant)을 의미한다. 따라서 유체입자의 질량은 일정한데 **유동의 부피가 압축 또는 팽창함에 따라 밀도가 변화하면 압축성 유동**(compressible flow), **압축성을 무시하고 밀도의 변화를 고려하지 않으면 비압축성 유동**(incompressible flow)이 된다.
- **정상 유동과 비정상 유동: 유동의 속도와 방향이 시간이 지나도 일정하게 유지되면 정상 유동**(steady flow), 반면에 **시간이 지남에 따라 유동의 속도와 방향이 변화하면서 흐르면 비정상 유동**(unsteady flow)이라고 한다.
- **회전 유동과 비회전 유동:** 유동을 자세히 확대해 보면 무수히 많은 유체입자가 흐르고 있는데, **유체입자가 회전하면서 흐르면 회전 유동**(rotational flow)**이고, 유체입자가 회전하지 않고 흐르는 경우를 비회전 유동**(irrotational flow)이라고 일컫는다.

실제 유동은 모두 점성, 압축성, 비정상, 회전 유동이다. 정도의 차이가 있을 뿐 모든 유동은 점성과 압축성이 있으며, 시간에 따라 유동의 형태가 변하고 유체의 입자는 회전하며 흐른다. 하지만 항공기를 지나는 공기의 유동을 비점성, 비압축성, 정상, 비회전으로 가정하면 유동의 특성을 이해하기가 쉽다. 즉, 마찰력이 없고, 밀도가 일정하며, 유동의 형태는 시간이 지나도 변화가 없고, 유동의 입자가 회전하지 않으면 유동의 특성에 영향을 주는 요소들이 대폭 줄어들어 문제가 단순해진다. 따라서 공기의 흐름 또는 공기입자의 운동을 수학적으로 정의하기 위해서는 많은 영향 요소를 배제하여 단순하고 이상적인 유동으로 가정하기도 한다.

하지만, 현실적으로 항공기의 비행성능과 안전은 복잡한 공기 흐름의 형태와 관련이 있기 때문에 항공기 주위를 흐르는 유동을 단순화한 이상적인 형태로만 간주할 수 없다. 특히, **저속 또는 높은 받음각에서 공기의 유동이 날개에서 떨어져 나가서 항공기가 실속**(stall)**하는 현상은 점성력으로 인한 경계층**(boundary layer)**의 발달과 역압력 구배**(adverse pressure gradient)와 관계가 있다. 또한, **빠른 속도로 비행할 때 항공기 표면에 발생하는 충격파**(shock wave) **현상은 공기의 압축성 효과 때문**이다. 그러므로 이 책에서는 항공기의 안전한 비행을 위하여 반드시 알아야 할 내용을 중심으로 점성 유동과 압축성 유동의 특징에 대하여 살펴보기로 한다.

4.2 점성 유동의 개요

앞서 설명한 바와 같이, **점성 유동은 유체의 입자 간 그리고 유체와 고체 사이의 점성을 고려하는 유동**을 말한다. **점성은 유체의 흐름에 저항하여 유체의 속도를 감소시키는 힘, 즉 마찰력 (friction force)을 유발**한다. 그리고 **일정 면적에 평행하게 작용하는 마찰력을 전단응력**(shear stress, τ)이라고 한다.

공기의 운동을 분석할 때 점성을 고려하지 않는 비점성 유동으로 가정하면 문제가 단순해진다. 특히 양력(lift)의 크기를 계산할 때는 큰 오차를 발생시키지 않지만, 항력의 경우 마찰에 의한 항력의 규모는 전체 항력에서 큰 부분을 차지하기 때문에 비점성 유동으로 가정하면 항력의 예측 결과는 실제와 크게 달라진다.

대기 속에서 항공기가 일정 속도로 비행하고 있다고 가정하자. 실제로 공기입자들이 대기 속에서 움직이지 않는다고 하더라도 우리가 바라보는 시점을 비행 중인 항공기 표면에 고정시킨다면 공기입자들이 항공기 표면 위를 항공기의 비행속도와 같은 속도로 지나가는 것처럼 보인다. 이때 비점성 유동을 가정한다면 공기입자들과 항공기 표면 사이의 마찰이 없기 때문에 표면 근처에서도 공기입자들의 속도는 비행속도와 같다. 하지만 현실은 공기입자들과 항공기 표면 사이의 점성에 의한 마찰력, 즉 전단응력 때문에 표면을 따라 흐르는 공기입자들의 속도는 감소하게 되고, 표면에서 멀어질수록 전단응력이 감소하여 공기입자들의 속도는 비행속도 수준으로 회복한다.

4.3 경계층

경계층(boundary layer)**은 점성 유동이 고체 표면을 지날 때 마찰력, 즉 전단응력에 의한 저항 때문에 속도가 감소하는 영역을 말한다.** 전단응력(τ)은 다음과 같이 점성계수(coefficient of viscosity, μ)와 유체의 속도변화율(du/dy)로 표현한다.

$$\tau = \mu \frac{du}{dy}$$

점성계수는 끈적거림의 정도 또는 점성의 크기를 나타내는 유체의 고윳값이고 점성계수가 큰 유체는 전단응력이 크며, 공기의 경우 15℃에서 $\mu = 1.785 \times 10^{-5}$ Pa·s이다. 또한, 항공기 표면과의 마찰 때문에 공기입자들의 속도가 많이 감소하여 속도의 변화율(du/dy)이 크다는 것은 그만큼 전단응력이 크다는 것을 의미한다.

유동의 속도(u)가 비행속도(V)의 99%, 즉 $u = 0.99V$의 속도가 나타나는 곳까지를 경계층의 경계로 정의한다. 또한, 경계층 아래(내부)는 항공기 표면의 존재에 의한 전단응력이 발생하여 유동의 속도가 감소하는 영역이고, 경계층 위(외부)는 전단응력이 없으므로 유동속도는 비행속도와 같다. 물론 앞서 설명한 대로 공기의 유동을 비점성으로 가정하면 경계층은 정의되지 않는다.

또한, 유동의 가장 아랫부분, 즉 공기입자와 표면이 서로 접촉하는 곳이 경계층이기 때문에 경계층이 표면으로부터 떨어져서 경계층 박리(boundary-layer separation) 또는 유동박리(flow separation)한다는 것은 표면과 상호작용을 하는 공기입자가 없다는 것을 의미한다. 이에 따라 양력을 상실하고 실속(stall)할 수 있으므로 경계층을 표면 근처에 항상 유지하는 것은 비행의 안전에 매우 중요하다.

경계층의 두께는 유동이 흐르는 방향으로 두꺼워지는데, 이를 경계층이 발달한다고 표현한다. 경계층의 두께는 유동의 속도와 점성 등에 영향을 받지만, 실제 항공기의 표면에 형성되는 경계층의 두께는 수 센티미터 정도이다. 또한, 경계층 내부 유동은 조건에 따라 형태가 달라지는데, 일반적으로 층류 경계층과 난류 경계층으로 나뉜다.

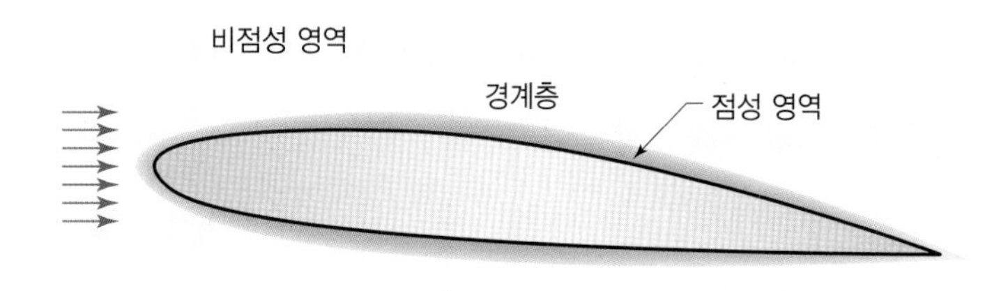

[그림 4-1] 경계층의 정의

4.4 층류와 난류

층류 경계층(laminar boundary-layer)**은 유동이 층을 이루며 부드럽고 질서 있게 흘러가는 형태**의 경계층을 말한다. 즉, 공기의 유동이 항공기의 표면을 따라 흐를 때 표면과 가까운 경계층 아래에서는 공기입자들과 표면 사이 점성과 마찰력의 영향으로 유동의 속도가 감소하고, 표면으로부터 멀어질수록 일정하게 유동의 속도가 회복된다. 그러므로 **층류 경계층은 표면과의 거리에 따라 일정한 속도 변화를 보이며 비교적 안정적이고 규칙적인 형태로 흘러간다.**

이와 비교하여 **난류 경계층**(turbulent boundary-layer)**은 층을 이루지 않고 무질서하게 흐르는 경계층**이다. 무질서하게 흐르는 난류 경계층은 빠르게 흐르는 경계층 외부 유동과 뒤섞이면서 외부 유동의 운동에너지를 흡수하기 때문에 **난류 경계층은 층류 경계층보다 에너지가 높고 경계층의 두께도 두껍다.**

그리고 난류 경계층은 운동에너지가 높기 때문에 항공기 표면 근처에서 흐르는 속도가 층류보다 빠르다. 하지만 층류 경계층과 마찬가지로 점성과 마찰력의 영향으로 표면에서는 속도가 감소한다. 유체입자가 흐르는 속도가 빠를수록 표면 근처에서 속도가 느려짐에 따른 속도의 감소폭, 즉 속도변화율(du/dy)은 증가하기 때문에 마찰력 또는 전단응력이 높아진다. 양손의 손바닥을 서로 맞대고 빠르게 비빌수록 손바닥이 뜨거워지는데, 이는 마찰력이 증가하기 때문이다. 따라서 난류 경계층은 층류 경계층보다 더 강한 마찰력, 즉 전단응력을 유발한다. 그리고 마찰력과 전단응력은 항공기 표면에서 발생하고 항공기 진행 방향과 반대로 작용하므로 표면마찰항력(skin friction drag)의 주요인이다. 그러므로 **항공기 표면에 난류 경계층이 형성되면 항공기의 표면마찰항력이 커져서 연료의 소모가 증가**한다. 정리하면 층류 경계층은 점성과 마찰력의 영향력이 커서 일정하고 규칙적인 속도변화를 보이지만, 빠른 속도 때문에 실제로 마찰력과 전단응력이 보다 크게 발생하는 것은 난류 경계층이다.

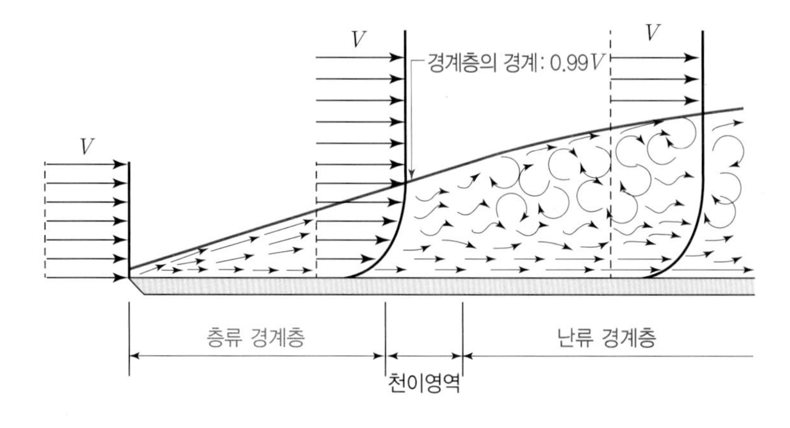

[그림 4-2] 층류 경계층과 난류 경계층

담배 연기가 공기 중에 퍼져 나가는 것은 담배 연기의 입자가 스스로 움직이며 주위 공기와 섞이는 확산(diffusion) 현상으로 설명할 수 있다. 난류는 층류가 확산된 형태의 유동이다. 즉, 담배 연기는 처음에는 층류이지만 이동거리가 증가할수록 난류로 바뀌게 된다.

물체의 관성은 질량(m)과 이동속도(V)의 영향을 받는다. 그러므로 **관성력**(inertial force)**은 밀도(ρ, 단위 부피에 포함된 유체입자의 질량), 속도(V), 그리고 이동거리(x)의 곱에 비례**한다. 즉, 유동의 밀도, 속도, 이동거리가 증가할수록 관성력이 커진다. 유동이 항공기의 표면을 따라 흐를 때 이동거리가 증가할수록, 다르게 표현하면 시간이 지날수록 유동이 **확산**(diffusion)하게 된다. 확산이란 뭉쳐 있던 어떤 물질의 입자들이 빠른 속도로 움직이며 시간이 지남에 따라 다른 물질과 섞이면서 스스로 퍼져 나가는 현상을 말한다. 이는 담배 연기가 담배로부터 멀어지면서 넓게 퍼지는 것과 유사한 현상이다. 그리고 확산이 계속 진행될수록 유동의 패턴은 무질서해지는, 즉 난류의 형태로 바뀐다. 그러므로 [그림 4-2]와 같이 공기 유동이 **층류 경계층을 형성하며 항공기 표면을 따라 흐르다가 이동거리(x)가 증가하여 확산이 진행되면 결국 난류 경계층으로 바뀌게 된다.** 그리고 점성력의 영향이 없어서 속도가 빠르고 운동에너지가 큰 경계층 외부의 유동과 확산에 의하여 섞이면서 난류 경계층의 속도도 빨라지고 운동에너지가 증가하며 경계층의 두께도 증가한다.

원래부터 속도(V)가 빠른 유동은 운동에너지와 관성력이 커서 처음 항공기 표면 위를 흐를 때부터 난류 경계층을 형성한다. 하지만 앞서 설명한 대로 속도가 낮고 따라서 관성력이 작아서 상대적으로 점성과 마찰력, 즉 **점성력**(viscous force)**의 영향력이 크다면 표면과의 거리에 따라 일정한 속도 변화를 보이는 층류 경계층을 형성**한다. 그리고 관성력과 점성력의 비(ratio)를 레이놀즈수(Reynolds' number)로 정의하고, 점성력에 대한 관성력의 크기를 기준으로 하여 층류

와 난류를 구분한다.

4.5 레이놀즈수

경계층의 형태가 층류인지 또는 난류인지에 따라서 항공기의 공기역학적 성능이 달라지지만, 이를 눈으로 직접 구분할 수는 없다. 따라서 **관성력과 점성력의 비인 레이놀즈수**(Reynolds number, *Re*)**를 계산하여 그 값의 크기로 층류와 난류를 구분**하는데, 레이놀즈수는 다음과 같이 정의한다.

$$\text{레이놀즈수: } Re = \frac{\text{관성력}}{\text{점성력}} = \frac{\rho Vx}{\mu}$$

여기서, ρ는 유동의 밀도, V는 유동속도, x는 이동거리이다. 날개 단면에서의 레이놀즈수를 구할 때는 이동거리(x) 대신 날개의 **시위길이**(chord length, c)를 기준으로 한다. 그리고 **μ는 점성계수**(coefficient of viscosity)로서 유동의 점성의 크기를 나타내며 단위는 [Pa·s]이다.

관성력을 이루는 $\rho \times V \times x$의 단위는 점성계수의 단위와 같으므로 레이놀즈수는 무차원수이다. 또한, **동점성계수**(kinematic viscosity, ν)는 아래와 같이 점성계수와 밀도의 비로 정의되므로, 동점성계수를 기준하여 레이놀즈수를 표현할 수도 있다.

$$\text{동점성계수: } \nu = \frac{\mu}{\rho}$$

$$\text{레이놀즈수: } Re = \frac{\rho Vx}{\mu} = \frac{Vx}{\nu}$$

레이놀즈수가 작으면, 즉 **관성력이 작아서 상대적으로 점성력의 영향이 크면 표면과의 거리에 따라 속도가 일정하게 증가하는 층류가 형성된다.** 반대로 **레이놀즈수가 크면, 즉 점성력을 극복할 만큼 관성력이 크면 무질서한 형태로 흐르는 난류**가 나타난다. 덕트(duct) 또는 파이프(pipe) 내부에서 유동이 흐르는 관내 유동(internal flow)의 경우, 내부 지름을 x로 기준하였을 때 레이놀즈수가 $Re < 2{,}100$이면 층류 경계층이, 그리고 $Re > 4{,}000$에서는 난류 경계층이 형성된다. 즉, 레이놀즈수를 계산하면 유동과 경계층의 형태를 추정할 수 있다. 그리고, 그 사이 레이놀즈수 영역인 $2{,}100 < Re < 4{,}000$은 **천이영역**(transition region)**이라고 하며 층류에서 난류로 변화하며 층류 경계층과 난류 경계층이 함께 존재하는 영역**이다.

[그림 4-3]에서 볼 수 있듯이 날개 위를 지나는 층류 경계층의 이동거리(x)가 증가할수록 레이놀즈수가 커지는데, 이는 관성력의 증가를 의미하므로 난류 경계층으로 변화하고 있다. 그리

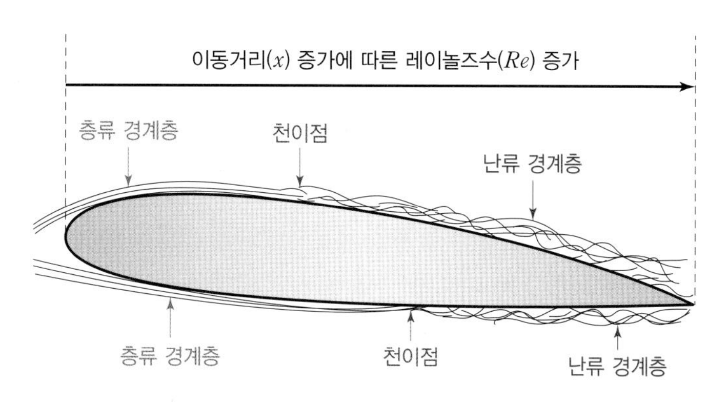

[그림 4-3] 날개 위의 층류 경계층과 난류 경계층

고 **층류 경계층에서 난류 경계층으로 바뀌는, 즉 천이영역이 시작되는 지점을 천이점**(transition point)이라고 일컫는다. 또한, 레이놀즈수는 속도에 비례한다. 즉, 경계층 내에서 유동의 속도가 빠르면 관성력이 커서 레이놀즈수가 증가하므로 난류 경계층의 형태로 발달한다. [그림 4-3]과 같이 날개의 윗면과 아랫면의 천이점의 위치와 난류 경계층 면적은 차이가 난다. 캠버가 있는 날개 단면의 경우 윗면을 흐르는 유동의 속도가 아랫면보다 빠르다. 따라서 아랫면과 비교하여 윗면을 흐르는 경계층의 레이놀즈수가 크고, 날개 앞전에 보다 가까운 곳에서 난류 경계층으로의 천이가 발생한다.

항공기 날개 주위의 공기 흐름과 같은 외부 유동(external flow)의 경우는 대략 $Re < 300,000$을 층류 경계층, $Re > 500,000$을 난류 경계층, 그리고 $300,000 < Re < 500,000$을 천이영역으로 정의한다. [표 4-1]은 비행을 하는 동물 및 항공기 날개를 지나는 유동의 레이놀즈수를 비교한 자료이다. 곤충은 날개의 시위길이가 짧고 비행속도가 낮아서 레이놀즈수가 작고, 시위길이가 큰 날개를 장착하고 빠른 속도로 비행하는 제트 여객기의 날개 표면 위의 경계층의 레이놀즈수는 크다. 특히, 소형 무인기의 날개를 지나는 유동의 경우, 레이놀즈수가 낮아 층류에 가까운 경계층이 형성되므로 유동박리가 쉽게 발생하는 문제점이 있다. 즉, **층류 경계층은 운동에너지가 작으므로 날개 표면의 형상이나 높은 받음각 때문에 역압력 구배가 발생하는 경우 유동이 날개 표면으로부터 쉽게 떨어져 나간다.**

[표 4-1] 비행체 종류에 따른 레이놀즈수의 크기

비행체 종류	레이놀즈수(Re)
곤충	$10^3 \sim 10^4$
소형 무인기	$10^4 \sim 10^5$
새	$10^5 \sim 10^6$
경비행기	$10^6 \sim 10^7$
제트 여객기	$10^7 \sim 10^8$

4.6 유동박리

경계층 또는 유동이 날개의 표면에서 떨어져 나가는 현상에 대하여 알아보자. 캠버(camber)가 있는 날개 단면은 한쪽 면의 형상에 볼록한 곡률이 있다. 그리고 받음각이 없는 상태에서도 캠버 때문에 날개 윗면과 아랫면의 속도차와 압력차가 생겨서 양력이 발생한다. [그림 4-4]와 같이 받음각이 있는 날개 윗면의 볼록한 부분을 지나가는 유동을 살펴보자. 날개 앞쪽 위치 ①에서 유동의 속도가 낮으면($V\downarrow$), 베르누이 방정식에 의하여 속도와 압력(정압)은 반비례 관계가 있으므로 위치 ①에서 유동의 압력은 높다($p\uparrow$). 그리고 유동은 곡률이 큰 볼록한 윗면을 타고 지나면서 가속하게 되므로 위치 ②에서는 유동의 속도가 증가하고($V\uparrow$), 반대로 압력은 감소한다($p\downarrow$). 그리고 곡률이 다시 작아져서 평편해지는 날개 윗면의 뒤쪽 위치 ③에서는 다시 속도가 감소하고($V\downarrow$), 압력은 증가하게 된다($p\uparrow$).

[그림 4-4]에 나타낸 바와 같이, 유동은 왼쪽에서 오른쪽으로 향하고 있다. 높은 압력 위치에서 낮은 압력 위치로 작용하는 힘은 힘이 작용하는 방향으로 유동을 이동하게 만든다. 위치 ①에서의 압력은 높고 위치 ②에서 압력은 낮아지므로 압력차에 의한 힘의 방향은 유동의 방향과 일치한다. 그런데 날개 뒤쪽에서는 상반된 현상이 나타난다. 위치 ②에서의 압력보다 위치 ③에서의 압력이 높기 때문에 압력차에 의한 힘은 위치 ③에서 위치 ②로 향하게 된다. 즉, 위치 ②에서 ③ 사이의 영역은 유동의 방향과 힘의 방향이 상반된다. 이때 **유체 흐름의 반대 방향으로 압력이 증가하는 압력 분포를 역압력구배**(adverse pressure gradient)라고 한다. 구배(勾配, gradient)는 변화율을 의미하므로 압력구배는 위치에 따른 압력의 변화를 말한다. 참고로 유체 흐름의 방향으로 압력이 증가하는 경우는 순압력구배(favorable pressure gradient)라고 일컫는다. 유체 속에 있는 날개 단면의 캠버 또는 곡률이 클수록 유동은 더 빨리 가속되고, 이에 따라 날개 뒷부분의 속도차와 압력차가 증가하여 더욱 강한 역압력구배가 발생한다.

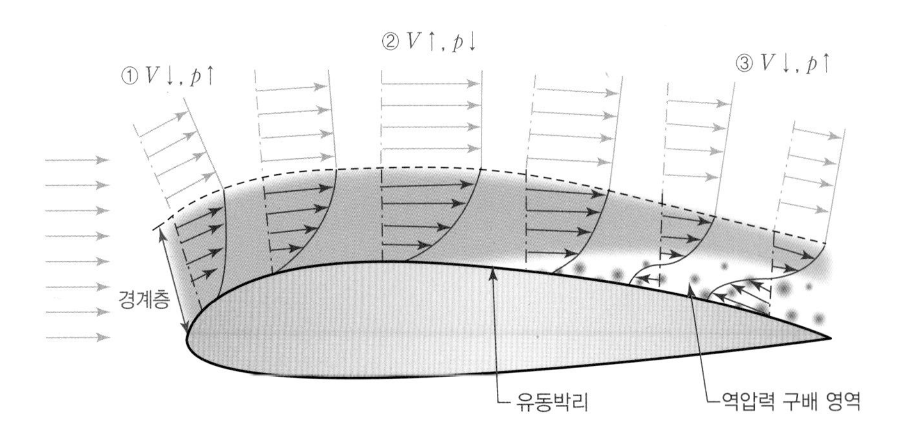

[그림 4-4] 날개 위 역압력 구배에 의한 유동박리의 발생

역압력구배는 유동의 방향과 반대로 흐르는 유동을 발생시킨다. 경계층의 윗부분에서는 점성의 영향이 낮고, 따라서 왼쪽에서 오른쪽으로 향하는 유동의 속도가 빨라 운동에너지가 높지만, 경계층의 아랫부분인 표면 근처는 점성의 영향이 커서 유동의 속도가 느리고 운동에너지도 낮다. 그러므로 역압력구배에 의하여 유동의 반대 방향, 즉 오른쪽에서 왼쪽으로 흐르는 유동은 날개 표면 근처에서 발달한다. 그리고 반대 방향으로 흐르는 유동 때문에 경계층은 날개 표면에서 떨어져 나가게 된다. 이렇게 **역압력 구배로 인하여 표면에서 발생하는 반대 방향의 유동 때문에 결국 경계층 또는 유동이 표면에서 떨어져 나가게 되는데, 이를 경계층 박리**(boundary-layer separation) **또는 유동박리**(flow separation)라고 한다. 유동의 가장 아랫부분이 경계층이기 때문에 경계층 박리와 유동박리는 같은 의미이다.

만약 유동의 속도가 빨라서 운동에너지가 큰 경우에는 날개 표면에서도 역압력 구배에 의하여 유동이 흐르는 방향의 반대로 작용하는 힘을 극복하고 위치 ③을 통과하여 날개 뒤쪽으로 빠져나갈 수 있다. 하지만, 유동의 속도가 느려서 운동에너지가 낮다면 역압력구배를 극복하지 못하기 때문에 쉽게 유동박리가 발생한다.

층류 경계층은 비교적 속도가 느려서 관성력과 운동에너지가 작다. 그러므로 역압력구배를 쉽게 극복하지 못하므로 유동박리가 잘 발생한다. 반대로 **난류 경계층은 관성력과 운동에너지가 커서 역압력구배의 영향을 덜 받기 때문에 유동박리가 쉽게 발생하지 않는다**. 그러므로 같은 받음각 조건에서는 고속으로 비행하여 난류가 형성되는 제트 여객기와 비교하여 천천히 비행하여 층류가 발달하는 소형 무인기의 날개가 유동박리에 더 취약하다.

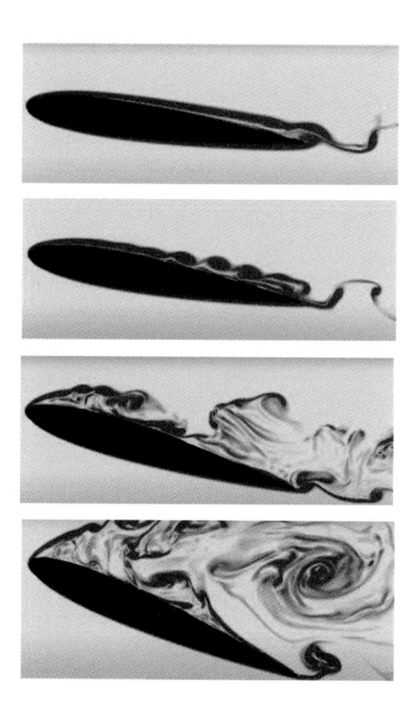

[그림 4-5] 날개 받음각(α) 증가에 따른 경계층 박리(유동박리)의 확대 및 실속의 발생

항공기의 날개는 유동박리 없이 양력을 발생시키는 역할을 해야 하므로 신중하게 설계 및 제작된다. 날개시위선과 상대풍의 방향 사이의 각도를 받음각(angle of attack, α)이라고 한다. 즉, 받음각이 증가한다는 것은 상대풍에 대하여 날개의 각도가 커짐을 의미한다. 그리고 **받음각이 증가하면 날개 윗면의 캠버가 대폭 증가하는 것과 유사한 효과**가 있기 때문에 윗면을 지나는 유동은 가속하고 이에 따라 압력은 급감한다. 이에 따라 날개 윗면과 아랫면의 압력차에 따른 양력이 증가하여 공기역학적 성능이 개선된다. 이때 날개 윗면의 뒷부분에서는 받음각 증가에 따라 역압력구배가 강화되지만, 이를 극복할 만큼 유동의 속도가 높다면 유동박리는 발생하지 않는다.

그런데 [그림 4-5]에서 볼 수 있듯이 **받음각이 일정 수준을 넘으면 날개 윗면을 흐르는 유동이 역압력구배를 감당하지 못하기 때문**에 역압력구배가 존재하는 날개 윗면의 뒷부분부터 유동이 박리되기 시작한다. 이 상태에서 받음각이 더 증가하면 유동박리의 영역이 날개 윗면의 앞부분까지 확대된다. **날개 표면에서 유동 또는 경계층이 박리되어 양력이 급감하는 현상을 실속**(stall)이라고 한다. 날개 표면에서 유동이 떨어져 나간다는 것은 표면을 따라 흐르는 공기의 입자수가 부족해짐을 의미하므로 양력이 감소하게 된다.

[그림 4-6]은 구(sphere) 주위로 흐르는 유동이 박리되어 후류(wake) 영역을 형성하는 모습을 보여주고 있다. **물체 표면을 따라 흐르다가 물체 뒷부분에서 박리되어 회전하며 떨어져 나가는 유동을 후류**라고 한다. 후류는 유동이 박리된 영역이므로 공기의 입자 수가 부족하여 에너지가 낮다. 그리고 물체들이 서로 충돌하거나 마찰하면 운동에너지의 일부를 상실하는데, 공기입자들이 항공기 표면에 충돌하고 마찰하면 입자들의 에너지 일부가 열에너지로 바뀌고, 열에너지의 일부가 온도가 낮은 주위 공기로 전파되어 없어지는 소산(dissipation)이 발생한다. 물체에 부딪치고 표면과 마찰하면서 에너지(전압)가 감소한 유동이 후류이므로 후류의 속도(동압)와 압력(정압)은 모두 매우 낮다. 그러므로 후류가 발생한 물체의 뒷부분은 앞부분에 비하여 압력이 낮고, 따라서 [그림 4-6]에서 볼 수 있듯이 압력차에 의하여 물체의 앞쪽에서 뒤쪽으로 향하는 힘이 발생한다. 이렇게 뒤쪽으로 향하는 힘은 물체의 진행 방향과 반대이기 때문에 항력이 된다. 특히 압력차에 의해 생기기 때문에 **압력항력**(pressure drag)이라고 하는데, 압력항력은 **유동박리 때문에 발생**한다고 볼 수 있다. 그러므로 유동박리가 작게 발생하도록 유선형으로 잘 설계된 항공기는 압력항력이 낮아진다.

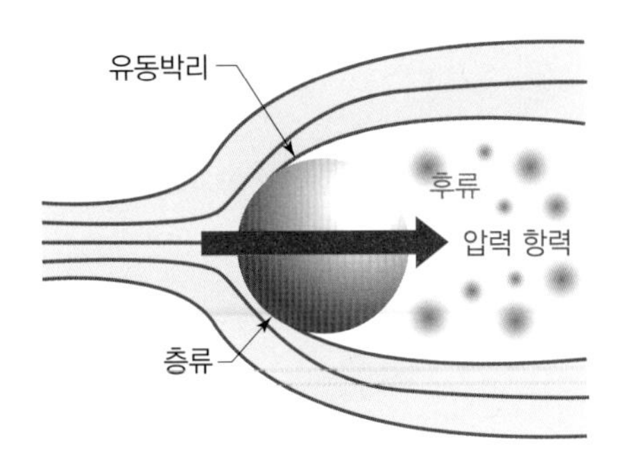

[그림 4-6] 구(sphere)에서 발생하는 유동박리와 압력항력

앞서 설명한 바와 같이, 층류 경계층은 운동에너지가 낮아 유동박리가 쉽게 발생하므로 압력항력에 취약하다. 그런데 층류 경계층을 인위적으로 난류 경계층으로 바꾸면 유동박리를 감소시켜 압력항력을 낮출 수 있다. 유동의 속도를 증가시켜 레이놀즈수를 높여 난류 경계층이 형성되도록 하는 방법이 있지만, 속도를 변화시킬 수 없다면 물체의 표면에 거칠기를 주어 난류 경계층을 발생시키기도 한다.

즉, [그림 4-7]에 나타낸 골프공의 경우 표면에 요철(dimple)을 주어 표면 거칠기를 높인다. 이는 골프공 주위를 흐르는 **층류 경계층을 난류 경계층으로 바꾸고, 따라서 유동박리와 후류 영**

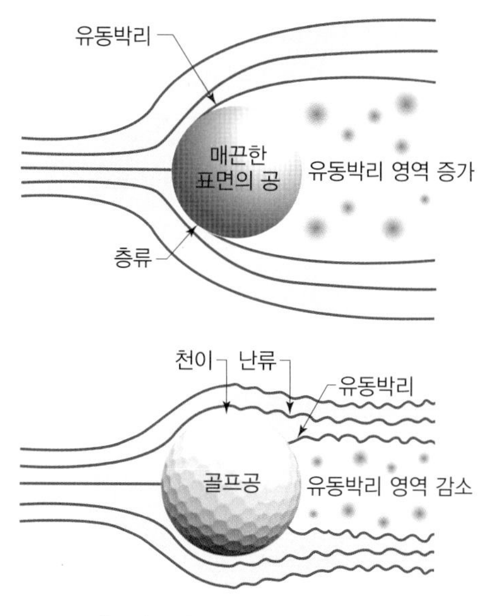

[그림 4-7] 골프공의 항력 감소

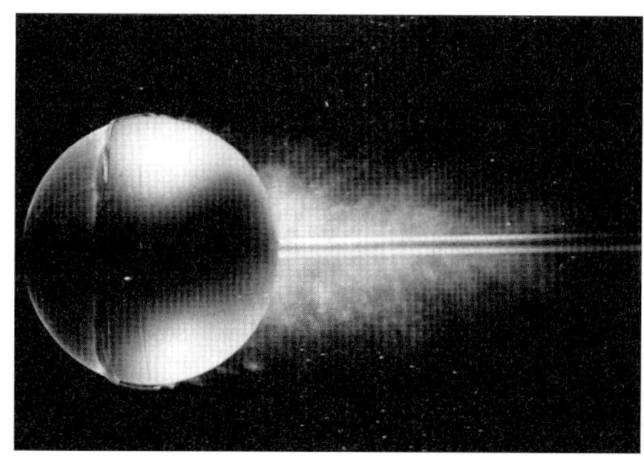

출처: Van, D. M., *An album of fluid motion*, Parabolic Press, Inc., 1982.

유동 가시화(flow visualization) 실험을 통하여 볼 수 있는 유동박리와 후류. 왼쪽 사진을 보면 층류 경계층이 구(sphere)의 앞부분부터 박리되어 넓은 후류 영역을 형성하고 있다. 오른쪽은 구의 앞부분에 고무 밴드를 씌운 경우인데, 고무 밴드에 의한 표면 거칠기 증가는 층류 경계층을 난류 경계층으로 바꾸고 이에 따라 유동박리가 구의 뒷부분으로 지연되어 후류 영역이 대폭 감소하였음을 볼 수 있다. 고무 밴드와 같은 적절한 크기의 장애물은 난류 경계층을 발생시켜 표면마찰항력을 높이지만 압력항력을 대폭 낮추어 전항력을 감소시키는 효과가 있다.

역을 감소시켜 압력항력을 낮춘다. 물론, **높아진 표면 거칠기와 난류 경계층의 형성 때문에 표면마찰항력은 증가하지만, 압력항력의 감소폭이 더 크므로 결과적으로 전체 항력, 또는 전 항력(total drag)은 감소**하게 된다. 그러므로 표면에 요철을 준 골프공은 더 멀리 날아간다.

양력을 발생시키는 항공기의 날개는 유동박리가 발생하면 안 되는 부분이다. 특히 이착륙할 때는 느린 비행속도 때문에 날개를 지나는 유동의 에너지가 낮다. 또한, 착륙할 때는 받음각을 높이므로 유동박리와 실속에 더욱 취약해진다. 그런데 날개 표면에서 **와류(vortex)를 인위적으로 발생시키면 유동의 에너지가 증가하여 실속을 지연**시킬 수 있다. **와류는 난류의 일종으로 유동이 흐르는 표면에서의 갑작스러운 압력의 변화 또는 유동을 방해하는 물체로 인한 유동 방향의 급격한 변화 때문에 소용돌이 모양으로 빠르게 회전하는 유동**을 말한다. 와류는 주위의 유동과 뒤섞이며 주위 유동으로부터 에너지를 흡수하기 때문에 에너지가 높은 유동이다. 항공기의 표면에 돌기 형태로 설치되는 와류 발생기(vortex generator)는 유동의 압력 변화 또는 급격한 유동 방향의 변화를 유발하여 운동에너지가 높은 와류를 생성하고 이를 물체 표면을 따라 흐르게 하여 경계층 또는 유동이 박리되지 않고 양력을 유지하는 역할을 한다.

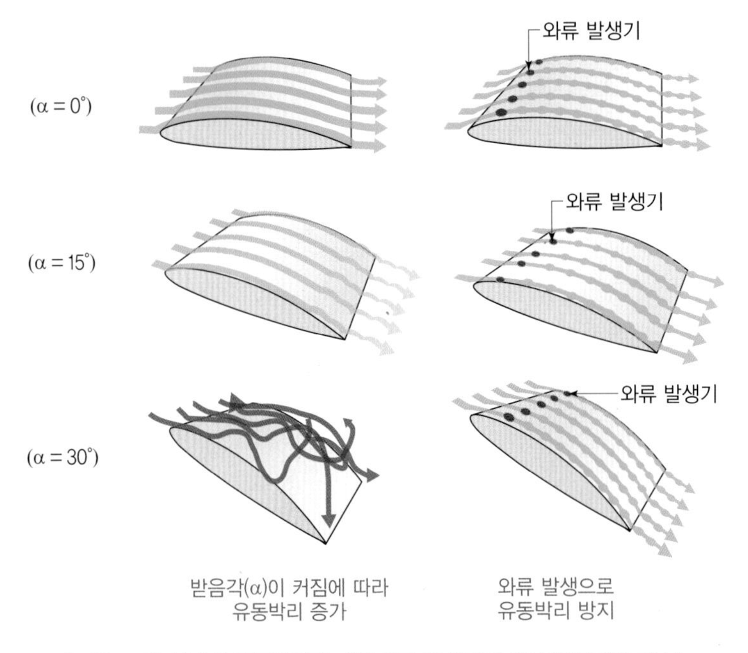

[그림 4-8] 날개의 유동박리에 대한 와류 발생기의 효과(받음각은 예시)

옆미끄럼각(sideslip angle)은 수직 안정판과 방향타(rudder)의 효율을 떨어뜨린다. **옆미끄럼각은 항공기를 위에서 볼 때 상대풍과 기체축 사이의 각도**로서, 옆미끄럼각이 증가하면 수직 안정판(vertical stabilizer) 뒤쪽에서 유동이 박리되기 쉽다. 이는 날개를 지나는 유동이 받음각이 높아질 때 날개 뒷전에서 박리되는 것과 같은 이치이다. 이에 따라 수직 안정판의 뒤쪽에 있는 방향

Piper PA-46 경비행기(왼쪽 사진)의 날개와 Boeing 727 여객기(오른쪽 사진)의 수직 안정판에 부착된 와류 발생기(vortex generator). 특히 수직 안정판의 와류 발생기는 큰 옆미끄럼각에서 수직 안정판이 실속하는 상황을 방지하고 방향타의 효율을 높인다.

타가 에너지가 약한 후류에 들어가게 된다. 방향타는 빗놀이운동을 발생시키는데, 운동에너지와 동압이 낮아진 후류가 방향타 주위로 흐르면 빗놀이운동을 발생시키는 힘이 부족해지므로 항공기 조종에 문제가 발생한다. 그러므로 **방향타 전방의 수직 안정판 표면에 와류 발생기를 설치하고, 여기서 발생하는 강한 에너지의 와류가 방향타 위를 지나게 하면 방향타의 효율이 회복**된다.

날개 또는 안정판의 표면에 설치되는 와류 발생기는 표면 전체에 작은 크기의 와류를 골고루 형성시키기 위하여 일정 간격으로 한 줄로 정렬하여 설치하는 것이 일반적이다. 와류 발생기의 효과를 극대화하기 위해서는 개수와 크기, 그리고 각도와 위치 등을 실험과 계산을 통하여 신중하게 결정해야 한다.

항공기의 표면에서 속도가 빠른 와류가 발생하면 당연히 표면마찰항력은 높아진다. 하지만 높은 받음각 또는 큰 옆미끄럼각이 발생하는 비행조건에서 실속을 지연시키는 것이 우선시되기 때문에 와류 발생기를 부착하는 경우가 많다. 물론 유동박리가 발생하지 않는 낮은 받음각 또는 작은 옆미끄럼각 상태에서는 항공기 표면에서 난류 경계층보다 층류 경계층을 유지하는 것이 항력 감소에 효과적이다.

4.7 층류 경계층 제어

와류 발생기는 유동이 박리되는 상황에서는 효과적이지만, 순항 비행과 같이 받음각이 크지 않은 자세에서는 불필요한 표면마찰항력 증가의 원인이 된다. 즉 와류 발생기에서 발생하는 와류는 난류의 종류이기 때문에 표면 근처에서 속도가 높아서 표면마찰항력을 증가시킨다. 층류 경계층은 이동거리가 증가하면서 난류 경계층으로 바뀌는데, **유동박리가 발생하는 조건이 아니**

라면 가능한 한 넓은 날개의 면적에서 난류보다는 층류 경계층을 유지하는 것이 전체 항력을 낮추고 항공기의 항속거리를 늘리는 데 도움이 된다. **항공기 표면에 층류 경계층을 형성 및 유지시키는 것을 층류 경계층 제어**(laminar boundary-layer control/laminar flow control)라고 한다. 가장 대표적인 층류 경계층 제어기술은 **경계층 흡입**(boundary-layer suction/bleed)이다.

[그림 4-9]는 경계층 흡입장치의 구조를 보여준다. 항공기의 외부 표면에는 매우 작은 지름의 경계층 흡입 구멍이 무수히 많이 가공되어 있고, 내부 표면과 외부 표면 사이에는 공기가 없는 진공 챔버(vacuum chamber)가 존재한다. 진공은 압력이 매우 낮은 상태이기 때문에 외부 표면 밖과 진공 챔버 사이의 압력차에 의하여 외부 표면을 따라 흐르는 유동의 일부가 흡입 구멍을 통하여 진공 챔버로 유입된다. 만약 **난류 경계층이 외부 표면을 흐른다면 경계층의 일부가 흡입됨에 따라 에너지를 잃고 층류 경계층으로 바뀐다**. 또한, **층류 경계층이 박리되는 상황에서도 구멍을 통하여 작용하는 진공 챔버의 영향으로 경계층을 표면에 흡착시켜 박리를 최소화**할 수 있다.

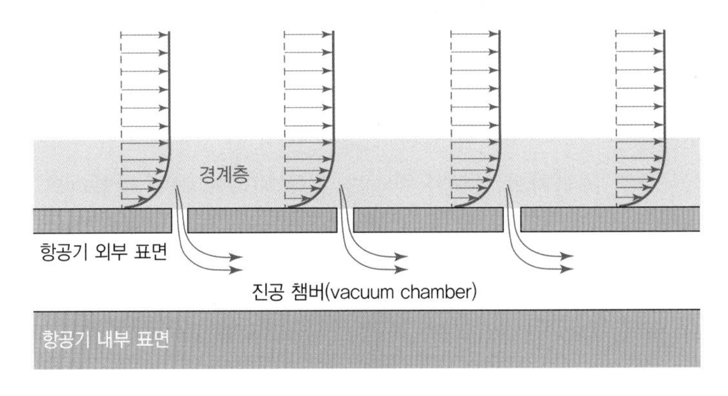

[그림 4-9] 경계층 흡입장치의 예시

진공 챔버를 유지하려면 진공 펌프와 같이 공기를 제거하는 장치가 필요하다. 이렇게 부가적인 장치를 설치함에 따라 항공기의 중량이 증가하고 항공기 내부 구조가 복잡해진다. 또한, 고도가 높아짐에 따라 낮아지는 대기의 온도 때문에 항공기 표면에 결빙이 생기면 유동을 흡입하기 위하여 설치된 구멍이 제 기능을 상실할 수도 있다. 그러므로 구멍이 설치되는 외부 표면은 금속으로 제작해야 하고, 방빙(de-icing) 장치도 구성해야 하므로 중량이 더욱 증가한다.

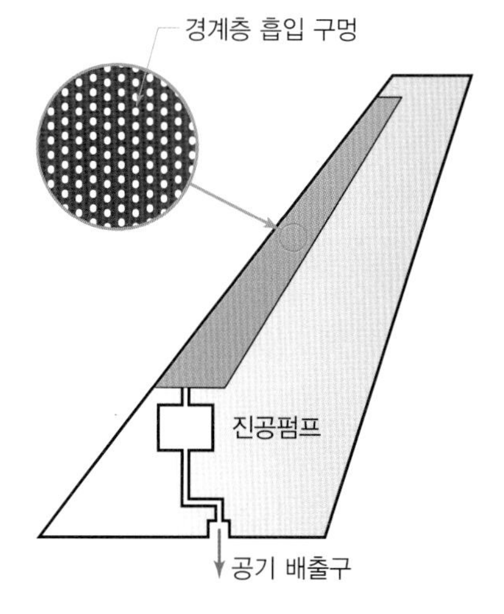

[그림 4-10] 항공기 날개 앞전(leading edge)에 설치된 경계층 흡입장치

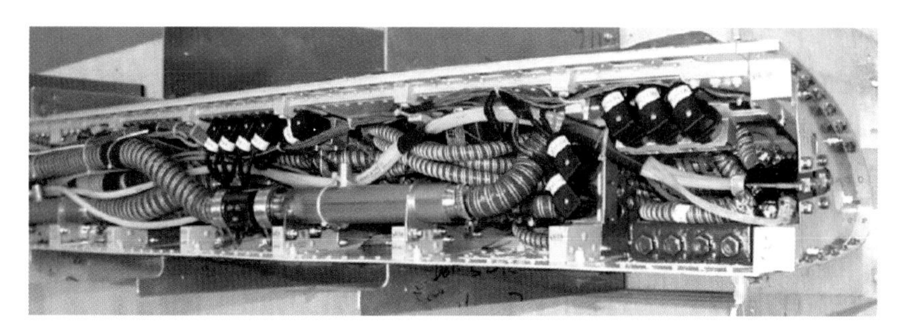

출처: Meyer, J. et al., *System Layout and Instrumentation of a Laminar Flow System for the DLR Do 228 Test Vehicle*. CEAS Conference, London 2003.

층류 경계층 제어장치 실험을 위하여 Dornier 228 항공기(아래 사진)의 날개 앞전에 장착된 장비들. 경계층 제어는 비행 중 항력을 감소시키는 효과가 있지만, 복잡한 장비의 추가 장착이 필요하기 때문에 항공기의 중량이 증가하고 구조가 복잡해지며 정비요소가 증가하는 단점이 있다.

4.8 경계층과 공기 흡입구

(1) 경계층 분리기

항공기에 장착되는 터빈엔진은 공기를 흡입하여 압축한 다음 연료와 혼합하여 연소시키고, 이에 따라 발생하는 고온 고압의 가스, 즉 제트(jet)를 분사하여 추력을 만들어낸다. **외부의 공기를 흡입하여 엔진의 압축기에 공기를 공급하는 역할을 하는 추진계통의 구성 요소가 공기 흡입구**(air intake)이다. 효율이 높은 공기 흡입구는 모든 비행 단계, 그리고 다양한 비행속도와 항공기의 자세에서 충분한 양의 공기를 흡입하여 **유동의 에너지 또는 전압**(total pressure)**의 손실을 최소화하여 엔진으로 공급**한다.

공기 흡입구를 통하여 흡입되는 공기의 양을 제한하고 전압 손실, 즉 **공기 흡입구의 효율을 떨어뜨리는 것은 경계층과 충격파**(shock wave)이다. 경계층은 항공기 표면과 그 위를 흐르는 공기입자 사이의 점성 또는 마찰력 때문에 공기 유동의 속도가 감소하는 영역이다. 유체가 흐르는 양을 가늠하는 **질량유량**(mass flow rate, $\dot{m}$)은 유동의 속도에 비례한다($\dot{m}=\rho AV$). 따라서 **유동속도가 감소하는 영역인 경계층이 공기 흡입구로 들어가면 그만큼 엔진으로 공급되는 공기의 질량 유량은 감소**한다. 특히 공기 흡입구 내부에 형성된 경계층이 떨어져 나가며 유동이 박리되면 엔진에 공급되는 전압은 감소한다.

또한, 공기의 유동이 물체의 표면을 따라 흐르며 이동하는 거리가 멀수록 경계층이 발달하면서 경계층의 두께가 증가한다. 현대 여객기 또는 수송기와 같이, 엔진이 날개 아래에 분리되어 장착되는 경우 동체 또는 날개의 표면을 따라 발달하는 경계층은 엔진에 거의 영향을 주지 않는다. 하지만 전투기와 같이 엔진이 동체 내부에 장착되고, 공기 흡입구가 동체 옆에 구성되는 경우에는 기수의 표면에서부터 동체를 따라 발달하여 두꺼워진 경계층이 공기 흡입구에 들어가게

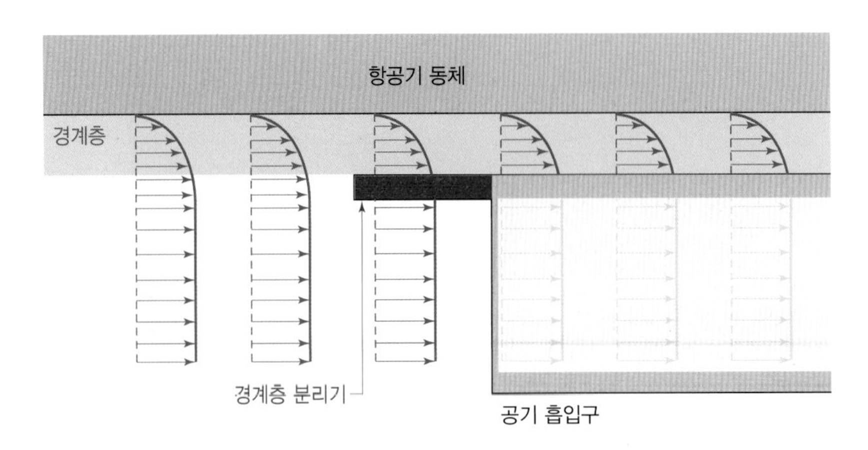

[그림 4-11] 공기 흡입구와 경계층 분리기의 구성

된다. 이에 따라 엔진으로 유입되는 공기의 질량 유량이 감소하거나, 경계층이 박리된다면 엔진 출력은 저하된다. 이러한 문제를 해결하기 위하여 공기 흡입구와 함께 설치되는 것이 **경계층 분리기**(boundary-layer diverter)이다.

[그림 4-11]과 같이 경계층 분리기를 경계로 하여 공기 흡입구를 동체 표면에서 일정 간격으로 띄워서 설치하면 동체 표면에서 형성된 경계층은 공기 흡입구로 유입되지 않고, 이에 따라 경계층의 영향이 없어서 유동의 속도와 질량 유량이 감소하지 않고 에너지가 높은 양질의 공기를 흡입할 수 있다. 또한, 받음각 또는 옆미끄럼각이 발생할 때 경계층이 공기 흡입구로 흘러들어갈 수 있는데, 공기 흡입구 전방의 경계층 분리기는 이를 막아 엔진의 성능을 유지한다.

Mcdonnell Douglas F/A-18C 전투기의 공기 흡입구와 경계층 분리기. 경계층 분리기는 기수의 표면부터 발달하는 경계층이 공기 흡입구로 유입되는 것을 방지하는 역할을 한다. 또한, 빨간 네모로 표시된 경계층 분리기에 설치된 많은 수의 작은 구멍들은 경계층 제어 시스템의 일종이다. 항공기가 초음속으로 비행하면 공기 흡입구 전방에서 충격파가 형성되어 유동박리가 발생할 수 있다. 이때 구멍들을 통하여 표면의 공기를 빨아들임으로써 유동이 박리되는 상황을 방지한다.

(2) NACA 공기 흡입구

동체 내부의 엔진 또는 냉각이 필요한 장치로 공기를 공급하는 흡입구를 구성할 때, **형상 항력을 최소화하기 위하여 고안된 것이 NACA 공기 흡입구**(NACA air intake)이다. NACA 공기 흡입구의 형상은 1945년 미국항공자문위원회(National Advisory Committee for Aeronautics, NACA)에서 최초로 설계 및 시험이 실시되었고, 현재까지 항공기와 차량 등에 다양하게 적용되고 있다.

일반적인 형상의 공기 흡입구는 충분한 공기 유량을 흡입하기 위하여 동체 표면 외부로 돌출되도록 구성되는데, 이에 따라 상당한 압력항력과 고속에서 조파항력을 초래한다. 그런데 공기 흡입구를 동체 안쪽으로 구성하면 항력이 증가하는 것을 방지할 수 있다. 하지만, 앞서 설명한 바와 같이 기수와 동체로부터 발달하는 경계층이 공기 흡입구로 들어가거나 유동이 박리되어 공기 흡입구의 효율이 떨어지는 단점이 있다.

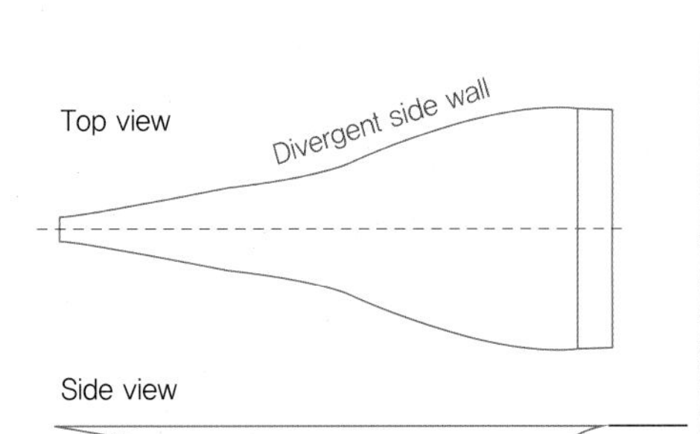

Photo: US Air Force

NACA 공기 흡입구의 형상(왼쪽 그림)과 대형 NACA 공기 흡입구를 장착한 North American YF-93A 전투기(1950). NACA 공기 흡입구는 동체 안쪽이 경사지게 설치되기 때문에 YF-93A와 같이 엔진 공기 흡입구로서 대형으로 구성되는 경우에는 동체의 내부 용적을 줄이는 단점이 있다. 따라서 NACA 공기 흡입구는 항공기 엔진용이 아닌 항공기 내부 계통장치를 냉각시키거나 냉난방 장치에 외부 공기를 공급하기 위한 흡입구로서 작은 사이즈로 구성되는 것이 일반적이다.

Boeing 737 여객기(왼쪽 사진)와 Lamborghini Countach 스포츠카(오른쪽 사진)에 설치된 NACA 공기 흡입구. NACA 공기 흡입구는 항공기뿐만 아니라 고속 주행할 때 항력 감소가 중요시되는 자동차에도 적용된다.

하지만 NACA 공기 흡입구는 동체 안쪽에 설치되어 압력항력을 낮추고, 확산하는 형태의 곡선 측면(divergent side wall)에서 발생하는 와류를 이용하여 경계층을 제거한다. 또한, 유동박리를 최소화하도록 흡입구의 경사(ramp)를 완만하게 하여 공기 흡입구 효율을 유지할 수 있다.

(3) Diverterless Supersonic Intake(DSI)

경계층의 흡입을 막기 위하여 동체로부터 일정 간격을 두고 띄우는 경계층 분리기를 설치하는 경우 동체와 경계층 분리기 사이에 틈이 발생하는데, 비행하는 동안 이곳에서 적지 않은 항력이 발생한다. 이에 따라 동체와의 간격을 띄우지 않고 경계층 흡입 문제를 해결하기 위하여

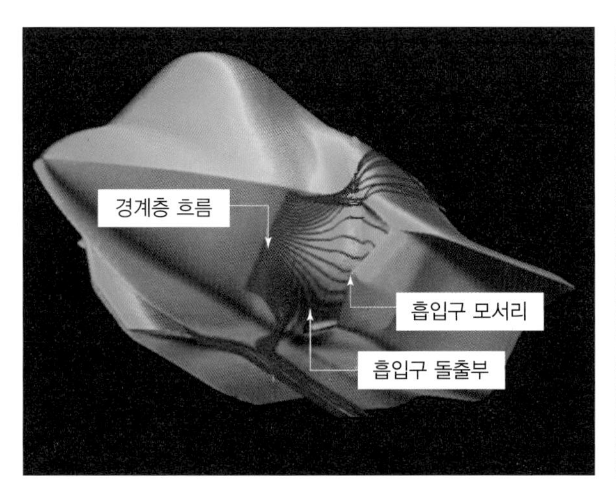

[그림 4-12] Lockheed Martin F-35A의 Diverterless Supersonic Intake(DSI)

다양한 형태의 공기 흡입구가 연구되었다. 그중 가장 성공적인 예가 **Diverterless Supersonic Intake(DSI)라고 불리는 경계층 분리기가 없는 초음속 공기 흡입구**이다.

DSI의 가장 큰 특징은 공기 흡입구 전방에 있는 흡입구 돌출부(bump)이다. [그림 4-12]에서 볼 수 있듯이 기수부터 발생하는 경계층은 흡입구 돌출부를 만나면서 이를 넘지 못하고 돌출부 주위로 흘러 항공기 동체의 윗부분과 아랫부분으로 빠져나간다. 따라서 **엔진으로 흡입되는 경계층의 양을 최소화하여 엔진의 성능을 유지**할 수 있다.

또한, 항공기가 초음속 영역으로 들어가면 공기 흡입구의 입구에서 충격파가 발생한다. 특히 **강도가 큰 수직 충격파(normal shock wave)가 형성되면 이를 지나는 공기 유동의 전압, 즉 에너지가 급감하므로 엔진 추력이 감소**한다. 이러한 현상을 방지하기 위한 기존의 방식은 흡입구의 일부분을 가동하거나 원뿔 모양의 inlet cone을 설치하고 앞뒤로 가동하여 충격파의 각도를 조정함으로써 공기 흡입구로 들어가는 유동에 대한 충격파의 영향을 최소화하였다. 그런데 충격파에 대응하기 위하여 부가적으로 구성되는 가동식 공기 흡입구 장치는 중량을 증가시키고, 구조가 복잡하여 정비요소를 발생시키는 단점이 있다.

하지만 **DSI의 흡입구 돌출부는 강한 수직 충격파가 형성되는 대신 강도가 약한 경사 충격파(oblique shock wave)와 에너지 감소가 없는 팽창파(expansion wave)를 발생**하도록 형상이 설계되었다. 따라서 중량 및 정비요소 증가 없이 아음속에서의 경계층 문제와 초음속에서의 충격파 문제를 어느 정도 해소하여 엔진의 효율 감소를 최소화할 수 있다.

그러나 흡입구 돌출부의 크기와 형상에 따라 경계층 및 충격파 영향의 감소 효과가 달라지기 때문에 최적화된 돌출부의 형상을 결정하기 위해서는 많은 연구와 시험이 필요하다. 이러한 이유로 다양한 속도 영역에서 복잡한 공기의 흐름을 컴퓨터 시뮬레이션을 통하여 비교적 정확하게 예측할 수 있게 된 최근에서야 DSI가 실용화되고 있다.

경계층 분리기(boundary-layer diverter)가 있는 일반적인 형태의 공기 흡입구를 장착한 Lockheed Martin F-22(위)와 DSI(Diverterless Supersonic Inlet)를 가지고 있는 Lockheed Martin F-35A(아래). 경계층이 공기 흡입구로 흡입되는 것을 방지하기 위하여 구성된 F-22의 경계층 분리기와 동체 사이의 틈은 항력뿐만 아니라 레이더 반사면적을 증가시킨다. 반면에 F-35A의 DSI는 동체와 공기 흡입구 사이에 틈이 없으므로 스텔스 성능을 높이는 역할도 한다.

- **점성 유동**(viscous flow) : 유체와 물체 사이 또는 유체 입자 사이의 마찰, 즉 점성(viscosity)을 고려하는 유동으로서, 점성은 유체의 속도를 감소시키는 마찰력을 유발한다.
- **경계층**(boundary layer) : 점성이 있는 유체의 흐름이 고체 표면을 지날 때 점성에 의한 마찰력(전단응력) 때문에 속도가 감소하는 영역이다.
- **경계층의 경계** : 유동의 속도(u)가 비행속도(V)의 99%, 즉 $u = 0.99\,V$의 속도가 나타나는 곳까지로 정의
- **층류**(laminar flow) **경계층** : 유동이 층을 이루며 부드럽고 질서 있게 흘러가는 경계층의 형태로, 표면과의 거리에 따라 일정한 속도 변화를 보이며 안정적이고 규칙적인 형태로 흘러간다.
- **난류**(turbulent flow) **경계층** : 층을 이루지 않고 무질서하게 흐르는 경계층의 형태로, 확산(diffusion)에 의하여 경계층 외부의 유동과 뒤섞이면서 외부 유동의 에너지를 흡수하기 때문에 층류 경계층보다 에너지가 높고 속도가 빠르며 경계층의 두께가 두껍다. 에너지가 높은 난류 경계층은 표면에서의 유속이 빠르기 때문에 항공기의 표면마찰항력(skin friction drag)을 높인다.
- 층류 경계층은 운동에너지가 작으므로 날개 표면의 형상이나 높은 받음각 때문에 역압력 구배가 발생하는 경우 유동이 날개 표면으로부터 쉽게 떨어져 나간다. 반면에 운동에너지가 높은 난류가 날개에 형성되면 역압력 구배를 극복하며 유동박리를 감소시킬 수 있다.
- **레이놀즈수**(Reynolds number, Re) : 관성력과 점성력의 비로서, 관성력보다 상대적으로 점성력의 영향이 크면 층류가 형성되고, 레이놀즈수가 커서 점성력에 비교하여 관성력이 증가하면 난류가 나타난다.

$$Re = \frac{\text{관성력}}{\text{점성력}} = \frac{\rho V x}{\mu} = \frac{Vx}{\nu}$$

(ρ: 유동의 밀도, V: 유동속도, x: 이동거리, $\nu = \frac{\mu}{\rho}$: 동점성계수)

- **천이영역**(transition region) : 층류에서 난류로 변화하며 층류 경계층과 난류 경계층이 함께 존재하는 영역으로서, 천이영역이 시작되는 지점을 천이점(transition point)이라고 한다.
- **경계층 박리**(boundary-layer separation) **또는 유동박리**(flow separation) : 역압력 구배로 인하여 물체의 표면에서 발생하는 반대 방향의 유동 때문에 경계층 또는 유동이 표면에서 떨어져 나가는 현상으로서, 날개에서 발생하면 양력이 급감하고 압력항력이 급증하는 실속(stall)이 나타난다.
- **후류**(wake) : 물체 표면을 따라 흐르다가 물체 뒷부분에서 박리되어 회전하며 떨어져 나가는 유동으로서, 물체와의 충돌과 마찰에 의하여 에너지의 일부를 상실한다.

- **와류 발생기**(vortex generator) : 층류 경계층을 와류, 즉 난류 경계층으로 바꾸고, 유동박리와 후류 영역을 감소시켜 압력항력을 낮추고 실속을 방지한다. 표면마찰항력(friction drag)은 증가하지만, 압력항력의 감소폭이 더 크므로 결과적으로 전항력(total drag)은 감소한다.
- **공기 흡입구**(air intake) : 외부의 공기 유동을 흡입하여 전압(total pressure)의 손실을 최소화하여 엔진의 압축기에 공급하는 역할을 한다.

01 점성유동의 특징으로 가장 적절한 것은?

① 유체와 물체 또는 유체 사이의 마찰을 고려한다.
② 유동의 밀도 변화를 고려한다.
③ 시간에 따른 유동의 속도와 방향의 변화를 고려한다.
④ 공기입자의 회전을 고려한다.

해설 유체와 물체 사이, 또는 유체 입자 사이의 마찰, 즉 점성(viscosity)이 있는 유동을 점성유동(viscous flow)이라고 한다.

02 점성이 있는 유체의 흐름이 고체 표면을 지날 때 점성에 의한 마찰력 때문에 속도가 감소하는 영역을 무엇이라 하는가?

① 층류 ② 경계층
③ 난류 ④ 천이영역

해설 경계층(boundary layer)은 점성이 있는 유체의 흐름이 고체 표면을 지날 때 점성에 의한 마찰력(전단응력) 때문에 속도가 감소하는 영역을 말한다.

03 층류(laminar flow)의 특징을 설명한 내용 중 사실과 가장 거리가 먼 것은?

① 유동이 층을 이루며 부드럽고 질서 있게 흘러가는 형태이다.
② 높이에 따라 일정한 속도 변화를 보인다.
③ 일반적으로 층류 경계층은 난류 경계층보다 에너지가 높다.
④ 층류 경계층이 표면을 따라 흐를 때 이동거리가 증가하면 난류 경계층으로 바뀐다.

해설 일반적으로 난류 경계층이 층류 경계층보다 에너지가 높다.

04 다음 중 층류 경계층이 형성되기 쉬운 날개는?

① 시위 길이가 긴 날개
② 높은 고도를 비행하는 비행기의 날개
③ 고속으로 비행하는 비행기의 날개
④ 와류 발생기가 설치된 날개

해설 레이놀즈수(Reynolds number)는 $Re = \frac{\rho Vx}{\mu}$로 정의하는데, 고도가 낮아 대기의 밀도(ρ)가 높거나, 비행속도(V)가 빠르거나, 시위길이(x)가 길면 레이놀즈수가 증가하여 난류 경계층이 발달한다. 또한, 와류 발생기는 층류 경계층을 와류, 즉 난류 경계층으로 바꾼다.

05 다음의 층류 경계층에 대한 설명 중 사실과 가장 가까운 것은?

① 경계층의 두께가 같은 경우, 층류 경계층은 난류 경계층보다 유동박리(flow separation)가 더 잘 발생한다.
② 날개의 시위길이가 길면 층류 경계층이 형성될 가능성이 크다.
③ 날개 위 유동의 관성력이 크면 층류 경계층이 형성될 가능성이 크다.
④ 일반적으로 층류 경계층은 난류 경계층보다 에너지가 크다.

해설 레이놀즈수는 $Re = \frac{\text{관성력}}{\text{점성력}} = \frac{\rho Vx}{\mu} = \frac{Vx}{\nu}$로 정의한다. 날개의 시위길이가 길어 이동거리(x)가 증가하면 레이놀즈수가 커지며 난류가 형성된다. 또한, 관성력의 영향이 상대적으로 점성력보다 커서 레이놀즈수가 크면 난류 경계층이 형성된다. 그리고 난류 경계층은 경계층 외부의 유동과 뒤섞이면서 외부 유동의 에너지를 흡수하기 때문에 층류 경계층보다 에너지가 높고 속도가 빠르다.

정답 **1.** ① **2.** ② **3.** ③ **4.** ② **5.** ①

06 층류와 난류에 대한 설명으로 틀린 것은?

① 난류는 층류보다 경계층(boundary layer)이 두껍다.
② 경계층의 두께가 같은 경우, 난류는 층류보다 유동박리(flow separation)가 더 잘 발생한다.
③ 난류는 층류보다 표면에서의 속도가 빠르다.
④ 난류는 층류보다 유동에너지가 크다.

해설 경계층 외부의 유동과 뒤섞이면서 외부 유동의 에너지를 흡수하기 때문에 층류 경계층보다 에너지가 높고 속도가 빠르며 경계층의 두께가 두껍다. 운동에너지가 높은 난류는 역압력 구배를 극복하며 유동박리를 감소시킨다.

07 다음 중 레이놀즈수에 대한 설명으로 가장 바른 것은?

① 점성력 ÷ 관성력
② 유동의 밀도가 낮으면 레이놀즈수가 커진다.
③ 유동의 속도가 빠르면 레이놀즈수가 커진다.
④ 층류는 상대적으로 레이놀즈수가 크다.

해설 레이놀즈수는 $Re = \frac{\text{관성력}}{\text{점성력}} = \frac{\rho Vx}{\mu} = \frac{Vx}{\nu}$로 정의하므로, 밀도($\rho$)가 낮으면 레이놀즈수가 작아진다. 또한, 관성력보다 점성력의 영향이 상대적으로 작아서 레이놀즈수가 크면 난류가 형성된다.

08 유동박리에 대한 설명 중 사실에 가장 가까운 것은?

① 경계층 박리라고도 한다.
② 순압력구배는 유동박리를 발생시킨다.
③ 난류는 유동박리가 쉽게 발생한다.
④ 실속을 방지한다.

해설 유동박리(flow separation)는 역압력 구배로 인하여 유동이 표면에서 떨어져 나가는 현상이다. 그리고 운동에너지가 높은 난류는 역압력 구배를 극복하며 유동박리를 감소시킬 수 있다. 또한, 날개 표면에서 유동박리가 발생하면 양력이 급감하는 실속(stall)이 나타난다.

09 시위길이가 $x = 1\text{m}$인 날개 단면이 $V = 20\text{m/s}$의 속도로 비행 중일 때 날개를 지나는 공기유동의 레이놀즈수에 가장 가까운 것은? (단, 대기밀도는 $\rho = 1.0\text{kg/m}^3$, 대기의 점성계수 $\mu = 2.0 \times 10^{-5}\text{Pa}\cdot\text{s}$로 가정한다.)

① 500,000 ② 1,000,000
③ 4,000,000 ④ 10,000,000

해설 레이놀즈수는 $Re = \frac{\rho Vx}{\mu}$로 정의하므로, 주어진 조건에서의 레이놀즈수는

$$Re = \frac{\rho Vx}{\mu} = \frac{1.0\,\text{kg/m}^3 \times 20\,\text{m/s} \times 1\,\text{m}}{2.0 \times 10^{-5}\,\text{Pa}\cdot\text{S}} = 1{,}000{,}000$$

이다.

10 항공기 날개 표면에 부착하여 층류 경계층을 난류 경계층으로 바꾸어 유동박리를 감소시켜 항력을 낮추는 것은?

① 윙렛(winglet)
② 플랩(flap)
③ 경계층 펜스(boundary-layer fence)
④ 와류 발생기(vortex generator)

해설 와류 발생기는 층류 경계층을 와류, 즉 난류 경계층으로 바꾸고, 유동박리와 후류 영역을 감소시켜 압력항력을 낮추는 역할을 한다.

정답 6. ② 7. ③ 8. ① 9. ② 10. ④

11 물체 표면을 따라 흐르는 유체의 천이(transition) 현상을 옳게 설명한 것은?

[항공산업기사 2022년 3회]

① 충격 실속이 일어나는 현상이다.
② 층류에 박리가 일어나는 현상이다.
③ 층류에서 난류로 바뀌는 현상이다.
④ 흐름이 표면에서 떨어져 나가는 현상이다.

해설 천이(transition)는 층류에서 난류로 변화하는 현상을 말한다.

12 항공기 날개의 시위길이가 5 m, 대기속도가 360 km/hr, 동점성계수가 $0.2\,cm^2/s$일 때 레이놀즈수(R.N)는 얼마인가?

[항공산업기사 2022년 3회]

① 2.5×10^6　② 2.5×10^7
③ 5×10^6　④ 5×10^7

해설 레이놀즈수는 $Re=\frac{\rho Vx}{\mu}=\frac{Vx}{\nu}$로 정의하므로, 주어진 조건에서의 레이놀즈수는

$$Re=\frac{Vx}{\nu}=\frac{\frac{360}{3.6}\frac{m}{s}\times5m}{\frac{0.2}{100^2}\frac{m^2}{s}}=2.5\times10^7$$ 이다.

13 레이놀즈수를 나타내는 식으로 옳은 것은? (단, c: 날개의 시위길이, μ: 절대점성계수, ν: 동점성계수, ρ: 공기밀도, V: 공기속도이다.)

[항공산업기사 2017년 4회]

① $\frac{Vc}{\rho}$　② $\frac{Vc}{\nu}$
③ $\frac{Vc}{\mu}$　④ $\frac{Vc\nu}{\rho}$

해설 레이놀즈수는 $Re=\frac{\rho Vx}{\mu}=\frac{Vx}{\nu}$로 정의하는데, 날개 기준으로 x(이동거리)는 c(시위길이)이다.

14 층류와 난류에 대한 설명으로 옳은 것은?

[항공산업기사 2018년 2회]

① 층류는 난류보다 유속의 구배가 크다.
② 층류는 난류보다 경계층(boundary layer)이 두껍다.
③ 층류는 난류보다 박리(separation)가 되기 쉽다.
④ 난류에서 층류로 변하는 지역을 천이지역(transition region)이라고 한다.

해설 난류는 층류보다 속도가 빠르며 경계층의 두께가 두껍다. 운동에너지가 높은 난류는 역압력 구배를 극복하며 유동박리를 감소시킨다. 또한, 천이지역 또는 천이영역은 층류에서 난류로 변화하며 층류 경계층과 난류 경계층이 함께 존재하는 영역을 말한다.

15 레이놀즈수에 대한 설명으로 틀린 것은?

[항공산업기사 2014년 1회]

① 무차원수이다.
② 유체의 관성력과 점성력의 비이다.
③ 레이놀즈수가 클수록 유체의 점성이 크다.
④ 유체의 속도가 빠를수록 레이놀즈수는 크다.

해설 레이놀즈수는 $Re=\frac{관성력}{점성력}=\frac{\rho Vx}{\mu}$로 정의하는 무차원수이고, 레이놀즈수가 크면 유체의 속도가 빠르고, 유체의 점성력이 관성력보다 상대적으로 작음을 의미한다.

정답 11. ③ 12. ② 13. ② 14. ③ 15. ③

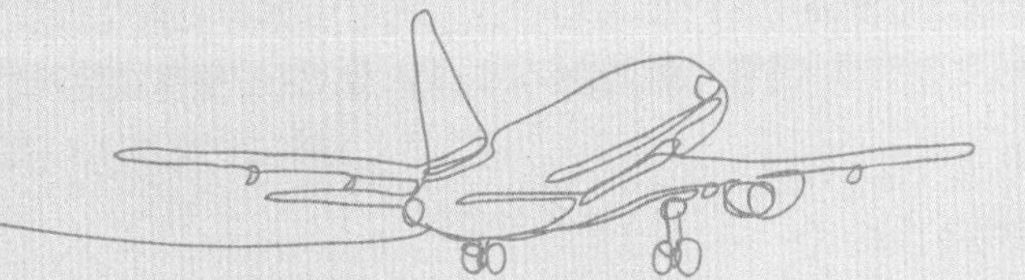

Principles of Aerodynamics

CHAPTER **05**

압축성 유동

5.1 압축성 유동의 개요 | 5.2 열역학 제1법칙

5.3 등엔트로피 유동 | 5.4 음속과 마하수

5.5 등엔트로피 유동 방정식 | 5.6 압축성 피토 정압관 속도식

CHAPTER 5

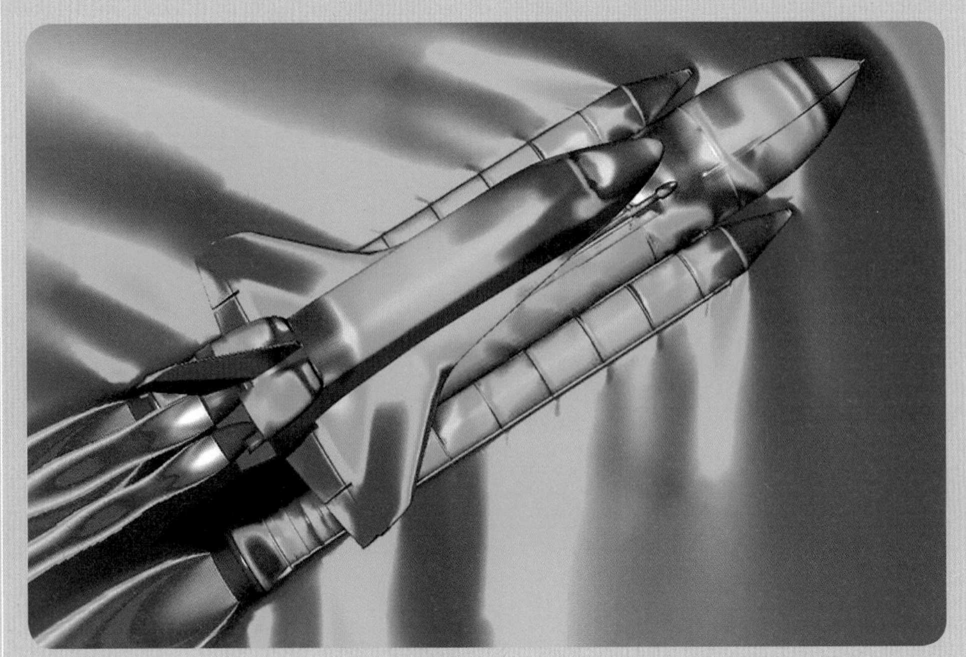

Photo: NASA

고속으로 상승 중인 우주왕복선(Space Shuttle)의 표면과 주위의 공기밀도 상태를 컴퓨터를 이용한 전산유체역학(computational fluid dynamics)으로 구현한 사진. 다양한 색상으로 나타난 공기의 밀도 분포를 보면 밀도의 변화가 뚜렷한 압축성 유동(compressible flow) 상태임을 알 수 있다. 그리고 우주왕복선 주위에 비스듬한 형태로 나타나는 것은 충격파(shock wave)와 팽창파(expansion wave)라고 하는 압축성 유동 현상이다. 비행속도가 음파의 전파속도, 즉 음속(sonic speed)보다 빠르면 초음속(supersonic), 음속의 5배 이상은 극초음속(hypersonic)으로 분류하는데, 실제 대기권을 벗어나는 비행에서 우주왕복선은 음속의 25배, 즉 마하 25($M = 25$)까지 가속할 수 있다.

A E R O D Y N A M I C S

5.1 압축성 유동의 개요

유체입자가 고속으로 흐르면 유동의 운동에너지가 증가한다. 그런데 고속으로 흐르는 유동이 장애물을 만나 부딪치면 유동이 압축되어 유동의 부피가 감소한다. 하지만 유체입자의 질량은 불변하기 때문에 유동의 밀도(ρ)가 증가하게 된다. 이렇게 **유동의 부피가 압축 또는 팽창함에 따라 밀도가 변화하는 유동을 압축성 유동**(compressible flow)이라고 한다.

유동이 압축되면 유체 입자의 속도가 감소하고 따라서 운동에너지가 감소한다. 하지만 유체 입자는 압축된 부피 안에서 서로 충돌하는 횟수가 증가하므로 마찰열이 높아져서 내부에너지가 증가한다. 내부에너지는 열에너지의 형태로 나타나므로, 결론적으로 압축성 유동의 운동에너지 감소가 열에너지 증가로 이어진다. 그리고 유체 입자의 마찰열 증가에 따라 유동의 온도(T) 증가가 현저해진다. 온도와 밀도가 증가하면 이상기체 상태방정식($p = \rho RT$)에서 알 수 있듯이 압력(정압, p)도 증가한다. 정리하면, 저속 또는 **비압축성 유동**(incompressible flow)**에서는 주로 속도(V)와 압력(p)의 변화를 관찰하지만, 고속 유동 또는 압축성 유동에서는 속도와 압력뿐만 아니라 밀도(ρ)와 온도(T)의 변화까지도 고려**해야 한다.

공기의 흐름 역시 속도가 증가하면 압축성을 고려해야 한다. 공기의 경우 비압축성 유동과 압축성 유동을 구분하는 속도 기준은 명확하게 정의되어 있지 않다. 하지만, **공기의 밀도 변화가 5% 이상이 되는 속도, 즉 대략 마하 0.3 이상($M > 0.3$)일 때는 압축성 유동으로 간주**해야 한다. 유동의 속도가 증가하면 밀도와 온도 등 유동의 상태량이 크게 변화하고 저속에서는 나타나지 않는 독특한 현상들이 발생하는데, 이를 **압축성 효과**(compressibility)**라고 한다. 압축성 효과에 의하여 나타나는 가장 대표적인 현상이 충격파**(shock wave)**와 팽창파**(expansion wave)이다.

5.2 열역학 제1법칙

앞서 설명한 바와 같이 **유동의 속도가 증가하여 압축성 효과가 나타나면 유동의 밀도뿐만 아니라 내부에너지**(internal energy, e)**와 온도가 변화한다.** 즉 비압축성 유동은 밀도와 온도의 변화를 무시하지만, 압축성 유동의 경우 밀도와 온도의 변화를 고려해야 한다. 특히 공기입자 간 충돌에 의한 마찰열에 의하여 유동의 내부에너지와 온도의 변화를 유발한다.

그러므로 압축성 유동의 특성을 이해하기 위하여 에너지와 연관된 **열역학**(Thermodynamics)**의 기본 법칙에 대한 이해가 필요하다. 기체가 열을 받으면 기체입자의 운동에너지가 증가하고, 이에 따라 일정 경계 내에 포함되어 있는 기체의 내부에너지가 증가하여 경계 또는 부피가 증가하는데 이를 열역학 제1법칙**(the first law of thermodynamics)이라고 한다.

즉, 열역학 제1법칙은 일정량의 기체에 열이 전달되면(dq) 내부에너지가 변화하고(de), 기체의 부피가 변화(dv)함을 설명하는데 이를 수학적으로 표현하면 다음과 같다. 여기서, e는 내부에너지(E)를 질량으로 나눈 값($e = E/m$)이고, v는 비체적(specific volume)으로서 부피, 즉 체적(∀)을 질량으로 나눈 값($v = \forall/\mathrm{m}$)이다.

$$dq = de + pdv$$

열역학 제1법칙은 열에너지(q)를 더하거나 뺀 만큼 내부에너지(e)와 기체의 부피(v)가 증가하거나 감소한다는 **에너지 보존의 법칙**(the law of conservation of energy)에 기반하고 있다. 여기서 다음과 같이 엔탈피(enthalpy, h)라는 물리량을 도입한다. **엔탈피는 내부에너지(e)에 압력과 부피의 곱(pv)을 더하여 정의**한다. 즉 **엔탈피는 기체의 내부에너지와 압력과 부피의 변화로 발생하는 에너지**를 의미한다.

$$h = e + pv$$

위의 엔탈피 관계식을 미분하면 다음과 같다.

$$dh = de + pdv + vdp$$

열역학 제1법칙의 정의, $dq = de + pdv$를 위의 식에 대입하면 아래와 같이 표현할 수 있다.

$$dh = dq + vdp$$
$$dq = dh - vdp$$

또한, **비열**(specific heat, c)도 열역학에서 중요한 개념이다. **비열은 일정량의 기체온도(T)를 1℃ 올릴 때 가해지는 열(q)**을 의미하고, 비열을 열에 대한 온도의 변화율(dq/dT)로 다음과 같이 수학적으로 표현할 수 있다.

$$c = \frac{dq}{dT}$$

조금만 열을 가해도 온도가 쉽게 올라가는 기체가 있는 반면에, 충분한 열을 가해도 온도의 증가폭이 낮은 기체도 있다. 따라서 비열은 기체의 종류에 따라 다른 값으로 정의된다. 기체에 열이 전달되면 내부에너지가 증가하고, 따라서 기체 입자의 활동이 증가하여 충돌에 의한 마찰열, 즉 온도가 올라간다. 그런데 기체에 공급된 열에너지가 기체의 압력과 부피를 동시에 증가시키는 데 사용되는 경우에는 기체의 온도 증가가 현저하지 않다. 그러므로 압력 또는 부피를 일정하게 유지하는 경우 기체에 전달된 열에너지가 기체의 온도를 증가시킨다. 즉, **부피를 일정하게 유지하면 기체에 대한 열전달은 압력과 온도를 변화시키고, 압력을 일정하게 유지하면 열전달이 부피와 온도를 변화**시킨다.

압력을 일정하게 유지(p=constant)하며 경계의 부피와 기체의 온도를 증가시키는 데 필요한

열의 양을 정압 비열(specific heat at constant pressure, c_p)이라고 한다.

$$c_p = \left(\frac{dq}{dT}\right)_{p = const.}$$

$$dq = c_p dT$$

그리고 **기체 경계의 부피를 일정하게 유지**(v = constant)**한 상태에서 온도 및 압력을 증가시키는 데 필요한 열의 양을 정적 비열**(specific heat at constant volume, c_v)이라 하고 다음과 같이 정의한다.

$$c_v = \left(\frac{dq}{dT}\right)_{v = const.}$$

$$dq = c_p dT$$

앞서 열역학 제1법칙에 의하여 $dh = dq + vdp$로 정의하였다. 그러므로 $dq = c_p dT$를 대입하면 다음과 같이 나타낼 수 있다.

$$dh = c_p dT + vdp$$

그런데 c_p는 정압 비열이고 압력 변화를 고려하지 않으므로 $dp = 0$이다. 그러므로 다음과 같이 정리된다.

$$dh = c_p dT$$

정압 비열(c_p)을 상수로 취급하고 엔탈피(h)와 온도(T)에 대하여 각각 적분하면 다음과 같이 정리할 수 있다.

$$h = c_p T$$

그리고 앞서 $dq = de + pdv$로 정의하였으므로 $dq = c_v dT$는 다음과 같이 표현할 수 있다.

$$de + pdv = c_v dT$$

또한 c_v는 정적 비열이고 부피 변화를 고려하지 않으므로 $dv = 0$이다.

$$de = c_v dT$$

정적 비열(c_v)을 상수로 취급하고 내부에너지(e)와 온도(T)에 대하여 각각 적분하면 다음과 같다.

$$e = c_v T$$

정압 비열과 정적 비열의 비를 비열비(specific heat ratio, γ)라고 한다. 비열비는 기체의 종

류에 따라 다른데, **공기의 비열비**는 $\gamma = 1.4$이다.

$$\text{공기(air)의 비열비}: \gamma = \frac{c_p}{c_v} = 1.4$$

비열은 온도뿐만 아니라 정압 비열의 경우 부피, 그리고 정적 비열의 경우 압력까지 변화시키는 데 필요한 열인데, 압력보다 부피를 변화시키는 데 더 많은 열량이 요구된다. 그러므로 정압 비열이 정적 비열보다 높기 때문에 기체의 비열비는 1보다 큰 값으로 정의된다. 아울러 정압 비열과 정적 비열의 차이를 **기체상수**(gas constant, R)로 정의하고, 공기의 기체상수는 $R = 287\frac{\text{J}}{\text{kg}\cdot\text{K}}$이다.

$$\text{공기(air)의 기체상수}: R = c_p - c_v = 287\frac{\text{J}}{\text{kg}\cdot\text{K}}$$

위의 관계식을 통하여 정압 비열을 다음과 같이 정리하여 기체상수와 비열비로 정의할 수도 있다.

$$\gamma = \frac{c_p}{c_v}$$

$$c_p = \gamma c_v$$

$R = c_p - c_v$ 이므로 c_v는 다음과 같다.

$$c_v = c_p - R$$

그리고 정압비열(c_p)은 아래와 같이 정리된다.

$$c_p = \gamma(c_p - R) = \gamma c_p - \gamma R$$
$$c_p(\gamma - 1) = \gamma R$$

$$\text{정압비열}: c_p = \frac{\gamma R}{\gamma - 1}$$

또한, 정적 비열 역시 기체상수와 비열비로 다음과 같이 표현할 수 있다.

$$c_p = \frac{\gamma R}{1-\gamma},\ R = c_p - c_v$$

$$c_v + R = \frac{\gamma R}{1-\gamma}$$

$$c_v = \frac{\gamma R}{1-\gamma} - R = \frac{\gamma R - R(1-\gamma)}{1-\gamma} = \frac{\gamma R - R - \gamma R}{1-\gamma} = \frac{-R}{1-\gamma}$$

$$\text{정적 비열: } c_v = \frac{R}{\gamma - 1}$$

5.3 등엔트로피 유동(isentropic flow)

고속으로 흐르는 기체의 열역학적 특성을 고려할 때 현상의 단순화를 통한 해석의 편의를 위하여 등엔트로피 유동(isentropic flow)으로 가정하는 것이 일반적이다. **등엔트로피 과정은 열전달이 없는 단열과정**(adiabatic process)**이고, 마찰 등에 의한 에너지 소산이 없는 가역과정**(reversible process)이다.

공기가 고속으로 흐를 때 공기의 온도와 밀도가 변화하여 압축성 효과가 나타나지만, 유동과 항공기 사이에 열전달은 없다고 가정한다. 즉, 공기가 초음속(supersonic)으로 날개 주위를 흘러 지나갈 때 날개 위에서 충격파가 발생하여 유동의 온도와 밀도가 급증하더라도 유동이 날개 표면에 열을 가하지도 않고, 반대로 유동이 날개 표면으로부터 열을 전달 받지도 않는 단열과정으로 가정한다. 유동 내에서는 열의 변화가 발생하지만, 유동 외부와의 열전달은 없다고 가정함으로써 압축성 유동 현상을 단순화할 수 있다.

에너지는 보존되기 때문에 유동에 열에너지가 가해지면 내부에너지가 변화하여 온도가 증가하고 부피 또는 압력이 증가한다. 하지만 **일부 에너지가 사라지는 소산**(dissipation)**이 발생하는데 그 대표적인 예시가 마찰**(friction)이다. 피스톤이 들어 있는 실린더에 열을 가하면 실린더 내부의 온도가 증가하고 내부 물질 입자의 운동에너지가 커져서 부피가 증가하여 피스톤이 상승한다. 즉, 피스톤에 가해진 열에너지는 피스톤을 상승시키는 일(work)로 전환된다. 하지만 피스톤과 실린더 표면과의 마찰 때문에 공급된 열에너지의 일부는 마찰의 형태로 소산되어 사라지고, 이렇게 없어지는 에너지는 되돌려 다시 생성시킬 수 없다. **과정을 되돌리지**(가역, 可逆) **못한다고**(비, 非) **하여 이를 비가역과정**(irreversible process)이라고 한다. 그리고 **마찰 등 되돌릴 수 없는 에너지의 소산에 의하여 비가역성이 발생하는 것을 엔트로피**(entropy)**가 증가**한다고 표현한다. **열역학 제2법칙**(the 2nd law of thermodynamics)**은 엔트로피 증가의 법칙으로서, 자연현상은 엔트로피가 증가하는 비가역과정**을 따른다는 사실을 설명한다.

대표적인 비가역 현상인 마찰은 날개 표면 위를 공기가 흐를 때 표면과 공기입자 간에도 발생한다. 경계층(boundary layer)은 공기의 점성에 의한 마찰력이 작용하는 영역으로서 경계층 내

부에서는 비가역과정이 발생한다. 하지만 실제로 경계층의 영역은 날개 주위를 흐르는 공기 유동의 영역에 비하면 매우 작다. 그러므로 압축성 유동뿐만 아니라 비압축 유동에서도 해석의 단순화를 위하여 비점성 유동으로 가정하기도 하는데 이런 경우가 가역과정에 해당하며 엔트로피의 증가는 발생하지 않는다고 가정한다.

결론적으로 **압축성 유동에서 압력, 온도, 밀도 등의 상태량 변화가 발생할 때 등엔트로피 유동으로 가정하는 경우에는 열전달을 고려하지 않으므로 열의 이동이 차단된 단열과정이 되고, 엔트로피가 일정한 가역과정**이 된다. 앞서 살펴본 열역학 제1법칙 관계식은 다음과 같다.

$$dq = de + pdv$$

여기서 등엔트로피 과정, 즉 단열 및 가역과정을 가정하면 유동에 대한 열의 전달을 무시하므로 $dq = 0$이 된다.

$$0 = de + pdv$$
$$de = -pdv$$

또한, 엔탈피(h)의 정의에 의한 열역학 제1법칙 관계식은 다음과 같다. 여기서도 $dq = 0$으로 두고 해당 관계식을 정리하면 다음과 같다.

$$dq = dh - vdp$$
$$0 = dh - vdp$$
$$dh = vdp$$

그리고 앞서 de와 dv는 각각 다음과 같이 정적 비열(c_v)과 정압 비열(c_p)로 정리하였다.

$$de = c_v dT$$
$$dh = c_p dT$$

앞서 $de = -pdv$로 정의하였으므로 dT는 다음과 같이 표현할 수 있다.

$$-pdv = c_v dT$$
$$dT = \frac{-pdv}{c_v}$$

또한, $dh = vdp$이고, $dh = c_p dT$이므로 dT는 아래와 같이 정의할 수도 있다.

$$vdp = c_p dT$$
$$dT = \frac{vdp}{c_p}$$

따라서 dT를 기준으로 다음과 같이 정리할 수 있다.

$$\frac{-pdv}{c_v} = \frac{vdp}{c_p}$$

$$c_p \frac{1}{v} dv = -c_v \frac{1}{p} dp$$

$$-\frac{c_p}{c_v} \frac{1}{v} dv = \frac{1}{p} dp$$

$\gamma = c_p / c_v$ 인 관계를 적용하면 아래와 같이 나타낼 수 있다.

$$-\gamma \frac{1}{v} dv = \frac{1}{p} dp$$

그리고 부피(v)와 압력(p)에 대하여 다음과 같이 각각 정적분한다.

$$-\gamma \int_{v_1}^{v_2} \frac{1}{v} dv = \int_{p_1}^{p_2} \frac{1}{p} dp$$

$$-\gamma (\ln v_2 - \ln v_1) = (\ln p_2 - \ln p_1)$$

$$-\gamma \ln \frac{v_2}{v_1} = \ln \frac{p_2}{p_1}$$

따라서 부피비(v_2/v_1)와 압력비(p_2/p_1)의 관계가 다음과 같이 정리된다.

$$\left(\frac{v_2}{v_1}\right)^{-\gamma} = \frac{p_2}{p_1}$$

$$\left(\frac{v_1}{v_2}\right)^{\gamma} = \frac{p_2}{p_1}$$

여기서 부피, 즉 비체적은 밀도의 역수($v = 1/\rho$)이므로 다음과 같이 압력비를 밀도비로 나타낼 수 있다.

$$\frac{p_2}{p_1} = \left(\frac{1/\rho_1}{1/\rho_2}\right)^{\gamma}$$

등엔트로피 관계식(압력비): $\frac{p_2}{p_1} = \left(\frac{\rho_2}{\rho_1}\right)^{\gamma}$

위의 식을 등엔트로피 관계식(isentropic relations)이라 하고 등엔트로피 과정에 의한 압력비를 나타낸다. 따라서 압축성 공기 유동에서 밀도비를 알면 위의 관계식과 공기의 비열비($\gamma = 1.4$)

를 이용하여 압력비를 계산할 수 있다. 또한, 공기는 이상기체이기 때문에 아래와 같이 상태방정식($p = \rho RT$)을 적용하여 밀도비(ρ_2/ρ_1)를 온도비(T_2/T_1)로 표현할 수 있다.

$$\frac{\rho_2 RT_2}{\rho_1 RT_1} = \left(\frac{\rho_2}{\rho_1}\right)^{\gamma}$$

$$\frac{T_2}{T_1} = \left(\frac{\rho_2}{\rho_1}\right)^{\gamma}\left(\frac{\rho_2}{\rho_1}\right)^{-1}$$

$$\frac{T_2}{T_1} = \left(\frac{\rho_2}{\rho_1}\right)^{\gamma-1}$$

등엔트로피 관계식(밀도비): $\dfrac{\rho_2}{\rho_1} = \left(\dfrac{T_2}{T_1}\right)^{\frac{1}{\gamma-1}}$

앞서 유도한 압력비와 밀도비의 관계식을 이용하여 다음과 같이 온도비에 기준한 압력비 등엔트로피 관계식을 정리할 수 있다.

$$\frac{p_2}{p_1} = \left(\frac{\rho_2}{\rho_1}\right)^{\gamma} = \left[\left(\frac{T_2}{T_1}\right)^{\frac{1}{\gamma-1}}\right]^{\gamma} = \left(\frac{T_2}{T_1}\right)^{\frac{\gamma}{\gamma-1}}$$

등엔트로피 관계식(압력비): $\dfrac{p_2}{p_1} = \left(\dfrac{T_2}{T_1}\right)^{\frac{\gamma}{\gamma-1}}$

지금까지 정리한 등엔트로피 관계식은 밀도가 변화하는 압축성 유동에만 적용되고, 비압축성 유동에는 적용하지 않는다. 즉, 비압축성 유동은 밀도가 거의 일정($\rho_1 \approx \rho_2$)하고, 따라서 밀도비가 $\rho_2/\rho_1 \approx 1$이기 때문에 위의 관계식들을 이용하여 압력비와 밀도비를 계산할 수 없다.

5.4 음속과 마하수

소리(sound)는 공간에 채워져 있는 공기 또는 액체 등 매질(transmission medium)의 입자들이 진동하면서 전달된다. 즉, 우리가 말 또는 소리를 내어 압력을 발생시키면 공기입자를 진동시키고, 입자의 진동은 다른 공기입자들에게 순차적으로 파형(wave)의 형태로 전파되어 상대방의 고막까지 전달된다. 또한, 항공기가 대기에서 비행할 때는 기수 앞의 공기입자들에 압력을 가하여 공기입자들을 교란시키고, 교란에 의한 압력의 변화는 파형의 형태로 공기 중을 전파되어 나간다. 즉, **소리 또는 물체의 이동에 의하여 발생하는 유체의 압력 변화를 음파**(sound wave) **또는 압력파**(pressure wave)라고 한다. 그리고 **음파 또는 압력파가 공기입자를 통하여 전파되는 속도를 음속**(sonic speed, a)이라고 한다.

음속을 구하는 공식은 다음의 과정을 통하여 유도할 수 있다. [그림 5-1]과 같이 음파가 공기 중에서 음속으로 전파되고 있다. 음파 또는 압력파는 밀도, 온도, 속도 등 상태량의 불연속면이다. 즉, 음파가 지나간 유동, 다시 말하면 음파 이후 유동의 상태량은 음파 이전과 다르다.

[그림 5-1]과 같이, 음파 이전 유동의 밀도, 온도, 속도를 각각 ρ, T, V라고 하면, 음파 이후의 상태량은 각각 $\rho + d\rho$, $T + d\rho$, $V + dV$가 된다. 여기서 $d\rho$, dT, dV는 음파에 의하여 증가 또는 감소한 상태량의 변화량이다. 특히 음속은 고속으로 전파되기 때문에 압축성 효과가 발생하고, 따라서 밀도가 변화하므로 음파 전·후의 밀도는 일정하지 않다.

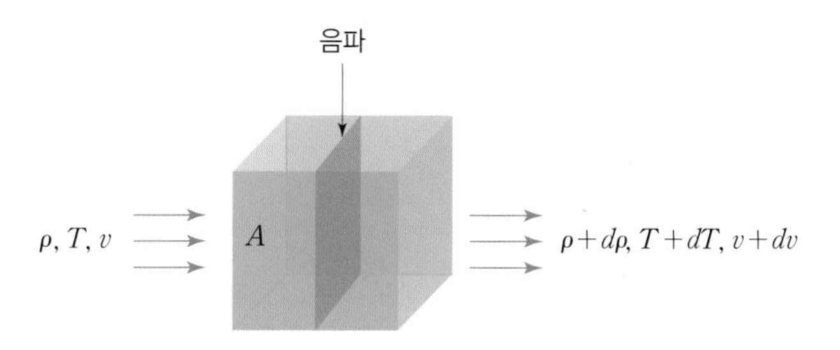

[그림 5-1] 음파(sound wave) 전후 유동의 상태량 변화

그리고 앞서 2.1절에서 연속방정식(continuity equation)을 유도하였는데, 음파 전후 영역에 대하여 다음과 같이 연속방정식을 적용할 수 있다.

$$\rho_1 A_1 V_1 = \rho_2 A_2 V_2$$

$$\rho A V = (\rho + d\rho) A (V + dV)$$

여기서 유동이 지나는 음파 전후의 면적은 일정하므로 다음과 같이 정리된다.

$$\rho V = (\rho + d\rho)(V + dV)$$

위의 식을 전개하면 다음과 같다.

$$\rho V = \rho V + \rho dV + V d\rho + d\rho dV$$

$$\rho dV + V d\rho + d\rho dV = 0$$

그리고 음파 전후 유동의 밀도 변화($d\rho$)와 속도 변화(dV)가 그다지 크지 않다면, 두 가지 작은 변화량의 곱은 매우 작으므로 $d\rho dV \approx 0$으로 간주할 수 있다. 따라서 위의 식을 다음과 같이 나타낼 수 있다.

$$\rho dV + Vd\rho = 0$$

$$\rho dV = -Vd\rho$$

$$V = -\rho \frac{dV}{d\rho}$$

또한, 음파는 압력의 교란이므로 음파 전후에 압력 변화가 발생한다. [그림 5-2]에 제시된 대로 음파 이전의 압력이 p라면 음파 이후의 압력은 $p + dp$이다. 그리고 음파가 지나가는 미소 면적 dA를 아래 그림을 기준으로 다음과 같이 표현할 수 있다.

$$dA = dydz$$

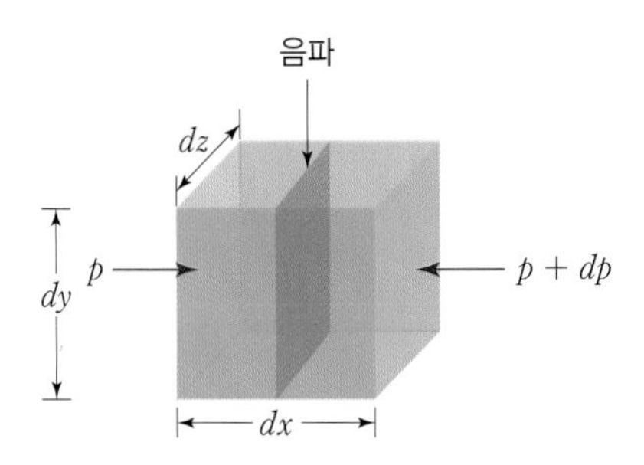

[그림 5-2] 음파가 지나가는 미소면적($dydz$)과 미소부피($dxdydz$)의 정의

음속으로 이동 중인 음파의 전후에는 압력차에 의한 힘이 작용하고 있다. 힘은 다음과 같이 정의한다.

$$\sum F = ma$$

위의 식에서 a는 음속이 아닌 가속도(acceleration)이다. 혼란을 방지하기 위하여 가속도의 정의, 즉 가속도는 속도에 대한 시간의 변화$\left(a = \frac{dV}{dt}\right)$라는 개념을 이용하여 가속도를 표현하면 다음과 같다.

$$\sum F = m\frac{dV}{dt}$$

그리고 압력은 면적에 작용하는 힘으로 정의하므로($p = F/A$), 이를 이용하여 다음과 같이 힘을 정의할 수 있다.

$$F = p \cdot A$$

따라서 음파 전방의 미소면적($dA = dydz$)에 작용하는 힘(F_1)을 다음과 같이 표현할 수 있다.

$$F_1 = (p + dp)dydz$$

또한, 음파 후방의 미소면적에 작용하는 힘(F_2)은 다음과 같다.

$$F_2 = p\,dy\,dz$$

그러므로 음파 전후 압력차에 의한 힘의 크기를 다음과 같이 표현할 수 있다.

$$\begin{aligned}\sum F &= F_2 - F_1 \\ &= p\,dy\,dz - (p + dp)dy\,dz \\ &= p\,dy\,dz - p\,dy\,dz - dp\,dy\,dz \\ &= -\,dp\,dy\,dz\end{aligned}$$

그리고 앞서 정의한 바와 같이 $\sum F$는 다음과 같다.

$$\sum F = m\frac{dV}{dt}$$

이를 정리하면 다음과 같은 힘의 관계식으로 정리된다.

$$m\frac{dV}{dt} = -\,dp\,dy\,dz$$

밀도는 질량을 부피로 나누어 정의하므로, 질량은 밀도에 부피를 곱한 것으로 나타낼 수 있다. 그러므로 위의 그림에서 질량(m)을 밀도(ρ)와 미소부피($dx\,dy\,dz$)로 다음과 같이 정의한다.

$$m = \rho\,dxdydz$$

따라서 앞서 유도한 힘의 관계식은 아래와 같이 정리하여 표현할 수 있다.

$$m\frac{dV}{dt} = -\,dp\,dy\,dz$$

$$\rho\,dxdydz\frac{dV}{dt} = -\,dp\,dydz$$

그리고 양변의 $dy\,dz$를 상쇄시키고 정리하면 다음과 같다.

$$\rho\,dx\frac{dV}{dt} = -\,dp$$

$$\frac{dV}{dt} = \frac{-\,dp}{\rho\,dx}$$

$$dV = \frac{-\,dp}{\rho}\,\frac{dt}{dx}$$

속도(V)는 시간(t)에 대한 거리(x)의 변화율, 즉 $V = dx/dt$이므로 $dt/dx = 1/V$이다.

$$dV = \frac{-dp}{\rho}\frac{1}{V}$$

$$\rho dV = -dp\frac{1}{V}$$

앞서 연속방정식을 정리하여 다음과 같은 관계식을 유도하였다.

$$\rho dV = -Vd\rho$$

이를 이용하여 위의 관계식을 다음과 같이 표현할 수 있다.

$$-Vd\rho = -dp\frac{1}{V}$$

$$V^2 = \frac{dp}{d\rho}$$

$$V = \sqrt{\frac{dp}{d\rho}}$$

음파는 빠른 속도로 전파되므로 압축성 효과를 고려한다. 따라서 압축성 유동에 적용하는 등엔트로피 관계식을 사용한다.

$$\left(\frac{p_2}{p_1}\right) = \left(\frac{\rho_2}{\rho_1}\right)^{\gamma}$$

해당 관계식을 다음과 같은 형태로도 표현할 수 있다.

$$\frac{p_2}{p_1} = \frac{\rho_2^{\gamma}}{\rho_1^{\gamma}}$$

$$\frac{p_1}{\rho_1^{\gamma}} = \frac{p_2}{\rho_2^{\gamma}}$$

위의 관계식은 p/p^{γ}가 항상 일정한 상수(c)임을 의미하므로$\left(\frac{p_1}{\rho_1^{\gamma}} = \frac{p_2}{\rho_2^{\gamma}} = c\right)$ 다음과 같이 정리할 수 있다.

$$\frac{p}{\rho^{\gamma}} = c$$

$$p = c\rho^{\gamma}$$

그리고 $p = c\rho^{\gamma}$를 ρ에 대하여 미분($dp/d\rho$)하면 다음과 같이 정리된다.

$$\frac{dp}{d\rho} = \frac{d}{d\rho} c\rho^{\gamma}$$
$$= c\gamma\rho^{\gamma-1}$$

그리고 $c = \dfrac{p}{\rho^{\gamma}}$이므로 이를 위의 식에 대입하면 다음과 같다.

$$\frac{dp}{d\rho} = \frac{p}{\rho^{\gamma}}\gamma\rho^{\gamma-1} = \gamma p\rho^{-\gamma}\rho^{\gamma-1} = \gamma p\rho^{-1} = \frac{\gamma p}{\rho}$$

이상기체 상태방정식은 $p = \rho RT$이므로 이를 이용하여 최종적으로 다음과 같이 나타낼 수 있다.

$$\frac{dp}{d\rho} = \frac{\gamma p}{\rho} = \frac{\gamma\rho RT}{\rho} = \gamma RT$$

위에서 정의된 $dp/d\rho = \gamma RT$를 음속을 구하는 식에 대입한다.

$$V = \sqrt{\frac{dp}{d\rho}} = \sqrt{\gamma RT}$$

여기서, 속도 V는 결국 음파의 전파속도, 즉 음속이고, 일반적으로 기호 a로 표시한다.

$$음속 : a = \sqrt{\gamma RT}$$

Photo: NASA

역사상 최초로 유인 비행으로 음속을 돌파한 Bell XS-1 실험기(1947). 1947년 10월 14일 조종사 척 예거(Chuck Yeager)를 태운 XS-1 실험기는 B-29 폭격기에 실려 이륙 및 상승하여 일정 고도에서 투하되고 로켓 엔진으로 가속하여 고도 13km에서 1,120km/h, 즉 마하 $M = 1.06$을 기록하였다.

PART 2 점성 유동과 압축성 유동

γ는 비열비(specific heat ratio)로서 공기의 경우 $\gamma=1.4$이고, R은 기체상수로서 공기는 $R=287\frac{\text{J}}{\text{kg}\cdot\text{K}}$이며, T는 대기의 온도이다. 즉, 대류권에서는 고도 증가에 따라 온도가 감소하므로 높은 고도에서는 음속이 낮아진다.

마하수(Mach number, M)**는 유동의 속도 또는 항공기의 비행속도**(V)**를 음속**(a)**으로 나눈 값**으로, 다음과 같이 정의한다. 비행속도(V)는 진대기속도(True Air Speed, TAS)를 기준으로 한다.

$$\text{마하수:}\ M=\frac{V}{a}$$

따라서 유동이 음속으로 흐르거나 항공기가 음속으로 비행하는 경우 마하수는 $M=1$이 된다. 그리고 **대류권에서 고도가 높아지면 대기의 온도**(T)**가 낮아지고, 따라서 음속**(a)**이 감소하므로 동일한 속도**(V)**로 비행하더라도 마하수는 증가**하게 된다.

[표 5-1]은 항공기가 일정 속도로 비행 중일 때 고도가 증가함에 따라 마하수가 증가하는 사실을 예시를 통하여 보여주고 있다. 항공기의 비행속도는 $V=272\,\text{m/s}$로 가정하며, 이는 진대기속도(TAS)에 해당한다. 해수면, 즉 고도 0m에서의 음속은 $a=\sqrt{1.4\times287\times288}=340.2\,\text{m/s}$이므로, 해당 항공기의 비행 마하수는 $M=V/a=272/340.2=0.80$이다. 하지만 고도 8,000 m에서는 대기의 온도가 242.5 K으로 낮아지고, 이에 따라 음속은 $a=\sqrt{1.4\times287\times236}=307.9\,\text{m/s}$로 감소한다. 따라서 해당 고도에서의 비행 마하수는 $M=V/a=272/307.9=0.88$이므로 동일한 비행속도임에도 불구하고 해수면에서의 비행 마하수보다 높다.

[표 5-1] 고도에 따른 마하수의 변화(속도 $V=272\,\text{m/s}$)

고도 [m]	온도 [K]	음속 [m/s]	마하수
0	288	340.2	0.80
1,000	281.5	336.3	0.81
2,000	275	332.4	0.82
3,000	268.5	328.5	0.83
4,000	262	324.5	0.84
5,000	255.5	320.4	0.85
6,000	249	316.3	0.86
7,000	242.5	312.1	0.87
8,000	236	307.9	0.88

최대운용속도(maximum operating speed, V_{MO})는 항공기의 안전을 보장하는 최고속도이며, 이 속도를 초과하면 항공기 구조강도에 악영향이 생기거나, 충격파 현상이 발생하기 시작하여 버피팅 현상과 항력 증가 등의 문제가 나타난다. 만약 어떤 항공기가 $M>0.85$에서 날개에서 충격

파 현상이 나타나기 시작한다면 $M < 0.85$에서 비행해야 한다. 하지만 앞서 살펴본 바와 같이, 동일한 진대기속도(TAS)로 비행하더라도 고도가 변화하면 마하수는 변화한다. 즉, $V = 272$ m/s의 진대기속도로 비행할 때, 고도 1,000 m에서의 마하수 $M = 0.81$이므로 충격파 발생의 가능성은 없지만, 고도 8,000 m에서 동일한 속도로 비행할 때의 마하수는 $M = 0.88$이므로 충격파 발생에 따른 문제가 발생한다. 그러므로 충격파 발생과 같은 압축성 효과는 진대기속도가 아니라 마하수와 연관이 있다. 만약 고도 1,000 m에서 $M = 0.85$의 속도로 비행할 때 충격파가 발생하기 시작한다면 고도 8,000 m에서도 $M = 0.85$에 다다를 때 충격파가 발생한다. 물론 고도 1,000 m와 8,000 m에서의 진대기속도는 다르다. 그러므로 압축성 효과와 관계된 최대운용속도는 마하수를 기준으로 하는데, 최대운용마하수(maximum operating Mach number, M_{MO})가 이에 해당한다.

kh-47M2(Kinzhal) 미사일을 탑재하고 비행 중인 Mikoyan Mig-31K 요격기. Mig-31K는 고도 20km에서 최고 M=2.85의 속도로 비행할 수 있다. 실제 비행속도가 일정하더라도 대류권에서는 고도가 높아짐에 따라 비행 마하수는 빨라지지만, M=2.85의 속도는 성층권에 해당하는 고도 20km 기준으로 3,000km/hr에 달한다. 또한, 극초음속 미사일인 kh-47M2의 최고 속도는 M=10(12,300km/hr) 이상인 것으로 알려져 있다.

유동의 속도가 음속을 넘어가면 유동의 물리적 특성이 변화하기 때문에 속도의 영역을 마하수를 기준으로 다음과 같이 구분한다.

아음속(subsonic) : $M < 1$
초음속(supersonic) : $M > 1$

유동이 초음속으로 흐르거나, 항공기가 초음속으로 비행하면 나타나는 대표적인 현상은 충격파와 팽창파의 발생이다. 만약 유동의 속도 또는 비행속도가 음속 근처, 즉 대략 $0.8 < M < 1.2$ **에서는 항공기 표면에서 아음속과 초음속에 현상이 공존하게 되어 다소 복잡한 공기역학적 현상들이 발생하는데, 이러한 속도 영역을 천음속**(transonic)이라고 부른다. 즉, 항공기 날개를 지나는 유동을 기준으로 할 때 실험 또는 이론적 방법으로 해석하기 가장 힘든 속도 영역이 천음속이다. 또한, 항공기 날개에 형성되는 충격파 때문에 날개와 항공기가 진동하는 고속 버피팅(high-speed buffeting)이나 충격파로 인한 압력의 불균형으로 항력이 급증하는 현상도 대부분 천음속 영역에서 일어난다. 따라서 제트 비행기가 장시간 순항할 때는 천음속 이하의 속도로 비행하는 것이 일반적이다. 천음속 영역에서 나타나는 날개 단면의 충격파 형성과 항력 변화는 9.7절에서 알아볼 예정이다.

또한, 초음속에서 속도가 더욱 증가하여 **대략 음속의 5배가 넘으면($M > 5$), 유동의 공기역학적 특성에 또 다른 변화가 나타나기 시작하기 때문에 극초음속**(hypersonic) 영역으로 정의하여 초음속과 구분한다. 극초음속 유동의 특징은 6.9절에서 자세히 살펴보도록 한다.

5.5 등엔트로피 유동 방정식

등엔트로피 유동 방정식(isentropic flow equation)을 유도하기 위하여 베르누이 방정식을 도출할 때 사용한 에너지 보존 관계식을 아래와 같이 다시 소환한다. 여기서 유동은 위치 ①에서 위치 ②로 흐르며 양쪽 지점에서의 에너지는 보존된다.

$$\frac{1}{2}mV_1^2 + mgh_1 + \forall(p_1 - p_2) = \frac{1}{2}mV_2^2 + mgh_2$$

위치 ① 에서의 운동에너지	위치 ① 에서의 위치에너지	압력차에 의한 일	위치 ② 에서의 운동에너지	위치 ② 에서의 위치에너지

위치 ①과 ②의 높이 차는 없다고 가정하면($h_1 = h_2$) 다음과 같다.

$$\frac{1}{2}mV_1^2 + \forall p_1 = \frac{1}{2}mV_2^2 + \forall p_2$$

그런데 압축성 유동, 즉 밀도의 변화를 고려하므로 위치 ①에서 ②로 공기가 이동할 때 공기의 부피는 일정할 수 없다. 따라서 위치 ①과 ②에서의 공기 유동의 부피를 각각 $\forall_1$과 $\forall_2$로 구분하여 정의한다.

$$\frac{1}{2}mV_1^2 + \forall_1 p_1 = \frac{1}{2}mV_2^2 + \forall_2 p_2$$

베르누이 방정식을 도출하기 위하여 비압축성 유동으로 가정하였을 때는 에너지 보존 관계식에서 온도와 관련된 에너지, 즉 내부에너지를 고려하지 않고 운동에너지와 위치에너지 등의 역학적 에너지만을 고려하였다. 하지만, 관계식을 **압축성 유동에 적용하려면 온도 변화와 관련된 내부에너지(E)도 고려해야 한다.** 즉 위치 ①과 ②에서의 내부에너지를 각각 E_1과 E_2라고 하고, 이를 에너지 보존 관계식에 포함시킨다.

$$\frac{1}{2}mV_1^2 + \forall_1 p_2 + E_1 = \frac{1}{2}mV_2^2 + \forall_2 p_2 + E_2$$

①에서의 운동에너지 / ①에서의 압력 일 / ①에서의 내부에너지 / ②에서의 압력 일 / ②에서의 내부에너지

위의 식의 각 변을 질량 m으로 나누면 다음과 같다.

$$\frac{1}{2}V_1^2 + \frac{\forall_1}{m}p_1 + \frac{E_1}{m} = \frac{1}{2}V_2^2 + \frac{\forall_2}{m}p_2 + \frac{E_1}{m}$$

그런데 부피($\forall$)를 질량(m)으로 나눈 것은 비체적($\forall/m = v$)이고, 내부에너지(E)를 질량(m)으로 나누면 질량당 내부에너지($E/m = e$)로 정의하므로, 이를 반영하여 관계식을 정리하면 다음과 같다.

$$\frac{1}{2}V_1^2 + v_1 p_1 + e_1 = \frac{1}{2}V_2^2 + v_1 p_2 + e_1$$

그리고 위의 식을 다음과 같이 정렬한다.

$$e_1 + p_1 v_1 + \frac{V_1^2}{2} = e_1 + p_2 v_2 + \frac{V_2^2}{2}$$

앞서 엔탈피(enthalpy)를 $h = e + pv$로 정의하였으므로 다음과 같이 표현할 수 있다.

$$h_1 + \frac{V_1^2}{2} = h_2 + \frac{V_2^2}{2}$$

그리고 엔탈피는 $h = c_p T$로도 나타내는데, 이를 에너지 보존 관계식에 대입하면 다음과 같이 정리할 수 있다. 이렇게 온도를 포함하여 정리된 관계식을 **에너지 방정식**(energy equation)이라고 부른다.

$$\text{에너지 방정식}: c_p T_1 + \frac{V_1^2}{2} = c_p T_2 + \frac{V_2^2}{2}$$

앞에서 정리된 에너지 방정식을 기반으로 등엔트로피 유동 방정식을 유도할 수 있다. 유동의 속도가 '0'일 때의 상태량, 즉 온도·압력·밀도의 값과 일정 속도에서의 온도·압력·밀도의 값과의 비를 나타내는 식이 등엔트로피 유동 방정식이다. 속도가 '0'일 때의 상태량은 실제로 유체를 멈추게 하여 속도를 '0'으로 만드는 것이 아니라, 속도가 없다고 가정했을 때의 온도, 압력, 밀도를 말한다. 아울러 속도가 '0'으로 감소할 때 열이 가해지거나 빠지지 않는 단열과정 그리고 에너지 소산이 없는 가역과정, 즉 등엔트로피 과정으로 가정한다.

등엔트로피 유동 방정식을 활용하여 일정 속도 또는 일정 마하수로 흐르는 압축성 유동의 상태량을 계산할 수 있다. 다음과 같이 위치 ①과 ②에서의 에너지가 일정함을 설명한 에너지 방정식을 유도하였다.

$$c_p T_1 + \frac{V_1^2}{2} = c_p T_2 + \frac{V_2^2}{2}$$

등엔트로피 유동 방정식을 도출하기 위하여 속도를 0으로 가정할 때의 압력, 밀도, 온도를 정의해야 한다. 따라서 위치 ②에 대하여 속도가 없는 경우($V_2 = 0$)를 가정하면 다음과 같이 에너지 방정식을 표현할 수 있다.

$$c_p T_1 + \frac{V_1^2}{2} = c_p T_2$$

여기서, **T_2는 속도가 $V_2 = 0$으로 가정할 때의 온도**로서 속도가 없을 때의 압력, 즉 전압(total pressure)과 유사한 개념으로 **전온도**(total temperature, T_t)로 나타낸다. 그리고 T_1과 V_1은 각각 T와 V로 표시한다.

$$c_p T + \frac{V^2}{2} = c_p T_t$$

양쪽을 $c_p T$로 나누고 정리하여 전온도비(T_t/T)를 다음과 같이 표현할 수 있다.

$$1 + \frac{1}{c_p T}\frac{V^2}{2} = \frac{c_p T_t}{c_p T}$$

$$\frac{T_t}{T} = 1 + \frac{1}{c_p T}\frac{V^2}{2}$$

앞서 정압비열(c_p)은 다음과 같이 기체상수(R)와 비열비(γ)로 정의하였다.

$$c_p = \frac{\gamma R}{\gamma - 1}$$

이를 위의 식에 대입하여 다음과 같이 정리한다.

$$\frac{T_t}{T} = 1 + \frac{\gamma - 1}{\gamma R}\frac{1}{T}\frac{V^2}{2} = 1 + \frac{\gamma - 1}{2}\frac{V^2}{\gamma R T}$$

그런데 음속은 $a = \sqrt{\gamma R T}$이므로 $\gamma R T = a^2$이고, 마하수는 $M = V/a$로 정의하였다. 이를 식에 대입하여 다음과 같이 전온도(T_t)에 대한 **등엔트로피 유동 방정식**(isentropic flow equation)을 도출한다.

$$\frac{T_t}{T} = 1 + \frac{\gamma - 1}{2}\frac{V^2}{a^2}$$

등엔트로피 유동 방정식(온도비) : $\dfrac{T_t}{T} = 1 + \dfrac{\gamma - 1}{2}M^2$

이전에 등엔트로피 압력비(p_2/p_1)와 밀도비(ρ_2/ρ_1)를 다음과 같이 온도비(T_2/T_1)로 정의하였다.

$$\frac{p_2}{p_1} = \left(\frac{T_2}{T_1}\right)^{\frac{\gamma}{\gamma - 1}}$$

$$\frac{\rho_2}{\rho_1} = \left(\frac{T_2}{T_1}\right)^{\frac{1}{\gamma - 1}}$$

따라서 위의 식을 통하여 전압(p_t)과 전밀도(ρ_t)에 대한 등엔트로피 유동 방정식을 다음과 같이 정의할 수 있다. **전압과 전밀도는 속도를 0으로 가정했을 때 압력과 밀도값**을 의미한다.

등엔트로피 유동 방정식(압력비) : $\dfrac{p_t}{p} = \left(1 + \dfrac{\gamma - 1}{2}M^2\right)^{\frac{\gamma}{\gamma - 1}}$

등엔트로피 유동 방정식(밀도비) : $\dfrac{\rho_t}{\rho} = \left(1 + \dfrac{\gamma - 1}{2}M^2\right)^{\frac{1}{\gamma - 1}}$

등엔트로피 유동 방정식에서 알 수 있듯이 온도비, 압력비, 밀도비는 마하수에 의하여 결정된다. 그리고 전온도(T_t), 전압(p_t), 전밀도(ρ_t)는 속도가 '0', 또는 압축성 유동의 경우는 마하수가 '0'일 때의 상태량이기 때문에 유동이 지나는 곳 어디에서나 일정하다. 따라서 고정값인 전온도, 전압, 전밀도를 기준으로 하여 일정 속도, 또는 일정 마하수에서의 유동의 온도, 압력, 밀도의 값을 계산할 수 있다. 예를 들면 압축성 유동이 흐르는 일정 위치, 즉 위치 ①에 대한 등엔트

로피 유동 방정식은 다음과 같다.

$$\frac{T_t}{T_1} = 1 + \frac{\gamma - 1}{2} M_1^2 = 1 + \frac{\gamma - 1}{2} \frac{V_1^2}{\gamma R T_1}$$

위의 식을 전온도(T_t)에 대하여 아래와 같이 정리할 수 있다.

$$T_t = T_1 + \frac{\gamma - 1}{2} \frac{V_1^2}{\gamma R} = T_1 + \frac{\gamma - 1}{\gamma R} \frac{V_1^2}{2}$$

마찬가지로, 위치 ②의 전온도는 다음과 같다.

$$T_t = T_2 + \frac{\gamma - 1}{\gamma R} \frac{V_2^2}{2}$$

앞서 설명한 바와 같이, 등엔트로피 과정을 기준으로 압축성 유동의 전온도는 어디에서도 일정하기 때문에 위치 ①과 ②에서의 전온도는 같다. 따라서 압축성 유동의 속도와 온도의 관계식을 아래와 같이 정리할 수 있다.

$$T_t = T_1 + \frac{\gamma - 1}{\gamma R} \frac{V_1^2}{2} = T_2 + \frac{\gamma - 1}{\gamma R} \frac{V_2^2}{2} = \text{constant(일정)}$$

또한, 이상기체 상태방정식은 $p = \rho R T$이므로 온도는 $T = \dfrac{p}{\rho R}$이다. 그러므로 위의 관계식을 압력과 밀도를 기준으로 다음과 같이 표현할 수 있다.

$$\frac{p_1}{\rho_1 R} + \frac{\gamma - 1}{\gamma R} \frac{V_1^2}{2} = \frac{p_2}{\rho_2 R} + \frac{\gamma - 1}{\gamma R} \frac{V_2^2}{2} = \text{constant(일정)}$$

$$\frac{p_1}{\rho_1} + \frac{\gamma - 1}{\gamma} \frac{1}{2} V_1^2 = \frac{p_2}{\rho_2} + \frac{\gamma - 1}{\gamma} \frac{1}{2} V_2^2 = \text{constant(일정)}$$

베르누이 방정식(압축성) : $\dfrac{\gamma}{\gamma - 1} \dfrac{p_1}{\rho_1} + \dfrac{1}{2} V_1^2 = \dfrac{\gamma}{\gamma - 1} \dfrac{p_2}{\rho_2} + \dfrac{1}{2} V_2^2 = \text{constant(일정)}$

위의 식은 압축성 유동에 적용할 수 있는 베르누이 방정식이다. 앞서 소개한 등엔트로피 유동 방정식과 압축성 베르누이 방정식은 속도가 약 $M > 0.3$인 압축성 효과가 현저한 유동의 상태량을 계산할 때 사용한다. 위의 관계식들은 단열 및 가역 과정이 발생하는 유동, 즉 등엔트로피 유동에 대해서만 유효하기 때문에 비가역과정 현상인 충격파 전후 유동의 상태량 계산에는 사용할 수 없다.

5.6 압축성 피토 정압관 속도식

항공기의 비행속도는 피토 정압관(pitot−static tube)을 통하여 측정한다. 즉, 비행 중 상대풍의 전압과 정압(대기압)의 차이($p_t - p$)를 피토 정압관에서 측정하고, 다음의 관계식을 통하여 항공기의 속도를 계산한다.

$$V = \sqrt{\frac{2(p_t - p)}{\rho}}$$

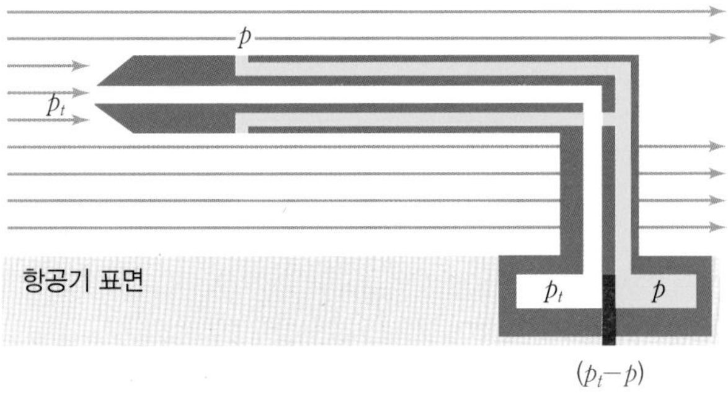

[그림 5-3] 피토 정압관(pitot-static tube)

3장에서 설명한 바와 같이, 위의 속도식은 비압축성 베르누이 방정식에서 도출되었다. 하지만 비압축성 베르누이 방정식은 비압축성 유동에 대해서만 유효하기 때문에 위의 속도식은 $M > 0.3$의 고속비행에서 발생하는 압축성 유동에 대해서는 사용할 수 없다. 압축성 유동, 특히 아음속 압축성 유동($0.3 < M < 1$)에 활용할 수 있는 속도 산출식은 앞에서 유도했던 등엔트로피 유동 방정식을 이용하여 도출할 수 있다. 압력비에 대한 등엔트로피 유동 방정식으로부터 시작한다.

$$\frac{p_t}{p} = \left(1 + \frac{\gamma - 1}{2} M^2\right)^{\frac{\gamma}{\gamma - 1}}$$

전압과 정압의 차이($p_t - p$)를 위의 등엔트로피 유동 방정식을 기준으로 다음과 같이 표현할 수 있다.

$$p_t = p\left(1 + \frac{\gamma - 1}{2} M^2\right)^{\frac{\gamma}{\gamma - 1}}$$

$$p_t - p = p\left(1 + \frac{\gamma - 1}{2} M^2\right)^{\frac{\gamma}{\gamma - 1}} - p$$

$$p_t - p = p\left[\left(1+\frac{\gamma-1}{2}M^2\right)^{\frac{\gamma}{\gamma-1}} - 1\right]$$

이와 같이 **피토 정압관에서 측정하는 압축성 유동의 전압과 정압(대기압)의 차이**($p_t - p$)**를 충격압력**(impact pressure, q_c)이라고 한다. 충격압력은 관계식에서 알 수 있듯이 비행 마하수(M)와 비행고도의 정압, 즉 대기압(p)의 영향을 받는다.

$$\text{충격압력(마하수 } M \text{ 기준)}: q_c = p_t - p = p\left[\left(1+\frac{\gamma-1}{2}M^2\right)^{\frac{\gamma}{\gamma-1}} - 1\right]$$

그런데 $M = \frac{V}{a} = \frac{V}{\sqrt{\gamma RT}}$이므로 $M^2 = \frac{V^2}{\gamma RT}$이다. 또한 이상기체 상태방정식은 $p = \rho RT$이므로 $RT = \frac{p}{\rho}$가 된다. 이에 따라 $M^2 = V^2\frac{\rho}{\gamma p}$인데, 이를 위의 식에 대입하면 충격압력은 아래와 같다.

$$q_c = p\left[\left(1+\frac{\gamma-1}{2}V^2\frac{\rho}{\gamma p}\right)^{\frac{\gamma}{\gamma-1}} - 1\right] = p\left[\left(1+\frac{\gamma-1}{\gamma}\frac{\frac{1}{2}\rho V^2}{p}\right)^{\frac{\gamma}{\gamma-1}} - 1\right]$$

여기서 $\frac{1}{2}\rho V^2$은 동압(q)이다. 따라서 충격압력(q_c)과 동압(q)의 관계는 다음 식으로 정의할 수 있다.

$$\text{충격압력(동압 } q \text{ 기준)}: q_c = p\left[\left(1+\frac{\gamma-1}{\gamma}\frac{q}{p}\right)^{\frac{\gamma}{\gamma-1}} - 1\right]$$

등엔트로피 유동 방정식을 마하수(M)에 대하여 정리하면 다음과 같다.

$$\frac{p_t}{p} = \left(1+\frac{\gamma-1}{2}M^2\right)^{\frac{\gamma}{\gamma-1}}$$

$$\left(\frac{p_t}{p}\right)^{\frac{\gamma-1}{\gamma}} = 1+\frac{\gamma-1}{2}M^2$$

$$M^2 = \frac{2}{\gamma-1}\left[\left(\frac{p_t}{p}\right)^{\frac{\gamma-1}{\gamma}} - 1\right]$$

$$M=\sqrt{\frac{2}{\gamma-1}\left[\left(\frac{p_t}{p}\right)^{\frac{\gamma-1}{\gamma}}-1\right]}$$

위의 식에 포함된 압력비 $\frac{p_t}{p}$를 $\frac{p_t-p}{p}+1$로 바꾸면 아래와 같다.

$$M=\sqrt{\frac{2}{\gamma-1}\left[\left(\frac{p_t-p}{p}+1\right)^{\frac{\gamma-1}{\gamma}}-1\right]}$$

여기서 p_t-p는 충격압력(q_c)이므로, 마하수를 다음과 같이 정의한다. 즉 압축성 유동에 대하여 피토 정압관에서 측정된 충격압력으로 마하수를 도출할 수 있다.

$$\text{마하수: } M=\sqrt{\frac{2}{\gamma-1}\left[\left(\frac{q_c}{p}+1\right)^{\frac{\gamma-1}{\gamma}}-1\right]}$$

마하수는 $M=V/\sqrt{\gamma RT}$이므로 위의 식을 다음과 같이 나타낼 수 있다.

$$\frac{V}{\sqrt{\gamma RT}}=\sqrt{\frac{2}{\gamma-1}\left[\left(\frac{q_c}{p}+1\right)^{\frac{\gamma-1}{\gamma}}-1\right]}$$

그리고 속도(V)에 대하여 정리하면 아래와 같다.

$$V=\sqrt{\frac{2\gamma RT}{\gamma-1}\left[\left(\frac{q_c}{p}+1\right)^{\frac{\gamma-1}{\gamma}}-1\right]}$$

이상기체 상태방정식($p=\rho RT$)에 의하여 $RT=\frac{p}{\rho}$이므로, 이를 위의 식에 대입하면 아래와 같은 압축성 유동에 대한 피토 정압관 속도식이 유도된다. 공기의 비열비(γ)와 기체상수(R)는 고정값이기 때문에$\left(\gamma=1.4 \text{ 및 } R=287\frac{\text{J}}{\text{kg}\cdot\text{K}}\right)$, 압축성 유동의 속도는 충격압력($q_c$)과 정압($p$), 그리고 유동의 밀도($\rho$)에 의하여 결정된다.

$$\text{압축성 피토 정압관 속도식: } V=\sqrt{\frac{2\gamma}{\gamma-1}\frac{p}{\rho}\left[\left(\frac{q_c}{p}+1\right)^{\frac{\gamma-1}{\gamma}}-1\right]}$$

피토 정압관에서 측정한 충격압력(q_c)과 비행 중인 고도의 대기압(p)과 밀도(ρ)를 위의 속도식에 대입하면 압축성 유동에 대한 진대기속도(True Air Speed, TAS)가 산출된다. 그리고 표준대기 해수면($h=0$)에서의 대기압($p_0=101{,}325\,\text{Pa}$)과 대기의 밀도($\rho_0=1.225\,\text{kg/m}^3$)를 대입하면 압축성 유동에 대한 지시대기속도(Indicated Air Speed, IAS)를 구할 수 있다. 지시대기속도에서 계기오차와 위치오차를 보정한 속도를 교정대기속도(Calibrated Air Speed, CAS)이다. 최신 항공기의 속도계는 계기오차가 거의 없고, 위치오차가 수정되어 지시되기 때문에 속도계에 나타나는 지시대기속도는 교정대기속도라고 할 수 있다. 그리고 앞서 소개한 압축성 피토 정압관 속도식은 **충격파가 발생하지 않는 아음속 압축성**($0.3<M<1$) **영역에서만 유효**하다. 초음속(supersonic, $M>1$) 유동에 대한 피토 정압관 속도식은 충격파 전·후의 압력 변화를 고려하여 도출하는데, 자세한 내용은 6.3절에서 설명하기로 한다.

$$V_{TAS}=\sqrt{\frac{2\gamma}{\gamma-1}\frac{p}{\rho}\left[\left(\frac{q_c}{p}+1\right)^{\frac{\gamma-1}{\gamma}}-1\right]}$$

$$V_{CAS}=V_{IAS}=\sqrt{\frac{2\gamma}{\gamma-1}\frac{p_0}{\rho_0}\left[\left(\frac{q_c}{p_0}+1\right)^{\frac{\gamma-1}{\gamma}}-1\right]}$$

Boeing 737-800 제트 여객기의 전자식 비행계기인 PFD(Primary Flight Display). 피토 정압관에서 측정된 비행속도와 마하수가 지시된다. 사진과 같이 속도계(ASI, 위 네모)에 지시된 현재 비행기의 지시대기속도는 $V_{IAS}=233.5$ kts이고, 진대기속도($V_{TAS}=443$ kts) 기준으로 산출되어 마하계(Mach meter, 아래 네모)에 표시된 비행 마하수는 $M=0.774$이다. 비행 마하수가 $M>0.3$이면 항공기에 대한 상대풍을 압축성 유동으로 고려해야 하므로 비압축성 베르누이 방정식이 아닌 등엔트로피 유동 방정식을 통하여 비행속도와 마하수가 계산된다.

앞서 정의한 밀도 등엔트로피 유동 방정식을 이용하여 비압축성과 압축성 유동의 밀도 변화의 차이를 계산해 보도록 한다. 먼저 비압축성으로 가정할 수 있는 낮은 마하수의 유동을 고려한다. 만약 공기가 $M=0.2$라는 비교적 낮은 속도로 흐를 때 전밀도(ρ_t)에 대한 밀도(ρ)의 비, 즉 전밀도비는 다음과 같다. 단, 공기의 비열비는 $\gamma=1.4$이다.

$$\begin{aligned}\frac{\rho_t}{\rho} &= \left(1+\frac{\gamma-1}{2}M^2\right)^{\frac{1}{\gamma-1}} \\ &= \left(1+\frac{1.4-1}{2}\times 0.2^2\right)^{\frac{1}{1.4-1}} = 1.02\end{aligned}$$

등엔트로피 유동 방정식을 통하여 계산한 $M=0.2$에서의 전밀도비는 $\rho_t/\rho=1.02$이다. 이는 유동의 속도가 '0'일 때의 공기밀도(ρ_t)가 유동속도가 $M=0.2$로 가속할 때의 공기밀도(ρ)보다 약 2% 높음을 의미한다. 2%의 밀도 변화는 크지 않기 때문에 밀도는 거의 변화가 없는 것으로 간주하고 문제의 단순화를 위하여 비압축성으로 가정해도 무방하다.

이번에는 공기가 좀 더 빠른 속도로 흐를 때 밀도 변화를 계산해 보도록 한다. 만약 공기가 $M=0.8$의 속도로 흐를 때 밀도비는 다음과 같다.

$$\begin{aligned}\frac{\rho_t}{\rho} &= \left(1+\frac{\gamma-1}{2}M^2\right)^{\frac{1}{\gamma-1}} \\ &= \left(1+\frac{1.4-1}{2}\times 0.8^2\right)^{\frac{1}{1.4-1}} = 1.35\end{aligned}$$

$M=0.8$에서의 전밀도비는 $\rho_t/\rho=1.35$이다. 즉, 속도가 없을 때 공기의 밀도(ρ_t)가 $M=0.8$의 고속으로 가속할 때의 공기밀도(ρ)보다 35% 높음을 의미하는데, 35%의 밀도 차이는 무시할 수 없는 수준이다. 그러므로 공기가 흐르는 속도가 높아질수록 밀도의 변화가 증가하기 때문에 압축성 유동으로 취급해야 한다.

비압축성과 압축성 유동을 구분하는 기준은 앞서 언급한 대로 $M=0.3$인데 이 속도에서의 밀도 차이는 약 5%이다. 압축성 유동으로 가정하는 경우 계산과 해석이 복잡해지므로 편의를 위하여 5% 이하의 밀도 차이는 무시하는 것이 일반적이다. 즉, 공기의 유동속도가 $M<0.3$이면 밀도 변화는 5% 이내로 비교적 작고, 이는 밀도가 일정한 비압축성 유동으로 간주할 수 있다. 하지만 공기의 유동속도가 $M>0.3$이라면 밀도 차이가 5% 이상이고, 이는 밀도가 일정하다고 가정할 수 없을 만큼 밀도 변화가 현저하므로 압축성 유동으로 다룬다.

- **압축성 유동**(compressible flow) : 유동의 부피가 압축 또는 팽창함에 따라 밀도가 변화하는 유동이다. 공기의 밀도 변화가 5% 이상이 되는 속도, 즉 대략 마하 0.3 이상($M > 0.3$)일 때는 압축성 유동으로 간주한다. 압축성 효과에 의하여 나타나는 가장 대표적인 현상이 충격파(shock wave)와 팽창파(expansion wave)이다.

- **열역학 제1법칙**(the first law of thermodynamics) : 기체가 열을 받으면 기체입자의 운동에너지가 증가하고, 이에 따라 일정 경계 내에 포함되어 있는 기체의 내부에너지가 증가하여 경계, 또는 부피가 증가한다.

- **공기**(air)**의 비열비** : $\gamma = \dfrac{c_p}{c_v} = 1.4$ (c_p: 정압 비열, c_v : 정적 비열)

- **공기의 기체상수** : $R = c_p - c_v = 287 \dfrac{\text{J}}{\text{kg} \cdot \text{K}}$

- **정압 비열**(specific heat at constant pressure, c_p) : 기체의 압력을 일정하게 유지하며 기체의 경계의 부피와 기체의 온도를 증가시키는 데 필요한 열의 양

$$c_p = \frac{\gamma R}{\gamma - 1}$$

- **정적 비열**(specific heat at constant volume, c_v) : 기체 경계의 부피를 일정하게 유지한 상태에서 기체의 온도 및 압력을 증가시키는 데 필요한 열의 양

$$c_v = \frac{R}{\gamma - 1}$$

- **열역학 제2법칙**(the 2nd law of thermodynamics) : 엔트로피 증가의 법칙이라고도 하며, 자연현상은 엔트로피가 증가하는 비가역과정을 따른다는 사실을 설명한다.

- **등엔트로피 과정**(isentropic process) : 열의 이동이 차단되어 열전달이 없는 단열과정(adiabatic process)이고, 마찰 등에 의한 에너지 소산이 없는 가역과정(reversible process)이다. 압축성 유동에서 압력, 온도, 밀도 등의 상태량 변화가 발생할 때, 등엔트로피 유동으로 가정하는 경우에는 열전달과 마찰에 의한 에너지 소산을 고려하지 않는다.

- **등엔트로피 관계식**(isentropic relations)
  - 밀도비: $\dfrac{\rho_2}{\rho_1} = \left(\dfrac{T_2}{T_1}\right)^{\frac{1}{\gamma-1}}$ (ρ : 밀도, T: 온도)
  - 압력비: $\dfrac{p_2}{p_1} = \left(\dfrac{\rho_2}{\rho_1}\right)^{\gamma} = \left(\dfrac{T_2}{T_1}\right)^{\frac{\gamma}{\gamma-1}}$ (p : 압력)

- **음속**(sonic speed) : $a = \sqrt{\gamma R T}$

- **마하수**(Mach number) : $M = \dfrac{V}{a}$ (V: 속도, a: 음속)

- 마하수에 따른 속도의 분류
  - 아음속(subsonic) : $M < 1$
  - 초음속(supersonic) : $M > 1$
  - 천음속(transonic) : $0.8 < M < 1.2$
  - 극초음속(hypersonic) : $M > 5$
- 에너지 방정식(energy equation) : $c_p T_1 + \frac{V_1^2}{2} = c_p T_2 + \frac{V_2^2}{2}$
- 전온도(T_t), 전압(p_t), 전밀도(ρ_t) : 유동의 속도를 0으로 가정했을 때 정의되는 유동의 온도, 압력, 밀도
- 등엔트로피 유동 방정식(isentropic flow equation)
  - 온도 : $\frac{T_t}{T} = 1 + \frac{\gamma - 1}{2} M^2$
  - 압력 : $\frac{p_t}{p} = \left(1 + \frac{\gamma - 1}{2} M^2\right)^{\frac{\gamma}{\gamma - 1}}$
  - 밀도 : $\frac{\rho_t}{\rho} = \left(1 + \frac{\gamma - 1}{2} M^2\right)^{\frac{1}{\gamma - 1}}$
- 압축성 베르누이 방정식 : $\frac{\gamma}{\gamma - 1} \frac{p_1}{\rho_1} + \frac{1}{2} V_1^2 = \frac{\gamma}{\gamma - 1} \frac{p_2}{\rho_2} + \frac{1}{2} V_2^2 = \text{constants}$(일정)
- 충격압력 : $q_c = p\left[\left(1 + \frac{\gamma - 1}{2} M^2\right)^{\frac{\gamma}{\gamma - 1}} - 1\right] = p\left[\left(1 + \frac{\gamma - 1}{\gamma} \frac{q}{p}\right)^{\frac{\gamma}{\gamma - 1}} - 1\right]$
- 압축성 피토 정압관 마하수 관계식 : $M = \sqrt{\frac{2}{\gamma - 1}\left[\left(\frac{q_c}{p} + 1\right)^{\frac{\gamma - 1}{\gamma}} - 1\right]}$
- 압축성 피토 정압관 속도식 : $V = \sqrt{\frac{2\gamma}{\gamma - 1} \frac{p}{\rho}\left[\left(\frac{q_c}{p} + 1\right)^{\frac{\gamma - 1}{\gamma}} - 1\right]}$

PRACTICE

01 압축성 유동의 특징으로 가장 적절한 것은?

① 유동의 밀도 변화를 고려한다.
② 유체와 물체 또는 유체 사이의 마찰을 고려한다.
③ 시간에 따른 유동의 속도와 방향의 변화를 고려한다.
④ 공기입자의 회전을 고려한다.

해설 유동의 부피가 압축 또는 팽창함에 따라 밀도가 변화하는 유동을 압축성 유동(compressible flow)이라고 한다.

02 다음 중 충격파(shock wave) 현상과 가장 깊은 관련이 있는 유동은?

① 점성 유동(viscous flow)
② 압축성 유동(compressible flow)
③ 정상 유동(steady flow)
④ 회전 유동(rotational flow)

해설 압축성 효과에 의하여 나타나는 가장 대표적인 현상은 충격파(shock wave)와 팽창파(expansion wave)이다.

03 공기가 $M = 2.0$의 초음속으로 흐를 때 압력비(p_t/p)에 가장 가까운 것은? (단, 등엔트로피 유동으로 가정하고 공기의 비열비는 $\gamma = 1.4$이다.)

① 1.8　　② 4.3
③ 7.8　　④ 8.3

해설 압력비에 대한 등엔트로피 유동 방정식은

$\frac{p_t}{p} = \left(1 + \frac{\gamma - 1}{2} M^2\right)^{\frac{\gamma}{\gamma - 1}}$로 정의하므로,

주어진 조건에서의 압력비는

$\frac{p_t}{p} = \left(1 + \frac{1.4 - 1}{2} \times 2^2\right)^{\frac{1.4}{1.4 - 1}} = 7.8$이다.

04 등엔트로피 과정(isentropic flow)의 특징을 가장 바르게 정의한 것은?

① 등온과정 및 가역과정
② 등온과정 및 비가역과정
③ 단열과정 및 가역과정
④ 단열과정 및 비가역과정

해설 등엔트로피 과정은 열전달이 없는 단열과정(adiabatic process)이고, 마찰 등에 의한 에너지 소산이 없는 가역과정(reversible process)이다.

05 압력비(p_t/p)에 대한 등엔트로피 관계식을 바르게 나타낸 것은? (단, γ: 비열비, M: 마하수)

① $\frac{p_t}{p} = 1 + \frac{\gamma - 1}{2} M^2$

② $\frac{p_t}{p} = \left(1 + \frac{\gamma - 1}{2} M^2\right)^{\gamma - 1}$

③ $\frac{p_t}{p} = \left(1 + \frac{\gamma - 1}{2} M^2\right)^{\frac{1}{\gamma - 1}}$

④ $\frac{p_t}{p} = \left(1 + \frac{\gamma - 1}{2} M^2\right)^{\frac{\gamma}{\gamma - 1}}$

해설 압력비에 대한 등엔트로피 유동의 방정식은

$\frac{p_t}{p} = \left(1 + \frac{\gamma - 1}{2} M^2\right)^{\frac{\gamma}{\gamma - 1}}$로 정의한다.

06 음속(sonic speed, a)을 바르게 정의한 것은? (단, γ: 공기의 비열비, R: 공기의 기체상수, V: 속도)

① $a = \sqrt{\frac{\gamma R}{T}}$

② $a = \frac{\sqrt{\gamma R}}{T}$

③ $a = \sqrt{\gamma R T}$

④ $a = \sqrt{\gamma R}\, T$

해설 음속(sonic speed)은 $a = \sqrt{\gamma RT}$로 정의한다.

정답 1. ① 2. ② 3. ③ 4. ③ 5. ④ 6. ③

07 다음 중 마하수(Mach number, M)를 바르게 나타낸 것은? (단, a: 음속, γ: 공기의 비열비, R: 공기의 기체상수, V: 속도)

① $M=\dfrac{V}{\sqrt{\dfrac{\gamma R}{T}}}$

② $M=\dfrac{V}{\sqrt{\gamma RT}}$

③ $M=\dfrac{\sqrt{\gamma R}}{Ta}$

④ $M=\dfrac{a}{V}$

해설 마하수는 $M=\dfrac{V}{a}=\dfrac{V}{\sqrt{\gamma RT}}$로 정의한다.

08 대류권 내에서 비행 중인 항공기가 같은 속도를 유지하며 고도를 높일 때 비행 마하수의 변화로 가장 올바른 것은?

① 증가

② 감소

③ 일정

④ 주어진 조건에서 알 수 없음

해설 마하수는 $M=\dfrac{V}{a}=\dfrac{V}{\sqrt{\gamma RT}}$로 정의하는데, 대류권에서 고도가 높아지면 대기의 온도(T)가 낮아지고, 따라서 음속(a)이 감소하므로 동일한 속도(V)로 비행하더라도 마하수는 증가한다.

09 다음 중 천음속(transonic)에 해당하는 마하수는?

① $M=0.3$

② $M=0.9$

③ $M=1.8$

④ $M=6.5$

해설 천음속은 마하수가 대략 $0.8 < M < 1.2$의 범위에 해당한다.

10 해수면 근처에서 $M=1.5$로 비행하던 항공기가 대기온도 $T=-50$℃인 상공에서 동일한 속도로 비행한다. 이때의 비행 마하수에 가장 가까운 것은? (단, 공기의 비열비: $\gamma=1.4$, 공기의 기체상수: $R=287\,\text{J/kg}\cdot\text{K}$)

① $M=1.4$ ② $M=1.5$

③ $M=1.6$ ④ $M=1.7$

해설 해수면에서의 대기 온도는 $T=-50℃=288\,\text{K}$이므로 음속은 $a=\sqrt{\gamma RT}=\sqrt{1.4\times 287\,\text{J/kg}\cdot\text{K}\times 288\,\text{K}}=340\,\text{m/s}$이다. $M=\dfrac{V}{a}$이므로 비행속도는 $V=Ma=1.5\times 340\,\text{m/s}=510\,\text{m/s}$이다. 대기 온도가 $T=-50℃=223\,\text{K}$인 고도에서의 음속은 $a=\sqrt{\gamma RT}=\sqrt{1.4\times 287\,\text{J/kg}\cdot\text{K}\times 223\,\text{K}}=299\,\text{m/s}$이므로 해당 고도에서의 마하수는 $M=\dfrac{V}{a}=\dfrac{510\,\text{m/s}}{299\,\text{m/s}}=1.7$이다.

11 어떤 비행체가 $1{,}600\,\text{m/s}$의 속도로 비행 중일 때 비행속도의 영역으로 가장 적절한 것은? (단, 공기의 비열비는 $\gamma=1.4$, 공기의 기체상수는 $R=287\,\text{J/kg}\cdot\text{K}$, 비행 중인 대기의 온도는 $T=200\,\text{K}$이다.)

① 아음속(subsonic)

② 천음속(transonic)

③ 초음속(supersonic)

④ 극초음속(hypersonic)

해설 주어진 조건에서 음속은

$a=\sqrt{\gamma RT}=\sqrt{1.4\times 287\,\text{J/kg}\cdot\text{K}\times 200\,\text{K}}=283.5\,\text{m/s}$

이다. 마하수는 $M=\dfrac{V}{a}$이므로 비행 마하수는 $M=\dfrac{1{,}600\,\text{m/s}}{283.5\,\text{m/s}}=5.6$이다. 마하수 $M>5$는 극초음속으로 분류하므로 해당 비행체는 극초음속으로 비행 중이다.

정답 7. ② 8. ① 9. ② 10. ④ 11. ④

12 일반적인 베르누이 방정식 $p_t = p + \frac{1}{2}\rho V^2$을 적용할 수 있는 가정으로 틀린 것은?

[항공산업기사 2020년 1회]

① 정상류 ② 압축성
③ 비점성 ④ 동일 유선상

해설 $p_t = p + \frac{1}{2}\rho V^2$은 비압축성 베르누이 방정식에서 유도된 식으로, 압축성 유동에 적용할 수 없다.

13 제트 비행기가 240 m/s의 속도로 비행할 때 마하수는 얼마인가? (단, 기온: 20℃, 기체상수: 287 $m^2/s^2 \cdot K$, 비열비: 1.4)

[항공산업기사 2015년 4회]

① 0.699 ② 0.785
③ 0.894 ④ 0.926

해설 마하수는 $M = \frac{V}{a} = \frac{V}{\sqrt{\gamma RT}}$로 정의하므로,

주어진 조건에서의 마하수는

$$M = \frac{240\frac{\text{m}}{\text{s}}}{\sqrt{1.4 \times 287\frac{\text{m}^2}{\text{s}^2 \cdot \text{K}} \times (273+20)\text{K}}} = 0.699$$이다.

14 대기의 특성 중 음속에 가장 직접적인 영향을 주는 물리적 요소는?

[항공산업기사 2013년 1회]

① 온도 ② 밀도
③ 기압 ④ 습도

해설 음속은 $a = \sqrt{\gamma RT}$로 정의하므로, 대기의 온도(T)에 직접적으로 영향을 받는다.

15 고도 1,500 m에서 마하수 0.7로 비행하는 항공기가 있다. 고도 12,000 m에서 같은 속도로 비행할 때 마하수는? (단, 고도 1,500 m에서 음속은 335 m/s이며, 고도 12,000 m에서 음속은 295 m/s이다.)

[항공산업기사 2010년 4회]

① 약 0.3 ② 약 0.5
③ 약 0.8 ④ 약 1.0

해설 마하수는 $M = \frac{V}{a}$로 정의하므로 음속이 $a = 335$ m/s인 고도 1,500 m에서의 비행속도는 $V = Ma = 0.7 \times 335$ m/s $= 234.5$ m/s이다. 따라서 같은 속도로 음속이 $a = 298$ m/s인 고도 12,000 m에서 비행할 때 마하수는 $M = \frac{234.5\text{ m/s}}{295\text{ m/s}} = 0.795$, 즉 약 $M = 0.8$이다.

정답 **12.** ② **13.** ① **14.** ① **15.** ③

CHAPTER 06

충격파와 팽창파

6.1 마하파 | 6.2 충격파 | 6.3 경사 충격파와 수직 충격파

6.4 팽창파 | 6.5 다이아몬드형 날개 단면

6.6 충격파 다이아몬드와 마하 디스크 | 6.7 수축-확산 노즐

6.8 극초음속 유동

CHAPTER 6

Photo: US Navy

항공모함에서 촬영된 초음속으로 비행 중인 Lockheed Martin F-22 전투기. 날개의 끝에서 이어지는 흰 띠는 고속으로 회전하는 날개 끝 와류(wing tip vortex)에 의하여 수증기가 응축된 결과이다. 또한, 초음속으로 비행할 때 날개와 동체 표면에서 유동이 급가속하면서 팽창파(expansion wave)가 발생하는데, 이에 따라 유동의 압력과 온도가 급감하여 사진과 같이 수증기가 응축되기 때문에 팽창파의 형상을 확인할 수 있다. 이렇게 항공기에서 발생하는 수증기 응축 현상은 습도가 높은 해상에서 자주 관찰된다. 특히, 팽창파 응축 현상을 소닉붐(sonic boom)으로 소개하기도 하는데, 소닉붐을 보다 정확히 설명하면 팽창파와 함께 발생하는 충격파(shock wave)가 듣는 이의 고막에 닿아서 인지하게 되는 폭발음이다.

6.1 마하파(Mach wave)

소리 또는 물체의 움직임이 공기입자에 압력을 가하여 진동시키면 그 진동은 일정한 파형(wave)을 형성하며 음속으로 전파되는데, 이를 음파(sound wave) **또는 압력파**(pressure wave) **라고 한다.** 잔잔한 연못에 돌을 던지면 물결이 원(circle)을 이루며 점점 확대되어 전파되는 수면파(water wave)를 볼 수 있는데 이는 음파의 형성과 유사한 현상이다. 그러나 음파는 공기 중에 3차원적으로 정의되기 때문에 원형이 아닌 구(sphere)의 형태로 전파된다.

[그림 6-1] 물방울이 수면 위에 떨어질 때 발생하는 수면파

항공기가 대기 중을 비행하고 있다고 가정하자. 항공기가 이동을 시작하면 앞쪽의 공기입자에 압력을 가하여 형성된 음파는 대기 중으로 전파되어 나가고, 항공기가 이동하면서 계속해서 무수히 많은 음파를 만들어 낸다.

그런데 [그림 6-2(a)]와 같이 항공기가 비교적 낮은 속도인 아음속($M < 1$)으로 비행하는 경우를 가정하자. 항공기가 음속으로 전파되는 수많은 음파들을 지속적으로 발생시키며 이동하기 때문에 항공기의 진행 방향 쪽 음파들 사이의 간격은 좁아지고, 반대로 진행 방향의 반대쪽에서는 음파들의 간격이 벌어진다. 그리고 [그림 6-2(b)]에 나타낸 바와 같이 항공기가 음속, 즉 $M = 1$로 비행하는 경우 음속으로 전파되는 음파와 항공기의 속도가 같아지면서 항공기를 앞서는 음파는 존재하지 않게 된다. 그리고 항공기 앞의 음파들 사이의 간격은 없어지면서 수많은 음파들이 중첩하게 된다. [그림 6-2]에서는 편의상 몇 십 개의 음파만 표시했지만, 실제는 셀 수 없을 만큼의 많은 음파들이 발생하고 중첩된다.

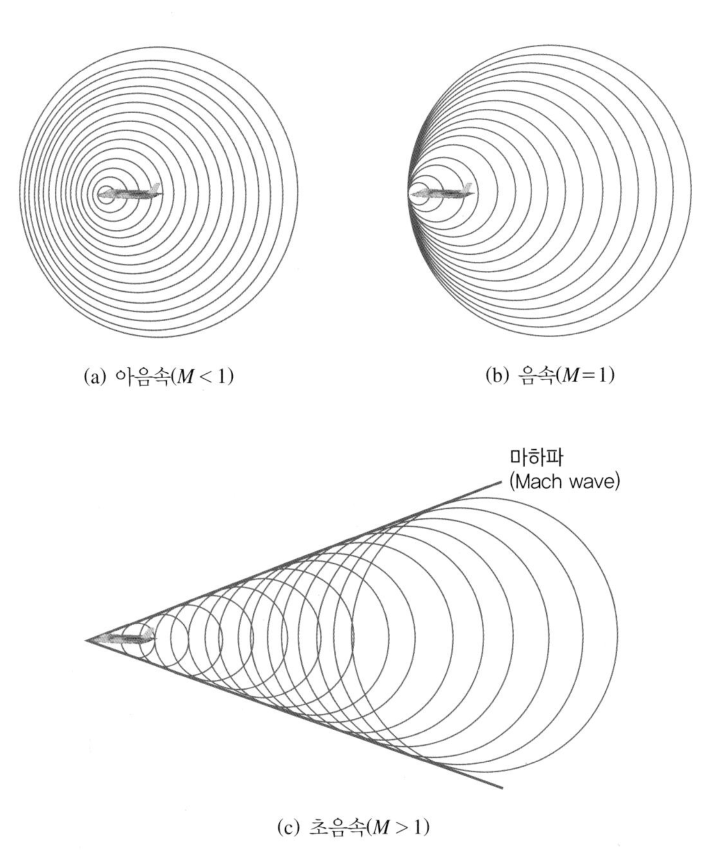

[그림 6-2] 속도의 증가에 따른 음파의 중첩 모양

[그림 6-2(c)]와 같이 항공기가 음속보다 빠른 속도, 즉 초음속($M > 1$)으로 비행하면 항공기가 만들어 내는 음파들은 항공기를 쫓아오지 못하게 된다. 그리고 발생 순서에 따라 지름이 다른 수많은 음파들은 중첩하여 아래와 같은 **원뿔**(cone) **형태의 경계를 만드는데, 이를 마하파**(Mach wave)라고 한다. 또한, **원뿔의 각을 마하각**(Mach angle, θ)이라 하고, 항공기의 속도가 빠를수록 마하각은 감소한다.

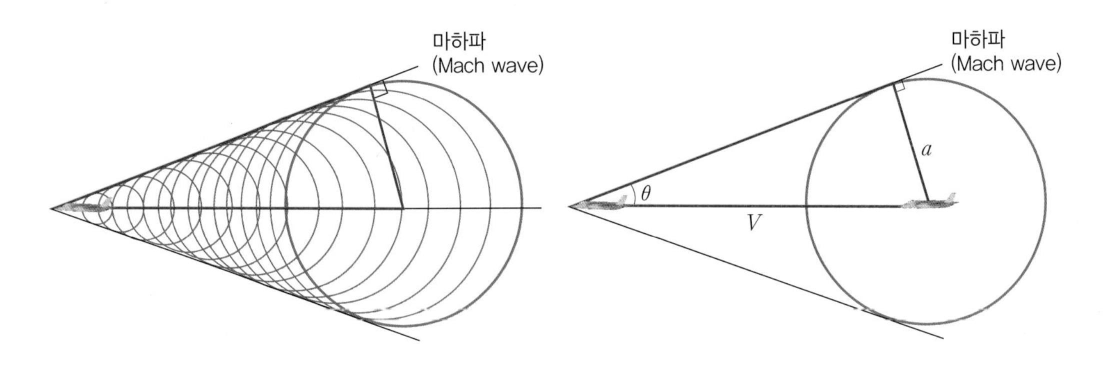

[그림 6-3] 마하파 각도(θ)의 정의

[그림 6-3]과 같이 높이가 음속(a)이고 빗변이 비행속도(V)인 삼각형을 통하여 마하각(θ)을 정의할 수 있다. 삼각형의 높이는 항공기가 출발하면서 처음 발생시킨 음파의 반지름이다. 음파는 음속으로 퍼져 나가고 있기 때문에 첫 번째 음파의 반지름은 a가 된다. 첫 번째 음파가 a의 속도로 전파되는 동안 항공기는 수많은 음파들을 발생시키며 V의 속도로 이동하고 있다. 그러므로 삼각형 빗변의 크기는 V가 되고, 이렇게 정의된 삼각형의 사잇각 θ가 마하각이다. $\sin\theta$는 "삼각형의 높이(a) ÷ 빗변(V)"으로 정의하므로 다음과 같이 나타낼 수 있다. 그리고 a/V는 $1/M$과 같다.

$$\sin\theta = \frac{a}{V} = \frac{1}{M}$$

따라서 마하각(θ)은 다음과 같이 정리할 수 있다.

$$\text{마하각} : \theta = \sin^{-1}\frac{a}{V} = \sin^{-1}\frac{1}{M}$$

6.2 충격파

만약 실제 항공기의 기수 또는 날개의 앞전이 충분히 날카롭지 않으면 강도가 높은 마하파가 발생하는데, 이를 **충격파**(shock wave)라고 한다. 즉, **항공기가 초음속으로 비행할 때 수많은 음파들이 일정한 경계를 기준으로 중첩되어 강력한 마하파, 즉 충격파를 형성한다. 소리를 발생시키는 음파들이 합쳐져서 발생하는 충격파는 큰 폭발음을 유발하는데 이를 소닉붐**(sonic boom)이라고 한다.

충격파 현상을 좀더 자세히 살펴보기 위하여 상대풍이 초음속으로 어떤 물체 쪽으로 불어오는 경우를 고려해 보자. [그림 6-4]와 같이 초음속($M > 1$) 유동, 즉 **음파 또는 압력파가 초음속으로 압축되어 흐르다가 경사가 있는 물체를 만나게 되면 초음속 유동이 통과하는 공간의 면적 또는 부피가 감소**하게 된다. 따라서 경사가 시작되는 부분에서 **음파 또는 압력파가 더욱 압축되어 충격파를 형성**한다. 특히 물체의 경사가 클수록 유동의 압축이 증가하여 강한 충격파가 형성된다. 그리고 유동의 방향은 충격파를 거치면서 바뀌고 물체의 경사면을 따라 나란히 흐르게 된다.

충격파의 두께는 몇 nm(10^{-6}m) 정도에 지나지 않을 만큼 매우 얇다. 하지만 충격파 내부에서는 압력, 밀도, 온도, 속도 등 유동의 상태량이 급변한다. [그림 6-4]와 같이 충격파 이전과 이후의 상태량에 각각 하첨자 1과 2를 붙여 구분하자. 압축된 충격파 내부에서 발생하는 공기입자 간 충돌에 따라 운동에너지가 감소함에 따라 **충격파 이후 유동의 속도와 마하수는 감소**한다($V_1 > V_2$, $M_1 > M_2$). 이와 동시에 유동이 통과하는 공간의 부피가 감소하므로 **충격파 이전보다 충격파 이후 유동의 밀도가 증가**하며($\rho_1 < \rho_2$), 유동의 입자 간 마찰열이 증가하여 **유동의 온도**

역시 높아진다($T_1 < T_2$). 즉, 고속으로 흐르는 공기입자의 운동에너지가 충격파를 거치며 감소하면서 대신 열에너지가 증가하게 된다.

그러나 공기입자들 사이의 마찰에 의한 열에너지의 일부는 소산(dissipation)되어 없어지는데, 이렇게 사라지는 열에너지를 다시 되돌려 놓을 수 없으므로 **충격파 현상은 기본적으로 비가역과정**(irreversible flow)이다. 그리고 마찰에 의한 비가역성의 발생은 유동의 엔트로피(entropy)가 증가함을 의미한다.

충격파를 거치며 공기 유동의 온도와 밀도가 증가하면 압력(정압)도 증가한다($p_1 < p_2$). 충격파 강도에 따라 다르지만, 충격파 이후 유동의 정압은 수십 배 이상 큰 폭으로 높아진다. 그리고 충격파를 거치게 되면서 발생하는 열에너지 소산에 의하여 유동의 에너지, 즉 전압이 줄어든다. 따라서 **충격파 이후의 유동의 전압은 충격파 이전과 비교하여 감소**하게 된다($p_{t1} > p_{t2}$). 베르누이 방정식은 공기가 흐르는 모든 위치에서의 전압이 일정하다는 사실을 토대로 특정 위치에서의 공기 유동의 정압과 동압의 크기를 비교할 때 활용된다. 하지만 충격파를 거치면서 유동의 전압이 감소하기 때문에 충격파 전·후 공기 유동에 대하여 베르누이 방정식을 적용할 수 없다.

또한, 충격파 이후 유동의 온도가 증가하지만, 충격파 자체에 대하여 인위적으로 열이 가해지거나 열이 제거되는 것이 아니기 때문에 **충격파 현상은 단열과정**(adiabatic process)으로 취급한다. 이에 따라 **충격파를 거쳐도 공기 유동의 전온도**(total temperature, T_T)**는 일정하다**($T_{t1} = T_{t2}$). 그러나 충격파 현상은 비가역과정이고, 따라서 등엔트로피 과정(isentropic process)이 아니므로 충격파 전·후 유동에 대하여 등엔트로피 관계식을 적용할 수 없다.

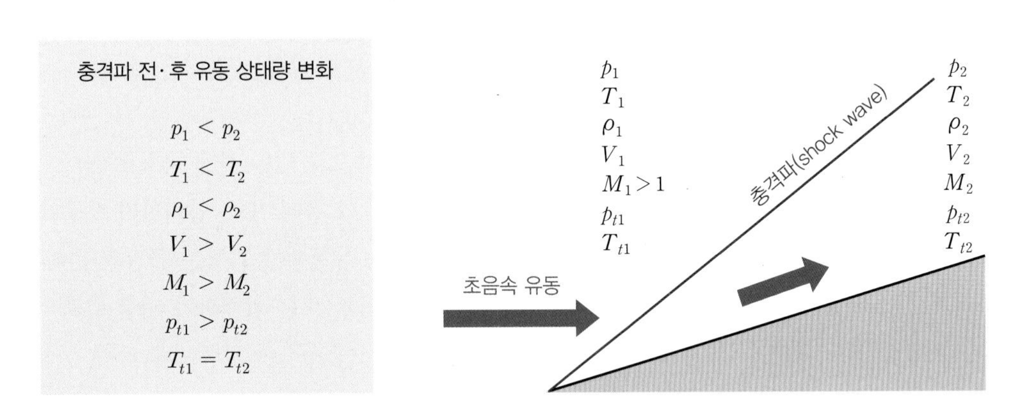

[그림 6-4] 충격파(shock wave) 전·후 유동의 상태량 변화

충격파의 강도는 물체의 경사(θ)가 클수록 그리고 유동의 속도가 높아서 유동의 마하수가 클수록 증가한다. [그림 6-5]와 같이 동일한 속도, 즉 동일한 마하수의 초음속 유동이 경사가 다른 두 물체 위를 흐른다고 가정하자. 이때 경사가 큰 물체에서($\theta_1 < \theta_2$) 각도가 큰 충격파가 발생하고($\beta_1 < \beta_2$), 각도가 큰 충격파의 강도가 더 크기 때문에 압력을 포함한 유동의 상태량 변

화가 현저해진다($p_1 < p_2$). 즉, 같은 마하수로 유동이 흐르는 경우 **충격파의 각도가 증가하여 수직에 가까울수록 충격파 이후 유동의 압력(정압), 밀도, 온도의 증가 폭이 크고, 속도 및 마하수의 감소 폭이 크다.**

$$\theta_1 < \theta_2 \rightarrow p_1 < p_2$$

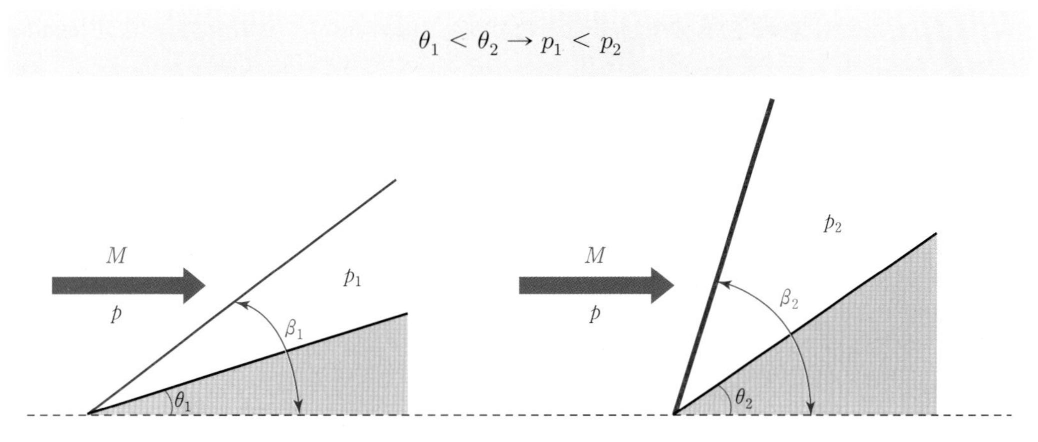

[그림 6-5] 물체의 경사(θ)에 따른 충격파의 강도 변화

또한, **충격파의 강도는 마하수가 클수록 증가**한다. 즉, [그림 6-6]에서 볼 수 있듯이 **같은 경사(θ)를 가진 물체를 기준으로 초음속 유동의 마하수가 높으면($M_1 < M_2$) 더 강한 충격파가 발생하여 충격파 이후 압력(정압)의 증가가 두드러진다**($p_1 < p_2$).

그런데 초음속 유동의 속도가 빨라 **마하수가 증가할수록 충격파의 각도는 작아진다**($\beta_1 > \beta_2$). 앞서 살펴본 바와 같이 경사(θ)가 큰 물체에서 각도(β)가 큰 충격파가 발생하고, 충격파의 각도가 클수록 충격파의 강도가 증가하였다. 하지만 이는 유동의 마하수가 같은 경우에 해당하고, 유동의 마하수가 큰 경우 오히려 충격파의 각도(β)는 감소하지만, 충격파의 강도는 훨씬 증가한다. 그리고 압력을 포함한 유동의 상태량 변화폭이 증가하게 된다.

$$M_1 < M_2 \rightarrow p_1 < p_2, \ \beta_1 > \beta_2$$

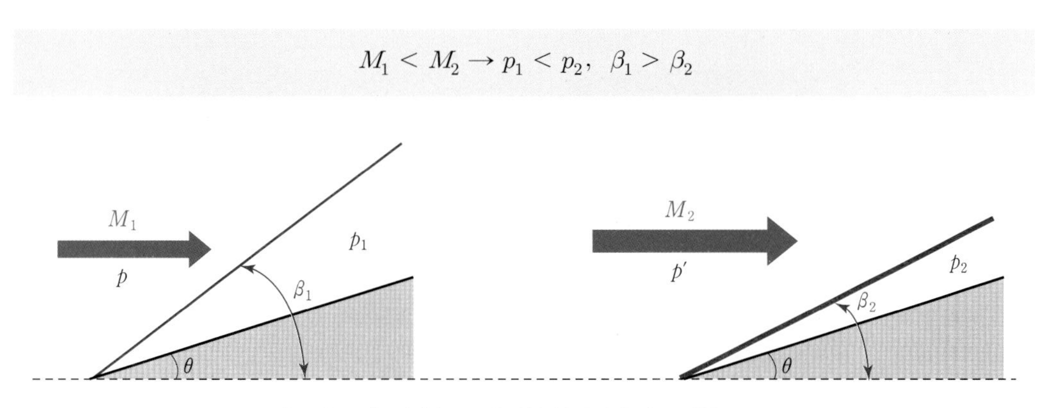

[그림 6-6] 마하수(M)에 따른 충격파의 강도 변화

6.3 경사 충격파와 수직 충격파

초음속 유동이 어떤 물체 위를 흐를 때 물체의 경사가 클수록 더욱 강한 충격파가 발생함을 보았다. 만약 초음속 유동 속의 물체가 날개라고 가정하자. [그림 6-7]과 같이 **날개의 앞전**(leading edge)**의 경사가 클수록, 즉 앞전의 형태가 무딜수록 각도가 큰 강력한 충격파가 발생하여 이를 거치는 유동의 압력이 더욱 증가**하게 된다. 따라서 **날개 앞부분에 고압부를 형성하고 날개 뒤쪽의 저압부로 향하는 힘, 즉 추력 방향의 반대로 작용하는 항력이 발생**하는데, 이 역시 **조파항력**(wave drag)에 해당한다. 그러므로 초음속으로 비행하는 항공기는 이러한 **조파항력을 최소화하기 위하여 가능한 한 날개 두께를 얇게, 그리고 앞전을 날카롭게 제작**해야 한다.

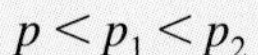

$$p < p_1 < p_2$$

$$M > M_1 > M_2$$

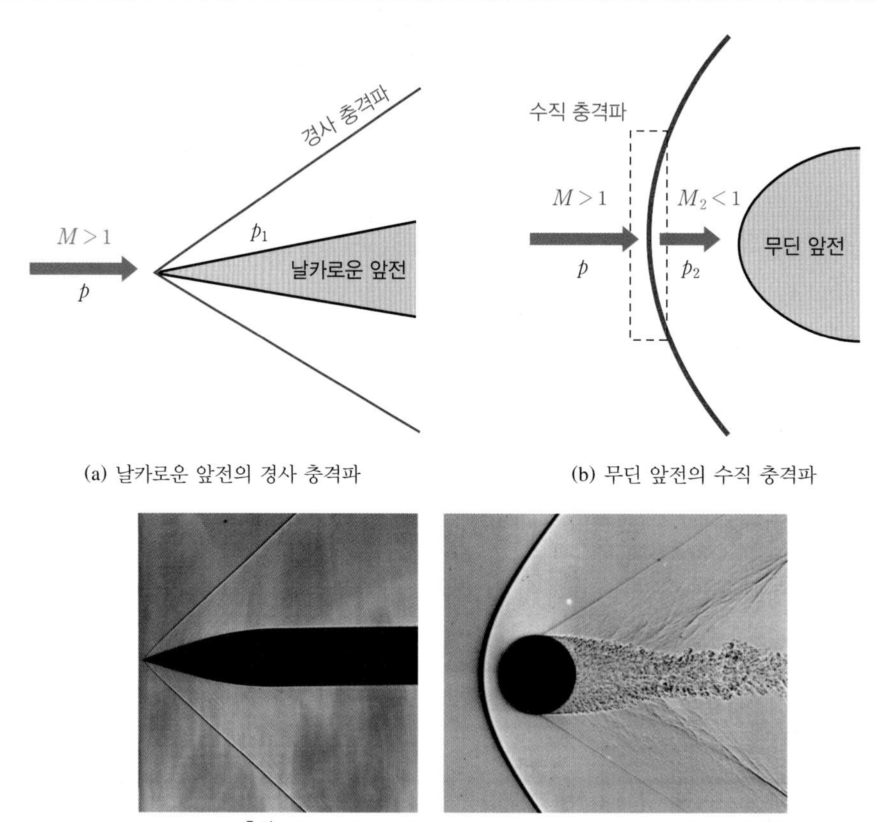

(a) 날카로운 앞전의 경사 충격파

(b) 무딘 앞전의 수직 충격파

출처: Van, D. M., *An Album of Fluid Motion*, The Parabolic Press, 1982.

(c) 실제 충격파 사진

[그림 6-7] 날개 앞전(leading edge) 형태에 따른 충격파의 형태와 강도 변화

[그림 6-7(a)]에서 볼 수 있듯이, 날카로운 앞전에 형성되는 **각도가 비스듬하게 경사진 형태의 충격파를 경사 충격파**(oblique shock wave)라고 하고, **유동의 방향에 대하여 수직으로 형성되는 충격파를 수직 충격파**(normal shock wave)라고 한다. 경사 충격파 중에서 가장 충격파의 각도가 큰 경우가 수직 충격파이다. [그림 6-7(b)]와 같이, 경사가 매우 크거나 무딘 형태의 앞전 전방에 일정 간격을 두고 떨어져서 활(bow) 모양의 충격파가 나타난다. 그리고 활 모양의 충격파 가운데 점선으로 표시한 부분은 수직 충격파에 해당한다고 할 수 있다. 설명한 바와 같이 충격파의 각도는 충격파의 강도를 의미하는데, 각도가 가장 큰 수직 충격파를 거치면 유동의 정압, 온도, 밀도가 크게 증가하게 된다. 또한, 속도와 마하수의 감소는 현저해지는데, **아무리 높은 마하수의 초음속($M > 1$) 유동이라 하더라도 수직 충격파를 통과하면 아음속($M < 1$)으로 속도가 급감**한다.

충격파를 지나면 유동의 전압이 감소하고, 충격파의 강도는 충격파 각도에 비례하므로 수직 충격파에 의한 유동의 전압 감소폭은 매우 크다. 그러므로 **초음속 항공기의 공기 흡입구**(air intake) **내부에서 충격파, 특히 수직 충격파가 형성되면 엔진으로 흡입되는 유동의 전압, 즉 에너지는 대폭 감소**한다. 전압이 떨어진 유동이 엔진으로 공급되면 엔진의 추력이 감소하는 문제가 발생한다. 그러므로 공기 흡입구에 원뿔 모양의 inlet cone(spike)을 설치하여 항공기가 초음속으로 비행할 때 공기 흡입구 전방의 inlet cone에서 수직 충격파 대신 각도가 작고 강도가 약한 경사 충격파가 발생하게 한다. 이에 따라 엔진으로 흡입되는 공기 유동의 전압 감소를 최소화할 수 있다.

또한, 초음속 비행 중에는 항공기에 설치된 피토관(pitot tube) 전방에도 충격파가 형성된다. 전압을 측정하는 구멍인 전압구(total pressure hole) 때문에 피토관의 앞쪽은 날카롭지 못하고

공기 흡입구 전방에 원뿔 모양의 inlet cone(spike)이 장착된 Lockheed SR-71A 전략 정찰기. inlet cone은 공기 흡입구에서 전압 손실이 큰 수직 충격파 대신 경사 충격파가 발생하게 하여 공기 흡입구와 엔진의 추력 손실을 최소화한다. 특히 SR-71은 비행속도에 따라 inlet cone이 전방 또는 후방으로 이동하며 엔진 효율 감소가 적은 최적의 충격파 각도가 형성되도록 한다.

다소 무딘 형태를 하고 있다. 그러므로 피토관의 전압구 전방에는 충격파의 강도가 강력한 수직 충격파가 형성된다.

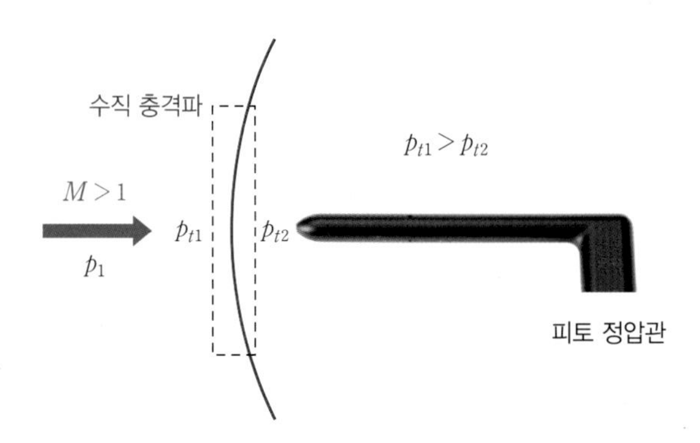

[그림 6-8] 피토 정압관 전방에 형성되는 수직 충격파

피토 정압관은 유동의 전압과 정압의 차이($p_t - p$)를 감지하여 항공기의 비행속도를 측정하는 장치이다. 하지만 충격파 이후 유동의 전압이 감소하기 때문에 **전압구 전방에 수직 충격파가 발생하면 전압구에서 측정하는 전압은 실제 충격파 이전 유동의 전압보다 낮아진다**($p_{t1} > p_{t2}$). 그러므로 수직 충격파 이전 유동의 속도(마하수)가 실제 비행속도임에도 불구하고 **충격파 이후의 속도, 즉 수직 충격파 때문에 실제보다 감소한 속도가 속도계에 지시**된다. 따라서 수직 충격파 이후 피토관에서 측정된 속도에 대한 교정이 필요한데, 아래 공식을 통하여 충격파 이전 유동의 속도, 즉 실제 비행속도를 계산할 수 있다. 이 공식은 'Rayleigh **피토관 공식**'이라고 하는데, 유도과정에 대한 설명은 생략하도록 한다.

$$\text{Rayleigh 피토관 공식 : } \frac{p_{t2}}{p_1} = \left[\frac{(\gamma+1)^2 M^2}{4\gamma M^2 - 2(\gamma-1)}\right]^{\frac{\gamma}{\gamma-1}} \frac{1-\gamma+2\gamma M^2}{\gamma+1}$$

여기서 p_{t2}는 충격파 이후 유동의 전압, 즉 피토 정압관의 전압구에서 측정된 전압이며, p_1은 피토 정압관에 설치된 정압구가 아닌 [그림 6-9]와 같이 충격파의 영향이 없는 유동의 방향과 나란하게 항공기 동체 표면에 설치된 정압구(static port)에서 측정된 정압을 기준으로 한다. 또한 γ는 공기의 비열비로서 고정값인 $\gamma = 1.4$이다. 위의 식은 충격파가 발생한 상태에서 피토 정압관에서 측정된 전압(p_{t2})을 토대로 충격파 이전의 실제 비행 마하수(M)를 산출할 수 있게 해준다. 그리고 비행 마하수를 기준으로 계산된 비행속도는 속도계에 지시된다. 즉, Rayleigh **피토관 공식은 초음속**($M > 1$) **유동의 속도를 도출**하는 데 사용된다.

3장과 5장에서 살펴본 바와 같이 아음속 압축성($0.3 < M < 1$) 유동에 대한 속도식은 아래의 등엔트로피 유동 관계식으로부터 유도된다.

$$\frac{p_t}{p} = \left(1 + \frac{\gamma - 1}{2} M^2\right)^{\frac{\gamma}{\gamma - 1}}$$

[그림 6-9] Boeing 77-300ER 여객기 동체 측면의 정압구(static port)

6.4 팽창파

초음속 유동($M > 1$)이 아래로 향하는 경사진 물체를 따라 흐를 때는 충격파 현상과 상반되는 압축성 유동의 현상이 발생하는데, 이를 **팽창파**(expansion wave) 현상이라고 한다. 음파 또는 압력파가 이동하다가 오르막 경사의 물체를 만나 압축이 되는 것이 충격파이다. 하지만 이와 반대로 압축된 음파 또는 압력파로 구성된 **초음속 유동이 내리막 경사를 만나면 유동이 통과하는 공간의 면적 또는 부피가 증가하므로, 초음속 유동이 팽창하며 무수히 많은 음파 또는 압력파로 분산되는데 이를 팽창파**라고 한다. 특히 팽창파의 특성을 이론적으로 정리한 공학자들의 이름을 따서 Prandtl-Meyer **팽창파**라고도 한다.

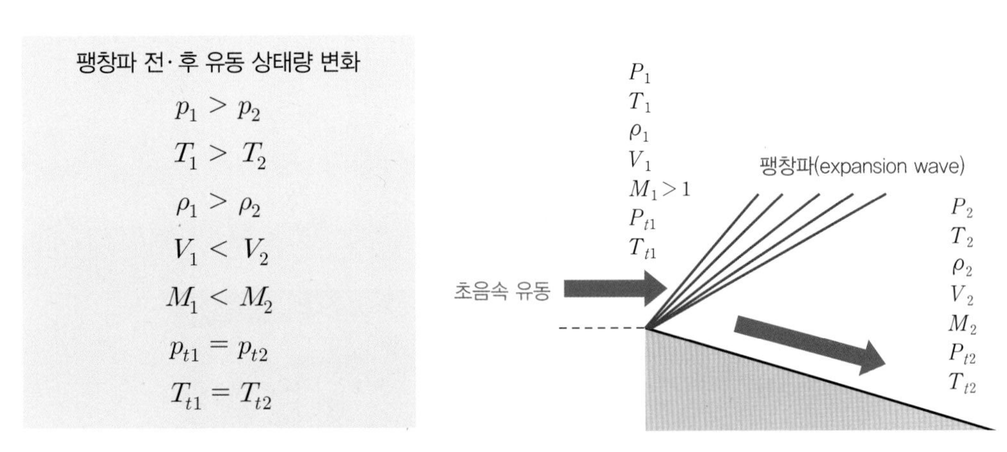

[그림 6-10] 충격파(shock wave) 전·후 유동의 상태량 변화

충격파는 초음속 유동이 압축될 때 발생하는 반면, 팽창파는 초음속 유동이 팽창하는 과정에서 나타나므로 팽창파를 지나는 유동의 상태량 변화는 충격파의 경우와 상반된다. 즉 **팽창파를 지나면서 유동의 압력(정압)과 온도, 그리고 밀도는 감소하지만**($p_1 > p_2$, $T_1 > T_2$, $\rho_1 > \rho_2$), **속도와 마하수는 증가한다**($V_1 < V_2$, $M_1 < M_2$).

팽창파는 충격파와는 달리 공기입자 간 마찰에 의한 열에너지의 소산이 거의 발생하지 않으므로 **가역과정**(reversible process)으로 간주한다. 아울러 인위적으로 팽창파에 열을 가하거나 열을 강제로 빼앗지 않는 한 팽창파 현상은 단열과정이므로 팽창파를 지나는 유동의 **전온도**(total temperature, T_t)**는 변화하지 않는다**($T_{t1} = T_{t2}$). 따라서 팽창파 현상은 가역 및 단열 과정이고, 이에 따라 **등엔트로피 과정**(isentropic process)이기 때문에 팽창파를 거쳐도 엔트로피의 변화가 없고, 그러므로 **팽창파 전·후의 전압은 일정하다**($p_{t1} = p_{t2}$).

충격파는 물체의 앞쪽, 즉 항공기의 기수나 날개 앞전뿐만 아니라 날개 윗면 또는 동체 표면 등 초음속 유동이 가속하는 곳에서 발생한다. [그림 6-11]은 초음속 유동이 NACA 0012 날개 단면 주위를 흐를 때 발생하는 충격파의 형태를 전산유체역학(computational fluid dynamics)을 통하여 보여주고 있다. NACA0012는 대칭형(symmetrical) 날개 단면이기 때문에 받음각(angle of attack, α)이 없으면 날개 윗면과 아랫면의 압력 분포는 동일하다. 하지만 [그림 6-11]과 같이 날개 단면에 받음각이 있으면 윗면을 지나는 초음속 유동의 속도는 증가하고 압력은 감소한다. 즉, 받음각이 있는 날개 윗면은 그 위를 지나는 초음속 유동에 대하여 아래로 경사진 내리막 역할을 한다. 따라서 날개 윗면을 지나는 초음속 유동은 팽창하게 되고 이에 따라 초음속 유동의 속도는 증가하고 압력은 급감하게 된다.

그리고 속도가 가장 높은 곳, 즉 압력이 가장 낮은 곳에서 각도가 수직에 가까운 강한 충격파가 형성된다. 이에 따라 충격파 이후 유동의 압력은 다시 급증하여 원래의 대기 압력으로 회복함을 [그림 6-11]을 통하여 확인할 수 있다. 이는 초음속 유동이 날개 위를 지나며 빠르게 팽창하여 유동의 상태량이 급변할 때 충격파라는 자연현상이 발생하여 주위와 균형을 다시 이루게 된다고 해석할 수 있다.

또한, 날개 위 수직 충격파를 지나는 유동의 압력은 다시 증가하기 때문에, 충격파 전·후로 강한 **역압력 구배**(adverse pressure gradient)가 형성된다. 그러므로 **날개 표면에서 유동박리**(flow separation)**가 발생하고 항력이 급증**하게 되는데, 이때 발생하는 항력도 충격파 형성에 의한 것이기 때문에 **조파항력**(wave drag)으로 볼 수 있다.

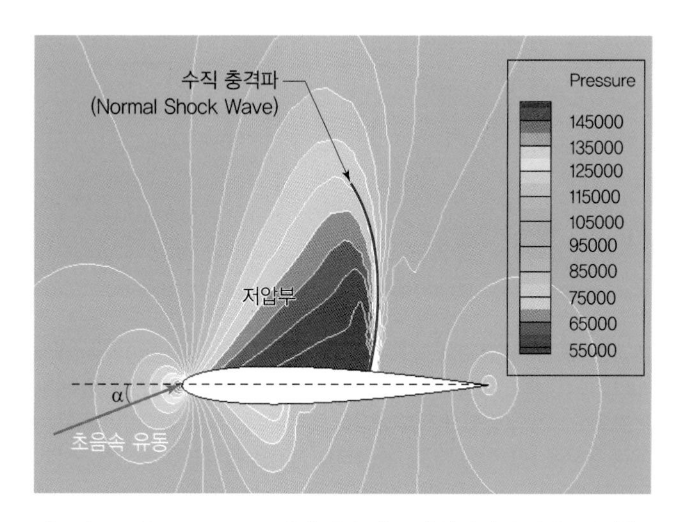

[그림 6-11] NACA0012 날개 단면 위 수직 충격파의 전산유체역학 (Computational Fluid Dynamics, CFD) 시뮬레이션

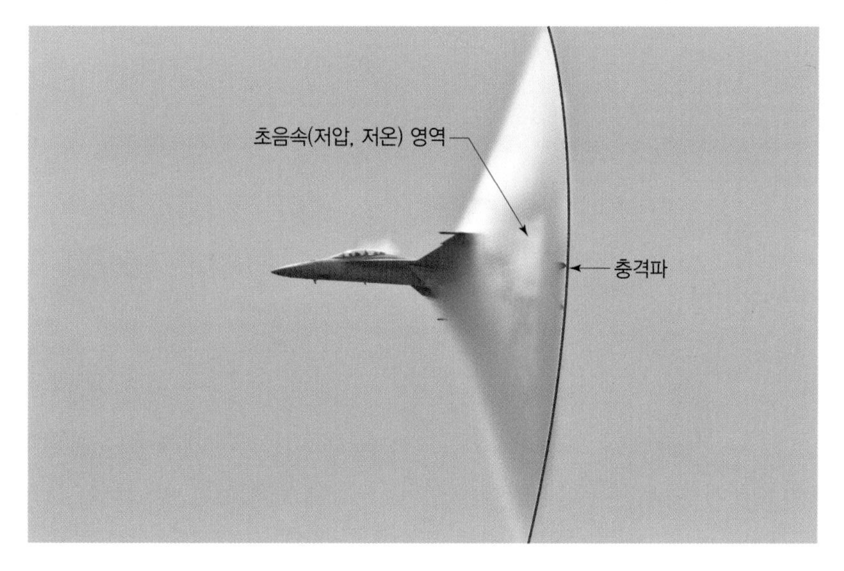

습도가 높은 해수면 위를 초음속 비행 중인 Boeing F/A-18F 전투기. 앞서 소개한 날개 단면 위 수직 충격파의 전산유체역학 시뮬레이션에서 볼 수 있듯이, 날개 위와 아래를 지나는 초음속 유동이 팽창하면서 매우 낮은 저압부를 형성한다. 따라서 압력이 급감하면서 온도 역시 급감하므로 수증기가 물방울로 응축됨에 따라 하얀 구름이 생성됨을 볼 수 있다. 그리고 수증기 응축 현상이 끝나는 부분, 즉 압력이 다시 급증하여 원래의 대기 압력으로 회복되는 부분이 충격파가 발생한 부분이다.

Photo: NASA

초음속 비행 중인 Northrop T-38A 제트 훈련기 외부에 발생하는 충격파(shock wave)와 팽창파(expansion wave). 육안으로는 충격파와 팽창파를 쉽게 볼 수 없으나, 슐리렌(schlieren) 장치와 같이 빛으로 유동의 밀도 변화를 민감하게 감지하는 특수 광학장비를 통하여 이와 같은 초음속 유동 현상을 관찰할 수 있다. 충격파를 거치면 공기의 밀도가 증가하고, 팽창파를 거치면 밀도가 감소한다. 그러므로 밀도가 높아 빛이 통과하지 못하여 어둡게 보이는 선이 충격파, 그리고 밝은 부분이 팽창파가 형성된 곳이다. 이렇듯 초음속 압축성 유동에서는 밀도의 변화가 현저해진다.

6.5 다이아몬드형 날개 단면

[그림 6-11]에서 살펴본 바와 같이, 일반적인 형상의 날개 단면은 날개 앞전 또는 날개 표면에서 강한 충격파가 형성될 만큼 빠른 속도로 비행하는 경우 항력이 급증하고, 충격파에 의한 유동박리가 발생하면 양력이 감소하여 공기역학적 성능이 떨어진다. 그런데 날개 단면의 형상을 **다이아몬드형**(diamond airfoil)으로 구성하면 초음속 비행 중에도 비교적 안정적인 비행성능을 유지할 수 있다. 즉, 비행속도가 초음속으로 증가하면 다이아몬드형 날개 단면의 **날카로운 앞전에서는 비교적 강도가 약한 경사 충격파가 형성되고, 최대 두께 부분, 즉 모서리에서는 팽창파가 발생**한다. 그러므로 초음속 유동은 모서리 부분에서 박리되지 않고 아래로 경사진 부분을 따라 흐르게 되므로 실속 현상은 나타나지 않는다. 그리고 모서리에서 형성된 팽창파를 거치면서 감소하였던 유동의 압력은 다이아몬드 날개 뒷전(trailing edge)에 다시 형성된 경사 충격파를 거치면서 원래의 대기압으로 회복된다.

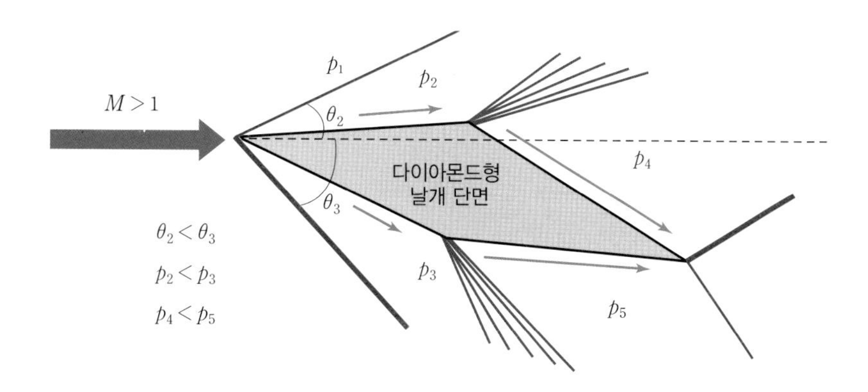

[그림 6-12] 다이아몬드형 날개 단면(diamond airfoil)의 충격파와 팽창파의 형성과 유동의 상태량 변화

특히, [그림 6-12]에 나타낸 바와 같이 다이아몬드형 날개 단면에 받음각이 있는 경우에는 상대 유동에 대한 날개 아랫면의 경사가 윗면보다 크고($\theta_2 < \theta_3$), 따라서 아랫면의 충격파의 각도와 강도가 크며 압력의 증가폭도 크다. 그러므로 다이아몬드형 날개의 아랫면 압력이 윗면보다 상대적으로 증가하며($p_2 < p_3$, $p_4 < p_5$), 이러한 **날개 윗면과 아랫면의 압력차에 의하여 양력이 증가**하는 효과가 발생한다. 하지만 다이아몬드형 날개 앞부분의 압력이 뒷부분보다 크기

Lockheed Martin KF-16C 전투기에 장착된 AIM-120B 공대공 미사일의 날개. 미사일은 격추 대상 항공기보다 빠른 초음속으로 비행해야 하므로 날개 단면이 다이아몬드형인 경우가 많다. 다이아몬드형 날개 단면은 초음속에서는 안정적 비행이 가능하지만, 아음속 영역에서는 유동박리 때문에 공기역학적 성능이 급감하는 문제로 항공기용 날개 단면으로는 사용하지 않는다. 대신 고속으로 발사되는 발사체 또는 저속 영역을 자력으로 비행하지 않는 항공기 탑재 미사일의 날개에 적용된다.

때문에($p_2 > p_4$, $p_3 > p_5$) 뒷부분으로 향하는 힘, 즉 조파항력이 다소 증가하는 단점도 있다.

충격파와 팽창파가 형성되지 않는 아음속, 즉 저속 영역으로 비행하는 경우에는 **날카로운 앞전과 최대 두께가 있는 각진 모서리 부분에서 공기의 흐름이 떨어져 나가는 유동박리가 발생**하기 쉬우므로 다이아몬드형 날개 단면은 저속에서 양호한 공기역학적 성능을 기대하기는 힘들다. 따라서 초음속 항공기 날개의 경우 다이아몬드형이 아닌, 항력 감소를 위하여 두께와 캠버가 최소화된 날개 단면이 주로 적용되고 있다. 그리고 **다이아몬드형 날개 단면은 비행 시작부터 고속으로 가속하는 발사체 또는 미사일의 날개와 핀(fin)에 많이 사용**되고 있다.

6.6 충격파 다이아몬드와 마하 디스크

비행기가 활주로에서 이륙할 때 후기 연소기(after burner)를 작동하여 고온의 초음속 제트를 만들며 속도를 높이면 엔진 노즐에서 발생하는 다이아몬드 형태의 제트 구조를 볼 수 있다. 이러한 현상은 노즐에서 발생하는 충격파 또는 팽창파가 제트의 경계면에 부딪히고 반사되어 나타난다. [그림 6-13(a)]와 같이, 제트엔진의 연소실에서 만들어진 초음속 제트가 노즐에서 분출되고 있다고 가정하자. 그런데 제트가 노즐 내부에서 너무 많이 팽창하여(과대팽창, over-expanded) **노즐 출구에서의 제트 압력(정압)이 대기압보다 낮은 경우, 제트의 압력을 만회하기 위하여 노즐 출구에서 경사 충격파가 발생**하고, 이를 지나는 유동의 압력은 높아진다. **노즐 아래와 위에서 형성된 경사 충격파는 서로 합쳐지면서 수직 충격파가 만들어지는데, 이를 3차원적으로 보면 원형판(disk)으로 보이므로 마하 디스크(Mach disk)**라고도 부른다. 그리고 충격파가 제트 경계면에 부딪히면 팽창파가 형성되어 반사되는데, 팽창파를 거치면서 제트의 압력은 다시 감소한다.

또한, 팽창파는 제트 경계면에 부딪히며 다시 경사 충격파로 반사되어 마하 디스크를 형성하고, 이후 경사 충격파는 또다시 팽창파로 반사되는 등 충격파와 팽창파가 반복적으로 나타난다. 충격파를 거치면 유동의 압력(p), 밀도(ρ), 온도(T)가 증가하고, 팽창파를 지나면 압력, 밀도, 온도가 감소한다. 빛으로 밀도 변화를 감지하는 슐리렌(schlieren) 사진에서는 충격파 이후 유동의 밀도 증가에 따라 빛이 통과하지 못하여 충격파는 어두운 색으로 나타난다. 하지만 제트엔진의 고온의 연소가스가 초음속 제트로 분출되는 경우, 충격파를 거치면 온도가 증가하여 밝게 보이게 되고, 팽창파를 거치면 온도가 감소하여 투명하게 보이거나 어둡게 보인다. 따라서 **초음속 제트 경계면 안에서 충격파와 팽창파가 교차하여 반복적으로 발생하면 밝은 부분과 어두운 부분이 다이아몬드 형태로 반복하여 나타나므로 이를 충격파 다이아몬드(shock diamond)**라고 한다. 특히 비행기가 이륙할 때에는 고도가 낮고 따라서 대기압이 비교적 높기 때문에 [그림 6-13(a)]와 같이 노즐 출구에서 경사 충격파가 형성되는 충격파 다이아몬드가 발생한다.

[그림 6-13(b)]는 제트가 노즐 내부에서 적게 팽창하여(과소팽창, under-expanded) 노즐 출구에서 제트의 압력이 대기압보다 높은 경우인데, **출구를 지나는 제트의 압력이 낮아져야 하므로 노즐 출구에서 팽창파가 발생**한다. 그리고 팽창파가 제트 경계면에 반사되어 경사 충격파와 마하 디스크가 형성되고, 이후 경사 충격파가 제트 경계면에 부딪히며 다시 팽창파가 나타나며 충격파 다이아몬드 구조를 이룬다. **노즐 출구의 압력이 대기압과 정확히 같은 경우에는 충격파 또는 팽창파가 발생하지 않으므로 충격파 다이아몬드는 나타나지 않는다.**

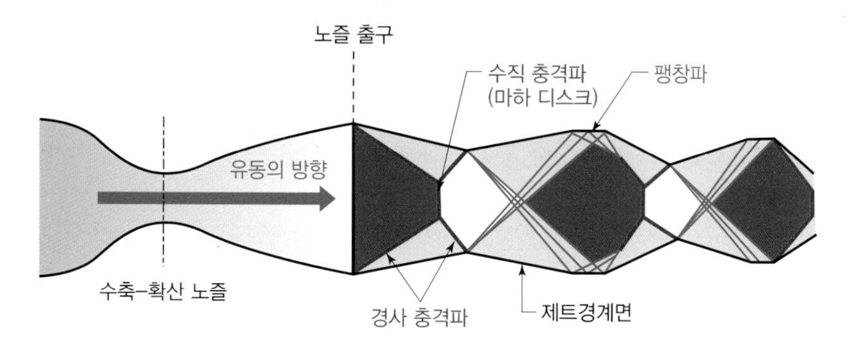

(a) 초음속 노즐 출구 제트 압력이 대기압보다 낮은 경우(과대팽창, over-expanded)

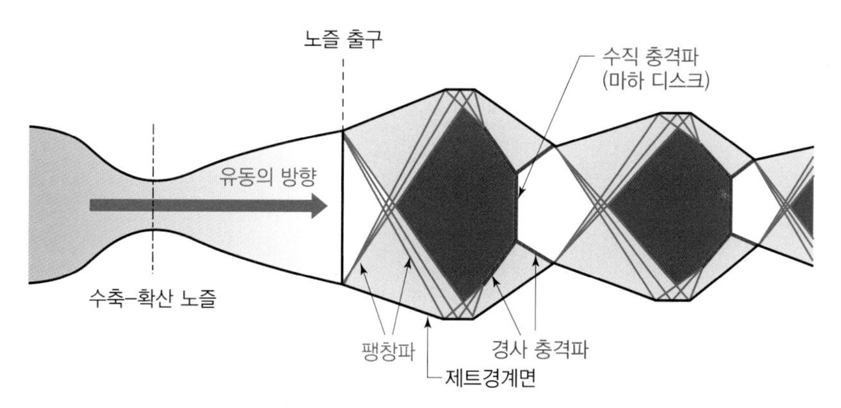

(b) 초음속 노즐 출구 제트 압력이 대기압보다 높은 경우(과소팽창, under-expanded)

[그림 6-13] 충격파 다이아몬드(shock diamond)와 마하 디스크(Mach disk)의 형성

Photo: US Air Force

충격파 다이아몬드와 마하 디스크가 형성된 과대팽창(over-expanded) 초음속 제트를 분사하며 가속 중인 Lockheed Martin F-35A 전투기. 수축-확산 노즐(convergent-divergent nozzle)에서 초음속 제트가 노즐 출구를 통하여 분출되면 충격파와 팽창파가 제트 경계면에 반사되어 독특한 형태의 제트구조가 나타나는데, 이를 충격파 다이아몬드라고 한다. 충격파 다이아몬드는 노즐 출구에서 멀어질수록 주위 공기와 뒤섞여서 결국 사라지지만, 제트의 온도 변화를 더욱 뚜렷하게 식별할 수 있는 야간에는 길고 선명한 충격파 다이아몬드 현상을 쉽게 관찰할 수 있다.

Photo: NASA

34,000,000N의 추력으로 Apollo 11을 대기권 밖으로 실어 나르는 Saturn V 로켓(1969). 1단 로켓 노즐에서 분사되는 제트가 과소팽창(under-expanded)의 형태인 것을 볼 수 있다. 고도가 높아질수록 대기압이 급감하므로 노즐 출구 제트 압력이 대기압보다 높아지고, 따라서 노즐 출구에서 강한 팽창파가 형성되어 이를 지나는 제트의 압력이 대기압까지 감소한다.

6.7 수축-확산 노즐

2.1절에서 소개한 연속방정식(continuity equation)은 덕트(duct) 및 파이프(pipe) 등의 내부 통로를 지나는 유동의 속도는 유동이 지나는 통로의 단면적에 반비례함을 설명한다. 그러나 유동의 속도와 단면적의 반비례 관계는 낮은 속도로 흐르는 유동, 즉 비압축성 아음속 유동에만 적용된다. 반면에 **초음속 유동의 경우 유동의 속도는 유동이 지나는 통로의 단면적에 비례**하여 증가한다. 이를 설명하기 위해 앞서 살펴보았던 연속방정식을 정리하면 다음과 같다.

$$\rho_1 A_1 V_1 = \rho_2 A_2 V_2$$

위의 식은 유동의 밀도(ρ), 유동의 단면적(A), 그리고 유동의 속도(V)의 곱은 항상 일정한 상수(constant, c)를 의미하는데 이를 수학적으로 표현하면 다음과 같다.

$$\rho A V = \text{constant} = c$$

위의 식의 양변을 자연로그 형태로 아래와 같이 정리한다.

$$\ln(\rho A V) = \ln c$$

그리고 자연로그의 특성상 위의 식을 다음과 같이 나타낼 수 있다.

$$\ln\rho + \ln A + \ln V = \ln c$$

이제 각 변수에 대하여 미분 형태를 취한다.

$$\frac{d}{dx}(\ln\rho + \ln A + \ln V) = \frac{d}{dx}\ln c$$

$\ln c$는 상수이기 때문에 미분하면 $\frac{d}{dx}\ln c = 0$이 된다. 따라서 아래와 같이 정리할 수 있다.

$$\frac{d}{dx}(\ln\rho + \ln A + \ln V) = 0$$

$$\frac{d}{dx}\ln\rho + \frac{d}{dx}\ln A + \frac{d}{dx}\ln V = 0$$

$$\frac{1}{\rho}\frac{d\rho}{dx} + \frac{1}{A}\frac{dA}{dx} + \frac{1}{V}\frac{dV}{dx} = 0$$

$$\frac{1}{\rho}d\rho + \frac{1}{A}dA + \frac{1}{V}dV = 0$$

5.4절에서 음속(a) 관계식을 유도하는 과정에서 ρ를 다음과 같이 정의하였다.

$$\rho dV = -dp\frac{1}{V}, \quad \rho = -\frac{dp}{VdV}$$

ρ의 정의를 위의 식에 대입하고 다음과 같이 정리한다.

$$\frac{1}{\left(-\frac{dp}{VdV}\right)}d\rho + \frac{1}{A}dA + \frac{1}{V}dV = 0$$

$$\frac{-VdV}{dp}d\rho + \frac{1}{A}dA + \frac{1}{V}dV = 0$$

그리고 위의 식을 $-VdV$로 나누어 아래와 같이 나타낼 수 있다.

$$\frac{d\rho}{dp} - \frac{dA}{A}\frac{1}{VdV} - \frac{1}{V^2} = 0$$

또한, 5.4절에서 음속은 아래와 같이 정의하였다.

$$\sqrt{\frac{dp}{d\rho}} = \sqrt{\gamma RT} = a$$

그러므로 $dp/d\rho$는 다음과 같다.

$$\frac{dp}{d\rho} = a^2 \quad 또는 \quad \frac{d\rho}{dp} = \frac{1}{a^2}$$

이를 위의 관계식에 대입하고 V^2을 곱하여 아래와 같이 정리할 수 있다.

$$\frac{1}{a^2} - \frac{dA}{A}\frac{1}{VdV} - \frac{1}{V^2} = 0$$

$$\frac{V^2}{a^2} - \frac{dA}{dV}\frac{V}{A} - 1 = 0$$

그런데 $V/a = M$이므로 $V^2/a^2 = M^2$이다.

$$M^2 - \frac{dA}{dV}\frac{V}{A} - 1 = 0$$

$$\frac{dA}{dV}\frac{V}{A} = M^2 - 1$$

그리고 A/V를 곱하여 다음과 같이 정리할 수 있는데, 이 식을 **면적-속도 관계식**이라고 한다.

$$\text{면적-속도 관계식: } \frac{dA}{dV} = \frac{A}{V}(M^2 - 1)$$

저속, 비압축성 유동에 대한 연속방정식에 의하면, 유동의 속도는 유동이 지나는 통로의 단면적에 반비례한다. 이와 비교하여 위의 면적-속도 관계식은 초음속 유동을 포함한 모든 속도 영역에 적용할 수 있다.

저속 또는 아음속 유동의 경우 $M < 1$이므로 이를 위의 식에 대입하면 다음과 같이 단면적에 대한 속도의 변화율이 음(−)의 값이 된다.

$$\text{아음속}(M < 1)\text{: } \frac{dA}{dV} < 0$$

위의 식은 **아음속 유동의 속도는 단면적에 반비례**함을 나타내므로 비압축성 연속방정식을 통하여 설명하는 내용과 동일하다. 하지만 초음속 유동은 $M > 1$이므로 이를 위의 식에 반영하면 아래의 관계식과 같이 단면적에 대한 속도의 변화율이 양(+)의 값으로 나타난다.

$$\text{초음속}(M > 1)\text{: } \frac{dA}{dV} > 0$$

즉, **초음속 유동의 속도는 단면적에 비례**하므로 초음속 유동을 가속하기 위해서는 단면적이 넓어지는 통로로 초음속 유동을 흘려보내야 한다.

노즐(nozzle)은 항공기 엔진의 터빈 후방에 장착되어 연소실에서 생성되는 제트를 가속하는 역할을 한다. 노즐을 통하여 분출되는 제트는 작용-반작용의 법칙에 따라 항공기를 앞으로 나아가게 한다. 그리고 항력을 극복하고 항공기를 가속하려면 제트의 추력과 속도는 항공기의 추력과 비행속도보다 높아야 한다. 따라서 항공기가 초음속 비행을 하기 위해서는 엔진 노즐에서 가속되는 제트의 속도는 항공기의 비행속도보다 더 높은 마하수의 초음속이 되어야 한다.

하지만 엔진의 터빈을 거쳐 노즐로 들어가는 제트의 속도는 대부분 아음속이다. 그리고 제트는 우선 단면적이 좁아지는 수축(converging) 노즐을 통과하며 가속된다. 그런데 수축 노즐에서 발생하는 최고 속도는 음속($M = 1$)이다. 그러므로 수축 노즐 이후에는 단면적이 다시 증가하도록, 즉 확산(diverging)하도록 노즐의 형태를 구성해야 한다. 따라서 **초음속 제트를 발생시키는 엔진의 노즐 형상은 수축부와 확산부가 연결된 수축-확산 노즐**(converging-diverging nozzle)이다.

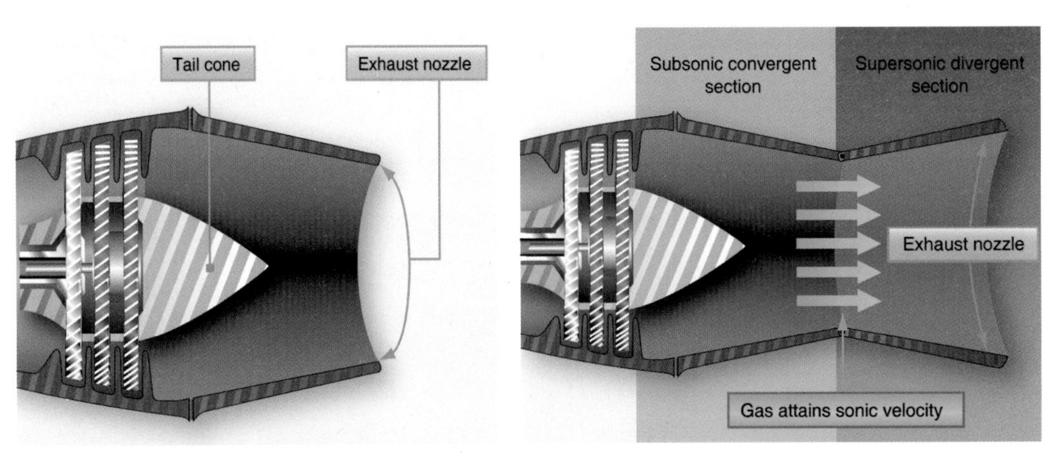

출처: Aviation Maintenance Technician Handbook – Powerplant, FAA–H–8083–32B, 2023

터보제트(turbojet)엔진에 구성되는 수축 노즐(왼쪽)과 수축–확산 노즐(오른쪽). 수축부(convergent section)만 존재하는 노즐은 아음속(subsonic) 제트 여객기에 사용되고, 수축부와 확산부(divergent section)가 결합된 노즐은 초음속(supersonic) 제트 전투기에 주로 장착된다.

한국항공우주연구원(KARI)이 개발한 75톤급 로켓 엔진 노즐. 로켓의 엔진 노즐도 수축–확산 형태로 구성되는데, 높은 마하수의 제트를 발생시켜야 하는 만큼 매우 긴 확산부를 가진다. 즉 확산부의 길이가 증가할수록 확산부를 통하여 가속되는 제트의 속도(마하수)는 증가하게 된다.

[표 6-1]과 [그림 6-14]는 수축-확산 노즐 내부에서 발생하는 유동의 상태량 변화를 보여준다. 아음속 유동의 속도는 유동이 지나는 통로의 단면적에 반비례한다. 따라서 연소실에서 발생한 연소가스, 즉 **아음속 제트가 단면적이 감소하는 노즐의 수축부로 들어가면 제트의 속도는 증가**하고, 노즐에서 가장 단면적이 좁은 **노즐목**(nozzle throat)**에서 음속**($M = 1$)**에 도달한다.** 그리고 압력(정압)은 속도에 반비례하므로 **수축부에서의 유동압력은 감소한다. 제트가 노즐목에서 음속에 도달한 상태로 노즐의 확산부에 들어가면 속도는 면적에 비례하여 증가하므로 초음속**($M > 1$)**에 이르게 되며, 확산부를 거치면서 제트의 속도는 더욱 가속**된다. 또한, 압력은 아음속과 초음속 관계없이 항상 속도에 반비례하므로 **확산부에서 압력은 감소**한다.

[표 6-1] 수축-확산 노즐에서의 유동 상태량 증감(노즐목에서 M=1의 경우)

유동 상태량	수축부 (converging section)	노즐목 (nozzle throat)	확산부 (diverging section)
면적(A)	감소	변화 없음	증가
속도(V, M)	증가($M < 1$)	$M = 1$	증가($M > 1$)
정압(p)	감소	변화 없음	감소

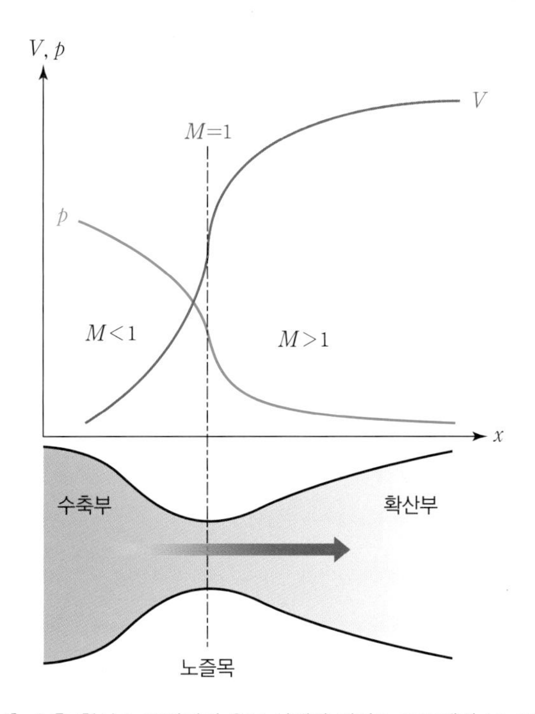

[그림 6-14] 수축-확산 노즐에서의 유동 상태량 변화(노즐목에서 M=1의 경우)

하지만 [표 6-2]와 [그림 6-15]에 나타낸 바와 같이 수축부를 지난 제트가 노즐목에서 음속에 도달하지 못하는 경우($M < 1$)가 있을 수 있다. 즉, 연소실과 노즐 출구의 압력차가 증가할수록 노즐을 통과하는 유동의 속도가 빨라지는데, 압력차가 충분하지 못하면 **유동이 노즐목에서 음속까지 가속되지 못한 상태로 확산부로 들어가게 된다.** 그리고 아음속 유동의 속도는 면적에 반비례하므로 면적이 증가하는 **확산부에 들어간 아음속 제트의 속도는 다시 느려지고 제트의 압력은 다시 증가**한다. 그러므로 수축-확산 노즐은 항상 초음속을 발생시키는 것은 아니며, **초음속 유동을 발생시키는 조건은 노즐목에서 음속(M=1)에 도달하는 것**이다.

[표 6-2] 수축-확산 노즐에서의 유동 상태량 증감(노즐목에서 $M < 1$의 경우)

유동 상태량	수축부 (converging section)	노즐목 (nozzle throat)	확산부 (diverging section)
면적(A)	감소	변화 없음	증가
속도(V, M)	증가($M < 1$)	$M < 1$	감소($M < 1$)
정압(p)	감소	변화 없음	증가

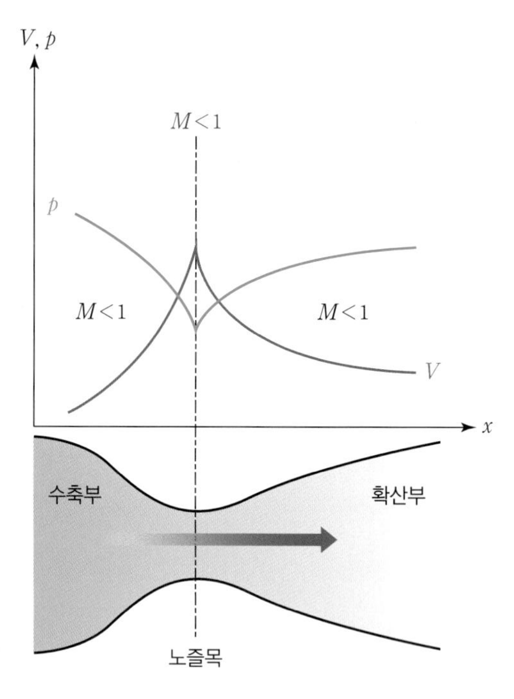

[그림 6-15] 수축-확산 노즐에서의 유동 상태량 변화(노즐목에서 $M < 1$의 경우)

전시를 위하여 양쪽 노즐 상태를 다르게 설정한 Boeing F-15E 전투기의 Pratt & Whitney F100-PW-220 엔진의 가변 노즐(위쪽). 초음속($M > 1$) 제트를 발생시키는 노즐은 단면적이 수축(converging)하였다가 다시 확산(diverging)하는 형태이고(아래 왼쪽), 아음속($M < 1$) 또는 음속($M = 1$)의 제트는 수축 형상의 노즐을 통하여 발생한다(아래 오른쪽).

6.8 극초음속 유동

비행체가 음속의 5배 이상, 즉 $M > 5$의 **속도로 비행하면 충격파 강도의 증가와 비행체 표면의 경계층 온도의 급증으로 공기의 화학적 변화와 같은 초음속 영역에서 나타나지 않는 현상들이 발생하기 때문에 극초음속**(hypersonic)으로 분류한다. [그림 6-16]은 날카로운 비행체가 초음속과 극초음속으로 비행할 때 비행체 표면에 형성되는 충격파와 경계층 변화의 예시를 보여주고 있다. 경계층(boundary layer)은 점성이 있는 공기입자가 비행체의 표면을 흐를 때 마찰력 때문에 속도가 감소하는 영역이다. [그림 6-16(a)]와 같이 초음속($M > 1$)으로 비행하면 비행체의 앞쪽에서 경사 충격파가 발생하지만, 경사 충격파와 비행체 표면의 경계층 사이는 일정 거리가 존재한다.

하지만 마하수가 증가하면 경사 충격파의 강도가 증가하고 각도는 감소한다. [그림 6-16(b)]와 같이 비행체가 $M > 30$의 매우 높은 극초음속으로 비행하면 경사 충격파는 매우 강력해지고, 충격파의 각도가 급감하여 충격파가 비행체 표면 근처까지 접근한다. 그리고 충격파의 강도 증가는 충격파 이후 유동의 온도와 비행체 표면의 온도를 높인다. 이에 따라 경계층 내부 유동의 온도(T)는 증가하는데, 경계층 내부 압력(p)이 일정하다면 이상기체 상태방정식($p = \rho RT$)에 의하여 경계층 내부의 유동밀도(ρ)는 감소한다. 그리고 경계층 내부 밀도가 감소한다는 것은 경계층의 부피 또는 두께가 증가함을 의미한다. 따라서 극초음속으로 비행하는 비행체 표면의 경계층 두께는 초음속으로 비행하는 경우와 비교하여 훨씬 두꺼워진다.

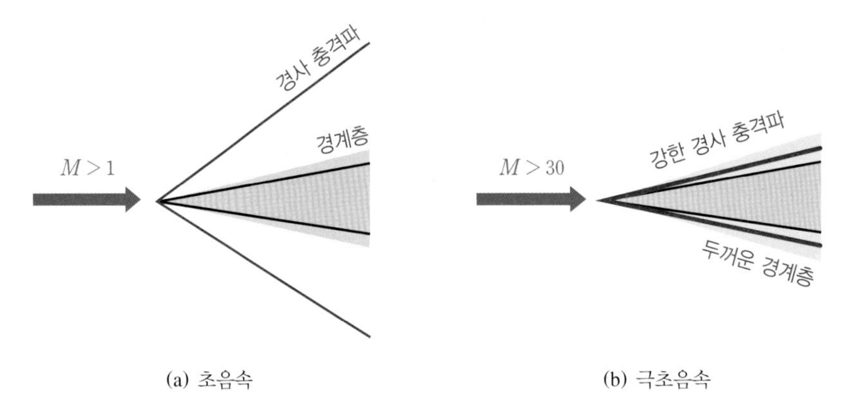

[그림 6-16] 초음속과 극초음속에서의 충격파와 경계층의 변화

그러므로 극초음속 비행체에서 발생하는 강하고 각도가 작은 경사 충격파는 비행체 표면에서 두껍게 발달한 경계층 내부로 들어가게 된다. 그리고 공기입자 간 점성과 비행체 표면과의 마찰 때문에 온도가 높은 경계층 내부는 강력한 충격파와 반응, 온도가 급증하여 수천 K 이상의 고온에 이르게 된다. 이에 따라 경계층 내부 공기입자들은 매우 강하게 진동하고, 그 결과 공기의 질소 및 산소 분자가 질소 및 산소 원자로 분리되는 해리(dissociation), 그리고 질소 및 산소 원자에서 전자가 방출되는 전리(ionization) 등의 화학적 반응이 발생한다. 이러한 현상이 비행체의 양력과 항력에 영향을 주어 공기역학적 특성이 변화하고, $\gamma = 1.4$인 공기의 비열비가 변화하기도 한다. 하지만 극초음속 비행의 가장 중요한 특징은 수천 K 이상의 경계층 열에너지가 비행체 표면으로 전달되어 표면의 온도를 높이는 것이다. 이를 공력가열(aerodynamic heating)이라고 일컫는데, 극초음속 비행체의 형상과 재료는 이러한 공력가열에 대응하도록 설계 및 제작되어야 한다.

극초음속으로 비행하기 위해서는 엔진의 형태도 특별히 고안되어야 한다. 극초음속 미사일과 같은 발사체는 공기의 흡입 없이 기체 내부의 추진제(propellent)를 연소하여 추진하는 로켓엔진으로 비행한다. 로켓 엔진의 단점은 추진제 용량의 제한으로 연소 시간이 짧아 장시간 비행할 수 없다는 것이다. 따라서 공기를 흡입하여 연료와 함께 연소시켜 추력을 지속적으로 발생시키는 엔진을 탑재해야 한다.

[그림 6-17]은 스크램제트엔진을 장착한 극초음속 항공기의 예시이다. **충격파를 거치면 유동의 압력이 증가하는데, 이 현상을 엔진의 추력 발생에 이용하는 엔진을 램제트**(ramjet)**엔진**이라 한다. 그리고 **초음속 유동이 연소실로 들어가서 연소하는 램제트엔진을 스크램제트**(supersonic combustion ramjet, scramjet)**엔진**이라고 한다. 그림과 같이 극초음속 비행을 할 때 항공기 기수에서 강한 충격파가 발생하면 이를 거쳐 엔진으로 들어오는 공기의 압력을 높인다. 이렇게 발생한 고압유동은 연소실에서 연료와 함께 연소하여 강한 제트가 되어 지속적으로 추력을 발생시킨다. 충격파를 이용하여 흡입되는 공기의 압력을 높인다면 공기를 가압하는 엔진의 압축기(compressor)와 압축기를 회전시키는 터빈(turbine)을 장착하지 않아도 된다. 비행 속도가 높아질 때 일반 제트엔진의 압축기에서 급증하는 항력과 압축기의 깃끝 실속은 극초음속 비행을 제한하는 요소이다. 하지만 스크램제트엔진은 압축기가 생략됨으로써 이러한 문제가 없기 때문에 극초음속 항공기에 가장 적합한 엔진으로서 연구와 개발이 활발히 진행 중이다.

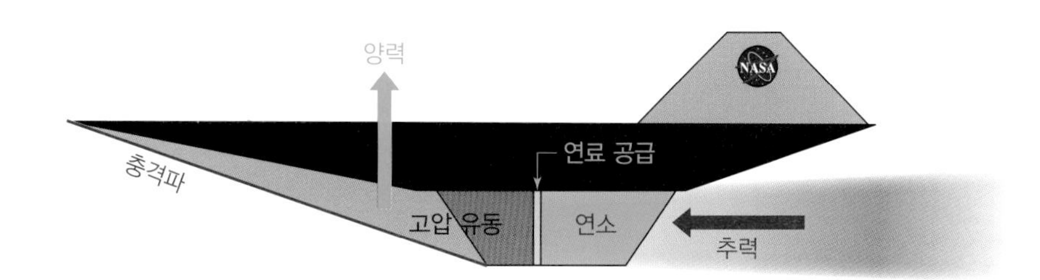

[그림 6-17] 극초음속 항공기의 스크램제트엔진의 추력 발생

그뿐만이 아니라, 극초음속 항공기의 기수로부터 동체 아래쪽으로 발생하는 경사충격파로 인하여 동체 아랫면에 고압부가 형성된다. 그리고 동체 위와 아랫부분의 압력차 때문에 양력이 발생한다. 즉, 그림의 극초음속 항공기는 날개를 지나는 공기 유동의 속도차에 의한 압력차가 아니라 동체에서 발생하는 충격파에 의한 압력차로 비행을 한다.

Photo: DARPA

극초음속 영역에서 발생하는 여러 가지 현상을 연구하기 위하여 개발된 Lockheed Martin HTV-2(Hypersonic Technology Vehicle 2)의 개념도. 2010년 로켓에 실려 발사되어 대기권 외부 고도 160km에서 로켓에서 분리되어 최고 속도 $M = 22$로 대기권에 재진입하여 활공 비행하였다. 해당 비행체는 극초음속에서 양항비가 높은 형상으로 디자인되었고, 공력 가열에 의한 기체 손상을 방지하기 위하여 열전달률이 낮은 복합소재로 제작되었다. 이러한 극초음속 활공 비행체는 빠른 속도로 낙하하며 경로 변경도 가능하여 요격하기 매우 어렵다는 점 때문에 차세대 전략무기로 개발되고 있다.

- **음파**(sound wave) **또는 압력파**(pressure wave) : 소리 또는 물체의 움직임이 공기입자에 압력을 가하여 진동시키면 진동이 일정한 파형(wave)을 형성하며 음속으로 전파되는 현상이다.
- **마하파**(Mach wave) : 항공기가 초음속($M > 1$)으로 비행할 때 항공기로부터 발생하는 수많은 음파에 의하여 형성되는 원뿔(cone) 형태의 경계를 말한다.
- **마하각**(Mach angle, θ) : $\theta = \sin^{-1}\dfrac{a}{V} = \sin^{-1}\dfrac{1}{M}$

  (a: 음속, V: 비행속도, M: 마하수)
- **충격파**(shock wave) : 항공기 또는 물체가 초음속으로 비행할 때 수많은 음파(압력파)가 일정한 경계를 기준으로 중첩되어 형성되는 강력한 마하파를 충격파라고 한다.
- **충격파 전후 유동의 상태량 변화** : 등엔트로피 과정을 적용할 수 없다.

  – 속도 감소: $V_1 > V_2$
  – 마하수 감소: $M_1 > M_2$
  – 밀도 증가: $\rho_1 < \rho_2$
  – 온도 증가: $T_1 < T_2$
  – 압력 증가: $p_1 < p_2$
  – 전압 감소: $p_{t1} > p_{t2}$
  – 전온도 일정: $T_{t1} = T_{t2}$
- 충격파의 강도는 물체의 경사가 클수록 그리고 충격파 앞 초음속 유동의 마하수가 클수록 증가한다.
- 충격파의 각도가 증가하여 수직에 가까울수록 충격파 이후 유동의 압력(정압), 밀도, 온도의 증가폭이 크고, 속도 및 마하수의 감소폭이 크다. 따라서 수직 충격파(normal shock)가 경사 충격파(oblique shock)보다 강도가 크다.
- 높은 마하수의 초음속($M > 1$) 유동도 수직 충격파를 통과하면 아음속($M < 1$)으로 속도가 급감한다.
- Rayleigh **피토관 공식** : $\dfrac{p_{t2}}{p_1} = \left[\dfrac{(\gamma+1)^2M^2}{4\gamma M^2 - 2(\gamma-1)}\right]^{\frac{\gamma}{\gamma-1}} \dfrac{1-\gamma+2\gamma M^2}{\gamma+1}$

  (p_{t2}: 충격파 이후 전압, p_1: 충격파 이전 정압, γ: 비열비)
- **팽창파**(expansion wave) : 초음속 유동이 내리막 경사를 만나면 유동이 통과하는 면적이 증가함에 따라 초음속 유동이 팽창하며 분산되는 무수히 많은 음파 또는 압력파이다.
- **팽창파 전후 유동의 상태량 변화** : 등엔트로피 과정을 적용할 수 있다.

  – 속도 증가: $V_1 < V_2$
  – 마하수 증가: $M_1 < M_2$

- 밀도 감소: $\rho_1 > \rho_2$
- 온도 감소: $T_1 > T_2$
- 압력 감소: $p_1 > p_2$
- 전압 일정: $p_{t1} = p_{t2}$
- 전온도 일정: $T_{t1} = T_{t2}$

- **다이아몬드형 날개 단면**(diamond airfoil): 초음속 영역에서 앞전에는 약한 경사 충격파를 발생시키고 최대 두께 부분에서는 팽창파를 형성하여 초음속 유동이 박리되지 않고 비교적 안정적인 비행이 가능한 날개 단면으로서, 받음각이 있는 경우에는 윗면과 아랫면의 충격파 강도의 차이에 따라 압력차가 발생하여 양력이 증가한다.

- **충격파 다이아몬드**(shock diamond): 초음속 제트 경계면 안에서 충격파와 팽창파가 교차하여 반복적으로 발생하면 밝은 부분과 어두운 부분이 다이아몬드 형태로 반복하여 나타나는 현상을 말한다.

- **면적-속도 관계식**: $\dfrac{dA}{dV} = \dfrac{A}{V}(M^2 - 1)$ (A: 유동의 통과 면적)

  - 아음속($M < 1$) 유동의 속도는 면적에 반비례$\left(\dfrac{dA}{dV} < 0\right)$
  - 초음속($M > 1$) 유동의 속도는 면적에 비례$\left(\dfrac{dA}{dV} > 0\right)$

- **수축-확산 노즐**(converging-diverging nozzle): 초음속 제트를 발생시키기 위하여 수축부와 확산부가 연결된 형태의 노즐

- 수축-확산 노즐의 수축부를 흐르는 아음속($M < 1$) 유동의 속도(마하수)는 면적에 반비례하므로 속도가 증가하여 노즐목에서 음속에 도달($M = 1$)한다. 음속 이상의 유동속도(마하수)는 면적에 비례하므로 확산부에서는 유동이 초음속($M > 1$)으로 가속되고, 속도와 반비례하는 압력(정압)은 감소한다.

- 만약 유동이 노즐목에서 음속에 도달하지 못하여($M > 1$) 아음속으로 확산부를 통과하는 경우에는 속도(마하수)는 면적에 반비례하므로 다시 감소하고, 압력(정압)은 증가한다.

- **극초음속**(hypersonic): 비행체가 음속의 약 5배 이상, 즉 $M > 5$의 속도로 비행하면 충격파의 강도 증가와 비행체 표면의 경계층 온도 급증으로 공기의 화학적 변화 등 초음속 영역에서 나타나지 않는 현상들이 발생하는 속도영역을 말한다.

01 항공기가 초음속으로 비행할 때 항공기로부터 발생하는 수많은 음파에 의하여 형성되는 원뿔(cone) 형태의 경계를 일컫는 것은?

① P파(primary wave)
② 마하파(Mach wave)
③ 압력파(pressure wave)
④ 팽창파(expansion wave)

해설 마하파(Mach wave)는 항공기가 초음속($M > 1$)으로 비행할 때 항공기로부터 발생하는 수많은 음파에 의하여 형성되는 원뿔(cone) 형태의 경계를 말한다.

02 마하각(Mach angle, θ)을 바르게 정의한 것은? (단, a: 음속, V: 속도, M: 마하수)

① $\theta = \cos^{-1}\dfrac{V}{a}$

② $\theta = \cos^{-1}\dfrac{1}{M}$

③ $\theta = \sin^{-1}\dfrac{V}{a}$

④ $\theta = \sin^{-1}\dfrac{1}{M}$

해설 마하각은 $\theta = \sin^{-1}\dfrac{a}{V} = \sin^{-1}\dfrac{1}{M}$로 정의한다.

03 팽창파(expansion wave)를 거친 후 증가하는 유동의 상태량은?

① 마하수(M) ② 밀도(ρ)
③ 온도(T) ④ 압력(정압, p)

해설 팽창파를 지나면서 유동의 밀도, 온도, 압력(정압)은 감소하지만, 속도와 마하수는 증가한다.

04 팽창파(expansion wave)를 거친 후 증감의 변화가 없는 유동의 상태량은?

① 속도(M) ② 밀도(ρ)
③ 온도(T) ④ 전압(p_t)

해설 팽창파 전후 유동의 전압(p_t)은 일정하다.

05 충격파(shock wave)를 거친 후 감소하는 유동의 상태량은?

① 밀도(ρ)
② 속도(V)
③ 온도(T)
④ 압력(정압, p)

해설 충격파 이후 유동의 속도와 마하수는 충격파 이전보다 감소하고, 밀도, 온도, 압력(정압)은 증가한다.

06 다음 중 마하각(Mach angle) 변화에 직접적 영향이 가장 적은 것은?

① 고도
② 비행속도
③ 레이놀즈(Reynolds)수
④ 대기온도

해설 마하각은 $\theta = \sin^{-1}\dfrac{a}{V} = \sin^{-1}\dfrac{\sqrt{\gamma RT}}{V}$로 정의하므로, 고도에 따른 대기의 온도($T$)와 비행속도($V$)에 직접적인 영향을 받는다.

07 일정 고도에서 비행기가 600 m/s의 속도로 초음속 비행 중일 때 마하파(Mach wave)의 각도가 θ=30°이다. 해당 고도에서의 음속에 가장 가까운 것은? (단, 공기의 비열비: $\gamma = 1.4$, 공기의 기체상수: $R = 287\,\text{J/kg}\cdot\text{K}$)

① 300 m/s
② 519 m/s
③ 692 m/s
④ 1,200 m/s

해설 마하각은 $\theta = \sin^{-1}\dfrac{a}{V} = \sin^{-1}\dfrac{1}{M}$로 정의하므로, $\sin\theta = \dfrac{a}{V}$이고 음속은 $a = V\sin\theta$로 나타낼 수 있다. 따라서 주어진 조건에서의 음속은 $a = V\sin\theta = 600\,\text{m/s} \times \sin 30° = 300\,\text{m/s}$이다.

정답 1. ② 2. ④ 3. ① 4. ④ 5. ② 6. ③ 7. ①

08 다이아몬드형 날개 단면(diamond airfoil)에서 나타나는 현상으로 가장 거리가 먼 것은?

① 초음속 비행을 할 때 날카로운 앞전에서 약한 경사 충격파가 형성된다.
② 초음속 비행을 할 때 최대 두께 부분인 모서리에서는 팽창파가 형성된다.
③ 초음속 비행을 할 때 양(+)의 받음각이 있는 경우에는 양력이 감소한다.
④ 저속으로 비행할 때는 유동박리가 발생할 수 있다.

해설 초음속으로 비행 중인 다이아몬드형 날개 단면에 받음각이 있는 경우에는 윗면과 아랫면의 충격파 강도의 차이에 따라 압력차가 발생하여 양력이 증가한다.

09 유동이 통과하는 단면적의 크기와 유동속도의 관계를 가장 바르게 설명한 것은?

① 단면적이 크면 속도가 증가한다.
② 단면적이 작으면 속도가 증가한다.
③ 단면적의 크기와 속도는 무관하다.
④ 단면적의 크기와 속도의 관계는 음속보다 느리냐 또는 빠르냐에 따라 다르다.

해설 단면적의 크기와 속도의 관계는 음속보다 느리냐 또는 빠르냐에 따라 다르다. 즉 아음속($M < 1$) 유동의 속도는 면적에 반비례$\left(\frac{dA}{dV} < 0\right)$하고, 초음속($M > 1$) 유동의 속도는 면적에 비례$\left(\frac{dA}{dV} > 0\right)$한다.

10 다음 중 초음속($M > 1$) 유동을 발생시킬 수 있는 노즐 형태는?

① 수축 노즐
② 확산 노즐
③ 수축-확산 노즐
④ 확산-수축 노즐

해설 수축-확산 노즐(converging-diverging nozzle)은 초음속 제트를 발생시키기 위하여 수축부와 확산부가 연결된 형태의 노즐이다.

11 수축-확산 노즐의 확산부(diverging section)에 대한 설명 중 사실과 다른 것은? (단, 노즐목에서 유동의 속도는 음속에 도달한다.)

① 단면적(A)이 증가하는 형태이다.
② 통과하는 유동의 압력(정압, p)이 증가한다.
③ 통과하는 유동의 속도(V)가 증가한다.
④ 통과하는 유동의 마하수(M)가 증가한다.

해설 노즐목에서 음속에 도달하는 경우($M = 1$), 수축-확산 노즐의 확산부를 통과하는 유동의 속도(마하수)는 면적에 비례하여 초음속으로 가속하고, 속도에 반비례하는 압력(정압)은 감소한다.

12 다음 중 극초음속(hypersonic)의 속도 영역을 가장 바르게 나타낸 것은?

① $M < 1$
② $M > 1$
③ $0.8 < M < 1.2$
④ $M > 5$

해설 극초음속(hypersonic)은 비행체가 $M > 5$의 속도로 비행하면 충격파 강도의 증가와 비행체 표면의 경계층 온도의 급증으로 공기가 화학적으로 변화하는 등 초음속 영역에서 나타나지 않는 현상들이 발생하는 속도 영역을 말한다.

13 다음 중 유체의 흐름이 있는 수축 노즐에서 유동의 속도에 따른 상태 변화의 설명으로 옳은 것은? [항공산업기사 2021년 3회]

① 비압축성 유동에서 속도는 감소된다.
② 비압축성 유동에서 온도, 밀도는 일정하다.
③ 압축성 유동에서 압력은 감소된다.
④ 압축성 유동에서는 충격파가 생기지 않는다.

정답 8. ③ 9. ④ 10. ③ 11. ② 12. ④ 13. ②

해설 아음속($M<1$) 유동의 속도는 면적에 반비례$\left(\frac{dA}{dV}<0\right)$하고, 초음속($M>1$) 유동의 속도는 면적에 비례$\left(\frac{dA}{dV}>0\right)$한다. 따라서 아음속(비압축성) 유동이 면적이 감소하는 수축 노즐을 지날 때는 속도가 증가하고 압력(정압)은 감소한다. 반대로 초음속(압축성) 유동이 수축 노즐을 지날 때는 속도가 감소하고 압력(정압)은 증가한다.

14 그림과 같이 초음속 흐름에 쐐기형 에어포일 주위에 충격파와 팽창파가 생성될 때 각각의 흐름의 마하수(M)와 압력(p)에 대한 설명으로 옳은 것은? [항공산업기사 2019년 2회]

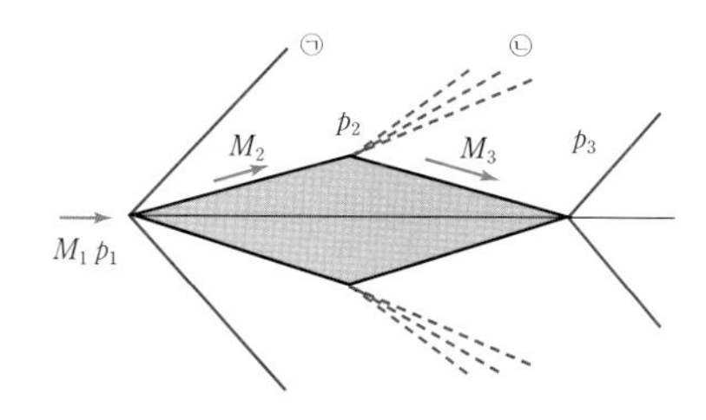

① ㉠은 충격파이며 $M_1 > M_2$, $p_1 < p_2$이다.
② ㉡은 충격파이며 $M_2 < M_3$, $p_2 > p_3$이다.
③ ㉠은 팽창파이며 $M_1 < M_2$, $p_1 > p_2$이다.
④ ㉡은 팽창파이며 $M_2 > M_3$, $p_2 < p_3$이다.

해설 ㉠은 충격파이며 이를 지나는 유동의 마하수(M)는 감소하고, 압력(정압, p)은 증가한다. 또한, ㉡은 팽창파이며 이를 지나는 유동의 마하수(M)는 증가하고, 압력(정압, p)은 감소한다.

15 수직 충격파 전후의 유동특성으로 틀린 것은? [항공산업기사 2017년 1회]

① 충격파를 통과하는 흐름은 등엔트로피 흐름이다.
② 수직 충격파 뒤의 속도는 항상 아음속이다.
③ 충격파를 통과하게 되면 급격한 압력상승이 일어난다.
④ 충격파는 실제적으로 압력의 불연속면이라 볼 수 있다.

해설 충격파 현상은 비가역과정이고, 따라서 등엔트로피 과정(isentropic process)이 아니므로 충격파 전후 유동에 대하여 등엔트로피 관계식을 적용할 수 없다.

정답 14. ① 15. ①

AERODYNAMICS

PART

3

양력과 항력

Chapter 7 양 력

Chapter 8 항 력

Principles of Aerodynamics

CHAPTER **07**

양력

7.1 항공기에 작용하는 4가지 기본 힘 | 7.2 중량 | 7.3 양력
7.4 양력의 발생원리 | 7.5 양력계수 | 7.6 실속

아음속(subsonic)으로 상승 중인 Lockheed Martin F-22 전투기의 날개와 동체 위에 나타난 수증기 응축 현상. 사진의 응축 현상은 초음속(supersonic) 비행 중 발생하는 팽창파(expansion wave)에 의한 것이 아니라, 높은 받음각에서 날개 위에 형성되는 와류(vortex) 때문에 나타난다. 수분이 많은 공기가 와류 형태로 흐르면 속도가 급증하고 압력과 온도가 급감하여 사진과 같이 응축되기도 한다. 항공기 날개 윗면의 낮은 압력은 양력(lift)을 증가시키는데, 사진의 저압부 응축 현상을 통하여 양력 분포의 형태를 관찰할 수 있다. 즉, 대부분의 양력은 날개의 뿌리 쪽에서 발생하고 날개 끝 방향으로 양력의 크기가 감소한다. 특히, F-22와 같이 날개와 동체의 구분이 모호하게 항공역학적으로 구성되면 동체에서도 양력이 발생하는데, 동체 부분에서도 나타나는 수증기 응축 현상이 이를 확인해 주고 있다.

7.1 항공기에 작용하는 4가지 기본 힘

항공기는 질량이 있는 물체이고, 항공기에 **중력이 작용하여 항공기의 무게, 즉 중량**(weight, W)이 정의된다. 그런데 항공기는 비행을 위한 기계이므로 **중력을 극복하고 항공기를 공중에 띄우려면 중량 이상의 양력**(lift, L)이 필요하다. 하지만 양력을 얻기 위하여 날개(wing) 또는 회전날개(rotor)가 공기를 가르며 **일정 방향으로 움직여야 하므로 그 방향으로 밀어주는 추력**(thrust, T)이 필요하다. 추력에 의하여 항공기가 대기 중에서 비행하면 공기입자가 항공기와 부딪히기 때문에 **추력과 반대 방향으로 항공기의 이동을 방해하는 힘**이 발생하는데, 이를 **항력**(drag, D)이라고 한다. [그림 7-1]은 항공기에 작용하거나 항공기에서 발생하는 4가지 힘을 보여주고 있다.

원활한 비행을 위하여 **양력은 최소한 중량만큼 만들어져야 하고, 추력은 최소한 항력만큼 발생**하여야 한다. **양력과 중량이 같은 경우**($L = W$) **항공기는 수평비행**(level flight)을 하며, **추력과 항력이 같을 때는**($T = D$) **등속비행**(steady flight)을 한다. **등속 및 수평**($L = W$, $T = D$) **비행을 순항비행**(cruise)이라고도 하는데, 실제 순항비행은 상승하여 목적지에 이르러 하강할 때까지 비교적 일정한 고도와 속도로 이동하는 비행단계라고 할 수 있다.

양력이 중량보다 클 때($L > W$) **항공기는 상승하거나 비행고도가 높아지고, 양력이 중량보다 작을 때**($L < W$)**는 비행고도가 낮아지거나 실속**(stall)하게 된다. 또한, **추력이 항력보다 클 때**($T > D$)**는 항공기는 시간이 지남에 따라 속도가 점점 증가하는 가속**(acceleration)을 하게 되고, 반대로 **추력이 항력보다 작으면**($T < D$) **속도가 점점 감소하는 감속**(deceleration)을 한다.

항공기의 중량이 증가하면 양력을 높여야 한다. 그런데 **양력이 높아지면 항력도 함께 증가**한다. 즉, 양력을 높이기 위하여 비행속도를 증가시키거나 날개의 면적을 늘리는 경우 항력도 커진다. 그리고 **항력이 증가하면 추력을 높여야 하므로 연료소모율이 증가**하여 항속성능이 감소한다. 항공사가 여객기 승객 수화물의 무게를 제한하거나 무게에 따라 항공 운임을 책정하는 이유가 여기에 있다.

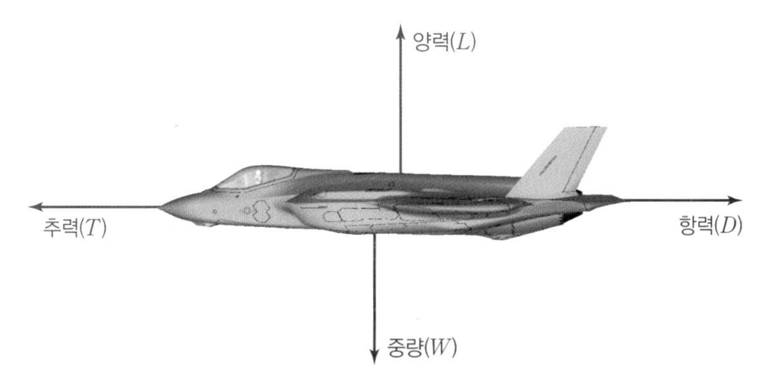

[그림 7-1] 항공기에 작용하는 4가지 힘

7.2 중량

중량(weight, W)은 말 그대로 **무게**이다. 물체를 지구 중심으로 잡아당기는 중력으로 중량이 발생하기 때문에 **중량은 질량**(m)과 **중력가속도**(g)**의 곱**으로 정의한다. 그러므로 중량은 질량과 가속도의 곱으로 정의되는 힘(force)과 같은 물리량이라고 할 수 있다. 항공기에 작용하는 4가지 기본 힘은 중력, 양력, 항력, 추력인데, 중력에 의하여 중량이 정의되기 때문에 중력과 중량이라는 용어는 구분 없이 사용하기도 한다. 양력, 항력, 추력의 방향은 항공기의 비행 방향과 상대풍의 방향 등에 따라 달라지지만, 중량의 방향은 항상 일정하다. 즉, 중량은 중력에 의하여 발생하기 때문에 **중량의 방향은 항상 지구 중심**을 향한다.

항공기의 무게 또는 중량을 나타낼 때 kgf 또는 ton으로 나타내는데, 1ton은 1,000kgf이다. 항공기의 중량은 기체 크기에 따라 매우 다양한데, 불과 수 그램에 지나지 않는 초소형 무인기부터 600ton이 넘는 대형 수송기도 있다.

Photo: FLIR Systems Inc.

왼쪽은 실전 배치된 초소형 정찰 무인 헬리콥터인 Black Hornet Nano로서 최대이륙중량이 0.016kgf에 지나지 않는다. 오른쪽은 최대이륙중량이 640,000kgf(640ton)가 넘는 세계 최대의 수송기 Antonov An-225이다.

7.3 양력

양력(lift, L)은 항공기의 중량, 즉 중력을 극복하며 항공기를 공중에 띄워 일정 고도에서 비행할 수 있게 하는 힘이다. 양력은 고정익기의 경우 동체에 부착된 날개(wing)에서 발생하고, 회전익기는 회전날개(rotor)의 회전에 의하여 발생한다. [그림 7-2]와 같이, 캠버(camber)가 있는 날개 단면(airfoil), 즉 날개 윗면이 위쪽으로 굽어진 날개 단면의 형상은 윗면이 볼록하고

(convex) 아랫면은 평편(flat)하다. 따라서 **날개 윗면을 흐르는 공기 유동의 속도는 아랫면보다 빠르다. 베르누이 방정식에 의하면 유동의 속도는 압력(정압)에 반비례하므로, 날개 윗면에는 대체로 아랫면보다 낮은 압력분포가 형성된다.** 그림에서는 대기압보다 낮은 압력을 편의상 날개 표면에서 위로 향하는 파란색 화살표로 표시하였고, 대기압보다 높은 압력을 날개 표면 쪽으로 향하는 빨간색 화살표로 나타내었다. 날개 윗면의 저압부와 아랫면의 고압부 사이의 압력차 때문에 날개 아랫면에서 윗면으로 향하는 힘이 발생하는데, 이 힘이 항공기에 작용하는 중력을 극복하고 항공기를 공중에 띄우는 양력이다.

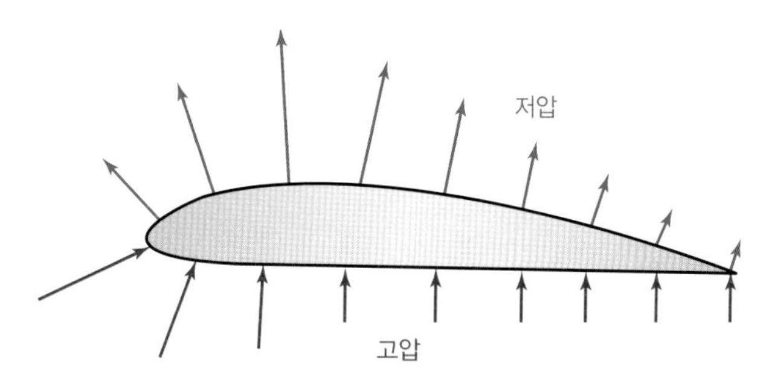

[그림 7-2] 캠버가 있는 날개 단면의 압력 분포

[그림 7-3]에서 볼 수 있듯이, 날개 윗면과 아랫면의 표면에 작용하는 압력뿐만 아니라 **날개 표면과 점성이 있는 공기입자들 사이의 마찰에 의한 전단응력**(shear stress)도 날개에서 발생하는 힘, 즉 양력과 항력에 영향을 준다. 압력은 날개 표면에 수직으로 작용하는 반면, 전단응력은 날개 표면과 나란한 방향으로 작용한다. 전단응력은 표면마찰항력의 주요 원인인데, 만약 날개 주위를 흐르는 유동을 비점성 유동(inviscid flow)으로 가정한다면 전단응력을 무시할 수 있고, 따라서 날개에서 발생하는 항력은 실제보다 작아지게 된다.

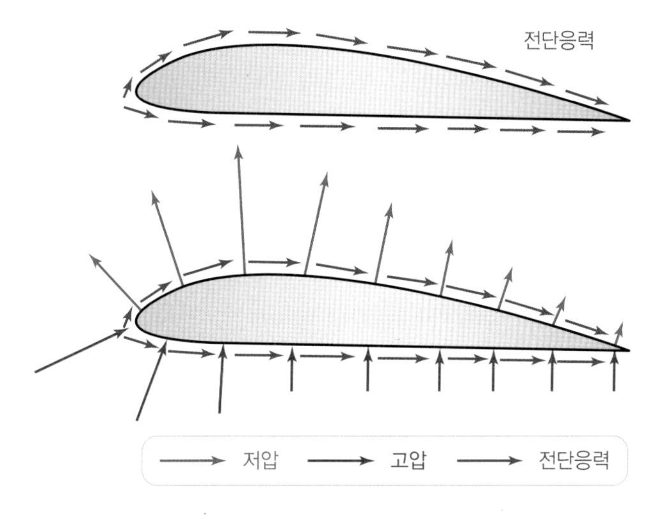

[그림 7-3] 날개 표면의 압력과 전단응력 분포

공기입자들이 있는 대기 속을 항공기가 일정 속도로 비행하면 공기입자들이 같은 속도로 날개와 항공기 표면에 부딪히게 된다. 즉, **상대풍**(relative flow)**의 속도는 날개에 부딪히는 공기입자가 속도인데, 이는 비행속도와 동일**하다고 할 수 있다. 또한, **상대풍의 방향은 항공기의 비행 방향과 반대이지만 나란**하다.

[그림 7-4]와 같이, **날개 표면의 압력 분포와 전단응력 분포를 상대풍의 방향, 즉 비행 방향을 기준으로 수직힘과 수평힘으로 정리한 것이 각각 양력과 항력**이다. 그러므로 **양력의 방향은 상대풍의 방향 또는 비행 방향에 대하여 수직**이고, **항력은 양력의 방향과 수직 또는 비행 방향과 평행한 방향**으로 작용한다. 그리고 그림에 나타낸 바와 같이, **날개 단면에서 발생하는 양력과 항력이 더해진 힘, 즉 합력**(resultant force)**이 시위선**(chord line) **위의 평균 지점에서 작용한다고 가정할 때 이 점을 압력중심**(center of pressure, *cp*)이라고 한다.

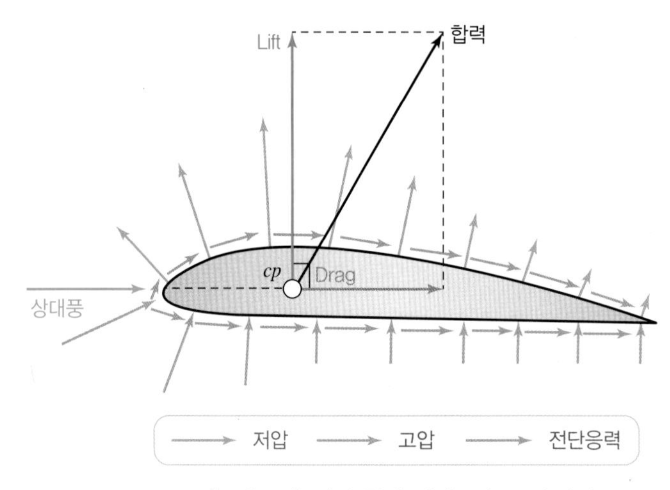

[그림 7-4] 양력, 항력, 압력중심(*cp*)의 정의

[그림 7-5]에서 볼 수 있듯이, **날개 단면의 시위선과 상대풍의 방향**(비행 방향) **사이의 각도를 받음각**(angle of attack, α)이라고 한다. **날개의 받음각이 증가하면 상대풍에 대하여 날개 윗면의 형상이 볼록해지는 것과 같은 효과가 발생**한다. 이에 따라 윗면을 지나는 유동의 속도가 증가하며 **날개 표면의 압력 분포가 변화하여 양력이 증가**하게 된다. 일반적으로 **압력중심**(*cp*)**의 위치는 받음각이 증가하면 날개의 전방으로 이동하고, 받음각이 감소하면 후방으로 후퇴**한다. [그림 7-5]와 같이 상대풍의 방향 및 날개 단면 시위선의 방향과 상관없이 양력은 항상 상대풍 또는 비행 방향에 수직으로 작용하고, 항력은 상대풍과 나란한 방향으로 나타난다. 또한 그림은 상대풍의 방향과 시위선의 방향은 변화하지만 받음각이 동일하며 압력중심의 위치도 동일한 경우를 보여주고 있다.

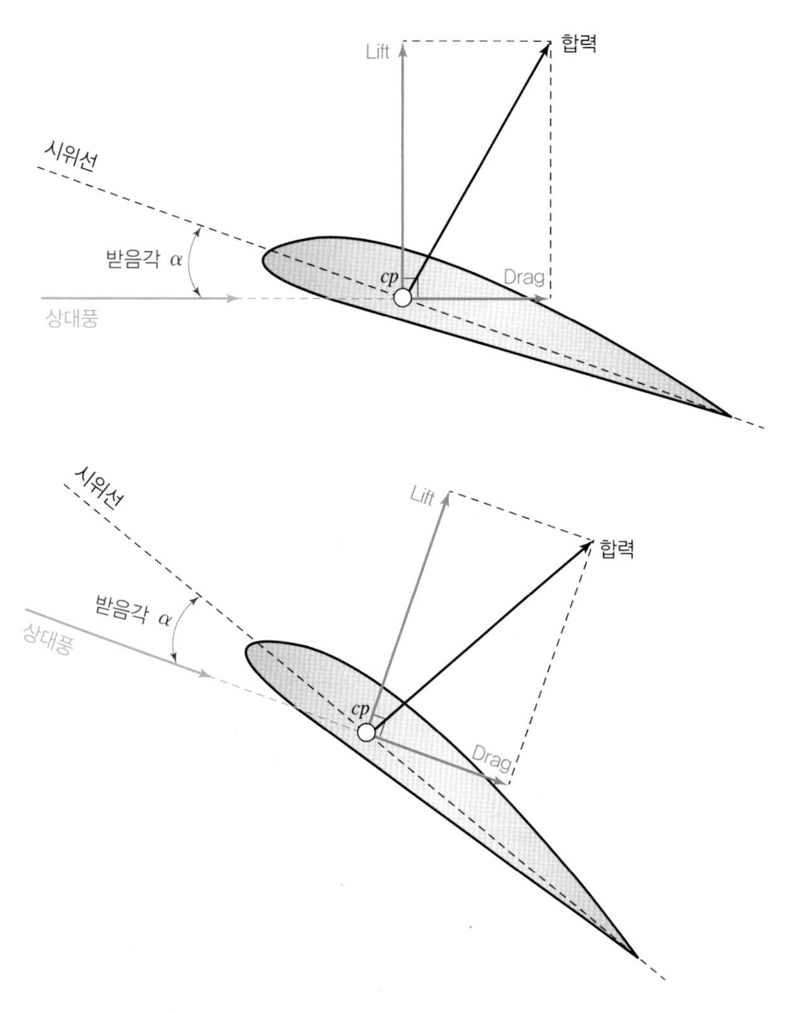

[그림 7-5] 받음각(α)의 정의와 양력과 항력의 방향

7.4 양력의 발생원리

앞서 살펴본 바와 같이, 날개 단면에 캠버가 있거나 받음각이 정의되면 양력이 발생한다. **캠버와 받음각은 날개 윗면과 아랫면을 지나는 유동의 속도 차이를 발생시키고, 이에 따라 날개 윗면의 표면과 아랫면의 표면에 압력과 전단응력의 차이가 나타나서 양력이라는 힘이 생긴다.** 즉, 양력은 날개 양쪽 표면을 흐르는 유동의 속도 차이에 따른 압력의 차이, 그리고 전단응력 차이 때문에 발생한다. 단, 유동의 속도 차이가 발생하는 이유를 설명하는 이론은 다양하게 존재하는데, 그 대표적인 내용은 다음과 같다.

(1) 유동의 이동거리 차이에 의한 양력 발생

캠버가 있는 날개 단면은 윗면의 곡률(curvature)이 커서 볼록하고, 아랫면의 곡률이 작은 평편한 형상이다. 날개가 대기 중을 비행하면 공기입자들이 날개 주위를 흘러 지나간다. 날개의 앞부분, 즉 앞전(leading edge)을 기준으로 일부 공기입자들은 날개 윗면을, 그리고 나머지 공기입자들은 날개 아랫면을 지난다. 그리고 [그림 7-6]과 같이, 날개 윗면과 아랫면을 지난 공기입자들은 날개 뒷전(trailing edge)에서 다시 만난다고 가정한다. 따라서 **곡률이 커서 이동거리가 긴 윗면을 지나는 공기의 입자들은 상대적으로 이동거리가 짧은 아랫면을 지나는 입자들보다 빠른 속도로 이동**해야 한다. 그러므로 날개 윗면을 지나는 유동의 속도는 아랫면보다 빨라진다. 베르누이 방정식을 통하여 이해할 수 있듯이, **높은 유동의 속도는 낮은 압력(정압)을 발생시키기 때문에 날개 윗면의 압력은 아랫면보다 낮고, 따라서 날개 윗면으로 향하는 힘, 즉 양력을 발생**시킨다.

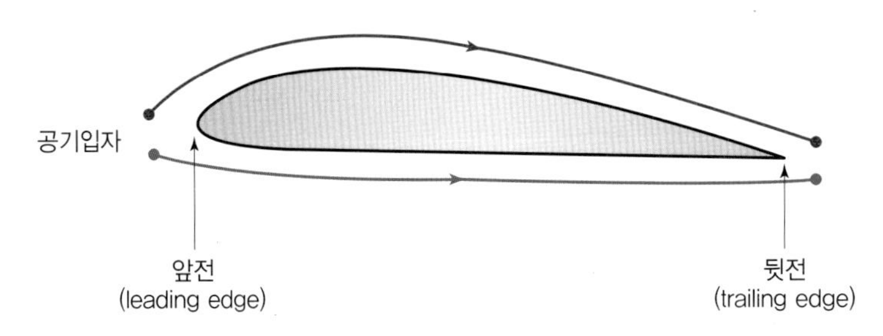

[그림 7-6] 날개 주위를 지나는 공기입자

$$\text{베르누이 방정식}: p_1 + \frac{1}{2}\rho V_1^2 = p_2 + \frac{1}{2}\rho V_2^2$$

하지만, 실험 또는 컴퓨터 시뮬레이션을 통하여 날개의 윗면과 아랫면을 지나는 공기입자들의 속도를 관찰해보면 **윗면을 지나는 공기입자의 속도는 실제로 매우 빨라서 날개 뒷전에서 동시에 만나지 않고 더 빨리 뒷전을 빠져나가는 것**을 확인할 수 있다. 따라서 뒷전에서 윗면과 아랫면을 흐르는 공기입자들이 동시에 만난다는 가정은 사실과 다르다.

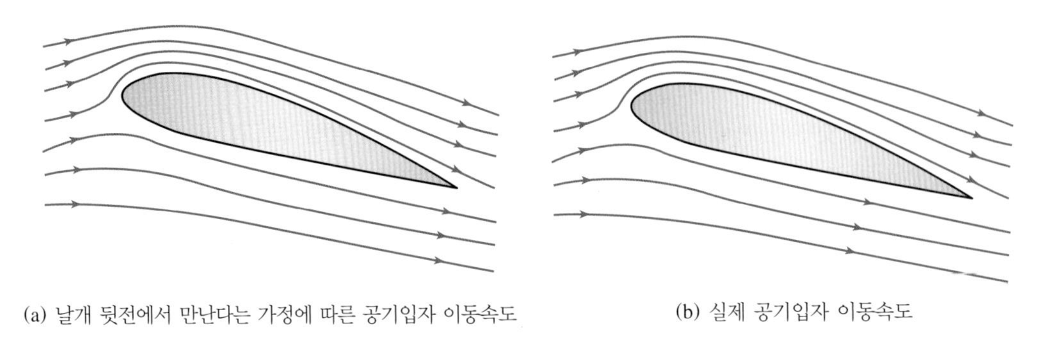

(a) 날개 뒷전에서 만난다는 가정에 따른 공기입자 이동속도 (b) 실제 공기입자 이동속도

[그림 7-7] 날개 주위를 지나는 공기입자 속도(단, 점성효과 및 경계층은 무시)

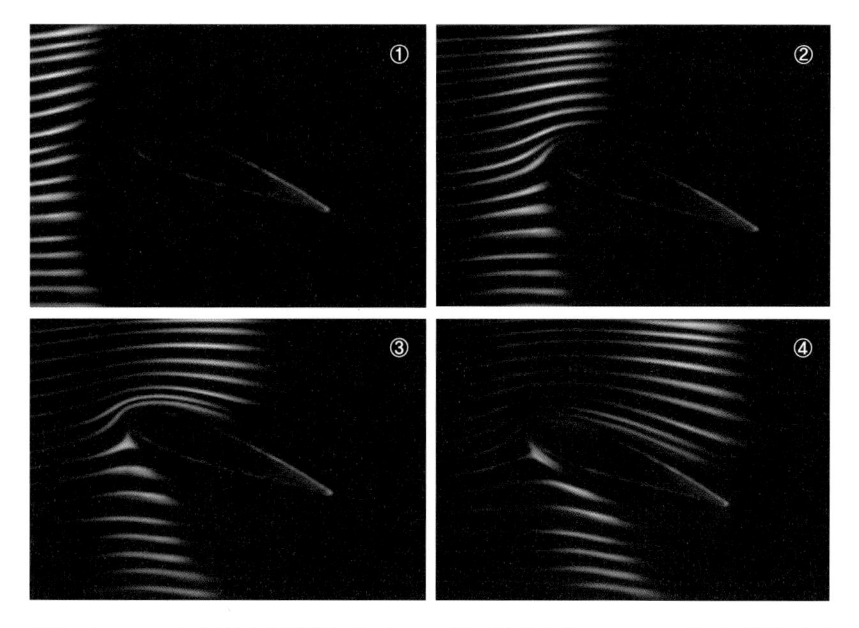

풍동(wind tunnel)에서 날개 주위를 흐르는 공기입자들의 유선(streamline)을 가시화한 사진. 일정 간격으로 연기(smoke) 입자를 발생시켜 공기입자와 섞이게 하고 날개 주위로 흘려보내면 사진과 같이 유선을 관찰할 수 있다. 날개의 윗면을 지나는 공기입자가 아랫면을 지나는 입자보다 더 빠른 속도로 이동하여 날개 뒷전을 먼저 빠져나가고 있다. 따라서 날개 윗면과 아랫면을 지나는 입자들이 날개 뒷전에서 다시 만난다는 가정은 사실이 아니다.

(2) 질량 보존의 법칙에 의한 양력 발생

질량 보존의 법칙(the law of conservation of mass)을 통하여 양력 발생을 설명할 수도 있다. 질량 보존의 법칙에서 도출되는 아음속 **연속방정식**(continuity equation)은 유동의 단면적(A)과 속도(V)는 반비례함을 설명한다. 즉, [그림 7-8]과 같이 날개 윗면과 아랫면의 형상과 곡률이 같은 대칭형 날개 단면(symmetrical airfoil)이 있다. 그리고 날개 단면의 주위에 임의의 경계(청색 점선)를 정의하고 날개 윗면과 아랫면을 지나는 공기 유동의 통로 단면적을 A라고 정의한다.

[그림 7-8(a)]와 같이 대칭형 날개에 받음각이 없는 경우에는 날개 위와 아랫부분을 지나는 유동의 통로 단면적이 동일하다. 따라서 날개 위와 아래를 지나는 유동의 속도와 압력이 같기 때문에 양력은 발생하지 않는다. 하지만 [그림 7-8(b)]에서 볼 수 있듯이, 대칭형 날개 단면에 받음각이 생기면 **날개 위를 지나는 유동의 통로 단면적은 감소하고, 날개 아래의 통로 단면적은 증가한다**($A_2 < A_2'$). **이에 따라 날개 윗면의 유동속도는 아랫면보다 빨라지고**($V_2 > V_2'$), **윗면의 압력은 감소하여**($p_2 < p_2'$) **양력이 발생**한다. 받음각이 증가할수록 날개 위와 아래의 통로 단면적의 차이가 증가하여 양력은 커지게 된다. 날개 윗면을 지나는 공기입자들이 아랫면의 공기입자들보다 더 높은 속도로 이동하여 먼저 뒷전을 빠져나가는 현상도 유동의 통로 면적 차이에 의한 속도 차이로 설명할 수 있다.

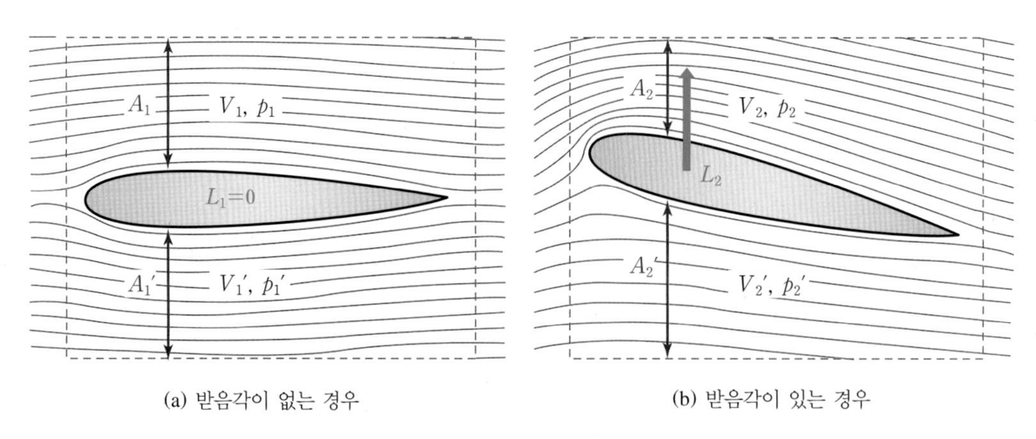

(a) 받음각이 없는 경우　　(b) 받음각이 있는 경우

[그림 7-8] 유동의 통로 단면적 차이에 의한 양력 발생(대칭형 날개 단면의 경우)

[그림 7-9]는 날개의 형상이 다른 경우이다. 받음각은 같지만 (a)의 경우는 날개 단면의 두께가 두껍고, 캠버가 없는 대칭형인 반면, (b)는 두께가 얇지만 캠버가 큰 경우이다. 따라서 (b)의 날개 단면의 위와 아랫부분 유동의 통로 면적 차이는 (a)의 날개 단면보다 현저히 크고, 따라서 (b)의 날개 단면에서 더 큰 양력이 발생한다($L_3 < L_4$).

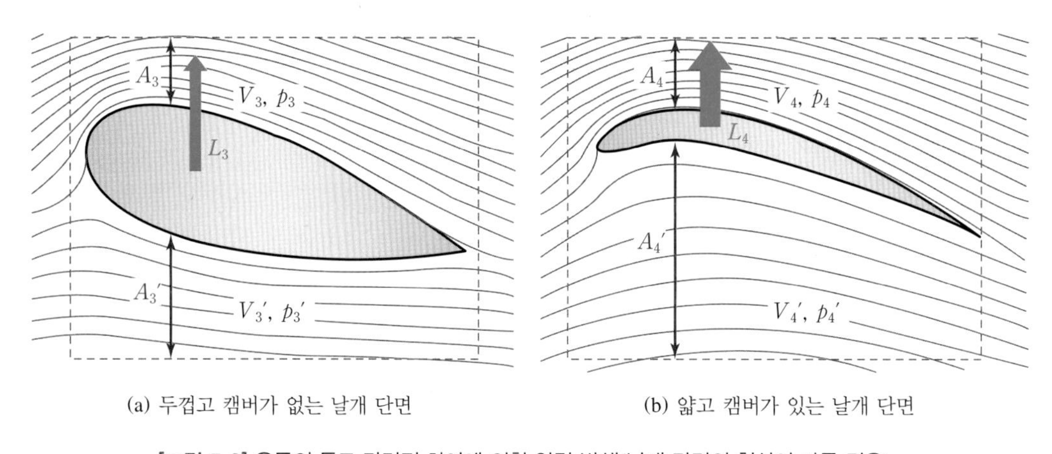

(a) 두껍고 캠버가 없는 날개 단면　　(b) 얇고 캠버가 있는 날개 단면

[그림 7-9] 유동의 통로 단면적 차이에 의한 양력 발생(날개 단면의 형상이 다른 경우)

(3) 유선의 곡률에 의한 양력 발생

물체가 원운동 또는 회전운동을 할 수 있도록 회전중심 쪽으로 작용하는 힘을 구심력(centripetal force)이라고 한다. 회전하는 물체가 이탈하지 않고 일정한 반지름을 그리며 회전한다면 회전중심 쪽으로 구심력이 물체를 당기고 있기 때문이다. 그런데 압력차에 의한 힘은 압력이 높은 쪽에서 낮은 쪽으로 작용한다. 그러므로 [그림 7-10]에서 볼 수 있듯이 구심력이 회전중심 쪽으로 작용하고 있다는 것은 회전중심에서 먼 쪽보다 회전중심에 가까운 쪽의 압력이 낮음을 뜻한다. 따라서 유체 입자들이 물체 표면의 곡률을 따라 휘어 흐르면 곡률 중심 쪽, 즉 볼록한 부분

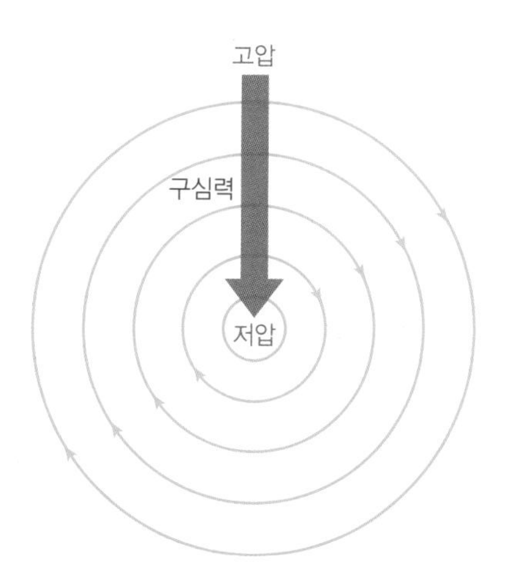

[그림 7-10] 유체 입자들의 회전과 압력차에 의한 구심력 발생

의 안쪽은 바깥쪽보다 압력이 낮다.

유선(streamline)**은 많은 수의 유체 입자들이 움직이는 순간을 포착했을 때 나타나는 유체의 이동경로**이다. 그러므로 공기입자들이 흐르는 날개 주위에는 다수의 유선이 나타나는데, 유선의 형태는 공기입자가 움직이는 모양을 나타낸다. 유체입자가 곡률이 있는 경로를 따라 흐르면 한쪽으로 볼록한 유선이 형성되는데, 앞서 언급한 바에 따르면, 곡률 중심 쪽은 바깥쪽보다 압력이 낮다. [그림 7-11(a)]와 같이 아래쪽으로 볼록한 유선이 나타나는 경우, 곡률 중심이 위치한 위쪽의 압력이 낮다. 반면에 [그림 7-11(b)]의 경우는 위쪽으로 유선의 곡률이 있기 때문에 아래쪽으로 갈수록 압력이 낮아진다. 그리고 곡률이 커서 유선이 많이 휘어질수록 곡률 중심 쪽으로 압력의 감소가 크다. 또한, [그림 7-11(b)]를 보면 유선 사이의 간격이 좁은데, 유선을 거치며 압력의 변화가 발생하므로 유선의 수가 많고 간격이 좁으면 그만큼 압력의 변화가 크다. 즉, [그림 7-11(b)]의 아랫부분은 압력이 매우 낮음을 짐작할 수 있다.

그러므로 날개 주위를 흐르는 유선의 형태와 압력의 변화로 날개에서 양력이 발생하는 이유

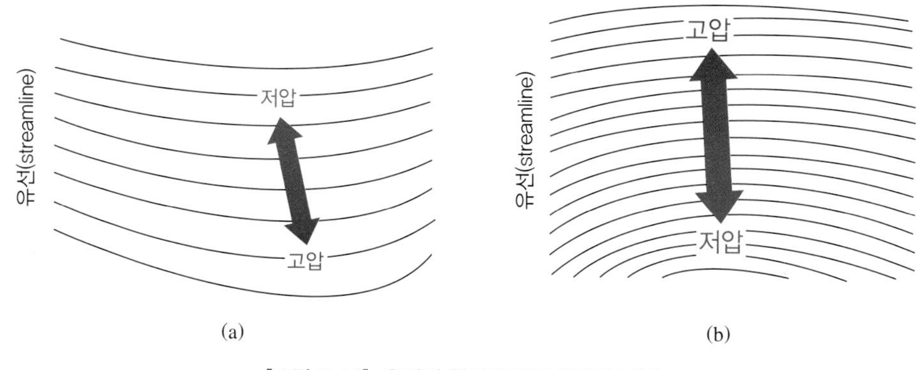

[그림 7-11] 유선의 형태에 따른 압력의 변화

를 설명할 수 있다. 즉, **날개 형상과 받음각으로 윗면과 아랫면에 형성되는 공기입자들의 유선에 곡률과 간격의 변화가 발생하고, 이에 따라 날개 윗면과 아랫면에 압력차, 즉 양력이 발생**한다. [그림 7-12]는 날개 단면의 형상에 따른 윗면과 아랫면의 압력 분포와 양력의 크기를 나타낸다. [그림 7-12(a)]는 대칭형 날개인데, 날개 윗면과 아랫면의 형상, 즉 곡률이 같기 때문에 윗면과 아랫면을 지나는 유선의 곡률이 같고, 따라서 압력의 크기가 같으므로 양력은 발생하지 않는다.

[그림 7-12(b)]는 대칭형 날개에 받음각이 있는 경우이다. 받음각 때문에 날개 윗면을 지나는 유선들의 곡률이 증가하고, 유선들 사이의 간격이 감소하면서 곡률 중심 쪽인 날개 윗면의 표면 압력은 아래쪽보다 낮아지고, 이러한 압력차로 인하여 양력이 발생한다. [그림 7-12(c)]는 두꺼운 날개 단면에 받음각이 있는 경우이다. 날개가 두꺼워지며 윗면의 유선은 위로 더욱 휘어지며 곡률이 증가한다. 이에 따라 날개 윗면의 압력은 더욱 감소하여 [그림 7-12(b)]의 날개 단면보다 더 큰 양력을 발생시킨다. [그림 7-12(d)]는 캠버가 큰 날개 단면의 경우를 보여준다. 윗면을 지나는 유선의 곡률과 간격은 [그림 7-12(c)]의 경우와 유사하다. 하지만 위쪽으로 굽어진 날개 아랫면의 형상 때문에 아랫면의 표면에 고압부가 형성된다. 그러므로 [그림 7-12(c)]의 날개 단면보다 더 큰 압력차가 나타나고, [그림 7-12]에 제시된 4가지 날개 단면의 형상 중 가장 큰 양력을 발생시킨다.

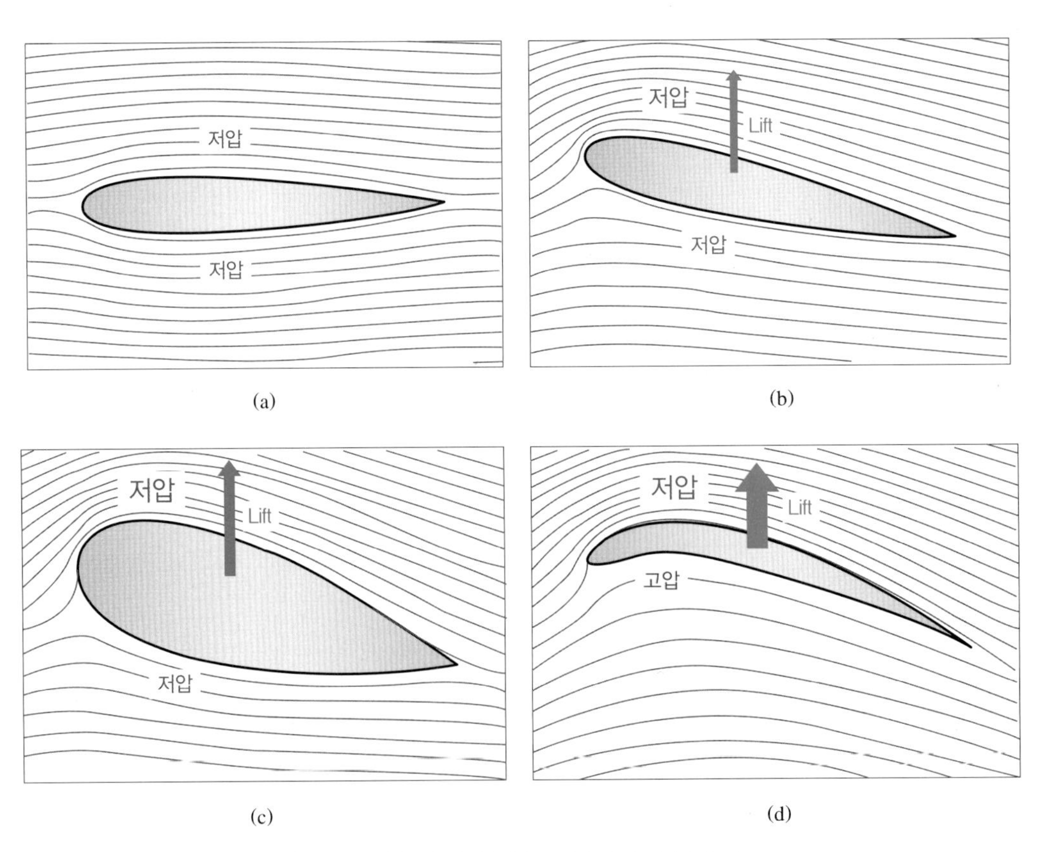

[그림 7-12] 날개 단면 형상에 따른 압력 및 양력의 변화

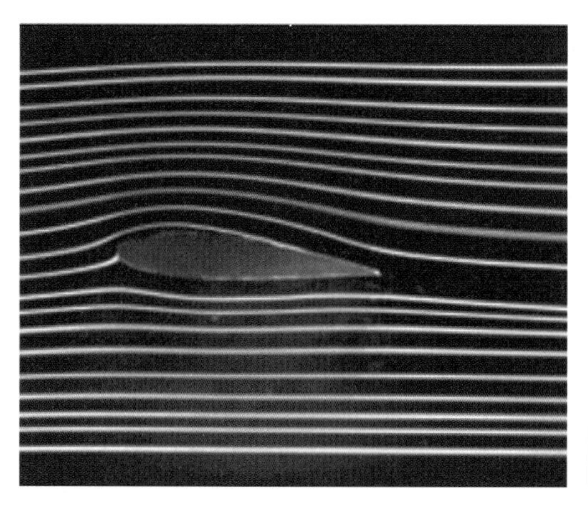
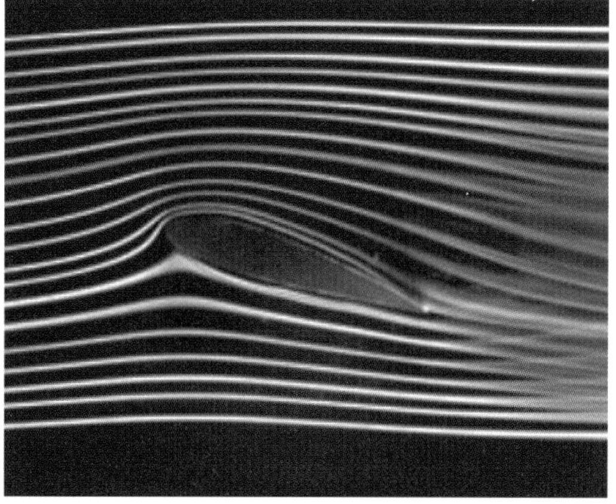

출처: Babinsky H., *How Do Wings Work*, Physics Education, 2003.

풍동(wind tunnel)에서 날개 주위를 흐르는 공기입자들의 유선(streamline)을 가시화한 사진. 오른쪽 사진과 같이 날개 받음각을 높이면 날개 윗면을 지나는 유선들의 곡률이 커지고 간격이 좁아지는데, 이는 압력이 크게 감소하여 양력이 증가함을 의미한다.

배면비행(inverted flight) 중인 Lockheed Martin F-16C 전투기(왼쪽)와 Extra EA-300 공중곡예기(aerobatic aircraft)(오른쪽). 배면비행 중에는 날개의 윗면이 지상 쪽으로 향하고, 아랫면은 하늘 쪽으로 향하기 때문에 윗면의 곡률이 큰 날개 단면을 가진 비행기는 지상 쪽으로 양력을 발생시킨다. 따라서 배면비행 중에도 기수가 하늘 쪽으로 향하도록 받음각(α)을 증가시켜 날개 윗면보다 아랫면에서 빠른 유동속도와 낮은 압력을 발생시켜 하늘 쪽으로 향하는 양력을 만들어 내지 않으면 추락하게 된다. 배면비행을 많이 하는 공중곡예기는 모든 비행 자세에서 충분한 양력을 발생시키기 위하여 날개의 윗면과 아랫면의 곡률이 동일한 대칭형(symmetrical) 날개 단면을 사용하는 것이 일반적이다.

(4) 뉴턴 제3법칙에 의한 양력 발생

[그림 7-13]과 같이 날개 단면을 지나는 공기의 유동이 날개 뒷전을 빠져나갈 때 유동의 속도 방향은 아래를 향한다. 이에 따라 날개 뒷전을 떠나는 유동은 아래 방향으로 힘을 발생시킨다. 그리고 **뉴턴 제3법칙인 작용-반작용의 법칙**(the law of action-reaction)**에 따라 아래 방향으로 힘을 발생시키는 날개는 반작용으로 위로 향하는 힘을 동시에 받게 되는데, 이 힘의 수직 성분을 양력**으로 볼 수 있다. 날개 뒷전에서 아래 방향으로 작용하는 힘은 받음각이 커지면서 더욱 증가하는데, 이로써 받음각이 커짐에 따라 양력이 증가하는 현상을 설명할 수 있다.

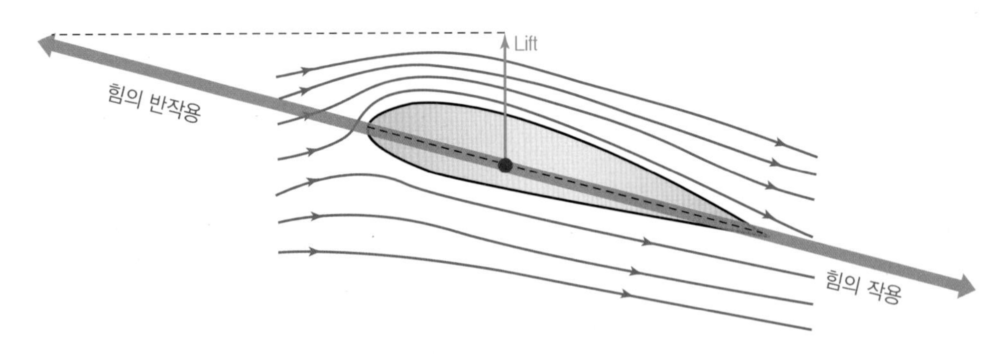

[그림 7-13] 뉴턴 제3법칙에 의한 양력 발생

하지만 날개 뒷전에서 나타나는 아래 방향 힘의 반작용으로만 항공기의 중량을 지탱한다고 이해하기는 힘들다. 앞서 여러 가지 이론을 통하여 날개 윗면과 아랫면을 흐르는 유동의 속도 차이가 발생함을 살펴보았다. 그리고 속도 차이에 의하여 발생하는 압력 차이는 항공기의 중량에 상응하는 힘을 유발한다. 따라서 뉴턴의 제3법칙에 의한 힘의 반작용뿐만 아니라 날개 윗면과 아랫면의 압력차에 의한 힘이 모두 양력을 이룬다고 이해하는 것이 적절하다.

(5) 코안다 효과

곡면의 물체 표면 위로 강한 바람, 즉 속도가 빠른 난류 형태의 제트(jet)를 분사하면 곡면의 표면 위쪽으로 향하는 힘이 발생하는데 이를 이용하면 날개의 양력을 증가시킬 수 있다. [그림 7-14]와 같이 **볼록한 형상의 표면에 빠른 속도의 유동을 발생시키면 유동은 표면에서 떨어지지 않고 표면을 따라 흐르게 되는데, 이를 코안다 효과**(Coandă effect)라고 한다. 코안다 효과에 의하여 볼록한 표면을 따라 흐르는 고속 유동의 영향으로 표면에서 저압부가 형성되고, 표면 아래와의 압력차에 의하여 표면의 위쪽으로 향하는 힘이 발생한다. 마찬가지로 **캠버 또는 받음각으로 인하여 날개 윗면의 형상이 볼록한 표면과 유사해지고, 속도가 빠른 유동이 그 위를 지나갈 때 코안다 효과에 의한 저압부 형성으로 양력이 발생**한다고 이해할 수 있다. 그러나 날개 주

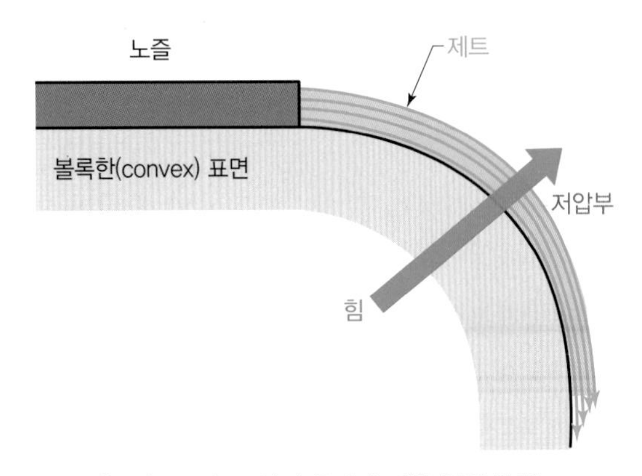

[그림 7-14] 코안다 효과에 의한 힘의 발생

위를 흐르는 유동의 형태는 제트와 같이 속도가 빠르고 에너지가 강한 난류일 수도 있지만, 경우에 따라 속도가 느린 층류일수도 있다. 그러므로 날개에서 양력이 발생하는 이유를 코안다 효과로 일반화하여 설명할 수는 없다.

코안다 효과에 의한 양력 발생의 원리를 일반화할 수는 없어도 다음과 같이 코안다 효과를 이용하여 날개 양력을 증가시키는 장치를 구성할 수 있다. 항공기가 낮은 속도로 이착륙할 때는 플랩(flap) 등의 고양력장치를 사용한다. 특히 파울러 플랩(fowler flap)을 전개하면 날개의 면적이 증가하고 날개 단면의 캠버가 커져서 양력이 크게 향상된다. 그뿐만 아니라 [그림 7-15]에서 볼 수 있듯이, 파울러 플랩의 전개에 따라 날개 단면의 뒷부분은 볼록한 곡면 형상이 된다. 만약 날

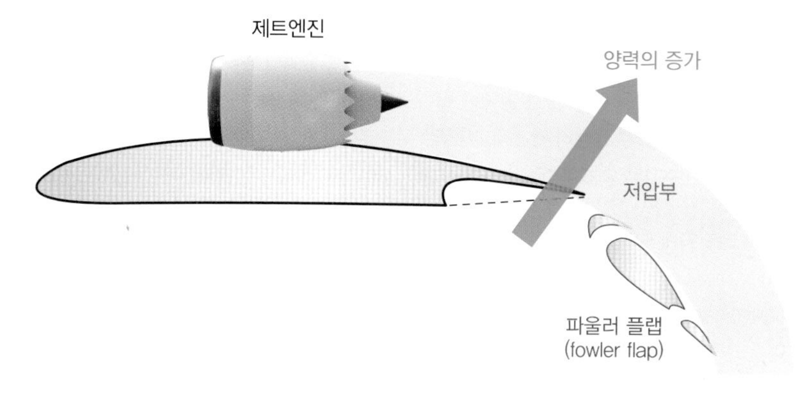

[그림 7-15] 파울러 플랩과 코안다 효과에 의한 양력의 증가

코안다 효과(Coandă effect)를 이용하는 날개를 가진 Antonov An-72 수송기. 날개 위에 엔진을 장착하고, 플랩 전개에 따라 볼록한 곡면 형상이 된 날개 윗면에 엔진의 제트를 분사하면 코안다 효과에 의하여 양력이 현저히 증가한다. 따라서 An-72는 짧은 활주거리에서 이착륙이 가능한 단거리 이착륙기(Short-field Take-Off and Landing, STOL)이다.

개 위에 제트엔진을 장착하여 파울러 플랩의 윗면으로 고속의 제트가 분사되도록 날개와 엔진을 구성하면 코안다 효과에 의하여 그 부분에 강한 저압부가 형성되어 양력을 극대화시킬 수 있다.

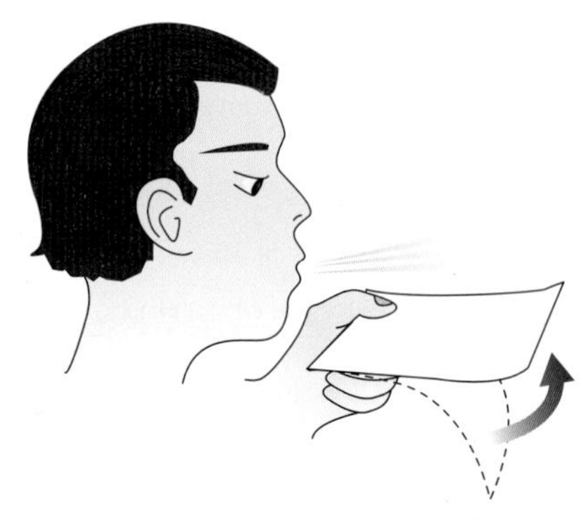

위의 그림과 같이 종이를 들고 평행한 방향으로 입으로 바람을 세게 불면 아래로 처져 있던 종이는 위로 올라와서 평행하게 된다. 바람을 부는 방향으로 종이가 올라가는 이유는 코안다 효과(Coandă effect)로 설명할 수 있다. 위와 같이 중력의 영향으로 곡면 형태로 처진 종이 윗면에 강한 바람을 불면 코안다 효과에 의하여 곡면의 표면에 저압부가 형성되고, 이에 따라 종이 윗면과 아랫면의 압력차에 의하여 종이가 위로 뜨는 힘이 발생한다.

(6) 순환

양력의 크기를 정의할 때 순환(circulation)의 개념을 도입하면 편리하다. 순환이란 일정 방향으로 유동이 회전하는 것으로 생각할 수 있으나, 공기역학에서의 **순환은 유동 내부의 일정 위치에서 폐곡선의 경로를 따라 유동의 속도를 선적분한 값**으로 정의한다. 그리고 이를 수학적으로 표현하면 다음 식과 같다. Γ는 순환강도(circulation strength)이고, $\overrightarrow{ds}$는 폐곡선인 순환경로 길이의 매우 작은 부분, 즉 미소길이이며, $\overrightarrow{V}$는 미소길이에서의 유동속도 벡터이다.

$$\Gamma = \oint_s \overrightarrow{V} \cdot \overrightarrow{ds}$$

폐곡선의 형태를 [그림 7-16]의 원형(circle)으로 가정하면 유동의 속도벡터($\overrightarrow{V}$)는 반지름 r인 원을 그리며 회전할 때 나타나는 선속도(v)가 된다. 그리고 미소길이($\overrightarrow{ds}$)는 미소원주길이($rd\theta$)가 되어 전체 원주길이($0 \sim 2\pi$)에 대하여 정적분하는 형태로 순환을 나타낼 수 있다.

$$\Gamma = \int_0^{2\pi} vrd\theta$$

이를 정적분하면 아래와 같은데, 여기서 $2\pi r$은 반지름 r인 원의 원주길이이다. 그러므로 순환은 경로의 전체 길이($2\pi r$)에 선속도(v)를 곱한 값으로 정의할 수 있다.

$$\Gamma = \int_0^{2\pi} vrd\theta = [v\,r\,\theta]_0^{2\pi} = 2\pi vr = 2\pi rv$$

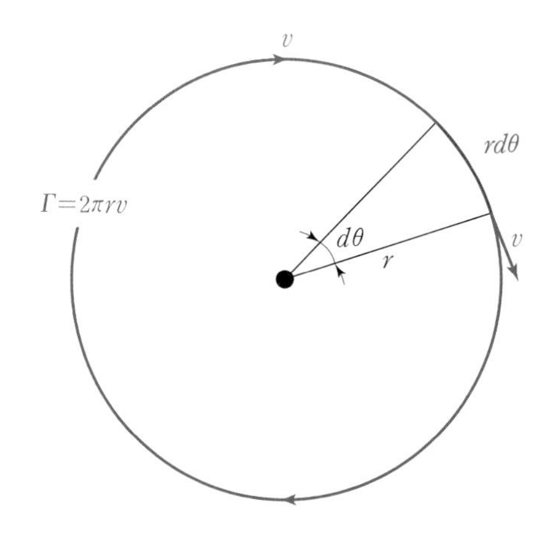

[그림 7-16] 순환(Γ)의 정의

이제 날개 단면(airfoil)의 주위를 흐르는 공기 유동에 대하여 살펴보자. [그림 7-17(a)]와 같이 날개 단면이 공기 중을 비행하고 있고, 이에 따라 비행속도와 같은 크기의 상대풍이 날개 단면 쪽으로 불어오고 있다. 날개 단면의 캠버와 받음각의 영향으로 윗면에서는 공기 유동의 속도가 상대풍의 속도보다 증가하고, 아랫면에서는 상대풍의 속도보다 감소한다. 상대풍의 속도를 V라고 하고 윗면(upper surface)과 아랫면(lower surface)을 지나는 유동의 속도와 압력을 각각 V_u와 V_l 그리고 p_u와 p_l이라고 하자. 즉, $V_u > V_l$이고, $p_u < p_l$ 이므로 날개 단면의 위쪽으로 양력(L)이 발생한다.

그런데 [그림 7-17(b)]에서 볼 수 있듯이 윗면에서 상대풍보다 유동속도가 v'만큼 증가한다면 윗면의 유동속도는 $V_u = V+v'$이 된다. 그리고 아랫면에서는 상대풍보다 유동속도가 v'만큼 감소한다고 단순하게 가정하면 아랫면의 유동속도는 $V_u = V-v'$이다. 여기서 윗면의 속도 증가분인 $+v'$의 방향은 상대풍의 방향과 같고, 아랫면의 속도 감소분인 $-v'$의 방향은 상대풍과 반대이다.

[그림 7-17(c)]와 같이, 날개 윗면과 아랫면의 유동속도는 상대풍의 속도(V)와 속도의 증감분($+v'$, $-v'$)으로 분리해서 살펴볼 수 있다. 그러면 날개 윗면에서 뒷전(trailing edge)으로 향하는 $+v'$과 아랫면에서 앞전(leading edge)으로 향하는 $-v'$이 정의된다. 그리고 이렇게 반대로 흐르는 유동의 속도 성분은 그림과 같이 날개 단면의 주위에서 시계 방향으로 회전하는 공기순환(Γ)의 존재로 나타난다고 해석할 수 있다. 날개 윗면과 아랫면의 속도차에 의한 압력차 때문에 날개에서 양력이 발생하는데, 이러한 관점에서 속도차는 상대풍에 공기의 순환이 더해져서 발생하는 것이다. 다시 말하면 **날개의 양력은 날개 주위 공기 유동의 순환의 존재로 정의할 수 있고, 순환의 강도가 커지면 양력이 증가**한다. 왜냐하면, 강한 순환은 날개 윗면과 아랫면에서의 속도의 증감분($+v'$, $-v'$)이 크다는 것을 의미하고, 이에 따라 속도차와 압력차가 크게 나타나기 때문이다.

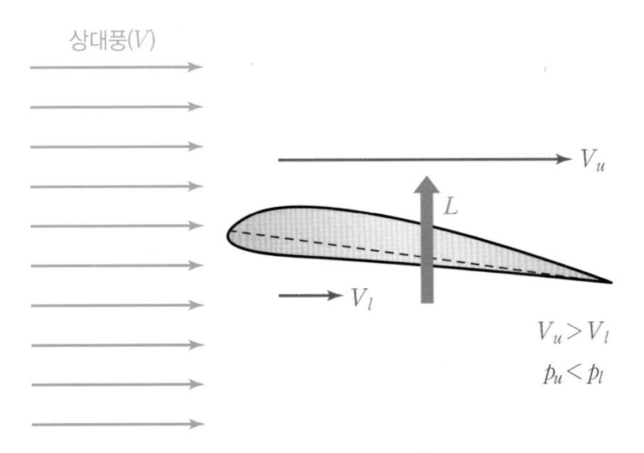

(a) 날개 윗면의 유동속도(V_u)와 아랫면의 유동속도(V_l)

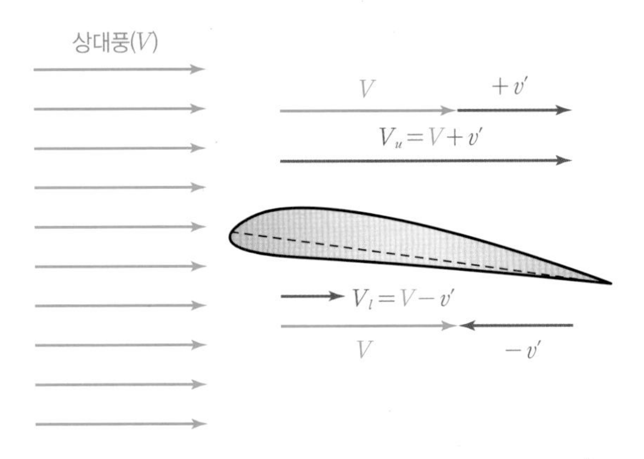

(b) 날개 단면의 캠버와 받음각에 의한 유동속도의 증감(v')

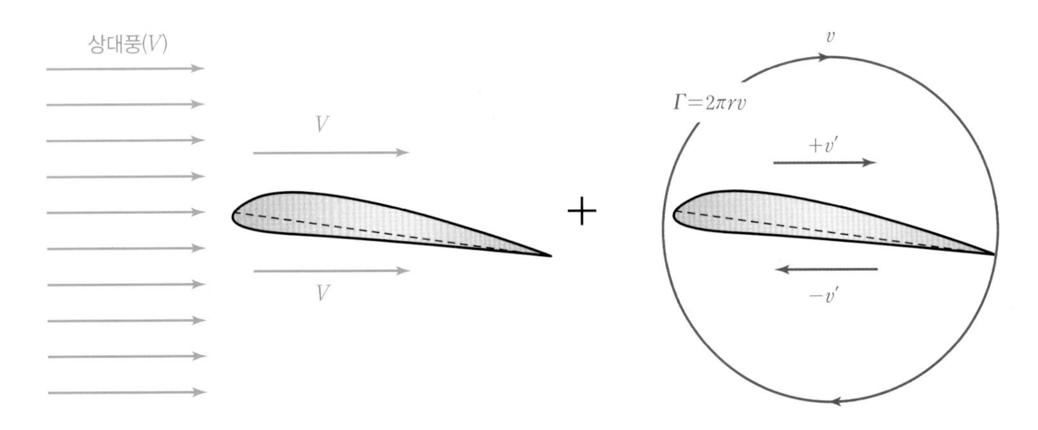

(c) 날개 주위의 유동을 상대풍과 순환강도(Γ)로 분리

[그림 7-17] 날개 단면 순환

비압축성 베르누이 방정식을 이용하여 순환에 의한 양력의 크기를 수학적으로 표현할 수 있다. [그림 7-17(b)]에 나타낸 날개 윗면과 아랫면의 속도로 베르누이 방정식을 정리하면 다음과 같다. 여기서 p_u와 p_l은 각각 날개 윗면과 아랫면의 압력이다.

$$p_u + \frac{1}{2}\rho V_u^2 = p_l + \frac{1}{2}\rho V_l^2$$

그리고 위의 식의 윗면과 아랫면의 유속은 순환에 의한 속도 증감분($+v'$, $-v'$)으로 다음과 같이 나타낼 수 있다.

$$p_u + \frac{1}{2}\rho(V+v')^2 = p_l + \frac{1}{2}\rho(V-v')^2$$

이를 전개하여 정리하면 아래와 같다.

$$\begin{aligned} p_l - p_u &= \frac{1}{2}\rho(V^2+2Vv'+v'^2) - \frac{1}{2}\rho(V^2-2Vv'+v'^2) \\ &= \frac{1}{2}\rho V^2 + \rho Vv' + \frac{1}{2}\rho v'^2 - \frac{1}{2}\rho V^2 + \rho Vv' - \frac{1}{2}\rho v'^2 \\ &= 2\rho Vv' \end{aligned}$$

날개에서 발생하는 양력은 윗면과 아랫면의 압력차에 날개면적(S)을 곱한 것이다. 여기서 압력차는 압력이 높은 아랫면의 압력에서 윗면의 압력을 뺀 것($p_l - p_u$)이다.

$$L = (p_l - p_u)S$$

여기서, 날개면적(S)은 3차원 날개에서 정의되므로 2차원 날개, 즉 날개 단면으로 양력(L)을 나타낼 수 없다. 대신 날개 단면에 시위길이(c)를 곱하여 다음과 같이 날개 단면의 양력(L')을 표현할 수 있다.

$$L' = (p_l - p_u)c$$

앞서, 베르누이 방정식을 이용하여 압력차를 $p_l - p_u = 2\rho Vv'$으로 정의하였는데, 이를 위의 식에 대입하면 날개 단면의 양력은 다음과 같다.

$$L' = 2\rho Vv'c$$

[그림 7-18(a)]와 같이 원형의 경로를 따라 정의되는 순환은 경로의 전체 길이($2\pi r$)에 선속도(v)를 곱한 값으로 정의한다.

$$\Gamma = 2\pi rv$$

그런데, [그림 7-18(b)]에서 볼 수 있듯이 날개 단면 주위의 순환을 다르게 표현할 수 있다.

날개 단면 주위의 속도 성분 $+v'$과 $-v'$은 직선속도이므로 사각형 경로로 정의하는 순환으로 나타낼 수 있다. 즉, 사각형 순환 경로의 전체 길이($c+a+c+a = 2ac$)에 속도 v'을 곱한 값으로 날개의 순환을 표현한다. 여기서 c는 사각형 순환 경로의 가로 길이와 거의 유사한 날개 시위 길이이고, a는 날개 단면의 두께 때문에 정의되는 사각형 순환 경로의 세로 길이이다.

$$\Gamma = 2acv'$$

만약 날개 단면의 두께가 매우 얇고, 따라서 날개 표면을 따라 흐르는 속도 성분 $+v'$과 $-v'$의 높이 차이가 거의 없다고 가정한다면 순환 경로의 세로 길이 a가 정의되지 않으므로, 날개 단면 주위의 순환은 아래와 같이 날개 시위길이 기준으로 표현한다.

$$\Gamma = 2cv'$$

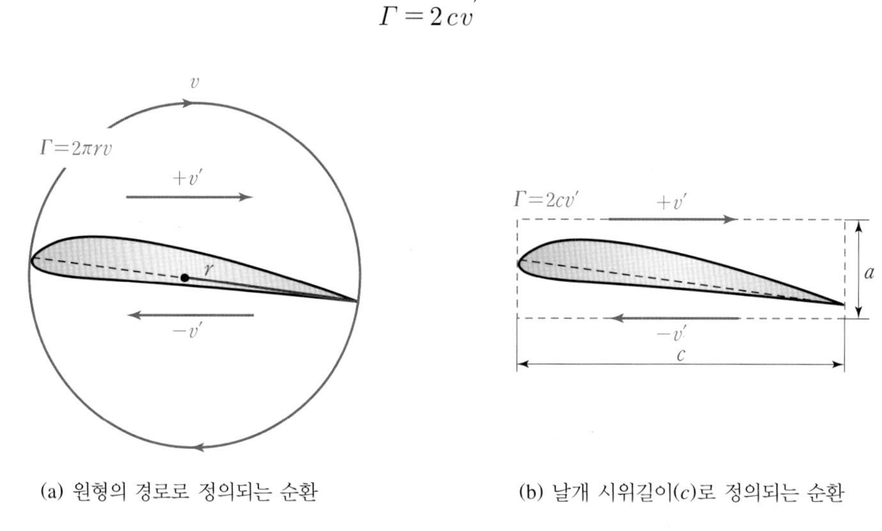

(a) 원형의 경로로 정의되는 순환 (b) 날개 시위길이(c)로 정의되는 순환

[그림 7-18] 날개 단면 주위에서 정의되는 순환

앞서 날개 단면에서 발생하는 양력을 $L' = 2\rho Vv'c$로 정의하였는데, 날개 단면의 순환강도는 $\Gamma = 2cv'$이므로 아래와 같이 양력을 나타낼 수 있다.

순환에 의한 날개 단면 양력: $L' = \rho V\Gamma$

즉, 날개 단면에서 발생하는 양력(L')의 크기는 비행속도(V), 공기밀도(ρ), 순환의 강도(Γ)에 비례한다. 특히, 날개 주위의 순환강도가 세질수록 속도 성분 v'이 증가하고, 이에 따라 날개 윗면과 아랫면의 속도차와 압력차가 커져서 양력이 증가한다. 하지만 위의 식은 비압축성 베르누이 방정식에서 유도되었기 때문에 압축성 유동, 즉 고속 유동에는 적용할 수 없다는 제한이 있다. 순환의 정의를 통하여 날개의 양력을 설명하는 방법은 이를 최초로 연구한 공기역학자인 쿠타(Martin Kutta, 1867~1944)와 주코프스키(Nikolay Zhukovsky, 1847~1921)의 이름을 따서 **쿠타-주코프스키 이론**으로 일컫기도 한다.

야구공을 회전시켜서 던진 변화구(breaking ball)는 궤적이 휘면서 날아가는데, 이러한 현상은 앞서 소개한 순환의 개념으로 설명할 수 있다. [그림 7-19]에서 볼 수 있듯이, 야구공을 시계 방향으로 회전시켜서 던지면 야구공 위쪽에서의 상대속도는 상대풍의 속도보다 회전속도만큼 증가하고, 아래쪽은 회전속도만큼 감소한다. 이에 따라 야구공 윗부분의 속도는 아랫부분의 속도보다 빨라지고($V_u > V_l$), 베르누이 방정식에 의하여 윗부분의 압력은 아랫부분의 압력보다 낮아진다($p_u < p_l$). 그리고 압력이 낮은 야구공의 윗부분으로 힘이 작용하는데, 이는 날개의 양력과 같은 작용을 하여 상대속도가 빠른 윗부분 쪽으로 궤적이 휘어지며 야구공이 날아가게 한다. 이처럼 **물체가 회전하면서 전진하면 속도차에 의한 압력차 때문에 속도가 빠르고 압력이 낮은 쪽으로 힘이 발생하는데, 이러한 현상을 매그너스 효과**(Magnus effect)라고 한다.

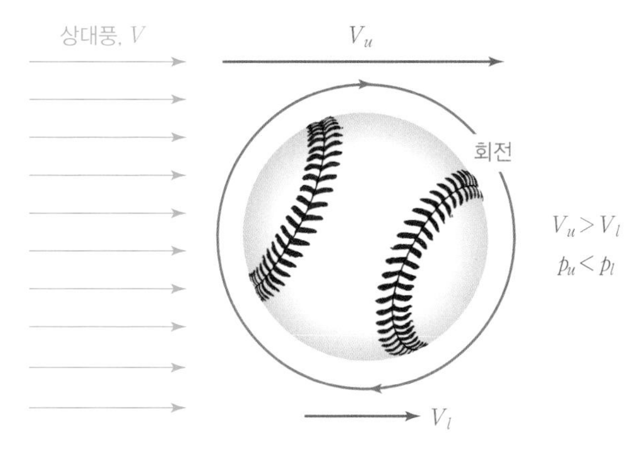

(a) 야구공의 회전에 의한 주위 상대속도의 변화

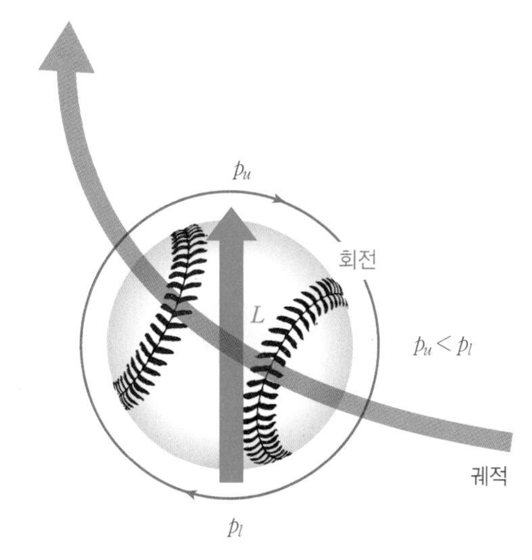

(b) 압력차에 의한 양력 발생

[그림 7-19] 매그너스 효과에 의한 야구공 궤적의 휘어짐

7.5 양력계수

날개에 작용하는 상대풍의 모든 공기입자가 함께 일정한 방향과 속도로 이동할 때 발생하는 압력이 동압이다. **동압**$\left(q = \frac{1}{2}\rho V^2\right)$**이 증가하면 양력이 증가**한다. 즉, 대기의 밀도(ρ)가 높을수록 양력이 증가하고, 비행속도(상대풍의 속도, V)가 빠를수록 날개 윗면과 아랫면을 지나는 유동의 속도차가 커지고 압력차가 증가하여 압력이 커진다. 그러므로 밀도가 높은 낮은 고도에서 높은 속도로 비행하면 양력이 증가한다. 그러나 대기의 밀도가 높으면 항공기 기체 표면에 부딪히는 공기입자의 수가 많아지므로 항공기를 앞으로 나아가지 못하게 하는 항력이 증가하게 된다. 또한, 비행속도가 높을수록 항공기 표면에 부딪히는 공기입자의 충격량이 증가하므로 항력도 커진다. 따라서 **동압이 커지면 양력뿐만 아니라 항력도 증가**하게 된다. 그러므로 고속으로 비행하는 항공기는 밀도가 낮은 비교적 높은 고도에서 비행해야 한다. 그리고 **날개의 면적이 증가하면 당연히 날개에서 발생하는 양력이 커진다.** 날개면적은 날개를 위에서 보았을 때 정의되는 날개 평면 형상의 투영면적이며, 날개면적의 정의에 대해서는 10.1에서 자세히 다루기로 한다.

항공기 전체 또는 날개에서 발생하는 양력의 크기를 표시할 때 **양력계수**(lift coefficient, C_L)**라는 무차원수**(dimensionless number)를 사용한다. 무차원수는 같은 물리량을 조합하여 단위가 없는 물리량으로 만든 것이다. **유동의 동압, 즉 비행속도와 대기밀도, 그리고 날개면적은 양력에 큰 영향을 미친다. 그리고 날개의 형상과 받음각**(angle of attack, α), **그리고 마하수**(Mach number, M)**와 레이놀즈수**(Reynolds number, Re)**에 의해서도 양력이 변화**한다. 이렇게 양력의 크기에 영향을 주는 요소들이 많기 때문에 가장 현저한 영향이 있는 동압$\left(\frac{1}{2}\rho V^2\right)$과 날개의 면적($S$)으로 아래와 같이 양력을 무차원화한다.

$$\text{양력계수}:\ C_L = \frac{L}{\frac{1}{2}\rho V^2 S}$$

압력은 일정 면적에 수직으로 작용하는 힘이므로 '힘÷면적'으로 정의한다. 따라서 압력에 면적을 곱하면 힘이 된다. 그러므로 날개에 작용하는 동압에 날개면적을 곱하면 힘이 정의되므로 양력과 같은 물리량이 된다. 그리고 양력을 동압과 날개면적을 곱한 것으로 나누면 무차원수인 양력계수가 정의된다.

$$C_L = \frac{\text{양력} = \text{힘}}{\text{동압} \times \text{날개면적} = \text{힘}} = \frac{L}{\frac{1}{2}\rho V^2 S}$$

풍동(wind tunnel)은 항공기 형상 또는 날개 형상의 공기역학적 성능을 시험하기 위한 장치이다. 서로 다른 형상의 날개 A와 B가 있다고 가정하자. 이 두 날개 형상의 양력 특성을 풍동에서 비교하려면 동압(밀도와 속도)과 날개면적을 똑같이 일치시켜야 한다. 만약 날개 A에 대한 유동의 속도가 날개 B의 경우보다 월등히 높으면 날개의 형상과 관계없이 날개 A의 양력의 크기가 우세하게 나타날 것이다. 하지만 풍동시험에서 밀도와 속도 등의 유동조건을 항상 동일하게 유지하기는 쉽지 않다. 그러나 양력을 동압과 날개면적으로 나눈 양력계수로 비교한다면 유동의 동압(밀도와 속도), 그리고 날개의 크기로 인한 영향이 상쇄되므로, 서로 다른 날개 형상의 양력 특성을 쉽게 비교할 수 있다. 즉, 동압이 2배가 되면 양력은 2배가 되지만 양력계수는 일정하다. 항력 대신 항력계수(drag coefficient)를 비교하는 것도 같은 이유이다.

양력계수와 항력계수, 그리고 피칭모멘트계수를 공력계수(aerodynamic coefficients)라고도 하는데, 공력계수는 날개 또는 항공기의 형상에 따라 변화하지만 동압과 날개면적 또는 항공기의 크기와 무관하다. 따라서 풍동에서 시험하여 도출된 축소 모형 항공기의 공력계수는 비행 중인 실제 항공기의 공력계수와 동일하다. 이러한 원리를 이용하여 개발 중인 항공기의 실제 공기역학적 성능을 축소 모형을 이용한 풍동시험을 통하여 예측할 수 있다.

7.6 실속

양력계수는 날개 및 항공기의 실속(stall) 특성을 가늠하는 척도로도 사용한다. **받음각이 커지면 날개 윗면과 아랫면을 지나는 유동의 속도 및 압력 차이가 증가하여 양력과 양력계수가 높아진다.** 그리고 증가폭은 다르지만, 양력과 항력은 함께 변화하기 때문에 받음각에 따라 양력계수가 증가하면 항력계수 또한 증가한다. [그림 7-20]은 받음각이 증가할 때 나타나는 날개 양력계수와 항력계수의 변화를 보여주고 있다. 그림과 그래프의 번호 ①~④는 받음각의 증가를 의미한다.

①번 그림은 비교적 받음각이 낮은 경우로서, 날개 주위 짙은 색깔의 층은 점성력 때문에 형성되는 경계층을 나타내고 있다. 그리고 받음각(α)이 증가함에 따라 날개에서 발생하는 양력계수(C_L)는 선형적으로 커지고 있다. ②번 그림을 보면 경계층이 날개 윗면의 후방부터 박리되기 시작한다. 받음각 증가에 따른 날개 양력계수의 증가분은 날개 후방에서의 경계층 박리(boundary-layer separation), 즉 유동박리(flow separation)에 의하여 상쇄되므로 양력계수는 더 이상 증가하지 않음을 그래프에서 확인할 수 있다. 받음각을 높여 ③번에 이르러서는 경계층의 박리가 날개 윗면의 전방까지 확대되므로 양력이 감소한다. ③번 이후부터는 항력계수가 급증하는데, 이는 경계층 박리에 의한 압력항력의 증가 때문이다. 받음각을 더욱 높여 ④번에 이르면 윗면의 경계층이 박리되어 나타나는 후류(wake)의 규모가 커지고, 날개 표면을 따라 흐르는 유동의 양은 더욱 줄어들어 양력계수의 감소가 지속되며, 항력계수의 증가폭이 더욱 커진다. 또한, 유동박리가 되는 지점이 날개 표면에서 미세하게 앞뒤로 이동하는 경우, 날개 위 압력 분포의 불균형 때문에 날개와 항공기가 진동하고 소음이 발생하는 **버피팅**(buffeting) **현상**이 나타날 수 있다.

이렇게 과도하게 높은 받음각에서 발생하기 시작하는 경계층 박리 또는 유동박리의 원인은 날개 표면의 압력분포 변화, 즉 역압력 구배이다. 그리고 **날개 유동박리에 의하여 양력이 감소하고 항력이 급증하는 것을 실속(stall)이라고 한다. 실속이 발생하기 직전의 받음각을 실속받음각(α_s)** 또는 **최대받음각(α_{max})**이라고 하고, 실속 전후로 양력계수는 최대가 되었다가 급감하므로 **실속 받음각에서의 양력계수를 최대양력계수($C_{L_{max}}$)**라고 한다. [그림 7-20]에서 제시된 날개의 경우, ②에서의 받음각이 실속 받음각에 해당하고, 이때의 양력계수가 최대양력계수가 된다. 날개의 형상, 특히 날개 단면의 형상에 따라 받음각에 따른 양력계수 및 항력계수 변화의 패턴이 다르고, 따라서 각각의 날개 형상에 대하여 고유의 최대양력계수와 실속받음각이 정의되기 때문에 최대양력계수와 실속받음각의 값은 그 날개의 공기역학적 특징과 실속 특성을 나타내는 기준이 된다.

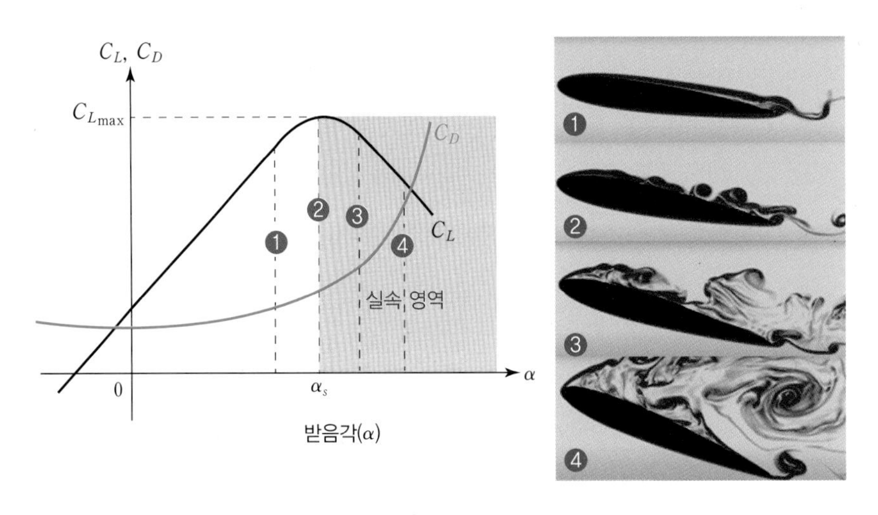

[그림 7-20] 실속 이후 양력과 항력의 변화

실속, 즉 유동박리가 생기면 양력은 감소하고 항력은 급증하므로 양항비(lift to drag ratio, L/D)는 급감하여 항공기의 비행성능에 악영향을 줄 뿐만 아니라, 실속에서 회복되지 못하는 경우 추락으로 이어진다. 그러므로 실속은 안전한 비행을 위협하는 가장 큰 위험한 상황으로서 **돌풍 등의 외부교란에 의하여 갑자기 기수가 올라가서 받음각이 증가하거나, 기체 내부 탑재물의 움직임으로 무게 중심**(center of gravity, *cg*)**이 후방으로 이동하여 받음각이 급증하는 상황을 방지**해야 한다.

받음각의 변화가 없어도 고속으로 비행할 때 날개 표면에 나타나는 **충격파 때문에 실속이 발생**할 수도 있다. 충격파는 날개 표면에 역압력 구배를 초래하여 경계층 또는 유동을 박리시킨다. 또한, 낮은 대기 온도에서 비행할 때 날개 표면에 형성되는 결빙(ice accretion)도 날개 단면의 형상을 왜곡시켜 낮은 받음각에서도 유동박리와 실속을 유발한다. 그리고 비행속도가 너무 낮아도 실속할 수 있는데, 이와 관련하여 자세히 알아보도록 한다.

De Havilland Comet 여객기 날개 안쪽의 앞전(leading edge)에 부착된 stall strip. 도움날개(aileron)가 설치된 날개 끝부분에서 실속이 발생하면 도움날개 주위의 유동이 박리되어 도움날개를 작동해도 항공기를 조종할 수 없는 상황이 발생한다. Stall strap은 각진 형태로 제작되어 이를 지나는 유동을 쉽게 박리시켜 후류에 의한 진동과 소음을 유발한다. 따라서 stall strap을 설치하면 받음각이 과도하게 증가함에 따라 실속이 발생하는 상황에서 항상 날개 안쪽 부분부터 먼저 실속에 들어가게 되고 항공기가 진동하는 버피팅(buffeting)이 나타난다. 이에 따라 버피팅을 인지한 조종사는 받음각을 낮추어 도움날개가 있는 날개 끝부분까지 날개 전체가 실속하는 상황을 사전에 방지할 수 있다.

앞서 소개한 양력계수의 정의를 이용하여 아래와 같이 양력(L)을 정의할 수 있다.

$$C_L = \frac{L}{\frac{1}{2}\rho V^2 S}$$

$$\text{양력}: L = C_L \frac{1}{2}\rho V^2 S$$

그러므로 항공기 날개에서 발생하는 양력은 양력계수(C_L), 대기의 밀도(ρ)와 비행속도(V), 즉 동압 그리고 날개면적(S)에 비례한다. 특히 기수가 올라가서 받음각이 커지거나, 플랩(flap)을 전개하여 날개의 캠버(camber)가 증가하면 양력계수가 증가한다. 그러므로 동압과 날개면적뿐만 아니라 **받음각과 날개의 형상에 따라 양력은 변화**한다. 위의 식을 통하여 비행속도(V)를 아래와 같이 표현할 수 있다.

$$V = \sqrt{\frac{2L}{\rho S C_L}}$$

항공기가 수평비행(level flight)을 할 때는 양력과 중량의 크기가 같으므로($L = W$), 위의 비

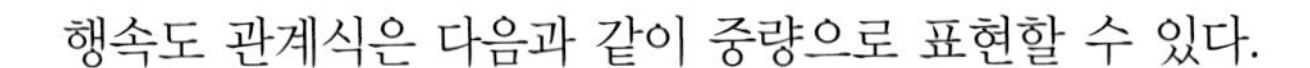

행속도 관계식은 다음과 같이 중량으로 표현할 수 있다.

$$\text{수평비행속도: } V = \sqrt{\frac{2L}{\rho S C_L}} = \sqrt{\frac{2W}{\rho S C_L}}$$

위의 식에서 정의된 비행속도는 항공기의 중량만큼 양력을 발생시켜$\left(W = L = C_L \frac{1}{2} \rho V^2 S\right)$ 수평으로 비행할 때의 속도를 말한다. 만약 **비행속도가 과도하게 낮아지면 날개 윗면과 아랫면을 지나는 유동의 속도차가 감소하여 압력차가 줄어들고, 이에 따라 양력이 중량보다 적어져서 실속**하게 된다. 즉, 실속은 받음각이 과도하게 높아져도 발생하지만, 비행속도가 일정 수준보다 낮아져도 발생한다. 따라서 수평비행 상태에서 항공기가 실속하지 않고 비행속도를 안전하게 낮추려면 양력계수(C_L)를 높여야 한다. **양력계수를 변화시키는 방법은 받음각을 바꾸거나 날개 형상을 변화**시키는 것이다.

항공기가 수평 상태를 유지하며 비행속도를 낮추기 위해서는 일단 받음각을 증가시켜야 한다. 즉, 속도가 낮아져도 받음각이 커짐에 따라 양력계수가 증가하면 항공기의 중량만큼 양력을 유지할 수 있다. 이때 **양력 유지를 위한 최저속도를 실속속도**(stall speed, V_S)**라고 하는데, 실속속도 이하로 속도를 낮추기 위해서 받음각을 과도하게 높인다면 날개에서 유동이 박리되어 실속**에 들어간다. 비행기가 수평비행 상태에서 실속속도로 중량만큼 양력을 유지하려면 받음각을 실속받음각(α_S) 또는 최대받음각($\alpha_{\max}$)까지만 높여서 날개와 동체에서 최대양력계수를 발생시키면 된다. 그러므로 실속속도(V_S)를 다르게 정의하면 최대양력계수($C_{L_{\max}}$)로 비행할 수 있는 가장 낮은 속도이다. 이 관계를 위의 수평비행속도식에 대입하여 아래와 같이 실속속도 관계식을 나타낼 수 있다.

$$\text{수평비행 실속속도: } V_S = \sqrt{\frac{2W}{\rho S C_{L_{\max}}}}$$

속도와 받음각, 그리고 양력계수의 관계를 좀더 자세히 살펴보도록 하자. [그림 7-21]은 받음각에 따른 양력계수의 변화를 나타낸 것인데, 받음각뿐만 아니라 비행기의 속도 변화도 표시되어 있다. 그림에서 비행기가 기수를 들고 있는 것은 받음각이 증가한 상태로 수평비행을 하는 것이지 기수를 들고 상승 중인 것을 나타낸 것은 아니다.

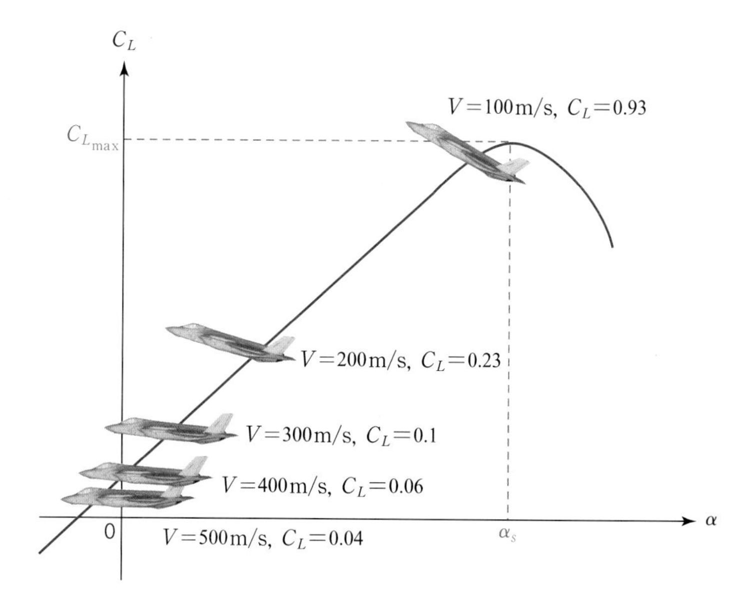

[그림 7-21] 비행속도(V) 감소에 따른 받음각 및 양력계수(C_L) 증가

수평비행은 비행기의 중량과 양력이 동일($W = L$)할 때 발생하므로 양력계수(C_L)와 비행속도(V), 비행 중인 고도의 대기밀도(ρ), 비행기의 날개면적(S)으로 중량을 나타낼 수 있다.

$$W = L = C_L \frac{1}{2} \rho V^2 S$$

그러므로 양력계수를 중량으로 다음과 같이 표현할 수 있다.

$$C_L = \frac{W}{\frac{1}{2} \rho V^2 S}$$

F-35A 전투기가 수평비행 중이라고 가정하자. F-35A의 중량(W)과 날개면적(S)은 아래와 같다.

$$W = 25{,}000 \text{ kgf} = 245{,}000 \text{ N}$$
$$S = 43 \text{ m}^2$$

또한, F-35A 전투기의 순항속도를 500 m/s(1,200 km/hr), 착륙속도를 100 m/s(240 km/hr)라고 가정한다. 일반적으로 항공기는 높은 속도로 순항하고, 낮은 속도로 착륙한다. 그리고 100~500 m/s의 속도 범위에서 F-35A에서 발생하는 양력계수를 계산하면 다음과 같다. 양력계수 계산식에 필요한 대기의 밀도값은 편의상 표준대기 해수면(sea level)을 기준으로 하였다($\rho = 1.225 \text{ kg/m}^3$).

$$V = 500\,\text{m/s} \rightarrow C_L = \frac{245{,}000\,\text{N}}{\frac{1}{2} \times 1.225\,\text{kg/m}^3 \times 500^2\,\text{m/s}^2 \times 43\,\text{m}^2} = 0.04$$

$$V = 400\,\text{m/s} \rightarrow C_L = \frac{245{,}000\,\text{N}}{\frac{1}{2} \times 1.225\,\text{kg/m}^3 \times 400^2\,\text{m/s}^2 \times 43\,\text{m}^2} = 0.06$$

$$V = 300\,\text{m/s} \rightarrow C_L = \frac{245{,}000\,\text{N}}{\frac{1}{2} \times 1.225\,\text{kg/m}^3 \times 300^2\,\text{m/s}^2 \times 43\,\text{m}^2} = 0.10$$

$$V = 200\,\text{m/s} \rightarrow C_L = \frac{245{,}000\,\text{N}}{\frac{1}{2} \times 1.225\,\text{kg/m}^3 \times 200^2\,\text{m/s}^2 \times 43\,\text{m}^2} = 0.23$$

$$V = 100\,\text{m/s} \rightarrow C_L = \frac{245{,}000\,\text{N}}{\frac{1}{2} \times 1.225\,\text{kg/m}^3 \times 100^2\,\text{m/s}^2 \times 43\,\text{m}^2} = 0.93$$

위의 계산에서 알 수 있듯이, 수평비행 중 **비행속도가 높을수록 낮은 양력계수로 중량을 지탱하는 양력을 유지**할 수 있다. 즉, 속도가 빠르고 이에 따라 동압이 클수록 낮은 양력계수에서 항공기의 중량을 지탱하기에 충분한 양력을 발생시킨다. 반대로 **비행속도가 낮을수록 양력을 유지하는 데 더 큰 양력계수가 필요**하다. 양력계수는 받음각의 크기와 비례하므로 **고속에서는 낮은 받음각, 그리고 저속에서는 높은 받음각을 유지**해야 한다. 비행기가 착륙할 때 활주거리를 단축하려면 실속속도보다 조금 높은 매우 낮은 속도로 착륙해야 하므로 충분한 양력 발생을 위하여 착륙 받음각을 높게 설정한다. 하지만 받음각이 증가하면 비행기 기체에서 발생하는 저항, 즉 항력이 커지므로 이를 극복하기 위하여 추력도 높여야 한다.

저속에서 양력계수를 증가시켜 양력을 유지하는 또 다른 방법은 날개의 형상, 특히 날개 단면(airfoil)의 형상을 변화시키는 것이다. 날개 단면의 형상이 바뀌면 또 다른 최대양력계수가 정의되며 실속 특성도 달라진다. 순항속도가 1,000 km/hr 이상이라도 이착륙을 위해서는 300 km/hr 전후로 비행속도를 낮추어야 한다. 따라서 **이착륙 중 실속에 들어가지 않기 위해서는 일정 수준까지 받음각을 높여야 할 뿐만 아니라 플랩**(flap)과 **슬랫**(slat)**을 전개**한다. 특히 플랩의 형태는 조종면인 도움날개(aileron)와 흡사하고, 조종면과 유사한 방식으로 작동한다. 플랩과 슬랫을 전개하면 날개 단면의 캠버가 커지면서 양력계수 및 최대양력계수가 증가하는 효과가 있다. 이런 이유로 플랩과 슬랫을 **고양력장치**(high-lift device)라고 부른다.

[그림 7-22]와 같이 플랩과 슬랫을 전개하는 경우 새로운 날개 단면의 형태가 되고 또 다른 최대양력계수, 즉 더 높은 최대양력계수가 발생하므로 실속속도를 낮추어 낮은 이착륙속도에서도 항공기가 실속하지 않게 한다. 플랩과 슬랫 등 고양력장치의 종류는 [그림 7-22]에서 볼 수

있듯이 매우 다양하며, 날개면적까지 증가시키는 **파울러 플랩**(fowler flap)을 전개하면 실속속도를 대폭 감소시킬 수 있으므로, 중량이 무거운 대형 항공기는 파울러 플랩을 사용한다. 고양력장치에 대한 자세한 설명은 11장에서 다루기로 한다.

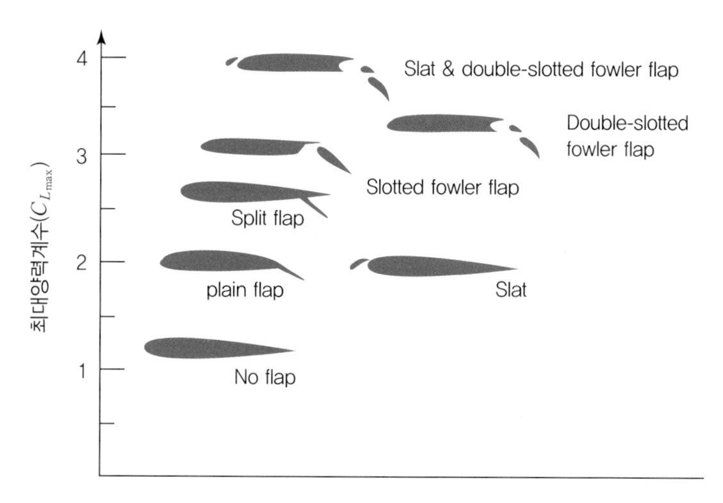

자료 출처: Anderson, John D., *Introduction to Flight*, McGraw-Hill Education, 2015.

[그림 7-22] 고양력장치의 종류에 따른 양력 증가

Photo: British Ministry of Defence

같은 속도로 나란히 비행 중인 Eurofighter Typhoon FGR. 4 초음속 전투기(위)와 Hawker Hurricane MK II 프로펠러 전투기(아래). Typhoon의 순항속도는 약 1,800km/hr인 반면, Hurricane의 순항속도는 500km/hr 이하이다. 초음속 비행을 위하여 두께가 얇은 날개를 장착한 Typhoon은 저속의 Hurricane과 함께 비행하기 위해서 사진과 같이 받음각을 높이고 고양력장치인 슬랫(slat)을 전개하여 양력계수를 높여야 한다.

날개면적이 넓을수록 더 많은 양력이 발생하여 항공기의 공기역학적 성능이 향상된다. 동시에 항공기의 중량이 가벼울수록 적은 양력이 요구되고, 따라서 항력이 적어지므로 낮은 추력으로 오랫동안 비행할 수 있기 때문에 항속거리도 증가한다. 이렇게 양력은 클수록, 중량은 가벼울수록 더 많은 이점이 있으므로 중량과 날개면적의 관계는 항공기의 비행성능에 중요한 기준이 된다. 즉, **중량(W)을 날개면적(S)으로 나누어 익면하중**(wing loading, W/S)**이라는 성능지표를 정의하는데, 익면하중이 낮을수록 항공기의 성능은 개선**된다.

하지만 익면하중을 낮추기 위하여 날개의 크기를 과도하게 키우면 항력 또한 증가하는 문제가 발생한다. 따라서 근래 개발되는 항공기는 날개뿐만 아니라 동체에서도 양력이 발생하도록 형상을 설계한다. 즉, **날개와 동체의 구분이 모호하게 형상이 구성되면 블렌디드 윙바디**(Blended Wing-Body, BWB) **비행기**라고 일컫고, **전체 기체가 날개 형태로 제작되어 익면하중이 매우 낮은 비행기를 전익기**(全翼機, flying wing)라고 한다.

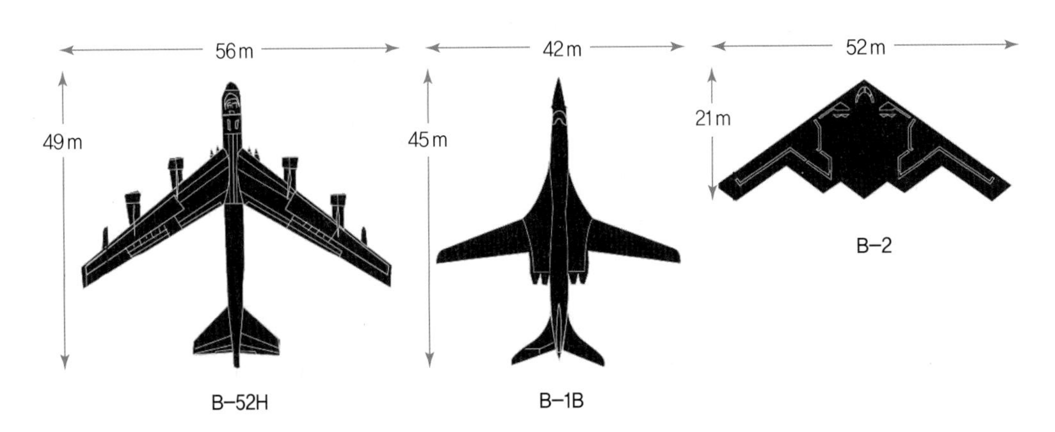

기종	B-52H	B-1B	B-2
날개면적(m^2)	370	180	478
탑재연료량(ton)	142	120	76
항속거리(km)	14,000	7,600	11,000

미공군 폭격기 3종의 날개면적과 항속거리의 비교. Northrop B-2는 기체 전체가 날개 형태로 구성된 전익기(flying wing)이다. 따라서 B-2의 전체 길이는 다른 폭격기보다 짧지만, 날개면적은 훨씬 크다. 그러므로 날개면적 증가에 따라 더 많은 양력이 발생하므로 연료탑재량이 다른 폭격기의 절반 정도임에도 불구하고 항공기가 비행할 수 있는 거리, 즉 항속거리(range)는 더 길거나 동등한 수준을 보인다.

- 항공기에 작용하는 4가지 기본 힘
  - 중량(weight, W) : 항공기가 받는 중력의 크기 또는 항공기의 무게
  - 양력(lift, L) : 중력을 극복하고 항공기를 공중에 띄우는 힘
  - 추력(thrust, T) : 양력을 얻기 위하여 항공기가 일정 방향으로 움직이도록 밀어주는 힘
  - 항력(drag, D) : 추력과 반대 방향으로 항공기의 이동을 방해하는 힘
- 수평비행 : $L = W$ (양력=중량)
- 등속비행 : $T = D$ (추력=항력)
- 양력은 고정익기의 경우 동체에 부착된 날개(wing)에서 발생하고, 회전익기는 회전날개(rotor)의 회전에 의하여 발생한다.
- 날개에 캠버 또는 받음각이 있으면 날개 윗면을 흐르는 공기 유동의 속도가 아랫면보다 빠르면 베르누이 방정식에 의하여 유동의 속도는 압력에 반비례하므로 날개 윗면에 낮은 압력 분포가 발생하여 아랫면과의 압력차에 의하여 양력이 발생한다.
- 양력 발생의 이유, 즉 날개 윗면과 아랫면을 흐르는 유동의 속도 차이가 발생하는 이유는 유동의 이동 거리 차이, 질량 보존의 법칙, 뉴턴의 제3법칙, 유선의 곡률 발생, 코안다 효과, 순환 등으로 설명할 수 있다.
- 날개 윗면과 아랫면의 압력 분포뿐만 아니라 날개 표면과 공기입자 사이의 마찰에 의한 전단응력(shear stress)도 양력과 항력에 영향을 준다.
- 양력의 방향 : 상대풍의 방향(비행 방향)과 수직
- 항력의 방향 : 양력 방향과 수직, 즉 상대풍의 방향(비행 방향)과 평행
- 압력중심(center of pressure, cp) : 날개 단면에서 발생하는 양력과 항력이 더해진 합력이 작용한다고 가정하는 시위선(chord line) 위의 평균 지점으로서, 받음각이 증가하면 날개의 전방으로 이동하고, 받음각이 감소하면 후방으로 후퇴한다.
- 받음각(angle of attack, α) : 날개 시위선(chord line)과 상대풍의 방향(비행 방향) 사이의 각도
- 유선(streamline) : 많은 수의 유체 입자들이 움직이는 순간을 포착했을 때 나타나는 유체의 이동경로
- 코안다 효과(Coandă effect) : 볼록한 형상의 표면에 빠른 속도의 유동을 발생시키면 유동은 표면에서 떨어지지 않고 표면을 따라 흐르는 현상을 말한다.
- 순환(circulation)에 의한 날개 단면의 양력 : $L' = \rho V \Gamma$

  (ρ : 공기밀도, V : 속도, Γ : 순환강도)

- **매그너스 효과**(Magnus effect) : 물체가 회전하면서 전진하면 속도차에 의한 압력차 때문에 속도가 빠르고 압력이 낮은 쪽으로 힘이 발생하는 현상을 말한다.

- **양력계수**(lift coefficient) : $C_L = \dfrac{L}{\frac{1}{2}\rho V^2 S}$ (S : 날개면적)

- **양력** : $L = C_L \frac{1}{2}\rho V^2 S$

- **양력에 영향을 주는 요소** : 동압(q), 즉 비행속도(V)와 대기밀도(ρ), 날개면적(S), 날개 형상, 받음각(α), 마하수(M), 레이놀즈수(Re)

- **실속**(stall) : 날개 유동박리에 의하여 양력이 감소하고 항력이 급증하는 현상으로서, 받음각이 과도하게 높거나 비행속도가 과도하게 낮을 때 그리고 고속으로 비행할 때 날개에 충격파가 형성되면 유동박리가 발생하여 실속한다.

- **최대양력계수**($C_{L_{max}}$) : 실속받음각(α_S) 및 실속속도(V_S)에서의 양력계수

- **수평비행속도** : $V = \sqrt{\dfrac{2L}{\rho S C_L}} = \sqrt{\dfrac{2W}{\rho S C_L}}$

- **수평비행 실속속도** : $V_S = \sqrt{\dfrac{2W}{\rho S C_{L_{max}}}}$

- 이착륙 중 실속을 방지하기 위하여 플랩(flap), 슬랫(slat)과 같은 고양력장치(high-lift device)를 사용한다.

- **익면하중**(wing loading, W/S) : 중량(W)을 날개면적(S)으로 나누어 정의하며, 익면하중이 낮을수록 항공기의 비행성능은 개선된다.

01 다음 중 등속비행(steady flight)의 조건에 해당하는 것은? (단, W: 중량, L: 양력, T: 추력, D: 항력)

① $L=D$
② $L=W$
③ $T=D$
④ $T=W$

해설 항공기의 추력과 항력이 같을 때($T=D$) 등속비행을 한다.

02 등속수평비행 중인 어떤 비행기의 양항비가 $L/D=2$이고 중량이 400 kgf일 때 추력은?

① 100 kgf
② 200 kgf
③ 400 kgf
④ 800 kgf

해설 등속수평비행 중이면 $L=W$(양력=중량)이고, $T=D$(추력=항력)이다. 따라서 양항비 $\frac{L}{D}$은 $\frac{W}{T}$와 같고, $\frac{L}{D}=\frac{W}{T}=2$이므로 추력은 $T=\frac{W}{2}=\frac{400\,\text{kgf}}{2}=200\,\text{kgf}$이다.

03 날개 윗면과 아랫면을 지나는 공기 유동의 속도차에 의한 양력 발생의 원리를 설명할 때 활용하는 방정식은?

① 연속방정식
② 베르누이 방정식
③ 운동량 방정식
④ 에너지 방정식

해설 날개 윗면을 흐르는 공기 유동의 속도가 아랫면보다 빠르면 베르누이 방정식에 의하여 유동의 속도는 압력에 반비례하므로 날개 윗면에 낮은 압력 분포가 나타나서 아랫면과의 압력차에 의하여 양력이 발생한다.

04 양력계수(lift coefficient, C_L)를 바르게 나타낸 것은? (단, L: 양력, V: 비행속도, ρ: 대기밀도, S: 날개면적, $\bar{c}$:날개평균공력시위)

① $C_L=\frac{L}{\rho V^2 S}$
② $C_L=\frac{L}{\frac{1}{2}\rho V^2 S}$
③ $C_L=\frac{L}{\rho V^2 S\bar{c}}$
④ $C_L=\frac{L}{\frac{1}{2}\rho V^2 S\bar{c}}$

해설 양력계수는 $C_L=\frac{L}{\frac{1}{2}\rho V^2 S}$로 정의한다.

05 양력계수는 $C_L=0.35$, 항공기의 날개면적은 $S=16.7\,\text{m}^2$, 비행속도는 $V=80\,\text{m/s}$, 대기의 밀도는 $\rho=0.125\,\text{kgf}\cdot\text{s}^2/\text{m}^4$일 때 양력은 얼마인가?

① 1,169 kgf
② 2,338 kgf
③ 4,676 kgf
④ 22,912 kgf

해설 양력은 $L=C_L\frac{1}{2}\rho V^2 S$로 정의하므로, 주어진 조건에서 양력은 $L=0.35\times\frac{1}{2}\times 0.125\,\text{kgf}\cdot\text{s}^2/\text{m}^4\times(80\,\text{m/s})^2\times 16.7\text{m}^2=2{,}338\,\text{kgf}$이다.

06 다음 중 순환에 의한 양력의 크기를 바르게 정의한 것은? (단, Γ: 순환의 강도, V: 비행속도, ρ: 공기밀도)

① $\frac{\rho V}{\Gamma}$
② $\frac{\Gamma}{\rho V}$
③ $\frac{V}{\rho\Gamma}$
④ $\rho V\Gamma$

해설 순환(circulation)에 의한 양력은 $L'=\rho V\Gamma$로 정의한다.

정답 1. ③ 2. ② 3. ② 4. ② 5. ② 6. ④

07 항공기 실속(stall)의 원인으로 가장 거리가 먼 것은?

① 받음각(α)의 과도한 증가
② 고속으로 비행할 때 날개에 충격파 형성
③ 과도하게 낮은 비행속도
④ 이착륙 중 플랩(flap)과 슬랫(slat)의 전개

해설 이착륙 중 플랩(flap), 슬랫(slat)과 같은 고양력장치(high-lift device)를 전개하면 날개의 최대양력계수가 증가하여 저속에서도 실속을 방지할 수 있다.

08 다음 중 실속받음각(α_s)에서 발생하는 양력계수는?

① 최대양력계수
② 임계양력계수
③ 최소양력계수
④ 천이양력계수

해설 최대양력계수($C_{L_{max}}$)는 실속받음각(α_s)에서의 양력계수이다.

09 실속속도(stall speed, V_s)를 바르게 정의한 것은? (단, $C_{L_{max}}$: 최대양력계수, W: 항공기 중량, ρ: 대기밀도, S: 날개면적)

① $V_s = \sqrt{\dfrac{2W}{\rho S C_{L_{max}}}}$

② $V_s = \sqrt{\dfrac{2\rho W}{S C_{L_{max}}}}$

③ $V_s = \sqrt{\dfrac{2\rho}{W S C_{L_{max}}}}$

④ $V_s = \sqrt{\dfrac{\rho C_{L_{max}}}{2WS}}$

해설 수평비행 중인 항공기의 실속속도 $V_s = \sqrt{\dfrac{2W}{\rho S C_{L_{max}}}}$ 로 정의한다.

10 항공기 날개의 압력중심(center of pressure)에 대한 설명으로 옳은 것은?

[항공산업기사 2020년 3회]

① 날개 주변 유체의 박리점과 일치한다.
② 받음각이 변하더라도 피칭 모멘트값이 변하지 않는 점이다.
③ 받음각이 커짐에 따라 압력중심은 앞으로 이동한다.
④ 양력이 급격히 떨어지는 지점의 받음각을 말한다.

해설 압력중심(center of pressure, cp)은 날개 단면에서 발생하는 모든 양력과 항력이 더해진 합력이 작용한다고 가정하는 시위선(chord line) 위의 평균 지점으로서, 받음각이 증가하면 날개의 전방으로 이동하고, 받음각이 감소하면 후방으로 후퇴한다.

11 양력계수가 0.25인 날개면적 $20\,m^2$의 항공기가 720 km/hr의 속도로 비행할 때 발생하는 양력은 몇 N인가? (단, 공기의 밀도는 $1.23\,kg/m^3$이다.) [항공산업기사 2019년 4회]

① 6,150
② 10,000
③ 123,000
④ 246,000

해설 양력은 $L = C_L \frac{1}{2} \rho V^2 S$로 정의하므로, 주어진 조건에서 양력은 $L = 0.25 \times \frac{1}{2} \times 1.23\,kg/m^3 \times \left(\frac{720}{3.6}\,m/s\right)^2 \times 20\,m^2 = 123{,}000\,N$이다.

12 비행기 무게가 1,500 kgf, 날개면적이 $30\,m^2$인 비행기가 등속도 수평비행하고 있을 때, 실속속도는 약 몇 km/hr인가? (단, 최대양력계수는 1.2이고 밀도는 $0.125\,kgf \cdot s^2/m^4$이다.)

[항공산업기사 2019년 1회]

① 87 ② 90
③ 93 ④ 101

정답 **7.** ④ **8.** ① **9.** ① **10.** ③ **11.** ③ **12.** ③

해설 수평비행 중인 항공기의 실속속도는

$V_s = \sqrt{\dfrac{2W}{\rho S C_{L_{max}}}}$ 로 정의하므로, 주어진 조건에서의

실속속도는 $V_s = \sqrt{\dfrac{2 \times 1{,}500\,\text{kgf}}{0.125\,\text{kgf}\cdot\text{s}^2/\text{m}^4 \times 30\,\text{m}^2 \times 1.2}}$

$= 25.8\,\text{m/s} = 93\,\text{km/hr}$ 이다.

13 항공기 날개에서의 실속현상이란 무엇을 의미하는가? [항공산업기사 2015년 1회]

① 날개 상면의 흐름이 층류로 바뀌는 현상이다.
② 날개 상면의 항력이 갑자기 0이 되는 현상이다.
③ 날개 상면의 흐름 속도가 급격히 증가하는 현상이다.
④ 날개 상면의 흐름이 날개 상면의 앞전 근처로부터 박리되는 현상이다.

해설 실속(stall)은 날개 유동박리에 의하여 양력이 감소하고 항력이 급증하는 현상이다.

14 수평등속도 비행을 하는 비행기의 속도를 증가시켰을 때 그 상태에서 수평 비행하기 위해서는 받음각은 어떻게 하여야 하는가? [항공산업기사 2015년 4회]

① 감소시킨다.
② 증가시킨다.
③ 변화시키지 않는다.
④ 감소시키다가 증가시킨다.

해설 양력은 $L = C_L \frac{1}{2}\rho V^2 S$ 로 정의하는데, 비행속도(V)를 증가시키면 양력(L)이 중량(W)보다 커져서 상승하게 되므로 수평비행을 하기 위해서는 받음각(α)을 감소시켜 양력계수(C_L)를 낮춰야 한다.

15 받음각(angle of attack)에 대한 설명으로 옳은 것은? [항공산업기사 2015년 4회]

① 후퇴각과 취부각의 차
② 동체 중심선과 시위선이 이루는 각
③ 날개 중심선과 시위선이 이루는 각
④ 항공기 진행 방향과 시위선이 이루는 각

해설 받음각(angle of attack, α)은 날개 시위선(chord line)과 상대풍의 방향(비행 방향) 사이의 각도이다.

16 양력계수에 대한 설명으로 틀린 것은? [항공산업기사 2009년 1회]

① 날개골의 두께와는 무관하다.
② 받음각에 관계되는 무차원수이다.
③ 받음각을 증가시키면 양력계수가 최댓값까지 증가한다.
④ 일정한 받음각을 넘으면 양력계수가 급격히 감소하는 현상을 실속이라 한다.

해설 날개골(날개 단면)의 두께가 두꺼우면 높은 받음각에서도 유동박리와 실속을 지연시켜 최대양력계수가 높다.

정답 **13.** ④ **14.** ① **15.** ④ **16.** ①

Principles of Aerodynamics

CHAPTER **08**

항 력

8.1 항력계수 | 8.2 항력의 구분 | 8.3 압력항력 | 8.4 표면마찰항력
8.5 간섭항력 | 8.6 조파항력 | 8.7 유도항력 | 8.8 전항력
8.9 양항비 | 8.10 풍동시험과 전산유체역학

CHAPTER 8

구름을 뚫고 비행 중인 Tupolev Tu-95MS 장거리 폭격기. 해당 항공기가 순항하는 아음속(subsonic) 영역에서는 전체 항력 중에서 유도항력(induced drag)과 표면마찰항력(skin friction drag)이 차지하는 비율이 가장 높다. 유도항력은 날개 윗면과 아랫면의 압력차, 즉 양력에 의한 날개 끝 와류(wing tip vortex) 때문에 발생한다. 사진에서는 날개 끝에서 발생하는 와류의 형태를 확인할 수 없지만, 항공기가 통과한 구름에서 형성되는 두 개의 소용돌이를 통하여 이를 추정할 수 있다. 항공기에서 발생하는 양력(lift)은 클수록 비행성능이 향상되지만, 항공기가 앞으로 나아갈 때 방해가 되는 항력은 가능한 한 약해야 한다. 하지만 양력이 증가하면 항력도 역시 강해지는데, 특히 유도항력은 양력계수(C_L)의 제곱에 비례하여 증가한다.

8.1 항력계수

항공기가 앞으로 나아가는 데 방해가 되는 힘을 항력(drag, D)이라고 한다. 항력은 항공기의 형상과 실속, 충격파의 발생, 날개 끝 와류 등에 의하여 발생한다. 항력을 극복하고 항공기가 전진하게 하는 힘이 추력이기 때문에 항력은 추력 및 항공기 진행 방향과 평행하지만, 양력이 작용하는 방향에 수직으로 작용한다.

양력과 마찬가지로 항력 역시 동압에 비례한다. 따라서 동압$\left(\frac{1}{2}\rho V^2\right)$과 날개면적($S$)으로 무차원화하여 아래와 같이 **항력계수**(drag coefficient, C_D)를 정의한다.

$$C_D = \frac{\text{항력} = \text{힘}}{\text{동압} \times \text{날개면적} = \text{힘}}$$

$$\text{항력계수: } C_D = \frac{D}{\frac{1}{2}\rho V^2 S}$$

따라서 항력은 다음과 같이 항력계수와 동압, 그리고 날개면적으로 나타내기도 한다. 비행속도를 낮추면 양력 유지를 위하여 받음각(α)을 높여 양력계수를 증가시켜야 하는데, 받음각이 커지면 항력계수도 증가한다. 특히 이착륙 중 양력계수 증가를 위하여 플랩(flap) 등의 고양력장치를 전개하면 항력계수와 항력이 증가하기 때문에 항공기가 앞으로 나아가기 위하여 추력을 높여야 한다.

$$\text{항력: } D = C_D \frac{1}{2}\rho V^2 S$$

8.2 항력의 구분

항공기에서 발생하는 항력의 발생 원인이 다양한 만큼 항력의 종류도 여러 가지가 있다. [그림 8-1]은 항력의 종류를 나타낸다. 항력, 즉 **전항력**(total drag, D)은 크게 **유해항력**(parasite drag, D_p)과 **유도항력**(induced drag, D_i)으로 구분한다. 일반적으로 양력에 의하여 발생하는 항력인 유도항력 이외의 항력은 모두 유해항력으로 취급한다. 그리고 유해항력은 다시 **형상항력**(profile drag)과 **조파항력**(wave drag)으로 나눈다. 조파항력은 충격파에 의한 항력이고, 형상항력은 항공기의 기하학적 형태에 의한 항력으로서, **압력항력**(pressure drag), **표면마찰항력**(skin friction drag), **간섭항력**(interference drag)이 형상항력에 포함된다.

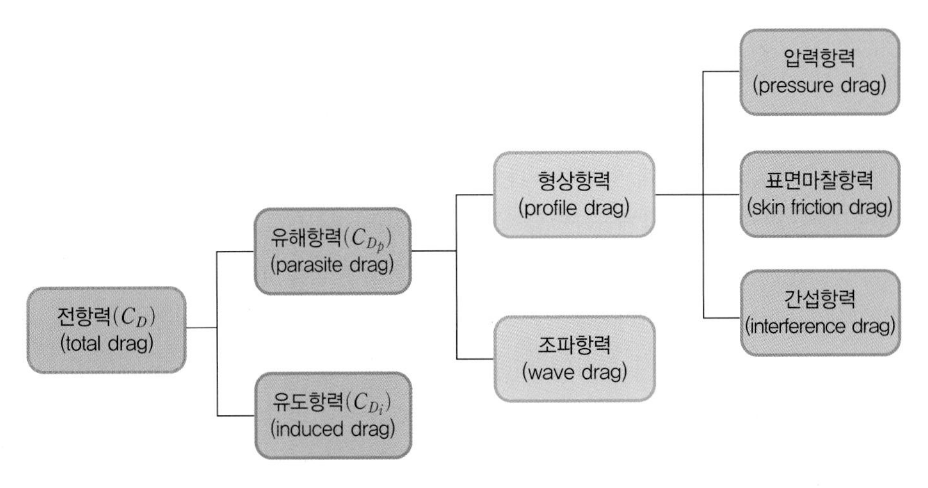

[그림 8-1] 항력(drag)의 구분

8.3 압력항력

[그림 8-2]는 유체의 흐름 속에 있는 세 가지 형상의 물체의 항력계수를 비교한 것이다. 평판(flat plate)보다는 원형의 원기둥(cylinder)이 항력계수가 작고, 유선형 물체(streamline body)의 항력계수는 원기둥의 1/10 수준임을 볼 수 있다. 이는 경계층 박리(boundary-layer separation)

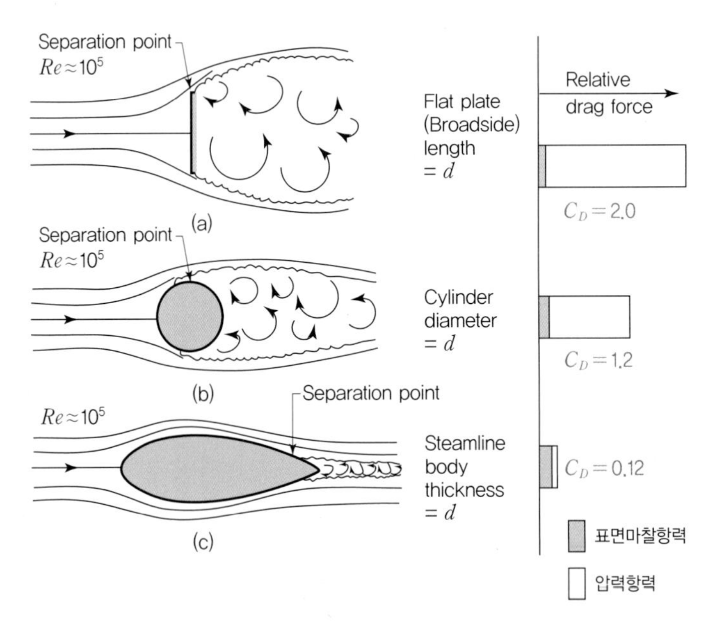

출처 : Talay, Theodore A., *Introduction to the Aerodynamics of Flight*, NASA SP-367, 1975.

[그림 8-2] 물체의 형상에 따른 항력계수

또는 유동박리(flow separation)의 규모에 따른 전방과 후방의 압력차의 크기 때문인데, 4.6절에서 살펴본 바와 같이 유동이 떨어져 나가면 저압부가 생기고, 압력차에 의하여 물체를 뒤로 미는 힘, 즉 항력이 발생한다. 따라서 **유동박리에 의한 항력을 압력항력**(pressure drag)이라고 하며, 유동박리의 규모에 따라 압력항력의 크기가 달라진다.

유선형 날개도 받음각이 높아지면 유동박리 현상으로 실속하게 되는데, 이에 따라 양력이 급감하는 반면 항력이 급증한다. 이때 증가하는 항력은 압력항력에 해당한다.

8.4 표면마찰항력

표면마찰항력(skin friction drag)**은 표면에서 유속이 빠른 난류 경계층이 발달하거나, 항공기 표면이 거칠 때 증가하는 항력**이다. 공기 유동이 항공기 표면을 따라 흐를 때 공기입자들과 표면 사이에 마찰력(friction force), 즉 전단응력(shear stress)이 발생한다. 전단응력은 항공기 표면에서 발생하고 항공기의 진행 방향의 반대, 즉 항력의 방향으로 작용한다. 따라서 전단응력에 의하여 발생하는 항력이 표면마찰항력이다. 그런데 표면 근처에서 공기입자들이 빠르게 흐르고 따라서 표면에서 공기 유동의 속도 감소폭이 커서 속도변화율이 높을수록 전단응력이 증가한다. 난류 경계층에서는 표면 근처에서 유속이 빨라서 속도변화율이 높고 따라서 비교적 강한 전단응력이 발생하여 표면마찰항력이 증가한다.

4.6절에서 살펴본 바와 같이, 난류 경계층은 층류 경계층과 비교하여 유동의 형태가 불규칙하지만, 점성력보다 관성력이 우세하고 유동의 에너지가 높다. 따라서 와류 발생기(vortex generator) 등을 통하여 인위적으로 난류 경계층을 형성하면 표면마찰항력이 커지지만 유동의 에너지가 증

[그림 8-3] 항공기 표면의 카운터싱크 리벳(countersunk head rivet)

Photo: US Air Force

Photo courtesy of Max Bryansky

1972년 상승률의 세계 기록을 위해 특별히 개조된 McDonnell Douglas F-15A "Streak Eagle(위쪽)." 표면마찰항력(skin friction drag)과 중량(weight)을 최소화하기 위하여 도색을 하지 않은 상태로 비행하였다. 27.57초 만에 3km를 상승하는 경이적인 성능으로 이전 구소련의 Mig-25가 세운 상승률 기록을 경신하였다. 그러나 구소련의 시험비행기인 Sukhoi P-42(아래쪽)는 1986년 고도 6km를 37초 만에 상승하여 다시 기록을 경신하였으며 현재까지 신기록으로 남아 있다. P-42 역시 무도장으로 비행하였는데, 이 시험기는 이후 Su-27 전투기로 발전한다.

가하므로 높은 받음각에서 실속(stall)을 늦추고 유동박리를 지연시켜 압력항력을 감소시킨다. 골프공 표면에 요철(dimple)을 주어 제작하는 이유도 압력항력을 낮추어 더 멀리 날아가게 하기 위해서이다. 하지만 받음각이 낮아서 실속의 발생 가능성 및 유동박리에 따른 압력항력의 급증 가능성이 작은 **순항비행 중에는 항공기 표면에 층류 경계층을 유지하는 것이 표면마찰항력과 전체 항력을 감소**시키는 데 도움이 된다.

또한, 표면이 매끈한 항공기가 표면이 거친 항공기보다 저항이 작다는 것은 명백하므로 항공기 표면을 깨끗하고 매끄럽게 유지해야 한다. 아울러 [그림 8-3]에서 볼 수 있듯이, 항공기 기체와 날개 표면에는 무수히 많은 리벳(rivet)이 장착되어 있는데, 머리 부분이 돌출하지 않는 카운터싱크형 리벳(countersunk head rivet)을 사용하는 이유는 표면마찰항력을 줄이기 위해서다.

빠른 속도로 비행할수록 표면에서 발생하는 전단응력이 증가하고 따라서 표면마찰항력이 커진다. 그러므로 고속으로 비행하는 항공기일수록 표면의 상태를 매끄럽게 처리하여 표면마찰항력을 최소화해야 한다. [그림 8-4]와 같이 속도가 230 km/hr 정도인 경비행기(Cessna 210)의 표면마찰항력계수는 $C_f = 0.010$인 반면, 속도가 900 km/hr에 이르는 초음속 전투기(F-104)의

(a) Cessna 150($C_f = 0.010$, 순항속도 230km/hr)

(b) Curtiss P-40E($C_f = 0.006$, 순항속도 500km/hr)

(c) Lockheed F-104B($C_f = 0.003$, 순항속도 900km/hr)

[그림 8-4] 항공기 종류에 따른 마찰계수(C_f)의 비교

표면마찰항력계수는 $C_f = 0.003$이므로 경비행기의 1/3 수준이다.

또한, 기온이 낮은 겨울철 또는 대기온도가 낮은 고고도에서 비행할 때 항공기 표면에 얼음이 형성되는 결빙(ice accretion)도 표면마찰항력을 높인다. 특히 날개 표면에 형성된 결빙은 항력뿐만 아니라 양력을 낮추고, 두꺼운 결빙은 실속(stall)까지 유발하여 항공기 사고의 원인이 되기도 한다.

[그림 8-5]는 Learjet 35 비즈니스 제트기의 날개, 동체 등 항공기의 형상요소별 표면마찰항력의 백분비를 보여주고 있다. Learjet 35는 동체에서 전체 표면마찰항력의 약 1/3이 발생하고, 날개에서 대략 1/3, 그리고 수평/수직 안정판 및 엔진 나셀 등 나머지 형상요소에서 약 1/3이 발생하고 있다. 해당 비행기는 제트 여객기의 일반적인 형상을 하고 있기 때문에 다른 기종들의 형상요소별 항력의 크기도 유사하다고 볼 수 있다. 만약 층류 날개단면(laminar flow airfoil) 및 경계층 제어(boundary-layer control)장치 등을 이용하여 항공기 표면에서 난류 경계층 대신 층류 경계층을 유지하면 표면마찰항력을 줄일 수 있다.

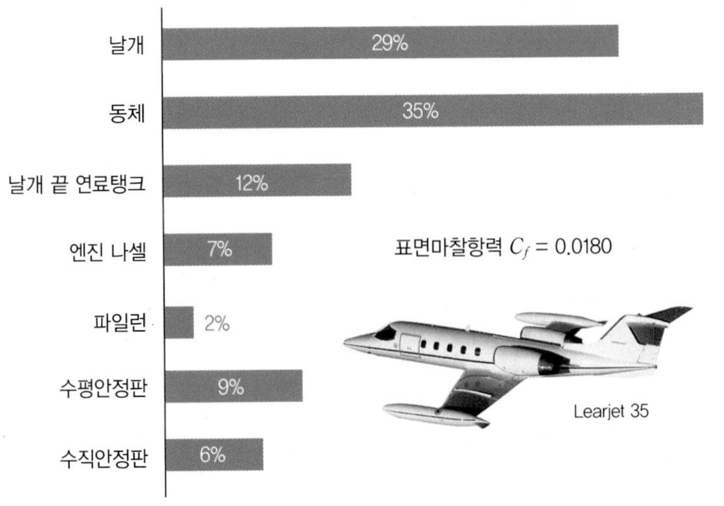

자료 출처: Roskam, J. and Lan, C. T., *Airplane Aerodynamics and Performance*, DAR corp., 2000.

[그림 8-5] 항공기 형상요소별 표면마찰항력의 크기 예시
(Bombardier Learjet 35, $M = 0.75$, $C_L = 0.336$, $C_D = 0.0338$)

8.5 간섭항력

간섭항력(interference drag)**은 항공기 형상요소의 접합부에서 발생하는 항력**이다. 항공기 동체와 날개가 접합된 상태에서의 항력은 동체의 항력과 날개의 항력을 더한 것보다 큰데, 그 증가분이 간섭항력에 해당한다. 간섭항력의 원인은 항공기 동체, 날개, 수직 및 수평 안정판 등의 형상요소 접합부에서 발생하는 복잡한 유동 때문이다. 예를 들어, 동체와 날개의 접합부에는 모서리가 발생하는데, 날개와 동체에서 각각 따로 흐르는 유동, 즉 경계층들이 모서리에서 서로 결합하면서 난류와 와류(vortex) 같은 복잡한 형태의 유동이 형성된다. 이에 따라 모서리 부분에서 표면마찰항력이 증가하고, 모서리를 흐르는 공기의 흐름을 방해하면서 항력이 증가하게 된다.

간섭항력을 최소화하는 방법은 동체 및 날개 등 항공기 형상요소의 접합부에 덮개(cover) **또는 페어링**(pairing) **등의 형상부품을 추가**하는 것이다. 접합부 모서리의 형상을 최대한 부드러운 형상으로 메꾸면 간섭항력을 줄일 수 있다. 또한, 유도항력의 감소를 위하여 날개 끝단에 윙렛(winglet)을 수직으로 부착하는 경우에도 날개와 윙렛의 모서리에서 간섭항력이 발생한다. 따라서 최근에는 날개와 윙렛 사이에 모서리가 없이 곡면으로 이어지도록 윙렛의 형상을 구성하고 있다.

ATR-72 여객기의 날개 페어링(wing root fairing) 장착 모습. 날개 페어링은 동체와 날개의 접합부의 모서리를 메꾸어 접합부에 발생하는 간섭항력(interference drag)을 감소시킨다.

Airbus A350 XWB의 윙렛(winglet). 유도항력을 낮추기 위하여 날개 끝단에 부착되는 윙렛도 간섭항력까지 최소화하기 위하여 모서리 없이 곡선으로 날개와 이어지도록 설계되고 있다. 곡면이 있는 윙렛 형상은 기존의 금속재료로 구현하기 어렵기 때문에 복합재료 기술이 발전된 최근에서야 사진과 같은 윙렛의 제작이 가능해졌다. 또한, 사진의 오른쪽 아래에 보이는 끝부분이 빨간색으로 칠해진 구성품은 flap track fairing이다. 외부로 노출된 복잡한 형태의 플랩 구동장치는 비행 중 적지 않은 압력항력과 간섭항력을 유발하기 때문에 유선형으로 제작된 flap track fairing 내부에 수납된다.

8.6 조파항력

항공기가 고속으로 비행하면 항공기 날개 표면을 흐르는 유동의 속도는 음속($M = 1$)에 이르고, 비행속도를 더욱 높이면 표면에 충격파(shock wave)가 발생한다. [그림 8-6]은 날개 윗면에 충격파가 생성된 현상을 전산유체역학(computational fluid dynamics), 즉 컴퓨터 시뮬레이션 방법으로 나타낸 것이다. 날개 윗면에서 공기 유동이 고속으로 팽창하며 흐르면 [그림 8-6(a)]의 빨간색으로 나타난 것과 같이 초음속으로 가속한다. 동시에 [그림 8-6(b)]의 파란색 부분과 같이 대기압과 비교하여 유동의 압력은 급감한다. 유동의 속도가 일정 수준까지 가속하면 충격파가 발생하게 되는데, 충격파를 지난 유동의 속도는 다시 낮아지고 압력은 대기압의 수준으로 다시 높아진다.

그러므로 충격파 전방은 저압부, 그리고 충격파 후방은 고압부가 형성되어 **역압력 구배**(adverse pressure gradient) **현상**이 나타난다. 즉, 공기가 흐르는 방향의 반대로 압력차에 의한 힘이 작용하여 **유동박리**(flow separation)**가 나타나고**, 이에 따라 **항력이 급증하는데**, 이러한 과정을 통하여 **충격파 때문에 증가하는 항력을 조파항력**(wave drag)이라고 한다. 날개 단면의 두께가 두껍거나 캠버가 크면 그만큼 날개 윗면을 지나는 유동이 빨리 가속하면서 충격파가 강하게 형성되어 조파항력이 증가한다. 또한, 날개 앞전(leading edge)이 두꺼워 전방에 수직 충격파가 발생할 때도 항력이 급증하는데 이 역시 조파항력에 해당한다. 관련 내용은 10.7절에서 자세히 살펴보도록 한다.

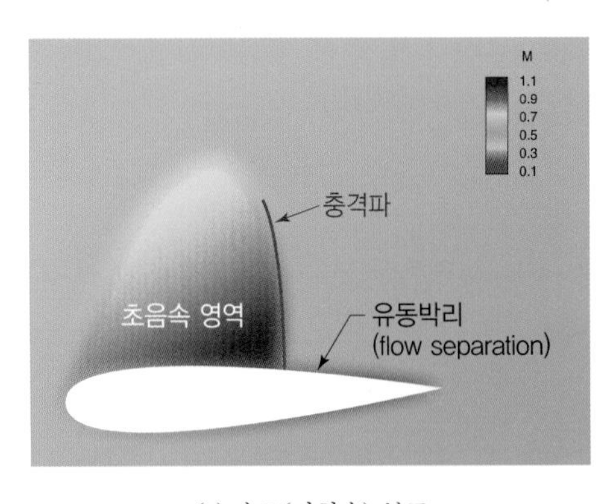

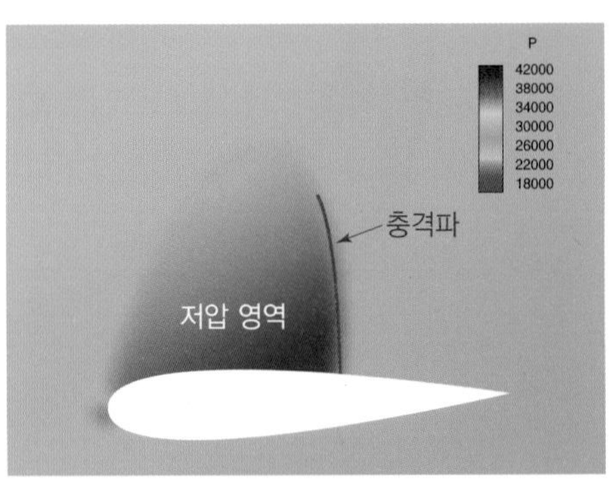

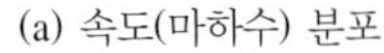

(a) 속도(마하수) 분포

(b) 압력 분포

[그림 8-6] 날개 위 충격파 발생에 따른 속도(마하수) 및 압력 분포 변화

조파항력은 유해항력과 유도항력을 합친 것보다 몇 배 이상 크기 때문에 추력 및 연료 소모의 급증을 유발한다. 따라서 작은 항력과 낮은 연료소모율로 장거리 및 장시간 순항할 때는 충격파가 발생하지 않는 아음속 영역에서 비행해야 한다. 만약 초음속으로 비행한다면 충격파의 형성을 지연하고 조파항력을 줄이기 위하여 두께가 얇고 캠버(camber)가 작은 날개 단면을 사

Image from Movie *Top Gun: Maverick* (Paramount Pictures, 2022)

고속으로 저공 비행하는 Boeing F/A-18E 전투기의 기체 표면에 발생한 수증기 응축 현상. 고속 유동의 팽창 때문에 압력과 온도가 급감하면서 발생하는 현상으로서, 충격파를 동반하기 때문에 조파항력이 급증하여 많은 연료를 소모하게 된다.

용하거나, 날개 앞전에 후퇴각(sweep back angle)을 적용해야 한다. 특히, 후퇴각은 날개 앞전에 작용하는 상대풍의 속도를 낮추어 임계마하수(M_{cr})와 항력발산마하수(M_{dd})를 높여서 충격파의 발생을 늦출 수 있다.

그리고 날개뿐만 아니라 동체의 형상도 고속비행에 적합하게 설계되어야 한다. 항력은 속도가 증가할수록, 그리고 유동의 방향에 대하여 수직으로 정의되는 단면적이 클수록 증가한다. 따라서 날개와 동체의 단면적을 가능한 한 최소화해야 한다. 하지만, 얇은 날개를 장착하여 날개의 단면적이 감소하여도 동체와 날개가 접합된 부분, 또는 동체와 수직 및 수평 안정판이 접합된 부분의 단면적 증가는 피할 수 없다. 단면적이 큰 접합부는 충격파에 의한 조파항력의 원인이 될 수 있다.

1950년대부터 왕복엔진과 비교하여 추력이 월등히 높아진 제트엔진의 사용이 보편화되면서 항공기의 비행속도가 비약적으로 높아지기 시작하였다. 하지만 음속의 영역을 넘어서 초음속 비행을 하기 위해서는 조파항력이 급증하는 문제를 해결해야 하였다. 미공군의 F-102 Delta Dagger는 영공을 침범하는 적기에 고속으로 접근하여 적기의 공격을 가능한 한 빨리 차단하는 요격기(intercepter)로서 1953년에 Convair사에서 개발되었다. 최고속도 요구조건은 당시 기술로는 도달하기 어려운 $M=2.0$으로 설정했는데, 가장 큰 문제는 초음속에 진입할 때 급격히 증가하는 조파항력을 극복하는 것이었다. 조파항력은 임계마하수(M_{cr})를 넘어 항력발산마하수(M_{dd})를 지나면 급증한다. 앞서 설명한 대로 임계마하수와 항력발산마하수를 높이기 위해서는 날개의 두께와 캠버를 최소화하고, 날개 앞전 후퇴각을 최대로 구성해야 한다. 그러므로 F-102는 두께가 얇고 큰 후퇴각을 가지며 날개면적이 넓은 삼각날개(delta wing)를 장착하도록 설계되었다. 이에 따라 날개에서 발생하는 항력은 감소시킬 수 있었지만, 동체에서 발생하는 항력은 여전히 상당하였다. 특히 날개와 동체의 접합부는 단면적이 크기 때문에 고속비행 중 여기서 발생하는 항력은 지대하였고, 이에 따라 음속을 돌파하는 데 매우 큰 추력이 요구되었다.

이러한 문제는 NASA에서 연구 및 고안된 **면적법칙**(area rule)을 적용하여 해결되었다. 면적법칙의 원리는 단순하여, **날개가 접합되어 단면적이 증가하는 위치의 동체 단면적을 줄여 전체 단면적을 일정 수준 이하로 유지함으로써 고속비행 중 항력을 감소**시키는 것이다. [그림 8-7]과 같이, 시험용으로 제작된 YF-102는 면적법칙을 고려하지 않았으나, 이후 생산용으로 개량된 F-102A는 동체에 면적법칙을 적용하여 날개가 위치한 동체 중간의 단면적이 감소되어

Photo: NASA

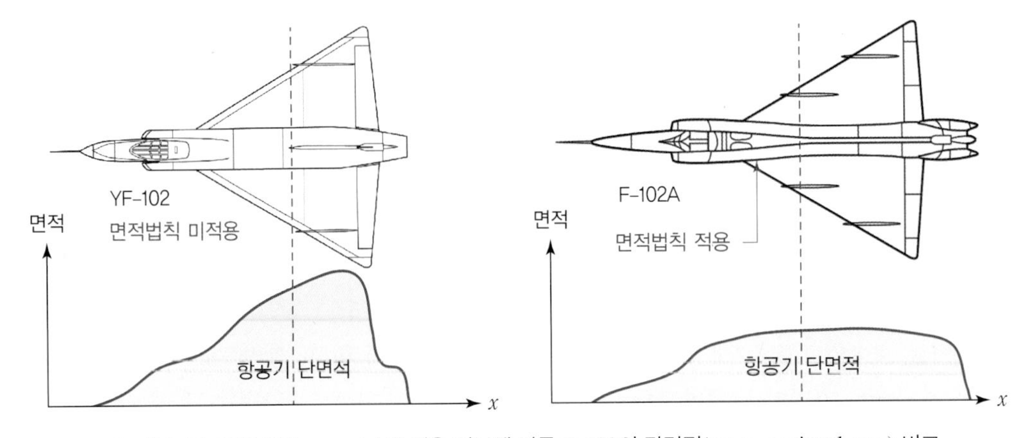

[그림 8-7] 면적법칙(area rule)의 적용 여부에 따른 F-102의 단면적(cross-sectional area) 비교

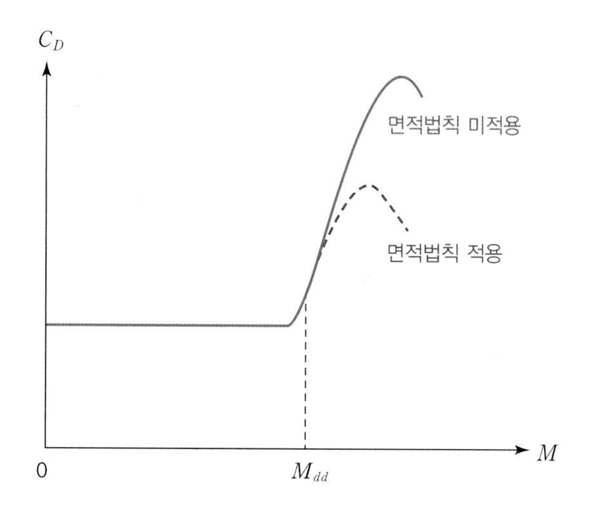

[그림 8-8] 면적법칙(area rule)의 적용 여부에 따른 조파항력의 크기 비교

면적법칙을 적용하여 동체를 구성한 Northrop F-5E 전투기(위쪽)와 Airbus A380 여객기(아래쪽). 천음속과 초음속 영역에서 항력을 낮추는 것은 항공기 비행성능 유지를 위하여 매우 중요하다. 따라서 고속 순항을 하는 다양한 항공기들은 동체와 날개의 접합부에 동체의 면적이 감소하도록 면적법칙을 기준으로 하여 제작되고 있다.

"콜라병" 형태를 하고 있음을 볼 수 있다. 그리고 동체의 단면적을 줄이는 대신 동체의 길이를 연장하여 전체 동체의 부피를 유지하였다. 따라서 기체의 전체 단면적은 동체와 날개의 접합부에서도 많이 증가하지 않았다. 그러므로 초음속에 진입할 때 항력이 급증하는 현상을 어느 정도 방지하여 비행속도를 높이는 데 가능한 한 많은 추력을 사용할 수 있었고, 이에 따라 쉽게 목표 최고속도를 달성할 수 있었다.

[그림 8-8]에서 알 수 있듯이, 초음속 비행을 위하여 비행속도를 높일 때 항력발산마하수(M_{dd}) 이후부터 항공기 기체에서 발생하는 조파항력이 급증한다. 하지만 면적법칙을 적용함으로써 고속 영역에서의 항력 급증 문제가 완화되는 것을 볼 수 있다. 따라서 초음속 전투기뿐만 아니라 천음속 영역에서 고속으로 순항하는 제트 여객기도 면적법칙을 고려하여 설계 및 제작하고 있다.

8.7 유도항력

항공기 날개 아랫면의 압력은 윗면보다 높아야 하고, 날개 위와 아랫면의 압력차가 커야 양력이 증가한다. 그런데 **고압부인 날개 아랫면을 따라 흐르는 유동의 일부가 저압부인 날개 윗면으로 날개 끝**(wing tip)**을 타고 올라가게 된다. 이러한 유동의 흐름으로 소용돌이 형태의 와류가 날개 끝에서 형성**되는데, 이를 **날개 끝 와류**(wing tip vortex)라고 부른다. 그리고 날개 위와 아랫면의 압력차가 클수록 날개 끝 와류의 강도도 커지게 된다. [그림 8-9]는 풍동(wind tunnel)

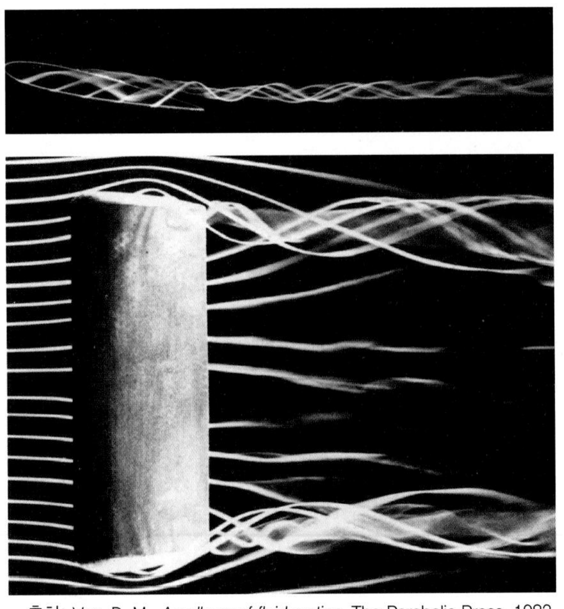

출처: Van, D. M., *An album of fluid motion*, The Parabolic Press, 1982.

[그림 8-9] 날개 끝 와류(wing tip vortex)

에서 연기 발생장치(smoke generator)를 사용하여 NACA0012 날개 끝에서 발생하는 와류의 형태를 가시화한 사진이다.

그런데 [그림 8-10(a)]에서 나타난 것과 같이 **소용돌이 형태의 날개 끝 와류에 의하여 근처 날개 주위를 지나는 유동을 위에서 밑으로 누르는 내리흐름**(downwash, w)이 발생한다. 내리흐름 때문에 날개에 대한 상대풍(V)의 방향은 [그림 8-10(b)]와 같이 아래로 향하게 된다. 이에 따라 [그림 8-10(c)]에서 볼 수 있듯이 날개받음각(α)은 감소하여 α_e가 되는데, 이를 **유효받음각**(effective angle of attack)이라고 한다. 그리고 **받음각과 유효받음각의 차이를 유도받**

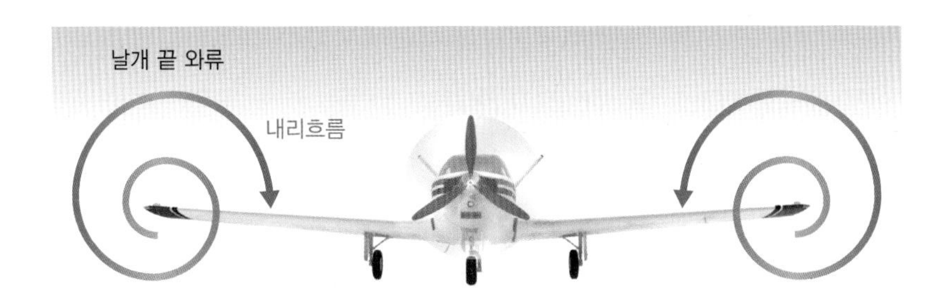

(a) 날개 끝 와류에 의한 내리흐름(downwash) 발생

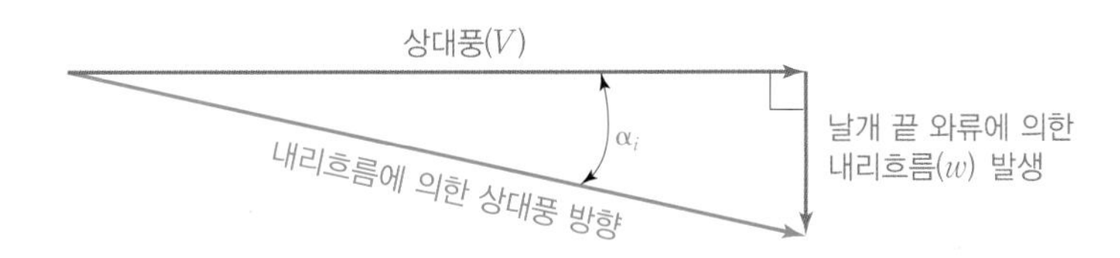

(b) 내리흐름(w)에 의한 상대풍(V) 방향의 변화

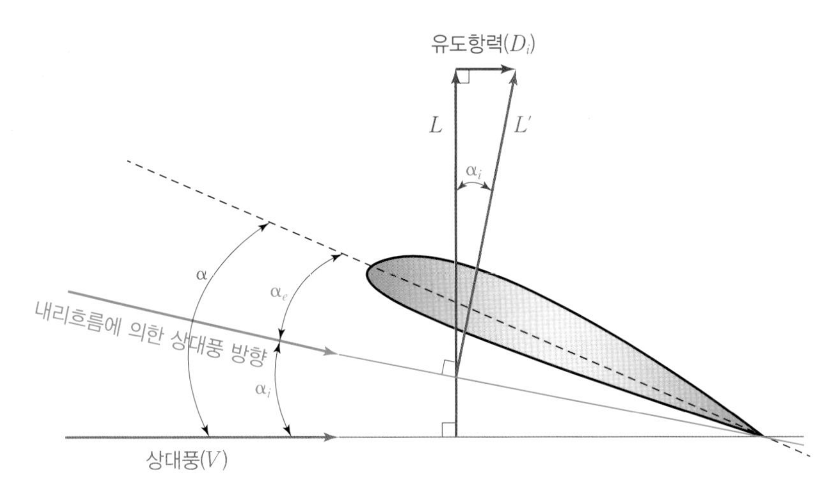

(c) 받음각의 변화와 양력의 방향 변화에 따른 유도항력 발생

[그림 8-10] 날개 끝 와류(wing tip vortex)에 의한 유도항력(induced drag) 발생

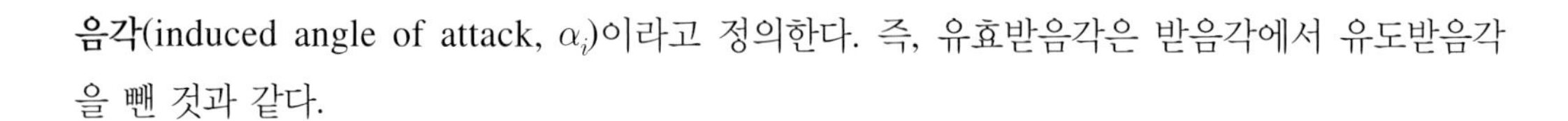

음각(induced angle of attack, α_i)이라고 정의한다. 즉, 유효받음각은 받음각에서 유도받음각을 뺀 것과 같다.

$$\text{유효받음각}: \alpha_e = \alpha - \alpha_i$$

날개 받음각이 작아지면 날개의 양력계수는 감소한다. 그러므로 날개 윗면과 아랫면의 압력차가 클수록 양력은 증가하지만, 날개 끝 와류 강도가 증가하면 날개 끝부분을 지나는 유동의 유효받음각은 감소하여 날개 끝부분의 양력이 감소하게 된다. 또한, 양력의 방향은 상대풍의 방향에 수직이기 때문에 상대풍 방향이 변하여 받음각이 유효받음각(α_e)으로 바뀜에 따라 양력(L')의 방향이 뒤로 기울어진다. 즉, 내리흐름 때문에 양력의 방향이 변하면서 새로운 항력 성분이 발생하는데 이를 **유도항력**(induced drag, D_i)이라고 정의한다. 날개 윗면과 아랫면의 압력 차이 때문에 양력이 발생하는데, 이러한 압력 차이는 날개 끝 와류를 형성하여 유도항력을 유발한다. 즉, 양력에 의하여 유발 또는 유도되는(lift-induced) 항력이라고 하여 유도항력으로 일컫는다. 정리하면 **유도항력은 날개 윗면과 아랫면의 압력차인 양력에 의한 날개 끝 와류 때문에 발생하는 항력**이라고 할 수 있다.

날개 끝 와류를 형성하며 착륙 중인 Boeing 767 여객기. 날개 끝 와류는 실제 육안으로 관찰하기 쉽지 않지만, 사진과 같이 항공기가 구름을 통과할 때 구름의 형상 변화로 날개 끝 와류의 크기와 모양을 식별할 수 있다. 날개 끝 와류는 날개 윗면에 내리흐름(downwash)을 형성하고, 이는 날개 받음각을 낮추어 유도항력을 증가시킨다.

[그림 8-10]의 (b)와 (c)를 비교하면 상대풍(V)에 대한 내리흐름(w) 크기의 비, 그리고 양력(L)에 대한 유도항력(D_i)의 크기의 비가 같기 때문에 유도받음각(α_i)에 대하여 다음과 같은 관계가 성립된다.

$$\frac{w}{V} = \frac{D_i}{L} = \tan\alpha_i$$

만약 α_i가 매우 작다면 $\tan\alpha_i \approx \alpha_i$가 되므로 위의 식에서 유도항력과 양력의 관계를 다음과 같이 정리할 수 있다.

$$D_i = L\tan\alpha_i \approx L\alpha_i$$

그리고 유도항력과 양력을 각각 동압$\left(\frac{1}{2}\rho V^2\right)$과 날개면적($S$)으로 나누어 날개의 유도항력계수($C_{Di}$)와 양력계수($C_L$)를 아래와 같이 나타낸다.

$$\frac{D_i}{\frac{1}{2}\rho V^2 S} = \frac{L}{\frac{1}{2}\rho V^2 S}\alpha_i$$

$$C_{D_i} = \alpha_i C_L$$

[그림 8-11]과 같이 날개를 위에서 내려다보았을 때 날개의 평면형상이 타원형이면 **타원날개**(elliptical wing)라고 한다. 타원날개는 그림의 사각날개와 같은 일반적인 날개 형태와 달리 날개 끝 시위길이가 매우 짧기 때문에 날개 끝을 타고 올라가는 와류의 강도가 비교적 작다. 그러므로 날개 끝 방향(y방향), 즉 **스팬**(span) **방향으로 내리흐름**(w)**의 크기가 거의 같고, 따라서 스팬 방향으로 유도받음각**(α_i)**과 양력계수**(C_L)**가 비교적 일정**하다. 또한, 타원형의 평면 형상에 따라 스팬 방향으로 짧아지는 시위길이에 스팬 방향으로 일정한 양력계수(C_L) 및 동압을 곱하면 그림에 초록색으로 표시된 것과 같이 타원형 양력(L) 분포가 나타난다.

타원형 양력 분포를 가진 타원날개의 유도받음각을 아래의 양력계수 관계식으로 나타낼 수 있는데, 유도 과정은 본 도서의 범위를 벗어나므로 소개는 생략한다. 여기서 AR은 날개의 스팬 길이(b)의 제곱을 날개의 전체 면적(S)으로 나누어 정의하는 날개 가로세로비(aspect ratio)이다.

$$\text{타원날개 유도받음각: } \alpha_i = \frac{C_L}{\pi AR}$$

유도항력계수는 $C_{Di} = \alpha_i C_L$이므로 위의 유도받음각 관계식으로 타원날개의 유도항력계수를 다음과 같이 정리한다. 유도항력계수 관계식을 검토해보면 유도항력은 양력계수(C_L)의 제곱에 비례하는 것을 볼 수 있다. 날개 윗면과 아랫면의 압력 차이 증가, 즉 양력의 증가에 따라 유도항력이 증가한다는 사실은 앞에서 설명하였다.

$$C_{D_i} = \alpha_i \times C_L = \frac{C_L}{\pi AR} \times C_L = \frac{C_L^2}{\pi AR}$$

PART 3 양력과 항력

$$\text{타원날개 유도항력계수: } C_{D_i} = \frac{C_L^2}{\pi AR}$$

그런데 위의 식들은 날개 끝 와류가 최소인 타원날개에만 적용할 수 있다. 만약 [그림 8-11]의 사각날개와 같이 날개 끝 시위길이가 길면 이를 타고 발달하는 날개 끝 와류 강도가 크고 강력해지며, 따라서 유도항력이 증가한다. 그러므로 유도항력은 날개 끝의 형태와 시위길이, 그리고 날개 후퇴각(sweep back angle) 등에 따른 날개의 평면 형상에 크게 영향을 받는다. **스팬효율계수**(span efficiency factor, e)**는 유도항력이 가장 낮은 타원날개를 기준으로 날개 평면 형상에 따라 유도항력의 크기를 보정하여 주는 값**이다.

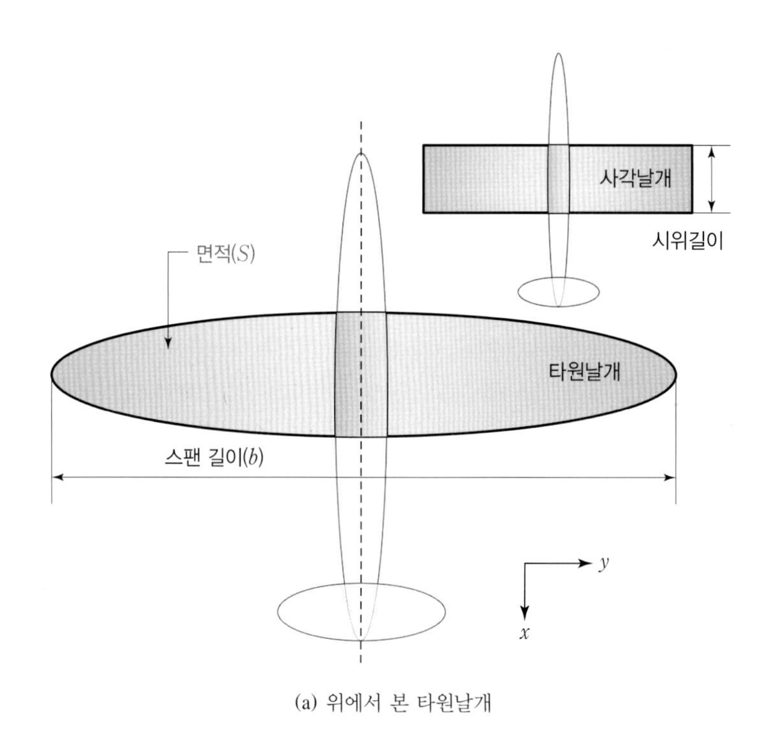

(a) 위에서 본 타원날개

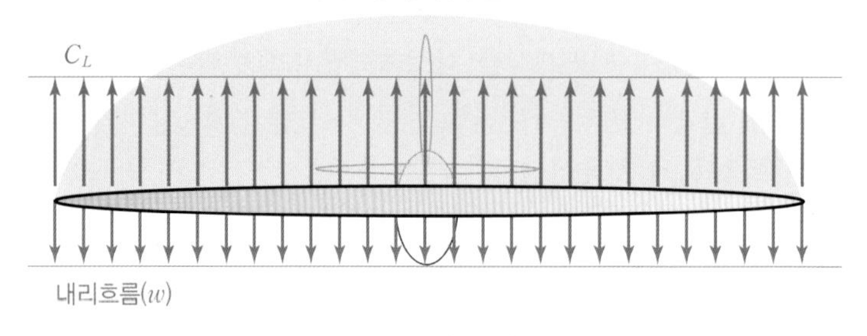

(b) 앞에서 본 타원날개

[그림 8-11] 타원날개(elliptical wing)의 형상 및 내리흐름과 양력계수의 일정한 분포

[그림 8-12]는 다양한 날개 평면 형상의 실제 비행기의 스팬효율계수를 보여주고 있다. P-47B가 장착한 **타원날개의 스팬효율계수는 가장 큰 값인 e=1이고,** Cessna 177과 같이 **날개 끝 시위길이가 길어서 평면형상이 사각형에 가까울수록 스팬효율계수의 값이 작아진다.** 스팬효율계수는 시위길이뿐만 아니라 날개 가로세로비(AR), 날개 끝 형상, 후퇴각 등에 따라 결정되는데, 스팬효율계수를 기준으로 아래의 관계식을 통하여 다양한 형태의 날개에서 발생하는 유도항력계수를 정의할 수 있다. 즉, 스팬효율계수를 유도항력계수 관계식의 분모에 포함시켜 날개 끝 와류 강도가 강하여 스팬효율계수가 작은 날개는 그만큼 높은 유도항력계수가 도출되도록 한다.

$$\text{유도항력계수: } C_{Di} = \frac{C_L^2}{\pi e AR}$$

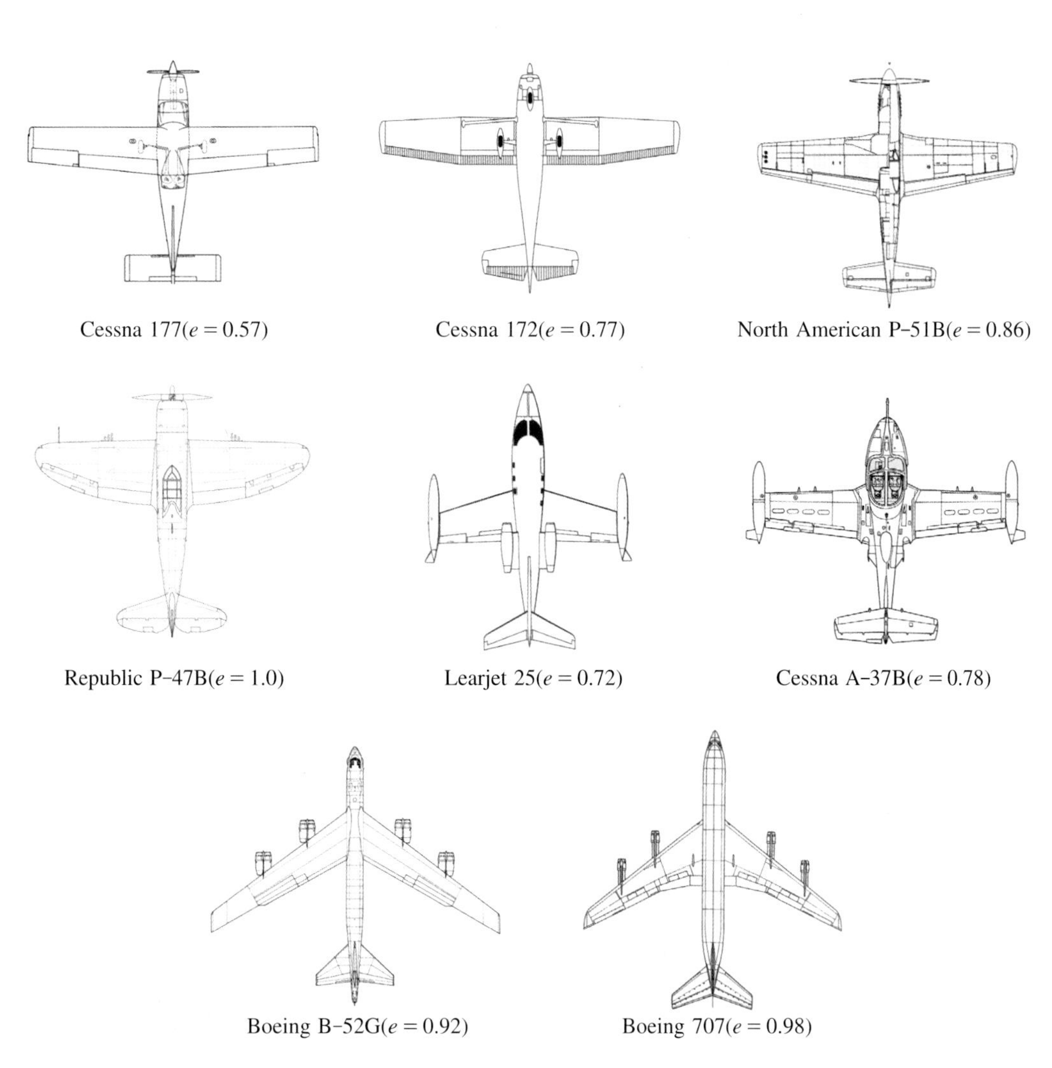

[그림 8-12] 실제 비행기의 스팬효율계수(span efficiency factor, e) 예시

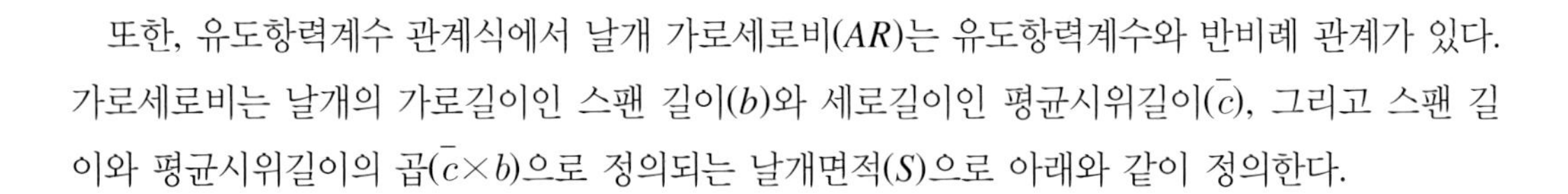

또한, 유도항력계수 관계식에서 날개 가로세로비(AR)는 유도항력계수와 반비례 관계가 있다. 가로세로비는 날개의 가로길이인 스팬 길이(b)와 세로길이인 평균시위길이($\bar{c}$), 그리고 스팬 길이와 평균시위길이의 곱($\bar{c} \times b$)으로 정의되는 날개면적(S)으로 아래와 같이 정의한다.

$$\text{날개 가로세로비: } AR = \frac{b}{\bar{c}} = \frac{b \times b}{\bar{c} \times b} = \frac{b^2}{S}$$

동일 면적의 날개라도 **날개폭, 즉 날개의 스팬 길이가 길어 가로세로비가 커지면 유도항력이 감소**한다. [그림 8-13]에서 볼 수 있듯이, 면적을 일정하게 유지하면서 날개의 시위(chord)길이를 줄이고 날개 스팬 길이를 늘리면 가로세로비가 높아진다. 가로세로비가 증가하여 날개 끝 시위길이가 줄어들면 날개 끝을 타고 날개 윗면으로 향하는 날개 끝 와류의 규모와 강도가 감소하고, 날개 전체에 대한 날개 끝 와류의 영향, 즉 내리흐름도 감소하므로 유도항력이 낮아진다.

7장에서 살펴보았듯이, 비행속도를 낮추면 항공기가 실속할 수 있으므로 받음각을 높여 양력계수(C_L)를 증가시켜야 한다. 하지만 유도항력계수 관계식을 보면 유도항력계수는 양력계수의 제곱(C_L^2)에 비례하므로 저속에서 받음각을 높여 양력계수를 증가시키면 유도항력도 함께 증가하게 된다. 그러므로 **비행속도가 낮아질수록 유해항력보다 유도항력의 비중이 커지기 때문에 속도가 느린 항공기는 유도항력을 낮추기 위하여 날개 평면형상을 타원형에 가깝게 설계하거나 날개에 큰 가로세로비를 적용**해야 한다.

유도항력을 감소시키는 또 다른 방법은 날개에 대한 날개 끝 와류의 영향을 최소화하는 것이

Photo: airteamimages.com

최고속도가 약 600 km/hr인 Spitfire 전투기(오른쪽)와 최고속도가 약 2,500 km/hr(M=2.0)에 이르는 Eurofighter Typhoon 전투기(왼쪽). 저속에서는 유도항력(induced drag)이 증가하고, 고속에서는 조파항력(wave drag)이 발생하여 유해항력(parasite drag)이 증가한다. 따라서 비행속도가 비교적 낮은 Spitfire 전투기는 날개의 평면형상을 타원형으로 구성하여 유도항력을 낮추고, 빠른 속도로 순항하는 Typhoon 전투기는 날개 앞전에 큰 후퇴각을 적용하여 조파항력을 낮춘다.

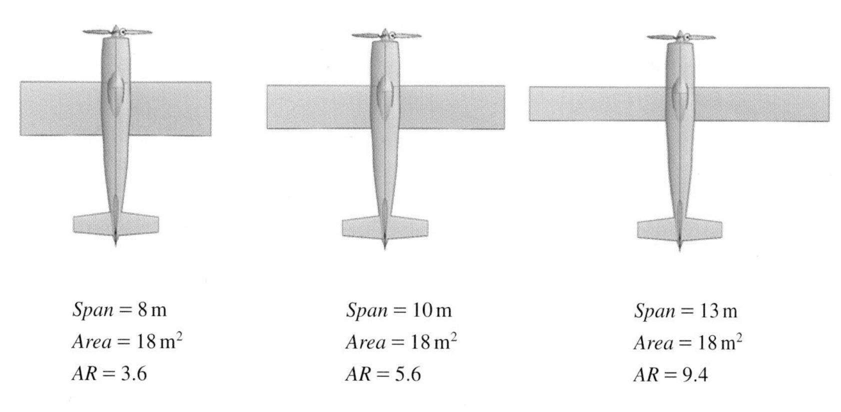

[그림 8-13] 날개의 가로세로비(aspect ratio)

가로세로비(aspect ratio)가 큰 날개를 장착한 ASG-29E 글라이더. 추력을 발생시키는 엔진이 없는 글라이더는 오랫동안 체공하려면 가능한 한 낮은 속도로 비행해야 한다. 그런데 속도가 느릴수록 유도항력이 현저해지므로 날개 스팬(span) 길이를 길게 하고 가로세로비를 극대화하여 유도항력을 최소화한다.

다. [그림 8-14]와 같이 날개 끝에 **윙렛(winglet)을 장착**하여 날개 끝이 전체 날개보다 높게 위치하도록 날개를 구성한다. **윙렛은 날개 끝에 수직으로 장착되는 작은 날개 또는 작은 수직판**이다. 윙렛이 장착되면 날개 윗면보다 높은 위치에 있는 윙렛의 끝단에서 날개 끝 와류가 형성된다. 이에 따라 날개 윗면에 흐르는 유동은 날개 끝 와류에 의한 내리흐름의 영향을 받지 않고 흐르게 되고, 따라서 유도항력도 감소한다.

[그림 8-14] 윙렛(winglet)에 의한 날개 끝 와류 강도 및 유도항력 감소

이렇게 날개 끝의 형상을 변화시켜 날개 끝 와류의 강도를 감소시키면 유도항력을 낮출 수 있다. 따라서 윙렛을 포함한 날개 끝 형상의 공기역학적 성능에 관한 연구는 오래 전부터 계속되었다. [그림 8-15]는 유도항력을 낮추기 위하여 과거에 시험하였던 다양한 날개 끝의 형태이다. 이 중 몇 가지는 실제 항공기의 날개에 적용되어 유도항력을 낮추고 공기역학적 성능을 개선하는 데 크게 기여하였다.

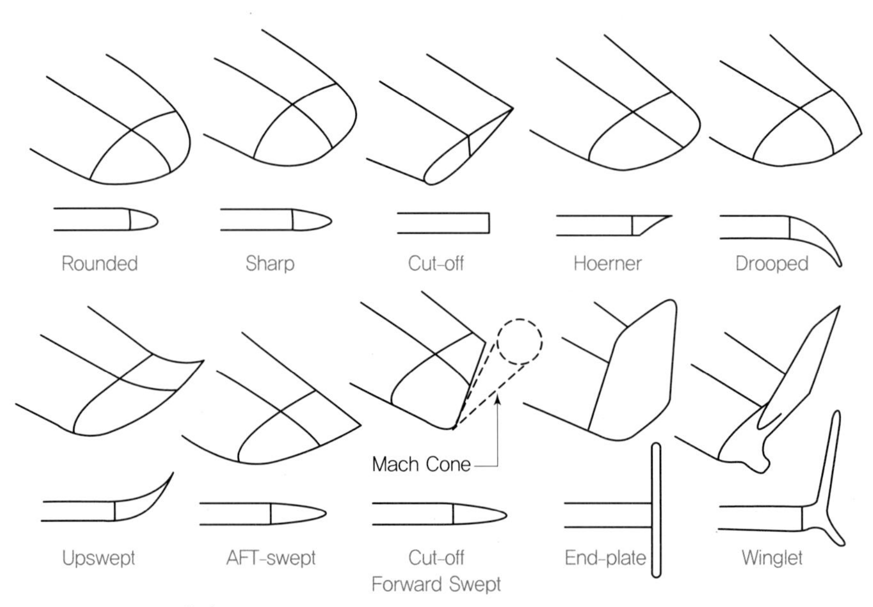

출처 : Hoerner, S. F., *Fluid–Dynamic Drag*, Sighard F. Hoerner, 1965.

[그림 8-15] 공기역학적 성능을 개선하기 위해 검토한 다양한 날개 끝단의 형태

또한, 날개 끝의 시위길이를 짧게 하면 날개 끝 와류의 강도를 경감시킬 수 있다. 날개 아랫면의 유동이 **날개 끝을 통하여 윗면으로 이동하는 것이 날개 끝 와류이기 때문에 날개 끝의 시**

위길이가 매우 짧거나, 끝단이 거의 없는 형태로 날개 끝의 형상을 날카롭게 구성하면 와류형성과 유도항력을 최소화할 수 있다. 이러한 형태의 날개 끝을 raked wingtip(**갈퀴형 날개 끝**)으로 부른다. [그림 8-16]은 날개 끝에서 발생하는 날개 끝 와류를 전산유체역학 시뮬레이션으로 구현한 것인데, raked wingtip의 날개 끝 와류는 일반적인 형태의 날개 끝에서 발생하는 와류와 비교하여 강도와 크기가 현저히 감소하고 있음을 볼 수 있다. 기존의 금속재료를 이용하여 날개 끝을 날카롭지만 튼튼하게 제작하기가 쉽지 않기 때문에 비교적 높은 강도로 다양한 형상 구현이 가능한 복합재료를 사용하는 것이 일반적이다. 따라서 복합재료 관련 기술이 발전한 근래에 와서야 raked wingtip과 같은 복잡한 형상의 날개 구성품을 제작할 수 있게 되었다.

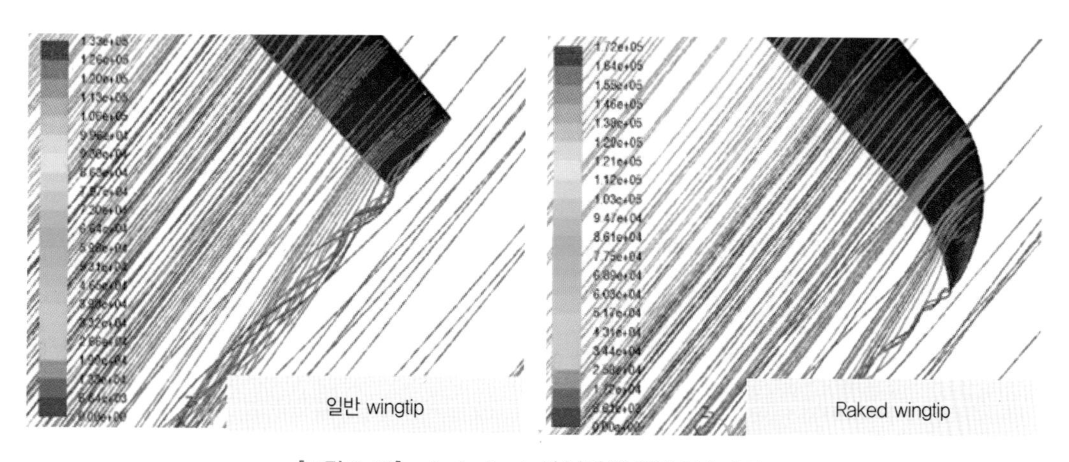

[그림 8-16] raked wingtip의 날개 끝 와류 감소 효과

Airbus A350XWB 여객기의 윙렛(왼쪽)과 Boeing 777X 여객기의 접는 방식의 raked wingtip(오른쪽). 날개 끝단에 수직판을 설치하거나, 날개 끝 시위길이를 최소화하여 날카롭게 제작하면 날개 끝 와류의 영향을 최소화하여 유도항력을 감소시킨다. 여객기는 제작연도 및 제작사와 관계없이 거의 유사한 형상을 하고 있다. 따라서 기종마다 독특한 형상으로 디자인된 윙렛은 여객기의 공기역학적 성능을 개선할 뿐만 아니라, 다른 기종과 형상적 차별성을 강조하고 새롭고 매력적으로 보이게 하는 역할도 한다.

Photo: Lockheed Martin / NASA

Lockheed Martin사에서 미래 여객기 또는 수송기로 연구 중인 box wing 항공기의 개념도. 날개를 상하로 구성하고 날개 끝이 서로 연결되어 box 형태를 하고 있다. 이에 따라 날개 구조가 튼튼하여 날개를 가볍게 만들 수 있고, 날개면적이 증가하여 비행성능이 우수하다. 특히 날개 끝이 없으므로 날개 끝 와류가 감소하여 유도항력이 낮은 장점도 있다.

Photo: Popular Mechanics

원형 윙렛(spiroid winglet)을 장착하고 시험 중인 Dassault Falcon 50 비즈니스 제트기. 원형 윙렛은 원 또는 링(ring) 모양의 형태인데, 이러한 형태의 날개는 날개 끝이 없으므로 이론적으로 날개 끝 와류가 존재하지 않는다. 하지만 원형 윙렛의 바깥쪽 윗부분 모서리에서 약한 날개 끝 와류가 발생한다. 그럼에도 불구하고 유도항력이 매우 작아서 양항비가 높은 장점이 있기 때문에 차세대 윙렛의 형태로 연구 중이다.

공기역학적으로 효율이 높게 설계된 윙렛과 raked wingtip은 순항 중 항력을 약 3% 이상 감소시키는 것으로 알려져 있다. 항력 감소는 추력, 즉 연료비용의 감소를 의미한다. 따라서 운송사업을 하는 항공사의 경우 연료비용 절감은 매우 중요한 문제이기 때문에 장시간 비행을 하는 여객기의 날개에 윙렛과 같은 유도항력 감소장치를 설치하는 것이 일반화되고 있다.

8.8 전항력

전항력(total drag)**은 유해항력과 유도항력을 합한 것**인데, 일반적으로 일컫는 항력은 전항력을 의미한다. 따라서, 항공기에서 발생하는 항력은 유해항력과 유도항력으로 구분하고, 항력계수(C_D)는 유해항력계수(C_{D_p})와 유도항력계수(C_{D_i})의 합이다. 유도항력계수의 정의를 이용하여 항력계수를 정의하면 다음과 같다.

$$C_D = C_{D_p} + C_{D_i}$$

$$\text{항력계수: } C_D = C_{D_p} + \frac{C_L^2}{\pi e AR}$$

그리고 항력은 항력계수(C_D)에 동압$\left(\frac{1}{2}\rho V^2\right)$과 날개면적($S$)을 곱하여 정의하므로 다음과 같이 나타낼 수 있다.

$$D = C_D \frac{1}{2}\rho V^2 S = \left(C_{D_p} + \frac{C_L^2}{\pi e AR}\right)\frac{1}{2}\rho V^2 S$$

$$\text{항력: } D = C_{D_p}\frac{1}{2}\rho V^2 S + \frac{C_L^2}{\pi e AR}\frac{1}{2}\rho V^2 S$$

[그림 8-17]은 Tornado 초음속 전투기의 속도별 항력의 변화를 보여주고 있다. 비교적 낮은 속도로 이륙하는 단계에서는 플랩 등의 고양력장치를 사용하여 날개에서 발생하는 양력계수를 높인다. 따라서 이륙 시 Tornado 전투기의 양력계수는 $C_L = 1.7$에 이르고, 양력계수가 증가함에 따라 $C_{D_i} = \frac{C_L^2}{\pi e AR}$으로 정의되는 유도항력계수가 급증한다. 그러므로 전항력계수에서 유도항력계수가 차지하는 비율이 95%에 이른다. 이륙 후 $M = 0.8$의 비교적 빠른 속도로 순항할 때는 $C_L = 0.4$의 낮은 양력계수로도 항공기의 중량을 지탱할 수 있다. 양력계수가 낮아지면서 유도항력계수의 비율이 70% 전후로 감소하고, 전항력계수도 $C_D = 0.066$ 수준으로 떨어진다. Tornado 전투기가 $M = 2.0$의 초음속으로 가속하면 양력계수는 훨씬 감소하여 $C_L = 0.05$에서도 양력을 유

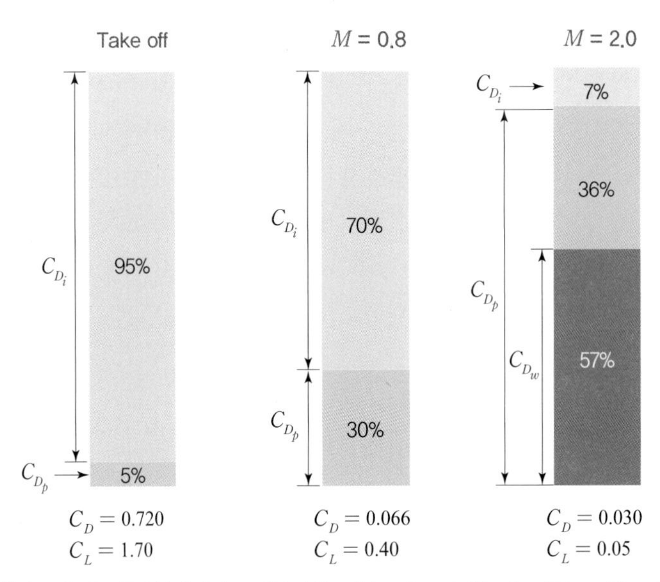

자료 출처: Roskam, J., *Airplane Design, Part VI, Preliminary Calculation of Aerodynamic Thrust and Power Characteristics*, DARcorp., 2008.

[그림 8-17] 속도별 항공기 항력의 변화(Panavia Tornado 전투기의 예)

비행 중 날개 후퇴각(sweep back angle) 조절이 가능한 가변익(variable wing) 초음속 전투기인 Panavia Tornado GR4. 저속비행 중에는 유도항력계수(C_{D_i})를 줄이기 위하여 날개의 후퇴각을 감소시켜 날개의 가로세로비를 증가시키고(왼쪽), 초음속 비행 중에는 조파항력계수(C_{D_w})를 줄이기 위하여 날개 후퇴각을 증가시킨다(오른쪽).

지하며 비행할 수 있다. 양력계수가 작아지면서 유도항력계수가 차지하는 비율이 7%까지 감소하고, 대신 유해항력계수(C_{D_p})가 93%까지 증가한다. 특히 Tornado 전투기가 초음속으로 비행하면 항공기 표면에서 압축성 효과와 충격파 현상이 나타나는데, 이에 따라 조파항력계수(C_{D_w})의 비율이 57%에 이르게 된다.

압력항력, 표면마찰항력, 간섭항력, 그리고 조파항력을 모두 합하여 유해항력으로 일컫는다. 앞서 살펴본 바와 같이, 항공기의 비행속도가 높아질수록 유도항력이 감소하고 유해항력이 증가한다. [그림 8-18]은 소형 제트 여객기인 Learjet 35의 날개, 동체, 엔진 등 항공기 형상요소에

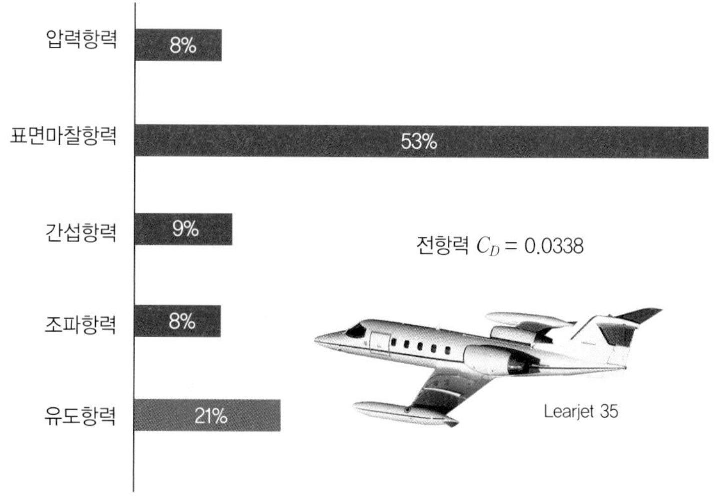

자료 출처: Roskam, J. and Lan, C. T., *Airplane Aerodynamics and Performance*, DAR corp., 2000.

[그림 8-18] 항공기 형상 요소별 항력의 크기

(Bombardier Learjet 35의 예: $M = 0.75$, $C_L = 0.336$, $C_D = 0.0338$)

서 발생하는 다양한 항력들의 크기를 나타내고 있다. 비행속도는 일반적인 제트 여객기의 순항 속도인 $M = 0.75$이다. 유동박리에 의한 압력항력과 기체 접합부에서 발생하는 간섭항력은 각각 전항력의 8% 전후이고, 아음속 영역에서 비행 중이므로 조파항력도 8%에 지나지 않는다. 물론 $M = 0.75$로 비행할 때에도 기체 표면의 일부에서는 유동이 초음속으로 가속되므로 약한 충격파에 의한 조파항력은 존재할 수 있다. 또한, 비교적 고속으로 비행 중이므로 유도항력의 비중도 크지 않다. 하지만 기체 표면과 공기입자들 간의 마찰에 의한 표면마찰항력이 전항력의 절반 이상인 53%에 달하고 있다. 순항은 가장 긴 시간이 소요되는 비행단계이다. 따라서 현대 제트 여객기의 경우 순항 중 추력 절감에 따른 연료소모율 감소를 위하여 표면마찰항력을 줄이는 것이 가장 중요하다.

[그림 8-19]는 비행속도가 증가함에 따라 항공기에서 발생하는 항력(D)의 크기가 변화하고 있음을 보여준다. **비행속도가 매우 낮으면** 항력이 작을 것으로 생각되지만 앞서 살펴본 바와 같이 실제로는 **높은 양력계수 때문에 유도항력(D_i)이 지배적으로 크다.** 하지만 비행속도가 증가함에 따라 낮은 양력계수로 비행이 가능하므로 유도항력이 낮아진다. 그리고 **속도 증가에 따라 표면마찰항력 및 조파항력이 커짐으로써 유해항력(D_p)이 증가**한다. 그러므로 유도항력과 유해항력의 합인 전항력, 즉 **항력은 비행속도가 너무 낮거나 과도하게 높으면 증가하고, 유도항력과 유해항력의 합이 최소가 되는 속도에서 최소항력(D_{min})이** 된다.

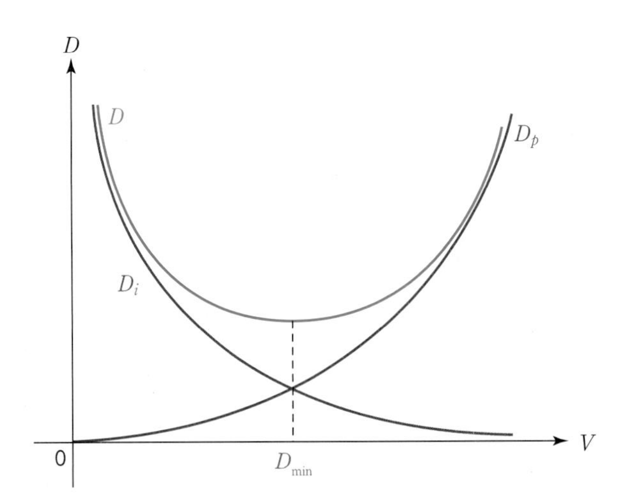

[그림 8-19] 비행속도(V)에 따른 항공기 항력(D)의 변화

8.9 양항비

항공기에서 발생하는 양력은 가능한 한 클수록 비행성능이 개선된다. 즉, 양력이 크면 큰 중량을 지탱하므로 항공기는 더 많은 화물을 실어 나를 수 있다. 양력은 다음과 같이 양력계수(C_L), 대기의 밀도(ρ), 비행속도(V), 그리고 날개면적(S)으로 정의한다.

$$L = C_L \frac{1}{2} \rho V^2 S$$

또한, **항공기에서 발생하는 항력은 작을수록 낮은 추력으로도 오랫동안 그리고 멀리 비행**할 수 있다.

$$D = C_D \frac{1}{2} \rho V^2 S$$

위의 식에서 볼 수 있듯이 양력을 증가시키기 위하여 날개면적(S)을 증가시키면 항력도 커진다. 또한, 양력을 높이기 위하여 속도(V)를 올리는 경우 항력 역시 증가하고, 양력계수의 제곱(C_L^2)에 비례하여 유도항력계수(C_{D_i})가 증가한다.

$$C_{D_i} = \frac{C_L^2}{\pi e AR}$$

따라서 양력을 높이면서 동시에 항력을 감소시키는 방법은 거의 없다. 다만, 양력을 많이 증가시키는 동안 항력은 조금만 증가하도록 하는 것이 최선이다. 반대로 양력이 감소하면서 항력이 증가하는 경우가 있는데 실속(stall)이 대표적인 예이다. [그림 8-20]에서 볼 수 있듯이, 과도하

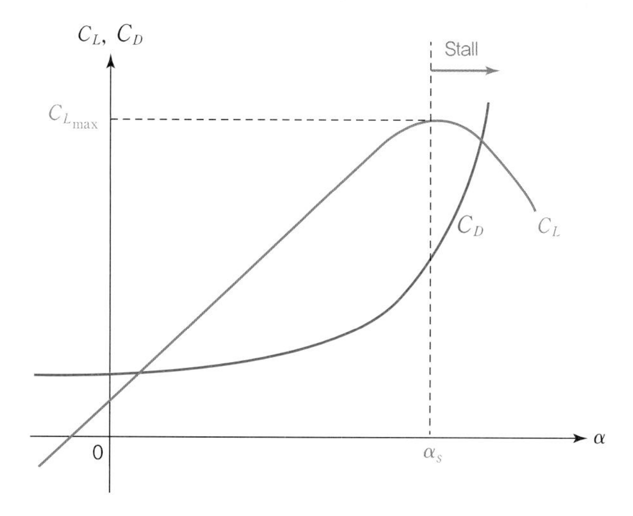

[그림 8-20] 받음각에 따른 양력계수 및 항력계수 변화

게 높은 받음각에서 날개 위에서 유동이 박리되어 실속이 발생하면 양력이 급감하는 동시에 항력은 급증하게 된다. 또한, 날개에서 충격파가 형성되면 역시 양력이 감소하고 항력이 높아진다.

양력과 항력의 균형을 나타내는 공기역학적 성능지표를 **양항비**(lift to drag ratio, L/D)라고 하는데, **양항비는 양력을 항력으로 나눈 무차원수로 정의**한다. 아래 관계식에서 알 수 있듯이

Photo: US Air Force

항공기의 전체 형상이 날개로만 구성된 전익기(全翼機, flying wing aircraft) 형태의 Northrop B-21 폭격기(2022). 항공기의 동체, 수직/수평 안정판 등에서는 항력을 유발하지만, 날개는 항력뿐만 아니라 양력을 발생시킨다. 따라서 항공기의 형상을 날개로만 구성하는 경우 익면하중(wing loading, W/S)뿐만 아니라 양항비(lift to drag ratio, L/D)를 높여 공기역학적 성능을 개선할 수 있다. 큰 양항비는 장거리 폭격기의 항속거리 연장에 매우 중요하다. 또한, 날개면적이 넓어 많은 양의 연료를 탑재할 수 있으므로 항속거리가 더욱 늘어난다.

양항비는 양력계수와 항력계수의 비(C_L/C_D)로 표현하기도 한다. **양항비가 크다는 것은 양력이 크고 항력이 작다는 뜻이므로 공기역학적 성능이 양호**함을 의미한다.

$$\text{양항비}: \frac{L}{D} = \frac{C_L \frac{1}{2}\rho V^2 S}{C_D \frac{1}{2}\rho V^2 S} = \frac{C_L}{C_D}$$

항공기의 양항비는 비행속도와 받음각(α)에 따라 달라진다. 항공기의 비행성능을 높이기 위해서는 양항비가 최대[$(C_L/C_D)_{max}$]가 되는 속도와 받음각으로 비행하는 것이 중요하다. [그림 8-21]과 같이 받음각의 변화에 따라 양력계수와 항력계수의 변화를 도식적으로 나타낸 그래프를 **양항곡선**(drag polar)이라고 한다. 빨간색 선은 아래와 같이 유해항력계수(C_{Dp})와 유도항력계수(C_{Di})의 합인 전항력계수(C_D)의 변화선이다.

$$C_D = C_{D_p} + \frac{C_L^2}{\pi e AR}$$

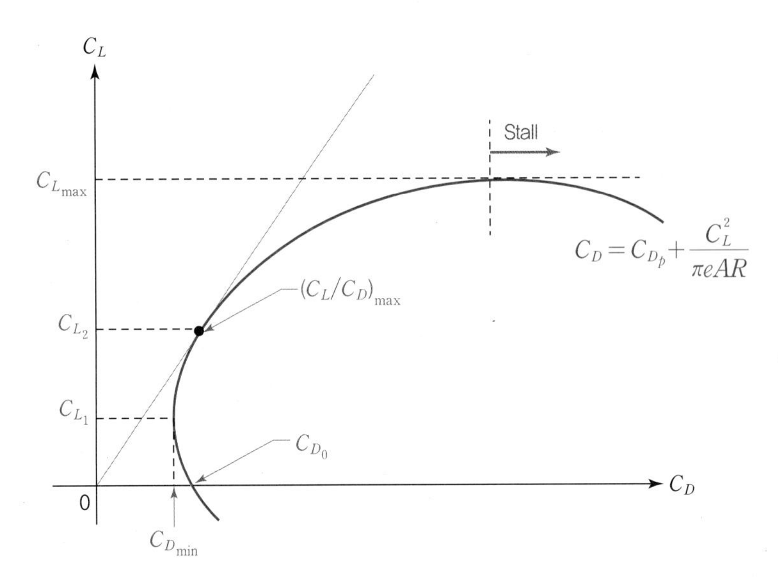

[그림 8-21] 받음각(α) 변화에 따른 양항곡선(drag polar)

[그림 8-21]에서 볼 수 있는 **무양력항력계수**(zero-lift drag, C_{D0})**는 양력이 없을 때**($C_L = 0$)**의 항력계수**이다. 유도항력은 양력 발생에 의한 항력으로 정의하므로 유도항력 이외의 항력, 즉 유해항력은 양력 발생과 무관한 항력으로도 간주할 수 있다. 따라서 특정 받음각에서 양력계수가 0이 될 때($C_L = 0$) 유도항력계수 역시 0이 되며$\left(\frac{C_L^2}{\pi e AR} = 0\right)$, 양력계수가 0일 때의 항력계수, 즉 무양력항력계수(C_{D0})는 유해항력계수(C_{Dp})라고 할 수 있다.

$$C_{D_0} = C_{D_p}$$

또한, **항력이 가장 낮은 상태에서 정의되는 것이 최소항력계수($C_{D_{min}}$)이다.** 항공기에서 발생하는 항력이 작은 받음각, 즉 최소항력계수가 발생하는 낮은 받음각에서 비행한 것이 최선이라고 생각할 수 있다. 하지만 최소항력계수의 낮은 받음각에서는 그림의 C_{L_1}과 같이 양력계수 또한 작기 때문에 양항비가 크지 않다. 또한, 받음각이 과도하게 높아서 **최대양력계수($C_{L\max}$) 이상이 되면 양력이 감소하고 항력이 증가하는 실속(stall) 현상이 발생**하여 양항비는 급감하게 된다. 따라서 양항비가 최대가 되는 속도와 받음각에서 비행해야 한다.

양항곡선에서 **최대양항비**, 즉 $(C_L/C_D)_{\max}$가 발생하는 받음각을 식별할 수 있다. 수직선(C_L)과 수평선(C_D)의 교차점인 0점을 지나며 빨간색의 전항력 변화선에 접하는 직선을 그었을 때 교차하는 지점에서 최대양항비가 정의된다. 이 지점에 대응되는 양력계수, 그림에서는 C_{L_2}가 발생하는 받음각이 최대양항비 받음각이다. 그러므로 해당 양력계수와 받음각으로 순항하면 양항비가 최대가 되므로 더 멀리 또는 더욱 오랫동안 비행할 수 있다. 양항곡선은 날개를 포함한 항공기 형상에 따라 다르게 정의되기 때문에 항공기를 설계하거나 항공기의 비행성능을 예측할 때 매우 중요한 자료가 된다.

항공기 전체가 아닌 날개의 양항비가 최대가 되는 받음각은 일반적인 제트 여객기 날개의 경우 $\alpha = 5^\circ$ 전후이다. 그러나 대략 $\alpha = 5^\circ$의 받음각으로 비행한다면 날개 양항비는 최대가 되지만, 여객기 동체에서 발생하는 항력은 상당할 것이다. 왜냐하면, 원형의 단면을 가진 여객기 동체에서 발생하는 항력은 받음각이 없는 상태에서 최소가 되기 때문이다. 또한, 여객기 동체가 받음각이 있는 상태로 순항한다면 객실에 경사가 존재하므로 승객의 편의와 승무원의 근무에 지

Photo: www.airhistory.net

날개 붙임각(angle of incidence)의 흔적을 볼 수 있는 Vickers VC-10 여객기의 동체. 날개 붙임각은 기체축과 날개 시위선 사이의 각도로서, 날개 양항비가 최대가 되는 받음각을 기준으로 날개 붙임각을 설정하여 항공기를 제작하는 것이 일반적이다. 이에 따라 순항비행을 할 때 동체는 수평을 유지하므로 동체 항력이 작지만, 날개는 많은 양력과 작은 항력을 발생시켜 항속성능이 향상된다.

장이 생길 수 있다. 그러므로 항공기를 제작할 때 날개 양항비가 최대가 되는 각도로 동체에 날개를 부착하는데, 이를 **붙임각**(angle of incidence)이라고 한다. 즉, 붙임각은 **동체축 또는 기체축**(aircraft axis)**과 날개 시위선**(wing chord line) **사이의 각도**이다. 이에 따라 날개에서는 높은 양항비를 발생시키지만, 동체는 받음각이 없으므로 여객기가 순항하는 동안 항력과 추력을 최소화하여 연료소모율을 낮출 수 있다.

8.10 풍동시험과 전산유체역학

(1) 풍동시험

비행속도, 항속거리, 이륙중량 등 성능 요구조건이 결정되면 이에 적합한 공기역학적 성능을 발휘하는 날개 또는 항공기의 형상을 결정하는 것이 항공기 형상 설계의 주안점이다. 공기역학적 성능은 공기와 항공기의 상호작용에 따른 양력, 항력, 피칭모멘트 등의 공기역학적 힘으로 나타내고, 이를 확인하기 위하여 성능 계산식, 풍동시험(wind tunnel testing), 또는 전산유체역학(computational fluid dynamics) 기법 등을 사용한다.

양력, 항력, 피칭모멘트는 동압과 날개면적에 비례하고, 동압은 대기의 밀도와 비행속도의 제곱, 즉 날개 또는 항공기를 향하여 불어오는 상대풍 속도의 제곱에 비례한다. 만약 실제 비행 조건을 모사하는 실험장치인 풍동을 통하여 양력, 항력, 피칭모멘트 등을 측정하고 싶으면 풍동에서 발생하는 유동의 속도와 밀도 등을 실제 비행 조건과 똑같이 일치시켜야 하는 번거로움이 있다. 이를 해결하기 위하여 양력, 항력, 피칭모멘트 대신 각각 양력계수(C_L), 항력계수(C_D), 피칭모멘트계수(C_M)를 정의한다.

$$C_L = \frac{L}{qS} = \frac{L}{\frac{1}{2}\rho V^2 S}$$

$$C_D = \frac{D}{qS} = \frac{D}{\frac{1}{2}\rho V^2 S}$$

$$C_M = \frac{M}{qS} = \frac{M}{\frac{1}{2}\rho V^2 S \bar{c}}$$

이들 공력계수는 양력(L), 항력(D), 피칭모멘트(M)를 유동의 밀도(ρ)와 속도(V) 또는 동압(q), 날개면적(S), 그리고 피칭모멘트계수의 경우 평균공력시위길이($\bar{c}$)까지 나눈, 즉 무차원화한 값이다. 무차원화한 공력계수를 정의하는 이유는 7.5절에서 자세히 설명하였는데, 공력계수를 사용함으로써 유동의 동압과 날개면적 등의 영향 요소와 무관하게 날개 및 항공기 형상 자체의 공기역학적 성능을 가늠할 수 있다.

하지만 유동의 동압과 날개면적뿐만 아니라 유동의 점성(viscosity)과 압축성(compressibility)도 양력과 항력, 그리고 피칭모멘트에 영향을 준다. 즉, 점성에 의하여 층류 또는 난류 경계층의 형태가 결정되고, 압축성은 충격파 또는 팽창파 현상과 관계가 있다. 레이놀즈수(Re)에 의하여 결정되는 경계층의 형태와 마하수(M)와 연관된 압축성 효과는 항공기에서 발생하는 공기역학적 힘의 크기를 좌우한다.

따라서 동압과 날개면적 등으로만 무차원화된 공력계수는 레이놀즈수와 마하수에 따라 달라질 수 있다. 이를 다르게 표현하면 **유동의 레이놀즈수와 마하수가 같으면 날개 또는 항공기의 양력계수, 항력계수, 모멘트계수는 일정**하다는 것이다. 이를 **상사성**(similarity)이라고 하는데, 새로 개발한 항공기 형상의 공력계수를 예측하고 싶으면 크기가 작은 항공기 모형을 만들고, 실제 비행 상태에서 항공기로 불어오는 상대풍의 경우와 동일한 마하수와 레이놀즈수의 유동을 풍동에서 발생시켜 모형 주위로 흐르게 한다. 이때 모형에서 발생하는 양력계수, 항력계수, 모멘트계수와 같은 공력계수는 실제 항공기의 공력계수와 일치한다. 그러므로 실제 비행을 하기 전에 개발 중인 항공기의 공기역학적 성능을 예측할 수 있다. 이렇게 **실제 비행 상태에서 발생하는 상대풍을 모사하여 항공기의 공력성능을 측정하는 장치가 풍동**(wind tunnel)이다.

특히 밀도 변화가 매우 적어 압축성 효과가 거의 없는 저속비행 영역에 대한 풍동시험은 레이놀즈수의 일치만 고려하면 된다. 즉, 레이놀즈수가 같다면 물체 표면에 형성되는 층류 또는 난류와 같은 경계층의 형태는 유사하다. 무차원수인 레이놀즈수는 다음과 같이 정의한다.

$$Re = \frac{\rho V x}{\mu}$$

여기서 x를 날개 평균공력시위길이 $\bar{c}$로 바꾸어 비행 중인 실제 비행기의 날개 위 레이놀즈수(Re)를 다음과 같이 정의하자.

$$Re = \frac{\rho V \bar{c}}{\mu}$$

그리고 위의 비행기와 같은 형상의 모형(model)을 풍동에서 실험할 때 모형 비행기 날개 위의 레이놀즈수(Re_m)는 아래와 같다. 여기서 ρ_m, V_m, μ_m, $\bar{c}_m$은 각각 풍동시험부 유동의 밀도, 속도, 점성계수, 그리고 모형 비행기의 평균공력시위길이다.

$$Re_m = \frac{\rho_m V_m \bar{c}_m}{\mu_m}$$

상사성의 원리에 따라 두 가지 조건에서의 레이놀즈수는 같아야 하므로 풍동의 시험부에서 발생해야 하는 유동의 속도(V_m)는 다음과 같이 정의할 수 있다.

$$Re = Re_m, \qquad \frac{\rho V \bar{c}}{\mu} = \frac{\rho_m V_m \bar{c}_m}{\mu_m}$$

$$V_m = V \times \frac{\rho}{\rho_m} \frac{\bar{c}}{\bar{c}_m} \frac{\mu_m}{\mu}$$

고도 300 m에서 250 km/hr의 속도로 착륙 중인 Airbus A380 여객기의 양력계수를 추정하기 위한 풍동시험을 한다고 가정하자. 1/10의 모형을 사용할 때 레이놀즈수의 상사성 충족을 위한 풍동의 유동속도는 아래와 같이 계산할 수 있다. 이때 고도 300 m에서의 대기의 밀도와 점성계수는 각각 $\rho = 1.190\ \mathrm{kg/m^3}$, $\mu = 1.802 \times 10^{-5}\ \mathrm{N \cdot s/m^2}$라고 하고, 풍동이 위치한 곳이 해면고도라고 가정하면 풍동시험부에서 발생하는 공기 유동의 밀도와 점성계수는 각각 $\rho_m = 1.225\ \mathrm{kg/m^3}$, $\mu_m = 1.789 \times 10^{-5}\ \mathrm{N \cdot s/m^2}$이다.

$$V_m = V \times \frac{\rho}{\rho_m} \frac{\bar{c}}{\bar{c}_m} \frac{\mu_m}{\mu} = 250\ \mathrm{km/hr} \times \frac{1.190}{1.225} \times \frac{10}{1} \times \frac{1.789 \times 10^{-5}}{1.802 \times 10^{-5}} = 2{,}411\ \mathrm{km/hr}$$

위의 계산에서 볼 수 있듯이, 레이놀즈수 상사성을 충족시키기 위하여 풍동시험부에서 발생시켜야 하는 유동의 속도는 $V_m = 2{,}411\ \mathrm{km/hr}$(668 m/s)인데 이는 초음속에 해당한다. 풍동에서 초음속 유동을 발생시키기 어려운 경우에는 가압식 풍동(pressurized wind tunnel)으로 구성하

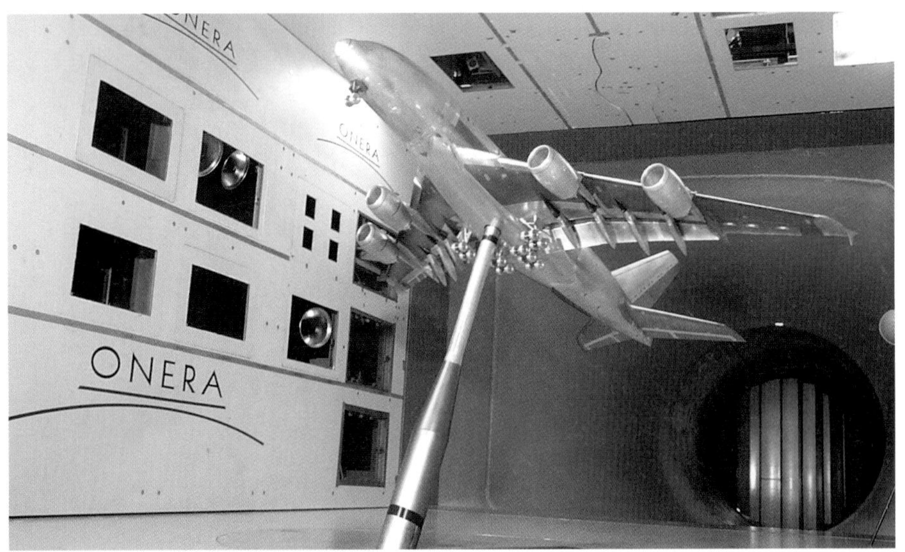

Photo: ONERA

프랑스 국립항공우주연구소(ONERA)의 저속 풍동(low-speed wind tunnel)에서 시험 중인 Airbus A380 축소모형. 레이놀즈수 상사성을 위하여 시험부의 압력과 밀도를 높일 수 있는 가압식 풍동(pressurized wind tunnel)으로, 최고 3.8 atm, 즉 대기압의 3.8배까지 압력을 증가시킬 수 있다.

여 시험부의 압력(정압)과 유동의 밀도(ρ_m)를 대폭 높여 레이놀즈수 상사성을 충족하고 항공기 모형에서 측정한 공력계수로 실제 항공기의 성능을 예측한다. 만약, 풍동시험부의 압력을 3.8배 높이면 밀도도 3.8배 증가하고, 이에 따라 속도를 1/3.8로 낮출 수 있으므로 $V_m = 2{,}411/3.8$ km/hr $= 635$ km/hr(176 m/s)의 유속을 시험부에서 발생시키면 레이놀즈수가 일치하게 된다. 이 밖에도 풍동에서 순수 공기 대신 밀도가 매우 높은 프레온 가스($\rho = 1{,}350\ \text{kg/m}^3$)를 공기와 혼합하여 사용하거나, 시험부의 온도를 극저온으로 낮추어 유동의 밀도를 높이는 방식으로 풍동 레이놀즈수의 상사성을 충족시키기도 한다.

저속 풍동(low-speed wind tunnel)은 아음속 풍동(subsonic wind tunnel)으로도 불리는데, 유동을 발생시키는 팬(fan)과 유동이 지나가는 통로, 그리고 모형을 장착하여 공력성능을 측정하는 시험부(test section)로 구성된다. [그림 8-22]는 아음속 풍동의 기본적인 구조를 나타내고 있다. 팬을 통하여 가속된 유동이 통로의 직각 모서리를 지날 때 유동이 박리되어 전압(total pressure)이 감소할 수 있다. 따라서 유동의 박리를 막아주고 일정한 방향으로 흐를 수 있도록 하는 turning vane이 모서리에 설치되어 있다. 또한, 모서리를 지나며 복잡한 난류 형태로 바뀐 유동이 시험부로 들어가기 전에 다시 균일한 층류가 되도록 유동을 정리해 주는 flow straighter가 있다. 2.1절에서 소개한 연속방정식에 의하면 아음속 유동의 속도는 유동이 지나는 통로의 단면적에 반비례한다. 시험부에서는 가능한 한 높은 속도의 유동이 요구되기 때문에 시험부 직전의 통로는 단면적이 감소하는 수축부(contraction) 형태로 구성된다. 시험부를 통과한 유동은 단면적이 증가하는 확산부(diffuser)를 거쳐 감속되며, 이는 팬으로 들어가 다시 가속되며 풍동의 통로를 순환하게 된다.

풍동의 시험부에는 항공기 또는 공력성능 측정 대상물의 모형이 장착된다. 모형의 지지대에는 장치 또는 센서가 부착되어 모형에서 발생하는 힘과 모멘트를 측정하여 양력계수, 항력계수, 모

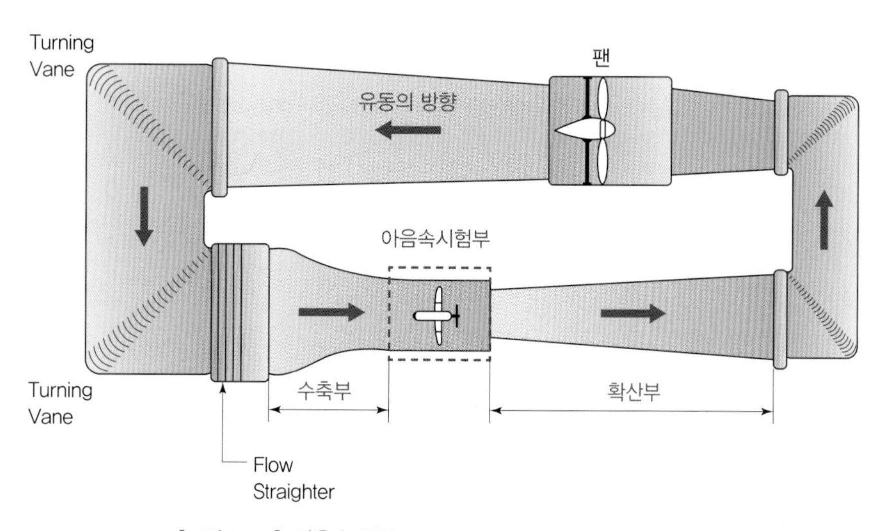

[그림 8-22] 아음속 풍동(subsonic wind tunnel)의 기본 구조

Photo: 한국항공우주연구원

한국항공우주연구원(KARI)의 아음속 풍동(low-speed wind tunnel, LSWT)의 팬(왼쪽)과 시험부(오른쪽). 팬은 공기유동을 발생시키고, 시험부에서는 항공기 축소 모형의 공력성능을 측정한다. 한국항공우주연구원의 아음속 풍동은 단면적 4 m×3 m의 시험부에서 최고속도 120 m/s(432 km/hr)의 유동을 발생시킬 수 있다.

멘트계수 등의 공력계수를 도출하도록 구성되어 있다. 또한, 모형의 받음각을 변화시키면서 이에 따른 공력계수의 변화를 분석할 수 있다.

고속 풍동(high-speed wind tunnel) 또는 초음속 풍동(supersonic wind tunnel)의 대략적인 구조는 [그림 8-23]에 제시되어 있다. 초음속 유동을 발생시키기 위해서는 유동의 속도, 즉 유량이 매우 커야 하는데, 팬에서 대량의 공기 흐름을 지속적으로 발생시키기는 어렵다. 따라서 펌프를 사용하여 고압탱크에 압축공기를 저장한 다음, 밸브를 통하여 순간적으로 대량의 공기를 분출시키는 방식이 가장 일반적이다. 특히 고압탱크는 풍동의 통로와 시험부를 거쳐 진공 상태의 저압탱크로 연결되어 있으므로, 고압탱크와 저압탱크 간의 매우 큰 압력차 때문에 유동은 매우 빠른 속도로 고압탱크에서 빠져나와 시험부 쪽으로 흘러 들어간다. 단, 고압탱크가 비워지는

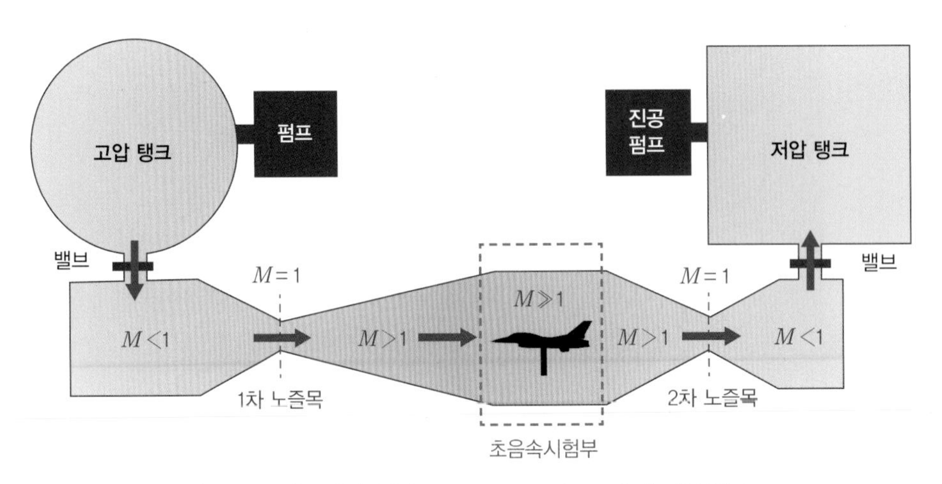

[그림 8-23] 초음속 풍동(supersonic wind tunnel)의 기본 구조

동안만 유동이 발생하기 때문에 팬을 구동하여 지속적으로 유동을 만드는 아음속 풍동과 비교하여 시험 시간이 현저히 짧다는 단점이 있다.

고압 탱크에서 분출된 유동은 단면적이 감소하는 수축부를 지나 다시 단면적이 증가하는 확산부를 거치며 초음속으로 가속하여 시험부를 통과하게 된다. 그리고 시험부 이후의 수축부와 확산부를 통과하여 아음속으로 감속되어 저압 탱크로 흘러 들어가게 된다.

초음속 풍동의 시험부 전후에서 유동이 가속 및 감속되는 과정은 [그림 8-24]를 통하여 살펴보도록 한다. 연속방정식(continuity equation)은 아래와 같이 표현한다.

$$\rho_1 A_1 V_1 = \rho_2 A_2 V_2$$

하지만, 속도와 면적의 관계에 대하여 초음속 유동까지 적용할 수 있는 공식은 다음과 같이 나타낸다.

$$\frac{dA}{dV} = \frac{A}{V}\left(M^2 - 1\right)$$

위의 식은 6.8절의 수축-확산 노즐(convergent-divergent nozzle)에서 초음속 유동이 발생하는 원리를 설명하기 위하여 소개하였다. 즉, **아음속($M < 1$) 유동에 대해서는 dA/dV는 음수로 정의되기 때문에, 속도와 면적은 반비례**한다. 그러나 **초음속($M > 1$) 유동의 경우는 dA/dV는**

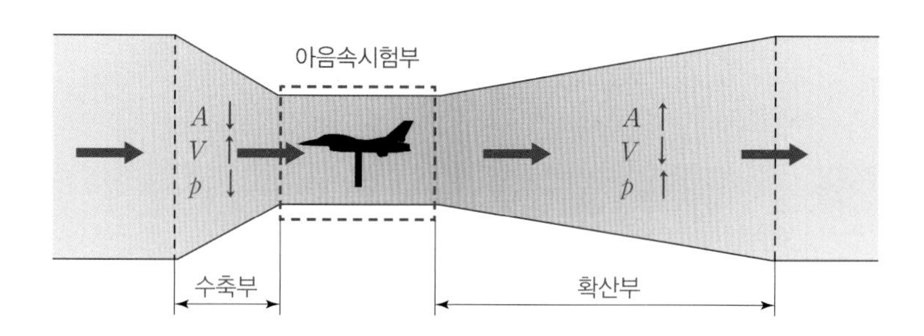

(a) 아음속 풍동시험부

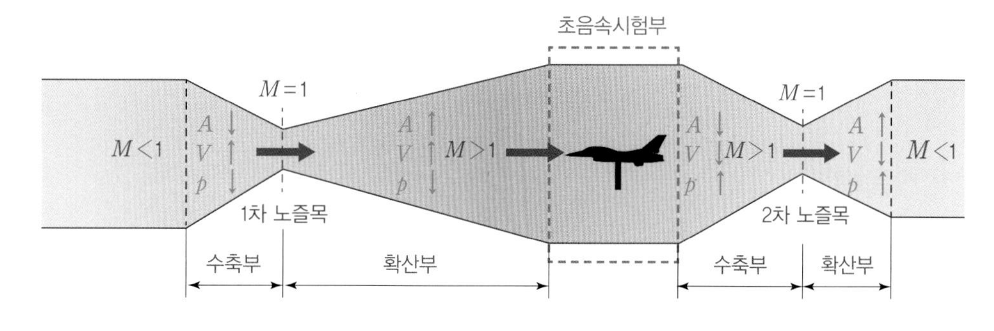

(b) 초음속 풍동시험부

[그림 8-24] 풍동시험부(test section) 전후 단면적 변화에 따른 유동의 상태 변화

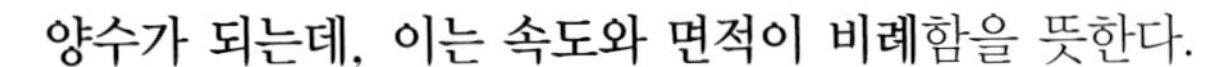

양수가 되는데, 이는 속도와 면적이 비례함을 뜻한다.

[그림 8-24(a)]는 아음속 풍동시험부를 나타내고 있는데, 속도가 비교적 낮은 아음속 유동이 시험부 전방의 수축부를 통과하면, 속도는 면적에 반비례하므로 속도가 증가하여 시험부에 장착된 항공기 모형 주위로 흐른다. 시험부를 빠져나온 유동은 다시 확산부를 거치며 속도가 감소되어 팬으로 흘러 들어간다.

[그림 8-24(b)]는 초음속 풍동시험부를 나타낸다. 초음속 풍동의 수축부와 확산부는 초음속 노즐의 수축부와 확산부와 같은 역할을 한다. 즉, 고압 탱크에서 분출된 유동은 속도가 높은 압축성 유동이지만 통로를 거치며 가속되지 않는 이상 여전히 아음속이다. 이후 수축부를 지나며 유동의 속도는 증가하고, 1차 노즐목(throat)에서 음속($M = 1$)에 도달하게 된다. 음속 이후 초음속 영역에서 속도는 면적에 비례하므로 확산부를 통과한 유동은 초음속으로 가속되어 시험부로 들어가게 된다. 시험부 이후의 초음속 유동은 수축부와 2차 노즐목을 통과하며 다시 음속 이하로 감속되고, 아음속 유동의 속도는 면적에 반비례하므로 확산부에서 유동속도는 더욱 감소하게 된다.

Photo: NASA

시험부(test section)의 단면적이 80 ft×120 ft(24 m×36 m)에 달하여 모형이 아닌 실제 항공기의 공력성능을 시험할 수 있는 NASA Ames 연구소의 아음속 풍동시험부(왼쪽). 그리고 음속의 3.5배(M=3.5) 이상의 고속 유동을 발생시킬 수 있는 NASA Glenn 연구소의 초음속 풍동시험부(오른쪽). 풍동은 시험부의 크기에 따라 다양하게 구성되며, 시험부의 속도를 기준으로 아음속 풍동, 천음속, 초음속, 그리고 극초음속 풍동 등으로 분류된다. 다양한 종류의 풍동이 존재하는 만큼 풍동의 구조와 운용방법이 각각 다르며, 시험부의 용적이 클수록 그리고 시험부에서의 유동속도가 증가할수록 풍동을 작동하는 데 많은 동력과 비용이 요구된다.

(2) 전산유체역학

일반적으로 풍동시험장치는 설비 및 운용비용이 매우 고가이다. 특히 대형 풍동과 초음속 풍동은 대량의 공기 유동을 발생시켜야 하므로 더 많은 동력과 비용이 요구된다. 안전하고 성능이 높은 항공기를 개발하기 위해서는 다양한 비행조건과 비행환경에서의 상세한 비행 데이터를 확보해야 하는데, 풍동시험을 이용하면 그만큼 비용이 증가한다. 풍동시험 이외에 항공기의 공기역학적 성능을 예측하는 방법은 컴퓨터 시뮬레이션 기술을 이용하는 것이다. 전산유체역학(computational fluid dynamics) 또는 CFD 기법은 컴퓨터의 성능과 정보처리기술의 발전과 함께 최근 급성장하고 있다.

전산유체역학은 컴퓨터를 이용하여 유체역학의 지배 방정식을 풀어서 항공기 주위를 흐르는 유체의 운동을 해석하고, 유체의 상태량을 예측하는 계산적 기법이다. 지배 방정식에는 Navier-Stokes 방정식, 그리고 비점성 유동으로 가정하는 경우에는 이보다 단순한 Euler 방정식이 있다. [그림 8-25(a)]와 같이 시뮬레이션 프로그램을 통하여 항공기 표면 주위에 해석용 격자(mesh)를 생성하는데, 경계층 때문에 유동의 상태량 변화가 큰 항공기 표면, 그리고 후류(wake)와 같이 복잡한 형태의 유동이 발생하는 곳에는 좀 더 세밀하고 많은 수의 격자를 만든다. 그리고 컴퓨터에서 각각의 격자에 대한 지배 방정식을 풀고, 그곳에서의 속도·압력·밀도·온도 등 유동의 상태량을 계산한다. 이렇게 전체 격자에 대하여 계산된 결과를 포괄적으로 나타낸 예시가 [그림 8-25(b)]이다. 이를 통하여 항공기 표면을 지나는 유동의 상태량과 항공기에 작용하는 힘을 계산하여 양력, 항력, 그리고 공력계수를 예측할 수 있다.

초음속 또는 극초음속 비행과 같이 풍동으로 시험할 때 많은 동력과 비용이 소요되는 비행 조건에 대한 전산유체역학의 효과성은 특히 두드러진다. 전산유체역학 역시 정확한 계산을 위하여 고성능의 컴퓨터와 긴 계산시간이 필요하지만, 풍동시험 또는 실제 비행시험과 비교하면 훨씬 단순하고 경제적이다. 그러므로 전산유체역학은 풍동시험을 보완하거나 검증하기 위한 기법으로서 항공역학 연구에 널리 이용되고 있고, 현대 항공기 설계 및 개발에 활용되고 있는 최신 기술인 **디지털공학**(digital engineering)에서도 큰 비중을 차지하고 있다. 하지만 유체운동의 불규칙성 때문에 정확한 계산과 예측이 어려운 난류(turbulent flow)에 대해서는 적지 않은 예측 오차가 발생하기도 하는 등 전산유체역학도 기술적 한계를 가지고 있다.

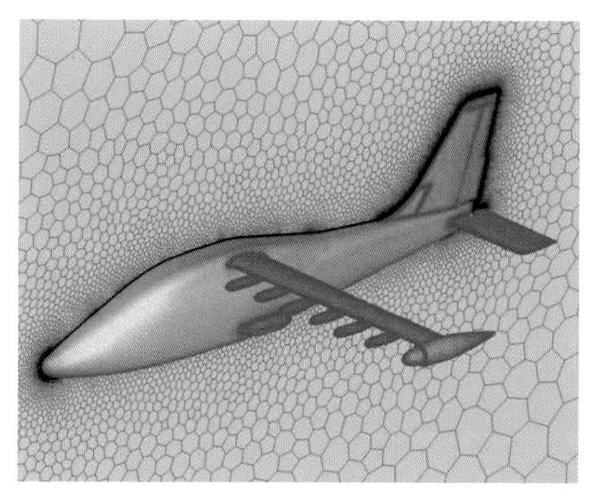

(a) 해석용 격자(mesh)

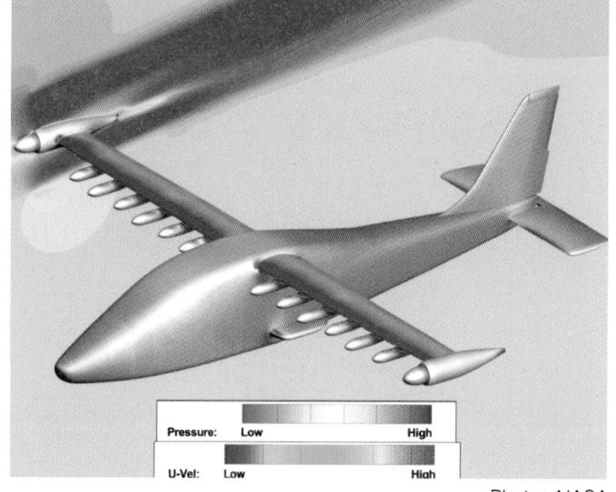

Photo: NASA

(b) 표면 압력 및 속도 분포 계산 결과

[그림 8-25] NASA X-57 전기 비행기 주위의 유동에 대한 전산유체역학(CFD) 해석

Photo: Siemens

Boeing V-22 Ospray 수직 이착륙기가 공중에서 정지비행(hovering)할 때 회전날개에서 발생하는 하향 유동을 전산유체역학(CFD) 기법으로 구현한 모습. 사진과 같이 회전날개에서 발생하는 유동은 불규칙한 난류(turbulent flow)의 특성과 시간에 따라 흐름의 형태가 변화하는 비정상(unsteady) 유동의 특성을 가지고 있기 때문에 전산유체역학 기법으로 정확히 예측하는 데 어려움이 있다. 하지만 전산유체역학 프로그램과 컴퓨터 성능의 비약적인 발전으로 전산유체역학 기법의 효용성은 꾸준히 증가하고 있다.

- **항력**(drag, D): 항공기가 앞으로 나아가는 데 방해가 되는 힘을 말한다.

- **항력계수**(drag coefficient, C_D): $C_D = \dfrac{D}{\frac{1}{2}\rho V^2 S}$

  (C_D: 항력계수, D: 항력, V: 속도, ρ: 대기밀도, S: 날개면적)

- **항력**: $D = C_D \frac{1}{2}\rho V^2 S$

- **항력**(D) = 유해항력(parasite drag, D_p) + 유도항력(induced drag, D_i)

- 유해항력 = 형상항력(profile drag) + 조파항력(wave drag)

- 형상항력 = 압력항력(pressure drag) + 표면마찰항력(skin friction drag) + 간섭항력(interference drag)

- **압력항력**: 유동박리에 의한 항력이다.

- **표면마찰항력**: 표면에서 유속이 빠른 난류 경계층이 발달하거나, 항공기 표면이 거칠 때 증가하는 항력이다.

- 난류 경계층은 높은 받음각에서 실속을 늦추고 유동박리를 지연시켜 압력항력을 줄이지만, 낮은 받음각으로 비행하는 순항비행 중에는 층류 경계층을 유지하는 것이 표면마찰항력 감소에 도움이 된다.

- **간섭항력**: 항공기 형상요소의 접합부에서 발생하는 항력이다.

- **조파항력**: 충격파(shock wave) 발생에 의한 항력이다.

- **면적법칙**(area rule): 날개가 접합되어 단면적이 증가하는 위치의 동체 단면적을 줄여 전체 단면적을 일정 수준 이하로 유지함으로써 고속비행 중 항력을 감소시킨다.

- **유도항력**: 양력에 의한 날개 끝 와류 때문에 발생하는 항력을 말한다.

- **날개 끝 와류**(wing tip vortex): 고압부인 날개 아랫면을 따라 흐르는 유동의 일부가 저압부인 날개 윗면으로 날개 끝(wing tip)을 타고 올라가며 형성되는 소용돌이 형태의 유동이다.

- **내리흐름**(downwash): 소용돌이 형태의 날개 끝 와류에 의하여 근처 날개 주위를 지나는 유동을 위에서 밑으로 누르는 유동이 발생하는 현상이다.

- **유효받음각**(effective angle of attack): $\alpha_e = \alpha - \alpha_i$

  (α: 받음각, α_i: 유도받음각)

- **날개의 가로세로비**(aspect ratio): $AR = \dfrac{b}{\bar{c}} = \dfrac{b \times b}{\bar{c} \times b} = \dfrac{b^2}{S}$

  (b: 날개 스팬 길이, $\bar{c}$: 날개 평균시위길이, S: 날개면적)

- **타원날개 유도받음각**(induced angle of attack) : $\alpha_i = \dfrac{C_L}{\pi AR}$
- **스팬효율계수**(span efficiency factor, e) : 유도항력이 가장 낮은 타원날개($e = 1$)를 기준으로 날개를 기준으로 평면 형상에 따라 유도항력의 크기를 보정하여 주는 값이다.
- **유도항력계수** : $C_{Di} = \dfrac{C_L^2}{\pi eAR}$
- 타원날개(elliptical wing)는 스팬효율계수(e)가 가장 큰 $e = 1$이며, 스팬효율계수가 클수록 유도항력이 감소한다.
- 날개의 스팬 길이가 길어 가로세로비(AR)가 클수록 유도항력이 감소한다.
- 윙렛(winglet)을 날개 끝에 부착하는 경우, 또는 날개 끝단의 시위길이를 매우 짧게 하거나 raked wingtip(갈퀴형 끝단)과 같이 끝단이 거의 없는 형태로 날개 끝을 날카롭게 구성하면 날개 끝 와류의 영향이 감소하여 유도항력이 작아진다.
- **항력계산식** : $D = C_{D_p}\dfrac{1}{2}\rho V^2 S + \dfrac{C_L^2}{\pi eAR}\dfrac{1}{2}\rho V^2 S$ (C_{D_p}: 유해항력계수)
- 비행속도가 매우 낮으면 높은 양력계수 때문에 유도항력이 증가하고, 속도 증가에 따라 표면마찰항력 및 조파항력이 커짐으로써 유해항력이 증가한다.
- **양항비**(lift to drag ratio) : $\dfrac{L}{D} = \dfrac{C_L\frac{1}{2}\rho V^2 S}{C_D\frac{1}{2}\rho V^2 S} = \dfrac{C_L}{C_D}$
- **붙임각**(angle of incidence) : 동체축 또는 기체축(aircraft axis)과 날개 시위선(wing chord line) 사이의 각도이다.
- **상사성**(similarity) : 유동의 레이놀즈수와 마하수가 같으면 날개 또는 항공기의 양력, 항력, 모멘트계수는 동일하다.
- **풍동**(wind tunnel) : 실제 비행 상태에서 발생하는 상대풍을 모사하여 항공기의 공기역학적 성능을 측정하는 장치이다.
- **전산유체역학**(computational fluid dynamics, CFD) : 컴퓨터를 이용하여 유체역학의 지배 방정식을 풀어서 항공기 주위를 흐르는 유체의 운동을 해석하고, 유체의 상태량을 예측하는 계산적 기법이다.

01 항력(drag, D)을 바르게 나타낸 것은? (단, C_D: 항력계수, V: 비행속도, ρ: 대기밀도, S : 날개면적, $\bar{c}$: 날개평균공력시위)

① $D = C_D \frac{1}{2} \rho V^2 S \bar{c}$

② $D = C_D \rho V^2 S \bar{c}$

③ $D = C_D \rho V^2 S$

④ $D = C_D \frac{1}{2} \rho V^2 S$

해설 항력은 $D = C_D \frac{1}{2} \rho V^2 S$로 정의한다.

02 다음 중 항공기 또는 날개에서 발생하는 양력과 항력에 직접적인 영향이 가장 적은 것은?

① 대기의 밀도 ② 비행속도
③ 받음각(α) ④ 중력가속도

해설 양력과 항력은 각각 $L = C_L \frac{1}{2} \rho V^2 S$와 $D = C_D \frac{1}{2} \rho V^2 S$로 정의하므로, 양력과 항력은 양력계수($C_L$)와 항력계수($C_D$), 대기의 밀도($\rho$), 비행속도($V$), 날개면적($S$)의 영향을 받는다. 그리고 양력계수와 항력계수는 날개받음각(α)과 날개의 형상에 따라 달라진다.

03 골프공 표면에 요철을 주면 발생하는 현상 중 가장 사실에 가까운 것은?

① 전체 항력이 증가하여 더 멀리 날아간다.
② 골프공 주위 흐름이 난류에서 층류로 바뀐다.
③ 표면마찰항력이 증가한다.
④ 간섭항력이 감소한다.

해설 골프공 표면에 요철을 주면 표면마찰항력은 증가하지만, 난류 경계층이 발달하여 유동박리가 줄어들고, 따라서 압력항력이 감소하여 전체 항력이 낮아지는 효과가 발생한다.

04 물체 표면을 따라 흐르는 유동이 박리될 때 증가하는 항력의 종류는?

① 압력항력 ② 표면마찰항력
③ 간섭항력 ④ 유도항력

해설 유동박리에 의한 항력은 압력항력(pressure drag)이다.

05 100 m/s의 속도와 200 kgf의 추력으로 등속 비행 중인 항공기에서 발생하는 항력계수값에 가장 가까운 것은? (단, 날개면적은 20 m^2이고, 대기의 밀도는 0.125 $kgf \cdot s^2/m^4$이다.)

① 0.016 ② 0.032
③ 0.16 ④ 0.32

해설 등속비행 중이면 $T = D$(추력=항력)이므로 항력도 $D = 200$ kgf이다. 항력계수는 $C_D = \frac{D}{\frac{1}{2}\rho V^2 S}$로 정의하므로, 주어진 조건에서의 항력계수는

$$C_D = \frac{200\,\text{kgf}}{\frac{1}{2} \times 0.125\,\text{kgf}\cdot\text{s}^2/\text{m}^4 \times (100\,\text{m/s})^2 \times 20\,\text{m}^2} = 0.016$$

06 동체와 날개의 접합부에 날개 페어링(wing root fairing)을 장착하는 이유로 가장 적절한 것은?

① 압력항력을 낮추기 위하여
② 표면마찰항력을 낮추기 위하여
③ 간섭항력을 낮추기 위하여
④ 유도항력을 낮추기 위하여

해설 날개 페어링은 동체와 날개 접합부의 모서리를 메꾸어 접합부에 발생하는 간섭항력을 감소시킨다.

정답 1. ④ 2. ④ 3. ③ 4. ① 5. ① 6. ③

07 유도항력을 감소시키는 방법에 해당하지 않는 것은?

① 날개 평면 형상을 타원형(elliptical wing)으로 구성한다.
② 날개의 스팬(span) 길이를 가능한 한 짧게 한다.
③ 날개 끝에 윙렛(winglet)을 설치한다.
④ 날개 끝단의 시위길이를 매우 짧게 하거나, 날개 끝단을 날카롭게 구성한다.

해설 동일 면적의 날개라도 날개폭, 즉 날개의 스팬 길이가 길어서 가로세로비(aspect ratio, AR)가 증가하면 유도항력이 감소한다.

08 항력의 종류 중 양력이 '0'이 될 때 같이 '0'이 되는 항력은?

① 압력항력
② 마찰항력
③ 무양력항력
④ 유도항력

해설 유도항력계수는 $C_{Di} = \dfrac{C_L^2}{\pi e AR}$으로 정의하므로 양력, 즉 양력계수가 $C_L = 0$이면 유도항력계수, 즉 유도항력도 0이 된다.

09 형상항력(profile drag)으로만 짝지어진 것은? [항공산업기사 2022년 3회]

① 유해항력, 유도항력
② 압력항력, 유도항력
③ 마찰항력, 유도항력
④ 압력항력, 마찰항력

해설 형상항력은 압력항력 + 표면마찰항력 + 간섭항력이다.

10 다음 중 유도항력을 작게 하기 위한 방법으로 옳은 것은? [항공산업기사 2021년 3회]

① 시위를 크게 한다.
② 날개길이를 크게 한다.
③ $e=1$인 직사각형 날개를 사용한다.
④ 양력계수를 크게 한다.

해설 스팬효율계수(e)가 가장 큰($e=1$) 타원날개로 구성하거나, 날개의 스팬 길이를 늘려 가로세로비(AR)가 증가하거나, 윙렛(winglet)을 날개 끝에 부착하면 유도항력이 감소한다.

11 항공기 날개의 유도항력계수를 나타낸 식으로 옳은 것은? [단, AR: 날개의 가로세로비, C_L: 양력계수, e: 스팬 효율계수] [항공산업기사 2020년 3회]

① $\dfrac{C_L^2}{\pi e AR}$ ② $\dfrac{C_L^3}{\pi e AR}$

③ $\dfrac{C_L}{\pi e AR}$ ④ $\sqrt{\dfrac{C_L}{2\pi e AR}}$

해설 유도항력계수는 $C_{Di} = \dfrac{C_L^2}{\pi e AR}$으로 정의한다.

12 항력계수가 0.02이며, 날개면적이 $20\,\text{m}^2$인 항공기가 $15\,\text{m/s}$로 등속도 비행을 하기 위해 필요한 추력은 약 몇 kgf인가? (단, 공기의 밀도는 $0.125\,\text{kgf}\cdot\text{s}^2/\text{m}^4$이다.) [항공산업기사 2018년 1회]

① 433 ② 563
③ 643 ④ 723

해설 등속 비행 중이면 T(추력) = D(항력)이므로 추력은 $T = D = C_D \dfrac{1}{2}\rho V^2 S$이다. 주어진 조건에서 추력은

$$T = D = 0.02 \times \frac{1}{2} \times 0.125\,\text{kgf}\cdot\text{s}^2/\text{m}^4 \times (150\,\text{m/s})^2 \times 20\,\text{m}^2 = 563\,\text{kgf}$$이다.

정답 7. ② 8. ④ 9. ④ 10. ② 11. ① 12. ②

13 날개의 길이(span)가 10 m이고 넓이가 25 m^{2}인 날개의 가로세로비(aspect ratio)는?

[항공산업기사 2018년 1회]

① 2　② 4
③ 6　④ 8

해설 날개의 가로세로비(aspect ratio)는 $AR = \frac{b^2}{S}$으로 정의하므로, 주어진 조건에서 날개의 가로세로비 $AR = \frac{(10\,\text{m})^2}{25\,\text{m}^2} = 4$이다.

14 날개의 폭(span)이 20 m, 평균 기하학적 시위의 길이가 2 m인 타원날개에서 양력계수가 0.7일 때 유도항력계수는 약 얼마인가?

[항공산업기사 2017년 2회]

① 0.008　② 0.016
③ 1.56　④ 16

해설 유도항력계수는 $C_{Di} = \frac{C_L^2}{\pi e AR}$으로 정의한다. 주어진 조건에서 날개의 가로세로비는 $AR = \frac{b}{c}$이므로 $AR = \frac{20\,\text{m}}{2\,\text{m}} = 10$이고, 타원날개이므로 날개의 스팬효율계수는 $e = 1$이다. 따라서 유도항력계수는 $C_{Di} = \frac{0.7^2}{\pi \times 1 \times 10} = 0.016$이다.

15 날개의 면적을 유지하면서 가로세로비만 2배로 증가시켰을 때 이 비행기의 유도항력계수는 어떻게 되는가?

[항공산업기사 2016년 4회]

① 2배 증가한다.
② 1/2로 감소한다.
③ 1/4로 감소한다.
④ 1/16로 증가한다.

해설 유도항력계수는 $C_{Di} = \frac{C_L^2}{\pi e AR}$으로 정의하는데, 분모에 있는 가로세로비($AR$)가 2배가 되면 유도항력계수는 1/2로 감소한다.

16 항공기의 비행성능을 좋게 하기 위하여 날개 끝부분에 장착하는 윙렛(winglet)의 직접적인 역학적 효과는? [항공산업기사 2010년 2회]

① 양력 증가
② 마찰항력 감소
③ 실속 방지
④ 유도항력 감소

해설 스팬효율계수(e)가 가장 큰($e = 1$) 타원날개로 구성하거나, 날개의 스팬 길이를 늘려 가로세로비(AR)가 증가하거나, 윙렛(winglet)을 날개 끝에 부착하면 유도항력이 감소한다.

정답 13. ② 14. ② 15. ② 16. ④

AERODYNAMICS

PART

4

날개 이론

Chapter 9 2차원 날개

Chapter 10 3차원 날개

Chapter 11 고양력장치 및 감속장치

Principles of Aerodynamics

CHAPTER **09**

2차원 날개

9.1 날개 단면 | 9.2 압력계수 | 9.3 날개 단면의 형상요소

9.4 속도별 날개 단면의 특징 | 9.5 NACA 날개 단면

9.6 층류 날개 단면 | 9.7 날개 단면과 마하수 | 9.8 초임계 날개 단면

9.9 날개 결빙

Photo : US Air Force

나란히 비행하고 있는 Northrop YB-49 폭격기(왼쪽)와 Boeing XB-47 폭격기(오른쪽). 두 폭격기 모두 1940년대에 개발되었지만 XB-47은 일반적인 형상의 비행기인 반면, YB-49는 전체 기체가 날개 형태로 제작되어 수직·수평 안정판이 없는 전익기(全翼機, flying wing aircraft)이다. YB-49는 수직·수평 안정판이 생략됨에 따라 비행 안정성의 문제로 실제 생산으로 이어지지는 못하였지만, 설계 기술은 나중에 스텔스 전익기인 Northrop B-2(1997)와 B-21(2022)의 개발에 밑거름이 된다.

이렇듯 비행기의 형상 구성 요소 중에서 동체와 수직·수평 안정판은 생략할 수 있지만, 비행기는 양력으로 하늘을 나는 기계이므로 날개는 필수불가결하다. 그리고 비행성능이 우수한 비행기는 당연히 항공역학적으로 신중하게 설계되고 완성도 높게 제작된 날개를 탑재하고 있다.

9.1 날개 단면

고정익 항공기(fixed wing aircraft)는 날개(wing)에서 발생하는 양력으로 비행을 한다. 추력, 즉 엔진이 없는 항공기도 날개가 있으면 활공비행(gliding)이 가능하고, 전익기(全翼機, flying wing aircraft)는 동체나 수직·수평 안정판이 없어도 전체 형상이 날개로만 구성되어 비행을 한다. 그러므로 날개는 없어서는 안 되는 가장 중요한 구성 요소라고 할 수 있다. 날개는 양력뿐만 아니라 연료를 탑재하는 공간이 될 수도 있고, 군용 항공기의 경우 무장 탑재물 등을 장착하는 구조물이 되기도 한다.

[그림 9-1] 날개와 날개 단면의 구분

날개를 세로 방향으로 자르면 날개의 단면을 볼 수 있다. **날개 단면을 영어로 wing section** 또는 airfoil이라고 하고, 한자로는 **익형**(翼型)이라고 한다. 또한, 날개 단면은 평면, 즉 2차원에서 형상을 정의할 수 있으므로 **2차원 날개**라고 하고, 2차원에선 날개 끝(wing tip)을 정의할 수 없으므로 날개의 폭(span)의 길이가 무한(infinite)하다고 하여 **무한날개**(infinite wing)라고도 한다. 그러므로 날개 전체는 **날개**(wing), **3차원 날개**, 그리고 **유한날개**(finite wing)로 부른다.

Photo : University of Illinois, Aerodynamics Research Lab.

날개 단면(airfoil)의 공기역학적 성능을 측정 중인 University of Illinois 항공공학과의 아음속 풍동(subsonic wind tunnel)의 시험부. 날개 단면은 날개 끝이 정의되지 않는 무한날개(infinite wing)이므로 날개 끝에서 발생하는 와류 등의 3차원 효과를 제거하기 위하여 풍동 벽면에 날개의 양쪽 끝을 밀착하여 실험을 진행한다.

날개의 단면 형상에 따라 양력과 항력 등 공기역학적 성능이 달라진다. 날개 단면의 두께를 두껍게 하면 저속에서도 큰 양력이 발생하지만 동시에 항력도 증가한다. 따라서 **잘 설계된 형상의 날개 단면은 많은 양력과 적은 항력, 즉 높은 양항비**(lift to drag ratio, L/D)**를 발생시켜 공기역학적 성능을 향상**시킨다. 또한, 두께가 얇은 날개 단면은 양력계수는 낮지만, 고속비행 중 충격파의 발생을 늦추어 조파항력을 감소시키기 때문에 고속 항공기의 날개 형태로 적합하다. 따라서 날개 단면의 형상은 속도와 항속거리 등 항공기의 임무 요구조건을 충족시키기 위하여 결

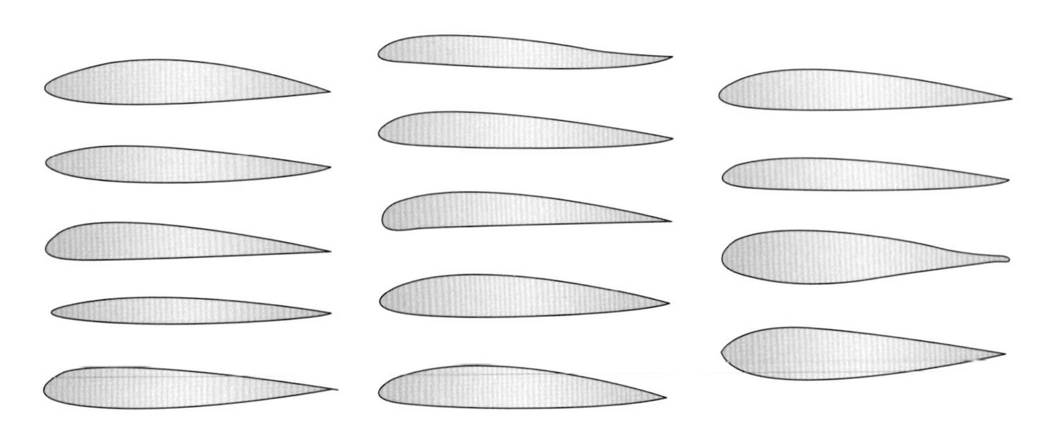

[그림 9-2] 다양한 형태의 날개 단면(airfoil)

정된다. 그리고 항공기의 종류와 임무는 매우 다양하기 때문에 셀 수 없을 만큼 많은 날개 단면의 형상이 연구 및 개발되고 있다.

9.2 압력계수

날개 단면에서 양력을 발생시키는 것은 날개 단면의 윗면과 아랫면에 분포하는 압력과 전단응력(shear stress)이다. 압력은 날개 표면에 수직으로 작용하는 힘이지만, 전단응력은 날개 표면과 점성이 있는 공기입자들이 마찰하여 발생하므로 날개 표면에 나란한 방향으로 발생한다. 그리고 [그림 9-3]에서 볼 수 있듯이, 날개 표면의 압력 분포와 전단응력 분포를 상대풍의 방향, 즉 비행 방향에 대하여 수직힘과 수평힘으로 정리한 것이 각각 양력과 항력이다. 날개 단면에서 발생하는 양력과 항력이 더해진 합력(resultant force)이 시위선(chord line) 위의 평균 지점에서 작용한다고 가정할 때 이 점을 **압력중심**(center of pressure, *cp*)으로 정의한다.

베르누이 방정식에 의하면 **표면을 지나는 유동의 속도가 매우 빠른 경우에는 압력이 감소**한다. 만약 날개 윗면에 캠버가 있어서 볼록(convex)하거나, 받음각 때문에 날개의 윗면에서 공기의 유동속도가 빠르면 저압부가 형성되고, 아랫면에서 유동속도가 상대적으로 느리면 고압부가 분포하여 날개 위 방향으로 양력이 발생한다.

또한, 원래 대기는 정지해 있고 날개가 전진하지만, 시점을 날개에 고정한다면 날개는 정지해 있는데 상대적으로 대기의 공기입자가 날개 쪽으로 움직이는 것으로 보인다. **항공기가 전진하면서 날개 쪽으로 이동하는 공기의 흐름을 상대풍**(relative flow)으로 정의한다.

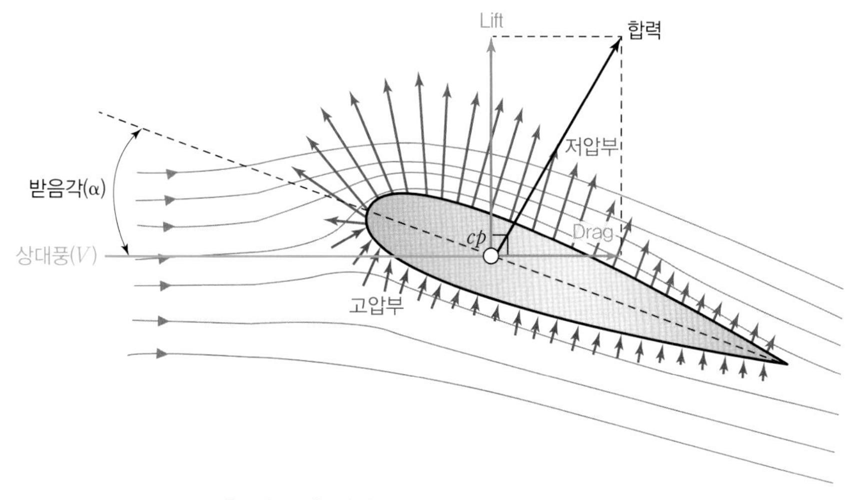

[그림 9-3] 날개 단면에서의 양력과 항력 발생

이륙 준비 중인 Hybrid Air Vehicles Airlander 10 비행선(airship, 2016). 비행선은 내부에 헬륨과 같이 공기보다 가벼운 기체를 채워서 발생하는 부력(buoyancy)으로 공중에 떠서 비행한다. 그런데 Airlander와 같이 동체의 윗면이 볼록하고 아랫면이 납작한 날개 단면의 형태로 제작하면 전진비행을 할 때 윗면과 아랫면의 속도와 압력 차이로 양력이 발생하므로, 부력과 양력을 이용하여 더 많은 화물을 실어 나를 수 있다.

[그림 9-4]와 같이 상대풍의 압력, 밀도, 속도를 각각 p_∞, ρ_∞, V_∞로 표현한다. 그리고 상대풍의 압력은 대기압이므로 p_∞는 대기압을 의미한다. 또한, 상대풍의 속도(V_∞)는 비행속도와 같다. 날개 형상이나 받음각으로 날개 윗면을 흐르는 유동의 속도가 상대풍의 속도, 즉 비행속도보다 빨라지면 압력은 대기압보다 낮아지며 음(−)의 압력, 즉 부압(negative pressure)이 된다. 압력은 일정 면적에 수직으로 작용하는 힘으로 정의하므로, 부압은 일정 면적으로부터 위로 향하는 힘으로 나타낼 수 있다. 이에 따라 [그림 9-3]과 같이 압력을 나타내는 화살표는 표면으로부터 수직으로 위를 향하며, 화살표 길이가 길면 부압, 즉 압력 감소가 큼을 의미한다. 마찬가지로 날개 아랫면에서는 상대적으로 유동의 속도가 감소하여 압력이 증가하기 때문에 이를 나타내는 화살표의 방향은 표면 쪽으로 향하고 있다.

압력계수(pressure coefficient, C_p)를 통하여 날개 단면 위의 압력 분포를 직관적으로 표현할 수 있다. 압력계수로 압력을 나타내면 압력의 증가와 감소를 양(+)과 음(−)의 압력으로 구분함으로써 날개 단면의 형상에 따른 공기역학적 특징을 쉽게 판별할 수 있다. **압력계수는 날개 단면 위 일정 지점에서의 압력**(정압, p)**을 대기압**(p_∞)**으로 뺀 다음, 상대풍의 동압**$\left(q_\infty = \frac{1}{2}\rho_\infty V_\infty^2\right)$**으로 나눈다.** 압력의 차이를 동압으로 나누었기 때문에 압력계수는 무차원수이다.

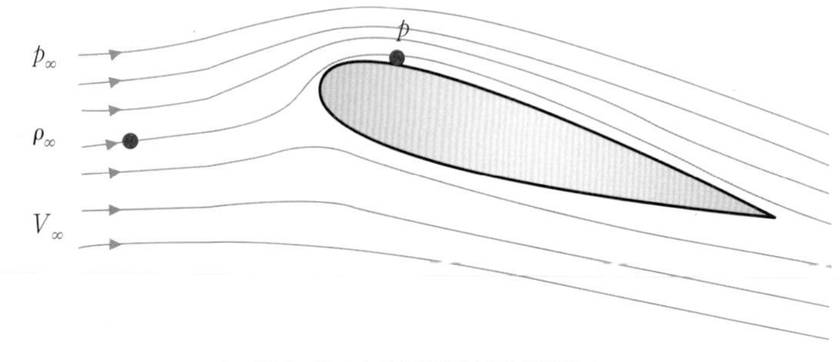

[그림 9-4] 날개 윗면에서의 압력(p)

$$C_p = \frac{p - p_\infty}{q_\infty} = \frac{p - p_\infty}{\frac{1}{2}\rho_\infty V_\infty^2}$$

날개 윗면에서는 유동이 가속하므로 날개 윗면에서는 압력(p)이 대체로 대기압(p_∞)보다 낮다 ($p < p_\infty$). 따라서 압력계수의 분모인 $p - p_\infty$는 음수가 되기 때문에 음(−)의 압력계수가 발생한다. 반대로 날개의 아랫면에서는 대기압보다 높은 압력($p > p_\infty$)이 발생하기 때문에 양(+)의 압력계수가 정의된다.

또한, 비압축성 유동의 경우 베르누이의 공식을 이용하여 아래와 같이 압력계수를 속도의 비로 나타낼 수 있다. 즉, [그림 9-5]와 같이 날개 표면의 한 지점에서의 유동압력과 속도를 각각 p와 V라고 하고, 대기의 압력(p_∞)과 속도(V_∞)를 기준으로 다음과 같이 베르누이의 공식을 나타낼 수 있다.

$$p_\infty + \frac{1}{2}\rho_\infty V_\infty^2 = p + \frac{1}{2}\rho V^2$$

그러므로 $p - p_\infty$는 다음과 같다.

$$p - p_\infty = \frac{1}{2}\rho_\infty V_\infty^2 - \frac{1}{2}\rho V^2$$

이를 압력계수 관계식에 대입하고, 비압축성 유동의 경우 밀도 변화가 없으므로 $\rho = \rho_\infty$로 가정하면 다음과 같이 정리된다.

$$C_p = \frac{p - p_\infty}{\frac{1}{2}\rho_\infty V_\infty^2} = \frac{\frac{1}{2}\rho_\infty V_\infty^2 - \frac{1}{2}\rho V^2}{\frac{1}{2}\rho_\infty V_\infty^2} = \frac{V_\infty^2 - V^2}{V_\infty^2} = 1 - \left(\frac{V}{V_\infty}\right)^2$$

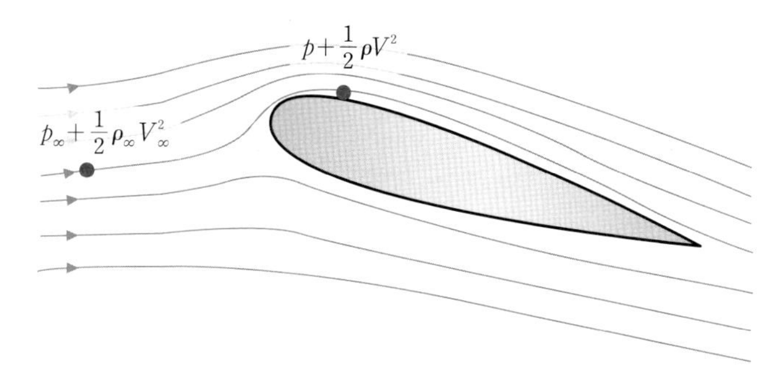

[그림 9-5] 상대풍과 날개 윗면의 한 점에 대한 베르누이 방정식의 적용

$$압력계수(비압축성) : C_p = \frac{p - p_\infty}{\frac{1}{2}\rho V_\infty^2} = 1 - \left(\frac{V}{V_\infty}\right)^2$$

그러므로 날개 윗면에서 캠버 또는 받음각 때문에 유동의 속도(V)가 가속되어 상대풍의 속도, 즉 비행속도(V_∞)보다 높아지면 속도비(V/V_∞)가 1보다 커지므로 음(−)의 압력계수($-C_p$)가 나타난다. 그리고 유동의 속도(V)가 비행속도(V_∞)보다 낮아지는 아랫면에서는 속도비(V/V_∞)가 1보다 작으므로 양(+)의 압력계수($+C_p$)가 발생한다. 또한, 위의 압력계수 관계식을 보면 유동의 **속도가 $V = 0$으로 감소되는 정체점**(stagnation point)**에서는 압력계수가 $C_p = 1$**이다. 그리고 날개 표면 또는 동체 표면의 각도가 상대풍의 방향과 나란하여 그 지점을 지나는 공기유동이 가속 또는 감속하지 않아서 **유동의 속도(V)가 비행속도(V_∞)와 같다면 그 지점의 압력(정압)은 대기압($p = p_\infty$)과 같고, 따라서 압력계수는 $C_p = 0$**이 된다. 따라서 대기압(p_∞)을 측정하는 정압구(static port)는 상대풍과 나란한 동체 표면 또는 피토관의 측면에 설치된다.

날개의 윗면에서 음(−)의 압력계수가 널리 분포하면, 즉 대기압보다 낮은 압력이 날개 윗면에서 가능한 한 넓게 발생하면 **양력이 증가**함을 의미한다. 그리고 **날개 아랫면에서 양(+)의 압**

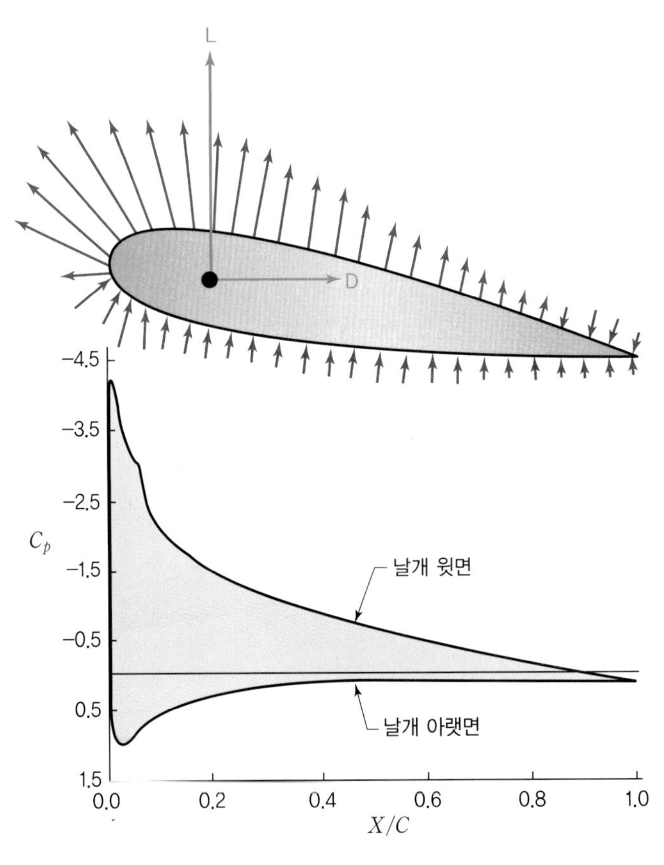

[그림 9-6] 날개 윗면과 아랫면의 압력계수 분포 그래프

력계수의 면적이 넓다는 것은 대기압보다 높은 압력, 즉 날개 아랫면을 위로 떠받치는 힘의 면적이 증가한다는 뜻이므로 **양력이 증가**함을 알 수 있다.

[그림 9-6]은 어떤 날개 단면에 받음각이 있을 때 윗면과 아랫면의 압력 분포와 압력계수의 변화를 그래프로 나타낸 것이다. 날개 윗면 전방에서 유동의 가속이 가장 현저하게 나타나기 때문에 그 부분에서 높은 음(−)의 압력계수가 발생하며, 후방으로 갈수록 유동의 속도가 감소하므로 압력은 다시 증가하여 대기압($C_p = 0$)에 가까워지고 있음을 볼 수 있다.

날개 단면의 형상을 적절히 설계하여 공기역학적 성능이 좋은 날개 단면일수록 윗면에서 높은 음(−)의 압력계수가 나타나고, 아랫면에서는 높은 양(+)의 압력계수가 널리 분포한다. 이는 그래프에서 날개 윗면과 아랫면의 압력계수 변화선을 경계로 정의되는 청색의 영역이 넓어짐을 의미한다. 그러므로 가능한 한 큰 양력을 발생시키는 날개 단면은 압력계수 변화선을 기준으로 넓은 영역을 형성하므로 압력계수 분포를 통하여 직관적으로 공기역학적 성능을 가늠할 수 있다.

받음각이 변하면 날개 표면에서의 압력 분포가 달라지기 때문에 양력과 항력이 변화한다. 특히 양력은 받음각이 증가함에 따라 선형적으로 증가하는데, 7.6절에서 살펴본 바와 같이, 날개의 받음각이 실속 받음각(α_s)을 넘어서면 날개 윗면에서 유동이 박리되기 시작하고 양력이 감소하며 실속에 들어간다. 같은 속도에서도 날개 단면의 형상에 따라 양력의 크기가 다르듯이, 실속 받음각과 실속이 발생하기 시작하는 날개 단면의 최대양력계수($C_{L\max}$)도 날개 단면의 형상에 따라 각기 다르다. [그림 9-7]은 다양한 형상의 날개 단면의 실속 특성을 보여주고 있다. 날개 단면의 두께가 두껍고, 캠버가 커서 윗면 형상의 곡률이 큰 경우 더 높은 받음각에서 완만하게 실속에 들어가서 실속 특성이 우수함을 볼 수 있다.

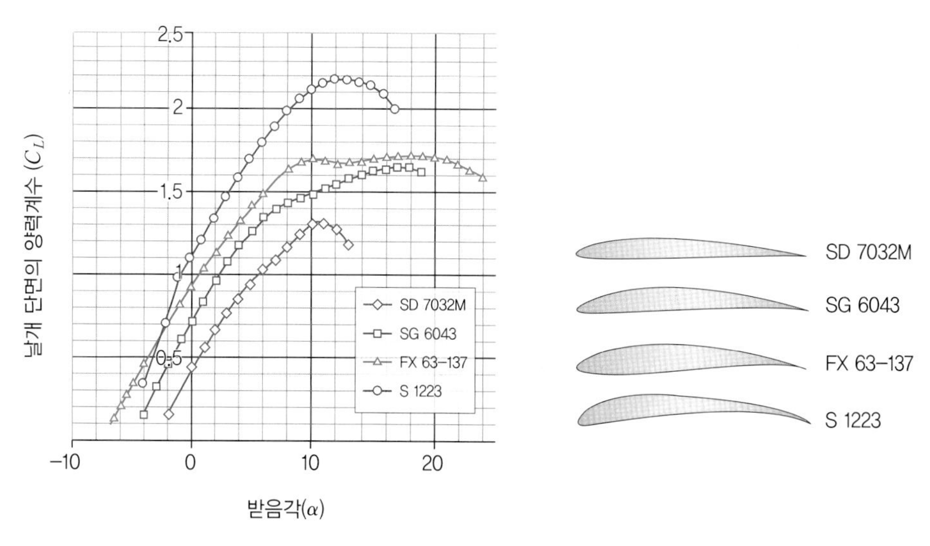

[그림 9-7] 날개 단면의 형상에 따른 실속 특성

9.3 날개 단면의 형상요소

날개 단면은 다음과 같은 형상요소로 정의된다. [그림 9-8]에 제시된 바와 같이, **날개 단면의 윗부분 형상과 아랫부분 형상을 정의하는 선을 각각 윗면**(upper surface)**과 아랫면**(lower surface)이라고 한다. 그리고 **날개 단면의 가장 앞부분과 뒷부분을 각각 앞전**(leading edge)과 **뒷전**(trailing edge)으로 일컫는다.

앞전과 뒷전을 이은 선을 시위선(chord line)이라 하고, **시위선의 길이를 시위길이**(chord length)라고 부른다. 시위선 위의 한 점에서 **날개 단면의 윗면과 아랫면에 각각 수직으로 선을 그어 두께**(thickness)를 정의하고, 해당 날개 단면에서 **가장 큰 두께를 최대 두께**(maximum thickness)라고 한다.

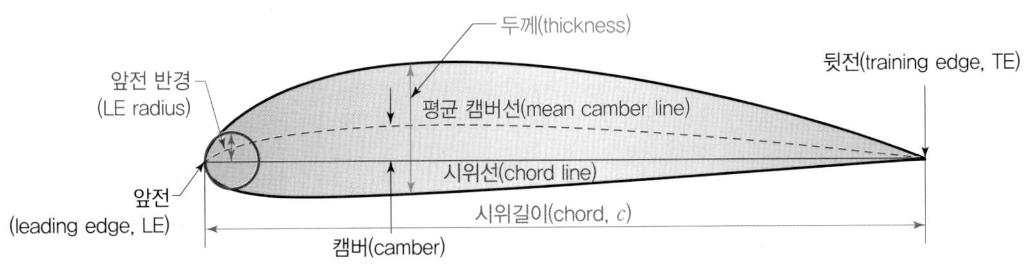

[그림 9-8] 날개 단면의 형상요소

앞전부터 뒷전 사이의 시위선 위에 있는 다수의 점들을 정하고 각각의 점들을 기준으로 날개 단면의 윗면과 아랫면을 잇는 수직선을 긋는다. 그리고 이렇게 그려진 **수직선들의 중점을 각각 정의하고, 앞전에서 뒷전까지의 중점들을 이은 선을 평균캠버선**(mean camber line)이라고 한다. 따라서 **평균캠버선은 윗면과 아랫면의 평균선**으로 볼 수 있다.

그리고 **시위선과 평균캠버선 사이의 거리를 캠버**(camber)라고 하고, 해당 날개 단면에서 **가장 큰 캠버를 최대 캠버**(maximum camber)라고 한다. 최대 캠버가 클수록, 즉 시위선과 평균캠버선의 거리가 멀수록 날개 단면의 윗면 또는 아랫면의 곡률(curvature)이 커지며 볼록해진다.

날개 앞전의 두께도 날개 단면의 공기역학적 성능을 좌우한다. **앞전 반경**(leading edge radius)**은 앞전의 내부에 접하는 원을 그리고 해당 원의 반경**(반지름)을 기준으로 크기를 정의한다. 즉, 앞전 반경이 작으면 앞전에 접하는 원의 지름이 작으므로 앞전이 날카롭고(sharp), 앞전 반경이 크면 앞전이 두껍고 무디다는(blunt) 것을 의미한다.

항공기의 종류와 임무에 따라 낮은 고도에서 저속으로 비행하는 항공기가 있는 반면, 고고도에서 고속으로 비행하는 항공기도 있다. 그리고 저속에 적합한 날개 단면이 있고, 저속보다는 고속 영역에서 공기역학적 성능이 향상되는 날개 단면이 있다. 날개 단면의 형상 요소의 변화에 따라 많은 형상의 날개 단면이 정의되기 때문에 항공기의 종류와 임무에 가장 적합한 날개 단면을 사용하는 것이 중요하다. 그러므로 날개 단면의 공기역학적 성능에 대한 형상 요소의 영향을 살펴보도록 한다.

(1) 날개의 시위길이

날개 표면을 흐르는 유동의 관성력과 점성력에 따라 유동의 형태를 분류하는 레이놀즈수(Reynolds number, Re)는 다음과 같이 정의한다. 그리고 날개 단면의 양력계수와 항력계수는 레이놀즈수의 변화에 따라 달라진다.

$$Re = \frac{\rho Vc}{\mu}$$

위의 식에서 알 수 있듯이, 레이놀즈수는 날개 단면의 시위길이(c)에 비례한다. 즉, 시위길이가 길어질수록 레이놀즈수가 증가하고, 따라서 층류 경계층과 비교하여 에너지가 비교적 큰 난류 경계층이 형성되어 유동박리와 실속에 저항하는 유동의 힘이 증가하게 된다. [그림 9-9]와 같이, 같은 형태이지만 시위길이, 즉 크기의 차이가 있는 두 개의 날개 단면이 있다. 시위길이가 긴 날개 단면은 층류 경계층에서 난류 경계층으로 변화하는 **천이점**(transition point)이 비교적 날개 윗면의 전방에 위치한다. 이에 따라 날개 윗면의 많은 부분에서 높은 에너지의 난류 경계층이 발달하기 때문에 받음각 증가에 따른 유동박리를 지연시킬 수 있다.

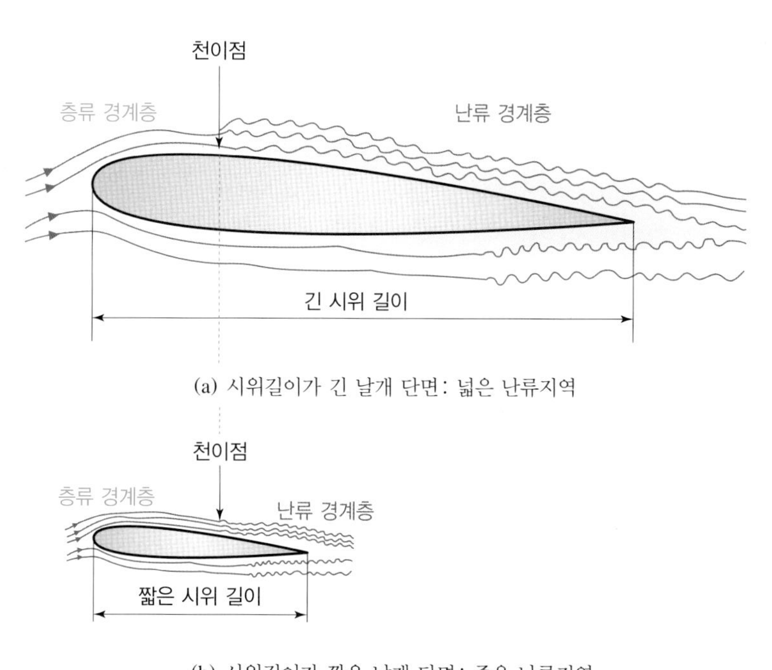

(a) 시위길이가 긴 날개 단면: 넓은 난류지역

(b) 시위길이가 짧은 날개 단면: 좁은 난류지역

[그림 9-9] 유동에 대한 날개 단면 시위길이의 영향

반면에 시위길이가 짧은 날개 단면의 천이점은 날개의 뒷부분에 위치한다. 따라서 층류 경계층이 날개 윗면의 많은 부분에서 형성되는데, 층류 경계층은 받음각 증가에 따른 유동박리에 저항하는 에너지가 적으므로 낮은 받음각에서도 실속이 쉽게 발생한다.

[그림 9-10]은 같은 형상이지만 시위길이가 서로 달라서 날개 위를 흐르는 유동의 레이놀즈수가 차이가 나는 날개 단면들의 실속 특성을 비교하여 나타내고 있다. 레이놀즈수가 $Re = 3\times10^6$인 날개 단면의 시위길이보다 $Re = 6\times10^6$인 날개 단면의 시위길이는 2배이고, $Re = 6\times10^6$인 날개 단면은 3배이다. 그리고 레이놀즈수가 증가할수록 날개에 난류 경계층의 분포 면적이 증가하기 때문에 유동박리에 저항하면서 실속이 비교적 높은 받음각에서 발생하고, 이에 따라 날개 단면의 최대양력계수가 증가한다. 즉, **같은 형상의 날개 단면이라도 시위길이가 길어질수록 유동박리와 실속이 지연되고 최대양력계수가 높아진다.** 따라서 시위길이가 달라서 레이놀즈수가 변화하는 경우 실속 특성이 달라진다.

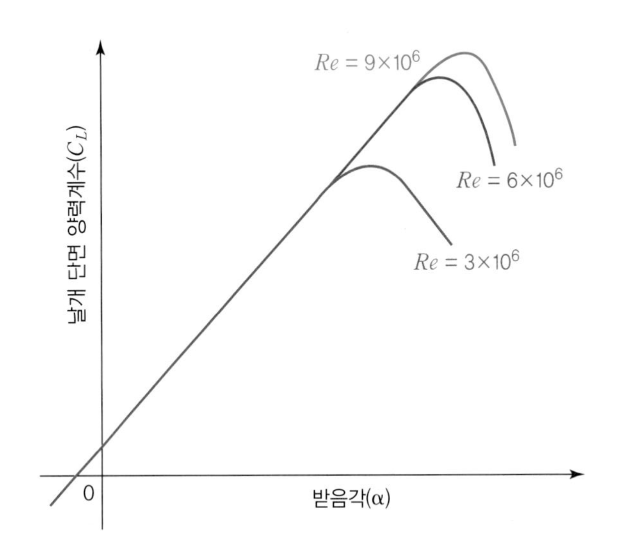

[그림 9-10] 레이놀즈수(시위길이)에 따른 실속 특성의 비교

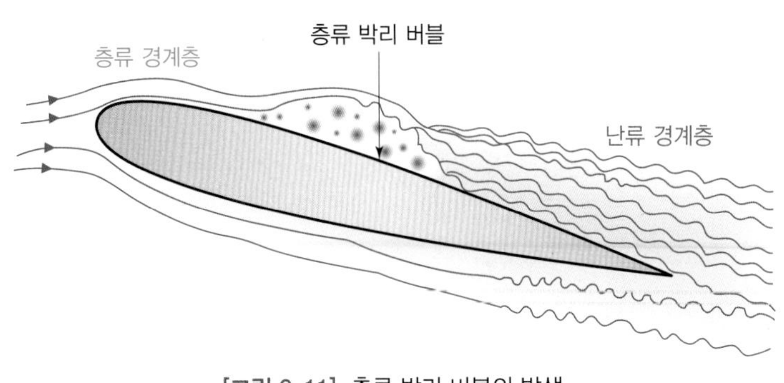

[그림 9-11] 층류 박리 버블의 발생

날개 표면에 발달하는 층류 경계층은 표면에서의 유동의 속도가 느려서 표면마찰항력이 적은 반면, 에너지가 낮아 받음각이 증가함에 따라 쉽게 유동이 박리되어 빨리 실속이 시작되는 단점이 있다. [그림 9-11]에서 볼 수 있듯이, **층류 경계층이 날개 표면으로부터 박리되었을 때 난류로 바뀌면서 경계층의 두께가 증가하여 날개 후방에서 다시 표면에 부착**하는 경우가 있다. 이에 따라 유동의 박리 영역은 날개 표면에서 거품(bubble)의 형태를 형성하기 때문에 이러한 현상을 **층류 박리 버블**(laminar separation bubble)이라고 한다. 층류 박리 버블은 실속 상태는 아니지만, 날개 위의 압력 분포를 변화시켜 양력을 떨어뜨리고 항력을 증가시켜 날개의 공기역학적 성능을 악화시킨다.

Photo: US Army

무인기 운영요원이 직접 던져 이륙시키는 AeroVironment RQ-11B 소형 무인정찰기. 비행속도가 약 50km/hr(14m/s)이고, 날개의 시위길이가 22cm에 지나지 않기 때문에 해면고도를 기준으로 날개를 지나는 유동의 레이놀즈수는 대략 $Re = 20$만 정도이고, 이는 저(low)레이놀즈수 유동, 즉 층류에 해당한다. 이렇게 시위길이가 짧은 소형 무인기는 날개 위에서 층류가 형성되기 때문에 유동박리와 층류박리 버블(laminar separation bubble) 등 공기역학적 성능을 떨어뜨리는 현상에 취약하다.

(2) 날개 두께

양력은 다음과 같이 정의한다.

$$L = \frac{1}{2} C_L \rho V^2 S$$

저속으로 비행하는 항공기는 가능한 한 두께 또는 캠버가 큰 날개 단면을 사용한다. 즉, 비행속도(V)가 감소할수록 날개의 양력계수(C_L)를 증가시켜야 양력을 유지할 수 있는데, 이를 위하여 날개 단면의 두께 또는 캠버를 증가시켜야 한다. **두께와 캠버가 큰 날개는 표면 형상의 곡률이 크고, 이에 따라 날개 윗면과 아랫면을 지나는 유동의 속도차와 압력차가 크기 때문에 날**

개 단면의 양력계수가 높다(7.4절 참조). **하지만 큰 두께비는 임계마하수(M_{cr})와 항력발산 마하수(M_{dd})를 낮추고 조파항력을 높이기 때문에 두께가 두꺼운 날개는 고속비행에 적합하지 않다** (10.7절 참조). 물론 두꺼운 날개 단면은 저속 영역에서도 형상항력이 증가하지만, 양력 유지가 더 중요하기 때문에 저속 항공기는 두꺼운 날개를 장착한다.

날개 단면의 최대양력계수($C_{L\max}$)도 날개 두께에 비례한다. 날개의 두께가 두꺼워서 윗면이 볼록한 경우, 높은 받음각에서 유동에 대하여 완만한 경사를 제공하여 날개 앞전 부근에서의 역압력 구배를 최소화한다. 이에 따라 [그림 9-12(a)]와 같이, 날개 뒷전부터 유동이 조금씩 박리되고, 받음각이 높아짐에 따라 유동박리가 점진적으로 확대된다. 그러므로 **두꺼운 날개 단면은 높은 받음각에서도 유동박리 및 실속을 지연시켜 최대양력계수가 높다.** 날개에서 유동이 박리되어 실속하면 압력항력이 증가하는데, 높은 받음각에서도 유동박리의 규모가 작은 두꺼운 날개 단면은 압력항력이 작다.

반면에 [그림 9-12(b)]의 날개 단면처럼 **두께가 얇아 윗면이 평편한 날개 단면은 높은 받음각에서 유동에 대하여 날개 앞전부터 시작하는 급경사를 제공하기 때문에 날개 앞전에서 유동이 박리되고, 이에 따라 갑자기 날개 전체가 실속하므로 날개 단면의 최대양력계수가 낮다.** 날개 표면에서 강하고 광범위하게 유동박리가 발생하는 얇은 날개는 높은 받음각에서 압력항력의 증가폭이 크다. 물론 유동박리가 본격적으로 나타나지 않는 낮은 받음각에서는 두께가 얇을수록 압력항력이 작다.

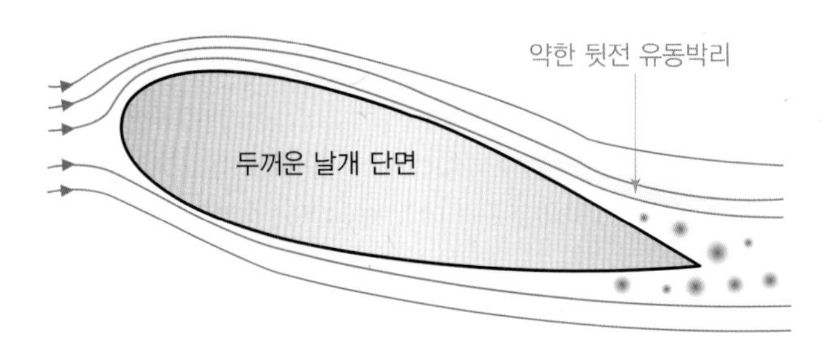

(a) 두꺼운 날개 단면 : 약한 유동박리 → 작은 압력항력

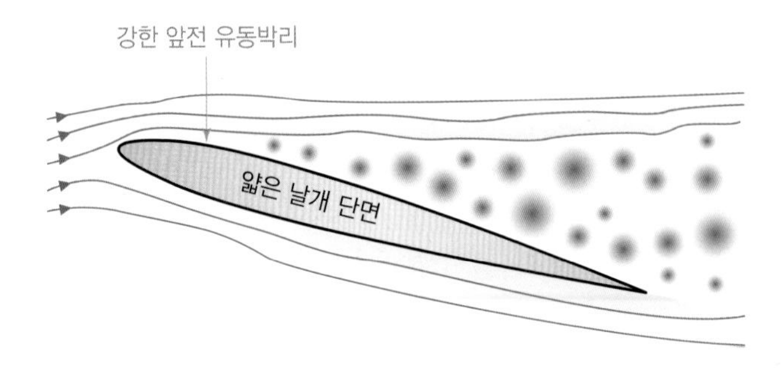

(b) 얇은 날개 단면 : 강한 유동박리 → 큰 압력항력

[그림 9-12] 높은 받음각에서 날개 단면 두께의 영향

(3) 날개 캠버

날개 단면의 공기역학적 성능에 대한 캠버의 영향은 두께의 영향과 유사하다. 즉, 캠버가 큰 날개 단면은 높은 압력차가 발생하여 양력계수가 크지만, 동시에 항력계수도 크다.

일반적으로 캠버가 커지면 날개 단면의 두께도 증가하지만, [그림 9-13]과 같이 큰 캠버와 얇은 두께의 날개 단면도 있다. 즉, 받음각이 있을 때 볼록한(convex) 날개 윗면에서는 음(−)의 압력계수가 넓게 분포하고, 오목한(concave) 날개 아랫면에서는 강한 양(+)의 압력계수를 발생시켜 날개 윗면과 아랫면의 큰 압력차 때문에 날개 단면의 양력계수가 매우 높다. 아울러 두께가 얇아 항력을 최소화할 수 있으므로 결과적으로 양항비(L/D)의 증가가 현저하다. 그리고 [그림 9-7]에서도 볼 수 있듯이 캠버가 크고 비교적 두께가 얇은 S1223 날개 단면은 두께가 두꺼운 FX 63-137 날개 단면보다 양력계수가 더 크다. 그러므로 대체로 캠버는 두께보다 양력의 증가에 더 많은 영향을 준다. 하지만 [그림 9-13]의 날개 단면은 얇은 두께 때문에 구조적 강도가 부족하고, 날개 내부 용적이 적어 연료를 탑재하는 공간으로 활용하기 힘든 단점이 있다.

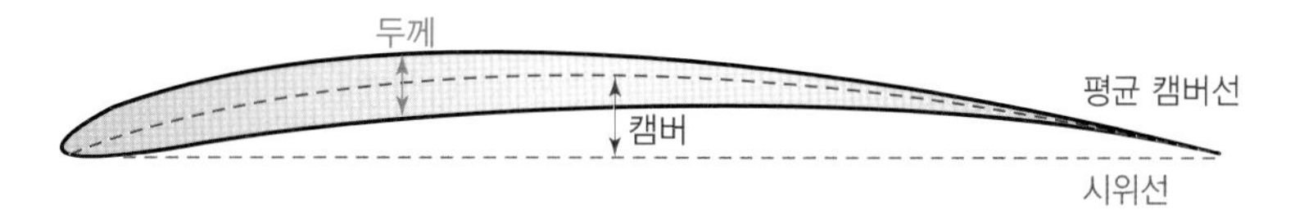

[그림 9-13] 큰 캠버와 작은 두께의 날개 단면(Eppler E61)

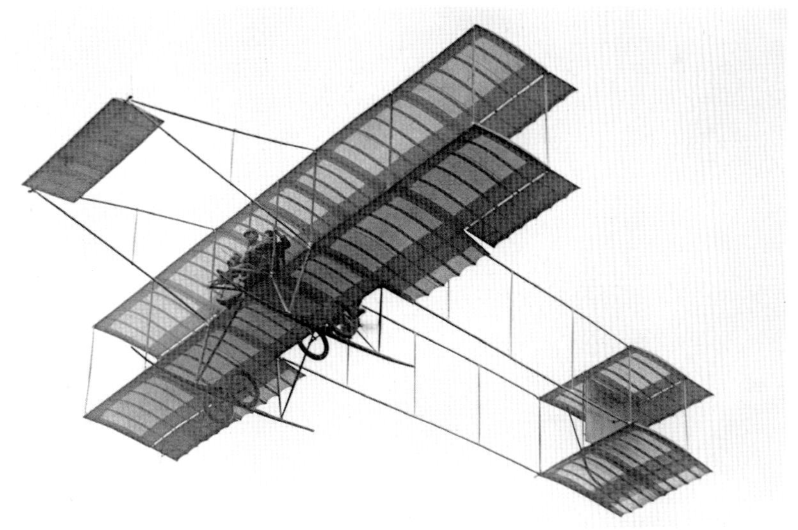

Photo: University of Southern California, Libraries and California Historical Society

2개의 날개로 비행 중인 Henri Farman 복엽기(1909). 항공기가 처음 등장한 시기에는 동력장치의 출력 부족으로 비행속도가 매우 느렸다. 따라서 캠버가 크고 두께가 얇아 날개 단면의 양력계수가 크고 항력계수가 작아서 양항비가 큰 날개 단면을 사용하였다. 또한, 느린 비행속도에서도 양력을 유지하기 위하여 날개면적을 가능한 한 넓게 구성해야 한다. 따라서 2개의 날개를 위와 아래로 겹쳐서 구성한 복엽기(biplane) 형태의 항공기가 많았다.

[그림 9-14(a)]와 같이, 평균 캠버선과 시위선이 겹치는 경우, 날개 단면의 캠버는 존재하지 않는다. 그리고 **캠버가 없다면 날개 단면의 위와 아래가 동일한 대칭형 날개 단면**(symmetrical airfoil)이 된다. 대칭형 날개 단면은 받음각이 없으면 날개의 윗면과 아랫면을 지나는 유동의 속도와 압력 분포가 동일하므로 양력이 발생하지 않는다. 따라서 **대칭형 날개 단면은 받음각 $\alpha = 0°$에서 양력계수가 0이다**($C_L = 0$). 하지만 대칭형 날개도 받음각이 있으면 윗면과 아랫면에서 속도차와 압력차가 발생하여 양력이 발생한다.

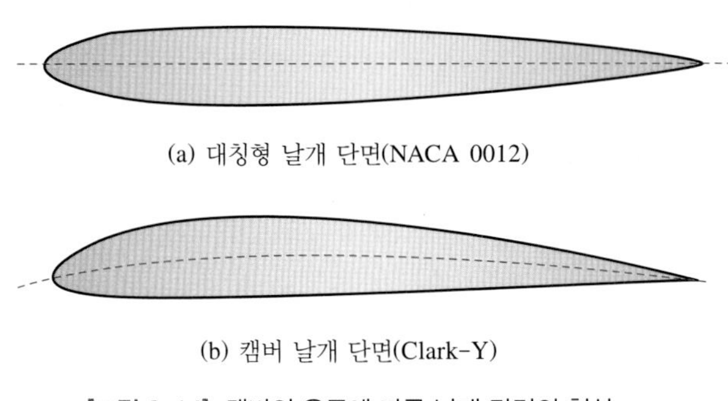

[그림 9-14] 캠버의 유무에 따른 날개 단면의 형상

[그림 9-14(b)]의 캠버가 있는 날개 단면은 위쪽으로 볼록한 형상 때문에 받음각이 없는 상태에서도 양력이 발생하는데, 이는 윗면을 지나는 유동이 가속하여 낮은 압력이 형성되고 상대적으로 유동의 속도가 낮은 아랫면에서 높은 압력이 분포하기 때문이다. 그리고 받음각이 0보다 낮은 음(−)의 받음각에서 비로소 윗면과 아랫면을 지나는 유동의 속도가 비슷해져서 압력차가 없어지고 양력을 상실한다. 즉, 캠버가 있는 날개 단면은 받음각이 음(−)의 값을 가질 때 양

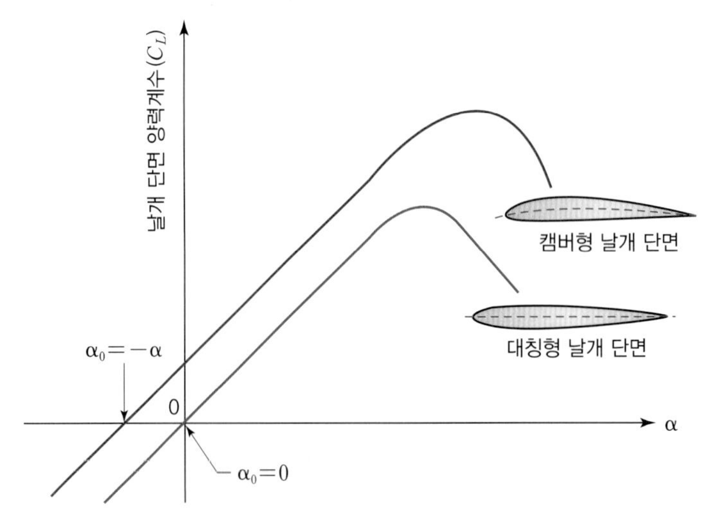

[그림 9-15] 대칭형 날개 단면과 캠버형 날개 단면의 양력 특성 비교

력계수가 0이 된다. **양력계수가 0($C_L = 0$)이 될 때의 받음각을 무양력 받음각**(zero lift angle of attack, α_0)이라고 정의한다. 그러므로 [그림 9-15]와 같이, **대칭형 날개 단면의 무양력 받음각은 $\alpha_0 = 0$인 반면, 캠버가 있는 날개 단면의 경우 무양력 받음각은 음(−)의 값**을 가진다.

[그림 9-16]은 받음각의 증가에 따른 날개 단면의 윗면과 아랫면에서 발생하는 압력계수 분포의 변화를 보여주고 있다. 그림 (A)는 대칭형 날개 단면(NACA 0012)이고, 그림 (B)는 그림 (A)의 대칭형 날개 단면과 두께가 비슷한 캠버가 있는 날개 단면(Clark-Y)이다. 받음각이 없는 $\alpha = 0°$**에서 대칭형은 날개 윗면과 아랫면의 압력 분포가 동일하므로 양력이 발생하지 않고 항력만 존재**한다. 그런데 캠버형의 경우 볼록한 윗면의 형상으로 $\alpha = 0°$에서도 양력이 나타나고 있다. $\alpha = 5°$로 받음각이 증가하면서 양쪽 날개 단면 모두 날개 윗면의 전방에서 음(−)의 압력이 증가하고, 이에 따라 압력중심(cp)이 전방으로 이동한다. 하지만 대칭형은 여전히 아랫면에

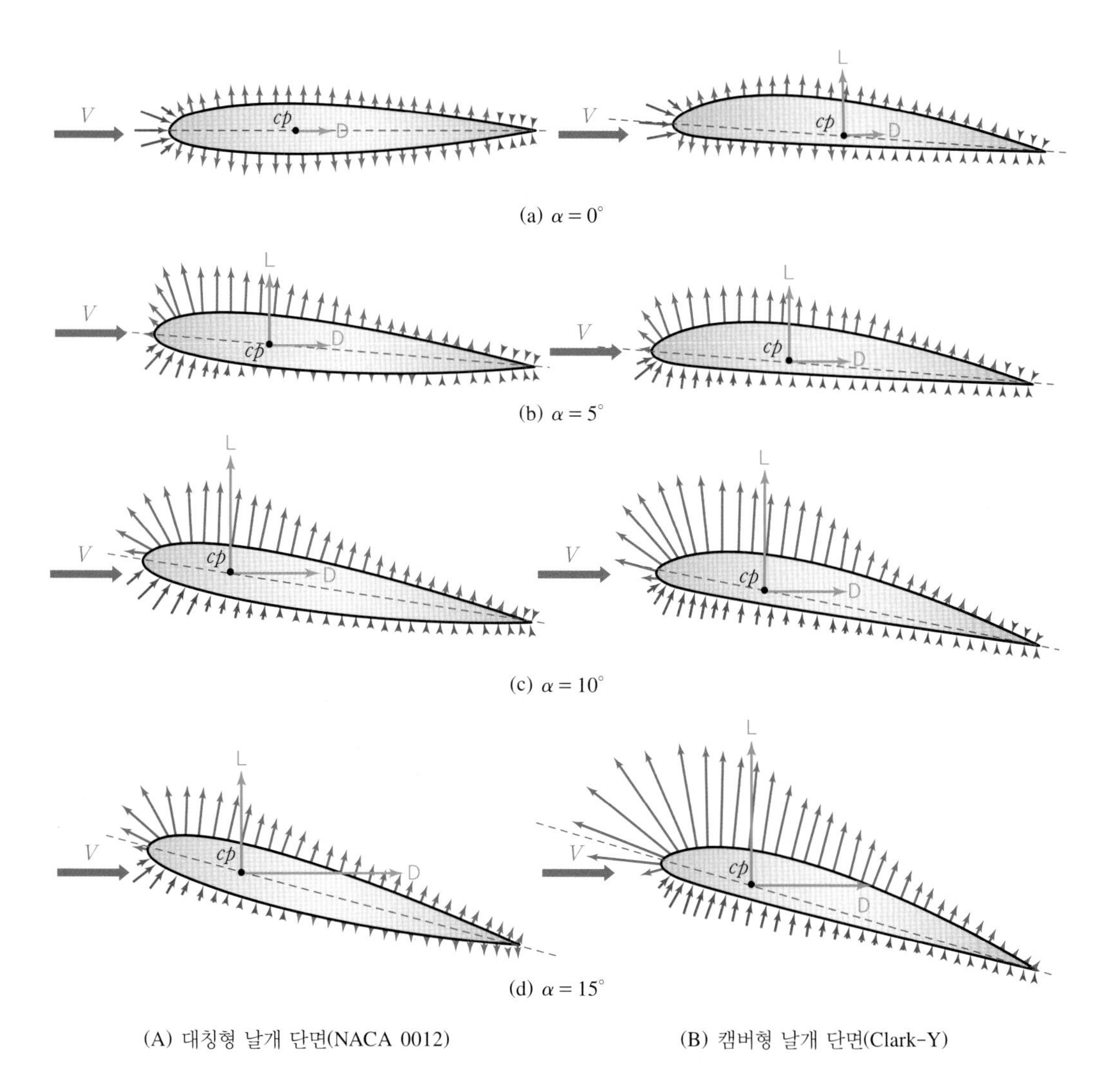

[그림 9-16] 받음각(α)에 따른 양력 및 항력 변화와 압력중심(cp)의 이동

서 파란색 화살표로 표시된 음(−)의 압력이 분포하므로 캠버형보다 날개 단면의 양력계수가 낮다. $\alpha = 10°$로 받음각이 증가하는 상황에서도 **캠버형의 윗면에서 강한 음(−)의 압력이 보다 넓게 분포하기 때문에 대체로 대칭형보다 양력이 높다.**

대칭형 날개 단면은 $\alpha = 15°$에서 날개 표면에 분포하는 압력계수의 크기가 감소하는데, 이는 유동박리에 의하여 양력이 감소하고 항력이 급증하는 실속이 발생했음을 의미한다. 반면에 캠버형은 $\alpha = 15°$에서 날개 위와 아랫면에서 압력계수의 크기가 더욱 증가하였으므로 실속하지 않고 양력계수가 지속적으로 증가하고 있음을 알 수 있다. 즉, **높은 받음각에서 캠버형 날개 단면이 대칭형보다 늦게 실속에 들어가고 이에 따라 최대양력계수가 높다.** 물론 날개 단면의 공기역학적 성능은 캠버 이외의 다른 형상요소의 영향을 받기 때문에 이러한 경향성을 일반화할 수 없다. 하지만, 캠버를 제외하고 유사한 형상적 특징을 공유하는 날개 단면의 경우, 캠버가 있는 쪽의 양력 성능과 실속 성능이 대체로 우수하다. 따라서 양력계수가 높아야 하는 저속 항공기의 날개에는 큰 캠버를 적용하는 것이 보편적이다. 또한, 이착륙 중에는 비행속도를 낮추기 때문에 날개의 양력계수를 높여야 한다. 따라서 **고양력장치인 플랩**(flap) **또는 슬랫**(slat)**을 전개하는데, 이는 날개 단면의 캠버를 증가**시키는 역할을 하여 양력을 높인다. 단, 날개 단면의 양쪽에서 균등한 압력을 발생시켜 **방향 안정성을 유지하는 역할을 하는 수직 안정판**(vertical stabilizer)**에는 대칭형 날개 단면을 주로 사용**한다.

(4) 날개 앞전 반경

앞전 반경은 날개 앞전의 두께를 지칭한다. 앞전의 반경이 커서 날개 앞부분이 두껍다면 **낮은 받음각에서는 항력을 증가시킨다. 하지만 높은 받음각에서는 앞전을 따라 흐르는 유동에 대하여 완만한 경사를 만들어 실속을 지연시켜 날개 단면의 실속 받음각과 최대양력계수를 높인다.**

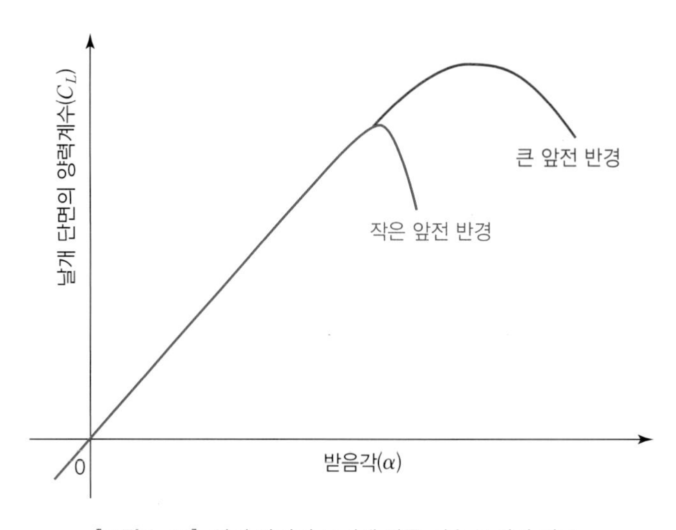

[그림 9-17] 앞전 반경의 크기에 따른 실속 특성의 비교

[그림 9-17]에 나타낸 바와 같이, 큰 앞전 반경을 가진 날개 단면은 실속이 점진적으로 나타나므로, 항공기가 실속에 들어가더라도 조종사가 이에 대응한 시간적 여유를 가질 수 있어 실속 특성이 양호하다. 반대로 **앞전 반경이 작아서 앞전이 날카로운 날개 단면은 받음각이 높아짐에 따라 유동에 대한 급경사를 만들어 유동이 앞전부터 박리된다. 따라서 갑자기 날개 전체가 실속**하는 현상이 나타나기 때문에 앞전 반경이 작은 날개 단면의 최대양력계수는 비교적 낮다.

하지만 작은 앞전 반경은 초음속 비행에서 긍정적인 효과가 있다. 항공기가 초음속($M > 1$)으로 비행할 때 날개 앞전에는 경사 충격파(oblique shock wave)가 형성된다. 그런데 [그림 9-18(a)]와 같이 **앞전 반경이 커서 두꺼울수록 충격파의 각도와 강도가 증가하여 충격파 이후 날개 전방 표면에 큰 압력 증가**를 유발한다. 충격파에 의하여 날개 앞전 근처의 압력이 증가할수록 날개 후방 영역과의 압력차에 의하여 날개를 뒤로 밀어내는 힘, 즉 **조파항력**(wave drag)**이 증가**한다. 그러나 [그림 9-18(b)]의 경우, 날개 앞전의 반경이 작아 날카로울수록 강도가 약한 경사 충격파가 형성되고, 따라서 앞전에 작용하는 압력이 비교적 낮아 조파항력의 강도가 낮아진다.

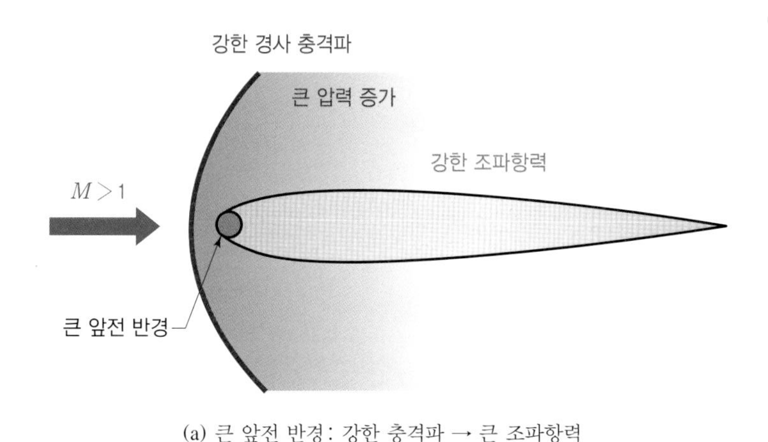

(a) 큰 앞전 반경 : 강한 충격파 → 큰 조파항력

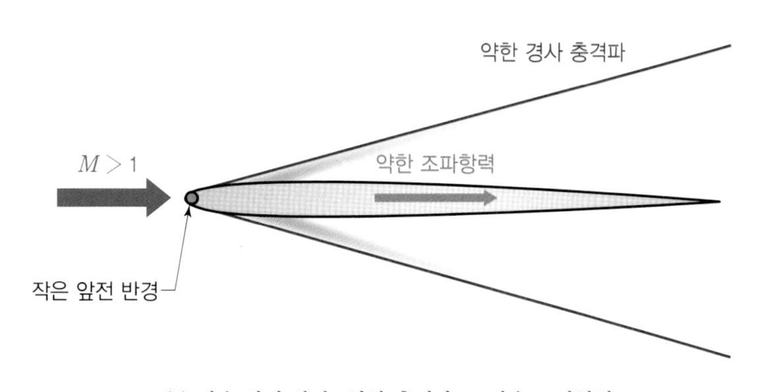

(b) 작은 앞전 반경 : 약한 충격파 → 작은 조파항력

[그림 9-18] 충격파 강도에 대한 앞전 반경의 영향

Photo: US Air Force

Photo: Airliners.net

미공군 최초의 실용 초음속 전투기인 Lockheed F-104A(1958). $M = 2.0$이 넘는 초음속 비행을 하기 위하여 항력이 작은 가늘고 긴 동체와 작은 날개를 장착하고 있다. 특히 캠버가 크고 두꺼우며 앞전 반경이 큰 날개 단면은 충격파 발생에 의한 조파항력에 취약하기 때문에 캠버가 거의 없고 두께가 매우 얇은 날개 단면을 날개에 적용하였다. 특히 앞전과 뒷전이 매우 얇아 칼날같이 날카로웠기 때문에 지상정비요원의 안전을 위하여 지상에서는 사진과 같이 안전 커버를 장착하였다.

9.4 속도별 날개 단면의 특징

(1) 저속용 고양력 날개 단면

앞서 설명한 날개 단면의 형상 요소의 특징을 기준으로 여러 속도 영역에 각각 적합한 날개 단면의 형상적 특징을 살펴보자. 저속으로 비행하는 항공기는 글라이더, 경비행기, 소형 무인기 등이 있다. 낮은 속도에서 중량 이상의 양력을 발생시키기 위해서는 날개 또는 날개 단면의 양력계수(C_L)가 충분히 높아야 한다. 따라서 **저속용 날개 단면은 두꺼워야** 하며, 특히 최대두께의 위치가 시위길이 기준으로 앞전에서 25~30%에 있으면 높은 양력계수가 발생한다. 또한, **캠버와 앞전 반경이 크면 높은 받음각에서도 실속 특성이 우수**하다. 두께, 캠버, 앞전 반경이 큰 날개 단면은 항력도 크지만, 충분한 양력의 발생이 중요하다면 추력을 높여 이를 극복해야 한다. 저속용 고양력 날개 단면의 대표적 형상은 [그림 9-19(a)]에 나타나 있다.

(2) 범용 날개 단면

[그림 9-19(b)]에 나와 있는 범용 날개 단면은 최고속도가 300 kts(555 km/hr) 전후의 속도로 비행하는 프로펠러 여객기 및 수송기에 적합하다. **저속용 날개 단면보다 두께와 캠버, 그리고 앞전 반경이 작아서 항력이 비교적 낮다.** 최대두께의 위치는 앞전에서 25~30%에 있으므로 저속용 고양력 날개 단면과 유사하지만, [그림 9-19(a)]의 저속용 날개 단면보다 최대양력계수는 비교적 낮다.

(3) 고속용 날개 단면

제트 전투기와 같이, 천음속(transonic) 또는 초음속(supersonic)으로 비행하는 항공기는 [그림 9-19(c)]와 같은 형태의 날개 단면을 사용한다. 즉, **고속용 날개 단면은 두께가 매우 얇아 항력이 작고, 캠버가 작아서 대칭형 날개 단면에 가깝다.** 두께가 얇고 캠버가 크지 않아서 양력계수가 낮

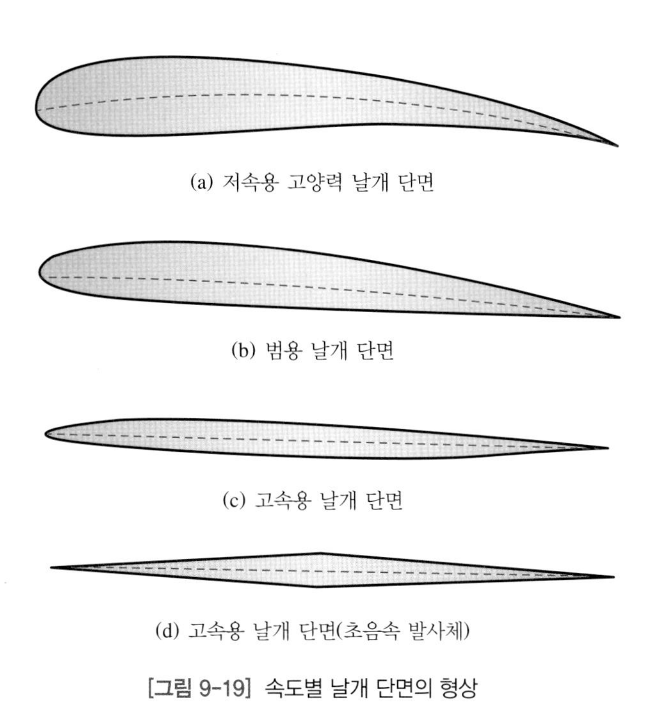

[그림 9-19] 속도별 날개 단면의 형상

아도 비행속도가 높기 때문에 양력이 유지된다. 최대두께의 위치는 앞전에서 5~10% 지점에 있다.

고속 영역에서는 조파항력을 최소화하기 위하여 앞전 반경이 작다. 즉, 높은 마하수로 비행하면 앞전에서 발생하는 충격파의 강도가 증가하므로 충격파의 각도를 최소화하기 위하여 앞전이 얇아야 한다. 또한, 날개 표면에서 팽창파를 발생시켜 양력을 증가시킬 수 있도록 [그림 9-19(d)]와 같이 시위길이 기준 앞전에서 50% 지점에서 각이 진 형상의 **다이아몬드형**으로 구성하기도 한다. 따라서 최대두께의 위치도 앞전에서 50% 지점에 있다. 하지만 날개 표면이 각진 형상은 저속에서 유동박리가 쉽게 발생하기 때문에 자력으로 이착륙하지 않고 고속 영역에서 발사되어 비행을 시작하는 미사일 등의 발사체 날개에 적용한다.

9.5 NACA 날개 단면

항공역학과 관련된 기술은 1930년대에 큰 발전을 이루었는데, 당시에는 항공기의 공기역학적 성능을 좌우하는 날개 단면에 대하여 특히 관심이 높았다. 따라서 미국항공우주국 NASA의 전신인 NACA(National Advisory Committee for Aeronautics)에서의 날개 단면에 관한 연구와 실험이 광범위하고 체계적으로 진행되었다.

앞서 살펴본 바와 같이, 날개 단면의 공기역학적 성능은 형상 요소에 따라 변화한다. 따라서 NACA에서 날개 단면을 분류하여 명칭을 부여할 때 날개 성능에 영향이 큰 형상 요소를 기준으로 하였다. 그러므로 NACA 날개 단면의 명칭을 살펴보면 공기역학적 성능에 영향력이 지대한 날개 단면의 형상 요소를 식별할 수 있다. NACA에서 처음으로 부여한 날개 단면의 명칭은 4자리의 숫자들로 구성되어 NACA 4-digit 날개 단면이라고 하고, 그 의미는 다음과 같다.

- **첫째 자리: 시위길이에 대한 최대 캠버의 백분비(예를 들어, NACA 2412 날개 단면의 최대 캠버는 시위길이의 2%)**
- **둘째 자리: 시위길이에 대한 최대 캠버 위치의 십분비(예를 들어, NACA 2412 날개 단면의 최대 캠버는 시위길이 기준으로 앞전에서 40% 지점에 위치)**
- **셋째 및 넷째 자리: 시위길이에 대한 최대 두께의 백분비(예를 들어, NACA 2412 날개 단면의 최대 두께는 시위길이의 12%)**

만약 **첫째와 둘째 자리가 0인 경우**, 예를 들어 NACA 0012는 **최대 캠버의 크기와 위치가 정의되지 않은 대칭형 날개 단면**을 의미한다. 따라서 NACA 0012는 최대 두께가 시위길이의 12%인 대칭형 날개 단면이다. NACA 날개 단면의 명칭에서 알 수 있듯이 날개 단면의 공기역학적 성능에 가장 큰 영향이 있는 것은 최대 캠버의 크기와 위치, 그리고 최대 두께의 크기이다.

최대 캠버와 최대 두께 이외의 형상 요소도 날개 단면의 성능에 영향을 미친다. 따라서 날개 단면의 형상을 좀 더 자세히 구분하기 위하여 날개 단면 명칭의 숫자 자릿수가 늘어난 NACA 5-digit 날개 단면이 등장하였다. 또한, 저속 영역에서 표면마찰항력을 줄이는 층류 날개 단면을 연구하면서 NACA 6 series 및 7 series 날개 단면들이 개발되었다. 즉, NACA 66(2)-415, NACA 747(a)-315와 같이 6 또는 7로 명칭이 시작하면 층류 날개 단면에 해당한다. 그리고 천음속 영역에서 충격파의 강도와 유동박리의 영향을 감소시키는 초임계 날개 단면들은 NACA 8 series로 일컫는다.

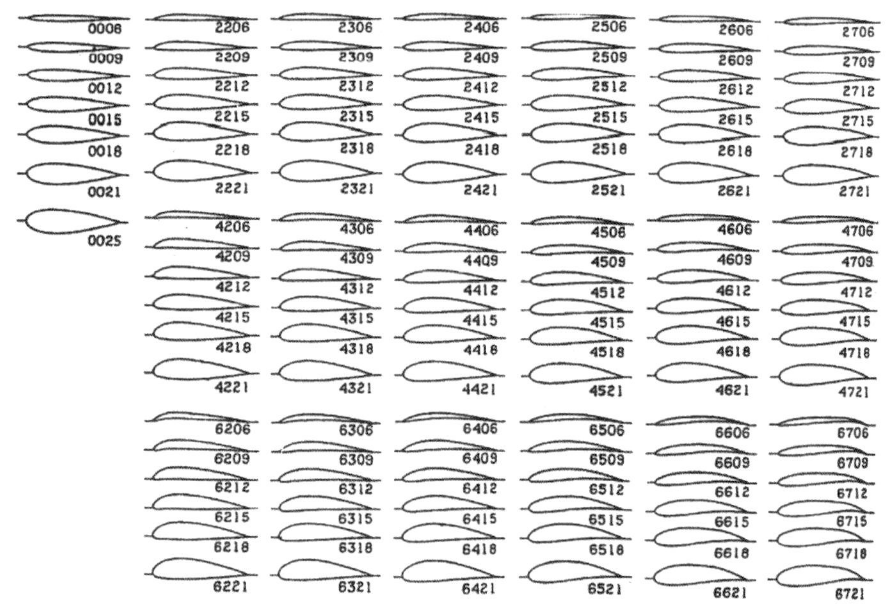

출처: Anderson, John D., *A History of Aerodynamics and Its Impact on Flying Machines*, Cambridge University, 1999.
NACA 4-digit 날개 단면의 종류. 명칭에서 첫째 자릿수와 셋째 및 넷째 자릿수는 각각 최대 캠버와 최대 두께의 크기를 나타내기 때문의 숫자가 커짐에 따라 캠버와 두께가 증가함을 볼 수 있다.

9.6 층류 날개 단면

날개 앞전에서 시작하여 날개 표면 위를 흐르는 유동 또는 경계층은 층류 형태로 시작해도 일정 지점 이후에는 난류로 바뀐다. 층류 경계층이 난류 경계층으로 전환되는 날개 표면 위의 한 지점을 **천이점**(transition point)이라고 한다. 층류 경계층과 비교하여 난류 경계층에서는 표면 근처를 지나는 공기입자가 빠른 속도로 무질서하게 흐르기 때문에 표면에서의 속도 감소, 즉 속도변화율이 커서 전단응력 또는 표면마찰항력이 높다. **층류 경계층은 높은 받음각에서 날개에서 쉽게 박리되기 때문에 난류 경계층보다 높은 압력항력을 유발**하지만, **유동박리가 문제가 되**

지 않는 낮은 받음각에서는 난류 경계층보다 적은 표면마찰항력을 발생시킨다. 그러므로 **순항과 같이 낮은 받음각으로 장시간 비행하는 단계에서는 가능하면 날개 위를 흐르는 유동 또는 경계층의 형태를 층류로 유지하는 것이 전체 항력을 감소**시키는 데 도움이 된다.

그리고 날개 단면의 형상을 신중히 설계한다면 천이점을 가능한 한 후방으로 지연시켜서 더욱 넓은 날개면적에서 층류 경계층을 형성시킬 수 있다. 이에 따라 항력이 감소하고 연료소모율을 줄여 항속거리가 증가하게 된다. **층류 날개 단면**(laminar flow airfoil)**은 표면마찰항력을 낮추기 위하여 천이점을 가능한 한 후방으로 지연**시킬 수 있도록 형상을 고안한 날개 단면이다. 경계층 흡입 시스템 등과 같이 층류를 유지시키는 부가장치 없이 날개 형상으로만 층류를 유지한다고 하여 **자연 층류 날개 단면**(natural laminar flow airfoil)이라고도 한다. [그림 9-20]은 층류 날개 단면으로 디자인된 NACA 66(2)-415이다.

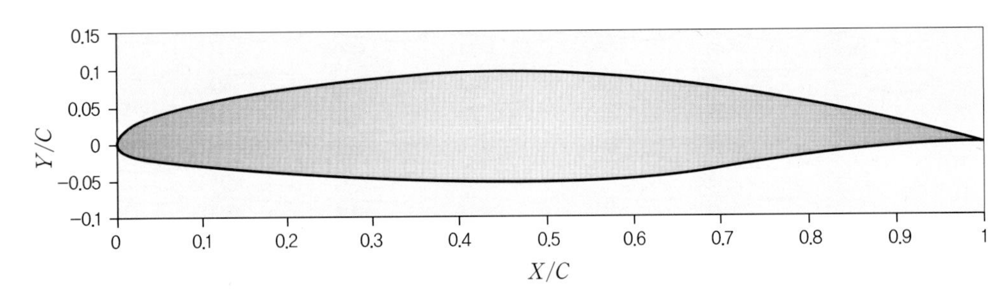

[그림 9-20] 층류 날개 단면(laminar flow airfoil)의 일반적 형상[NACA 66(2)-415]

일반적으로 천이는 날개 단면의 최대 두께 위치에서 발생한다. 날개 단면에서 가장 두꺼운 부분은 곡률이 크기 때문에 이 부분을 지나는 유동이 최고로 가속되고, 이에 따라 층류 경계층에서 난류 경계층으로 쉽게 전환된다. [그림 9-21(a)]에서 볼 수 있듯이, 일반 날개 단면의 경우 최고 속도가 발생하는 최대 두께의 위치가 앞전에서 약 20~30% 지점에 있다. 하지만 [그림 9-20]과 같이 층류 날개 단면은 약 50%($X/C=0.5$) 지점에 최대 두께가 위치한다. 층류 날개 단면은 최대 두께 부분이 중앙 또는 후방에 위치하므로 그만큼 넓은 면적에서 유동의 가속을 늦추어 층류 경계층을 유지할 수 있다.

날개 위를 지나는 유동의 가속을 늦춘다는 것은 충격파의 형성을 지연한다는 의미가 될 수 있다. 날개 충격파의 발생이 지연되면 고속비행 중에도 조파항력을 낮출 수 있는데, 이는 임계 마하수를 높여 고속비행을 가능하게 하는 초임계 날개 단면의 특징과 유사하다. 그러므로 층류형 날개 단면은 저속 항공기뿐만 아니라 아음속(subsonic)으로 비행하는 고속 항공기에도 사용되고 있다.

하지만, 날개의 표면에 층류가 흐름을 방해하는 것이 있으면 이를 지나는 층류는 쉽게 난류로 전이한다. 이는 인위적으로 층류를 난류로 천이시켜 유동박리를 방지하는 와류발생기(vortex generator)의 원리와 유사하다. 즉, **날개 표면에 결빙**(ice accretion) **및 오염 등으로 표면의 상태가 변화하면 층류는 난류로 바뀌어 층류 날개 단면의 장점을 상실하고 표면마찰항력이 급증**

하게 된다. 따라서 층류 유지에 의한 항력 감소라는 층류 날개 단면 본연의 목적을 달성하기 위해서는 날개의 표면을 항상 깨끗하게 유지하는 것이 중요하다.

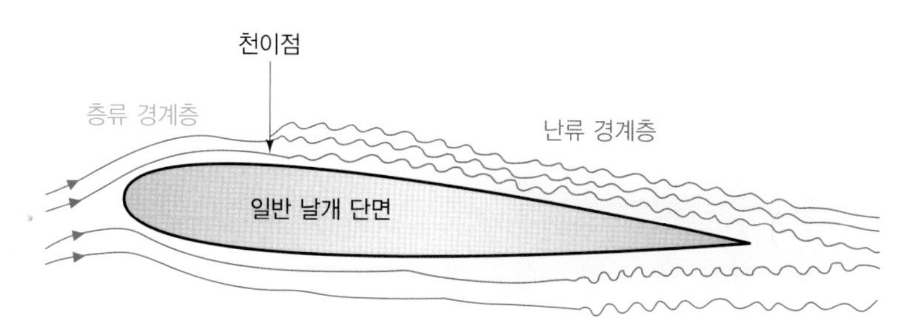

(a) 일반 날개 단면: 천이점 전방 위치 → 좁은 층류지역 → 큰 표면마찰항력

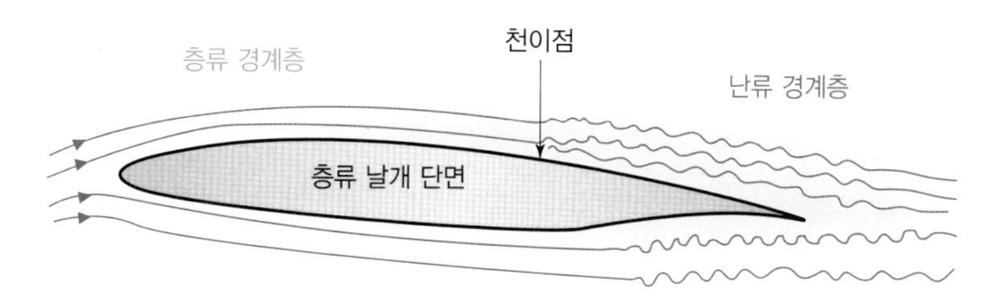

(b) 층류 날개 단면: 천이점 후방 위치 → 넓은 층류지역 → 작은 표면마찰항력

[그림 9-21] 층류 날개 단면의 특징

최대 두께가 후방에 위치하는 층류 날개 단면의 특징을 보여 주는 North American F-51D 전투기의 날개 끝(wing tip) 형상. 층류 날개 단면은 날개 표면을 따라 흐르는 경계층을 가능한 한 층류로 유지하고 표면마찰항력을 낮추어 항속거리를 증가시키는 효과가 있다. 층류 경계층의 유지를 위하여 날개 표면을 항상 깨끗하게 유지해야 하지만, F-51D와 같은 군용기를 야전에서 운용할 때는 날개 표면이 오염되는 경우가 많아 층류 날개 단면의 장점을 제대로 살리지 못하였다. 그러나 F-51D의 층류 날개 단면은 초임계 날개 단면의 특징, 즉 임계 마하수를 증가시키는 효과가 있어 오히려 아음속 영역의 고속비행에서 날개의 공기역학적 성능을 개선시켰다.

9.7 날개 단면과 마하수

비행속도가 음속의 근처, 즉 마하수가 대략 $0.8 < M_\infty < 1.2$인 속도 영역을 천음속(transonic)이라고 한다. 천음속으로 비행할 때 날개 또는 항공기 표면 위를 지나는 유동의 속도가 일정 지점에서 음속에 도달할 때의 비행 마하수를 **임계 마하수**(M_{cr})라고 일컫는다. 그리고 항공기가 가속하여 임계 마하수를 지나 날개 또는 항공기 표면에 충격파가 형성되면서 항력이 급증하기 시작하는 비행 마하수를 **항력발산 마하수**(M_{dd})로 정의한다. 항공기가 아음속으로 비행하더라도 ($M_\infty < 1$) 날개 단면의 곡률이 클수록, 즉 두께 또는 캠버가 큰 날개 단면일수록 날개 위를 지나는 유동은 가속하여 쉽게 음속($M = 1$)에 도달하거나 초음속($M > 1$)으로 흐른다.

[그림 9-22]는 천음속 영역에서 비행 마하수(M_∞)를 높일 때 날개 단면 위 충격파의 형성과 항력계수(C_D)의 변화를 나타내고 있다. 그림의 날개는 대칭형 날개이지만 받음각 때문에 날개 윗면을 지나는 유동이 아랫면보다 빠르게 흐른다.

①번 그림에서는 아음속으로 비행 중인 날개 단면의 항력계수를 나타내는데, 이는 압력항력과 표면마찰항력, 즉 형상항력에 의한 것이다. 날개 끝이 정의되지 않은 날개 단면이기 때문에 날개 끝 와류에 의한 유도항력은 포함되지 않는다.

②번 그림은 날개 단면 위 유속이 음속에 도달하여 비행 마하수가 임계 마하수(M_{cr})가 되는 경우이다. 그리고 임계 마하수 이상으로 가속하면 날개 윗면에 약한 충격파가 형성되기 시작하며 발생하는 조파항력에 의하여 항력계수가 증가하기 시작한다.

③번은 항력발산 마하수(M_{dd})가 정의되는 상황을 나타내는데, 날개 위 파란색으로 표시된 부분은 유동이 팽창하며 음속 이상으로 가속됨에 따라 나타나는 초음속 영역이다. 압력이 매우 낮은 초음속 유동은 날개의 윗면에 형성된 수직 충격파(normal shock)를 거치며 다시 압력을 회복하고 속도는 떨어지지만, 충격파 전후의 압력차에 의한 역압력 구배로 인하여 유동이 박리되어 조파항력이 급증하고 있다. 그뿐만 아니라, 수직 충격파가 날개 표면에서 미세하게 앞뒤로 이동함에 따라 날개 압력 분포의 변화로 날개와 항공기에 진동이 발생하는데, 이러한 현상을 **고속 버피팅**(high-speed buffeting) 또는 **마하 버피팅**(Mach buffeting)이라고 한다.

④번 그림에서는 비행 마하수가 항력발산 마하수보다 증가함에 따라 날개 윗면의 초음속 영역이 확대되고 수직 충격파가 강해질 뿐만 아니라, 유속이 상대적으로 느린 아랫면에서도 초음속 영역과 충격파가 발생한다. 따라서 강한 유동박리와 조파항력의 급증으로 인해 항력계수가 최고치에 이르고 있다. 이후 비행 마하수가 증가할수록 날개 위 초음속 영역은 넓어지지만 충격파는 날개 후방으로 이동하면서 약해지고 조파항력도 감소한다. 그리고 ⑤번 그림과 같이 충격파가 뒷전까지 후퇴한다면 충격파에 의한 날개 위의 역압력 구배는 사라지므로 오히려 유동박리가 약해져서 조파항력이 더욱 감소한다. 즉, 비행 마하수에 비례하여 조파항력이 증가하는 것은

아니며, 충격파의 형태와 발생 위치, 그리고 유동박리의 규모에 따라 조파항력은 증감한다. 비행속도를 더욱 높여 초음속으로 비행하면($M_\infty > 1$) 날개로 향하는 초음속 유동이 날개 앞전, 즉 경사진 물체를 만나며 날개 앞쪽에서 충격파가 발생한다. ⑥번에서 볼 수 있듯이, 날개 앞전의 반경이 큰 경우 앞전으로부터 일정 거리 떨어진 곳에서 경사 충격파(oblique shock)가 형성된다. 날개 앞의 청색으로 표시한 부분은 경사 충격파가 앞쪽의 강한 수직 충격파(normal shock) 부분을 유동이 지나며 속도가 급감하여 형성되는 아음속 영역이다. 이렇게 날개 앞전 반경이 커서 충격파의 강도가 크면 [그림 9-18]에서 설명한 것과 같이 날개 앞전 근처의 고압 영역 때문에 조파항력이 다시 증가하게 된다.

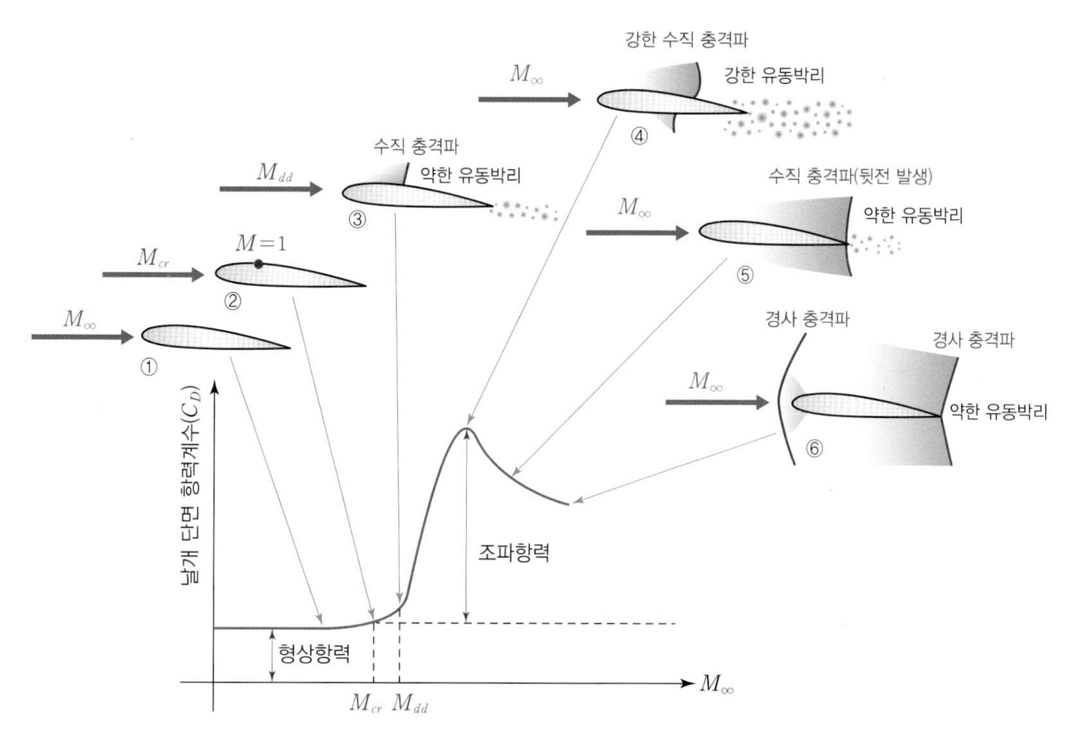

[그림 9-22] 천음속(transonic) 영역에서 날개 단면 충격파와 날개 단면 항력계수(C_D)의 변화

두께가 다른 날개 단면의 임계 마하수가 각각 다르게 정의되는 것을 [그림 9-23]의 예시를 통하여 알 수 있다. [그림 (a)]는 비행 마하수가 $M_\infty = 0.5$인 경우인데, 날개 두께비가 클수록 날개 단면 위를 흐르는 유동의 속도가 빨라지고 있다. [그림 (b)]와 같이 비행 마하수가 $M_\infty = 0.63$으로 증가할 때 두께비 27%의 날개 단면을 지나는 유동의 최고속도는 $M = 1.0$으로 음속에 도달했다. 따라서 두께비 27% 날개 단면의 임계 마하수는 $M_{cr} = 0.63$이다. 하지만 이보다 얇은 날개 단면들을 지나는 유동의 속도는 아직 음속에 미치지 못하고 있다. [그림 (c)]에서 볼 수 있듯이, 비행 마하수가 $M_\infty = 0.78$로 높아지면 두께비 18% 날개 단면 위에서 유동이 음속으로 가속

하므로 해당 날개 단면의 임계 마하수는 $M_{cr} = 0.78$이다. 그리고 얇은 두께비 13%의 날개 단면을 지나는 최고 유속은 여전히 아음속인 반면, 가장 두꺼운 27% 날개 단면 위의 최고 유속은 $M = 1.15$로서 초음속 유동현상인 충격파가 형성되고 있다. [그림 (d)]를 보면 가장 얇은 13% 날개 단면 위의 유동이 비로소 음속에 도달함으로써 해당 날개의 임계 마하수는 $M_{cr} = 0.84$가 된다. 즉 날개의 두께가 얇을수록 임계 마하수가 증가함을 알 수 있다.

[그림 9-23]에서 제시된 날개 두께비와 임계 마하수는 예시일 뿐이고, 캠버와 앞전 반경 등, 두께 이외의 형상요소가 변화하면 다른 임계 마하수가 정의된다. 그러므로 임계 마하수는 날개 단면의 형상적 특징에 좌우되고, 하나의 날개 단면 형상에 대하여 하나의 임계 마하수가 정의된다.

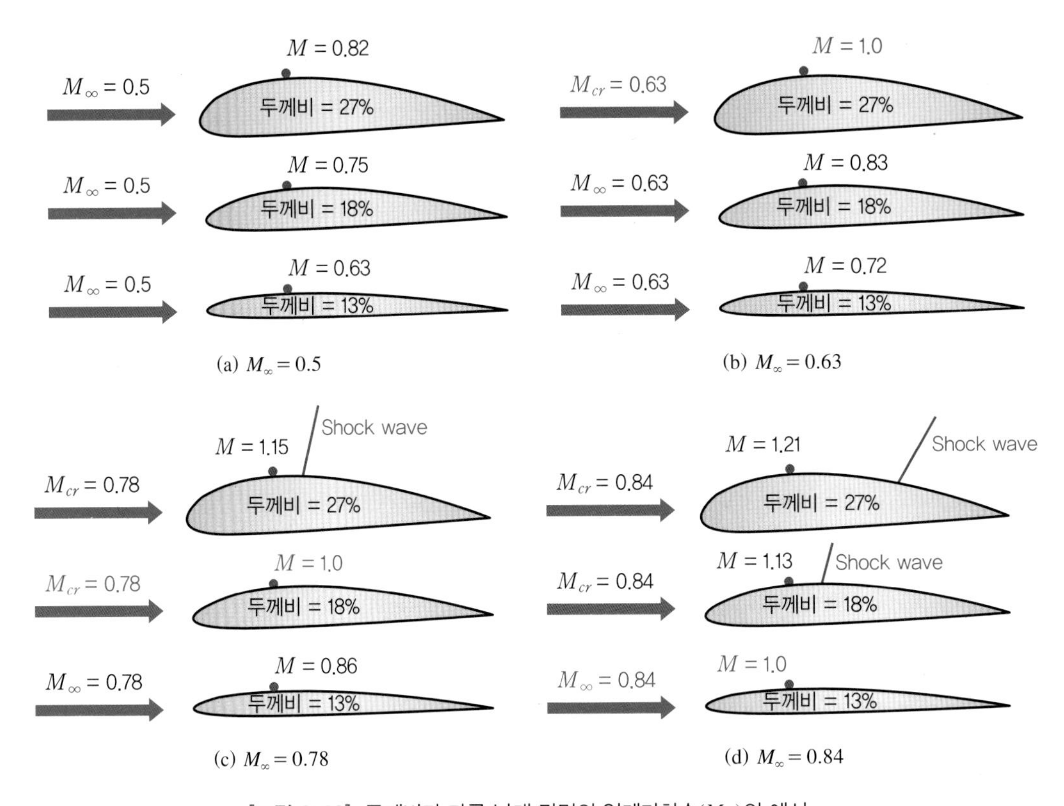

[그림 9-23] 두께비가 다른 날개 단면의 임계마하수(M_{cr})의 예시

[그림 9-24]에서도 볼 수 있듯이, **날개 단면의 두께와 캠버가 커질수록 날개 위를 지나는 유동의 속도가 증가하여 빨리 음속에 도달하고, 이에 따라 충격파가 빨리 형성되므로 임계 마하수와 항력발산 마하수가 낮아진다.** 그러므로 큰 두께와 캠버를 가진 날개 단면은 천음속과 초음속 비행에 적합하지 않다. 또한, 앞전 반경이 클수록 날개 앞전에서 강한 충격파가 발생하여 항력이 증가한다. 따라서 초음속으로 비행하는 항공기의 날개는 가능한 한 캠버가 작고 두께가 얇으며 앞전이 날카롭게 형상을 구성해야 한다.

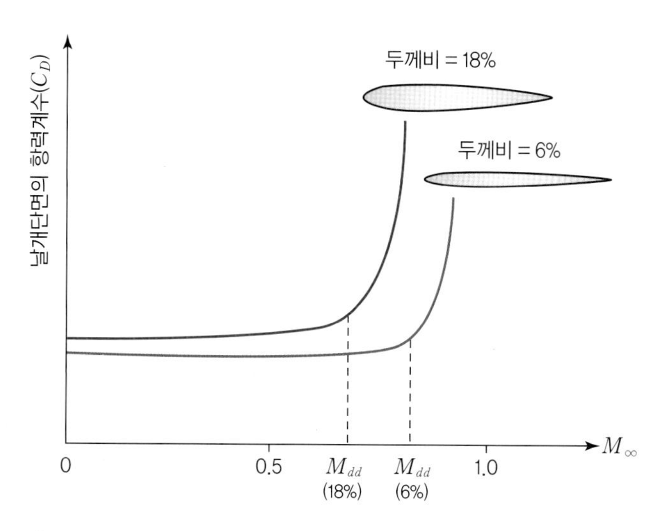

[그림 9-24] 두께비에 따른 날개 단면의 항력발산 마하수(M_{dd})의 변화

앞서 날개 위의 한 지점에서의 압력의 크기는 아래와 같이 압력계수(C_p)로 표현하였다.

$$C_p = \frac{p - p_\infty}{\frac{1}{2}\rho V_\infty^2} = 1 - \left(\frac{V}{V_\infty}\right)^2$$

그런데 압력계수는 압축성 효과의 영향을 크게 받는다. 즉, 압축성 효과가 현저해지는 $M_\infty > 0.3$의 속도 영역에서는 압력계수가 급증하기 때문에 위의 식으로는 정확히 압력계수값을 예측할 수 없다. 독일의 항공역학자 프란틀(Ludwig Prandtl, 1875~1953)과 영국의 항공역학자 글루어트(Hermann Glauert, 1892~1934)는 압축성 영역에서 압력계수를 보정할 수 있는 아래의 공식을 도출했다. 여기서 C_{p_0}는 위의 식으로 구할 수 있는 비압축성 압력계수이고, M_∞는 비행 마하수이다. 즉, 비압축성 압력계수를 가지고 해당 비행 마하수에서의 압축성 압력계수를 추정할 수 있다. 그런데 비행 마하수가 음속에 접근하면($M_\infty \approx 1$) 아래 공식의 분모가 0에 접근하고, 따라서 압력계수가 무한대에 가까워지는 수학적 오류가 발생한다. 그러므로 아래 공식은 아음속 압축성 유동, 대략 $0.3 < M_\infty < 0.8$의 속도 영역에서 유효한 결과를 제공한다. 이 공식은 소개한 두 항공역학자의 이름을 따서 프란틀-글루어트(Prandtl-Glauert) 공식이라고도 일컫는다.

Prandtl-Glauert 아음속 압축성 압력계수: $C_p = \dfrac{C_{p_0}}{\sqrt{1 - M_\infty^2}}$

마찬가지로 비압축성 유동에 대한 날개 단면의 양력계수를 기반으로 비행 마하수에 따른 압축성 효과를 보정하여 아음속 압축성 양력계수를 예측할 수 있는 공식을 아래와 같이 정의한다. 여기서 C_{L0}는 비압축성 양력계수이며, $0.3 < M_\infty < 0.8$의 속도 영역에서 유효한 압축성 보정 결과를 낼 수 있다.

$$\text{아음속 압축성 양력계수}: C_L = \frac{C_{L_0}}{\sqrt{1-M_\infty^2}}$$

9.8 초임계 날개 단면

가능한 한 많은 연료를 탑재하고, 가능한 한 먼 거리를 빠른 속도로 비행하거나, 가능한 한 오랫동안 체공하는 순항(cruise)성능은 매우 중요하다. 날개는 양력을 발생시킬 뿐만 아니라 연료를 저장하는 역할을 한다. 따라서 얇은 날개가 고속비행에 적합함에도 불구하고 긴 항속거리를 비행해야 하는 여객기나 화물기와 같은 종류의 항공기는 연료 탑재량을 제한하는 얇은 날개 단면을 사용할 수 없다.

초임계 날개 단면(supercritical airfoil)**은 두께를 얇게 구성하지 않고 일정 수준을 유지하되 날개 단면의 형상을 조절하여 고속에서도 충격파의 형성을 지연하고 항력발산 마하수를 높일 수 있다.** 초임계 날개 단면은 [그림 9-25]의 NPL 9510 날개 단면과 같이 **유동이 가속되는 날개 윗면의 곡률을 감소시켜 평편하게 구성하고, 유동의 속도가 상대적으로 낮은 아랫면의 곡률을 증가시켜 두께비를 유지**하는 형태로 구성된다.

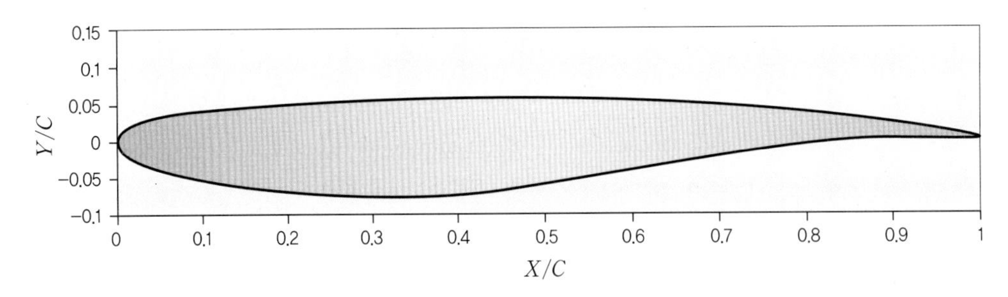

[그림 9-25] 초임계 날개 단면(supercritical airfoil)의 일반적인 형상(NPL 9510)

[그림 9-26(a)]에 나타낸 바와 같이, 윗면의 곡률이 큰 일반적인 형상의 날개 단면에서는 윗면을 지나는 유동이 초음속으로 가속하며 강한 수직 충격파가 발생한다. 그리고 이에 따른 강한 유동박리에 의하여 조파항력이 급증하는 항력 발산이 나타난다. 하지만 [그림 9-26(b)]와 같이 윗면의 곡률이 작고 평편한 초임계 날개 단면은 동일한 비행 마하수에서도 충격파의 강도가 약하다. 뿐만 아니라 충격파의 발생 위치를 뒷전으로 지연시켜 유동박리의 규모와 항력의 증가 폭

이 작다. 또한, 비교적 넓은 영역에서 저압을 유지함으로써 충격파에 의한 양력의 감소도 적다. 하지만 비행 마하수가 증가함에 따라 초임계 날개 단면에서도 결국 충격파가 나타나고 유동박리가 발생한다. 그러나 일반 날개 단면과 비교하여 항력발산 마하수가 높아서 천음속 비행 중에도 조파항력의 증가를 지연시킬 수 있다.

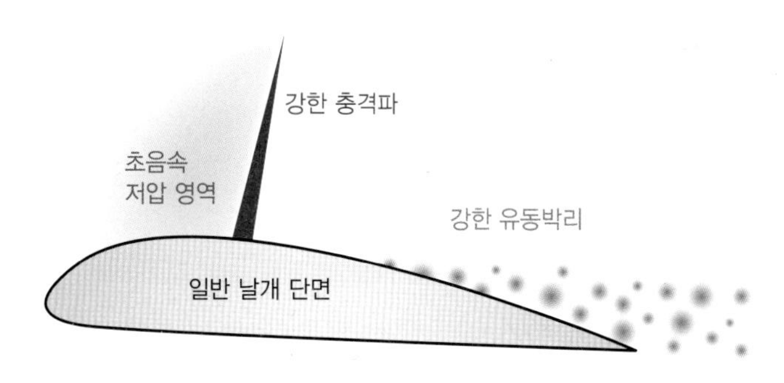

(a) 일반 날개 단면: 강한 충격파 ⇨ 강한 유동박리 ⇨ 큰 조파항력

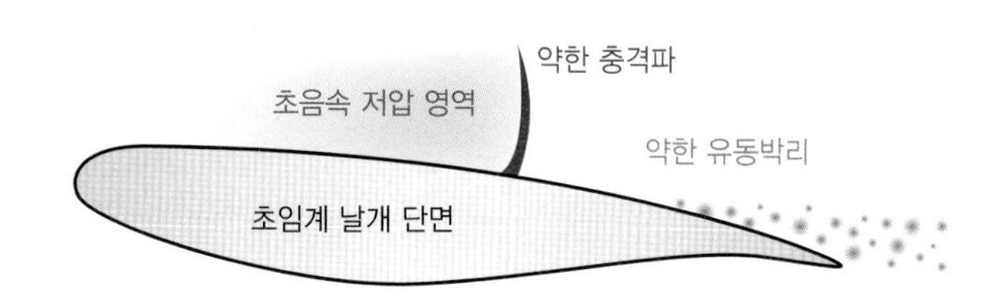

(b) 초임계 날개 단면: 약한 충격파 ⇨ 약한 유동박리 ⇨ 작은 조파항력

[그림 9-26] 초임계 날개 단면의 특징

날개 단면의 두께가 두꺼울수록 연료 탑재량이 증가할 뿐만 아니라, 날개 구조물을 더욱 튼튼하게 구성할 수 있으므로 그만큼 날개 구조물의 무게를 줄일 수 있다. 이에 따른 항공기의 중량 감소는 연료소비량의 감소를 의미하므로 항속거리를 더욱 증가시킬 수 있다. 즉, **초임계 날개 단면을 사용함으로써 고속 영역에서도 연료 소비량을 줄여 순항성능을 개선할 수 있다.** 따라서 $M = 0.8$ 전후의 **천음속으로 순항하는 제트 여객기는 초임계 날개 단면 또는 이와 유사한 형상의 날개 단면을 사용하는 경우가 많다.**

Boeing 777 여객기의 날개 뿌리(wing root) 모양을 보면 윗면은 평편하고 아랫면은 곡률이 큰 초임계 날개 단면임을 추정할 수 있다. 초임계 날개 단면은 임계 마하수를 증가시키면서 날개의 두께를 유지할 수 있다. 따라서 날개 내부의 용적이 크고 연료 탑재량이 많아서 천음속(transonic)으로 순항하는 현대 여객기의 날개 단면으로 많이 적용되고 있다.

9.9 날개 결빙

날개 단면의 모양은 주어진 비행조건에서 항공기가 최상의 성능을 발휘하는 데 결정적인 역할을 한다. 하지만 **날개 표면에 발생하는 결빙과 오염 등에 의하여 날개 단면 원래의 형상이 왜곡된다면 항공기의 비행성능이 저하**되어 항공기의 비행 목적과 임무를 충분히 달성할 수 없다. 기온이 낮은 지역에서 이착륙하는 항공기뿐만 아니라, 수증기로 이루어진 구름을 지나 기온이 낮아지는 높은 고도를 비행하는 항공기의 표면에는 결빙이 쉽게 형성된다. 특히 항공기의 양력 성능을 좌우하는 날개 표면에 발생하는 결빙은 비행성능을 낮출 뿐만 아니라 항공기의 안전에도 치명적인 영향을 줄 수 있다.

대기에는 기체 형태의 물, 즉 수증기가 존재하고, 고도가 높아질수록 대기의 온도가 낮아진다. 따라서 과냉각된(super-cooled) 수증기 입자는 항공기 표면에 부딪힐 때의 충격으로 열에너지를 빼기면서 결빙을 형성한다. 특히 비행 중 수증기 입자가 수직으로 충돌하는 날개 앞전과 수직·수평 안정판의 앞전, 그리고 엔진의 입구 부분에 결빙이 두껍게 발달하는데, **날개 앞전에 형성되는 두꺼운 결빙은 날개의 공기역학적 성능을 크게 떨어뜨린다.** 날개 앞전은 유동이 분리되어 날개 윗면과 아랫면을 따라 부드럽게 흐르게 하는 중요한 역할을 하기 때문에 날개 앞전의 형상은 신중하게 설계되고 관리되어야 한다.

[그림 9-27]은 날개 앞전에서 발달하는 결빙의 형태를 보여 주고 있는데, 비행속도와 기온 및 습도 등 결빙의 조건에 따라 그 형태가 달라진다. 특히 glaze ice와 같이 매우 불규칙한 형상의

앞전 결빙 때문에 유동박리가 앞전부터 발생하여 날개 전체가 갑자기 실속하는 매우 위험한 상황이 초래되기도 한다. 앞전뿐만 아니라 날개 윗면과 아랫면에 얇게 형성되는 결빙도 유동박리 또는 층류 경계층에서 난류 경계층으로 천이를 일으켜 항력 증가의 원인이 된다. 이렇듯 모든 종류의 결빙은 항공기의 양력을 낮추고 항력을 높일 뿐만 아니라, 결빙에 의한 중량 증가는 항공기 중량의 예측과 관리에 문제를 일으켜 치명적인 항공사고를 유발할 수 있다.

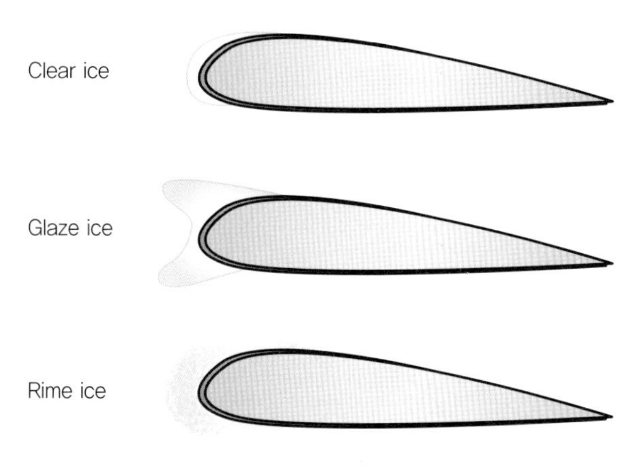

[그림 9-27] 날개 앞전 결빙의 다양한 형태

Photo: NASA

NASA Icing Research Tunnel에서 날개 앞전에 glaze ice가 결빙되는 상황을 재현 중인 모습. 뿔 모양의 결빙이 위와 아래 방향으로 발달하는 glaze ice는 날개 앞전의 형상을 크게 왜곡하여 날개 전체가 실속에 들어가게 하는 앞전 실속(leading-edge stall)을 유발하므로 항공기의 안전에 큰 위협이 된다.

[그림 9-28]은 날개 앞전에 rime ice가 형성된 날개 단면의 실속 특성을 보여주고 있다. 결빙이 없는 일반 날개 단면과 비교하여 결빙된 날개 단면은 낮은 받음각에서 빨리 실속에 들어가기 때문에 날개 단면의 실속 받음각(α_s)과 최대양력계수가($C_{L_{\max}}$)가 낮다. 그리고 최대양력계수가 낮다는 것은 실속속도(V_s)가 높음을 의미하므로 낮은 속도와 높은 받음각으로 이착륙할 때 날개 결빙의 위험성은 더욱 증가한다. **날개 결빙은 실속속도를 30% 이상 증가**시키는 것으로 알려져 있다. 따라서 대부분의 항공기의 날개 앞전에는 결빙을 방지하고 결빙을 제거하는 방빙(anti-icing) 및 제빙(de-icing) 장치가 장착되어 있다.

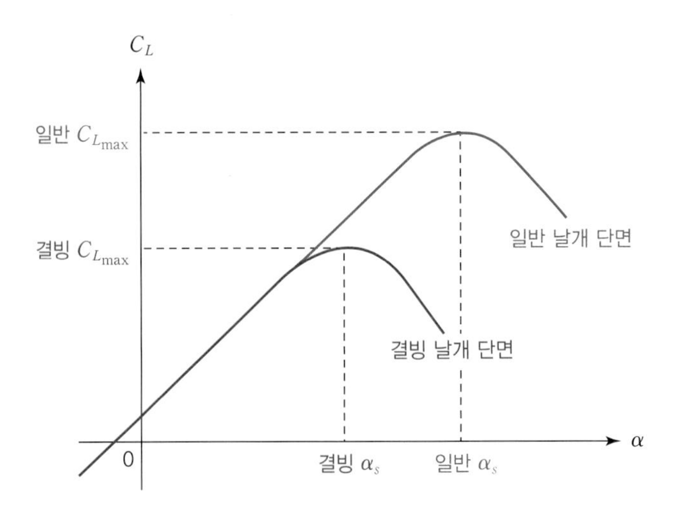

[그림 9-28] 날개 결빙에 따른 실속 특성 변화

이륙 전 Embraer E-190 여객기 날개에 방빙액(anti-icing fluid)을 분사 중인 모습. 강한 분사압력으로 날개 표면에 방빙액을 도포하여 결빙을 제거하는데, 날개 표면에 남아 있는 방빙액은 보호막을 형성하여 비행 중에 결빙이 발생하는 것도 막아준다. 결빙뿐만 아니라 날개 표면에 형성되는 서리(frost)도 날개의 표면 거칠기를 높여 양항비를 낮추기 때문에 비행 전에 방빙액을 사용하여 제거해야 한다.

- 날개 단면(airfoil 또는 wing section) = 2차원 날개 = 무한날개(infinite wing)
- 날개(wing) = 3차원 날개 = 유한날개(finite wing)
- 공기역학적 성능이 우수한 날개 단면은 많은 양력과 적은 항력, 즉 높은 양항비(L/D)를 발생시킨다.
- **비압축성 압력계수**(pressure coefficient) : $C_p = \dfrac{p - p_\infty}{q_\infty} = \dfrac{p - p_\infty}{\frac{1}{2}\rho_\infty V_\infty^2} = 1 - \left(\dfrac{V}{V_\infty}\right)^2$

  (p: 일정 지점의 유동압력, p_∞: 대기압,
  q_∞: 상대풍의 동압, ρ_∞: 대기밀도, V_∞: 비행속도,
  V: 일정 지점의 유동속도)
- **프란틀-글루어트**(Prandtl-Glauert) **아음속 압축성**($0.3 < M_\infty < 0.8$) **압력계수** : $C_p = \dfrac{C_{p_0}}{\sqrt{1 - M_\infty^2}}$

  (C_{p_0}: 비압축성 압력계수, M_∞: 비행 마하수)
- **아음속 압축성**($0.3 < M_\infty < 0.8$) **양력계수** : $C_L = \dfrac{C_{L_0}}{\sqrt{1 - M_\infty^2}}$

  (C_{L0}: 비압축성 양력계수)
- 날개의 윗면에서는 음(−)의 압력계수의 영역이 넓을수록, 아랫면에서는 양(+)의 압력계수의 영역이 넓을수록 양력이 증가한다.
- **앞전**(leading edge)**과 뒷전**(trailing edge) : 날개 단면의 가장 앞부분과 뒷부분
- **시위선**(chord line) : 앞전과 뒷전을 이은 선
- **평균캠버선**(mean camber line) : 윗면과 아랫면의 평균선
- **캠버**(camber) : 시위선과 평균캠버선 사이의 거리
- **앞전 반지름**(leading edge radius) : 앞전의 내부에 접하는 원을 정의할 때 해당 원의 반지름을 말한다.
- 같은 형상의 날개 단면이라도 시위길이가 길어질수록 실속이 지연되고 최대양력계수가 높아진다.
- 날개 단면의 두께와 캠버가 커질수록 날개 위를 지나는 유동의 속도가 증가하여 음속에 빨리 도달하고, 이에 따라 충격파가 빨리 형성되므로 임계 마하수(M_{cr})와 항력발산 마하수(M_{dd})가 낮아진다.
- **두께가 두껍고 캠버가 큰 날개 단면**
  - 장점 : 높은 받음각에서 유동박리와 실속을 지연시켜 최대양력계수가 높고 압력항력이 낮다.
  - 단점 : 임계 마하수와 항력발산 마하수가 낮고 조파항력이 크므로 고속비행에 적합하지 않다.

- **두께가 얇고 캠버가 작은 날개 단면**
  - 장점: 임계 마하수와 항력발산 마하수가 높고 조파항력이 작으므로 고속비행에 적합하다.
  - 단점: 받음각이 증가함에 따라 앞전부터 유동이 박리되므로 날개 전체가 빨리 실속하여 최대양력계수가 낮고 압력항력이 높아진다.

- **앞전 반지름이 큰 날개 단면**
  - 장점: 유동박리가 지연되어 최대양력계수가 높다.
  - 단점: 초음속으로 비행할 때 충격파 각도가 증가하여 조파항력이 크다.

- **대칭형 날개 단면**(symmetrical airfoil): 캠버가 없어서 위와 아래가 동일한 날개 단면으로서, 무양력 받음각(zero lift angle of attack, α_0)이 0이다.

- **저속용 고양력 날개 단면**
  - 두께비, 캠버, 앞전 반경이 크다.
  - 받음각 증가에 따른 실속 특성이 우수하다.

- **고속용 고양력 날개 단면**
  - 두께비, 캠버, 앞전 반경이 작다.
  - 조파항력을 최소화해야 한다.

- NACA 4-digit **날개 단면**
  - 첫째 자리: 시위길이에 대한 최대 캠버의 백분비
  - 둘째 자리: 시위길이에 대한 최대 캠버 위치의 십분비
  - 셋째 및 넷째 자리: 시위길이에 대한 최대 두께의 백분비

- 층류 경계층은 높은 받음각에서는 날개에서 쉽게 박리되지만, 유동박리가 문제가 되지 않는 낮은 받음각에서는 난류 경계층보다 작은 표면마찰항력을 발생시킨다. 그러므로 낮은 받음각으로 장시간 순항할 때 층류 경계층를 유지하면 전체 항력이 감소한다.

- **층류 날개 단면**(laminar flow airfoil): 표면마찰항력을 낮추기 위하여 층류 경계층에서 난류 경계층으로 전환되는 천이점(transition point)을 가능한 한 날개 단면의 후방으로 지연시킬 수 있도록 고안된 것이다.

- **초임계 날개 단면**(supercritical airfoil): 날개의 두께를 얇게 구성하지 않고도 날개 단면의 형상을 조절하여 고속에서도 충격파의 형성을 지연시키고 항력발산 마하수(M_{dd})를 높인다.

- **날개 결빙**(wing ice accretion): 날개 단면의 원래의 형상을 왜곡시켜 실속속도를 낮추고, 중량을 증가시키는 등 항공기의 비행성능을 떨어뜨리므로 비행 전이나 비행 중에 방빙(anti-icing)과 제빙(de-icing)장치를 사용하여 제거해야 한다.

01 날개 단면과 같은 의미의 명칭이 아닌 것은?

① airfoil
② wing section
③ 유한날개
④ 2차원 날개

해설 날개 단면은 airfoil 또는 wing section, 2차원 날개, 무한날개(infinite wing)로 불린다.

02 날개 표면에서 발생하는 음(−)의 압력계수(C_p)에 대한 설명 중 사실과 가장 가까운 것은?

① 주로 날개 아랫면에서 발생한다.
② 받음각이 증가하면 날개 윗면의 음(−)의 압력계수가 커진다.
③ 그 지점에서의 속도가 비행속도보다 낮다는 것을 의미한다.
④ 그 지점에서의 압력이 대기압보다 높다는 것을 의미한다.

해설 받음각이 증가하여 날개의 윗면에서 음(−)의 압력계수가 커지고, 음(−)의 압력계수의 영역이 넓어지면 양력이 증가한다. 압력계수는 $C_p = \frac{p-p_\infty}{q_\infty} = \frac{p-p_\infty}{\frac{1}{2}\rho_\infty V_\infty^2} = 1-\left(\frac{V}{V_\infty}\right)^2$으로 정의하므로, 음(−)의 압력계수는 해당 지점에서의 압력이 대기압보다 낮고($p < p_\infty$), 속도는 비행속도보다 높다($V > V_\infty$)는 것을 의미한다.

03 정체점(stagnation point)에서의 압력계수값은 얼마인가?

① 1
② 0
③ −1
④ 알 수 없다.

해설 압력계수는 $C_p = 1-\left(\frac{V}{V_\infty}\right)^2$으로 정의하는데, 정체점에서는 속도가 $V=0$이므로, $C_p = 1-\left(\frac{0}{V_\infty}\right)^2 = 1$이다.

04 100 m/s의 속도로 비행 중인 항공기 날개 위의 한 지점에서의 속도가 60 m/s일 때, 이 지점에서의 압력계수값에 가장 가까운 것은?

① −0.4
② 0.4
③ −0.64
④ 0.64

해설 압력계수는 $C_p = 1-\left(\frac{V}{V_\infty}\right)^2$으로 정의하므로, 주어진 조건에서의 압력계수는 $C_p = 1-\left(\frac{60\,\text{m/s}}{100\,\text{m/s}}\right)^2 = 0.64$이다.

05 다음은 날개 단면의 공기역학적 성능에 대한 형상요소의 영향을 설명한 것이다. 사실에 가장 가까운 것은?

① 시위길이가 길어질수록 최대양력계수가 증가한다.
② 두꺼운 날개 단면은 임계 마하수(M_{cr})가 높고 조파항력이 낮다.
③ 얇은 날개 단면의 경우 받음각이 증가하면 뒷전부터 유동박리가 발생한다.
④ 큰 앞전 반지름은 약한 충격파를 유발한다.

해설 두께가 두꺼운 날개 단면은 임계 마하수(M_{cr})와 항력발산 마하수(M_{dd})가 낮고 조파항력이 크다. 두께가 얇으면 받음각이 증가함에 따라 날개 앞전부터 유동이 박리되므로 날개 전체가 실속하여 최대양력계수가 낮고 압력항력이 크다. 앞전 반지름이 커서 두꺼울수록 충격파 각도가 증가하여 조파항력이 크다.

정답 1. ③ 2. ② 3. ① 4. ④ 5. ①

06 다음 중 두께가 얇은 날개 단면의 특징에 해당하지 않는 것은?

① 높은 받음각에서 유동박리는 앞전부터 발생한다.
② 낮은 받음각에서 항력이 작다.
③ 최대양력계수가 높다.
④ 조파항력이 작다.

해설 두께가 얇은 날개 단면은 받음각이 증가함에 따라 앞전부터 유동이 박리되므로 날개 전체가 실속하여 최대양력계수가 낮고 압력항력이 크다. 하지만 임계 마하수와 항력발산 마하수가 높고 조파항력이 작으므로 고속비행에 적합하다.

07 무양력받음각(α_0)의 크기와 가장 밀접한 관계가 있는 날개 단면의 형상요소는?

① 두께(thickness)
② 캠버(camber)
③ 앞전 반지름(leading edge radius)
④ 시위길이(chord length)

해설 대칭형 날개 단면(symmetrical airfoil)은 캠버가 없어 날개 단면의 위와 아래가 동일한 날개 단면으로서, 무양력 받음각(zero lift angle of attack)이 $\alpha_0 = 0$ 이다.

08 저속용 항공기의 날개 단면 형상으로 가장 적절한 것은?

①

②

③

④

해설 저속용 날개 단면은 두께비, 캠버, 앞전 반지름이 크다.

09 충격파의 형성을 지연하고 항력발산 마하수를 높이기 위하여 고안된 날개 단면은?

① NACA 4-digit 날개 단면
② 초임계 날개 단면
③ 대칭형 날개 단면
④ 층류 날개 단면

해설 초임계 날개 단면(supercritical airfoil)은 날개의 두께를 얇게 구성하지 않고도 날개 단면의 형상을 조절하여 고속에서도 충격파의 형성을 지연하고 항력발산 마하수(M_{dd})를 높인다.

10 날개 결빙에 대한 설명 중 사실과 가장 거리가 먼 것은?

① 결빙은 날개 단면의 형상을 왜곡한다.
② 수증기 입자가 수직으로 충돌하는 날개 앞전에 주로 결빙이 형성된다.
③ 항공기 표면에 형성되는 결빙은 표면마찰항력을 높인다.
④ 날개 결빙은 실속속도를 낮춘다.

해설 날개 결빙(wing ice accretion)은 날개 단면의 원래의 형상을 왜곡하여 실속속도를 높이는 등 항공기의 비행성능을 떨어뜨리므로 방빙(anti-icing)과 제빙 de-icing) 장치를 사용하여 제거해야 한다.

11 NACA 2415에서 "2"는 무엇을 의미하는가?

[항공산업기사 2022년 3회]

① 최대 캠버가 시위의 2%
② 최대 두께가 시위의 2%
③ 최대 두께가 시위의 20%
④ 최대 캠버의 위치가 시위의 20%

해설 NACA 4-digit 날개 단면 명칭의 첫째 자리는 시위길이에 대한 최대 캠버의 백분비를 나타낸다.

정답 6. ③ 7. ② 8. ② 9. ② 10. ④ 11. ①

12 다음 중 날개 단면 형상을 나타내는 용어의 설명으로 틀린 것은? [항공산업기사 2021년 3회]

① 평균 캠버선 – 날개 단면 두께를 2등분 한 선
② 시위 – 앞전과 뒷전을 이은 선
③ 캠버 – 시위선에서 수직 방향으로 잰 아랫면에서 윗면까지의 높이
④ 앞전 반지름 – 평균 캠버선의 앞전에서 평균 캠버선에 접하도록 그은 접선상에 중심을 가지고 날개 단면의 위아랫면에 접하는 원의 반지름

해설 캠버는 시위선과 평균 캠버선 사이의 거리로 정의한다.

13 다음 중 가로세로비가 큰 날개라 할 때 갑자기 실속할 가능성이 가장 적은 날개골은? [항공산업기사 2018년 3회]

① 캠버가 큰 날개골
② 두께가 얇은 날개골
③ 레이놀즈수가 작은 날개골
④ 앞전 반지름이 작은 날개골

해설 두께가 얇고 캠버가 작은 날개 단면은 받음각이 증가함에 따라 앞전부터 유동이 박리되므로 실속이 촉진된다. 또한, 시위길이가 짧아 날개 단면 위를 지나는 유동의 레이놀즈수가 작으면 실속이 촉진된다. 그리고 앞전 반지름이 작은 날개 단면은 앞전부터 유동이 박리되어 실속이 촉진된다.

14 받음각이 0도일 경우 양력이 발생하지 않는 것은? [항공산업기사 2015년 2회]

① NACA 2412
② NACA 4415
③ NACA 2415
④ NACA 0018

해설 NACA 4-digit 날개 단면 명칭의 첫째 자리는 시위길이에 대한 최대 캠버의 백분비이고, 둘째 자리는 시위길이에 대한 최대 캠버 위치의 십분비를 나타낸다. 따라서 NACA 0018은 캠버가 없는 대칭형 날개 단면이고, 무양력 받음각(α_0)이 0이다.

15 다음 중 압력계수(C_P)의 정의로 틀린 것은? (단, p_∞: 자유흐름의 정압, p: 임의의 점의 정압, V: 임의의 점의 속도, V_∞: 자유흐름의 속도, ρ: 밀도, q_∞: 자유흐름의 동압) [항공산업기사 2017년 4회]

① $C_P = \dfrac{p - p_\infty}{q_\infty}$

② $C_P = 2V^2 - p_\infty \rho V_\infty$

③ $C_P = \dfrac{p - p_\infty}{\frac{1}{2}\rho_\infty V_\infty^2}$

④ $C_P = 1 - \left(\dfrac{V}{V_\infty}\right)^2$

해설 비압축성 압력계수(pressure coefficient)는

$$C_p = \frac{p - p_\infty}{q_\infty} = \frac{p - p_\infty}{\frac{1}{2}\rho_\infty V_\infty^2} = 1 - \left(\frac{V}{V_\infty}\right)^2$$ 으로 정의한다.

16 항공기에는 층류가 난류로 바뀌는 것을 지연시키기 위해 층류 에어포일(Laminar airfoil)을 사용하는데 이는 무엇을 감소시키기 위한 것인가? [항공산업기사 2010년 2회]

① 간섭항력 ② 마찰항력
③ 조파항력 ④ 형상항력

해설 층류 날개 단면(laminar flow airfoil)은 표면마찰항력을 낮추기 위하여 층류 경계층에서 난류 경계층으로 전환되는 천이점(transition point)을 가능한 한 날개 단면의 후방으로 지연시킬 수 있도록 형상이 고안되었다.

정답 **12.** ③ **13.** ① **14.** ④ **15.** ② **16.** ②

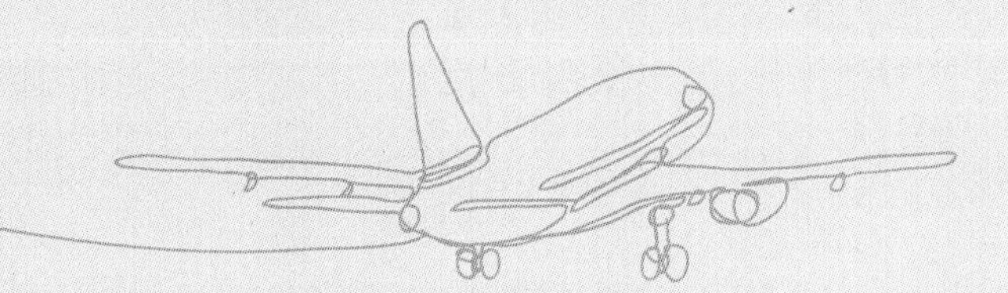

Principles of Aerodynamics

CHAPTER **10**

3차원 날개

10.1 날개 평면 | 10.2 평균시위길이 | 10.3 사각날개 | 10.4 타원날개
10.5 테이퍼 날개 | 10.6 후퇴날개 | 10.7 날개 평면 형상에 따른 실속 특성
10.8 날개 끝 실속 방지 | 10.9 전진날개 | 10.10 가변날개 | 10.11 삼각날개

CHAPTER 10

Photo: Boeing

미래 제트 여객기의 날개 형태로 Boeing사와 NASA가 공동으로 연구 중인 Transonic Truss-Braced Wing (TTBW). 기존의 제트 여객기 날개와 비교하여 두께가 얇은 날개 단면과 날개 가로세로비가 큰 것이 특징이다. 날개 단면의 두께가 얇고 시위길이가 짧아서 층류경계층을 유지하여 표면마찰항력을 감소시키고, 후퇴각이 적용되어 천음속(transonic) 영역에서 조파항력을 줄이도록 설계되었다. 또한, 가로세로비가 커서 날개폭(스팬 길이)이 동급의 여객기보다 2배 정도 길기 때문에 유도항력을 대폭 낮출 수 있다. 얇고 폭이 긴 날개는 구조적으로 취약할 수 있는데, 구조 보강 지지대(truss brace)를 설치함으로써 이를 해결하였다. 구조 보강 지지대는 양력을 발생시키는 날개 역할도 하도록 항공역학적으로 고안되었기 때문에 날개의 양항비(lift to drag ratio)를 눈에 띄게 향상시킬 수 있다. 따라서 연료 소모율과 유해가스 배출량을 10% 이상 절감할 수 있는 친환경 날개 디자인으로 주목받고 있다.

10.1 날개 평면

2차원 날개, 즉 날개 단면(airfoil)은 항공기의 공기역학적 성능을 좌우하는 중요한 형상 요소이다. 3차원 날개는 날개 단면뿐만 아니라, 항공기를 위에서 볼 때 확인할 수 있는 날개의 평면 형상(planform)도 포함한다. 날개 평면의 형상은 사각날개, 타원날개, 테이퍼 날개, 후퇴날개, 삼각날개 등 다양하게 정의되는데, 각각의 날개 평면 형상은 공기역학적 측면 또는 구조적 측면에서 서로 다른 장점과 단점을 가진다. 따라서 항공기의 성능 요구조건에서 설계순항속도가 결정되면 해당 속도에서 가장 이상적인 날개 단면과 날개 평면, 즉 3차원 날개 형상을 설계하거나 선정해야 한다.

[그림 10-1]은 3차원 날개를 정의하는 형상 요소를 보여주고 있다. **앞전 후퇴각**(sweep back angle, Λ)**이 있어서 뒤로 젖혀진 날개는 후퇴날개**(backward swept wing)라고 한다. **앞전 후퇴각이 없고, 날개 뿌리 시위길이**(wing root chord length, c_r)**와 날개 끝 시위길이**(wing tip chord length, c_t)**가 동일한 날개는 사각날개**(rectangular wing)이다. 또한, **날개 뿌리 시위길이와 날개 끝 시위길이가 다른 날개 형태를 테이퍼 날개**(tapered wing)라고 부른다. **날개 끝을 포함하여 날개 앞전과 날개 뒷전이 둥글게 구성되어 평면 형상이 타원형인 날개를 타원날개**(elliptical wing)라고 한다. 또한, **날개 끝 시위길이가 없거나 매우 짧아 평면 형상이 삼각형이면 삼각날개**(delta wing)라고 한다.

한쪽 날개 끝에서 다른 쪽 날개 끝까지 직선으로 이은 선의 길이, 즉 날개의 폭을 스팬 길이(wingspan, b)라고 한다. 그리고 양력계수와 항력계수를 정의하는 데 필요한 **날개면적**(wing area, S)**은 날개 평면 형상의 면적**을 말한다. 즉, 날개 표면의 윗면과 아랫면의 면적을 합친 넓이가 아니라, 날개를 위에서 보았을 때 정의되는 투영면적(projection area)이다. 그리고 날개면

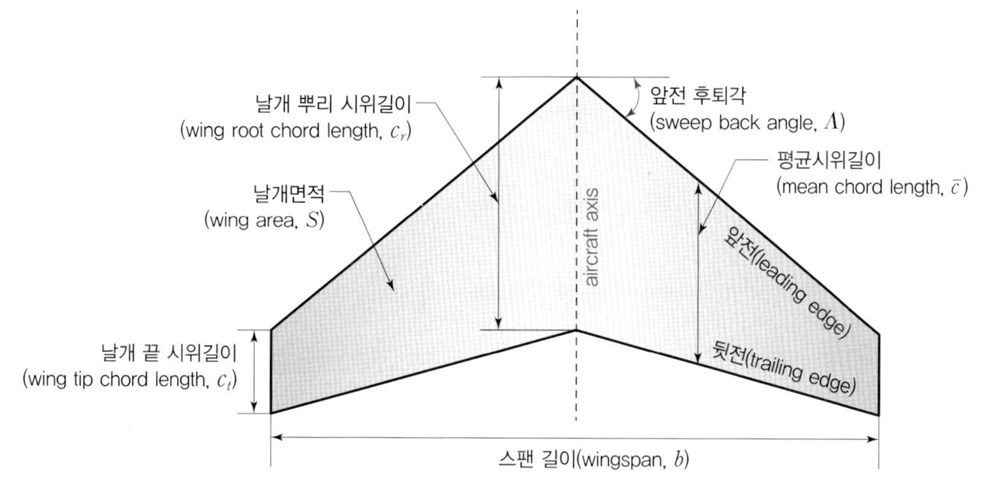

[그림 10-1] 날개 평면의 형상 요소

적은 동체의 중심인 기체축(aircraft axis)까지 앞전과 뒷전을 연장하여 일체형으로 정의되는 면적을 기준으로 한다. 테이퍼가 있는 날개는 스팬 방향, 즉 날개 뿌리에서 날개 끝으로 향하는 방향으로 시위길이가 변화한다. 그러므로 3차원 날개의 대표 시위길이를 정의할 필요가 있는데 이를 **평균시위길이**(mean chord length, $\bar{c}$)라고 한다. **날개의 가로세로비**(aspect ratio, AR)는 날개의 가로길이인 스팬 길이(b)와 세로길이인 평균시위길이($\bar{c}$), 그리고 스팬 길이와 평균시위길이의 곱($\bar{c}\times b$)으로 정의되는 날개면적(S)으로 아래와 같이 정의한다.

$$\text{날개의 가로세로비}: AR = \frac{b}{\bar{c}} = \frac{b\times b}{\bar{c}\times b} = \frac{b^2}{S}$$

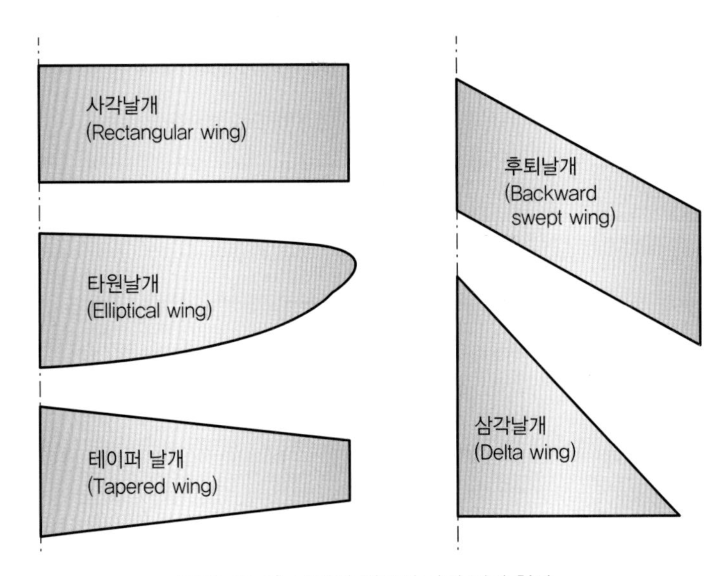

[그림 10-2] 다양한 형태의 날개 평면 형상

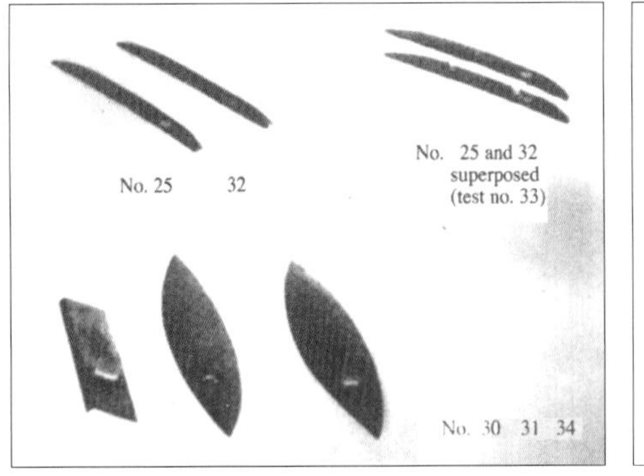

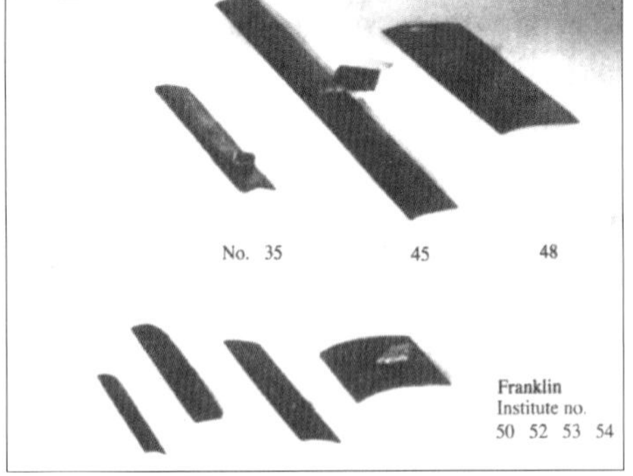

출처: Anderson, John D., *A History of Aerodynamics and Its Impact on Flying Machines*, Cambridge University Press, 1999.

라이트 형제가 시험했던 여러 가지 날개 평면 형상. 가로세로비와 면적이 다른 사각날개, 타원날개, 테이퍼 날개 등이 보인다. 라이트 형제는 최초의 비행기 동력 비행에 적합한 날개 형상을 선정하기 위하여 직접 제작한 풍동(wind tunnel)을 사용하여 200개가 넘는 형태의 2차원 날개와 3차원 날개의 양항비(lift to drag ratio, L/D)를 측정하였다.

10.2 평균시위길이

[그림 10-2]의 테이퍼 날개와 같이, 날개 끝 방향, 즉 스팬 방향으로 시위길이가 달라지는 날개는 무수히 많은 시위길이가 존재한다. 따라서 3차원 날개의 특징을 대표할 수 있는 시위를 평균시위(mean chord)라고 한다. 그리고 **평균시위는 3차원 날개의 평면 형상의 특징을 정의하는 평균기하학적 시위**(Mean Geometric Chord, MGC)와 **공기역학적 성능을 대표하는 평균공력시위**(Mean Aerodynamic Chord, MAC)로 나뉜다.

평균기하학적 시위(MGC)는 3차원 날개의 평면 형상을 기준으로 정의된다. 3차원 날개의 면적(S)은 평균기하학적 시위길이($\bar{c}_{MGC}$)와 날개 스팬 길이(b)의 곱으로 정의하므로, 평균기하학적 시위길이는 단순히 날개면적을 스팬 길이로 나누어 구할 수 있다. 앞서 소개한 **날개의 가로세로비를 정의할 때 사용한 평균시위길이($\bar{c}$)는 평균기하학적 시위길이**를 의미한다.

3차원 날개 전체에서 발생하는 양력과 항력 등 공기역학적 힘은 평균공력시위길이($\bar{c}_{MAC}$)에서의 공기역학적 힘에 스팬 길이(b)를 곱하여 나타낼 수 있다. 즉, 평균공력시위에서의 2차원 날개는 3차원 날개의 공기역학적 성능을 대표한다. 양력과 항력의 작용점인 **압력중심**(center of pressure, cp)**도 평균공력시위**(MAC) **위에 존재**한다. 또한, 항공기 **무게중심**(center of gravity, cg)**의 위치도 평균공력시위를 기준으로 정의**한다.

날개 앞전과 뒷전이 직선으로 이루어져서 시위길이가 일정하게 변화하는 단순한 형태의 테이퍼날개의 평균공력시위길이를 구할 수 있는 작도법을 [그림 10-3]에서 소개하고 있다. 날개 뿌리 시위길이(c_r)의 중점과 날개 끝 시위길이(c_t)의 중점을 잇는 중심선(적색 점선)을 그린다. 그리고 날개 뿌리 시위길이 아래에 날개 끝 시위길이를 더하고 맨 아래의 한 점을 정의한다. 반대

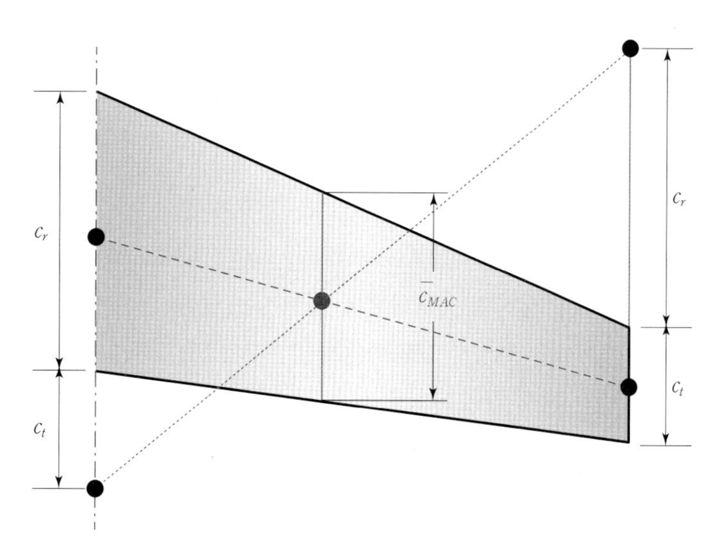

[그림 10-3] 평균공력시위길이($\bar{c}_{MAC}$)의 정의

쪽에서는 날개 끝 시위길이 위에 날개 뿌리 시위길이를 더하고 맨 위의 한 점을 표시한 뒤, 두 점을 잇는 직선(청색 점선)을 그린다. 이때 두 직선이 만나는 교차점(적색 점)이 나타나는데, 이 점에서 정의되는 시위길이가 평균공력시위길이($\bar{c}_{MAC}$)이다.

[그림 10-3]의 단순한 테이퍼 날개의 평균공력시위길이는 날개 뿌리 시위길이(c_r)와 날개 끝 시위길이(c_t)로 정의된 아래의 관계식으로도 구할 수 있다.

$$\text{테이퍼 날개의 평균공력시위길이}: \bar{c}_{MAC} = \frac{2}{3}\left(c_r + c_t - \frac{c_r \cdot c_t}{c_r + c_t}\right)$$

이처럼 단순한 형상의 테이퍼 날개의 평균공력시위길이를 구하는 방법은 비교적 간단하다. 하지만 현대 항공기의 3차원 날개는 성능 향상을 위하여 평면의 형상도 단순하지 않을 뿐더러, 날개 단면(airfoil)의 형상과 날개 단면의 받음각도 스팬 방향으로 변화하도록 복잡한 형태로 설계 및 제작된다. 이에 따라 3차원 날개의 공기역학적 힘의 분포와 경계층 형태가 스팬 방향으로 일정하지 않다. 그러므로 복잡한 형상을 가진 3차원 날개의 평균공력시위를 도출하는 방법은 간단하지 않다. 이러한 이유로 평균공력시위와 평균기하학적 시위가 거의 동일하다고 가정하고(MAC $\approx$ MGC), 평균공력시위 대신 평균기하학적 시위를 기준으로 3차원 날개의 공기역학적 성능을 나타내기도 한다.

10.3 사각날개

사각날개(rectangular wing)**는 날개의 평면 형상이 사각형, 즉 날개 끝 시위길이가 날개 뿌리 시위길이와 동일한 형태의 날개**를 말한다. 따라서 리브(rib)와 날개보(spar) 등 날개 내부 구조물의 배치가 단순하여 **제작이 용이하고 따라서 제작비도 감소**한다. 그리고 도움날개(aileron)와 플랩(flap)도 비교적 단순하게 구성할 수 있다.

그러나 날개 끝 시위길이가 길기 때문에 날개 끝을 통하여 날개 아랫면에서 윗면으로 흐르는 유동으로 발생하는 날개 끝 와류(wingtip vortex)의 규모와 강도가 크다. 이에 따라 **날개 끝부분에서 내리흐름**(downwash)**이 강하여 유도항력이 높아지는 단점**이 있다. 내리흐름은 날개 위를 흐르는 유동의 유효 받음각을 감소시켜 양력계수를 낮춘다. [그림 10-4]와 같이, **날개 뿌리 부분은 양력계수가 유지되지만, 날개 끝부분으로 갈수록 날개 끝 와류와 내리흐름의 영향으로 양력계수가 감소**하는 분포가 나타난다. 그러므로 날개의 양력은 대부분 날개 뿌리 쪽에서 발생한다.

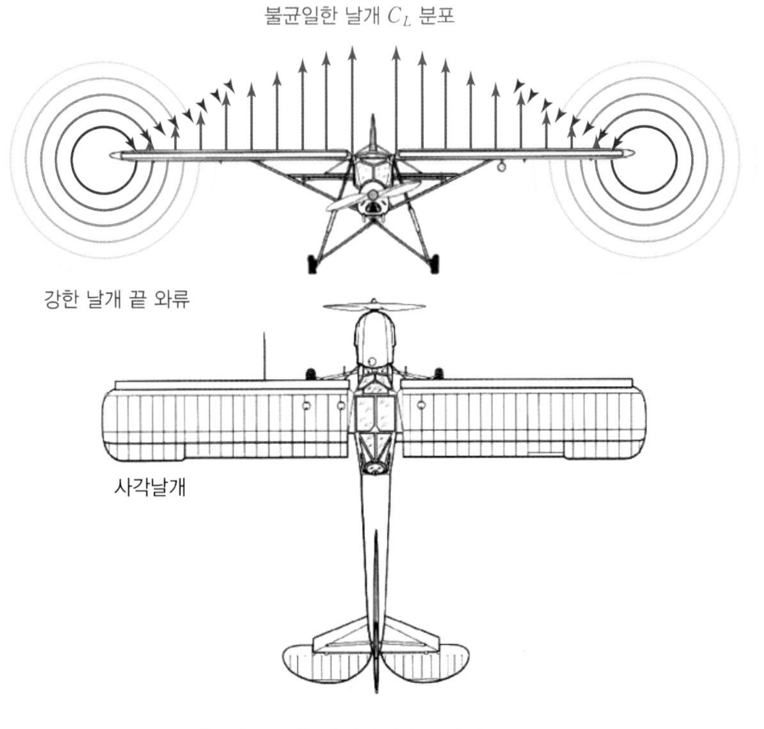

[그림 10-4] 사각날개의 양력계수 분포

Fi-156 Storch 연락기(1937). 연락기(liaison aircraft)는 통신장비가 발달하지 않은 과거 전장에서 부대 간 빠른 정보 전달과 소량의 인원 및 화물의 운송을 담당하는 항공기이다. 따라서 우수한 비행성능이 요구되지 않으므로 비교적 저가로 개발되었고, 제작이 용이한 사각날개(rectangular wing)를 장착하고 있다.

10.4 타원날개

타원날개(elliptical wing)**는** 사각날개와 반대로 **유도항력이 가장 적게 발생하는 날개 평면 형상이다. 날개 끝 시위길이가 짧거나 시위길이가 거의 없는 타원날개는 날개 끝 와류의 강도가 가장 낮다.** 날개 끝 와류의 강도가 작을수록 스팬효율계수(span efficiency factor, e)가 큰 값으로 정의되는데, **타원날개의 스팬효율계수는 가장 큰 값인 1이다**($e = 1$). 그러므로 아래의 식으로 나타내는 유도항력계수(C_{D_i})를 최소화할 수 있고, 저속 영역에서는 전 항력 중에서 유도항력이 가장 지배적이므로 타원날개를 장착하면 저속에서의 항력 감소가 현저해진다.

$$\text{유도항력계수}:\ C_{D_i} = \frac{C_L^2}{\pi e AR}$$

날개 끝에서 강하게 발달하는 날개 끝 와류와 내리흐름 때문에 날개 끝부분에서 양력계수가 감소하는 사각날개와 달리, 날개 끝 와류의 강도가 약한 타원날개는 날개 끝부분에서도 양력계수의 감소가 적다. 그러므로 [그림 10-5]에 나타낸 바와 같이, **타원날개 위 양력계수**(C_L)**의 분포는 스팬 방향으로 비교적 균일**하다. 작은 항력과 큰 양력에 의한 높은 양항비(L/D)는 양호한 공기역학적 성능을 의미하기 때문에 **타원날개는 저속으로 비행하는 항공기의 날개 평면 형상으**

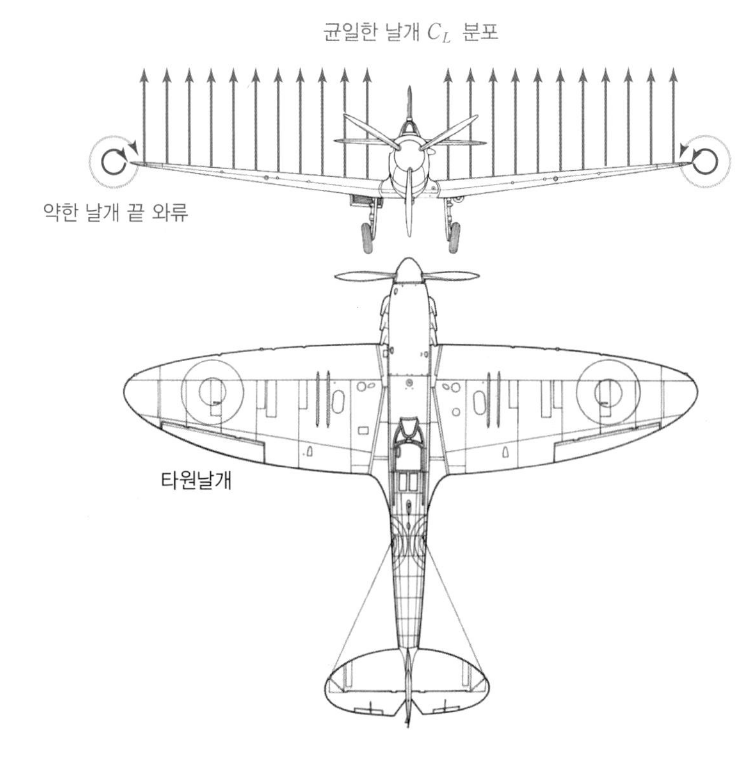

[그림 10-5] 타원날개의 양력계수 분포

로 가장 이상적이다.

타원날개의 단점은 **곡선으로 구성된 외형 때문에 제작이 어렵다**는 것이다. 직선으로 외형이 이루어진 날개와 비교할 때 날개 앞전과 뒷전의 형상을 타원으로 구성하는 것은 많은 제작 시간과 비용이 요구된다. 그리고 날개 내부 구조물뿐만 아니라 도움날개(aileron)와 같은 조종면의 구성과 배치도 까다롭다.

제2차 세계대전 중 독일의 침공으로부터 영국을 지키는 데 큰 공을 세워서 영국인에게 칭송받는 Supermarine Spitfire(1938) 전투기. 양력의 향상과 유도항력의 감소 등 공기역학적 성능을 높이기 위하여 타원날개를 장착하고 있다.

10.5 테이퍼 날개

사각날개와 타원날개는 공기역학적 성능과 제작 측면에서 장단점이 극명하게 대비되기 때문에 이를 **절충한 형태의 날개 평면 형상이 테이퍼 날개**(tapered wing)이다. 테이퍼(taper)는 물체의 세로 방향의 길이가 가로 방향으로 갈수록 변화하거나 가로 방향 길이가 세로 방향으로 갈수록 변화하는 형태를 말한다.

날개 평면 형상에 테이퍼가 있으면 시위길이가 스팬 방향으로 변화하는 형태가 되는데, 테이퍼가 적용된 정도를 나타내기 위하여 다음과 같이 테이퍼비(taper ratio, λ)를 정의한다. 즉, [그림 10-6]에서 볼 수 있듯이, 날개의 **테이퍼비는 날개 끝 시위길이**(wing tip chord length, c_t)**를 날개 뿌리 시위길이**(wing root chord length, c_r)**로 나누어 나타낸다.**

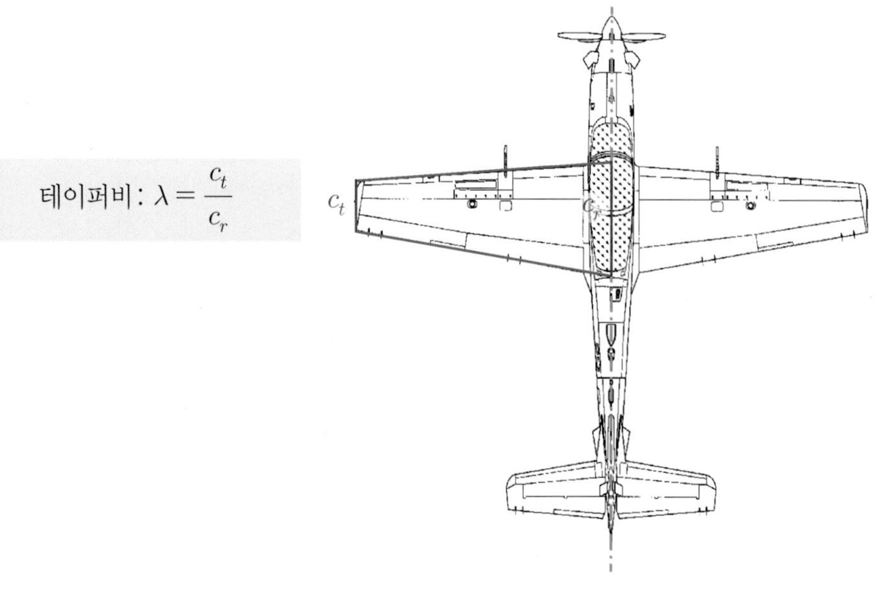

[그림 10-6] 테이퍼비의 정의

일반적인 테이퍼 날개는 타원날개의 장점을 살려 날개 끝으로 갈수록 시위길이가 짧아지는 형태를 하고 있다. 따라서 대부분의 테이퍼 날개의 테이퍼비는 1보다 작다($\lambda < 1$). 테이퍼 날개는 사각날개와 타원날개가 절충된 형태이다. 즉, 날개 끝 와류와 내리흐름이 약하여 **유도항력이 적게 발생하고, 제작성도 비교적 양호**하며, 도움날개와 플랩 등의 날개 구성품을 설치하기도

Photo : bemil.chosun.com

한국항공우주산업(KAI) KA-1 공격기(2007). 스팬 방향으로 시위길이가 짧아지는 테이퍼 평면 형상을 날개뿐만 아니라 수평 안정판에도 적용하고 있다. 테이퍼 날개는 공기역학적 성능이 비교적 우수하고 제작하기 쉬운 장점이 있다.

쉽다. 타원날개의 스팬효율계수는 대략 $e = 1.0$이고, 직사각형 날개는 $e = 0.6$ 전후이며, 테이퍼 날개는 $e = 0.8$ 전후이다(8.7절의 그림 8-12 참조). 이러한 장점 때문에 대부분의 저속 고정익 항공기는 테이퍼 날개를 장착하고 있다. 하지만 **테이퍼비가 너무 작아서 날개 끝 시위길이가 매우 짧은 경우에는 높은 받음각에서 날개 끝 실속이 발생**하는 단점이 있다. 날개 평면 형상에 따른 실속 특성은 10.7절에서 자세히 다루도록 한다.

10.6 후퇴날개

항공기가 음속에 가까운 고속으로 비행하면 날개에 압축성 효과가 발생하고 충격파가 발생한다. 충격파는 충격파 전·후 압력차에 의한 역압력 구배와 유동박리를 유발하여 조파항력의 증가 또는 실속을 일으킬 수가 있다. 이때 **날개 앞전에 작용하는 상대풍의 속도를 낮추는 방법은 날개를 후퇴날개**(backward swept wing)**로 구성**하는 것이다.

날개 앞전에 작용하는 상대풍의 속도는 수직 속도 성분을 기준으로 한다. 이는 일정 면적에 작용하는 수직힘으로 압력을 정의하는 것과 유사한 개념이다. 즉, 날개 앞전에 대한 동압은 상대풍의 수직 속도 성분으로 정의된다. 날개 앞전에 **후퇴각**(Λ)을 적용하는 경우, V의 비행속도로 비행하는 날개 앞전에 대한 수직속도(normal velocity, V_n)는 [그림 10-7]에 제시된 바와 같이 $V_n = V\cos\Lambda$로 나타낼 수 있다. 마하수(M)도 속도에 비례하기 때문에 날개 앞전에 대한 수직

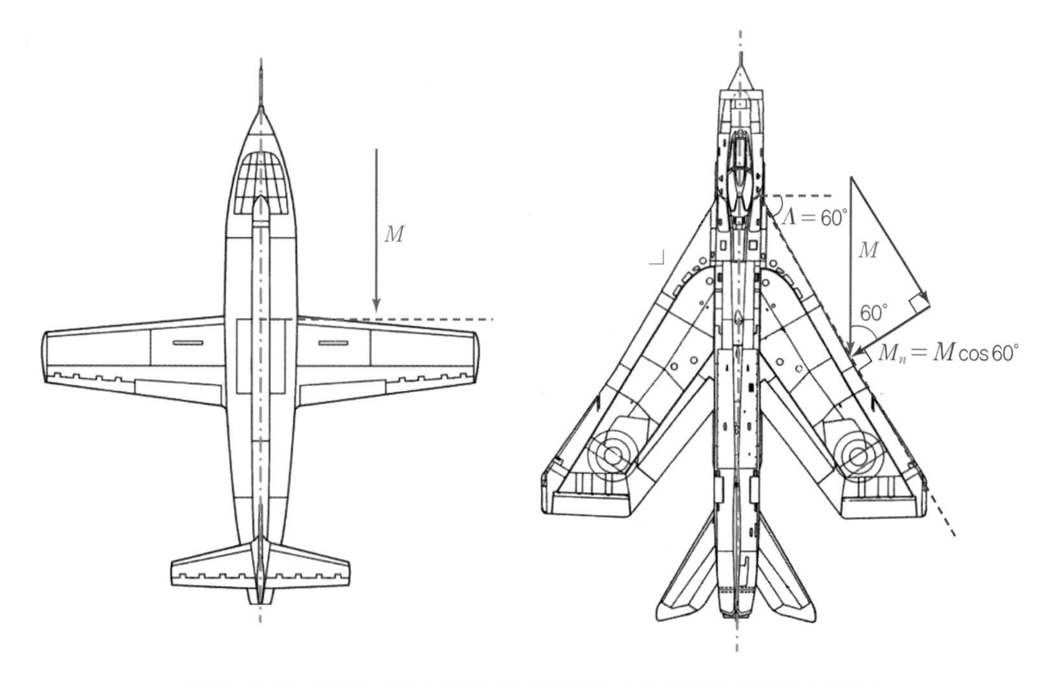

[그림 10-7] 후퇴각이 없는 날개와 후퇴각이 있는 날개의 앞전 상대 마하수 비교

마하수(M_n) 역시 같은 방식으로 표현할 수 있다.

$$\text{날개에 작용하는 수직속도(마하수)}: \begin{aligned} V_n &= V\cos\Lambda \\ M_n &= M\cos\Lambda \end{aligned}$$

어떤 날개 단면의 임계 마하수(critical Mach number)가 $M_{cr}=0.8$이라고 가정하자. 만약 후퇴각을 적용하지 않았다면 비행속도가 $M_{cr}=0.8$이 될 때 날개 위 일정 지점에서의 유동이 음속에 도달하고 따라서 압축성 효과가 발생하기 시작한다. 그런데 후퇴각 $\Lambda=60°$를 날개에 적용하는 경우 임계 마하수는 아래와 같이 변화한다.

$$M_{cr} = M_{cr}{}'\cos\Lambda$$
$$M_{cr}{}' = \frac{M_{cr}}{\cos\Lambda} = \frac{0.8}{\cos 60} = 1.6$$

위의 계산에 의하면 M=1.6의 초음속 영역까지 가속해야만 날개 단면에 대한 임계 마하수는 $M_{cr}=0.8$에 도달하여 비로소 날개 표면에 압축성 효과가 나타나기 시작한다. 즉, 앞전 후퇴각이 $\Lambda=60°$인 날개의 임계마하수는 $M_{cr}{}'=1.6$이다. 따라서 **후퇴각을 적용하면 임계 마하수가 증가하고, 후퇴각의 크기에 따라 임계 마하수가 비례하여 높아지므로 초음속 항공기의 날개에는 큰 후퇴각을 적용**해야 한다.

Photo: Airliners.net

앞전 후퇴각이 $\Lambda=60°$에 이르는 English Electric Lightning 전투기(1959). 날개 후퇴각이 증가할수록 임계마하수 또는 항력발산 마하수가 증가하는데, 앞전 후퇴각이 60°이면 항력발산 마하수는 2배가 증가하여 초음속 비행 중에도 조파항력의 증가를 억제할 수 있다.

초음속 비행에 대한 후퇴날개의 또 다른 장점은 다음과 같다. [그림 10-8]에서 볼 수 있듯이 비행기가 초음속으로 비행하면 기수(nose)로부터 경사 충격파(oblique shock wave)가 발생한다. 충격파를 지나는 유동의 압력은 증가하고 속도는 감소한다. 만약 [그림 10-8(a)]와 같이 날개의 평면 형상이 테이퍼형이기 때문에 앞전에 후퇴각이 거의 없고, 날개의 가로세로비가 큰 경우에는 기수로부터 충격파가 발생할 때 날개의 끝부분 일부는 충격파 바깥쪽에 위치하게 된다. 충격파 바깥쪽의 날개 앞전에 대한 유동의 속도는 초음속이기 때문에 날개 표면에서 충격파가 형성되고 조파항력이 발생한다. 따라서 후퇴날개가 아닌 경우, 가능한 한 날개 앞전을 날카롭게 하고 날개의 두께도 최소화하여 날개에서 발생하는 충격파의 강도를 낮추어야 한다. 또한, 날개의 가로세로비를 최소화하여 날개의 모든 부분이 기수로부터 발생하는 경사 충격파 안쪽에 위치하게 해야 한다.

이와 비교하여 [그림 10-8(b)]와 같이 후퇴날개의 모든 부분은 충격파의 영향 안으로 들어간다. 충격파를 지난 유동의 속도는 크게 감소하기 때문에 **후퇴날개의 앞전과 날개 두께를 지나치게 얇게 제작할 필요가 없으므로 초임계 날개와 같이 날개 내부 용적이 크고 튼튼하게 날개를 구성할 수 있다.**

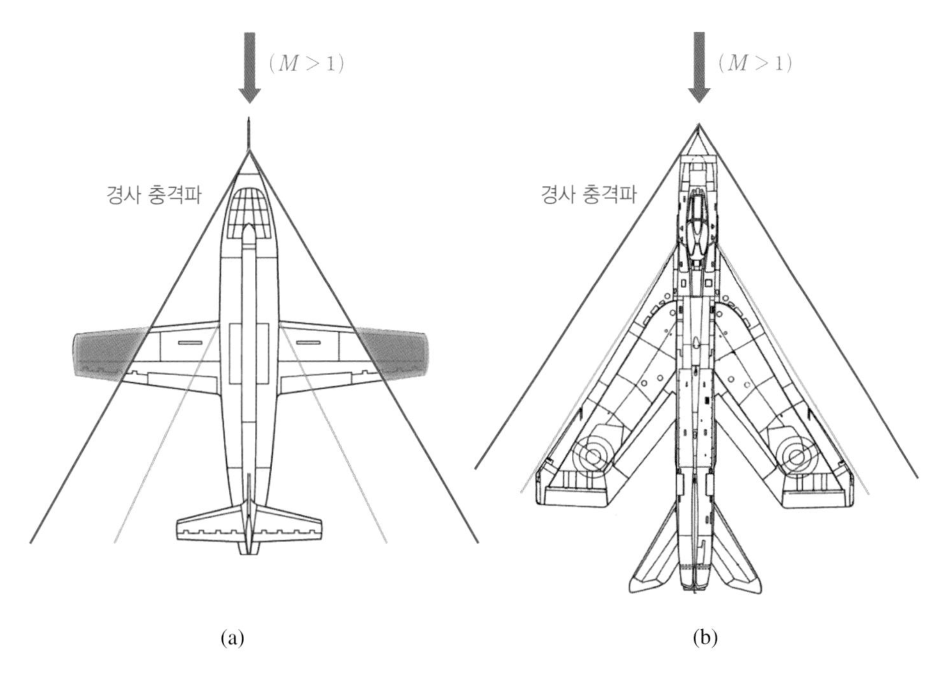

[그림 10-8] 초음속($M > 1$) 비행 중 경사 충격파 발생에 대한 후퇴날개의 효과

날개 후퇴각은 임계 마하수 또는 항력 발산 마하수를 높이는 장점이 있지만, 양력이 낮아지는 단점이 있다. 즉, 날개에 후퇴각을 적용하면 날개 앞전에 대한 상대풍의 수직속도가 감소하여 항력 발산 마하수가 높아지는 반면, **속도 감소에 따라 동압이 낮아져서 날개에서 발생하는 양력도 줄어든다.**

[그림 10-9]는 다양한 여객기의 날개 후퇴각 크기에 따른 최대양력계수의 비교를 보여주고 있다. Boeing 737과 같이 단거리를 비행하는 항공기는 비교적 낮은 속도로 비행하므로 날개 후퇴각이 작아 날개에서 발생하는 양력계수가 크다. 하지만, 천음속(transonic)으로 장거리를 운항하는 Boeing 747은 후퇴각이 40°에 가깝고 따라서 양력계수가 작다. 양력(L)은 양력계수(C_L)에 비례하고 속도에 제곱(V^2) 비례한다.

$$양력: L = C_L \frac{1}{2} \rho V^2 S$$

그러므로 큰 후퇴각 때문에 양력계수가 낮아지더라도, 속도를 높여 비행하면 양력을 충분히 유지할 수 있다. 따라서 천음속 또는 초음속(supersonic)으로 비행하는 항공기는 조파항력 감소를 위하여 큰 후퇴각을 적용하는 것이 유리하다.

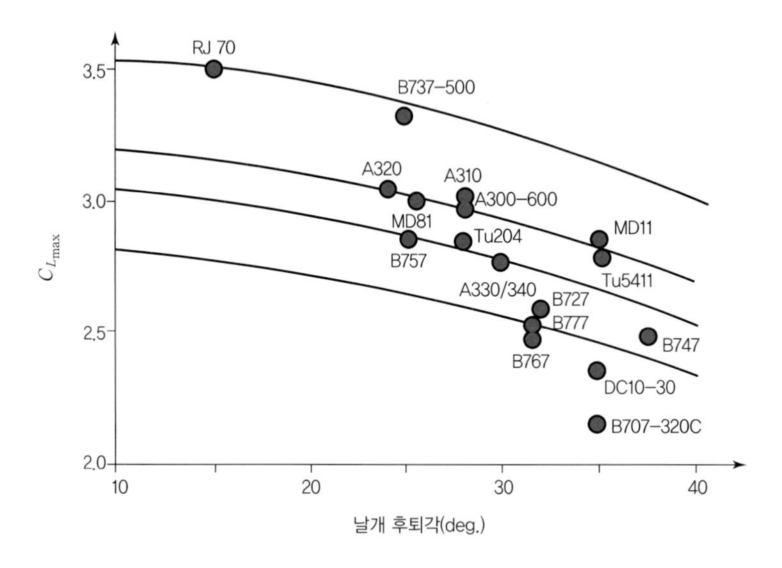

자료 출처: Jenkinson, L. R. et al., *Civil Jet Aircraft Design*, Elsevier Ltd., 1999.

[그림 10-9] 여객기 날개 후퇴각 증가에 따른 최대양력계수($C_{L_{max}}$) 감소

Photo: US Navy

날개가 동체에서 분리되어 날개 받음각을 최고로 높인 상태로 항공모함에 착함 중인 Vought F-8H 전투기. 해당 항공기는 $M > 1.8$의 초음속 비행을 위하여 날개에 35°의 후퇴각이 적용되었다. 후퇴각은 높은 속도 영역에서 날개의 충격파 발생을 지연시키는 장점이 있지만, 날개에서 발생하는 양력계수가 감소하는 단점이 있다. 특히 비행속도가 낮은 이착륙 중에는 양력 부족으로 항공기가 실속(stall)될 수 있다. 따라서 F-8H는 날개의 붙임각(incidence angle)을 조절할 수 있도록 기체 구조가 설계되어 이착륙할 때 날개 받음각을 높여 양력 부족 문제를 해결하였다. 특히, 착륙 중 날개 붙임각을 증가시킴으로써 높은 날개 받음각 상태에서도 기수를 낮출 수 있어서 조종사의 시계 확보에 도움이 되는 장점이 있다.

10.7 날개 평면 형상에 따른 실속 특성

실속(stall)은 날개 표면을 흐르는 유동이 떨어져 나가는 유동박리 때문에 날개에서 충분한 양력이 발생하지 못하는 현상이다. 2차원 날개, 즉 날개 단면의 형상에 따라 실속 특성이 달라지듯, 3차원 날개의 형상에 따라 실속이 날개 평면 전체로 전파되는 양상이 각기 다르다. **실속은 날개의 받음각이 실속받음각(α_s)보다 높아지거나, 비행속도가 너무 낮아서 양력이 부족해질 때 발생**한다. 그러므로 높은 받음각과 낮은 속도로 비행하는 이착륙 중에 날개가 실속에 들어가기 쉽다. [그림 10-10]은 다양한 날개 평면의 실속 패턴을 나타내고 있다.

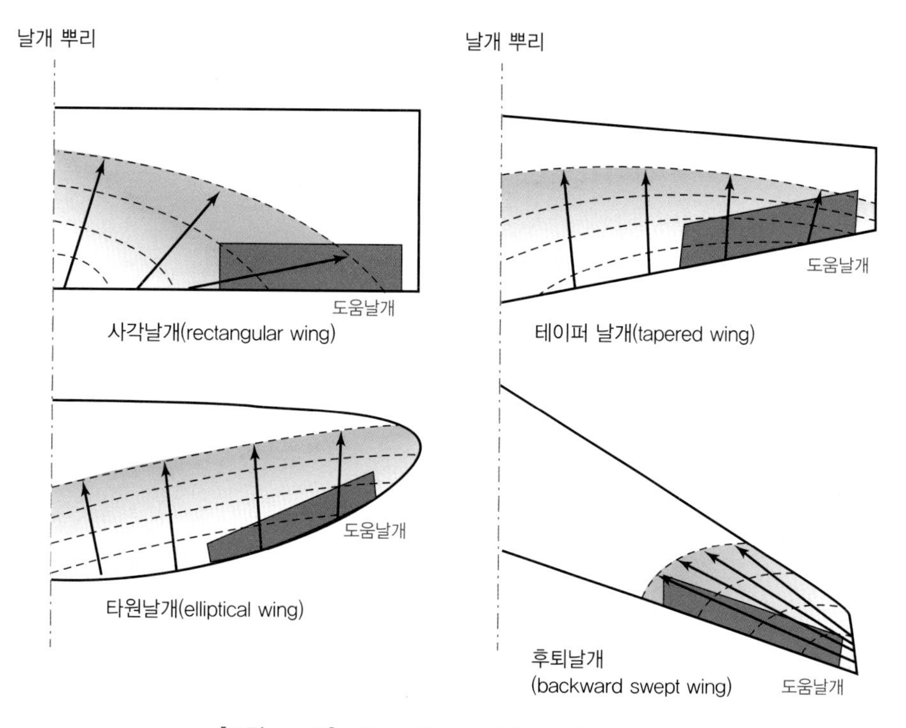

[그림 10-10] 여러 가지 날개 평면 형상의 실속 패턴

사각날개는 높은 받음각에서 실속이 발생할 때 날개 뿌리의 뒷전 부분에서 먼저 실속이 시작되고 받음각이 증가함에 따라 날개 전체로 확대된다. 이와 같은 사각날개의 특성은 [그림 10-11]에서 볼 수 있듯이, 날개 뿌리 부분의 양력계수가 날개 끝보다 크기 때문이다. 즉, 사각날개의 날개 끝 시위길이는 길고, 유도항력을 높이는 날개 끝 와류가 발달함에 따라 내리흐름의 규모와 강도가 크고, 이에 따라 유효 받음각이 감소하여 날개 끝부분에서의 양력계수는 작다. 그러므로 받음각이 커지면 날개 뿌리 부분에서 먼저 최대양력계수에 다다르기 때문에 실속이 날개 뿌리에서부터 시작되어 비교적 천천히 날개 전체로 전파된다.

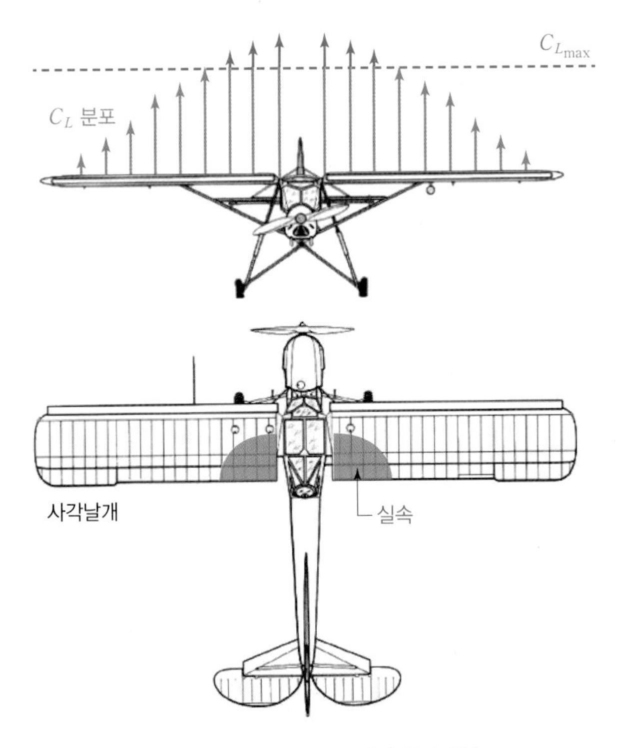

[그림 10-11] 사각날개의 날개 뿌리 실속

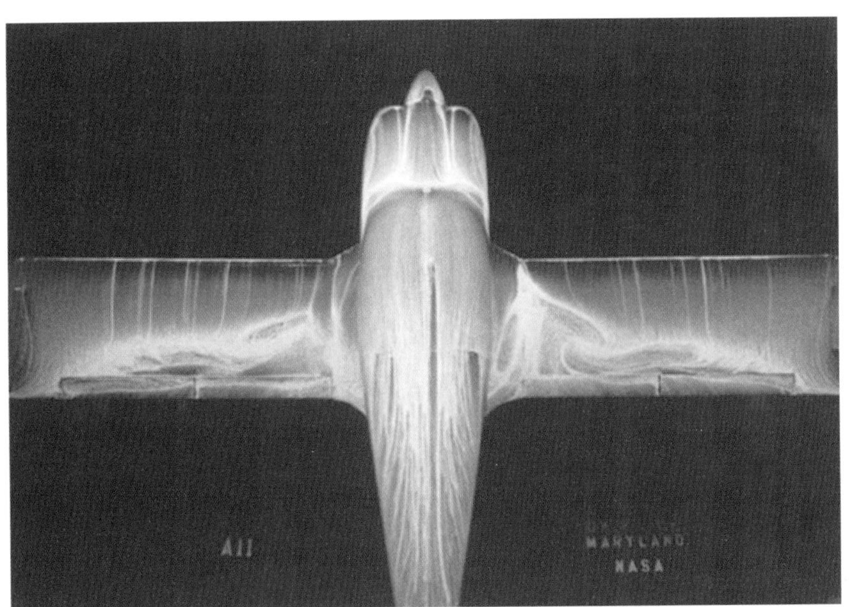

출처: Anderson, John D., *Introduction to Flight*, 8th ed., McGraw-Hill Education, 2015.

Grumman American Yankee 비행기 모형의 풍동시험 사진. 날개에 특수 도료를 바르고 풍동시험을 하면 날개 표면 위를 흐르는 공기 유동의 형태와 특징을 관찰할 수 있다. 해당 비행기는 직사각형 날개를 장착하였는데, 날개 뿌리 부분에서 유동이 박리되어 버섯 모양의 독특한 패턴이 나타나고 있다(받음각 $\alpha = 11°$).

유동박리 때문에 실속이 시작되면 유동이 떨어져 나가는 박리점이 앞과 뒤로 움직이거나, 유동이 박리되어 나타나는 후류의 영향 때문에 날개가 진동하는 버피팅(buffeting)이 나타난다. 버피팅은 실속이 시작되었음을 알리는 신호이므로 조종사는 받음각을 낮추거나 속도를 높여 실속에서 회복하도록 조치함으로써 안정적인 비행을 할 수 있다. **사각날개와 같이 실속이 날개 뿌리 부분부터 시작되는 경우에는 날개 끝부분에 위치한 도움날개의 효율은 감소하지 않으므로 항공기 조종성에 대한 악영향이 적은 장점**이 있다. 즉, 사각날개의 경우 실속에 의하여 한쪽 날개가 내려가는 상황에서 실속의 영향이 적은 도움날개를 이용하여 자세 회복을 할 수 있다.

테이퍼 날개의 경우, 받음각이 높아지면 **날개 뿌리의 뒷전부터 스팬 방향으로 균일하게 유동이 박리되어 실속**에 들어간다. 즉, 테이퍼 날개는 사각날개와 비교하여 스팬 방향으로 양력계수가 비교적 일정하기 때문에 받음각이 증가하면 날개 뿌리에서부터 날개 끝부분까지 거의 동시에 최대양력계수에 이르며 실속이 발생한다.

타원날개의 양력계수 분포는 스팬 방향으로 매우 균일하므로 받음각이 높아짐에 따라 날개 스팬 방향으로 뒷전부터 일정하게 실속에 들어간다고 생각할 수 있다. 하지만 타원날개의 끝부분은 둥글기 때문에 날개 끝 시위길이는 매우 짧거나 거의 정의되지 않는다. **실속은 과도하게 높은 받음각에서 발생하고, 에너지가 높은 난류 경계층보다 에너지가 낮은 층류 경계층이 유동박리, 즉 실속에 취약**하다. 그러므로 시위길이가 매우 짧은 타원날개의 끝에서는 레이놀즈수가 낮으므로 층류 경계층이 잘 발달한다. 그리고 층류는 쉽게 박리되기 때문에 **타원날개는 날개 끝부분에서 실속영역이 더 넓게 형성**된다.

타원날개뿐만 아니라 **테이퍼비가 매우 낮아 날개 끝 시위길이가 과도하게 짧거나, 날개가 삼각형으로 구성되어 날개 끝이 뾰족**하면 날개 끝에서 층류 경계층이 발달한다. 이에 따라 높은 받음각에서 실속이 날개의 끝에서 시작하는 **날개 끝 실속**(wing tip stall) 현상이 쉽게 나타난다. 그리고 **날개 끝부분에 위치한 도움날개의 효율이 감소하여 조종성이 악화되는 단점**이 있다.

후퇴날개도 받음각 증가에 따라 날개의 끝에서부터 실속이 시작된다. 후퇴날개의 끝에서 실속이 발생하는 원인은 다음과 같다. [그림 10-12(a)]와 같이 후퇴날개의 스팬 방향으로 기준선(적색 점선)을 긋고, 기준선 위의 날개 뿌리 부분에 A지점과 날개 끝부분에 B지점을 정의하자. 두 지점에서의 날개 단면의 형상은 동일하고, 따라서 파란색 화살표로 나타낸 것과 같이 양쪽 날개 단면 위에는 동일한 압력 분포가 형성된다.

날개 윗면에서의 압력이 대기압보다 낮기 때문에 화살표는 위를 향하고 있고, 화살표의 길이가 길수록 대기압보다 낮은 압력이 분포함을 의미한다. A지점에서의 화살표 길이는 짧고, 따라서 그 지점의 표면압력은 상대적으로 높다. 즉, A지점은 해당 날개 단면의 후방에 해당하므로 이 지점을 지나는 유동의 속도는 감소하고 압력은 증가한다. 이와 비교하여 B지점은 해당 날개 단면의 전방이기 때문에 유동이 가속되고, 긴 화살표로 나타낸 바와 같이 이 지점에서의 압력은 낮다. 결론적으로 B지점에서의 압력이 A지점보다 낮다. 그리고 이러한 압력차 때문에 날

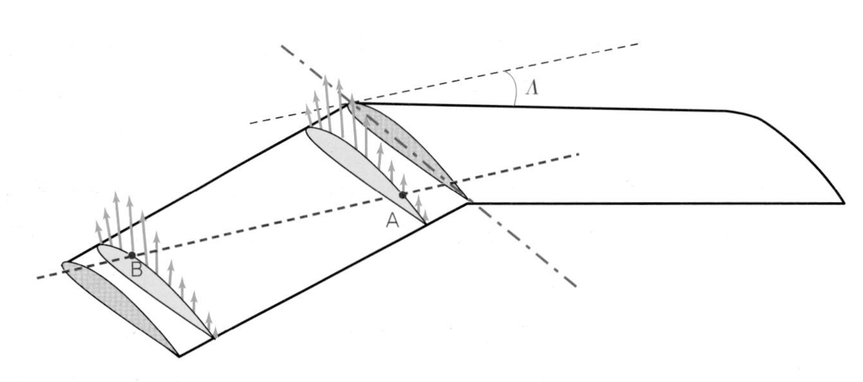

(a) 날개 뿌리와 날개 끝부분의 압력차 발생

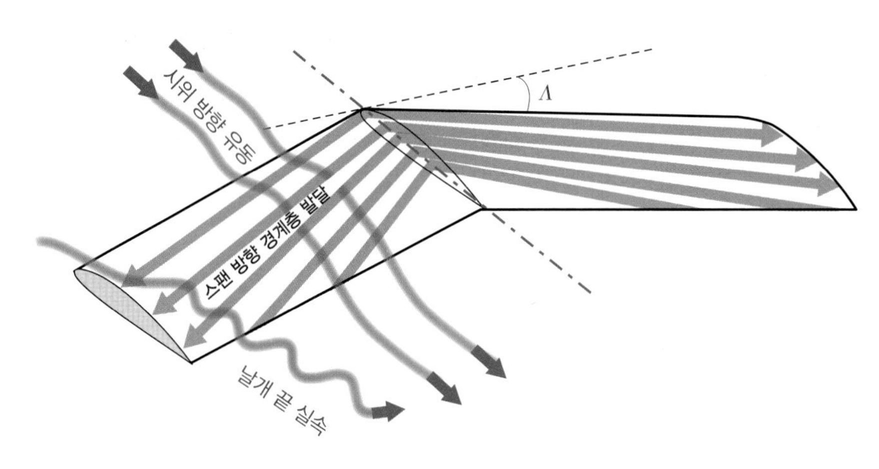

(b) 스팬 방향 유동과 경계층 발달에 따른 날개 끝 실속 발생

[그림 10-12] 후퇴날개에서의 날개 끝 실속

개 뿌리 부분인 A지점에서 날개 끝부분인 B지점을 향하여 스팬 방향으로 이동하는 유동이 나타난다. 즉, 그림 10-12(b)에서 나타난 바와 같이 **후퇴날개에서는 날개 앞전에서 뒷전 쪽을 향하여 시위 방향으로 흐르며 양력을 발생시키는 유동뿐만 아니라, 날개 끝을 향하여 스팬 방향으로 흐르는 유동이 발생**한다.

날개 끝 스팬 방향으로 나타나는 압력차는 날개 시위 방향의 압력차보다 크지 않기 때문에 스팬 방향 유동의 속도는 시위 방향 유동의 속도만큼 빠르지 않다. 하지만 **날개 끝 스팬 방향으로 유동이 발달**함에 따라 스팬 방향으로 긴 이동거리를 지나며 경계층의 두께는 두꺼워진다. 그리고 **두꺼워진 경계층**(boundary layer)**은 날개 끝 시위 방향 유동의 흐름을 방해하거나 박리시켜 날개 끝 실속을 유발**한다. 또한 날개 끝에 위치한 도움날개 주위를 흐르는 유동을 방해하여 도움날개의 효율을 떨어뜨린다.

고속에서는 날개 시위 방향 유동의 에너지가 크기 때문에 스팬 방향 경계층의 발달과 날개 끝 실속이 문제가 되지 않지만, 유동의 에너지가 낮아지는 저속비행 중에는 날개 끝 실속이 나타날

수 있다. 또한, 받음각이 증가하면 날개 끝 시위 방향의 유동은 더욱 쉽게 박리되기 때문에 날개 끝 실속이 악화된다. 결론적으로 후퇴날개의 날개 끝 실속은 스팬 방향의 압력차 때문에 나타나기 때문에 **날개의 모든 부분에서 동일한 날개 단면을 사용하는 대신, 압력차가 최소화되도록 스팬 방향으로 날개 단면의 형태가 다르게 후퇴날개의 형상을 구성**하기도 한다.

[그림 10-13]과 같이, 받음각이 증가하여 후퇴날개 끝에서 실속이 발생하게 되면 날개 끝부분에서는 양력을 만들지 못하기 때문에 양력이 작용하는 점, 즉 압력중심(center of pressure, *cp*)의 위치가 기수 쪽으로 이동하게 된다. **압력중심(*cp*)이 무게중심(*cg*)의 전방으로 이동함으로써 기수가 올라가는 모멘트가 발생하고, 이에 따라 받음각은 더욱 증가하는 피치업(pitch up) 현상**이 발생한다. 그리고 높아진 받음각 때문에 날개 끝에서 발생한 실속영역이 날개 전체로 확대되어 항공기가 양력을 상실하고 실속하게 된다. 피치업 현상은 비행속도가 낮고 받음각이 높은 이착륙 중에 특히 많이 나타나는데, 항공기가 이착륙할 때는 고도가 낮기 때문에 피치업으로 인한 실속으로 항공기가 추락하는 사고가 빈번히 발생하였다.

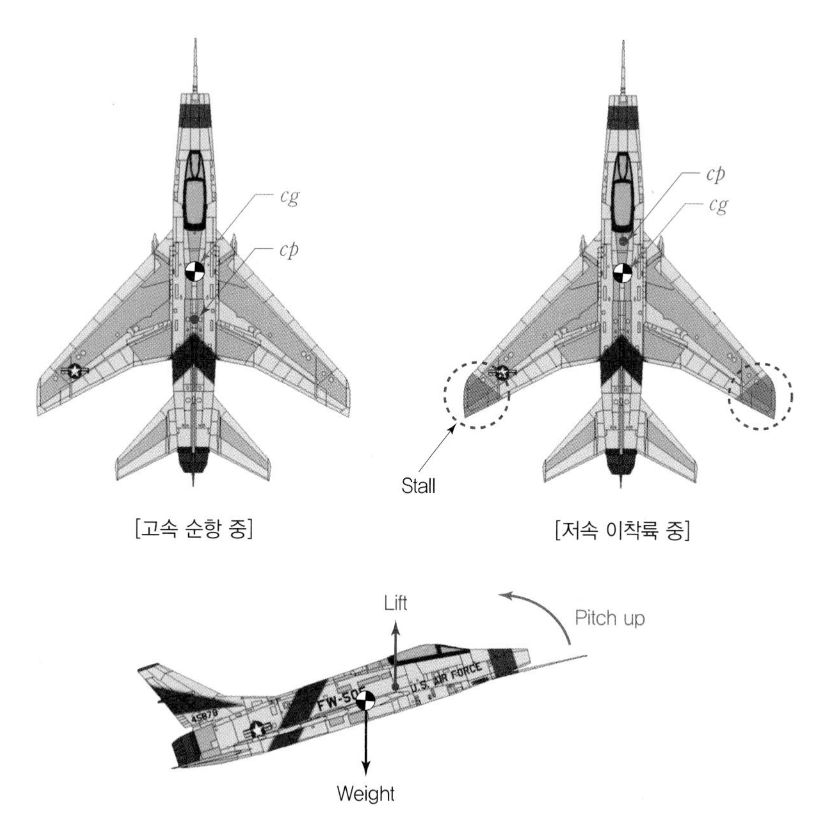

[그림 10-13] 후퇴날개 항공기의 비행 중 압력중심(*cp*) 이동에 따른 피치업(pitch up) 발생

Photo: US Air Force

스팬 방향으로 시위길이가 증가하도록 구성하여 테이퍼비가 $\lambda > 1$인 후퇴날개를 장착한 Republic XF-91 실험기(1949). 테이퍼 날개의 날개 끝 시위길이가 매우 짧으면 시위 방향으로 층류 경계층이 형성되어 받음각이 증가함에 따라 날개 끝에서 실속이 쉽게 나타난다. 특히 날개에 후퇴각이 있는 경우에는 스팬 방향으로 발달하는 경계층 때문에 날개 끝 실속과 피치업 현상이 더욱 쉽게 발생한다. 따라서 XF-91의 날개와 같이 날개 끝 시위길이를 증가시키면 날개 끝에서 시위 방향으로 에너지가 큰 난류 경계층이 발달하여 날개 끝 실속을 지연시킬 수 있다. 하지만, 날개 끝부분의 면적이 뿌리 부분보다 넓어 날개 끝에서 증가하는 양력 때문에 날개 뿌리 부분에 큰 굽힘 모멘트가 작용하여 구조적으로 취약하다는 문제점으로 인해 실제로 실용화되지는 못하였다.

10.8 날개 끝 실속 방지

저속 및 높은 받음각 상태에서 발생하는 날개 끝 실속은 후퇴날개뿐만 아니라 앞전 후퇴각이 크고, 날개 끝으로 갈수록 시위길이가 짧아지는 테이퍼 날개와 삼각날개에서도 발생한다. 따라서 날개 끝 실속을 방지하는 장치 및 날개 형상이 다양하게 연구되었는데 그 대표적인 예는 다음과 같다.

(1) 경계층 펜스

경계층 펜스(boundary-layer fence, stall fence)는 말 그대로 **날개 윗면에 설치되는 울타리**(fence)**인데**, [그림 10-14]에서 볼 수 있듯이 **날개 끝 쪽으로 발달하는 유동과 경계층을 차단하는 방식**이다. 후퇴날개가 처음 도입되었을 때 날개 끝 실속과 피치업 현상 때문에 발생하는 추락 사고를 방지하고, 날개 끝에 위치한 도움날개의 효율을 유지하기 위하여 고안되었다. 가장 단순하면서 효과적인 날개 끝 실속방지장치로, 후퇴날개를 장착한 초창기의 고속 전투기에 흔히 부착되었다. 경계층 펜스의 면적이 클수록 날개 끝의 실속을 방지하는 효과가 크지만, 항공기가 옆미끄럼각(sideslip angle, β)을 가지고 비스듬한 방향으로 비행할 때는 경계층 펜스가 날개 주위를 흐르는 유동에 장애물이 되어 항력이 증가하고 날개 양력이 감소하는 단점이 있다.

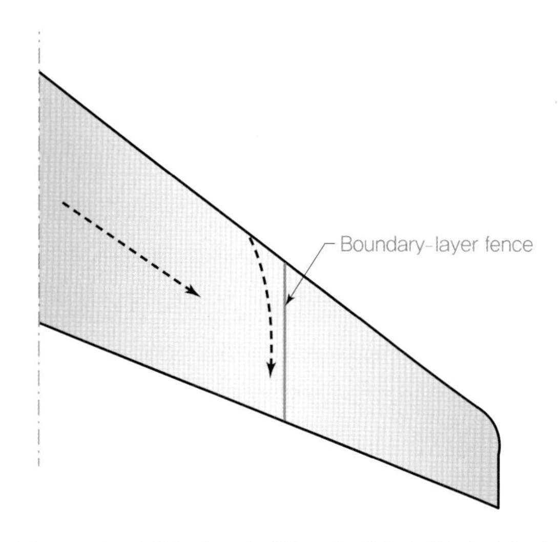

[그림 10-14] 경계층 펜스에 의한 스팬 방향 경계층의 발달 차단

Photo: courtesy of Weimeng

경계층 펜스가 설치된 후퇴날개를 가진 Shenyang J-5 훈련기(위, 1956)와 Nanchang Q-5 전투기(아래, 1970). 해당 항공기들과 같이 다수의 경계층 펜스를 부착하거나 경계층 펜스의 면적을 키우면 날개 끝 실속의 방지 효과가 커진다.

(2) 톱날 앞전

와류(vortex)**는 소용돌이 형태로 빠르게 회전하는 난류의 종류**인데, 유동이 흐르는 표면에서 갑작스러운 압력 변화가 발생하거나, 공기의 흐름 속에 있는 물체로 인하여 유동의 방향이 급격히 변하면서 와류가 발생한다. 와류는 경계층 외부의 유동 에너지를 흡수하여 형성되므로 회전속도가 매우 빠르기 때문에 유동이 와류의 형태로 표면을 따라 흐르면 쉽게 박리되지 않는다. 즉, 와류는 유동박리를 방지하여 날개가 실속하는 현상을 막는 역할을 한다.

[그림 10-15]와 같이, **날개 앞전의 일부분이 돌출되도록 제작**하면 이 부분을 따라 흐르는 유동이 돌출부를 만나 급격하게 방향이 바뀌며 **강하게 회전하는 와류가 형성**되면서 날개 표면을 따라 시위 방향으로 흐른다. **날개 표면의 에너지가 매우 높은 강한 와류는 경계층 펜스 역할을 하며 날개 끝 쪽으로 발달하는 경계층을 차단하여 저속 및 높은 받음각으로 비행할 때 날개 끝에서 실속이 나타나는 것을 방지**하고 도움날개의 효율을 높이는 역할을 한다.

날개 앞전이 돌출된 형상이 **톱날**(saw-tooth) 같다고 하여 **톱날 앞전**(saw-tooth leading edge)이라고 일컫는다. 경계층 펜스같이 항력과 중량 증가를 유발하는 구성품을 날개 표면에 설치하지 않기 때문에 경계층 펜스보다 발전된 형태의 날개 끝 실속방지장치라고 할 수 있다.

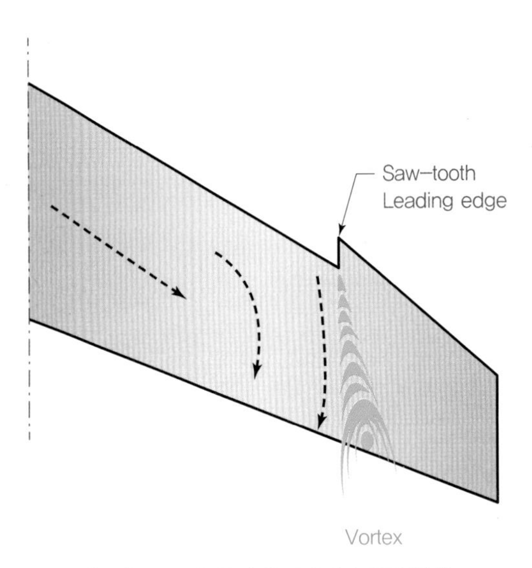

[그림 10-15] 톱날 앞전에서의 와류 발생

Photo: US Navy

초음속 비행을 위하여 후퇴각이 35°인 후퇴날개를 장착한 Vought F-8E 전투기(1961). 후퇴날개는 이착륙할 때 날개 끝 실속에 취약하다. 특히 F-8E는 양력 증가를 위하여 이착륙할 때 날개가 동체에서 분리되어 날개 붙임각을 높임으로써 받음각을 극대화할 수 있었다. 하지만 높은 받음각 때문에 날개 끝 실속이 악화하는 문제점이 발생했는데, 이를 완화하기 위하여 후퇴날개에 톱날 앞전을 적용하였다. 톱날 앞전에서 발생하는 강한 와류는 후퇴날개의 스팬 방향으로 흐르는 경계층을 차단할 수 있다.

Photo: Airliners.net

착륙 중인 Sepecat Jaguar GR.3 공격기(1973). 날개 앞전의 돌출된 슬랫(slat)은 톱니 앞전 역할을 하고, 날개 위에 설치된 미사일 파일론(pylon)은 경계층 펜스의 역할을 하도록 독특한 형태로 날개가 구성되었다.

Image from Movie *Top Gun: Maverick* (Paramount Pictures, 2022)

톱날 앞전이 있는 테이퍼 날개를 장착한 Boeing F/A-18E 전투기. 톱날 앞전은 후퇴날개뿐만 아니라 테이퍼 날개에도 적용되어 저속 및 높은 받음각으로 비행할 때 실속을 지연시키고 양력을 높이는 역할을 한다.

(3) 와류 발생기

저속 및 높은 받음각으로 항공기가 이착륙할 때 날개 표면을 따라 흐르는 유동과 경계층은 박리되기 쉽다. 따라서 [그림 10-16]에서 볼 수 있듯이, 경계층의 두께보다 높은 **작은 크기의 돌출물 형태로 구성되는 와류 발생기**(vortex generator)**를 날개 표면에 일정 간격으로 부착하면 에너지가 높은 와류가 넓은 면적에서 발생하며 유동박리를 저지하고 양력을 높일 수 있다.** 와류 발생기를 통하여 날개 표면에 시위 방향으로 와류를 분포시키면 **스팬 방향으로 경계층이 두꺼워지는 현상을 차단하여 날개 끝에서의 실속을 방지**하는 기능도 한다.

와류 발생기의 크기와 각도, 그리고 개수에 따라 유동박리 및 실속 방지 효과가 달라지기 때

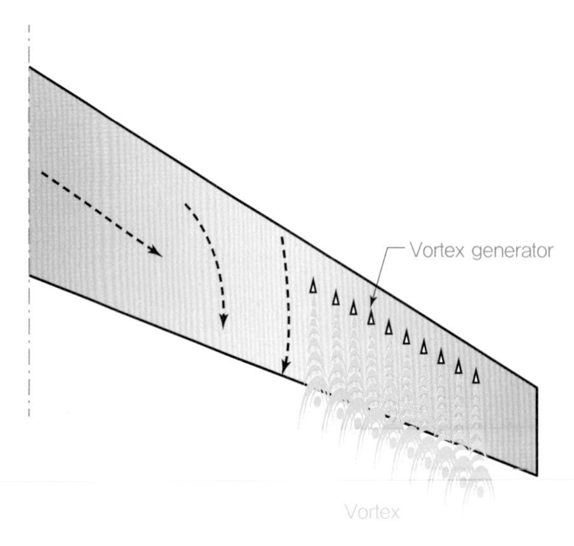

[그림 10-16] 와류 발생기에서의 와류 발생

문에 실험과 계산을 통하여 신중하게 결정해야 한다. 또한, 4.6절에서 살펴본 바와 같이 조종면을 따라 흐르는 유동이 박리되는 것을 방지하여 조종면 효율과 조종성을 높이는 목적으로 도움날개, 승강타, 방향타의 앞쪽 표면에 와류 발생기를 설치하기도 한다.

날개 표면에 와류 발생기가 부착된 Douglas A-4E 공격기(1962). 날개 끝 방향으로 발달하는 경계층은 후퇴날개뿐만 아니라 큰 앞전 후퇴각이 있는 삼각날개에서도 발생한다. 특히 삼각날개는 날개 끝 시위길이가 매우 짧기 때문에 날개 끝 실속현상이 더욱 쉽게 나타난다.

날개와 수평 안정판에 와류 발생기가 부착된 Boeing B-52H(1964) 폭격기. 특히 수평 안정판의 승강타 앞쪽에 설치된 와류 발생기는 승강타의 효율을 높이는 역할을 한다.

(4) 날개 워시아웃

날개 끝 실속은 후퇴각이 크고 날개의 테이퍼비가 작을 때, 즉 날개 끝 시위길이가 짧을 때 현저하게 나타난다. 날개 끝 시위길이가 짧으면 저속으로 비행할 때 날개 끝 시위 방향 유동의 레이놀즈수가 낮고, 따라서 유동박리에 취약하다. 그러므로 받음각이 높아짐에 따라 날개 끝에서 먼저 실속이 시작된다. 만약 [그림 10-17]과 같이 **날개 끝으로 갈수록 날개 단면의 받음각이 낮아지도록 날개 전체를 설계하고 제작한다면 받음각이 높아지는 상황에서도 날개 끝의 받음각은 상대적으로 낮기 때문에 유동박리를 지연**할 수 있다. 즉, **스팬 방향으로 날개 단면의 받음각을 낮추는 워시아웃**(washout)**을 적용하면 날개 끝 실속을 완화**할 수 있다. 앞전의 후퇴각이 크고 날개 끝 시위길이가 짧은 삼각날개(delta wing)에는 워시아웃이 적용되는 사례가 많다. 적절한 테이퍼비와 워시아웃으로 날개를 제작하면 높은 받음각에서도 양호한 공기역학적 성능을 유지할 수 있다. 워시아웃을 적용하면 날개가 뒤틀린 형상이 되기 때문에 날개 뿌리 부분의 날개 단면 기준 받음각과 날개 끝 날개 단면 기준 받음각의 차이를 날개 뒤틀림각(twist angle)이라고 한다.

워시아웃뿐만 아니라 **날개 스팬 방향으로 날개 단면의 형상이 바뀌도록 날개 전체를 제작**하기도 한다. 즉, 날개 뿌리 부분은 많은 양력을 발생시켜야 하고, 구조적으로 큰 하중을 받는다. 따라서 양력과 구조 강도의 증가를 위하여 날개 뿌리 부분은 캠버가 크고 두꺼운 날개 단면을 사용한다. 반면에 날개 끝부분에서는 양력이 크지 않고, 비교적 작은 하중이 작용하기 때문에 항력 감소와 중량 감소를 위하여 캠버가 작고 얇은 날개 단면을 적용한다. 그리고 날개 스팬 방향으로 날개 단면들의 캠버와 두께가 점진적으로 감소하도록 전체 날개를 구성한다. 또한 앞서 설명한 바와 같이 후퇴날개의 경우, 스팬 방향으로 변화하는 날개 단면의 형상은 스팬 방향의 압력차를 감소시켜 날개 끝 실속현상을 완화시킬 수 있다.

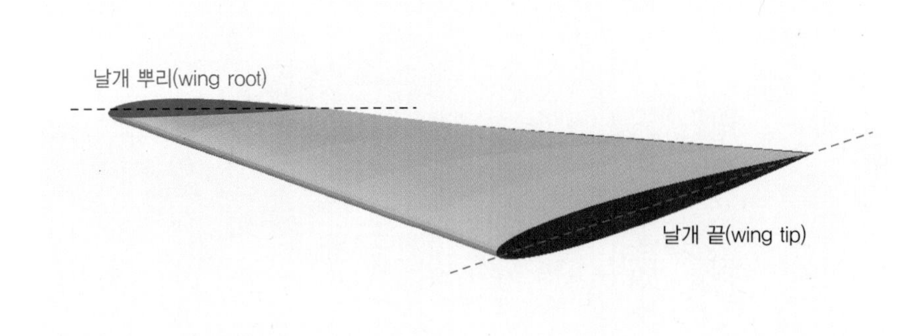

[그림 10-17] 날개 워시아웃(washout)

날개 끝 실속을 방지하고 최적의 양력 분포를 위하여 날개에 워시아웃을 적용한 Lockheed Martin F-22 전투기(2005). 스팬 방향에 대한 워시아웃의 위치와 각도는 신중하게 결정되어야 한다. 그러므로 최근에는 고성능 컴퓨터를 사용한 전산유체역학(CFD) 기법으로 날개의 공기역학적 성능을 정밀하게 예측하며 형상설계를 진행한다.

10.9 전진날개

후퇴날개의 가장 큰 단점은 날개 끝 실속이다. 그런데 [그림 10-18]에 나타낸 것과 같이 날개 앞전의 경사 각도는 유지하되 날개 끝이 날개 뿌리보다 앞쪽에 위치하도록 앞으로 젖혀진 **전진날개**(forward swept wing)의 형태도 고려할 수 있다. 전진각(sweep forward angle)을 적용하여 전진날개로 구성하면 **초음속 비행에서의 장점을 그대로 유지할 수 있을 뿐만 아니라, 저속**

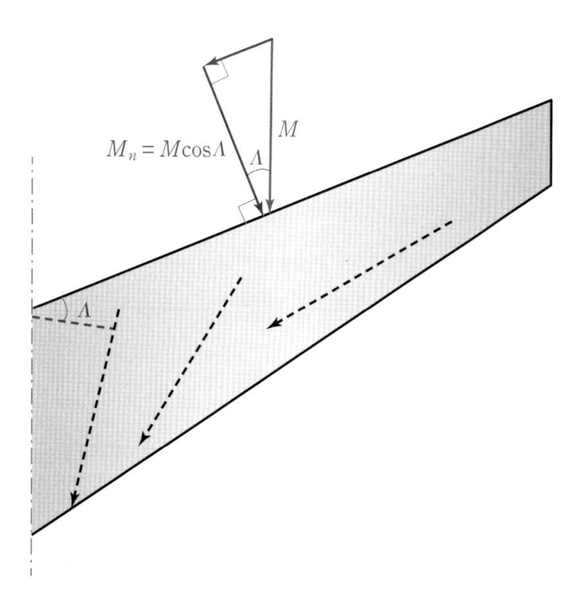

[그림 10-18] 전진날개의 전진각에 따른 앞전 수직속도 감소와 날개 뿌리 방향의 경계층 발달

및 높은 받음각에서의 날개 끝 실속 문제도 해결되어 안정적으로 비행할 수 있다.

즉, 전진날개의 경우 스팬 방향 경계층과 유동은 날개 뿌리 쪽을 향하여 발달하기 때문에 날개 끝 실속 문제가 없고, 날개 끝에 위치한 도움날개의 효율이 감소하는 현상이 없으므로 조종성이 유지된다. 하지만, 날개가 앞으로 향한 상태로 고속비행을 할 때 **날개 끝부분이 위로 들리며 날개가 뒤틀리거나, 날개 뿌리에 많은 하중이 작용하기 때문에 구조 보강이 요구되고, 따라서 중량이 증가하는 단점**이 있다.

Photo: Jetphotos.com

후퇴날개의 Sukhoi Su-27(왼쪽 위) 및 Su-30(아래)과 함께 비행하고 있는 전진날개를 장착한 Sukhoi Su-47 (오른쪽 위). 전진날개의 항공기는 고속에서 항력이 낮을 뿐만 아니라, 저속 및 높은 받음각에서 날개 끝 실속에 덜 취약하다. 하지만 날개의 변형과 구조하중이 증가하는 문제가 두드러져 실용화되지 못하고 있다.

10.10 가변날개

아음속에서는 유도항력(induced drag)**이 지배적이고, 초음속에서는 속도 증가와 충격파 현상 때문에 조파항력**(wave drag)**, 즉 유해항력**(parasite drag)**이 증가**한다. 특히 고속비행에 효과적인 후퇴날개는 높은 받음각과 저속으로 이착륙할 때 날개 끝 실속이 발생하기 쉽다. 따라서 이착륙 또는 저속비행에는 가로세로비(AR)가 크고 후퇴각이 없어서 유도항력이 낮고, 날개 끝 실속이 약해서 안정적인 사각날개와 테이터 날개 등 직선 형태의 날개가 유리하다. 그리고 초음속 순항비행에는 임계 마하수가 높아 조파항력이 작은 후퇴날개가 적합하다. 이러한 이유로 저속과 고속에서 최적의 성능을 발휘하도록 고안된 날개 형상이 **가변날개**(variable swept wing)이다. 가변날개는 비행 중 날개의 후퇴각을 변화시킬 수 있으므로, **이착륙 또는 저속비행 중에는 후퇴각을 작게 설정하여 날개 끝 실속을 방지하고, 작은 후퇴각 때문에 가로세로비가 높아짐에**

따라 유도항력을 감소시키며, 고속비행을 할 때는 후퇴각을 크게 설정하여 조파항력과 유해항력을 낮춘다. 하지만 비행 중 날개의 각도를 변화시키는 **구조는 상당히 복잡하기 때문에 제작비용과 정비 및 유지비용이 증가하며, 중량이 증가하는 단점**이 있다.

Rockwell B-1B 폭격기(1986)의 가변날개 후퇴각이 변화하는 모습. 적의 레이더에 탐지되지 않기 위하여 저고도에서 저속과 고속으로 적지에 침투하는 것이 B-1B의 주 임무였다. 따라서 B-1B는 저속과 고속 영역에서 최상의 공기역학적 성능을 발휘하도록 가변날개가 적용되었다. 하지만 비행 중 날개 후퇴각을 변경하도록 기체를 구성하면 구조가 복잡해지고 중량이 증가하는 문제가 있다. 그리고 레이더에 탐지되지 않는 스텔스 설계 기술이 등장하면서 B-1B와 같이 레이더를 피해 저공 침투를 하기 위하여 가변날개를 장착한 항공기는 더 이상 개발되지 않고 있다. 현재는 날개 설계 및 제작기술이 발전함에 따라 저속과 고속 영역에서 비교적 우수한 성능을 발휘하는 고정 날개 형태가 보편화되고 있다.

Photo: NASA

비행 중 날개가 한쪽으로 기울어지도록 설계된 경사날개(oblique wing)를 장착한 NASA의 AD-1 실험기(1979). 이렇게 한쪽 날개가 60° 후퇴하면 다른 쪽 날개는 60° 전진하게 되는데, 날개에 전진각이 있는 것은 후퇴각이 있는 것과 마찬가지이므로 고속비행 중에는 임계 마하수 및 항력발산 마하수가 증가하게 된다. 즉 이착륙과 같은 저속비행 중에는 직선 형태의 날개로, 고속비행 중에는 경사날개로 변환하여 모든 비행속도 영역에서 항력을 감소시킨다. 그리고 유사한 장점이 있는 가변날개보다 구조가 단순하고 중량이 가볍다. 하지만 스팬 방향으로 유동의 이동거리가 길어지면서 후퇴하는 날개 위의 경계층 두께가 증가하여 후퇴날개 끝에서 실속이 악화하고 도움날개의 효율이 감소한다. 또한, 돌풍의 영향으로 한쪽 날개가 비틀림이 발생하여 받음각이 증가하면 다른 쪽 날개는 반대로 받음각이 감소하여, 양쪽 날개의 양력 불균형이 발생하는 문제점 때문에 실용화되지 못하였다.

10.11 삼각날개

비행기가 높은 마하수로 초음속 비행을 하려면 날개 앞전의 후퇴각을 최대화해야 한다. 날개의 앞전 후퇴각은 가로 안정성(lateral stability)과 방향 안정성(directional stability) 유지에도 도움이 된다. 그런데 날개 뒷전에도 후퇴각을 적용하여 후퇴날개 형태로 구성하면 날개면적이 작기 때문에 구조 강도 유지를 위하여 날개 단면의 두께를 증가시킬 필요가 있다. 그러나 날개 단면의 두께가 증가하면 임계 마하수가 낮아지므로 초음속 비행에 도움이 되지 않는다. 따라서 **날개 앞전에는 큰 후퇴각이 있지만 뒷전에는 후퇴각이 없어서 직선형태인 삼각날개(delta wing) 형상으로 날개를 구성하면 구조적으로 견고해지므로 날개의 두께를 최소화**할 수 있다. 이에 따라 **초음속 비행 중에도 압축성 효과와 충격파의 발생을 지연시킬 수 있고, 날개면적을 충분히 확보하여 양력과 연료 탑재량이 증가하는 장점**이 있다. 그러므로 대부분의 초음속 항공기는 삼각형 날개를 장착한다.

삼각날개의 단점은 앞전 후퇴각이 커서 양력계수가 낮고, 날개 단면의 두께가 얇기 때문에 실속 받음각이 낮다는 것이다. 즉, **두께가 얇은 날개 단면은 받음각이 증가함에 따라 앞전부터 유동박리가 발생하여 빨리 실속에 들어가게 된다.** 특히 전투기는 빠른 속도뿐만 아니라 높은 기동성이 요구되기 때문에 낮은 실속 받음각은 전투기의 기동성을 제한하는 치명적인 단점이 된다. 그러므로 두께가 얇은 삼각날개의 실속을 지연시키기 위하여 날개 앞전이 기수 쪽으로 연장된 형태로 날개를 제작하는데, 이렇게 연장된 부분을 **스트레이크**(strake) 또는 **LEX**(Leading Edge eXtension)라고 한다. 스트레이크로부터 높은 에너지의 **원추형 와류**(conical vortex)가 발생하

최고속도가 $M = 2.0$에 이르는 Aérospatiale-BAe Concord 초음속 여객기도 두께가 얇은 삼각날개를 장착한다. 삼각날개 앞전이 기수 쪽으로 연장된 형태를 한 부분이 스트레이크인데, 여기서 발생하는 강한 와류는 두께가 얇은 날개의 항공기가 높은 받음각에서도 실속하지 않고 안정적으로 비행이 가능하도록 한다. Concord 여객기는 낮은 상업성과 소음 문제 때문에 현재는 퇴역한 상태이다.

면 유동박리를 방지하여 실속 받음각을 높이고 저속 기동성을 향상시킨다. 스트레이크에 대한 자세한 설명은 다음 장에서 다루도록 한다.

저렴하고 안정성이 중요한 개인용 경비행기는 제작비가 적게 들고 실속 성능이 양호한 사각날개 또는 테이퍼 날개를 장착한다.

순항속도가 $M=0.8$ 전후의 제트 여객기 또는 수송기는 후퇴각 40° 전후의 후퇴날개를 장착하고 있다. 또한, 항속거리를 최대화하기 위하여 날개에 가능한 한 많은 연료를 탑재하기 때문에 임계마하수가 높고 내부 용적이 큰 초임계 날개 단면을 사용하는 경우가 많다.

최고속도가 $M=2.0$ 이상인 초음속 전투기는 앞전 후퇴각이 40° 이상인 삼각날개를 장착하는 것이 일반적이다. 사진에서 확인할 수 있듯이, 가변날개 전투기인 Tornado ECR(오른쪽에서 세 번째)을 제외한 대부분의 초음속 전투기의 날개는 삼각형에 가까운 것을 확인할 수 있다. 최근 개발되고 있는 스텔스 전투기의 날개 형태도 기본적으로 삼각날개이다.

- **스팬 길이**(wingspan, b) : 한쪽 날개 끝에서 다른 쪽 날개 끝까지 직선으로 이은 선의 길이, 즉 날개의 폭을 말한다.
- **평균기하학적 시위**(Mean Geometric Chord, MGC) : 3차원 날개의 형상적 특징을 정의하는 평균시위로, 가로세로비를 정의할 때 사용한다.
- **평균공력시위**(Mean Aerodynamic Chord, MAC) : 3차원 날개의 공기역학적 성능을 대표하는 평균시위로, 압력중심(cp)과 무게중심(cg)의 위치를 정의할 때 사용한다.
- **사각날개**(rectangular wing) : 앞전 후퇴각(sweep back angle, Λ)이 없고, 날개 뿌리 시위길이(wing root chord length, c_r)와 날개 끝 시위길이(wing tip chord length, c_t)가 동일한 날개이다.
  - 장점 : 제작이 용이하고 제작비가 낮으며, 실속이 날개 뿌리 부분부터 시작하므로 날개 끝부분에 위치한 도움날개의 효율 감소가 적기 때문에 항공기 조종성에 대한 악영향이 적다.
  - 단점 : 날개 끝 와류의 규모와 강도가 커서 유도항력이 높다.
- **타원날개**(elliptical wing) : 날개 끝을 포함하여 날개 앞전과 날개 뒷전이 둥글게 구성되어 평면 형상이 타원형인 날개를 말한다.
  - 장점 : 양력계수의 분포가 스팬 방향으로 비교적 균일하고, 시위길이가 짧거나 시위길이가 거의 없으므로 날개 끝 와류의 강도가 가장 낮아 유도항력이 낮다.
  - 단점 : 곡선으로 구성된 외형 때문에 제작이 어렵고, 높은 받음각에서 날개 끝 실속(wing tip stall)이 나타나서 도움날개의 효율이 감소하여 조종성이 떨어진다.
- **테이퍼 날개**(tapered wing) : 날개 뿌리 시위길이와 날개 끝 시위길이가 다른 날개이다.
  - 장점 : 사각날개와 타원날개는 공기역학적 성능과 제작면에서 장단점을 절충한 형태로, 유도항력이 작고 제작성도 비교적 양호하다.
  - 단점 : 테이퍼비가 너무 작아서 날개 끝 시위길이가 매우 짧은 경우에는 높은 받음각에서 날개 끝 실속이 발생한다.
- **테이퍼비**(taper ratio) : $\lambda = \dfrac{C_t}{C_r}$

  (C_t : 날개 끝 시위길이, C_r : 날개 뿌리 시위길이)
- **후퇴날개**(backward swept wing) : 앞전 후퇴각이 있어서 뒤로 젖혀진 날개이다.
  - 장점 : 후퇴각의 크기에 비례하여 임계 마하수가 높아지므로 초음속 항공기의 날개로 적합하다.
  - 단점 : 후퇴각이 증가할수록 양력이 감소하며, 날개 끝을 향하여 스팬 방향으로 발달하는 경계층 때문에 받음각이 높아지면 날개 끝에서부터 실속이 촉진된다.
- **후퇴날개에 작용하는 수직속도(마하수)** : $V_n = V \cos \Lambda$, $M_n = M \cos \Lambda$

  (V : 비행속도, M : 비행마하수, V_n : 수직속도, M_n : 수직마하수, Λ : 후퇴각)

- **피치업**(pitch up): 높은 받음각에서 후퇴날개 끝에서 실속이 발생하면 압력중심(*cp*)이 무게중심(*cg*)의 전방으로 이동함으로써 기수가 올라가고 이에 따라 받음각이 더욱 증가하여 날개 전체가 실속하는 현상을 말한다.

- **날개 끝 실속 완화방법**
  - 날개 윗면에 경계층 펜스(boundary-layer fence) 설치: 날개 끝 쪽으로 흐르는 유동과 경계층을 차단하여 날개 끝 실속을 방지하고 도움날개의 효율을 유지한다.
  - 톱날 앞전(saw-tooth leading edge) 구성: 톱날 앞전에서 발생하는 강한 와류는 경계층 펜스 역할을 하며 날개 끝 쪽으로 발달하는 경계층을 차단하여 저속 및 높은 받음각으로 비행할 때 날개 끝에서 실속이 나타나는 것을 방지한다.
  - 와류 발생기(vortex generator) 설치: 에너지가 높은 와류가 넓은 면적에서 발생하며 유동박리를 저지하고 양력을 높인다.
  - 날개 워시아웃(washout) 적용: 날개 끝으로 갈수록 받음각이 낮아지도록 날개를 설계하고 제작하여 받음각이 높아지는 상황에서 날개 끝 유동박리를 지연시킨다.

- **전진날개**(forward swept wing): 날개 앞전의 경사 각도는 유지하되 날개 끝이 날개 뿌리보다 앞쪽에 위치하도록 앞으로 젖혀진 날개이다.
  - 장점: 고속비행 중 임계 마하수를 높이고 저속 및 높은 받음각에서의 날개 끝 실속 문제도 낮다.
  - 단점: 날개의 뒤틀림 현상이 나타나거나 날개 뿌리에 많은 하중이 작용한다.

- **가변날개**(variable swept wing): 비행 중 날개의 후퇴각을 변화시킬 수 있는 날개를 말한다.
  - 장점: 날개의 각도를 변화시킬 수 있으므로, 이착륙 중에는 후퇴각을 작게 설정하고 가로세로비를 높여 날개 끝의 실속을 방지하고 유도항력을 감소시키며, 고속비행 중에는 후퇴각을 높여 조파항력을 낮출 수 있다.
  - 단점: 날개 구조가 복잡하므로 제작비용과 정비 및 유지비용이 높으며, 중량이 증가한다.

- **삼각날개**(delta wing): 날개 끝 시위길이가 없거나 매우 짧아 평면 형상이 삼각형인 날개를 말한다.
  - 장점: 날개 두께를 줄여 초음속 비행 중에도 압축성 효과를 지연시킬 수 있고, 날개면적을 충분히 확보하여 양력과 연료 탑재량이 증가한다.
  - 단점: 받음각 증가에 따라 날개 앞전부터 유동이 박리하여 빨리 실속에 들어간다.

- **스트레이크**(strake) **또는** LEX(Leading Edge eXtension): 날개 앞전을 기수 쪽으로 연장한 형태로 구성되며, 높은 에너지를 가진 원추형 와류(conical vortex)를 발생시켜 저속 및 높은 받음각에서도 양력을 유지한다.

PRACTICE

01 한쪽 날개 끝에서 다른 쪽 날개 끝까지 직선으로 이은 선의 길이를 일컫는 것은?

① 날개 끝 시위길이(wing tip chord length)
② 날개 뿌리 시위길이(wing root chord length)
③ 스팬 길이(wingspan)
④ 평균시위길이(mean chord length)

해설 스팬(span)은 한쪽 날개 끝에서 다른 쪽 날개 끝까지 직선으로 이은 선의 길이, 즉 날개의 폭을 말한다.

02 사각날개의 특징이 아닌 것은?

① 테이퍼비(λ)가 1이다.
② 받음각이 증가하면 날개 끝부터 실속이 시작된다.
③ 유도항력이 크다.
④ 제작이 용이하고 제작비가 낮다.

해설 사각날개(rectangular wing)는 실속이 날개 뿌리 부분부터 시작하므로 날개 끝부분에 위치한 도움날개의 효율 감소가 적기 때문에 항공기 조종성에 대한 악영향이 적다.

03 테이퍼 날개의 날개 끝 실속이 강해지는 경우는?

① 날개 끝 받음각 감소
② 테이퍼비 감소
③ 날개 끝 유동의 레이놀즈수 증가
④ 후퇴각 감소

해설 테이퍼비(taper ratio)가 너무 작아서 날개 끝 시위길이가 매우 짧은 경우에는 높은 받음각에서 날개 끝 실속이 발생한다.

04 스팬 길이가 11 m, 날개면적이 22 m^2, 날개 끝 시위길이가 1.27 m, 날개 뿌리 시위길이가 2.64 m인 날개의 테이퍼비에 가장 가까운 것은?

① 0.48 ② 0.50
③ 2.08 ④ 5.50

해설 테이퍼비(taper ratio)는 $\lambda = \frac{C_t}{C_r}$($C_t$: 날개 끝 시위길이, C_r: 날개 뿌리 시위길이)로 정의하므로, 주어진 조건에서의 테이퍼비는 $\lambda = \frac{1.27\,m}{2.64\,m} = 0.48$이다.

05 다음 중 임계 마하수가 가장 낮은 날개 형상은?

① 두께가 얇은 날개 단면+후퇴각이 없는 날개 평면
② 두께가 얇은 날개 단면+후퇴각이 있는 날개 평면
③ 두께가 두꺼운 날개 단면+후퇴각이 없는 날개 평면
④ 두께가 두꺼운 날개 단면+후퇴각이 있는 날개 평면

해설 날개 단면의 두께가 얇으면 임계 마하수(critical Mach number, M_{cr})가 높아지고, 후퇴각의 크기에 비례하여 임계 마하수가 높아진다.

06 어떤 날개 단면의 임계 마하수가 $M_{cr} = 0.8$이다. 후퇴각 $\Lambda = 50°$를 날개에 적용했을 때 후퇴날개 임계 마하수에 가장 가까운 것은?

① $M_{cr} = 0.4$
② $M_{cr} = 0.7$
③ $M_{cr} = 1.0$
④ $M_{cr} = 1.3$

해설 후퇴날개(backward swept wing)의 날개 단면에 수직으로 작용하는 유동을 기준한 임계 마하수와 후퇴날개 임계 마하수를 각각 M_{cr}, M_{cr}'이라고 하면 $M_{cr} = M_{cr}' \cos\Lambda$이다. 따라서 날개에 후퇴각 $\Lambda = 50°$가 적용될 때 날개 단면의 임계 마하수가 $M_{cr} = 0.8$이 되는 날개 임계 마하수는 $M_{cr}' = \frac{M_{cr}}{\cos\Lambda} = \frac{0.8}{\cos 50°} = 1.3$이다.

정답 **1.** ③ **2.** ② **3.** ② **4.** ① **5.** ③ **6.** ④

07 다음 사진의 항공기 날개에 적용된 날개 끝 실속 완화장치는?

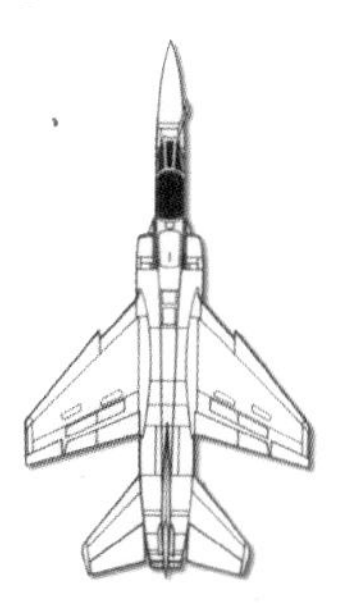

① 경계층 펜스(boundary-layer fence)
② 톱날 앞전(saw-tooth leading edge)
③ 와류 발생기(vortex generator)
④ 날개 워시아웃(washout)

해설 그림의 날개 끝 실속 완화장치는 톱날 앞전이다. 톱날 앞전에서 발생하는 강한 와류는 경계층 펜스 역할을 하며 날개 끝 쪽으로 발달하는 경계층을 차단하여 저속 및 높은 받음각으로 비행할 때 날개 끝에서 실속이 나타나는 것을 방지한다.

08 전진날개를 장착한 전투기가 500 m/s의 속도로 비행 중이다. 날개 앞전에 작용하는 수직속도값에 가장 가까운 것은? (단, 날개의 전진각은 $\Lambda = 50°$이다.)

① 321 m/s
② 383 m/s
③ 653 m/s
④ 778 m/s

해설 후퇴날개와 마찬가지로 전진날개(forward swept wing)에 작용하는 수직속도는 $V_n = V\cos\Lambda$로 정의하므로, 주어진 조건에서의 수직속도는 $V_n = 500\,\text{m/s} \times \cos 50° = 321\,\text{m/s}$이다.

09 날개의 평면 형상과 장점이 가장 적절하게 짝지어진 것은?

① 가로세로비가 큰 날개 – 양항비 감소
② 전진날개 – 날개 끝 실속 완화
③ 사각날개 – 고속비행 가능
④ 타원날개 – 제작이 용이

해설 전진날개는 초음속 비행 중 임계 마하수를 낮추고 저속 및 높은 받음각에서의 날개 끝 실속문제도 적다.

10 다음 중 가변날개의 단점으로 가장 적합한 것은?

① 이착륙 중 유도항력 증가
② 날개 앞전부터 유동박리 발생
③ 날개 뒤틀림 현상 발생
④ 중량 증가

해설 가변날개의 단점은 날개 구조가 복잡하므로 제작비용과 정비 및 유지비용이 높아지며 중량이 증가한다.

11 날개 앞전을 기수 쪽으로 연장한 형태의 날개 구성품으로, 저속 및 높은 받음각에서 양력을 유지해주는 장치는?

① 스트레이크(strake)
② 와류 발생기(vortex generator)
③ 윙렛(winglet)
④ 경계층 펜스(boundary-layer fence)

해설 스트레이크(strake) 또는 LEX(Leading Edge eXtension)는 날개 앞전을 기수 쪽으로 연장한 형태로 구성되며, 원추형 와류(conical vortex)를 발생시켜 저속 및 높은 받음각에서도 양력을 유지한다.

정답 7. ② 8. ① 9. ② 10. ④ 11. ①

12 다음 중 후퇴날개의 날개 끝 실속현상을 방지하기 위한 방법으로 틀린 것은?

[항공산업기사 2021년 3회]

① vortex generator를 설치한다.
② washout으로 날개를 설계한다.
③ stall fence를 날개 앞전이나 뒷전에 설치한다.
④ fowler flap을 설치한다.

해설 후퇴날개의 날개 끝 실속 완화방법에는 경계층 펜스 또는 실속 펜스(stallfence) 설치, 톱날 앞전 구성, 와류 발생기 설치, 날개 워시아웃 적용 등이 있다.

13 그림과 같은 날개(wing)의 테이퍼비(taper ratio)는 얼마인가? [항공산업기사 2018년 4회]

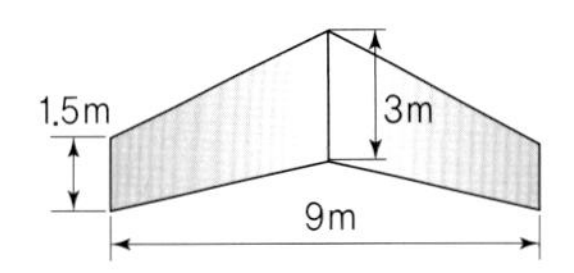

① 0.5 ② 1.0
③ 3.5 ④ 6.0

해설 테이퍼비(taper ratio)는 $\lambda = \dfrac{C_t}{C_r}$로 정의하므로, 주어진 조건에서의 테이퍼비는 $\lambda = \dfrac{1.5\text{m}}{3.0\text{m}} = 0.5$이다.

14 날개 끝 실속을 방지하는 보조장치 및 방법으로 틀린 것은? [항공산업기사 2018년 1회]

① 경계층 펜스를 설치한다.
② 톱날 앞전 형태를 도입한다.
③ 날개의 후퇴각을 크게 한다.
④ 날개가 워시아웃(washout) 형상을 갖도록 한다.

해설 후퇴각이 증가할수록 양력이 감소하며, 후퇴날개 끝을 향하여 스팬 방향으로 발달하는 경계층 때문에 받음각이 높아지면 날개 끝에서부터 실속이 촉진된다.

15 임계마하수가 0.70인 직사각형 날개에서 임계마하수를 0.91로 높이기 위해서는 후퇴각을 약 몇 도(°)로 해야 하는가?

[항공산업기사 2018년 1회]

① 10° ② 20°
③ 30° ④ 40°

해설 후퇴날개의 날개 단면에 수직으로 작용하는 유동을 기준한 임계 마하수와 후퇴날개의 임계 마하수를 각각 M_{cr}, M_{cr}'이라고 하면 $M_{cr} = M_{cr}' \cos \Lambda$이다. 따라서 주어진 조건에서 후퇴각의 크기는 $\Lambda = \cos^{-1}\dfrac{M_{cr}}{M_{cr}'} = \cos^{-1}\dfrac{0.70}{0.91} = 40°$이다.

16 항공기 날개에 관한 설명으로 옳은 것은?

[항공산업기사 2017년 4회]

① 날개에서 발생하는 양력은 유도항력을 유발한다.
② 날개의 뒤처짐각은 임계 마하수를 낮춘다.
③ 날개의 가로세로비는 날개폭을 넓이로 나눈 값이다.
④ 양력과 항력은 날개면적의 제곱에 비례한다.

해설 날개 후퇴각(뒤처짐각)의 크기에 비례하여 임계 마하수가 높고, 날개의 가로세로비(AR)는 날개폭(스팬 길이)의 제곱(b^2)을 날개면적(S)으로 나눈 값이다. 또한, 양력과 항력은 각각 $L = C_L \dfrac{1}{2}\rho V^2 S$와 $D = C_D \dfrac{1}{2}\rho V^2 S$로 정의하므로 날개면적에 비례한다.

정답 12. ④ 13. ① 14. ③ 15. ④ 16. ①

CHAPTER **11**

고양력장치 및 감속장치

11.1 고양력장치 | 11.2 날개 앞전 고양력장치 | 11.3 플랩
11.4 블로운 플랩 | 11.5 스트레이크 | 11.6 엔진 나셀 스트레이크
11.7 감속장치

CHAPTER 11

크루거 플랩(Krueger flap), 3중 슬로티드 파울러 플랩(triple-slotted fowler flap), 스포일러(spoiler)를 모두 전개하여 착륙활주한 후 유도로에 진입하고 있는 Boeing 747-400 여객기. 플랩은 저속으로 착륙할 때 양력을 높이는 고양력장치(high-lift device)인 반면, 스포일러는 항력(drag)을 높여서 착륙활주거리를 단축시키는 감속장치(decelerating device)이다. 착륙활주하는 동안 플랩의 전개로 인하여 발생하는 양력 때문에 타이어의 접지압과 마찰력이 낮아져서 차륜 브레이크의 효과가 떨어진다. 따라서 스포일러는 항력을 높이는 동시에 양력을 낮추어 차륜 브레이크의 제동 효과를 향상시키는 역할도 한다.

11.1 고양력장치

항공기의 날개는 주로 순항비행에서 최적의 성능을 발휘하도록 설계 및 제작된다. 그리고 양력의 크기는 비행속도에 제곱비례한다. 항공기가 **이착륙할 때는 비행속도가 감소하기 때문에 충분한 양력을 유지하기 위하여 고양력장치**(high-lift device)**를 사용**해야 한다. 즉, 순항비행에 최적화된 날개의 형태를 고양력장치를 사용하여 이착륙에 적합하게 변형하지 않으면 낮은 비행속도에서 항공기는 실속(stall)하게 된다. 대표적인 날개 고양력장치는 **플랩**(flap)과 **슬랫**(slat)이다.

실속속도(V_s)는 항공기 안전성의 중요한 기준이 되는데, 미국연방항공규정(Federal Aviation Regulation, FAR)에 의하면 최대이륙중량이 5,700 kgf 이하의 소형 항공기의 실속속도규정은 $V_s < 61$ kts이다. 61 kts는 약 113 km/hr 또는 31 m/s이다. 즉, 소형 항공기는 비행 중 113 km/hr 이하의 낮은 속도에서도 실속하지 않음을 증명해야 항공기가 안전하게 운항할 수 있다는 감항인증(Airworthiness Certification)을 받을 수 있다.

일반적으로 항공기 무게는 탑재연료의 소모에 따라 이륙할 때보다 착륙할 때 가볍기 때문에 착륙 시의 실속속도가 이륙 시의 실속속도보다 낮다. 따라서 착륙속도는 이륙속도보다 대체로 느리다. 그리고 항공기의 이착륙속도는 실속속도의 1.2배 전후이다. 이렇게 항공기의 이착륙속도는 실속속도보다 약간 더 빠른 수준이고, **실속속도가 높아서 이착륙속도가 빠르면 이착륙거리가 늘어난다.** 이착륙거리가 증가하면 정해진 길이의 활주로에서 이착륙할 수 없을 뿐만 아니라, 항공기의 안전에 큰 위협이 된다. 만약 착륙하는 항공기에 이상이 발생하여 높은 실속속도에서 정상보다 빠른 속도로 착륙한다면 항공기가 정해진 활주거리에서 정지하지 못하고 활주로 밖으로 벗어나는 오버런(overrun)이 발생할 수 있다. 그러므로 실속속도를 가능한 한 낮추어 낮은 속도로 이착륙하는 것이 항공기의 안전에 매우 중요하다.

실속속도는 다음과 같이 날개의 최대양력계수($C_{L\max}$)와 날개면적(S)의 영향을 받는데, 최대양력계수와 날개면적이 증가할수록 실속속도는 낮아지고 항공기의 실속성능은 향상된다.

$$V_s = \sqrt{\frac{2W}{\rho S C_{L_{\max}} S}}$$

비행 중 최대양력계수를 증가시켜서 실속속도를 낮추는 가장 단순한 방법은 날개 받음각을 높이는 것이다. 하지만 날개의 실속받음각이 높아서 실속하지 않는다고 하더라도, 과도하게 높은 받음각으로 이착륙한다면 높아진 항공기의 기수가 조종사의 전방 시야를 방해하여 조종사가 이착륙 상황을 볼 수 없는 문제가 발생할 수 있다. **비행 중 최대양력계수를 높이는 다른 방법은 날개 단면의 캠버**(camber)**를 증가시키는 것**이다. 날개의 고양력장치인 플랩과 슬랫은 기본적으로 날개 단면의 캠버를 높이는 날개 구성품이다. 파울러 플랩(fowler flap)을 전개하면 캠버뿐만 아니라 날개의 면적도 증가한다. 따라서 날개의 고양력장치를 사용하면 위의 실속속도 관계

식의 **최대양력계수($C_{L\max}$)와 날개면적(S)이 증가하고, 이에 따라 실속속도가 감소하여 비행속도가 낮은 이착륙 중에도 실속하지 않고 안전하게 비행할 수 있다.** 만약 날개의 양력계수와 면적이 부족하면 양력의 증가를 위하여 높은 속도로 이륙해야 하므로 이륙거리가 증가한다. 그리고 양력 유지를 위하여 높은 착륙속도로 활주로에 착륙하면 항공기 구조에 가해지는 충격이 증가하고, 감속하여 완전히 정지할 때까지 긴 착륙거리가 요구된다. 따라서 **최대양력계수와 날개 면적을 높이는 날개 고양력장치는 이착륙거리를 단축시키는 역할을 한다.**

플랩은 장착 위치에 따라 날개 앞전에 구성되는 앞전 플랩과 도움날개(aileron)와 유사한 형태로 도움날개의 안쪽에 장착되는 뒷전 플랩으로 구분한다. 또한, 슬랫 역시 날개 앞전에 장착되어 플랩과 마찬가지로 날개의 최대양력계수를 높이는 역할을 한다.

11.2 날개 앞전 고양력장치

(1) 앞전 플랩

날개 앞전에 구성되는 앞전 고양력장치에는 앞전 플랩(leading edge flap)과 슬랫(slat)이 있다. 그리고 **앞전 고양력장치와 날개 앞전 사이의 공간을 슬롯**(slot)이라고 한다. 앞전 플랩과 슬랫 모두 날개 앞전 부분이 분리되어 꺾여 내려가는 방식이다. 그런데 [그림 11-1]에 나타낸 바와 같이 **앞전 플랩은 사이의 공간, 즉 슬롯이 없는 반면에 슬랫은 슬롯이 발생**하기 때문에 슬롯의 유무로 앞전 플랩과 슬랫을 구분한다. **슬롯은 에너지가 강한 유동을 날개 윗면으로 흐르게 하여 양력을 높이는 역할**을 한다.

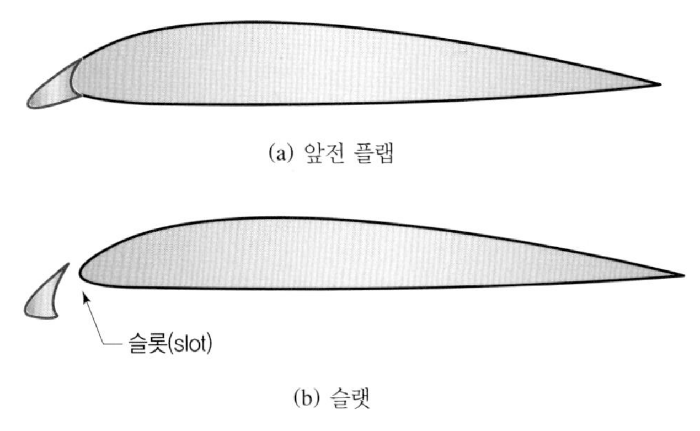

[그림 11-1] 앞전 플랩과 슬랫의 비교

앞전 플랩은 날개 앞전의 일부분이 꺾여 내려와 처진다(droop)**고 하여 드룹 플랩**(droop flap)이라고도 한다. [그림 11-2]와 같이 빨간 선은 평균 캠버선이고, 파란선은 시위선인데, **앞전 플**

랩이 전개되면 고양력장치를 전개하지 않은 기본 날개 단면의 형상보다 캠버가 증가한다. 그리고 앞전 플랩의 전개 각도가 증가할수록 캠버의 크기도 커진다. 하지만 날개 단면의 시위선이 아래로 경사지면서 상대풍과 시위선 사이의 각도인 **받음각(α)이 감소**하게 된다.

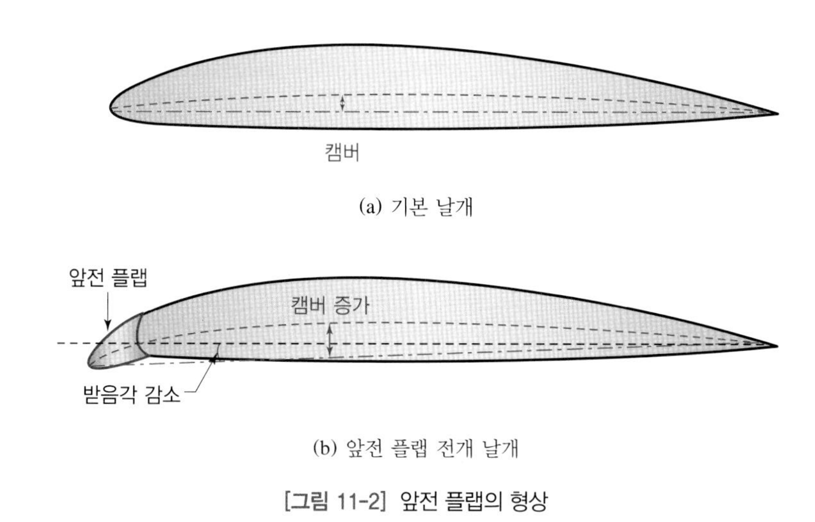

(a) 기본 날개

(b) 앞전 플랩 전개 날개

[그림 11-2] 앞전 플랩의 형상

항공기가 이착륙할 때는 받음각을 크게 한다. [그림 11-3]에서는 높은 받음각에서 기본 날개와 앞전 플랩을 전개한 날개 주위를 흐르는 유동의 형태를 비교하고 있다. 기본 날개의 경우 받음각이 증가함에 따라 날개 뒷전부터 경계층, 또는 유동이 떨어져 나가며 실속하기 시작한다. 하지만 **앞전 플랩을 전개함에 따라 캠버가 증가하고 받음각이 감소한 날개는 유동박리가 지연되어 실속 영역이 감소**하였음을 볼 수 있다. 10장에서 살펴본 바와 같이, 캠버는 높은 받음각에서 유동에 대하여 완만한 경사를 제공하여 앞전 부근에서의 역압력 구배를 최소화한다.

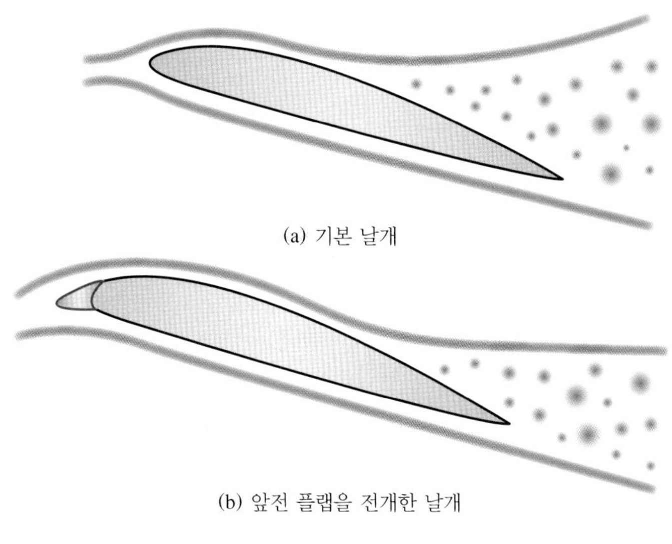

(a) 기본 날개

(b) 앞전 플랩을 전개한 날개

[그림 11-3] 높은 받음각에서 앞전 플랩의 효과

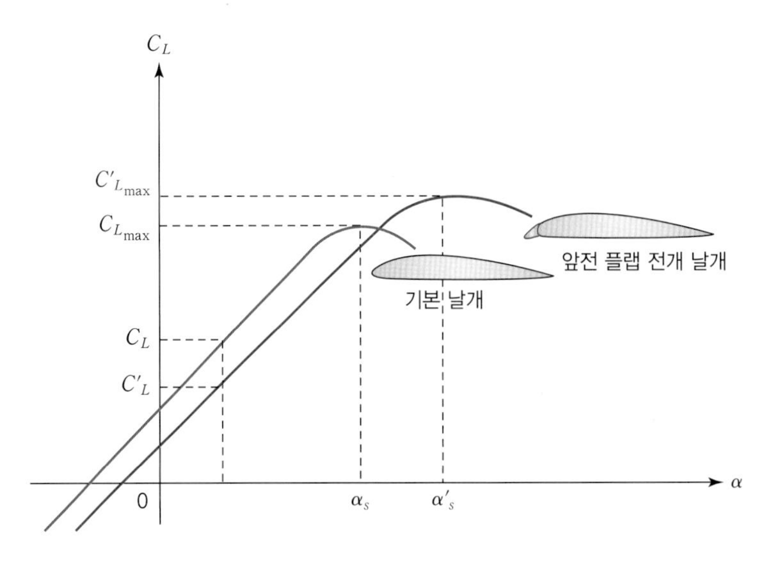

[그림 11-4] 앞전 플랩 전개에 따른 양력과 실속 특성의 변화

[그림 11-4]는 앞전 플랩 전개 날개의 실속 특성을 보여주고 있다. **앞전 플랩 전개에 따른 캠버의 증가는 실속을 지연시켜 최대양력계수($C_{L_{max}}$)를 높인다.** 하지만 **같은 받음각에서의 양력계수(C'_L)는 오히려 감소**함을 볼 수 있는데, 이는 [그림 11-2]에 나타낸 바와 같이 **앞전 플랩을 전개함에 따라 앞전 부분이 내려가면서 시위선의 각도가 바뀌어 받음각이 감소했기 때문**이다.

선회비행 중 앞전 플랩을 전개하여 양력을 유지하고 있는 Sukhoi Su-57 전투기. 현대 전투기에는 기수 부분까지 날개 앞전이 연장된 스트레이크(strake) 또는 LEX(Leading Edge eXtension)에서도 와류 양력이 발생하는데, 이 항공기는 스트레이크가 상하로 가동되도록 제작되어 받음각과 항공기의 자세 변화에서도 최적의 성능을 발휘할 수 있다.

하지만 최대양력계수와 실속받음각이 증가하여 낮은 속도와 높은 받음각에서도 안전하게 이착륙할 수 있다.

물론, 날개 단면 자체의 형상적 특징에 따라 고양력장치의 효과는 달라진다. 초음속 항공기의 날개 단면은 캠버가 작고 두께가 얇아 높은 받음각에서는 날개 앞전부터 유동이 박리되기 쉽다. 따라서 **앞전 플랩은 고속으로 비행하는 제트 전투기의 날개에 흔히 적용**된다. 또한, 큰 선회경사각(bank angle)으로 한쪽 날개를 선회중심 쪽으로 기울여 급선회할 때는 양력의 방향도 선회중심 쪽으로 기울어지므로 중량에 대항하여 비행기를 지탱하는 양력의 수직힘이 감소한다. 따라서 이착륙뿐만 아니라 선회비행 중에도 받음각을 높여 양력을 유지하는데, 현대 제트 전투기는 받음각을 높여 선회비행에 들어가면 자동으로 앞전 플랩 또는 슬랫이 전개된다.

(2) 크루거 플랩

[그림 11-5]에 나타낸 **크루거 플랩**(Krueger flap)**은 날개 앞전 아랫면의 표면 구성품이 분리되어 전개되는 방식의 앞전 플랩**이다. 앞전 전체가 분리되어 내려오는 드룹 플랩과 비교하여 구조가 단순한 장점이 있는 반면, 낮은 받음각에서 다른 앞전 고양력장치보다 항력이 크다는 단점이 있다. 또한, 크루거 플랩을 전개하면 압력중심(center of pressure)이 전방으로 이동하므로 항공기 기수가 올라가는 피치업(pitch up) 현상을 유발하기 때문에 이를 상쇄하기 위하여 수평안정판/승강타 또는 트림탭의 조작이 필요하다.

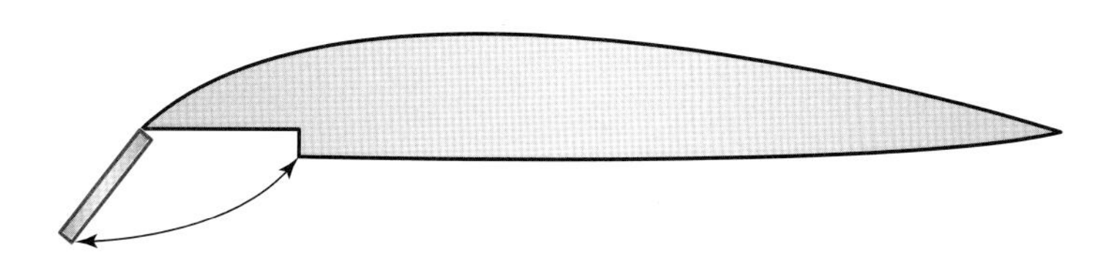

[그림 11-5] 크루거 플랩의 형상

Boeing 737-800에 장착된 크루거 플랩. Boeing 737의 경우 엔진과 동체 사이의 inboard 앞전에는 크루거 플랩, 엔진과 날개 끝 사이의 outboard 앞전에는 슬랫이 장착되어 있다.

(3) 슬랫

[그림 11-6]에서 볼 수 있듯이, **슬랫(slat)은 날개 앞전에서 분리, 전개되어 슬롯이 발생하는 앞전 고양력장치**이다. 그리고 슬랫을 전개하면 날개 단면의 캠버가 커지고 날개의 면적도 소폭 증가한다. 하지만 앞전 플랩과 마찬가지로 **날개 시위선의 각도가 변화하여 받음각이 감소**한다. 그리고 [그림 11-7]과 같이, 날개 아랫면을 지나는 **공기의 유동이 슬롯을 통하여 날개 윗면을 따라 흐르는 경우 높은 받음각에서도 날개 앞전의 윗면에서부터 유동이 박리되는 것을 방지하**

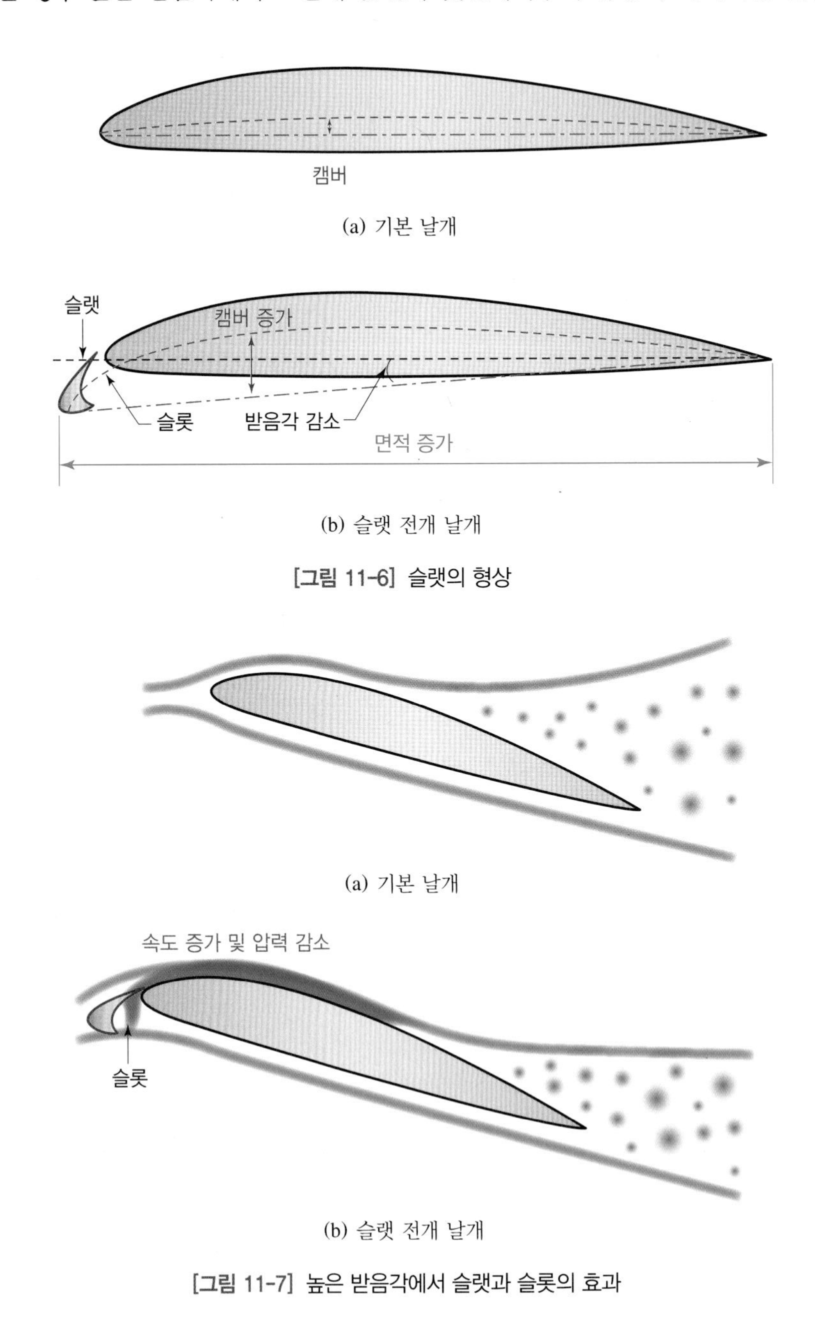

(a) 기본 날개

(b) 슬랫 전개 날개

[그림 11-6] 슬랫의 형상

(a) 기본 날개

(b) 슬랫 전개 날개

[그림 11-7] 높은 받음각에서 슬랫과 슬롯의 효과

는 효과가 있다. 즉, 비행 중 날개에서 양력이 발생할 때는 아랫면은 압력이 높고 윗면은 압력이 낮다. 그리고 슬롯이라는 통로가 있으면 이를 통하여 고압부인 날개 아랫면을 따라 흐르는 유동의 일부가 저압부인 윗면으로 흐르게 된다. 이착륙 중에는 속도가 낮기 때문에 상대풍은 비압축성 유동이다. 따라서 통로의 면적이 좁아지면 연속방정식(continuity equation)으로 설명할 수 있듯이 유동의 속도가 증가한다. 이에 따라 운동에너지가 증가한 유동은 날개 윗면을 지나는 경계층 또는 유동과 혼합하여 이착륙 중 높은 받음각에서도 박리되지 않기 때문에 실속을 지연시키고 최대양력계수를 높인다.

또한, **받음각이 있는 상태에서 앞전 플랩이나 크루거 플랩을 전개하면** 날개 윗면의 저압부는 전방 쪽으로 이동한다. 그러므로 날개의 압력중심이 앞전 쪽으로 이동하면서 항공기의 기수가 들리는 피치업 현상이 발생하여 조종사의 의도보다 받음각이 과도하게 높아지고 실속하는 경우가 있다. 하지만, 슬랫을 전개하면 슬롯의 효과로 인하여 높은 받음각에서도 날개 윗면에 넓은 저압부가 형성되어 압력중심의 전방 이동과 기수 상승으로 인한 실속현상을 방지할 수 있다.

[그림 11-8]은 슬랫 전개에 따른 날개의 실속 특성 변화를 보여주고 있다. 앞전 플랩과 달리, **슬랫은 기본 날개와 비교하여 같은 받음각에서 양력계수를 증가시키기보다는 최대양력계수를 높이는 역할**을 한다. 즉, 슬랫을 전개하여 발생하는 캠버의 증가와 슬롯의 효과는 날개 양력계수를 높이지만, 동시에 시위선의 각도를 변화시켜 받음각을 낮추어 양력계수를 감소시킨다. 이러한 양력계수 증감의 효과는 결국 기본 날개와 유사한 크기의 양력계수를 발생시킨다. 하지만 캠버의 증가와 슬롯의 발생은 날개 윗면을 흐르는 유동박리를 지연시켜 최대양력계수를 증가시킨다.

그리고 슬랫의 전개에 따라 실속받음각(α_s') 역시 증가하므로 비교적 높은 받음각 상태에서도 비행이 가능하다. 하지만 과도하게 높은 받음각에서는 항공기의 기수가 조종사의 전방 시계를 방해하여 안전한 이착륙 비행에 위협이 된다.

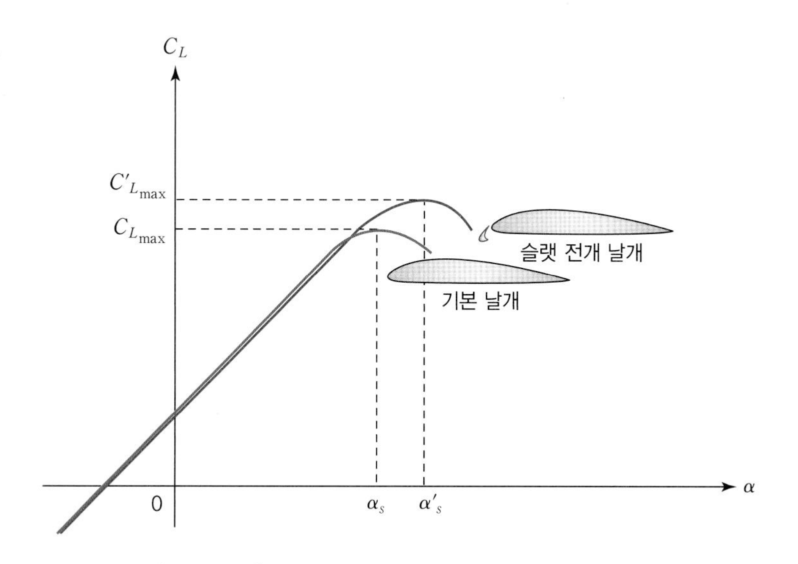

[그림 11-8] 슬랫 전개에 따른 양력과 실속 특성의 변화

11.3 플랩

(1) 평플랩

날개 뒷전에 구성되는 고양력장치는 플랩이다. **날개 뒷전에 구성되는 플랩은 앞전 플랩 및 슬랫과 비교하여 면적이 크기 때문에 양력 증가의 효과가 더욱 크다.** 따라서 날개를 장착한 대부분의 고정익기는 앞전 고양력장치를 생략하더라도 뒷전 플랩은 가지고 있다. 그러므로 플랩은 일반적으로 뒷전 플랩을 지칭하는데, 뒷전 플랩이 장착되는 날개의 형태 및 플랩의 구성방식과 작동방식에 따라 다양한 플랩의 형식이 존재한다. 물론 날개의 양항비(lift to drag ratio)가 커서 매우 낮은 속도로 이착륙하는 활공기(glider)와 장기체공무인기(long endurance UAV)는 뒷전 플랩도 장착하지 않는다. 그리고 날개에서 발생하는 양력의 대부분은 날개 뿌리 쪽에서 발생하므로 플랩에 의한 양력 증가의 효과를 극대화하기 위하여 플랩은 날개 뿌리 근처, 즉 도움날개(aileron)의 안쪽에 장착된다.

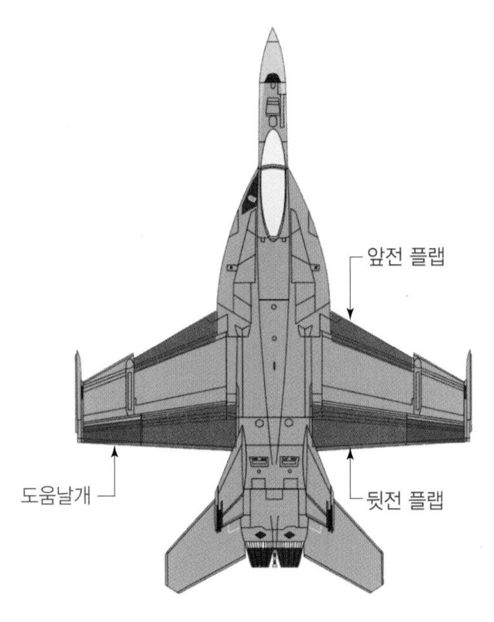

[그림 11-9] 뒷전 플랩의 위치

뒷전 플랩은 도움날개와 유사한 방식으로 날개의 뒷전 부분이 아래로 전개되며, 이에 따라 날개 단면의 캠버가 증가한다. [그림 11-10]은 대표적 뒷전 플랩인 **평플랩**(plain flap)의 형상을 보여주고 있다. **뒷전 플랩은 앞전 플랩 및 슬롯과 비교하여 시위길이가 길기 때문에 작은 각도로 전개하여도 캠버의 증가가 현저**해진다. 또한, 전개할 때 날개 단면의 시위선 각도의 변화로 받음각이 감소하는 앞전 플랩 및 슬랫과는 반대로, **뒷전 플랩을 전개하면 뒷전이 아래로 내려감**

에 따라 시위선의 각도가 변하여 받음각이 증가한다. 그리고 뒷전 플랩의 전개각도가 커질수록 캠버 및 받음각이 더욱 증가한다. 하지만 뒷전 플랩을 전개하면 플랩 아랫면에 작용하는 공기력(항력)이 증가하고, 이는 항공기 기수를 낮추는 피치다운(pitch down) 모멘트를 유발하기 때문에 이에 대응하기 위하여 수평 안정판/승강타 또는 트림탭을 작동해야 한다.

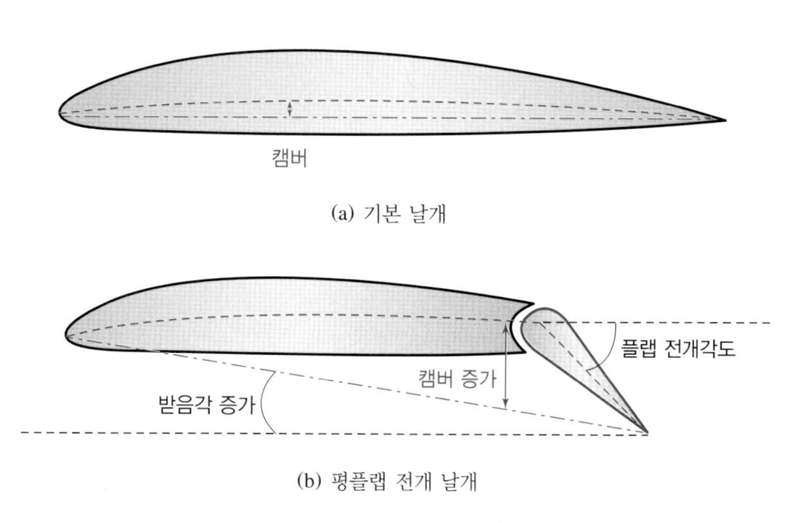

(a) 기본 날개

(b) 평플랩 전개 날개

[그림 11-10] 평플랩의 형상

$\alpha < 15°$의 높은 받음각으로 착륙 중인 Aérospatiale-BAe Concord 초음속 여객기. 초음속 비행 중 발생하는 조파항력을 경감시키기 위하여 두께가 얇은 삼각날개를 장착하였다. 특히 Concord의 날개에는 앞전 플랩뿐만 아니라 뒷전 플랩도 없다. 뒷전 플랩을 전개하면 여기에서 발생하는 항력 때문에 비행기 기수가 내려가는 피치다운(pitch down) 현상이 발생할 수 있는데, Concord는 이를 제어할 수평 안정판이 없기 때문이다. 따라서 저속으로 이착륙할 때는 양력계수를 높이기 위하여 받음각을 극대화해야 한다. 하지만 높은 받음각에서는 항공기의 기수가 조종사의 전방 시계를 방해하는 문제가 발생한다. 따라서 Concord 여객기는 기수의 각도를 바꿀 수 있도록 제작되어 높은 받음각으로 이착륙할 때 조종사의 시계 확보를 위하여 기수를 아래로 낮출 수 있다. Concord 여객기가 높은 받음각으로 비행할 때도 유동박리 없이 안전하게 비행할 수 있는 것은 날개 앞전에 구성된 스트레이크(strake) 때문이다.

[그림 11-11]에서는 평플랩의 양력 및 실속 특성을 기본 날개와 비교하고 있다. 앞서 설명한 **평플랩 전개에 따른 캠버와 받음각 증가의 영향으로 동일한 받음각에서 양력계수가 증가하**

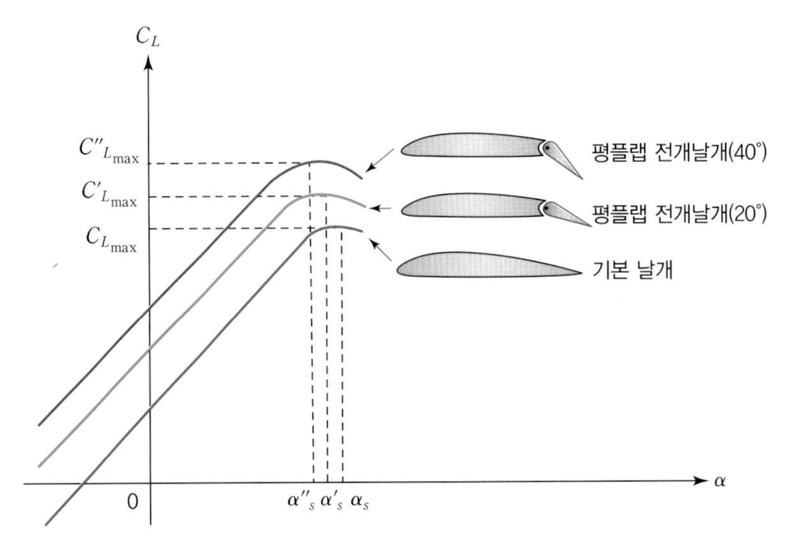

[그림 11-11] 평플랩 전개에 따른 양력과 실속 특성의 변화

고, 최대양력계수 또한 높아짐을 확인할 수 있다. 또한 **플랩의 전개각도를 크게 할수록 양력계수 및 최대양력계수의 증가폭은 커지므로 실속속도는 더욱 감소**한다. 일반적으로 이륙할 때보다 낮은 속도로 착륙하므로 안전한 착륙을 위하여 착륙 실속속도를 더 낮추어야 한다. 그러므로 일반적으로 **착륙 시 플랩의 전개각도는 이륙할 때보다 크다**. 그리고 플랩 전개에 따른 **실속 받음각(α'_s, α''_s)은 오히려 기본 날개의 경우보다 조금 낮은데,** 이는 캠버가 증가함에 따라 날개 뒷전에서 유동박리가 일찍 발생하기 때문인데, 이에 따라 **압력항력**(pressure drag)이 증가한다.

평플랩은 앞전 플랩보다 고양력장치의 효과가 큼에도 불구하고 단순한 구조로 캠버만 증가시키기 때문에 면적 증가와 슬롯까지 발생시키는 다른 뒷전 플랩과 비교하여 양력 증가의 효과가 낮다. 하지만 뒷전 플랩 중 가장 구조가 단순하기 때문에 **복잡한 고양력장치 계통을 장착할 수 없는 얇은 날개의 초음속 항공기에 흔히 장착**된다.

(2) 스플릿 플랩

[그림 11-12]와 같이 **스플릿 플랩**(split flap)**은 날개 뒷전의 아랫부분이 분리**(split)**되어 아래로 전개되는 형태**로 구성된다. 이에 따라 평플랩과 같이 날개 단면의 캠버와 받음각이 증가하여 **양력계수와 최대양력계수가 증가**하는 효과가 있다. 그럼에도 불구하고 윗부분은 고정되어 있으므로 평플랩보다 구조적으로 튼튼하다. 또한, 플랩을 전개하여 캠버가 증가하더라도 날개 윗면의 형상을 기준으로 보면 캠버의 변화가 없다. 그러므로 높은 받음각에서도 유동박리가 촉진되지 않기 때문에 **평플랩보다 최대양력계수와 실속 받음각이 높은 장점**이 있다. 하지만 날개 뒷전이 분리되는 형상 때문에 뒷전에서는 큰 규모의 강력한 후류가 발생하고 따라서 **압력항력이 대폭 증가하는 단점**이 있다.

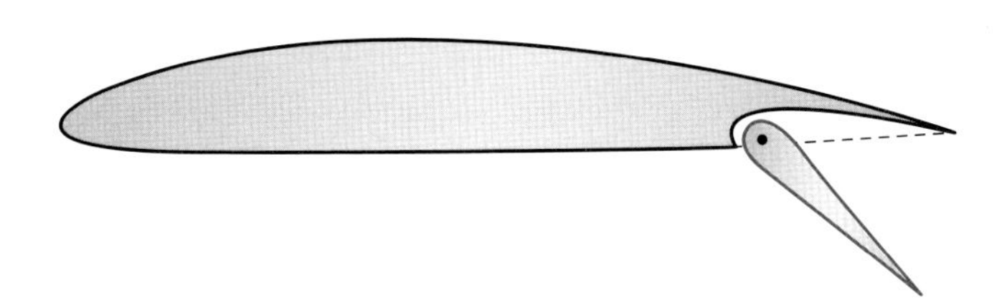

[그림 11-12] 스플릿 플랩의 형상

스플릿 플랩(split flap)을 전개하고 감속하며 착륙 중인 Hawker Sea Hurricane Mk. IB(1941). 스플릿 플랩은 평플랩(plain flap)과 비교하여 양력계수가 높지만, 항력도 매우 크다. 따라서 스플릿 플랩은 제2차 세계대전에 등장했던 프로펠러 전투기의 스피드 브레이크(speed brake), 즉 감속장치의 역할도 하였다.

(3) 슬로티드 플랩

평플랩을 사용하면 최대양력계수가 증가하지만, 캠버가 커짐에 따라 유동박리가 촉진되어 실속받음각이 낮아지는 단점이 있다. 이 점을 보완하기 위하여 **뒷전 플랩에 슬롯(slot)이 발생하도록 구성한 것이 슬로티드 플랩**(slotted flap)이다. 슬롯을 통하여 날개 윗면으로 흐르는 유동은 에너지가 증가하여 윗면에서 발생하는 유동박리를 지연시킨다. [그림 11-13]은 두 개의 슬롯이 있는 더블 슬로티드 플랩(double-slotted flap)의 형상을 보여준다.

슬로티드 플랩은 슬롯의 효과로 인하여 **평플랩보다 낮은 전개각도에서도 높은 최대양력계수 및 실속받음각을 발생**시킨다. 그리고 낮은 전개각도는 낮은 항력을 의미하므로 **평플랩과 스플릿 플랩보다 항력이 낮은 장점**이 있다. 하지만 **슬롯이 발생하도록 플랩을 구성하려면 플랩의 구조가 복잡**해지기 때문에 이는 슬로티드 플랩의 단점이 된다.

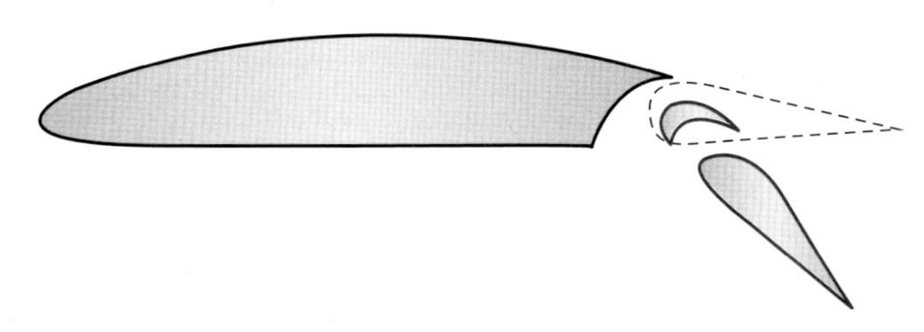

[그림 11-13] 슬로티드 플랩의 형상(double-slotted flap)

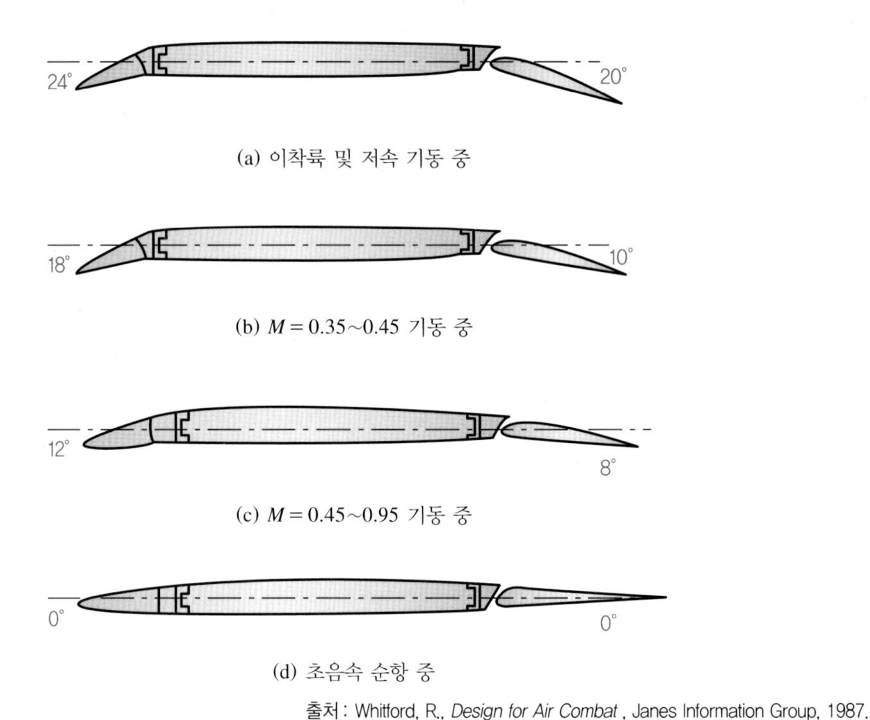

(a) 이착륙 및 저속 기동 중

(b) $M = 0.35 \sim 0.45$ 기동 중

(c) $M = 0.45 \sim 0.95$ 기동 중

(d) 초음속 순항 중

출처 : Whitford, R., *Design for Air Combat* , Janes Information Group, 1987.

Northrop F-5E 전투기의 비행속도별 앞전 플랩(droop flap)과 슬로티드 플랩(slotted flap)의 전개각도. 날개 고양력장치는 속도가 낮아지는 이착륙 단계뿐만 아니라 양력을 높여야 하는 급기동 중에도 전개된다. 하지만 속도는 양력에 비례하므로 기동속도가 빠를수록 고양력장치의 작은 전개각도에서도 충분한 양력을 발생시킨다. 또한 초음속 순항 중에 고양력장치를 전개하면 항력이 급증한다.

(4) 파울러 플랩

다음 실속속도 관계식을 보면 최대양력계수($C_{L_{max}}$)는 실속속도에 반비례하지만, 항공기의 중량(W)에 비례한다. 즉, 무거운 항공기는 실속속도가 높기 때문에 실속속도를 대폭 낮추기 위하여 최대양력계수뿐만 아니라 날개의 면적(S)까지 넓혀야 한다. **파울러 플랩(fowler flap)은 날개 단면의 캠버뿐만 아니라 날개의 면적을 증가시켜 최대양력계수를 크게 높이고 실속속도를 크게 낮춘다.** 그러므로 중량이 무거운 항공기는 파울러 플랩을 장착하는 것이 일반적이다. 파울러 플

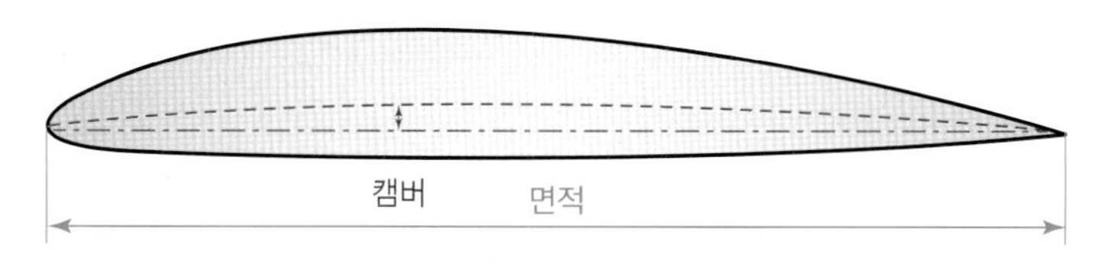

(a) 기본 날개

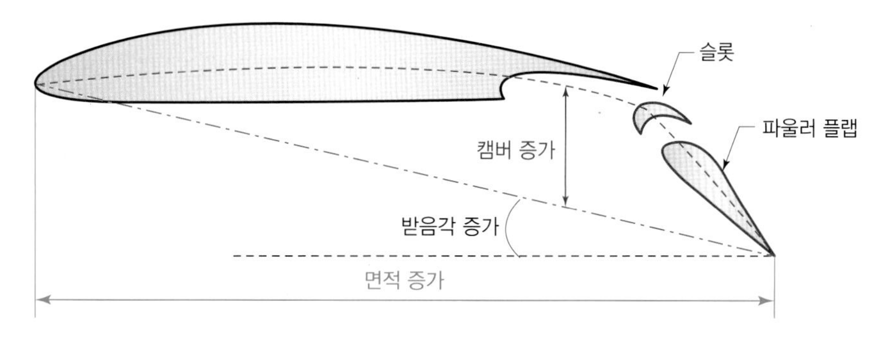

(b) 파울러 플랩 전개날개(double-slotted fowler flap)

[그림 11-14] 파울러 플랩의 형상

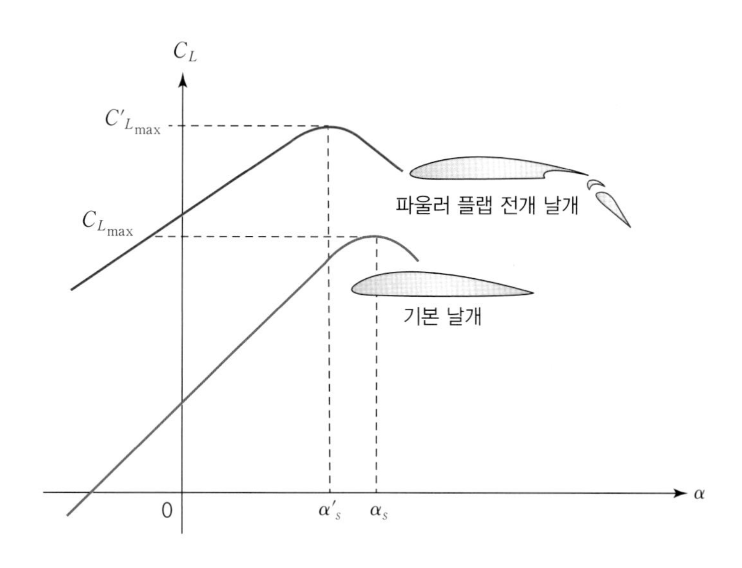

[그림 11-15] 파울러 플랩 전개에 따른 양력과 실속 특성의 변화

랩은 이를 고안한 항공기술자 파울러(Harlan D. Fowler)의 이름을 따서 명명되었다.

$$V_s = \sqrt{\frac{2W}{\rho S C_{L_{max}} S}}$$

파울러 플랩은 플랩이 펼쳐지며 전개되기 때문에 슬롯이 발생한다. 슬로티드 플랩은 슬롯이 발

생할 뿐 면적이 증가하지 않지만, 파울러 플랩은 슬롯이 생기고 면적이 증가한다. 슬롯이 2개 발생하는 파울러 플랩(double-slotted fowler flap)의 형상이 [그림 11-14]에 제시되어 있다. **플랩이 펼쳐지며 면적이 증가하므로 다른 플랩과 동일한 전개각도에서도 캠버와 받음각이 극대화**된다.

[그림 11-15]는 파울러 플랩의 양력과 실속 특성을 보여주고 있는데, **파울러 플랩의 전개에 따라 최대양력계수($C_{L_{max}}$)가 대폭적으로 증가**하였다. 그러므로 [그림 11-16]에서 볼 수 있듯이, 다른 종류의 플랩과 비교하여 동일한 전개각도에서 가장 큰 양력을 만들어 낸다. 파울러 플랩을 전개하면 날개면적이 증가하므로 표면마찰항력(friction drag)은 다소 커지지만 양력 증가가 현저하기 때문에 **파울러 플랩을 장착한 날개의 양항비**(lift to drag ratio, L/D)**가 가장 높다.** 하지만 [그림 11-15]를 보면 **실속받음각(α'_s)은 기본 날개보다 오히려 감소**하는데, 이는 파울러 플랩을 전개하면 캠버가 과도하게 커져서 유동박리를 완화하는 슬롯이 있음에도 불구하고 받음각 증가에 따라 유동박리가 빨리 발생하기 때문이다. 그러나 비교적 낮은 받음각에서도 매우 높은 최대양력계수가 발생하므로 이착륙할 때도 낮은 받음각을 유지할 수 있다. 이에 따라 항공기 기수가 조종사의 시계를 제한하는 높은 받음각으로 이착륙할 필요가 없으므로 이러한 파울러 플랩의 실속 특성은 오히려 장점으로 작용한다.

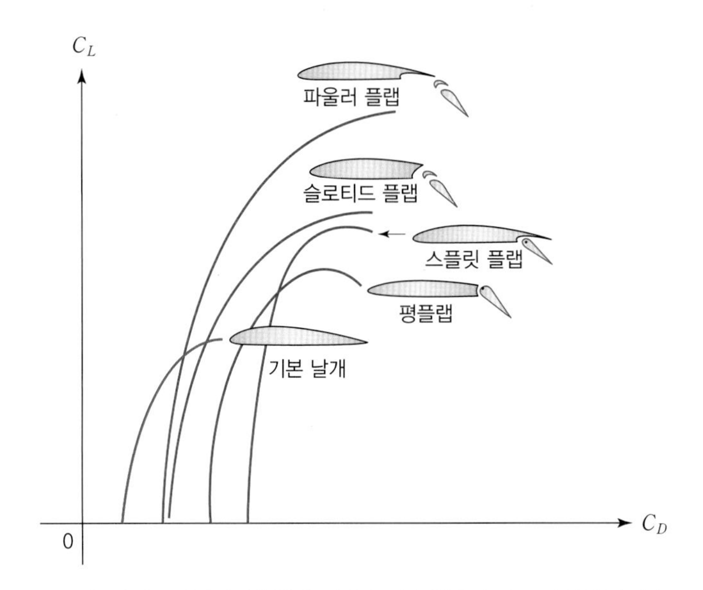

[그림 11-16] 날개 고양력장치 형상에 따른 양력과 항력의 비교(동일한 전개각도 기준)

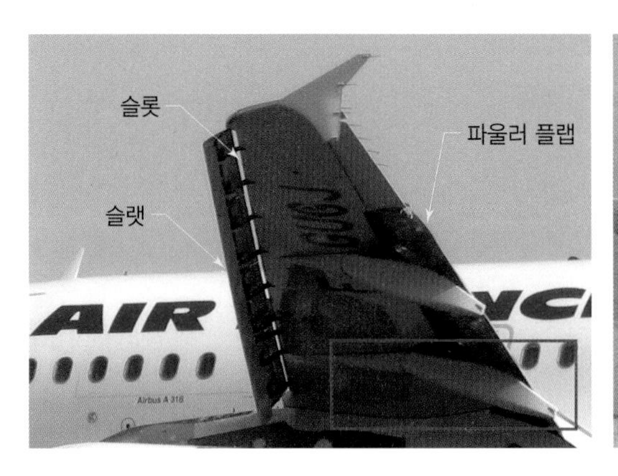

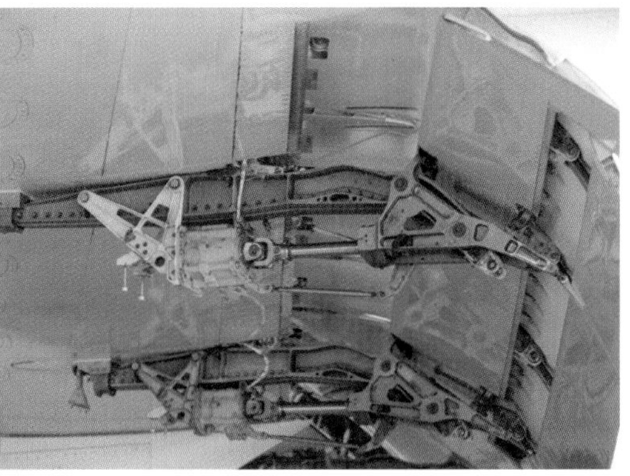

Airbus A318-100 여객기의 슬랫, 슬롯, 파울러 플랩. 빨간색 박스로 표시된 부분은 파울러 플랩 가동장치(오른쪽 사진)가 수납된 Flap Track Fairing(FTF)이다. 파울러 플랩은 양항비(L/D)가 높아 효율이 가장 우수한 반면, 구조가 복잡하고 중량이 무겁다.

[그림 11-17]은 지금까지 살펴본 다양한 고양력장치의 형상을 비교하고 있다. 파울러 플랩의 경우 슬롯의 개수가 증가할수록 캠버와 날개면적이 커진다. 특히 슬랫과 함께 구성된 3중 파울러

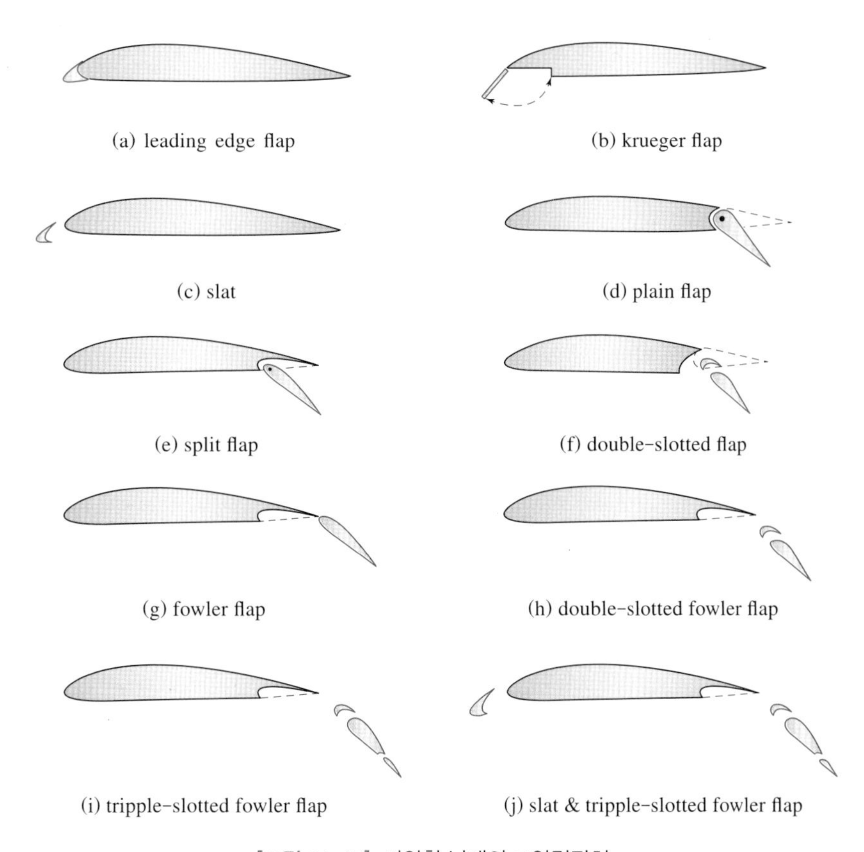

[그림 11-17] 다양한 날개의 고양력장치

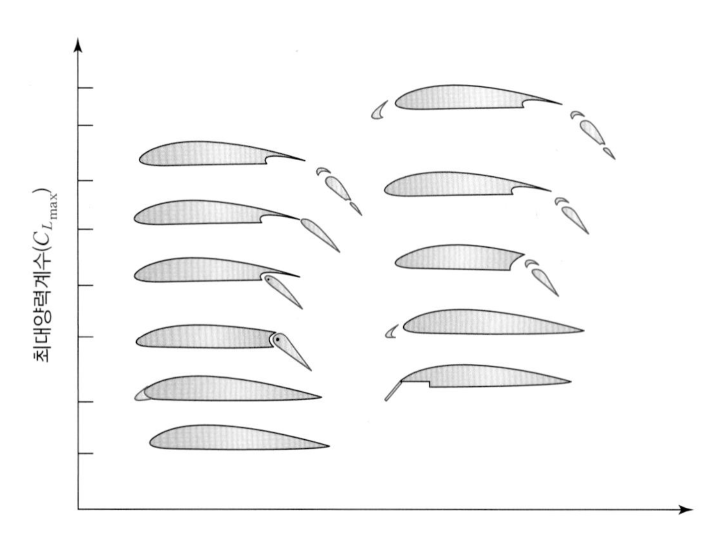

[그림 11-18] 날개의 고양력장치 형상에 따른 최대양력계수($C_{L_{max}}$)

Lockheed Martin F-22: plain flap

Airbus A330-300: single-slotted fowler flap

Boeing 747-400: triple-slotted fowler flap

사진의 F-22, A330-300, Boeing 747-400의 최대이륙중량(MTOW)은 각각 38,000kgf, 242,000kgf, 413,000kgf이다. 따라서 항공기의 중량이 무거울수록 구조는 복잡하지만 최대양력계수($C_{L_{max}}$)와 날개면적(S)의 증가가 현저한 고양력장치를 사용함을 알 수 있다. 또한, Boeing의 여객기는 double-slotted fowler 또는 triple-slotted fowler 플랩을 장착하는 반면, Airbus의 여객기는 비교적 단순한 single-slotted fowler 플랩을 장착한다. Boeing 여객기는 엔진 제트와의 간섭을 방지하기 위하여 안쪽 플랩(inboard flap)과 바깥쪽 플랩(outboard flap)이 일정한 간격을 두고 분리되어 장착되기 때문에 플랩의 전체 면적이 작다. 하지만 Airbus 여객기는 안쪽과 바깥쪽 플랩이 간격 없이 장착되므로 플랩의 면적이 상대적으로 충분하여 비교적 플랩의 구조가 단순하다.

플랩(slat & tripple-slotted fowler flap)은 캠버와 날개면적의 확장이 가장 큰 고양력장치이다.

[그림 11-18]은 다양한 형태의 고양력장치에서 발생하는 최대양력계수를 비교하고 있다. 앞전 플랩보다는 뒷전 플랩이 더 높은 최대양력계수를 발생시키고, 날개 캠버가 커지고 뒷전 플랩의 슬롯의 수가 증가할수록 최대양력계수가 높아진다. 특히 파울러 플랩은 면적도 증가하기 때문에 최대양력계수가 가장 높다. 그러나 최대양력계수의 증가는 고양력장치의 복잡성을 의미한다. 즉, **파울러 플랩의 단점은 고양력장치 중 가장 구조가 복잡하고 무겁다는 것**이다. 하지만 착륙 중량이 무거운 중·대형 항공기는 파울러 플랩과 같은 복잡한 고양력장치를 사용해야 한다. 날개 구조의 복잡성과 중량의 증가보다도 이착륙 중 양력을 유지하고 실속을 방지하는 것이 우선이기 때문이다.

플랩을 전개하면 **유선형의 날개 단면 형상이 왜곡되어 압력항력이 커지고, 날개면적이 증가하면서 표면마찰항력이 늘어나 결과적으로 형상항력**(profile drag)이 증가한다. 그러나 실속 속도를 가능한 한 낮추어 안전하게 비행하는 것이 우선하기 때문에 **플랩의 전개에 따른 항력 증가는 추력을 높여 극복**한다.

11.4 블로운 플랩

블로운 플랩(blown flap)**은 엔진에서 발생하는 제트를 날개와 플랩 주위로 분사**(blow)**하여 날개와 플랩 표면의 압력 분포를 변화시켜 양력을 높이는 고양력장치**이다. **볼록한**(covex) **표면에 빠른 속도의 유동, 즉 제트**(jet)**를 발생시키면 유동은 볼록한 표면을 따라 흐르게 되는데, 이를 코안다 효과**(Coandă effect)라고 한다. 그리고 볼록한 표면을 따라 흐르는 제트의 속도가 증가할수록 표면의 압력이 감소하게 된다. 블로운 플랩은 이러한 코안다 효과를 이용한다. 즉, 엔진에서 발생하는 고속의 제트를 플랩의 윗면으로 분사하고, 플랩의 윗면에 저압부가 형성됨에 따라 플랩의 양력이 높아진다. 또한, 고속의 제트는 에너지가 매우 높아 플랩의 표면에서 쉽게 박리하지 않기 때문에 매우 높은 최대양력계수와 높은 실속받음각을 발생시킨다. 플랩의 표면으

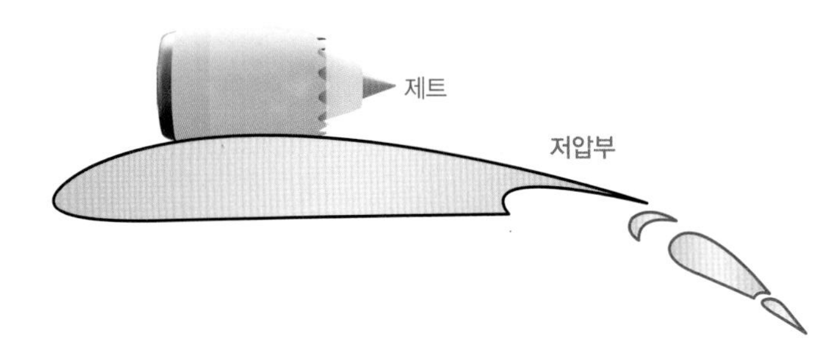

(a) 윗면 블로운 플랩(upper-surface blown flap)

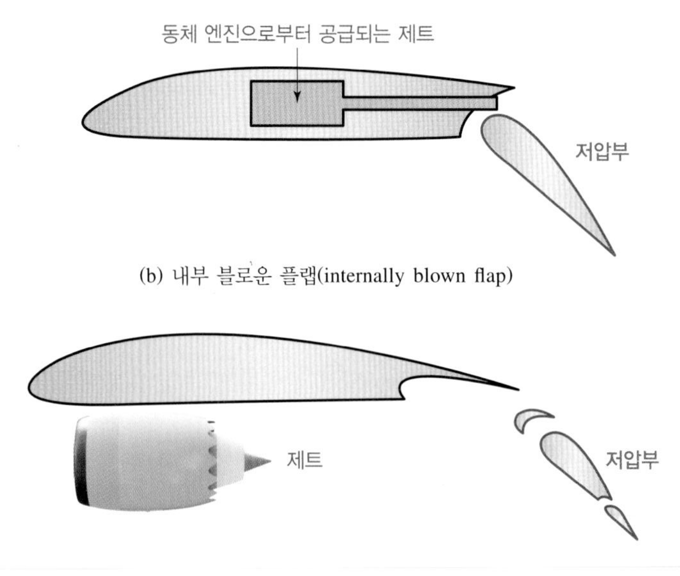

(b) 내부 블로운 플랩(internally blown flap)

(c) 외부 블로운 플랩(externally blown flap)

[그림 11-19] 블로운 플랩의 종류

로 분사하는 제트는 에너지가 높은 경계층으로 볼 수 있기 때문에 이러한 양력 증가 방식을 **경계층 제어**(boundary-layer control)라고 일컫기도 한다.

[그림 11-19]와 같이 블로운 플랩은 제트를 분사하는 위치에 따라 윗면 블로운 플랩(upper-surface blown flap), 내부 블로운 플랩(internally blown flap), 그리고 외부 블로운 플랩(externally blown flap)으로 구분한다. **윗면 블로운 플랩은 날개 위에 엔진을 장착하고, 파울러 플랩을 전개하여 그 위로 엔진에서 분사되는 제트를 흐르게 하는 방식**이다. 파울러 플랩 위

Photo: US Air Force

단거리 이착륙기(Short Take-Off and Landing, STOL)로 개발된 Boeing YC-14 수송기(1976). 엔진을 날개 위에 장착하고, 윗면 블로운 플랩(upper-surface blown flap)을 사용하여 약 150km/hr의 낮은 속도로 600m 전후의 단거리에서 이착륙하는 성능을 보유하였다. 그러나 복잡한 날개 구조와 엔진 정비의 문제, 그리고 짧은 항속거리 등으로 실전 배치되지는 못하였다.

내부 블로운 플랩(internally-blown flap)을 적용한 Mikoyan-Gurevich Mig-21PF 전투기(1955). 날개면적이 비교적 작아서 이착륙 성능이 부족한 Mig-21은 동체 내부의 엔진에서 발생하여 날개 내부의 통로를 통하여 공급되는 압축공기를 평플랩의 윗면에 흐르게 하여 양력을 증가시킨다.

고양력장치를 전개하고 착륙 중인 Boeing C-17A 수송기(1993). C-17A는 슬롯을 통하여 엔진 제트의 일부를 파울러 플랩의 윗면으로 흐르게 하여 양력을 높이는 외부 블로운 플랩(externally-blown flap)을 채택하였다. 군용 수송기는 짧은 활주거리에서 이착륙함으로써 다양한 환경의 전장에 물자를 공급하는 능력이 우선시되기 때문에 구조적인 무리에도 불구하고 블로운 플랩과 같은 고양력장치를 장착하고 있다.

로 지나는 유동의 속도가 높고 유량이 많으므로 양력 증가의 효과가 탁월하고, 따라서 항공기의 이착륙거리를 현저히 단축시킬 수 있다. 하지만 엔진이 날개 위에 위치하여 엔진의 장탈착과 정비가 번거로운 단점이 있어서 많은 항공기에 적용되지 못하였다.

내부 블로운 플랩은 동체 또는 날개에 장착된 엔진에서 만들어지는 압축공기가 날개의 내부에 있는 일정 통로를 통하여 평플랩의 윗면으로 분사되어 양력을 높인다. 날개의 두께가 얇아서 캠버가 작거나 날개면적이 크지 않아 이착륙 중 충분한 양력을 발생시키지 못하는 고속 제트 전투기에 장착된다.

엔진 정비를 위한 접근성 때문에 엔진을 날개 아래에 장착하는 경우가 많으므로 **외부 블로운 플랩은 가장 일반적인 블로운 플랩 방식이다. 즉, 날개 아래의 엔진에서 배출되는 제트가 파울러 플랩의 아랫면에 접촉하도록 파울러 플랩을 구성**한다. 이에 따라 파울러 플랩의 아랫면은 압력이 증가하고, 슬롯을 통하여 윗면으로 가속하는 제트의 영향으로 파울러 플랩의 윗면에서는 압력이 감소한다. 에너지가 낮은 상대풍이 파울러 플랩 주위를 흐르는 것보다 에너지가 높은 제트를 활용하면 플랩의 윗면과 아랫면 사이에 훨씬 큰 압력차가 발생하기 때문에 양력 증가 효과가 향상된다. 블로운 플랩을 사용함으로써 고속·고압의 제트가 플랩에 직접 접촉하기 때문에 날개 구조에 악영향이 있지만, 기존의 고양력장치로 충분한 단거리 이착륙 성능을 확보하지 못하는 항공기에는 블로운 플랩이 해결책이 될 수 있다.

11.5 스트레이크

두께가 얇은 고속용 날개는 높은 받음각에서 날개 앞전부터 유동이 박리되어 갑자기 실속에 들어가는 문제가 있다. 이를 해결하기 위하여 설치하는 것이 **스트레이크**(strake)이다. **LEX**(Leading Edge eXtension)라고 부르기도 하는데, [그림 11-20]에서 볼 수 있듯이 스트레이크는 날개의 일부분으로서, 날개 앞전을 기수 쪽으로 연장한 형상을 하고 있다. 특히 스트레이크는 후퇴각이 매우 크고 날카로운 앞전의 형태로 구성되는데, 날개 면적을 증가시킬 뿐만 아니라 높은 받음각에서 비행할 때 소용돌이 모양으로 빠르게 회전하는 강한 **원추형 와류**(conical vortex)를 발생시킨다. **운동에너지가 높은 원추형 와류는 삼각날개 윗면에서 유동박리를 방지하고 고속·저압부를 형성하여 양력을 증가**시키는 역할을 한다.

그러므로 스트레이크가 날개의 전방에 설치된 경우, 저속 및 고받음각 비행 중에도 실속하지 않고 안정적으로 비행할 수 있다. 또한, 한쪽 날개를 기울여서 선회비행을 하는 동안에도 속도를 낮추고 받음각을 높여야 하는데, 스트레이크는 항공기의 양력 유지에 큰 역할을 한다. **스트레이크에서 발생하는 원추형 와류로 인한 양력 증가분을 와류양력**(vortex lift)이라고 한다.

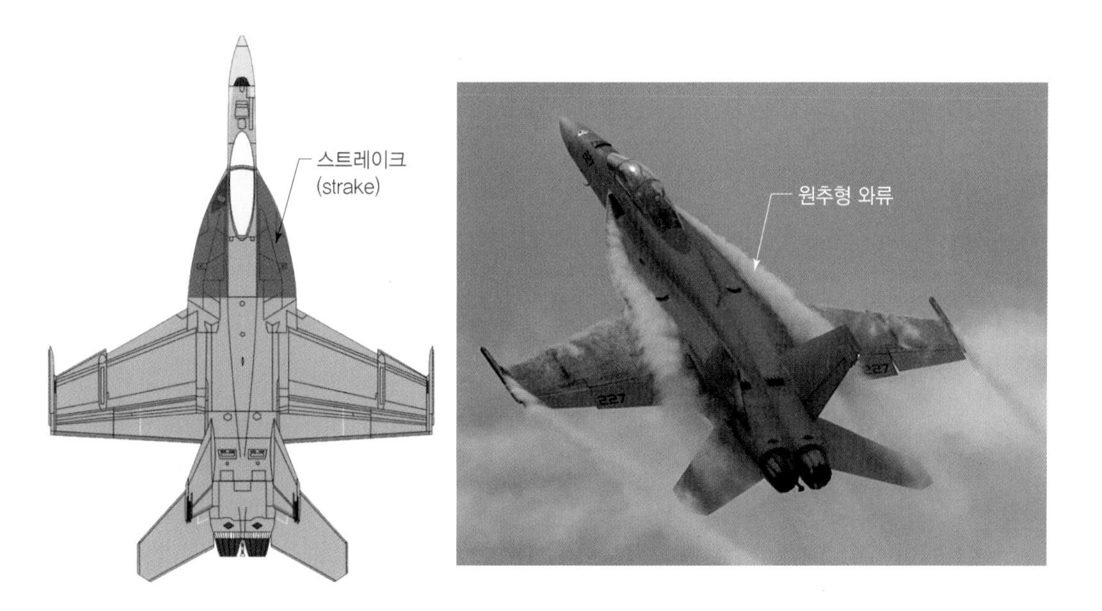

[그림 11-20] F/A-18E의 스트레이크 형상과 원추형 와류

한국항공우주산업(KAI)의 T-50 초음속 훈련기(2002)의 스트레이크. 스트레이크는 큰 후퇴각과 날카로운 앞전으로 구성된 날개의 일부분으로, 높은 받음각에서 매우 강한 원추 와류를 발생시켜 양력을 유지한다. 날개의 두께가 얇아 고받음각 상태에서 실속하기 쉬운 초음속 전투기는 스트레이크를 장착하여 모든 속도 영역에서 다양한 자세로 원활하게 기동할 수 있다.

11.6 엔진 나셀 스트레이크

전투기와 달리, 여객기 및 수송기와 같은 중·대형 제트 항공기는 스트레이크를 장착하지 않지만, 대신 **날개 아래에 장착된 엔진의 덮개, 즉 나셀**(nacelle)**에 부착된 엔진 나셀 스트레이크**(engine nacelle strake)**를 사용하여 양력을 증가**시킨다. 엔진 나셀 스트레이크는 날개의 고양력 장치는 아니지만, 유사한 역할을 하므로 여기서 소개하도록 한다.

날개 아래에 엔진이 있는 항공기가 이착륙할 때는 높은 받음각 때문에 엔진 나셀에서 발생하는 후류(wake)가 날개 위를 지나게 된다. 에너지가 높은 와류와는 달리, **후류는 공기의 흐름이 물체 표면에 부딪혀 흐르다가 박리되어 에너지가 낮아진 유동**인데, 엔진 나셀에서 발생하는 후류의 영향으로 엔진이 위치한 날개 부분에서는 양력이 감소한다. 특히 현대의 항공기는 연료효율을 높이기 위하여 바이패스비(by pass ratio, BPR)가 큰 터보팬(turbofan) 엔진을 장착한다. 팬(fan)의 직경이 늘어나고 엔진 나셀의 크기가 커짐으로써 후류의 규모는 더욱 증가하고 날개 양력의 감소도 현저해진다.

높은 받음각으로 이착륙하는 상황에서 엔진 나셀 스트레이크로부터 강한 원추형 와류를 발생시켜 엔진 위의 날개 부분으로 흐르게 함으로써 유동의 에너지를 증가시켜 양력을 높일 수 있다. 이러한 이유로 제트 여객기와 수송기의 경우, 엔진 나셀 스트레이크를 장착하는 사례가 늘고 있다.

Photo: Youtube/Nonstop Dan

[그림 11-21] Boeing C-17A 수송기(왼쪽)와 Airbus A330 여객기(오른쪽)의 엔진 나셀 스트레이크

11.7 감속장치

수십 톤 내지는 수백 톤의 항공기가 착지한 후 제한된 활주거리 내에서 오버런(overrun)하지 않도록 완전히 정지시키는 것은 매우 중요하다. 또한, 착지 후 활주거리가 충분하더라도 뒤따라 착륙하는 항공기와 충돌하는 사고를 방지하기 위하여 가능한 한 빨리 감속하여 활주로를 벗어나 유도로(taxiway)로 빠져 나가는 것이 안전하다. 그러므로 **항공기에 장착된 여러 가지 감속장치**(decelerating device)**를 사용하여 가능한 한 짧은 활주거리 내에서 활주속도를 감속하거나 항공기를 정지**시킨다.

일반적으로 착륙장치가 접지한 후 감속장치를 전개한다. 그리고 이륙활주를 하는 동안 항공기 또는 엔진에 고장이 발생하여 이륙을 포기하는 경우에도 감속장치를 사용한다. 항공기 감속장치에는 차륜 브레이크(tire brake), 스포일러(spoiler)와 스피드 브레이크(speed brake), 그리고 엔진 역추진장치(thrust reverser) 등이 있는데, 여기에서는 날개에 장착되는 스포일러와 동체의 스피드 브레이크 위주로 살펴보도록 한다.

(1) 스포일러

스포일러(spoiler)는 무거운 중량 때문에 관성이 커서 착륙활주 중 감속하기 어려운 중·대형 항공기에 장착되며, 날개 윗면의 표면 구성품 일부가 분리되어 위쪽 방향으로 전개된다. 또한 스포일러는 비행 중 도움날개 역할을 하며 옆놀이운동과 빗놀이운동을 발생시키는 조종면이다. 그러나 착지 후에는 **양쪽 스포일러가 모두 위로 전개되고, 이에 따라 항력을 증가시키는 저항판 역할을 하여 항공기의 활주속도를 낮춘다**. 즉, [그림 11-22]에서 볼 수 있듯이 스포일러가 위로 전개되어 상대풍을 받으면 스포일러 앞부분의 압력은 급증한다. 그리고 스포일러 앞뒤의 압력차

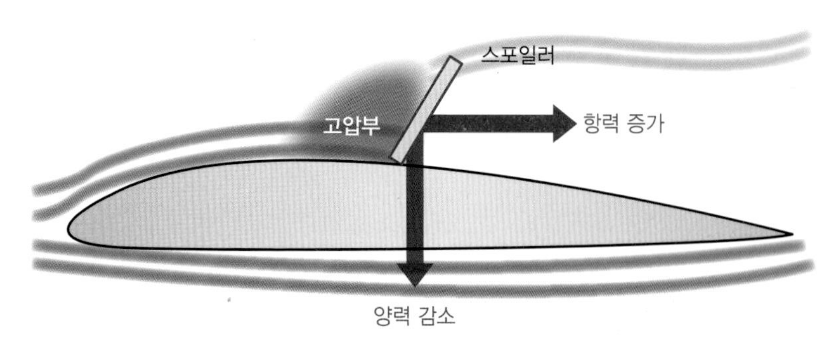

[그림 11-22] 스포일러 전개에 따른 날개 항력 증가 및 양력 감소

[그림 11-23] 날개 감속장치인 스포일러

에 의하여 항공기 진행 방향의 반대로 항력이 발생하여 항공기를 감속시킨다.

또한, 스포일러의 전개로 날개 윗면에 형성되는 고압부는 양력을 감소시키는 역할을 한다. 특히 착륙 단계에서 양력을 높이기 위하여 전개하는 플랩은 착지 후 활주하는 동안 항력을 증가시켜 감속에 도움이 된다. 하지만 착륙 활주 중 플랩에서 발생하는 양력은 착륙장치의 타이어 접지압을 낮추어 차륜 브레이크(tire break)의 제동 효과를 감소시킨다. 그러므로 **항공기가 착륙 활주를 하는 동안 스포일러는 플랩 전개로 인한 양력을 낮추어 타이어의 접지압 및 지면과의 마찰력을 높여서 항공기가 빨리 감속하도록 도와준다.**

착륙하여 감속 중인 Panavia Tornado IDS 전투기(1979). 날개 윗면의 스포일러뿐만 아니라, 엔진 노즐에서 분사되는 제트를 막아 앞으로 역분사되도록 구성한 bucket type 역추진장치를 장착하여 감속 효과를 높인다. Tornado는 초음속 전투기이지만 독특하게 파울러 플랩을 장착하여 이착륙 성능이 매우 우수하다.

(2) 스피드 브레이크

착륙속도가 빠른 고속 항공기 중에서 **스포일러를 장착할 수 없는 날개를 가진 제트 항공기는 스피드 브레이크**(speed brake)**를 사용하여 감속**한다. **에어 브레이크**(air brake)라고도 하며, 주로 동체 윗면 또는 아랫면에 설치되고 착륙 중 전개되어 저항을 높인다. 또한, 하강비행 중 하강속도가 과도한 경우에도 스피드 브레이크를 전개하여 속도를 조절한다. 현대 전투기는 수평 안정판(horizontal stabilizer)과 승강타(elevator)가 결합된 스태빌레이터(stabilator)를 장착하는데, 착지 후 상대풍의 방향에 수직에 가까운 각도로 스태빌레이터를 세우면 항력을 발생시키는 스피드 브레이크 역할을 하게 된다.

[그림 11-24] Eurofighter Typhoon의 동체에 장착된 스피드 브레이크

2개의 수직 안정판 사이에 장착된 스피드 브레이크를 전개하여 감속 중인 Mcdonnell Douglas F/A-18C(1987). 사진과 같이 수평 안정판 또는 스태빌레이터의 각도를 낮추고, 수직 안정판의 방향타(rudder)를 안쪽으로 전개하면 모두 저항판 역할을 하여 항력이 증가하므로 감속에 도움이 된다.

- **고양력장치**(high-lift device) : 항공기가 이착륙할 때는 비행속도가 감소하기 때문에 양력을 유지하기 위한 장치가 필요하다. 대표적인 날개 고양력장치로는 플랩과 슬랫 등이 있다.
- **수평 비행 실속 속도** : $V_s = \sqrt{\dfrac{2W}{\rho S C_{L_{max}}}}$

  (W : 중량, ρ : 대기밀도, S : 날개면적, $C_{L\max}$: 최대양력계수)
- 고양력장치를 전개하면, 날개 단면의 캠버가 증가하여 최대양력계수($C_{L\max}$)가 높아지고 날개면적(S)이 증가함으로써 실속속도(V_s)가 감소하여 비행속도가 낮은 이착륙 중에도 실속하지 않고 비행할 수 있다. 또한, 날개 양력을 높여 이착륙거리를 단축시킨다.
- **슬롯**(slot) : 슬랫과 날개 앞전 사이의 공간으로, 에너지가 강한 유동을 날개 윗면에 흐르게 하여 날개 양력을 높이는 역할을 한다.
- **앞전 플랩**(leading edge flap) : 드룹 플랩(droop flap)이라고도 하며, 전개하면 날개 단면의 캠버가 증가하여 최대양력계수를 높이고 유동박리를 지연시켜 실속을 방지한다. 앞전 플랩은 고속으로 비행하는 제트 전투기의 날개에 흔히 장착된다.
- **크루거 플랩**(Krueger flap) : 날개 앞전 아랫면의 표면 구성품이 분리되어 전개되는 방식의 앞전 플랩이다.
- **슬랫**(slat) : 날개 앞전에서 분리 전개되어 슬롯이 발생하는 앞전 고양력장치로서, 기본 날개와 비교하여 같은 받음각에서 양력계수를 증가시키기보다는 최대양력계수를 높이는 역할을 한다.
- **뒷전 플랩**(trailing edge flap) : 앞전 플랩 및 슬랫과 비교하여 면적이 크고 시위길이가 길기 때문에 양력 증가의 효과가 크다. 플랩의 전개 각도를 크게 할수록 양력계수 및 최대양력계수의 증가 폭은 커지므로 실속속도는 더욱 감소한다.
- **평플랩**(plain flap) : 날개의 뒷전 부분이 아래로 전개되어 날개 단면의 캠버가 증가하는 방식의 플랩으로, 구조가 단순하므로 복잡한 고양력장치 계통을 장착할 수 없는 얇은 날개의 초음속 항공기에 많이 장착된다.
- **스플릿 플랩**(split flap) : 날개 뒷전의 윗부분은 고정되고 아랫부분이 분리(split)되어 아래로 전개되는 형태의 뒷전 플랩이다. 평플랩보다 구조적으로 튼튼하고 양력 증가가 크지만 압력항력(pressure drag)이 매우 증가하는 단점이 있다.
- **슬로티드 플랩**(slotted flap) : 뒷전 플랩에 슬롯(slot)이 발생하도록 구성된 형태로, 슬롯의 효과로 인하여 평플랩보다 낮은 전개각도에서도 높은 최대양력계수를 발생시키고 평플랩과 스플릿 플랩보다 항력이 낮은 장점이 있으나 구조가 복잡한 단점이 있다.
- **파울러 플랩**(fowler flap) : 날개 단면의 캠버뿐만 아니라 날개의 면적을 증가시켜 최대양력계수를 크게 높이도록 고안되었으나, 고양력장치 중 가장 구조가 복잡하고 무겁다는 단점이 있다.

- **블로운 플랩**(blown flap) : 날개와 플랩 주위에 엔진에서 발생하는 제트를 분사(blow)하고 코안다 효과에 의한 경계층 제어(boundary-layer control)를 하여 날개와 플랩 표면의 압력 분포를 변화시켜 양력을 높이는 고양력장치이다. 제트를 분사하는 위치에 따라 윗면 블로운 플랩, 내부 블로운 플랩, 외부 블로운 플랩으로 구분한다.
- **윗면 블로운 플랩**(upper-surface blown flap) : 날개 위에 엔진을 장착하고, 파울러 플랩을 전개하여 그 위로 엔진에서 분사되는 제트를 흐르게 하여 양력을 증가시킨다.
- **내부 블로운 플랩**(internally blown flap) : 동체 또는 날개에 장착된 엔진에서 만들어지는 압축공기를 날개 내부를 통하여 평플랩의 윗면으로 분사하여 양력을 높인다.
- **외부 블로운 플랩**(externally blown flap) : 날개 아래의 엔진에서 배출되는 제트가 파울러 플랩의 아랫면에 접촉하도록 파울러 플랩을 구성하여 플랩 윗면과 아랫면의 압력차를 높여 양력을 증가시킨다.
- **스트레이크**(strake) : LEX(Leading Edge eXtension)라고도 하며, 후퇴각이 매우 크고 날카로운 앞전의 형태로 구성되어 높은 받음각에서 발생하는 원추형 와류(conical vortex)로, 윗부분에 고속·저압부를 형성시켜 양력을 높인다.
- **엔진 나셀 스트레이크**(engine nacelle strake) : 날개 아래의 엔진 나셀(nacelle)에 부착되어 항공기가 높은 받음각으로 이착륙하는 상황에서 강한 원추형 와류를 발생시켜 엔진 위의 날개 부분으로 흐르게 함으로써 양력을 증가시킨다.
- **감속장치**(deceleration device) : 착륙 중 항공기의 안전을 위하여 가능한 한 짧은 활주거리 내에서 항공기의 속도를 감속하거나 정지시키는 장치로, 날개에 장착된 감속장치에는 스포일러와 스피드 브레이크 등이 있다.
- **스포일러**(spoiler) : 날개 윗면의 표면 구성품 일부가 분리되어 전개되는 방식으로, 착륙 활주할 때 항력을 증가시키는 저항판 역할을 하여 감속한다. 또한 착륙 활주 중 플랩으로 인한 양력을 낮추어 타이어의 접지압 및 지면과의 마찰력을 높여서 감속효과를 증가시킨다.
- **스피드 브레이크**(speed brake) : 에어 브레이크(air brake)라고도 하며 스포일러와 같은 방식의 감속장치로, 스포일러를 장착하지 않는 소형 제트 항공기에 장착된다.

01 이륙거리를 단축시키기 위한 장치가 아닌 것은?

① 지상 스포일러 ② 플랩
③ 슬랫 ④ 애프터 버너

해설 이륙거리를 단축시키기 위해서는 플랩(flap)과 슬랫(slat) 등의 고양력장치를 사용하거나, 애프터 버너(after burner)를 통하여 추력을 증가시켜야 한다. 지상 스포일러(spoiler)는 착륙 활주거리를 단축시키는 감속장치이다.

02 고양력장치인 플랩(flap)에 대한 설명 중 바르지 않은 것은?

① 날개의 캠버 증가
② 실속속도(V_s) 증가
③ 날개의 면적 증가
④ 최대양력계수($C_{L_{max}}$) 증가

해설 고양력장치를 전개하면 날개 단면의 캠버가 증가하여 최대양력계수($C_{L_{max}}$)가 높아지고, 날개면적(S)이 증가함으로써 실속속도(V_s)가 감소하여 비행속도가 낮은 이착륙 중에도 실속하지 않고 비행할 수 있다. 또한, 날개 양력을 높여 이착륙거리를 단축시킨다.

03 플랩(flap)을 전개하여 최대양력계수가 $C_{L_{max}}$ = 1.0에서 1.5로 증가했을 때 실속속도(V_s) 변화로 가장 적절한 것은?

① 약 20% 감소 ② 약 20% 증가
③ 약 30% 감소 ④ 약 30% 증가

해설 수평비행 실속속도는 $V_s = \sqrt{\frac{2W}{\rho S C_{L_{max}}}}$ 로 정의한다. 최대양력계수가 $C_{L_{max}} = 1.0$에서 1.5로 증가하면 $\sqrt{\frac{2W}{\rho \times S \times 1.5 C_{L_{max}}}} = \frac{1}{\sqrt{1.5}}\sqrt{\frac{2W}{\rho S C_{L_{max}}}} = 0.8\sqrt{\frac{2W}{\rho S C_{L_{max}}}}$ $= 0.8\,V_s$이므로 $0.2\,V_s$ 감소, 즉 기존의 실속속도에서 20% 감소한다.

04 다음 중 날개 앞전(leading edge)에 설치되는 고양력장치가 아닌 것은?

① 크루거 플랩
② 앞전 플랩
③ 스플릿 플랩
④ 슬랫

해설 스플릿 플랩(split flap)은 날개 뒷전의 윗부분은 고정되고 아랫부분이 분리(split)되어 아래로 전개되는 형태의 뒷전(trailing edge) 플랩이다.

05 고양력장치와 날개 사이의 공간을 일컬으며 날개의 양력을 높이는 역할을 하는 것은?

① 슬랫(slat)
② 슬롯(slot)
③ 크루거(Krueger)
④ 스플릿(split)

해설 슬롯(slot)은 플랩 또는 슬랫 등의 고양력장치와 날개 사이의 공간으로서, 에너지가 강한 유동을 날개 윗면에 흐르게 하여 날개 양력을 높이는 역할을 한다.

06 다음 중 실속속도가 가장 낮은 고양력장치는?

① 슬로티드 파울러 플랩(slotted fowler flap)
② 스플릿 플랩(split flap)
③ 앞전 플랩(leading edge flap)
④ 평플랩(plain flap)

해설 슬로티드 파울러 플랩은 캠버와 날개면적의 확장이 가장 큰 고양력장치로서, 최대양력계수가 가장 많이 증가하므로 실속속도가 가장 많이 감소한다.

07 착륙장치 타이어의 마찰력 증가와 가장 관련이 있는 것은?

① 윙렛 ② 플랩
③ 슬롯 ④ 스포일러

정답 1. ① 2. ② 3. ① 4. ③ 5. ② 6. ① 7. ④

해설 스포일러(spoiler)는 날개 윗면의 표면 구성품 일부가 분리되어 전개되는 방식으로, 착륙 활주할 때 항력을 증가시키는 저항판 역할을 하여 감속한다. 또한, 착륙 활주 중 플랩으로 인한 양력을 낮추어 타이어의 접지압 및 지면과의 마찰력을 높여서 감속효과를 증가시킨다.

08 지상 착륙거리를 단축시키기 위한 방법으로 적절하지 않은 것은?

① 맞바람을 받으며 착륙한다.
② 착지한 후 지상 스포일러 또는 스피드 브레이크를 전개하여 항력과 타이어의 접지 마찰력을 증가시킨다.
③ 역추진장치 또는 역피치 프로펠러를 사용한다.
④ 높은 고도에 위치한 활주로에 착륙하면 착륙거리가 단축된다.

해설 수평비행 실속속도는 $V_s = \sqrt{\dfrac{2W}{\rho S C_{L_{max}}}}$로 정의한다.
고도가 증가할수록 대기의 밀도(ρ)는 감소하므로 실속속도가 증가한다. 따라서 착륙속도를 높여야 하므로 착륙거리가 증가한다.

09 무게가 4,000 kgf, 날개면적 30 m^2인 항공기가 최대양력계수 1.4로 착륙할 때 실속속도는 약 몇 m/s인가? (단, 공기의 밀도는 1/8 $kgf \cdot s^2/m^4$이다.) [항공산업기사 2013년 1회]

① 10 ② 19
③ 30 ④ 39

해설 수평비행 실속속도는 $V_s = \sqrt{\dfrac{2W}{\rho S C_{L_{max}}}}$로 정의하므로,
주어진 조건에서의 실속속도는
$$V_s = \sqrt{\frac{2 \times 4{,}000\,\text{kgf}}{1/8\,\text{kgf} \cdot \text{s}^2/\text{m}^4 \times 30\,\text{m}^2 \times 1.4}} = 39\,\text{m/s}$$이다.

10 다음 중 날개의 캠버와 면적을 동시에 증가시켜 양력을 증가시키는 플랩은?

[항공산업기사 2014년 4회]

① 평플랩(plain flap)
② 스플릿 플랩(split flap)
③ 파울러 플랩(flower flap)
④ 슬롯티드 평플랩(sloted plain flap)

해설 파울러 플랩(fowler flap)은 날개 단면의 캠버뿐만 아니라 날개의 면적을 증가시켜 최대양력계수를 크게 높이도록 고안되었으나, 고양력장치 중 가장 구조가 복잡하고 무겁다는 단점이 있다.

11 고정익 항공기의 실속속도(stall speed)를 증가시키는 방법이 아닌 것은?

[항공산업기사 2013년 2회]

① 날개 하중의 증가
② 비행 고도의 증가
③ 선회 반경의 증가
④ 최대양력계수의 감소

해설 수평비행 실속속도는 $V_s = \sqrt{\dfrac{2W}{\rho S C_{L_{max}}}}$로 정의하므로,
하중(W)이 증가하거나, 비행고도가 증가하여 밀도(ρ)가 감소하거나, 그리고 최대양력계수($C_{L_{max}}$)가 감소하면 실속속도는 증가한다.

12 다음 중 날개에 엔진의 제트를 직접 분사하여 양력을 높이는 고양력장치는?

① 블로운 플랩
② LEX
③ 엔진나셀스트레이크
④ 역피치 프로펠러

해설 블로운 플랩(blown flap)은 날개와 플랩의 주위에 엔진에서 발생하는 제트를 분사하고 경계층 제어(boundary-layer control)를 하여 날개와 플랩 표면의 압력분포를 변화시켜 양력을 높이는 고양력장치이다.

정답 8. ④ 9. ④ 10. ③ 11. ③ 12. ①

13 고양력장치인 플랩(flap)의 종류 중 양력계수가 제일 큰 것은? [항공산업기사 2009년 1회]

① plain flap
② split flap
③ slotted flap
④ fowler flap

해설 파울러 플랩(fowler flap)은 날개 단면의 캠버뿐만 아니라 날개의 면적을 증가시켜 최대양력계수를 크게 높이도록 고안되었다.

14 플랩을 사용하여 날개의 최대양력계수를 2배로 증가시켰다면 실속속도는 약 몇 배가 되는가? [항공산업기사 2008년 4회]

① 0.5 ② 0.7
③ 1.4 ④ 2.0

해설 수평비행 실속속도는 $V_s = \sqrt{\dfrac{2W}{\rho S C_{L_{max}}}}$ 로 정의한다. 최대양력계수가 2배($2C_{L_{max}}$)로 증가하면

$$\sqrt{\frac{2W}{\rho \times S \times 2C_{L_{max}}}} = \frac{1}{\sqrt{2}}\sqrt{\frac{2W}{\rho S C_{L_{max}}}} = 0.7\sqrt{\frac{2W}{\rho S C_{L_{max}}}}$$

$= 0.7V_s$ 이므로 기존 실속속도의 0.7배가 된다.

15 착륙거리를 짧게 하기 위한 고항력장치가 아닌 것은? [항공산업기사 2006년 4회]

① 지상 스포일러
② 역추진장치
③ 드래그 슈트
④ 경계층 제어장치

해설 경계층 제어장치는 엔진에서 발생하는 제트를 날개와 플랩의 주위에 분사(blow)하는 경계층 제어(boundary-layer control)를 하여 날개와 플랩 표면의 압력분포를 변화시켜 양력을 높이는 고양력장치로, 블로운 플랩(blown flap) 등이 있다.

정답 **13.** ④ **14.** ② **15.** ④

AERODYNAMICS

PART

5

프로펠러 이론

Chapter 12 항공기 엔진과 프로펠러

Chapter 13 프로펠러 공기역학

Principles of Aerodynamics

CHAPTER **12**

항공기 엔진과 프로펠러

12.1 항공기 엔진의 종류 | 12.2 항공기 엔진의 선택 | 12.3 프로펠러의 개요
12.4 프로펠러 추력 발생의 원리 | 12.5 프로펠러 미끄럼 | 12.6 프로펠러의 종류

Photo : Airbus

위의 사진은 제1차 세계대전에 등장하여 활약한 Handley Page V/1500 폭격기(1918)에 장착된 목재 2깃 프로펠러(2-blade propeller)이고, 아래 사진은 현재 Airbus사에서 연구 중인 CFM RISE open-rotor 엔진의 복합재 12깃 팬(12-blade fan)이다. CFM RISE open fan의 개념은 터보팬(turbofan) 엔진 팬의 깃을 외부로 노출시켜 프로펠러와 같이 작동시킴으로써 바이패스비(by pass ratio, BPR)를 70:1까지 높여 연료소모율을 크게 감소시키는 것이다. 프로펠러는 회전력을 추력으로 전환하여 항공기를 움직이게 하는 추진장치이지만, 제트(jet)엔진과 비교하여 추력이 낮고 비행속도에 대한 제한이 크다. 하지만, 프로펠러는 최초의 비행기에 장착된 이후 현재까지 꾸준히 성능이 개선되어 사용되고 있으며, 연료소모율과 유해가스 배출을 줄이는 친환경 항공기 추진체계의 일부로 활발히 연구되고 있다.

12.1 항공기 엔진의 종류

추력(thrust, *T*)**이란 항공기가 항력을 극복하고 앞으로 나아가게 하는 힘**이다. 항공기에서 발생하는 추력은 양력 및 항력과 달리 항공기에 장착된 엔진 등의 추진계통(propulsion system)에 의하여 만들어진다.

터보팬엔진, 터보제트엔진, 램제트엔진은 고온·고압·고속의 가스, 즉 **제트**(jet)**를 일정 방향으로 배출하고 작용-반작용의 법칙**(the law of action-reaction)**에 따라 제트 분출의 반대 방향으로 추력을 발생시킨다. 터보프롭엔진, 터보샤프트엔진, 왕복엔진은 프로펠러**(propeller)**를 돌려 공기를 일정 방향으로 밀어내고 그 반대 방향으로 추력을 만들어 낸다. 헬리콥터**(helicopter)라고 부르는 **회전익기**(rotorcraft)는 **터보샤프트엔진** 또는 **터보프롭엔진** 등으로부터 동력을 받아 **회전날개**(rotor)를 회전시켜 발생하는 양력과 추력으로 비행을 한다.

이렇듯 항공기의 추력을 발생시키는 추진계통의 종류와 개수, 형식, 그리고 추력 발생방식 등이 다양한데, 항공기의 크기와 비행속도(마하수), 운항고도, 항속거리, 운항방식, 임무 등 항공기 운용조건에 따라 결정하여 사용한다. 이와 함께 추진계통의 종류와 형식에 따라 항공기의 형상이 변경되기도 한다.

(1) 터보제트엔진

엔진의 명칭에 '터보(turbo-)'라는 단어가 붙은 엔진은 터빈에서 동력을 발생시킨다. 특히 터빈엔진은 단계별로 구성된 여러 개의 압축기를 통하여 공기를 고압으로 압축하기 때문에 압축비가 높아서 **밀도가 낮은 높은 고도에서도 안정적으로 추진력을 발생**시킨다. 단, 프로펠러와 함께 구성되는 터보프롭엔진과 터보샤프트엔진은 프로펠러의 깃 끝 실속(blade tip stall) 문제로 초음속 이상의 고속 비행이 어렵다.

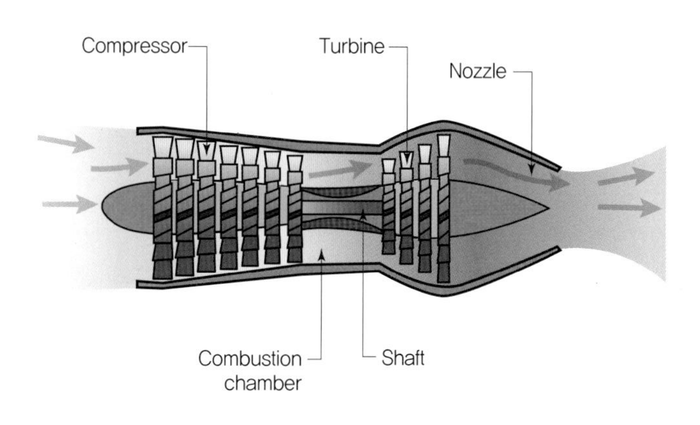

[그림 12-1] 터보제트(turbojet)엔진의 구조

터보제트(turbojet)**엔진**은 비행속도가 음속에 가까워지면 깃 끝의 실속문제로 효율이 급감하는 프로펠러 구동 엔진의 한계를 극복하기 위하여 개발되었다. 터보제트엔진은 [그림 12-1]과 같이 **압축기**(compressor), **연소기**(combustion chamber), **터빈**(turbine), **노즐**(nozzle)로 구성된다. 비행 중 엔진으로 유입되는 **공기를 압축기에서 높은 압축비로 압축하고, 연소기에서 연료와 함께 연소시켜 고온·고압의 제트를 만들어 터빈으로 배출한다. 터빈은 제트를 받아 회전하며 축**(shaft)**을 통하여 압축기를 회전시키고, 터빈을 통과한 제트는 노즐을 통하여 가속되어 엔진 밖으로 분출되며 추진력을 발생시킨다.**

General Electric J-79 터보제트엔진

(2) 터보팬엔진

[그림 12-2]에서 볼 수 있듯이, **터보팬**(turbofan)**엔진은 터보제트엔진에 팬**(fan)**이 추가된 형태**이다. 즉, **터빈은 고압터빈**(high-pressure turbine)과 **저압터빈**(low-pressure turbine)으로 구분되어 고압터빈은 고압 압축기를 회전시키고, 저압터빈은 팬과 저압 압축기를 회전시킨다. 팬은 엔진에 내장된 일종의 프로펠러이다. 따라서 노즐을 통하여 배출되는 제트뿐만 아니라, **팬의 회전에 의한 공기 유동의 가속으로 추력을 추가로 발생**시킨다.

팬에서 만들어지는 추력은 직접 연료 분사에 의한 것이 아니므로 팬의 크기, 즉 팬의 직경이 커서 전체 추력 중 팬에서 발생하는 추력의 비율이 높을수록 엔진의 연료효율도 개선된다. **팬을 통과하는 공기의 양을 노즐 통과 제트의 양으로 나눈 값을 바이패스비**(by pass ratio, BPR)라고 하는데, **바이패스비가 높을수록 연료효율이 증가**한다. 따라서 연료소모율과 항속거리가 중요한 제트 여객기와 수송기는 일반적으로 **고**(高)**바이패스비 터보팬엔진**을 장비한다. 하지만 팬의 직경이 증가하면 팬에서 발생하는 항력이 증가하고, 팬의 깃 끝 실속문제가 나타나기 때문에 높은 비행속도를 낼 수 없는 단점도 있다. 그러나 팬의 직경이 작은 **저(低)바이패스비 터보팬엔진**은 터보제트엔진과 마찬가지로 고속에서도 안정적으로 추력이 발생하기 때문에 초음속 전투기에 장착된다.

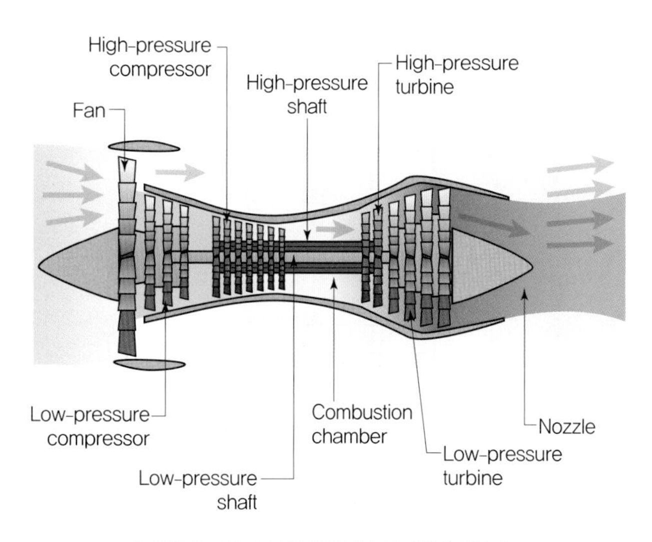

[그림 12-2] 고(高)바이패스비 터보팬엔진

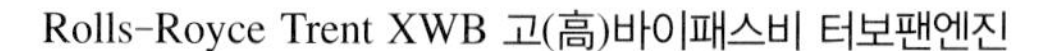

Rolls-Royce Trent XWB 고(高)바이패스비 터보팬엔진

Eurojet EJ200 저(低)바이패스비 터보팬엔진

(3) 터보프롭엔진

터보프롭(turboprop)엔진은 내장된 팬이 아닌 **엔진 외부에 장착된 프로펠러를 구동하여 추력을 얻는 엔진** 형태이다. 즉, [그림 12-2]와 같이 **터보팬엔진과 구조가 유사하지만, 터빈의 회전력은 팬이 아닌 프로펠러를 회전**시킨다. 프로펠러 추진은 저속에서 낮은 연료 소모와 비교적 양호한 추진력을 발생시키는 장점이 있다. 또한, 터빈을 회전시키고 엔진 외부로 배출되는 제트는

추가로 추진력을 만든다. 그러나 터빈은 고속으로 회전하기 때문에 같은 속도로 프로펠러가 회전하는 경우 깃 끝 실속이 발생하여 추력이 감소하므로 **감속장치(gear box)를 통하여 프로펠러의 회전수를 조절**한다.

터보프롭엔진은 프로펠러와 조합하여 사용하기 때문에 터보프롭엔진 자체의 성능뿐만 아니라 프로펠러의 성능도 중요하다. 그러므로 터보프롭엔진의 추력 또는 동력은 프로펠러의 효율이 반영되어 산정된다. 즉 **프로펠러의 효율이 높을수록 엔진에서 발생하는 동력이 항공기를 추진하는 힘으로 가능한 한 많이 전달**된다. 하지만 프로펠러 효율이 급격히 떨어지는 초음속 근처의 고속 영역에서는 추진력을 제대로 발생시킬 수 없다.

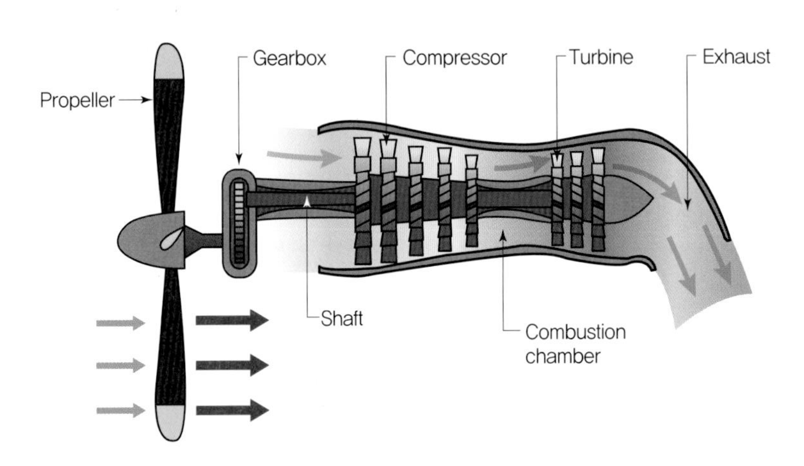

[그림 12-3] 터보프롭(turboprop)엔진의 구조

Allison T-56 터보프롭엔진

(4) 터보샤프트엔진

터보샤프트(turboshaft)엔진은 터보프롭엔진과 유사하게 터빈의 회전력으로 프로펠러를 회전시

킨다. 차이점은 [그림 12-4]에 나타낸 바와 같이 터빈과 구분되어 구성된 **자유터빈**(free turbine)**에 제트를 분사**하여 자유터빈을 회전시키고, 이와 연결된 **동력 구동축**(power shaft)**을 통하여 프로펠러 또는 회전날개**(rotor)**를 회전**시킨다. 터보샤프트엔진은 작은 크기로 구성할 수 있어서 헬리콥터, 소형 항공기, 선박의 추진장치로 사용된다. 또한, 중·대형 항공기에 장착되는 **보조동력장치**(Auxiliary Power Unit, APU)**의 구조도 터보샤프트엔진과 가장 유사**하다.

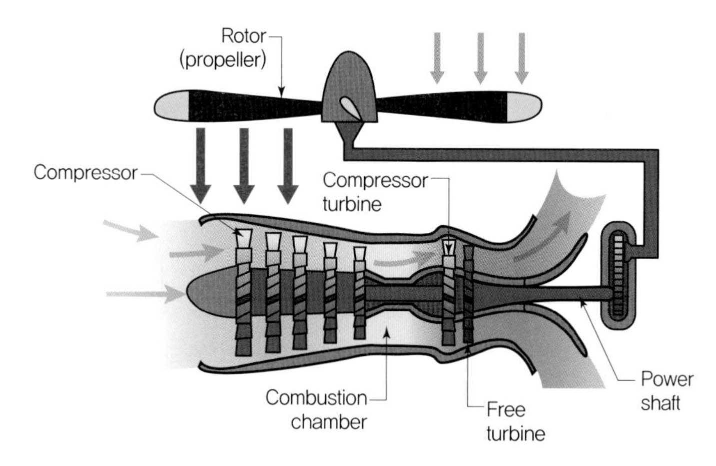

[그림 12-4] 터보샤프트(turboshaft)엔진의 구조

Klimov TV3-117 터보샤프트엔진

(5) 램제트엔진

충격파를 거치면 유동의 압력이 증가하는 현상을 엔진의 추력 발생에 이용하는 엔진의 형태는 램제트(ramjet)**엔진**이다. 즉, 일반적인 터빈엔진은 흡입된 공기를 압축기를 통하여 고압의 유동으로 압축하여 연소실에 보내서 고온·고압의 제트를 만들어 추진력을 얻는다. 그런데 [그

림 12-5]와 같이 엔진의 입구에 **스파이크(spike)를 설치하여 충격파(shock wave)를 형성시키면 이를 거쳐 엔진으로 들어오는 공기의 압력을 압축기 없이 높일 수 있다. 그리고 압축기가 없으면 이를 구동하는 터빈도 생략**할 수 있다. 압축기와 터빈이 없으면 엔진의 구조를 단순화 및 경량화할 수 있으며, 고속 영역에서 항력 증가와 깃 끝 실속문제를 유발하는 압축기가 생략되므로 초음속 비행에 적합하다. 하지만 엔진 입구에 충격파가 형성되지 않는 저속에서는 작동시킬 수 없기 때문에 별도의 추진장치를 사용하여 충격파가 발생하는 고속까지 가속해야 하는 단점이 있다. **초음속 유동이 연소실로 들어가서 연소하는 램제트엔진을 스크램제트**(supersonic combustion ramjet, scramjet)**엔진**이라고 하는데, 극초음속 비행을 가능하게 하는 미래형 엔진으로 현재 연구 중이다.

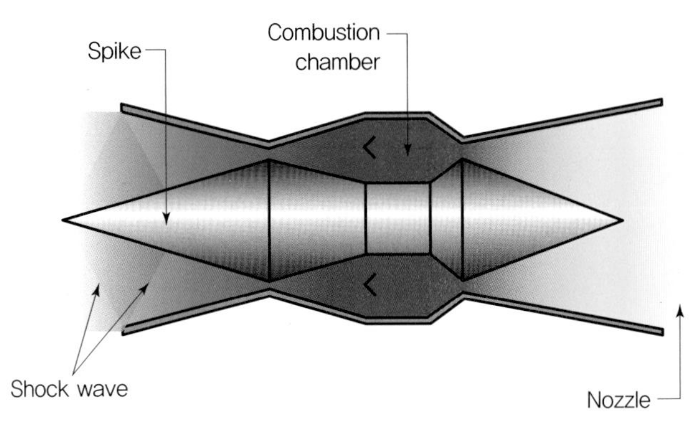

[그림 12-5] 램제트(ramjet)엔진의 구조

Photo: NASA

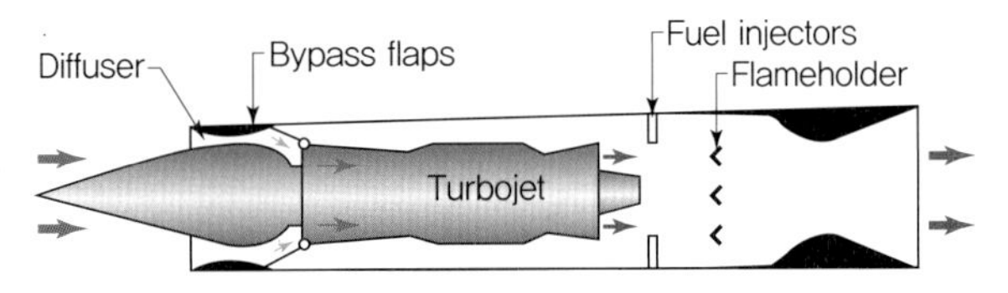

bypass flap을 닫아서 흡입공기를 압축기가 있는 터보제트엔진에 보내어 터보제트 방식으로 추력 발생

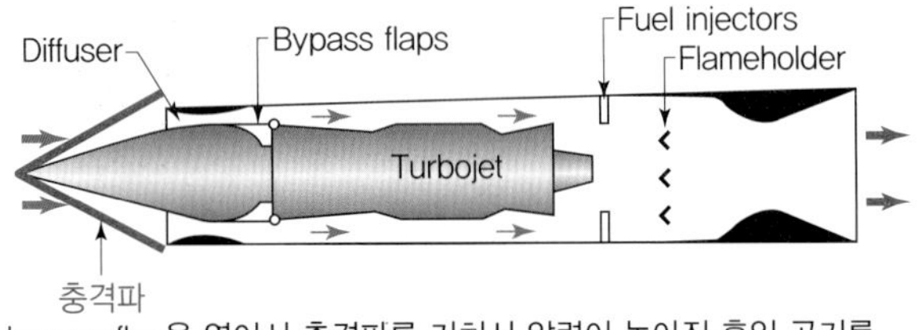

bypass flap을 열어서 충격파를 거쳐서 압력이 높아진 흡입 공기를 터보제트엔진 주위로 바이패스시켜 램제트 방식으로 추력 발생

램제트(ramjet)엔진의 원리를 이용하여 초음속 비행을 한 Lockheed SR-71A 정찰기(1964). SR-71A는 최고속도 $M=3.3$(3,500 km/hr)에 이르기 때문에 공기를 흡입하여 작동하는 엔진(air-breathing engine)을 장착한 역사상 가장 빠른 유인항공기이다. 이착륙을 하는 저속비행 중에는 일반 형태의 터보제트엔진으로부터 추력을 발생시킨다. 그러나 비행속도가 초음속으로 가속되어 엔진 입구에 설치된 스파이크(spike)에서 충격파가 형성되면 이를 통한 공기압축으로 추력을 발생시키는 램제트엔진의 구조로 변환되어 추력을 만들어 낸다.

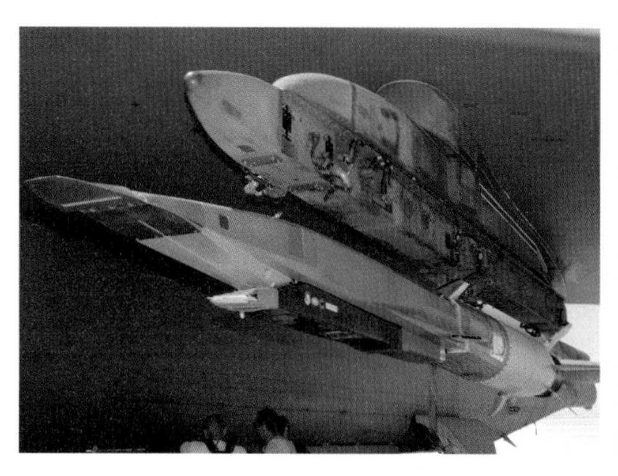

Photo: US Air Force

Boeing B-52H 폭격기에 탑재되어 비행을 준비 중인 Boeing X-51A Wave Rider 극초음속 무인실험기(2005). 스크램제트엔진을 사용하여 고도 약 21 km에서 최고속도 $M = 5.1$(5,400 km/hr)을 기록하였다. 기존의 터빈엔진은 높은 초음속 영역에서 엔진 압축기 실속을 유발하므로, 압축기가 생략된 스크램제트엔진은 극초음속 비행에 적합하다. 단, 충격파가 형성되지 않는 아음속 비행 중에는 스크램제트엔진을 사용할 수 없으므로 사진과 같이 일반 항공기에 탑재되어 이륙해야 한다. 이러한 단점 때문에 스크램제트엔진은 항공기용이 아닌 미사일 추진장치로 연구되고 있다.

(6) 왕복엔진

왕복엔진(reciprocating engine)**은 피스톤엔진**(piston engine)이라고도 하는데 **실린더**(cylinder) **안으로 분사된 공기와 연료의 혼합기체를 피스톤으로 압축한 후 연소·폭발을 통하여 동력을 만드는 추진기관**이다. **다수의 실린더에서 나오는 동력은 구동축**(shaft)**을 통하여 프로펠러를 회전**시킨다. 하지만 실린더의 부피가 작아서 혼합기체를 고압으로 압축하기 어려운 단점이 있다. 즉, 여러 개의 압축기를 사용하여 압축비가 높은 터보프롭 등의 터빈엔진과 비교하여 출력이 낮고, 흡입되는 공기의 밀도가 낮은 경우에는 출력이 더욱 감소하는 단점이 있다. 따라서 공기의 밀도가 희박해지는 높은 고도에서는 **엔진으로 유입되는 공기를 압축하여 밀도를 높이는 과급기**(super charger/turbo charger)를 장착하지만, 압축 효과에 한계가 있으므로 터빈엔진만큼의 고

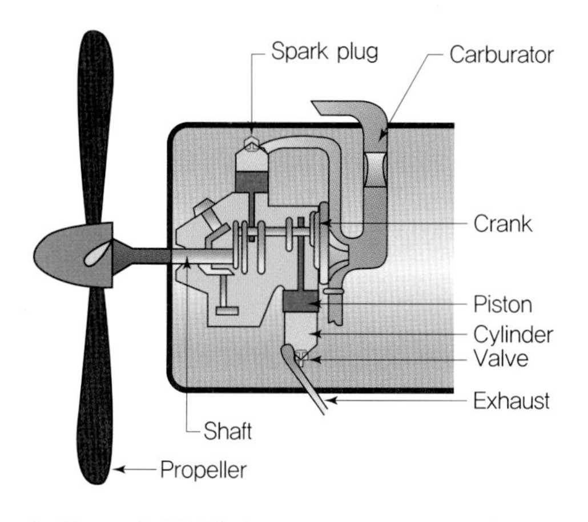

[그림 12-6] 왕복엔진(reciprocating engine)의 구조

고도 성능을 발휘할 수 없다.

그리고 왕복엔진 역시 프로펠러와 조합하여 사용하기 때문에 프로펠러의 효율도 중요하다. 하지만 터빈엔진보다 구조가 단순하고 저렴하여 낮은 고도에서 저속으로 비행하는 경량 비행기에 주로 사용되고 있다.

Pratt & Whitney R-985 왕복엔진

12.2 항공기 엔진의 선택

항공기를 개발할 때 탑재하는 엔진의 형식을 선택할 때는 **추력, 비행거리당 연료소모율을 산정하는 비연료소모율**(Specific Fuel Consumption, SFC), **그리고 운용한계 등을 기준**으로 한다.

초음속 전투기는 높은 속도에서도 추력 감소가 적은 저(低)바이패스비 터보팬엔진 또는 터보제트엔진을 사용하고, **마하수 $M = 0.8$ 전후의 아음속으로 장거리를 비행하는 제트 여객기 또는 수송기는 해당 비행속도에서 비연료소모율이 낮은 고(高)바이패스비 터보팬엔진**을 장착한다. [그림 12-7]에서 확인할 수 있듯이, 터보팬엔진과 터보제트엔진은 비행속도가 증가함에 따라 비연료소모율은 높아지지만, 엔진으로 유입되는 공기량이 증가하여 $M = 2$ 전후의 고속에서도 비교적 안정적인 추력을 발생시킨다. 또한, 충격파의 형성으로 작동하는 **램제트엔진은 $M > 5$의 극초음속 영역에서 비행하는 항공기 또는 발사체의 추진기관**으로 적합함을 알 수 있다.

비교적 낮은 속도에서 장시간 비행하며 정찰 및 초계 비행을 하는 항공기는 **저속에서 비연료소모율이 가장 낮은 터보프롭엔진과 프로펠러 또는 왕복엔진과 프로펠러의 조합**을 사용한다.

하지만 일반적으로 비행속도가 음속($M=1$)에 가까워지면 프로펠러 깃 끝 실속으로 비연료소모율이 급속히 증가하고, 추력을 상실한다.

제트를 분출하여 항공기를 나아가게 하는 터보제트엔진 또는 터보팬엔진은 힘의 크기를 추력의 단위인 [N] 또는 [lbf]으로 표시하지만, 프로펠러 또는 회전날개를 회전시키는 터보프롭엔진, 터보샤프트엔진, 왕복엔진은 추력의 단위 대신 동력의 단위인 [Watt] 또는 [hp]로 엔진의 힘을 나타낸다.

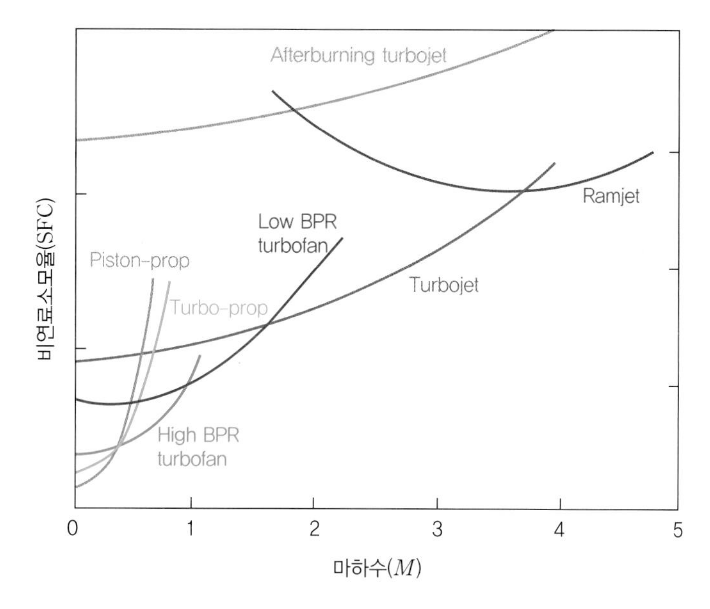

출처: Raymer, D. P., *Aircraft Design: A Conceptual Approach*, AIAA Inc., 2018.

[그림 12-7] 엔진의 형식과 비행속도에 따른 비연료소모율(SFC) 비교

12.3 프로펠러의 개요

프로펠러(propeller)**는 엔진에서 만들어지는 회전력**(torque)**을 직선 방향의 추력으로 변환시켜 주는 추진장치**이다. 라이트 형제가 개발한 최초의 항공기는 왕복엔진과 프로펠러의 조합을 이용하여 동력 비행에 성공하였다. 날개 및 동체 등의 항공기 형상요소뿐만 아니라 공기역학적 힘으로 추력을 발생시키는 프로펠러도 항공기의 비행성능에 큰 영향을 준다.

[그림 12-8]에서 볼 수 있듯이, 프로펠러는 2개 이상의 **깃**(blade)으로 구성되며 **한 쌍의 프로펠러 깃은 중간에 있는 중심축**(hub)에 연결되어 있다. 그리고 **중심축에 가까운 부분을 깃의 뿌리**(blade root), **중심축에서 가장 먼 끝부분을 깃의 끝**(blade tip)이라고 한다.

[그림 12-8] 프로펠러의 형상

[그림 12-9]와 같이, **프로펠러가 회전하면 깃의 끝이 지나가며 원형의 궤적을 만드는데 이를 프로펠러 회전면**(disk)이라고 한다. 회전면은 프로펠러의 형상을 단순화한 것으로서, 프로펠러의 공기역학을 설명할 때 자주 활용된다. 그러므로 **한 쌍의 깃의 양쪽 끝부분을 이은 선의 길이, 즉 깃의 전체 길이가 프로펠러 회전면의 지름**(D)이고, **중심축부터 한쪽 깃 끝까지의 길이가 회전면의 반지름**(R)이 된다. 깃은 항공기의 날개와 유사하다. 항공기가 전진하면 상대풍을 받는 날개의 단면은 압력차, 즉 양력을 발생시킨다. 마찬가지로 프로펠러의 깃이 회전할 때 깃으로 불어오는 상대풍을 받아 깃의 단면은 추력을 만든다. 그러므로 **깃의 단면은 날개의 단면과 유사한 형상**을 하고 있다. 하지만 프로펠러의 효율을 높이기 위하여 깃의 뿌리에서 깃 끝 쪽으로 깃 단면의 두께와 시위길이가 달라지고, 단면형상도 변화하도록 제작된다.

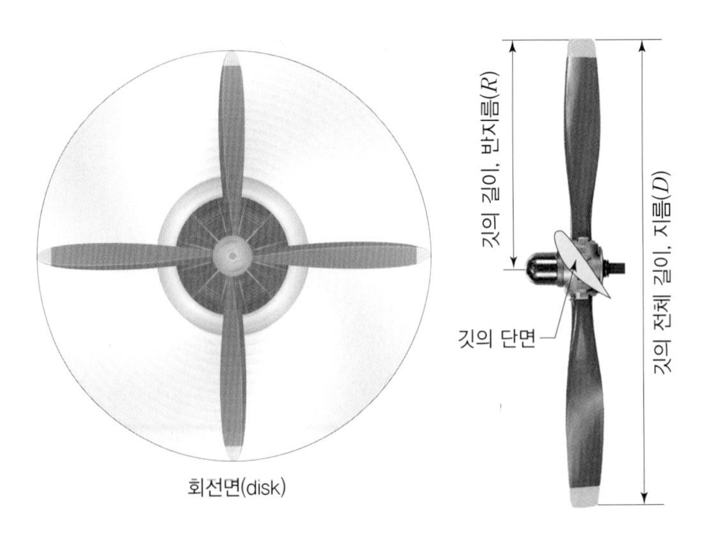

[그림 12-9] 프로펠러 회전면(disk)과 회전면 지름(D) 및 반지름(R)

12.4 프로펠러 추력 발생의 원리

회전하는 프로펠러의 깃에서 추력이 발생하는 원리를 살펴보도록 하자. 회전하는 물체의 회전속도(rotational velocity, ω)는 다음과 같이 선속도(linear velocity, v)와 회전면 반지름(R)으로 표현한다.

$$\omega = \frac{v}{R}$$

여기서 선속도는 물체가 원을 그리며 회전할 때 일정 위치에서의 순간속도로서 회전운동이 아닌 직선운동을 기준으로 한 속도이다. 위의 회전속도의 정의를 이용하여 선속도를 표현하면 다음과 같다.

$$v = \omega R$$

[그림 12-10(a)]와 같이 프로펠러 깃의 단면은 선속도, 즉 ωR의 속도로 이동한다. 이때 **프로펠러 선속도(ωR)의 직선 방향과 프로펠러 깃의 시위선**(chord line) **사이의 각도를 프로펠러 깃 피치각 또는 깃각**(pitch angle or blade angle, β)으로 정의한다. 그리고 선속도(ωR)의 방향은 프로펠러의 회전궤적, 즉 프로펠러 회전면(그림에서는 수직선)과 나란하므로 피치각은 회전면과 프로펠러 깃의 시위선이 이루는 각으로 표현할 수 있다. 또한 항공기는 오른쪽으로 전진하며 비행속도 V가 발생하고 있다.

[그림 12-10(b)]에서 볼 수 있듯이, 프로펠러 깃이 회전하며 선속도 ωR로 움직이면 회전에 의한 유동은 같은 속도(ωR)로 깃의 단면 쪽으로 불어온다. 또한, 오른쪽으로 비행할 때 전진에 의한 바람은 전진속도(V)만큼 왼쪽에서 깃의 단면이 있는 오른쪽으로 작용한다. 따라서 실제로 깃의 단면에 불어오는 상대풍은 V'의 속도로 회전과 전진에 의한 합성 방향으로 [그림 12-10(b)]와 같이 비스듬하게 유입된다. 그리고 **깃의 단면으로 유입되는 상대풍의 속도 V'의 방향과 선속도(ωR)의 방향(프로펠러 회전면) 사이에 정의되는 각도를 프로펠러 깃 유입각**(helix angle, ϕ)이라고 한다. 비행속도(V)가 증가하여 [그림 12-10(b)]의 검은색 화살표의 길이가 길어지면, 상대풍속도(V')의 빨간색 화살표가 왼쪽으로 기울어지며 유입각(ϕ)이 증가하게 된다.

또한, [그림 12-10(c)]와 같이, **깃의 단면 시위선과 상대풍의 방향 사이의 각도는 프로펠러 깃의 받음각**(angle of attack, α)이다. 항공기 날개 단면의 시위선과 상대풍 방향이 이루는 각도를 받음각이라고 정의하는 것과 동일한 개념이다. 받음각에 의하여 날개 단면에서 양력이 발생하듯이, **프로펠러도 받음각, 즉 상대풍 방향의 각도 때문에 깃의 단면에서 압력차에 나타나고 따라서 양력과 추력이 발생**한다. 양력은 상대풍에 수직으로 발생하는 힘이고, 추력은 전진 방향과 나란한 방향의 힘이다. 또한, 깃이 회전하면서 상대풍(V')의 방향과 나란한 방향으로 항력이 나

타난다. [그림 12-10(c)]에서 볼 수 있듯이, 프로펠러 깃의 받음각(α)은 피치각(β)과 유입각(ϕ)의 차이만큼 발생하기 때문에 다음과 같은 관계식이 성립한다.

$$\alpha = \beta - \phi$$
$$\phi = \beta - \alpha$$

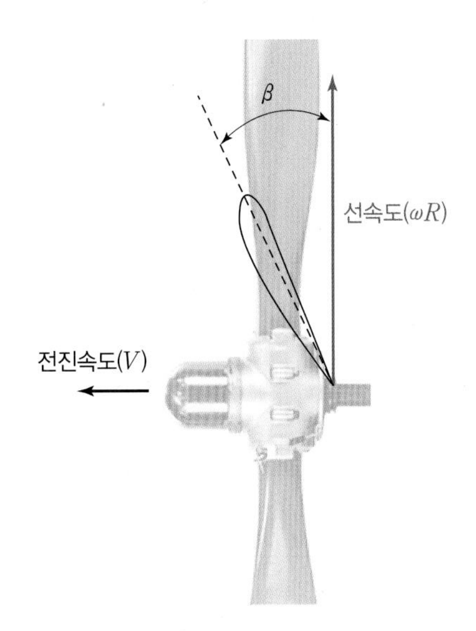

(a) 선속도(ωR)와 피치각(β)

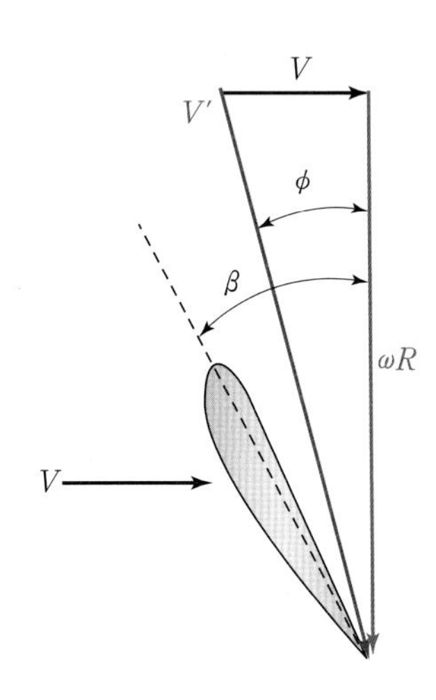

(b) 비행속도(V)와 상대풍의 속도(V') 및 유입각(ϕ)

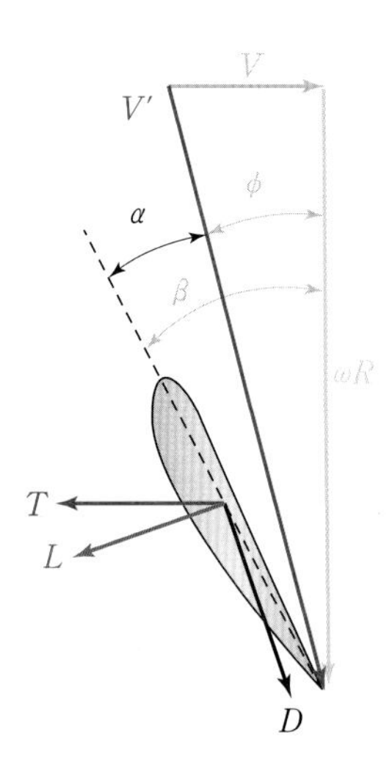

(c) 받음각(α)과 양력(L), 항력(D), 추력(T)

[그림 12-10] 프로펠러 회전에 의한 추력의 발생

항공기 날개의 경우, 작은 받음각보다 큰 받음각에서 더 많은 양력이 날개에서 발생하지만, 과도하게 큰 받음각은 날개에서 유동박리(flow separation)와 실속(stall)을 유발한다. 이는 프

로펠러 깃의 경우도 마찬가지이다. 적당한 받음각은 프로펠러의 추력을 증가시키지만, 피치각(β)이 유입각(ϕ)보다 훨씬 크면 과도한 받음각이 생겨 실속이 발생하고 항력이 증가하여 프로펠러의 성능이 감소한다.

[그림 12-11(a)]는 유입각이 피치각보다 너무 작아서($\phi_1 \ll \beta$) 받음각(α_1)이 매우 큰 경우를 나타낸다. 이에 따라 발생하는 항력 증가와 실속으로 프로펠러 효율이 떨어지는데, 프로펠러 피치각(β)을 감소시키면 받음각이 낮아지며 프로펠러 효율을 다시 높일 수 있다. 즉, 작은 유입각은 낮은 비행속도(V_1)에서 발생하므로 **프로펠러의 회전속도, 즉 선속도(ωR)가 일정한 경우 저속비행에서는 작은 피치각으로 설정하면 프로펠러의 효율이 높아짐**을 알 수 있다.

반면에 [그림 12-11(b)]에서는 유입각이 피치각보다 큰 경우($\phi_2 > \beta$)를 보여 준다. 받음각은 $\alpha = \beta - \phi$로 정의하므로, $\phi > \beta$이면 음(−)의 받음각($-\alpha_2$)이 발생한다. 항공기 날개도 받음각이 과도하게 감소하여 받음각이 0보다 작아지면 공기역학적 성능이 감소하는데, 프로펠러도 마찬가지다. 이때 피치각을 유입각보다 크게($\phi_2 < \beta$) 증가시키면 양(+)의 받음각이 발생하며 프로펠러 성능이 회복될 수 있다. 따라서 큰 유입각(ϕ_2)은 높은 비행속도(V_2)에서 나타나므로 **프로펠러의 회전속도가 일정한 경우 고속비행 중에는 큰 피치각으로 설정하여 프로펠러의 효율을 높여야 한다.**

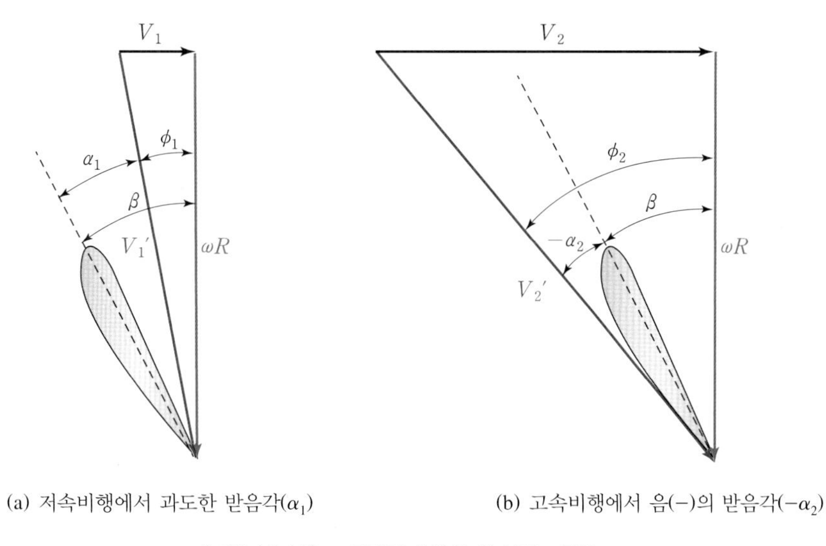

(a) 저속비행에서 과도한 받음각(α_1)　　(b) 고속비행에서 음(−)의 받음각($-\alpha_2$)

[그림 12-11] 프로펠러 효율이 감소하는 경우

[그림 12-12]는 저속비행과 고속비행 중 적절하게 피치각이 설정된 경우를 보여 준다. 즉, 저속에서는 추력이 크고 항력이 작은 최적의 받음각(α)이 발생하도록 피치각을 줄이고($\beta_1 < \beta$), 고속에서는 저속 상태와 같은 크기의 받음각(α)을 유지할 수 있을 만큼 피치각을 크게 하여($\beta_2 > \beta$) 프로펠러의 효율을 유지한다. 따라서 **비행을 할 때 속도 변화에 따라 프로펠러의 피치각을 조절**

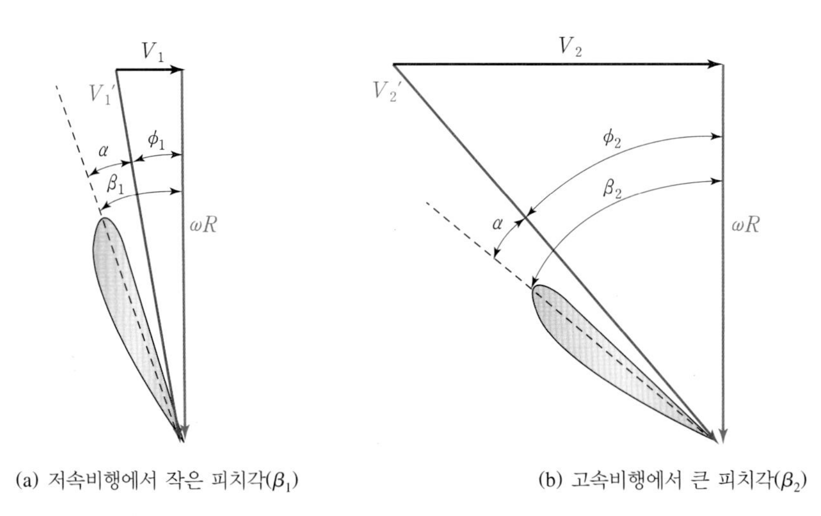

(a) 저속비행에서 작은 피치각(β_1) (b) 고속비행에서 큰 피치각(β_2)

[그림 12-12] 비행속도에 따라 피치각을 변경하며 최적의 동일한 받음각(α)을 유지

하면 프로펠러의 효율이 높아지고, 항공기의 비행성능도 향상된다. 또한, 저속비행과 고속비행에서 받음각을 일정하게 유지함으로써 프로펠러에서 발생하는 항력을 적정 수준으로 유지하여 프로펠러를 회전시키는 엔진의 부담을 감소시킬 수 있다.

물론 [그림 12-13]에서 볼 수 있듯이, **비행 중 피치각을 변경하는 대신 프로펠러의 회전수를 조절하여 최적의 받음각을 유지하는 방법**이 있다. 엔진의 출력을 높여 프로펠러의 회전수(rpm)

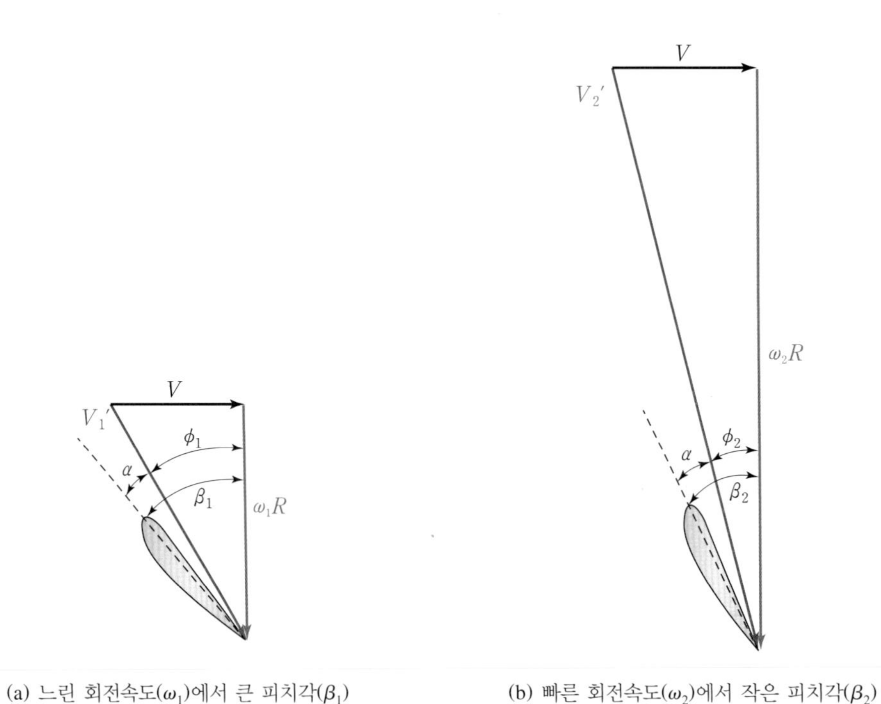

(a) 느린 회전속도(ω_1)에서 큰 피치각(β_1) (b) 빠른 회전속도(ω_2)에서 작은 피치각(β_2)

[그림 12-13] 프로펠러 회전속도에 따라 피치각을 변경하며 최적의 받음각(α)을 유지

를 높이면 회전속도가 증가하고(ω_2) 이에 따라 선속도가 증가한다($\omega_2 R$). 그리고 비행속도(V)가 일정한 경우 선속도가 증가하면 유입각이 감소하므로(ϕ_2) 피치각이 작아져도(β_2) 받음각(α)을 일정하게 유지시킬 수 있다. 즉, **비행속도(V)가 일정할 때 느린 프로펠러 회전속도에서는 최적의 받음각(α)이 발생하도록 피치각을 크게 하고(β_1), 빠른 프로펠러 회전속도에서는 최적의 받음각을 유지하도록 피치각을 작게 하여(β_2) 프로펠러의 효율을 높인다.** 만약 프로펠러의 회전수를 증가시켜 회전속도가 증가한 상태에서 피치각을 높여 받음각까지 커지면 프로펠러 항력이 과도하게 늘어나서 연료소모율이 급증한다. 또한, 과도한 회전수는 압축성 효과에 따른 깃 끝 실속과 같이 프로펠러의 효율을 낮추는 현상을 유발할 수 있다.

12.5 프로펠러 미끄럼

(1) 프로펠러 기하학 피치

프로펠러 피치(propeller pitch)**는 프로펠러 깃이 한 바퀴 회전할 때 발생하는 추력으로 항공기가 전진하는 거리**를 의미한다. 이는 나사못(screw)이 회전하면서 목재에 박혀 들어갈 때 나사못이 1회전 할 때의 이동거리를 피치라고 하는 것과 같다. 하지만 나사못은 고체 속을 이동하지만, 프로펠러는 유체 속에서 전진한다.

[그림 12-14(a)]는 프로펠러 회전에 의한 선속도(ωR)와 비행속도(V), 상대풍의 속도(V') 및 피치각(β), 유입각(ϕ), 받음각(α) 사이의 관계를 나타낸다. [그림 12-14(a)]는 속도를 기준으로 나타내었는데 거리 또는 피치를 기준으로 [그림 12-14(a)]의 내용을 표현하면 [그림 12-14(b)]와 같다. 즉, [그림 12-14(a)]의 비행속도와 선속도 등의 속도 성분은 시간당 거리로 정의하므로 동일한 시간 동안의 속도라고 가정하면 속도의 시간 성분이 상쇄된다. 따라서 비행속도(V)는 거리, 즉 피치로 나타낼 수 있다. 특히 선속도 ωR에 포함된 회전속도 ω는 다음과 같이 정의한다.

$$\omega = 2\pi n$$

따라서 선속도는 다음과 같다.

$$\omega R = 2\pi n R$$

여기서, n은 시간당 회전수인데, 마찬가지로 시간 성분을 상쇄하면 회전수가 남는다. 그리고 피치는 프로펠러가 1회전할 때 전진하는 거리로 정의하므로 회전수는 $n = 1$이 된다. 따라서 [그림 12-14(a)]의 선속도 ωR은 [그림 12-14(b)]에서 $\omega R = 2\pi n R = 2\pi R$로 정리된다. 피치각($\beta$), 유입각($\phi$), 받음각($\alpha$) 등 각도는 시간과 관계없으므로 그대로 유지한다.

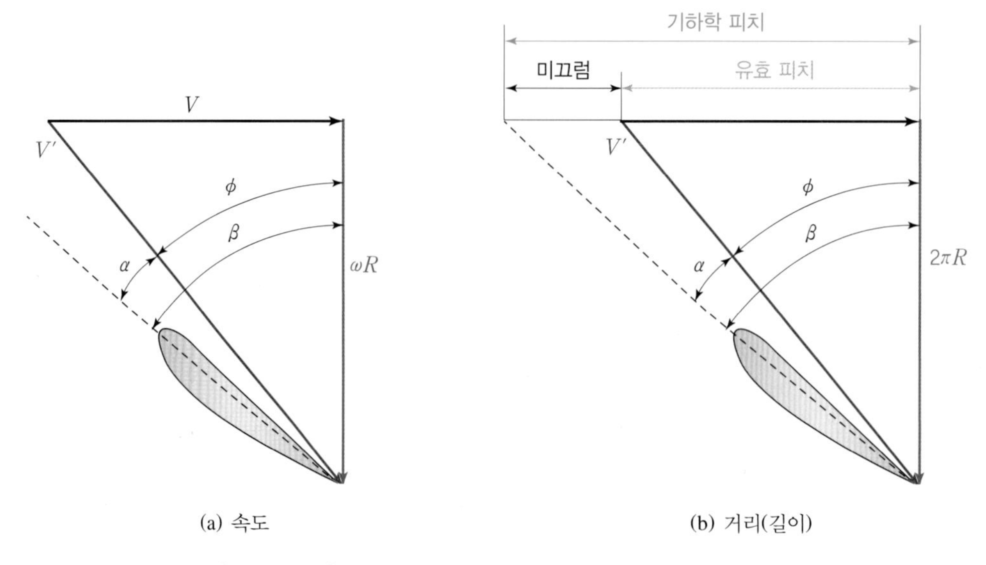

[그림 12-14] 프로펠러 기하학 피치, 유효 피치, 미끄럼의 정의

목재에 나사못을 박을 때 나사못의 피치가 클수록 목재 안으로 깊이 박혀 들어간다. 프로펠러도 마찬가지로 피치각(β)이 클수록 프로펠러는 멀리 전진한다. 즉, [그림 12-14(b)]에서 볼 수 있듯이 **프로펠러가 일정 피치각(β)으로 1회전할 때 항공기가 전진하는 이론적 거리를 프로펠러 기하학 피치**(geometric pitch, *gp*)라고 정의한다. 아래와 같은 직각삼각형의 변들 사이의 비율을 삼각비라고 하는데, 삼각비는 사잇각 β에 대하여 다음과 같이 정의한다.

$$\tan\beta = \frac{\text{높이}}{\text{밑변}} = \frac{B}{A}$$

그러므로 [그림 12-14(b)]에서 $\tan\beta$를 다음과 같이 정리할 수 있다.

$$\tan\beta = \frac{\text{높이}}{\text{밑변}} = \frac{\text{기하학 피치}}{2\pi R}$$

따라서 기하학적 피치(*gp*)는 아래와 같이 나타낸다. 여기서 프로펠러의 반지름(R)의 2배는 지름(D)과 같으므로 $2R = D$이다.

$$\text{프로펠러 기하학 피치}: gp = 2\pi R\tan\beta = \pi D\tan\beta$$

(2) 프로펠러 유효 피치

앞서 설명한 **기하학적 피치는 이론상 프로펠러의 전진거리**이다. 나사못이 목재 속에 박혀 들어갈 때 나사못 주위의 나무는 고체이므로 움직이지 않는 단단한 나무조직을 딛고 나사못은 전진한다. 반면에, 공기는 유체이기 때문에 프로펠러가 회전할 때 프로펠러 깃의 주변에 머무르지 않고 흐르는데, 프로펠러가 이러한 특성을 가진 유체를 밀어내며 실제로 전진할 수 있는 거리는 제한적이다. 그러므로 프로펠러의 실제 피치는 기하학적 피치보다 짧고, 프로펠러의 추력은 이론상 추력보다 낮다. 즉, **프로펠러가 1회전 할 때 실제로 전진하는 거리를 프로펠러 유효 피치**(effective pitch, ep)로 한다. [그림 12-14(b)]에 의하면 유효 피치는 실제 항공기가 전진하는 속도, 즉 비행속도(V)에 기준한다. 따라서 유효 피치는 비행속도를 포함하여 다음과 같이 나타낸다.

$$\text{프로펠러 유효 피치}: ep = \frac{V}{n}$$

여기서 n은 프로펠러의 시간당 회전수이고 단위는 [rps](revolutions per second)이다. 유효 피치는 프로펠러의 1회전 기준이므로 n의 단위는 [1/s]가 된다. 또한, 속도의 단위는 [m/s]이므로, 유효 피치의 단위는 $\left[\frac{\text{m/s}}{1/\text{s}}\right]$, 즉 [m]가 되기 때문에 유효 피치는 프로펠러가 1회전할 때 비행속도 V로 전진한 거리임을 확인할 수 있다.

앞서 설명한 대로, 공기는 프로펠러의 표면에 머무르지 않고 흘러 지나가기 때문에 이론적으로 프로펠러에서 발생해야 하는 추력보다 다소 낮은 추력이 만들어지고, 따라서 유효 피치는 기하학 피치보다 짧다. 즉, **추력을 생산하지 못하고 프로펠러 표면에서 미끄러져 지나가는 일부 유동 때문에 기하학 피치와 유효 피치의 차이가 발생하는데, 이를 미끄럼**(slip)이라고 일컫는다. 그리고 미끄럼은 퍼센트로 표시하므로 다음과 같이 기하학 피치와 유효 피치를 통하여 정의한다. 피치각(β)과 비행속도(V), 그리고 프로펠러 회전수(n)를 알면 다음 식을 이용하여 프로펠러 미끄럼을 계산할 수 있다.

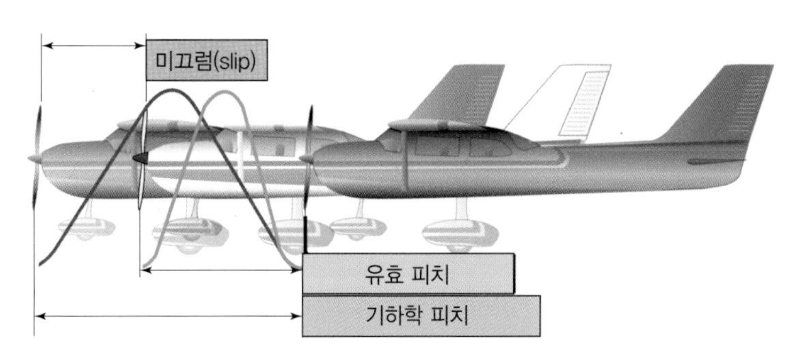

출처: Pilot's Handbook of Aeronautical Knowledge, FAA-H-8083-25C, 2023.

[그림 12-15] 프로펠러 미끄럼의 발생

$$\text{프로펠러 미끄럼 : slip} = \frac{gp - ep}{gp} = \frac{\pi D \tan\beta - V/n}{\pi D \tan\beta}\ [\%]$$

12.6 프로펠러의 종류

(1) 고정 피치 프로펠러

프로펠러 깃이 중심축에 고정되어 피치각을 변환시킬 수 없는 프로펠러를 고정 피치 프로펠러(fixed-pitch propeller)라고 한다. 항공기용으로 프로펠러가 처음 만들어졌을 당시 나무를 깎아서 만든 목제 프로펠러가 이에 해당한다. **구조가 단순하고 가볍다는 장점이 있으나, 비행기의 속도 변화에 대하여 최적의 피치각으로 설정하지 못하는 단점**이 있다. 즉, 저속비행에 맞는 작은 피치각으로 제작된 고정 피치 프로펠러는 고속으로 순항 중에는 효율이 떨어진다. 또한, 무인기나 드론에 장착하는 소형 프로펠러도 무게를 가볍게 하고 구조를 단순화하기 위하여 고정 피치 프로펠러 형식을 사용한다.

Bücker Bü-131 훈련기(왼쪽)와 소형 드론(오른쪽)에 사용되는 고정 피치 프로펠러(fixed pitch propeller)

(2) 지상 조정 프로펠러

지상 조정 프로펠러(ground-adjustable propeller)**는 비행 전 지상에서 프로펠러가 정지해 있을 때 피치각을 설정**할 수 있다. 따라서 **고정 피치 프로펠러와 마찬가지로 프로펠러가 회전할 때는 피치각을 조절할 수 없는 단점**이 있다. 하지만 비행 전에 예상 비행속도에 맞춰 프로펠러 깃의 피치각을 적절하게 설정할 수 있으므로 고정 피치 프로펠러보다는 효율적이다. 구조가 단순하여 획득 비용이 낮고, 정비하기가 쉬우므로 현대에도 초경량 및 소형 항공기에 장착되고 있다.

Photo: Smithsonian national museum of natural history

왼쪽의 비행기는 찰스 린드버그(Charles Lindberg)가 최초로 대서양 횡단 비행을 했을 때 탑승한 The Spirit of St. Louis (1927)로서 지상 조정 프로펠러(ground-adjustable propeller)를 장착하였다. 오른쪽은 Aviat Pitts Special S-2 공중곡예기인데, 역시 지상 조정 프로펠러를 장비하고 있다. 지상 조정 프로펠러는 단순한 구조 때문에 현대에도 초경량 항공기와 공중곡예기 등에 장착되고 있다.

(3) 가변 피치 프로펠러

항공기가 처음 발명된 이후 항공기술이 발전하고 고출력 왕복엔진이 개발되었지만, 비행 중 피치각을 변환시킬 수 없는 프로펠러는 항공기의 비행성능을 제한하였다. 이에 따라 프로펠러의 성능을 개선하기 위한 노력이 이어졌고, 프로펠러의 구조는 복잡해졌지만, 효율이 현저히 높아진 프로펠러 형식들이 등장하였다. **가변 피치 프로펠러**(controllable-pitch propeller)**는 프로펠러가 회전할 때나 비행 중일 때 깃의 피치각을 비행속도에 적합하도록 조절**할 수 있다. 앞서 살펴본 바와 같이, 저속에서는 작은 피치각 그리고 고속에서는 큰 피치각이 적합하다. 그러므로

Photo: propeller.com

[그림 12-16] 프로펠러 피치각 스위치의 예

조종사가 비행 중에 비행단계와 비행조건에 따라 변화하는 비행속도에 맞추어 프로펠러 피치각을 조절한다. 즉, 비교적 비행속도가 낮은 이착륙 또는 상승 단계에서는 조종석에 설치된 프로펠러 피치각 조절 스위치 또는 레버를 조작하여 피치각을 낮추고, 비행속도가 빠른 순항비행 단계에서는 피치각을 크게 한다. **작은 피치각을 fine pitch 또는 flat pitch라고 하고, 높은 피치는 coarse pitch**라고 부른다. 그리고 **프로펠러를 페더링할 때는 feathering pitch**를 선택한다. 일반적으로 유압장치를 통하여 피치각을 변환시키는데, 설정할 수 있는 피치각의 숫자가 정해져 있기 때문에 **다양한 각도로 피치각을 조절할 수 없다는 단점**이 있다.

North American T-6 훈련기에 장착된 가변 피치 프로펠러(controllable-pitch propeller). 가변 피치 프로펠러는 개발 당시의 기술 수준으로 복잡한 형태를 가졌기 때문에 구조의 단순화를 위하여 한 쌍의 깃으로 구성된 경우가 많았다.

(4) 정속 프로펠러

깃이 실속하지 않는 범위에서 프로펠러의 피치각을 크게 하면 추력이 증가한다. 또한, 프로펠러의 회전속도, 즉 엔진의 회전수(rpm)를 높여도 추력이 높아진다. 하지만 비행단계, 고도, 속도 등 비행조건이 달라질 때, 이와 관계없이 회전수를 임의로 변화시키면 프로펠러에서 발생하는 항력의 증감이 커서 프로펠러를 회전시키는 엔진에 기계적 부담이 발생하고 연료 소모가 증가한다. 그러므로 **고도와 속도 등의 비행조건과 관계없이 엔진과 프로펠러의 회전수가 일정하게 유지되도록 피치각이 자동으로 조정되는 프로펠러가 정속 프로펠러**(constant-speed propeller)이다.

가변 피치 프로펠러와 정속 프로펠러는 모두 비행 중에 피치각의 조절이 가능하다. 하지만 정속 프로펠러는 피치각을 조절하는 기능을 이용하여 회전수를 일정하게 유지할 수 있다. 즉, 이륙 또는 상승 단계에서 저속으로 비행할 때 프로펠러를 작은 피치각(fine/flat pitch)으로 설정하거나, 고속순항 중 큰 피치각(coarse pitch)으로 설정해도 엔진과 프로펠러의 회전수는 항상 일정하다. 회전수가 일정함에 따라 프로펠러 깃의 받음각 변화가 적고([그림 12-12] 참조), 이에 따라 프로펠러에서 발생하는 항력의 변화가 적어서 회전력을 발생시키는 엔진의 부담이 낮

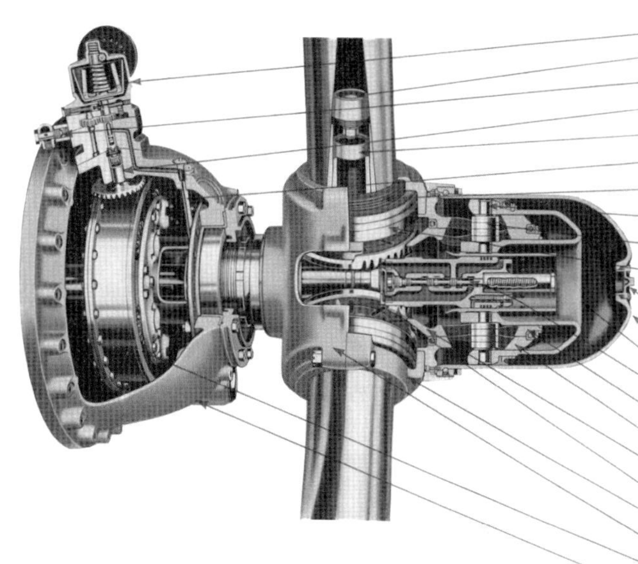

출처: GRosen G., *Thrusting Forward, A History of the Propeller*, Hamilton Standard, 1984.
Hamilton Standard Hydromatic 정속 프로펠러(아래)를 장착한 Boeing B-29A 폭격기(위).
정속 프로펠러는 프로펠러의 형식 중 구조가 가장 복잡하지만 효율은 가장 우수하다.

아지고 연료소모율이 감소한다.

정속 프로펠러는 **프로펠러 조속기**(propeller governor)와 함께 구성되는 것이 일반적이다. **프로펠러 조속기는** constant speed unit**이라고 부르기도 하는데, 엔진의 회전수를 감지하고 프로펠러의 피치각을 자동으로 조절하여 비행조건과 관계없이 일정한 회전수를 유지**하는 역할을 한다. 즉, 엔진의 크랭크축(crankshaft)에 연결된 조속기는 프로펠러의 회전수가 선택된 회전수보다 증가하면 유압 또는 전기로 작동하는 기계장치를 통하여 프로펠러의 피치각을 적정 수준보다 높게 증가시킨다. 이에 따라 프로펠러 깃의 받음각이 커져서 항력이 증가하여 프로펠러의 회전속도가 낮아져서 즉시 회전수를 원래 수준으로 감소시킨다. 반대로 프로펠러의 회전수가 선택된 회전수 이하로 떨어지면 조속기는 프로펠러의 피치각을 적정 수준 이하로 감소시킴으로써 깃의 받음각을 작게 한다. 그리고 깃의 항력이 감소하여 프로펠러 회전수는 다시 원래 회전수까지 증가한다.

이러한 조속기의 기능으로 조종사의 개입 없이 프로펠러는 자동으로 일정 회전수를 유지할 수 있다. 즉, 조종사가 비행속도와 고도에 적합한 프로펠러 피치각과 회전수를 설정하면, 일정한 회전수를 유지하기 위하여 미세하게 피치각을 조절하는 것은 조속기가 담당한다. 하지만 유압 또는 전기장치로 작동하는 조속기가 프로펠러 중심축(hub)에 추가로 설치되기 때문에 **다른 프로펠러에 비하여 구조가 복잡하다는 단점**이 있다.

(5) 페더링 프로펠러

비행 중 엔진이 정지하면 프로펠러는 더는 추력을 발생시키지 못할 뿐만 아니라, 많은 항력을 발생시키는 필요 없는 구성품이 된다. 또한, 엔진이 작동하지 않는 상태로 지상에 주기되어

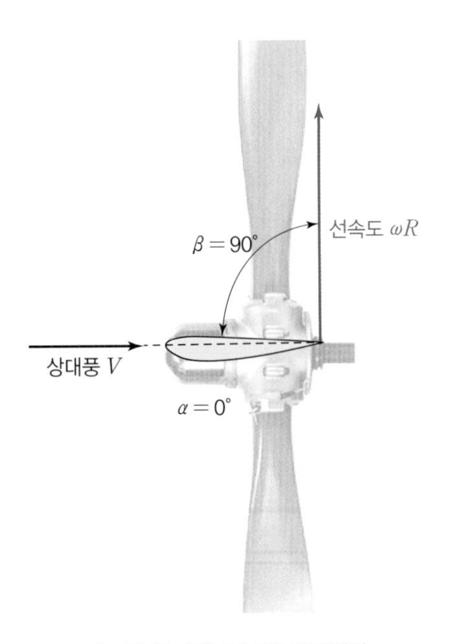

[그림 12-17] 페더링 프로펠러

프로펠러를 회전 중인 Airbus A-400M 수송기. 바깥쪽 프로펠러는 페더링 상태이다.

있을 때 바람이 불어오면 **프로펠러가 스스로 회전하는 풍차 효과**(windmilling effect)로 인하여 안전문제가 발생할 수 있다. 이 같은 경우에는 [그림 12-17]과 같이, **상대풍에 대하여 깃 단면의 시위선을 나란히 하여** 피치각을 $\beta = 90°$로 설정함으로써 받음각을 $\alpha = 0°$로 만들어 **프로펠러 항력을 최소화하거나 프로펠러가 스스로 회전하는 상황을 방지하는데, 이런 상태를 페더링 프로펠러**(feathering propeller)라고 한다. 헬리콥터의 회전날개 페더링 운동은 여기서 말하는 페더링과는 다른 의미로 사용된다.

(6) 역피치 프로펠러

[그림 12-18]에서 볼 수 있듯이, **역피치 프로펠러**(reverse-pitch propeller)**는 피치각을 90° 이상**($\beta > 90°$), **즉 피치각을 반대로 설정하여 추력이 항공기 진행 방향과 반대로 발생하게 한다.** 역피치 프로펠러를 별도로 제작하는 것이 아니라, 일반 프로펠러의 피치각을 90° 이상으로 증가시키면 역피치 프로펠러가 된다. 항공기가 착지하고 안전을 위하여 **착륙활주거리를 가능한 한 단축시키기 위하여 활주속도를 감속할 때 역추진이 필요하거나, 지상에서 후진 이동을 할 때 역피치 프로펠러로 설정**한다.

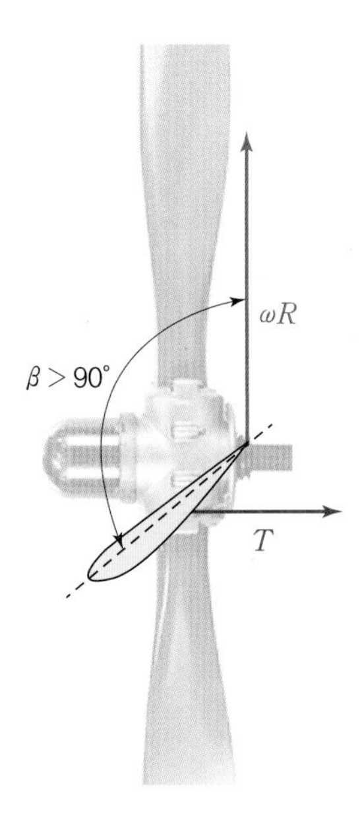

[그림 12-18] 역피치 프로펠러

Bombardier Q-400 터보프롭 여객기의 프로펠러 피치각 변경. 작은 피치각으로 이륙하여 피치각을 증가시킨 상태로 고속 순항하다가(왼쪽 사진), 착지한 후 감속을 위하여 프로펠러의 피치각을 최소화하여 추력을 0으로 한다(가운데 사진). 특히 깃의 피치각을 낮출수록 상대풍의 방향에 수직인 깃의 면적이 늘어나고, 이에 따라 저항이 증가하기 때문에 프로펠러 자체가 감속장치의 역할을 한다. 사진에 나와 있지는 않지만, 만약 급격한 감속이 필요하여 역추진할 때는 피치각을 반대로 돌려 역피치 상태로 프로펠러를 회전시킨다. 항공기가 정지한 후에는 상대풍에 의하여 스스로 회전하는 상황을 방지하기 위하여 프로펠러를 페더링한다(오른쪽 사진).

- **추력**(thrust, T) : 항공기가 항력을 극복하고 앞으로 나아가게 하는 힘으로, 항공기에 장착된 엔진 등의 추진계통에 의하여 발생한다.
- **터보제트**(turbojet)**엔진** : 압축기(compressor), 연소기(combustion chamber), 터빈(turbine), 노즐(nozzle)로 구성되며, 엔진으로 유입되는 공기를 압축기에서 높은 압축비로 압축하고, 연소기에서 연료와 함께 연소시켜 고온·고압의 제트를 엔진 밖으로 분출하며 추진력을 발생시킨다. 주로 초음속 전투기에 장착된다.
- **터보팬**(turbofan)**엔진** : 터보제트엔진에 팬(fan)이 추가된 형태로서, 노즐을 통하여 배출되는 제트뿐만 아니라, 팬의 회전으로 추가 추력을 발생시킨다. 주로 제트 여객기 및 수송기에 장착된다.
- **바이패스비**(by pass ratio, BPR) : 팬을 통과하는 공기의 양을 노즐 통과 제트의 양으로 나눈 값으로 정의하며, 바이패스비가 높을수록 엔진의 연료효율이 증가한다.
- **터보프롭**(turboprop)**엔진** : 터보팬엔진과 구조가 유사하지만, 터빈의 회전력은 팬이 아닌 프로펠러를 회전시킨다. 프로펠러의 효율이 높을수록 엔진에서 발생하는 동력이 항공기를 추진하는 힘으로 가능한 한 많이 전달된다. 주로 저속 비행기에 장착된다.
- **터보샤프트**(turboshaft)**엔진** : 자유 터빈(free turbine)에 제트를 분사하여 이와 연결된 동력 구동축(power shaft)을 통하여 프로펠러 또는 회전날개(rotor)를 회전시킨다. 주로 헬리콥터에 장착된다.
- **램제트**(ramjet)**엔진** : 충격파 이후 유동의 압력이 증가하는 현상을 이용하여 압축기와 터빈 없이 추력을 발생시키며, 초음속 유동이 연소실에 들어가서 연소하는 램제트엔진을 스크램제트(supersonic combustion ramjet, scramjet)엔진이라고 한다. 주로 극초음속 비행체에 장착된다.
- **왕복**(reciprocating)**엔진** : 피스톤(piston)엔진이라고도 하며, 실린더 안으로 분사된 공기와 연료의 혼합기체를 피스톤으로 압축한 후 연소·폭발을 통하여 발생하는 동력으로 구동축을 통하여 프로펠러를 회전시킨다. 주로 저속 경량 비행기에 장착된다.
- **프로펠러**(propeller) : 엔진에서 만들어지는 회전력(torque)을 직선 방향의 추력으로 변환시켜 주는 추진장치이다.
- **프로펠러 회전면**(disk) : 회전하는 프로펠러 깃의 끝단이 형성하는 원형의 궤적을 말한다.
- **프로펠러 깃 피치각 또는 깃각**(pitch angle or blade angle, β) : 프로펠러 선속도의 방향(프로펠러 회전면)과 프로펠러 깃의 시위선(chord line) 사이의 각도이다.
- **프로펠러 깃 유입각**(helix angle, ϕ) : 깃의 단면으로 유입되는 상대풍의 방향과 선속도의 방향(프로펠러 회전면) 사이에 정의되는 각도이다.
- **프로펠러 깃 받음각**(angle of attack, α) : 깃의 단면 시위선과 상대풍의 방향 사이의 각도이다. 받음각에 의하여 날개 단면에서 양력이 발생하듯이, 프로펠러도 받음각, 즉 상대풍 방향의 각도 때문

에 깃의 단면에서 압력차에 나타나고, 이에 따라 양력과 추력이 발생한다.

- 저속비행에서는 작은 피치각(깃각)으로 설정하고, 고속비행 중에는 큰 피치각(깃각)을 설정하면 프로펠러의 효율이 높아진다. 따라서 비행 중 속도 변화에 따라 프로펠러의 피치각을 조절하면 프로펠러 효율과 항공기의 비행성능도 향상된다.
- 프로펠러 회전수가 과도하게 높으면 깃에서 발생하는 항력이 증가하여 연료소모율이 높아지고 압축성 효과가 나타나서 깃 끝의 실속 등 프로펠러 효율을 낮추는 현상이 발생할 수 있다.
- **프로펠러 피치**(propeller pitch) : 프로펠러 깃이 한 바퀴 회전할 때 발생하는 추력으로, 항공기가 전진한 거리이다.
- **프로펠러 기하학 피치**(geometric pitch, *gp*) : 프로펠러가 일정 피치각(β)으로 1회전할 때 항공기가 전진하는 이론적 거리

  $gp = 2\pi R \tan\beta = \pi D \tan\beta$ (**R**: 프로펠러 회전면 반지름, **D**: 프로펠러 회전면 지름)
- **프로펠러 유효 피치**(effective pitch, *ep*) : 프로펠러가 1회전 할 때 실제로 항공기가 전진하는 거리

  $ep = \dfrac{V}{n}$ (**V**: 비행속도, **n**: 프로펠러 시간당 회전수)
- **프로펠러 미끄럼**(slip) : 추력을 생산하지 못하고 프로펠러 표면에서 미끄러져 지나가는 일부 유동 때문에 발생하는 기하학 피치와 유효 피치의 차이
- **프로펠러 미끄럼** : $\text{slip} = \dfrac{gp - ep}{gp} = \dfrac{\pi D \tan\beta - V/n}{\pi D \tan\beta}$ [%]
- **고정 피치 프로펠러**(fixed-pitch propeller) : 프로펠러 깃이 중심축에 고정되어 피치각을 변환시킬 수 없는 프로펠러로서, 구조가 단순하고 가볍다는 장점이 있으나, 비행기의 속도 변화에 대하여 최적의 피치각으로 설정하지 못하는 단점이 있다.
- **지상 조정 프로펠러**(ground-adjustable propeller) : 비행 전 지상에서 프로펠러가 정지해 있을 때 피치각을 설정할 수 있으나, 고정 피치 프로펠러와 마찬가지로 프로펠러가 회전할 때는 피치각을 조절할 수 없는 단점이 있다.
- **가변 피치 프로펠러**(controllable-pitch propeller) : 프로펠러가 회전할 때나 비행 중일 때 깃의 피치각을 비행속도에 적합하도록 조절할 수 있으나, 설정할 수 있는 피치각의 숫자가 정해져 있기 때문에 다양한 각도로 피치각을 조절할 수 없다는 단점이 있다.
- **정속 프로펠러**(constant-speed propeller) : 고도와 속도 등의 비행조건과 관계없이 엔진과 프로펠러의 회전수가 일정하게 유지되도록 피치각이 자동으로 조정되는 프로펠러로, 다른 프로펠러에 비하여 구조가 복잡하다는 것이 단점이다.

- **프로펠러 조속기**(propeller governor) : 정속 프로펠러와 함께 구성되며, 엔진의 회전수를 감지하고 프로펠러의 피치각을 자동으로 조절하여 비행조건과 관계없이 일정한 회전수를 유지시킨다.
- **페더링 프로펠러**(feathering propeller) : 프로펠러가 스스로 회전하는 풍차 효과(windmilling effect)를 방지하거나 프로펠러 항력을 최소화하기 위하여 상대풍에 대하여 깃 단면의 시위선이 나란하도록 피치각을 90도로 설정한 상태의 프로펠러를 말한다.
- **역피치 프로펠러**(reverse-pitch propeller) : 추력이 항공기 진행 방향과 반대로 발생하여 착륙 거리를 단축시키거나, 지상에서 후진 이동할 수 있도록 피치각을 반대로 설정(역피치각)한 상태의 프로펠러를 말한다.

PRACTICE

01 램제트엔진의 특징 중 사실과 가장 거리가 먼 것은?

① 극초음속용 엔진으로 연구
② 입구에서 충격파 발생
③ 아음속에서 성능 우수
④ 압축기 불필요

해설 램제트(ramjet)엔진은 충격파 이후 유동의 압력이 증가하는 현상을 이용하여 압축기와 터빈 없이 추력을 발생시키며, 주로 극초음속 비행체에 장착된다.

02 다음 중 프로펠러(propeller)와 조합하여 추력을 발생시키는 엔진의 종류가 아닌 것은?

① 왕복엔진
② 터보프롭엔진
③ 터보샤프트엔진
④ 터보팬엔진

해설 터보팬(turbofan)엔진은 터보제트엔진에 팬(fan)이 추가된 형태로, 노즐을 통하여 배출되는 제트뿐만 아니라, 팬의 회전으로 추가 추력을 발생시킨다.

03 프로펠러에 대한 다음의 설명 중 사실과 가장 거리가 먼 것은?

① 고속순항 중에는 프로펠러 피치각을 감소시켜야 한다.
② 피치각은 프로펠러 선속도의 방향(회전면)과 프로펠러 깃의 시위선이 이루는 각이다.
③ 프로펠러 통과 공기 밀도가 증가할수록 추력이 증가한다.
④ 프로펠러 회전면의 면적이 증가할수록 추력이 증가한다.

해설 저속비행에서는 작은 피치각(깃각)으로 설정하고, 고속비행 중에는 큰 피치각(깃각)을 설정하면 프로펠러의 효율이 높아진다.

04 프로펠러에 대한 설명 중 사실과 가장 거리가 먼 것은?

① 프로펠러 고형비(solidity ratio)는 프로펠러 회전 원판 면적에 대한 깃의 전체 면적의 비를 말한다.
② 프로펠러가 1회전할 때 실제로 전진하는 거리를 기하학적 피치(geometric pitch)라고 한다.
③ 기하학적 피치와 유효 피치(effective pitch)의 차이를 미끄럼(slip)으로 표시한다.
④ 프로펠러 피치각(β)이 증가할수록 기하학적 피치가 증가한다.

해설 기하학 피치(geometric pitch, gp)는 프로펠러가 일정 피치각(깃각, β)으로 1회전할 때 항공기가 전진하는 이론적 거리이다.

05 프로펠러 유효 피치(effective pitch)의 정의로 맞는 것은?

① $\pi R \tan\beta$　　② $\pi D \tan\beta$
③ 회전수/비행속도　　④ 비행속도/회전수

해설 유효 피치(effective pitch, ep)는 프로펠러가 1회전할 때 실제로 항공기가 전진하는 거리로 $ep = \frac{V}{n}$, 즉 비행속도와 회전수의 비로 정의한다.

06 다음 중 프로펠러의 기하학 피치(geometrical pitch)에 대한 영향이 가장 큰 것은?

① 프로펠러 고형비
② 프로펠러 회전수
③ 프로펠러 피치각(깃각)
④ 비행속도

해설 기하학 피치(geometric pitch, gp)는 $gp = 2\pi R \tan\beta = \pi D \tan\beta$로 정의하므로, 프로펠러 회전면 지름($D$) 또는 반지름($R$) 그리고 프로펠러 피치각(깃각, β)에 의하여 결정된다.

정답 **1.** ③ **2.** ④ **3.** ① **4.** ② **5.** ④ **6.** ③

07 기관 작동 중에 조종사의 필요에 따라 임의로 또는 어떤 범위 안에서 피치각을 변경할 수 있는 프로펠러는?

① 가변 피치 프로펠러
② 지상 조정 피치 프로펠러
③ 역피치 프로펠러
④ 페더링 프로펠러

해설 가변 피치 프로펠러(controllable-pitch propeller)는 프로펠러가 회전할 때나 비행 중일 때 깃의 피치각을 비행속도에 적합하도록 조절할 수 있으나, 설정할 수 있는 피치각의 숫자가 정해져 있기 때문에 다양한 각도로 피치각을 조절할 수 없다는 단점이 있다.

08 특정 속도에서 가장 좋은 효율이 되도록 미리 지상에서 피치각을 변경시킬 수 있는 프로펠러는?

① 가변피치 프로펠러
② 지상 조정 피치 프로펠러
③ 역피치 프로펠러
④ 정속 프로펠러

해설 지상 조정 프로펠러(ground-adjustable propeller)는 비행 전 지상에서 프로펠러가 정지해 있을 때 피치각을 설정할 수 있으나, 고정 피치 프로펠러와 마찬가지로 프로펠러가 회전할 때는 피치각을 조절할 수 없는 단점이 있다.

09 다음 중 감속(deceleration)장치에 해당하는 것은?

① LEX
② 슬랫(slat)
③ blown flap
④ 역피치 프로펠러

해설 역피치 프로펠러(reverse pitch propeller)는 추력이 항공기 진행 방향과 반대로 발생하여 착륙거리를 단축시키거나, 지상에서 후진 이동할 수 있도록 피치각을 반대로 설정(역피치각)한 상태의 프로펠러를 말한다.

10 비행 중 저피치와 고피치 사이의 무한한 피치를 선택할 수 있어 비행속도나 기관출력의 변화에 관계없이 프로펠러의 회전속도를 항상 일정하게 유지하여 가장 좋은 효율을 유지하는 프로펠러의 종류는?

[항공산업기사 2022년 3회]

① 고정피치 프로펠러
② 정속 프로펠러
③ 조정피치 프로펠러
④ 2단 가변피치 프로펠러

해설 정속 프로펠러(constant-speed propeller)는 고도와 속도 등의 비행조건과 관계없이 엔진과 프로펠러의 회전수가 일정하게 유지되도록 피치각이 자동으로 조정되는 프로펠러로, 가장 효율적이지만 다른 프로펠러에 비하여 구조가 복잡하다는 단점이 있다.

11 엔진 고장 등으로 프로펠러의 페더링을 하기 위한 프로펠러의 깃각 상태는?

[항공산업기사 2020년 3회]

① 0°가 되게 한다.
② 45°가 되게 한다.
③ 90°가 되게 한다.
④ 프로펠러에 따라 지정된 고윳값을 유지한다.

해설 페더링 프로펠러(feathering propeller)는 프로펠러가 스스로 회전하는 풍차 효과(windmilling effect)를 방지하거나, 프로펠러 항력을 최소화하기 위하여 상대풍에 대하여 깃 단면의 시위선이 나란하도록 피치각(깃각)을 90도로 설정한 상태의 프로펠러를 말한다.

정답 **7.** ① **8.** ② **9.** ④ **10.** ② **11.** ③

12 다음 중 프로펠러 효율을 높이는 방법으로 가장 옳은 것은? [항공산업기사 2019년 1회]

① 저속과 고속에서 모두 큰 깃각을 사용한다.
② 저속과 고속에서 모두 작은 깃각을 사용한다.
③ 저속에서는 작은 깃각을 사용하고, 고속에서는 큰 깃각을 사용한다.
④ 저속에서는 큰 깃각을 사용하고, 고속에서는 작은 깃각을 사용한다.

해설 저속비행에서는 작은 피치각(깃각)으로 설정하고, 고속비행 중에는 큰 피치각(깃각)으로 설정하면 프로펠러의 효율이 높아진다.

13 프로펠러에 유입되는 합성속도의 방향과 프로펠러의 회전면이 이루는 각은?

[항공산업기사 2019년 1회]

① 받음각 ② 유도각
③ 유입각 ④ 깃각

해설 유입각(helix angle)은 깃의 단면으로 유입되는 상대풍의 방향과 선속도의 방향(프로펠러의 회전면) 사이에 정의되는 각도이다.

14 공기를 강체로 가정하여 프로펠러를 1회전 시킬 때 전진하는 거리를 무엇이라 하는가? [항공산업기사 2018년 2회]

① 유효 피치
② 기하학적 피치
③ 프로펠러 슬립
④ 프로펠러 피치

해설 기하학 피치는 프로펠러가 일정 피치각으로 1회전할 때 항공기가 전진하는 이론적 거리이다. 공기를 유체가 아닌 강체로 가정하면 프로펠러 미끄럼이 발생하지 않는다.

15 프로펠러의 역피치(reverse pitch)를 사용하는 주된 목적은?

[항공산업기사 2018년 1회]

① 후진비행을 위해서
② 추력의 증가를 위해서
③ 착륙 후의 제동을 위해서
④ 추력을 감소시키기 위해서

해설 역피치 프로펠러는 추력이 항공기 진행 방향과 반대로 발생하여 착륙거리를 단축시키거나, 지상에서 후진 이동할 수 있도록 피치각을 반대로 설정(역피치각)한 상태의 프로펠러를 말한다.

16 일반적으로 고정피치 프로펠러의 깃각은 어떤 속도에서 효율이 가장 좋도록 설정하는가? [항공산업기사 2017년 4회]

① 이륙 ② 착륙
③ 순항 ④ 상승

해설 고정 피치 프로펠러(fixed-pitch propeller)는 프로펠러 깃이 중심축에 고정되어 피치각(깃각)을 변환시킬 수 없는 것으로, 구조가 단순하고 가볍다는 장점이 있으나, 비행기의 속도 변화에 대하여 최적의 피치각으로 설정하지 못하는 단점이 있다. 따라서 가장 긴 비행시간이 소모되는 순항비행 중 최고의 효율이 발생하는 피치각으로 제작하는 것이 일반적이다.

정답 **12.** ③ **13.** ③ **14.** ② **15.** ③ **16.** ③

CHAPTER **13**

프로펠러 공기역학

13.1 프로펠러 고형비 | 13.2 프로펠러 깃 끝 실속 | 13.3 프로펠러의 발전

13.4 P-factor | 13.5 상호 반전 프로펠러와 동축 반전 프로펠러

13.6 프로펠러 성능 해석 | 13.7 프로펠러 성능 해석: 추력계수, 동력계수, 전진비

CHAPTER 13

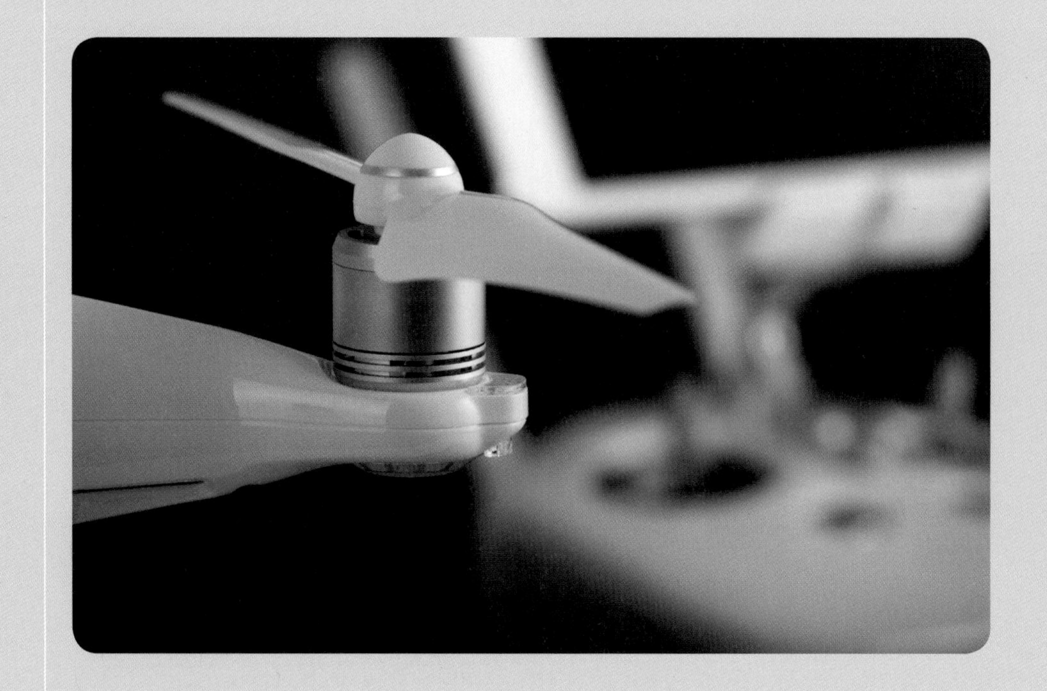

쿼드콥터(quadcopter)의 회전날개깃(rotor blade)이 중심부에서 끝 방향으로 피치각(pitch angle) 또는 깃각(blade angle)이 변화하도록 비틀림각(twist angle)이 적용되어 제작된 모습. 이러한 형태로 회전날개를 제작하면 프로펠러 회전면(disk) 전체에서 대체로 균일한 양력과 추력이 발생한다. 쿼드콥터 또는 드론(drone)의 회전날개는 비행기의 프로펠러와 용도가 유사하기 때문에 비틀림각과 고형비(solidity) 등 프로펠러의 공기역학적 성능을 개선하기 위한 형상요소가 적용되어 제작된다. 그리고 추력계수(C_T), 동력계수(C_P), 효율(η_p), 전진비(advance ratio, J) 등의 프로펠러 성능변수를 기준으로 쿼드콥터와 드론용 회전날개의 공기역학적 성능을 해석하거나 평가한다.

13.1 프로펠러 고형비

프로펠러 깃의 수와 면적은 프로펠러의 추력 및 효율과 밀접한 관계가 있다. 일반적으로 깃의 수와 면적의 증가는 프로펠러 추력의 증가로 이어진다. 이는 면적이 넓은 날개가 더 많은 양력을 발생시키는 것과 같다.

프로펠러 깃이 회전하면 프로펠러 회전면(disk)을 형성하는데, 회전면의 면적은 깃의 수나 깃의 면적과는 관계없고, 깃의 길이에 의하여 결정된다. 깃의 길이가 길수록 회전면의 지름이 늘어나고 회전면 면적이 증가한다. 그리고 프로펠러 깃의 길이가 길수록 회전면의 면적이 증가하므로 프로펠러에서 발생하는 추력이 증가한다.

하지만 앞서 설명한 대로, 프로펠러 추력은 깃의 수와 깃의 면적의 영향을 받는다. 그러므로 동일한 면적의 프로펠러 회전면이라도 **깃의 수와 깃의 면적이 증가하여 회전면에서 고체 부분의 면적이 넓어질수록 더 많은 추력을 만들어 낸다. 프로펠러 회전면의 면적 중에 전체 깃의 면적, 즉 고체 부분이 차지하는 면적의 비율을 프로펠러 고형비**(solidity, σ)라고 일컫는다. 고형비(σ)는 프로펠러 성능 개선의 척도로 사용하며 다음과 같이 정의한다.

$$\sigma = \frac{\text{전체 깃의 면적}}{\text{회전면의 면적}} = \frac{\text{깃 1개의 면적} \times \text{깃의 수}}{\text{회전면의 면적}}$$

[그림 13-1]은 프로펠러 깃의 형상을 편의상 단순화하여 직사각형으로 나타내었다. 2개의 깃이 회전할 때 원형의 프로펠러 회전면을 형성한다. 회전면의 지름을 D라고 하고, 이는 2개의 깃 전체 스팬(span) 길이와 같다. 그리고 회전면의 반지름은 $D/2 = R$인데, R은 깃 1개의 스팬 길이이다. 즉, 프로펠러 깃의 형태를 직사각형으로 단순화했을 때, 스팬 길이 R이 직사각형의

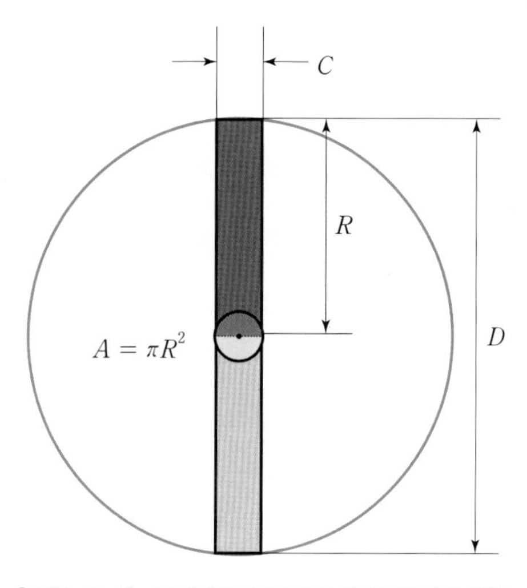

[그림 13-1] 프로펠러 회전면과 깃의 면적의 정의

높이에 해당한다.

또한, 프로펠러 깃의 시위길이, 즉 직사각형의 너비는 C이므로, 깃 1개의 면적은 RC이다. 회전면의 반지름인 프로펠러 스팬 길이 R을 기준한 회전면의 면적은 $A = \pi R^2$이므로, 프로펠러의 고형비는 다음과 같이 나타낼 수 있다. 이때 프로펠러 깃의 수는 2개이다.

$$\sigma = \frac{\text{깃 1개의 면적} \times \text{수}}{\text{회전면 면적}} = \frac{RC \times 2}{\pi R^2} = \frac{C \times 2}{\pi R}$$

만약 프로펠러 깃의 수가 4개라면 고형비는 2배가 된다. 즉, 깃의 수가 늘어날수록 고형비가 증가하며 프로펠러의 효율은 높아진다. 깃의 수를 N이라고 하면 프로펠러 고형비를 아래와 같이 정의할 수 있다.

$$\text{프로펠러 고형비} : \sigma = \frac{NC}{\pi R}$$

위의 고형비 관계식을 보면, **프로펠러 깃의 숫자(N)가 늘어나고 깃의 시위길이, 즉 너비(C)가 커질수록 고형비가 증가**하는 것을 알 수 있다. 이에 따라 엔진에서 발생하는 동력을 가능한 한 많이 프로펠러가 흡수하여 항공기를 미는 힘인 추력을 높일 수 있다. 또한, **깃의 수가 많을수록 깃 1개가 담당하는 프로펠러 회전면의 하중이 감소**한다. 깃에 작용하는 하중이 줄어들면 회전 중 깃의 변형이 감소하는데, 이에 따라 **회전할 때 깃의 변형 때문에 발생하는 프로펠러 진동이 감소하는 장점**이 있다. 하지만, **프로펠러 깃의 수를 과도하게 늘리면 깃 사이의 공기역학적 간섭 효과 때문에 오히려 프로펠러의 효율이 감소**한다. 즉, 깃의 수가 증가하여 깃 사이의 간격이 좁

깃이 8개인 복합소재 프로펠러를 장착한 Northrop Grumman E-2C 조기경보기. 깃의 수가 늘어날수록 프로펠러의 고형비(σ)가 증가하고 진동이 감소하여 프로펠러 효율이 높아지지만, 깃이 너무 많으면 깃 간 간섭과 항력 및 중량의 증가를 유발한다.

아지면 회전 중 앞서는 깃에서 발생하는 후류가 뒤따라오는 깃의 공기역학적 성능에 간섭을 초래하며 추력이 감소한다. 또한, 너무 많은 수의 깃이 회전하면 그만큼 회전 방향의 반대로 작용하는 항력이 증가하며, 프로펠러 깃의 수가 늘어나는 만큼 중량도 늘어난다. 이러한 이유로 금속제 프로펠러의 경우 최대 깃의 수는 5개이며, 중량이 가볍고 공기역학적으로 우수한 형상으로 제작된 복합소재 프로펠러는 최대 8개의 깃으로 구성하는 것이 일반적이다.

13.2 프로펠러 깃 끝 실속

프로펠러 깃 끝 실속(blade tip stall)은 프로펠러 성능에 매우 중요한 문제이다. 이 현상은 **상대풍의 속도가 음속을 초과하여 프로펠러 깃 끝에서 충격파**(shock wave) **형성 등의 압축성 현상**(compressibility effect)**이 발생하고, 이에 따라 깃 끝 표면에서 유동이 떨어져 나가는 것**이다. 깃 끝에서 실속이 발생하면 해당 부분은 더 이상 추력을 만들어 내지 못하며, 실속영역이 깃의 끝에서 깃의 뿌리 쪽으로 확대되는 경우에는 전체 프로펠러가 실속할 수 있다.

프로펠러 깃의 끝부분에서 속도가 증가하는 이유는 다음과 같다. 회전하는 물체의 선속도(v)는 회전속도(ω)와 회전면 반지름(R)으로 다음과 같이 나타낸다.

$$v = \omega R$$

즉, 선속도는 회전속도와 회전면 반지름에 비례한다. [그림 13-2]에서 알 수 있듯이, 프로펠러 깃 끝부분이 깃의 뿌리 부분보다 회전중심인 중심축(hub)으로부터의 거리, 즉 반지름이 크기 때문에 깃 끝에서의 선속도가 빠르다. 그리고 프로펠러 깃에 작용하는 상대풍의 속도는 회전에 의한 선속도와 비행속도의 합속도이다. 만약 항공기가 속도를 높이면 프로펠러 회전에 의한 선속

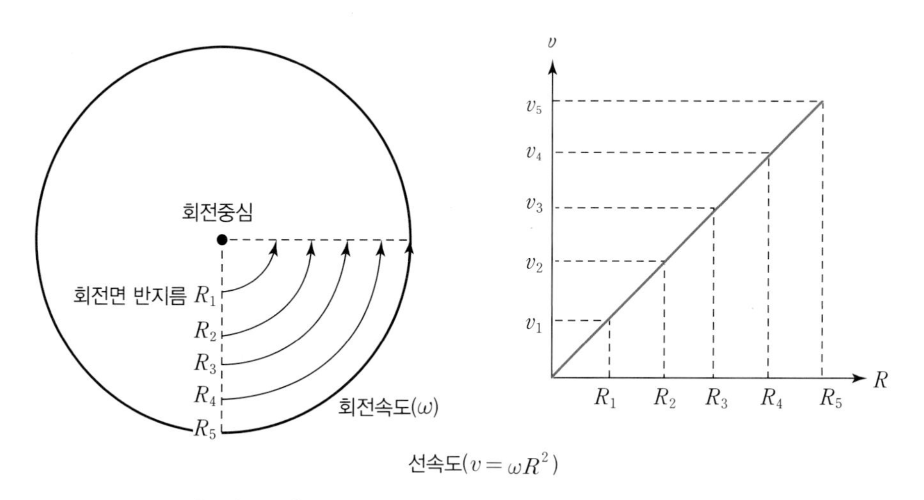

[그림 13-2] 회전면 반지름(R) 증가에 따른 선속도(v)의 증가

도에 항공기의 가속에 의한 높은 비행속도가 더해져서 **프로펠러 깃의 끝부분에는 초음속에 가까운 상대속도가 발생**하게 된다.

회전속도는 $\omega = 2\pi n$으로 정의하는데, n은 시간당 회전수이다. 그러므로 선속도는 다음과 같이 나타낼 수 있다.

$$v = 2\pi nR$$

지름이 74 in인 프로펠러가 정지한 상태에서 초당 45회전하고 있다고 가정하자. 이는 일반적인 프로펠러의 지름과 회전수이다. 74 in는 1.88 m이므로, 프로펠러의 반지름은 $R = 8.9$ m이다. 그러므로 해당 프로펠러의 깃 끝 선속도는 다음과 같다.

$$v = 2\pi nR = 2\pi \times 45/\text{s} \times 0.94\,\text{m} = 265.8\ \text{m/s}$$

만약 해당 프로펠러가 해면고도(sea level)에서 회전하고 있다면 해면고도에서의 음속은 340 m/s이므로, 깃 끝의 마하수 또는 깃 끝으로 향하는 상대풍의 마하수는 다음과 같다.

$$M = \frac{265.8\,\text{m/s}}{340\,\text{m/s}} = 0.78$$

위의 속도는 고정익기의 날개 임계마하수 수준이다. 위의 조건은 항공기가 정지한 상태를 가정하지만, 만약 고속으로 비행 중이라면 프로펠러의 깃 끝에 작용하는 상대풍의 마하수는 증가한다. 그러므로 깃 끝부분에서는 충격파 등의 압축성 효과와 실속 현상이 발생하고 프로펠러의 효율은 급감한다. 이와 같은 프로펠러의 깃 끝 실속현상을 완화시키는 방법은 다음과 같다.

첫째, **비행속도를 제한한다.** 앞서 설명했듯이, 프로펠러에 작용하는 상대풍의 속도는 프로펠러의 선속도와 비행속도의 합속도이다. 따라서 비행속도에 제한을 둔다면 깃 끝 실속을 예방할 수 있다. 높은 속도로 가속할 수 있는 충분한 추력이 있음에도 불구하고 **프로펠러 비행기와 회전날개(rotor)를 장착한 헬리콥터의 최고 비행속도가 제트 비행기보다 느린 것은 깃 끝 실속이 발생하는 속도 이하에서 비행해야 하기 때문**이라고 할 수 있다.

둘째, **프로펠러 깃의 길이를 제한**한다. 프로펠러의 선속도는 깃의 길이에 비례하기 때문에 깃 끝에 작용하는 상대속도가 음속을 넘지 않도록 프로펠러의 길이에 제한을 둔다. 큰 추력이 필요한 경우 프로펠러의 길이를 키워 회전면의 면적을 증가시켜야 한다. 하지만 [그림 13-3]의 비행기와 같이 **프로펠러를 길게 하는 대신 깃 끝 실속을 방지하기 위하여 엔진과 프로펠러를 2개씩 장착**하는 쌍발비행기(twin-engine airplane) 형태로 구성하여 회전면의 면적을 증가시킨다. 또한 프로펠러 깃의 길이가 과도하면 지상에서 지표면에 닿는 문제가 발생한다. 그러므로 프로펠러 깃이 지표면과 접촉하지 않게 하려면 착륙장치의 길이를 늘려야 하고, 이에 따라 착륙장치의 중량, 즉 항공기 중량이 증가하므로 비행성능이 제한받게 된다.

[그림 13-3] 쌍발 프로펠러 여객기의 예시(Bombardier Q-400)

셋째, **깃 끝 단면의 피치각**(깃각)**을 낮춘다.** 항공기의 날개 받음각이 높으면 유동박리와 실속이 쉽게 발생할 수 있다. 프로펠러의 깃도 마찬가지로서, 피치각이 높으면 유동박리와 실속이 촉진된다. 따라서 [그림 13-4]와 같이 **중심축**(hub) **부분보다 실속에 취약한 깃 끝 단면의 피치각이 작아지도록 깃의 스팬 방향으로 비틀림각**(twist angle)**을 적용하여 프로펠러의 깃을 제작하면 압축성 효과에 의하여 유동박리를 지연**시켜 깃 끝 실속을 어느 정도 완화할 수 있다.

또한, 비틀림각은 프로펠러 회전면 전체에서 균일한 추력을 발생시킨다. 비행속도(V)와 프로펠러 회전속도(ω)가 동일하더라도 프로펠러의 유입각(ϕ)은 깃의 길이(R)에 따라서 다르다. 특히 [그림 13-5]에서 알 수 있듯이, 같은 깃에서도 중심축에 가까운 깃의 뿌리 부분에서의 유입각은 깃의 끝부분보다 크다($\phi_1 > \phi_2$). 즉, 동일한 깃을 기준하므로 비행속도(V)와 회전속도(ω)는 깃의 어느 부분에서도 일정하다. 그러나 [그림 13-5]와 같이 깃의 뿌리 부분에서의 반지름은 깃의 끝부분보다 작다($R_1 < R_2$). 따라서 깃의 뿌리 부분의 선속도는 깃의 끝부분보다 느리다($\omega R_1 < \omega R_2$).

만약 [그림 13-5]와 같이 깃의 스팬 방향으로 피치각(β)이 일정하다면 깃의 뿌리, 즉 중심축에 가까울수록 유입각은 증가하고($\phi_1 > \phi_2$) 받음각($\alpha_1 < \alpha_2$)은 감소한다. 작은 받음각은 추력의 감소를 의미하므로 중심축 근처에서는 추력이 감소하는 회전면 추력 불균형이 발생한다. 따라서 [그림 13-4]와 같이, 중심축 근처인 깃의 뿌리 부분에서는 피치각을 높여 받음각을 키우고 추력, 즉 양력 증가를 위하여 깃 단면의 두께를 증가시킨다. 그리고 깃의 끝 쪽으로 갈수록 스팬 방향으로 피치각을 낮추어 받음각이 감소하도록 비틀림각을 적용하면 깃의 모든 부분, 즉 회전면 전체에 걸쳐 추력이 균일하게 만들어진다.

하지만, 프로펠러 깃 끝의 와류(blade tip vortex)를 감소시키기 위하여 깃의 끝부분의 시위길이가 짧기 때문에 여기서 발생하는 추력은 크지 않다. 따라서 프로펠러 추력의 대부분은 중심축

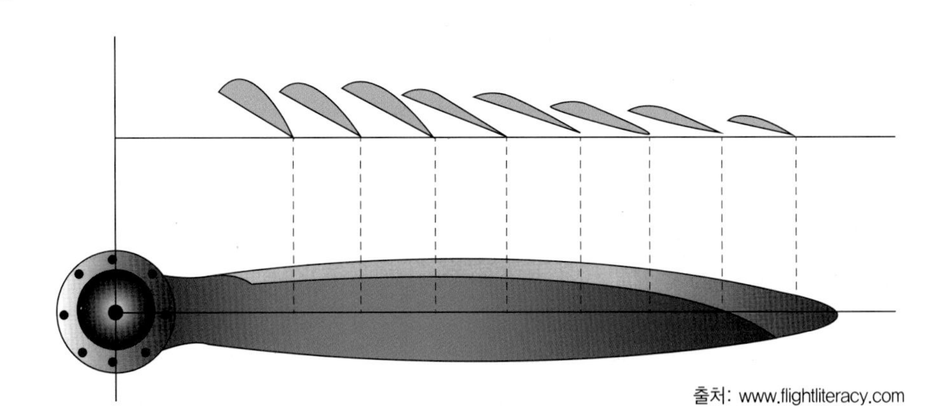

출처: www.flightliteracy.com

[그림 13-4] 프로펠러 깃에 적용된 비틀림각(twist angle)

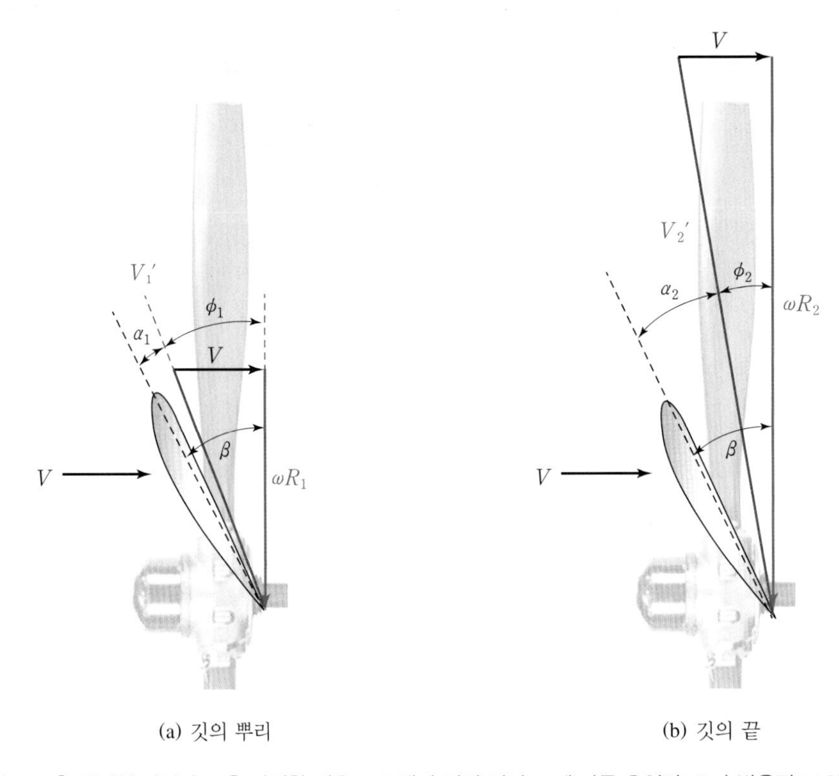

(a) 깃의 뿌리

(b) 깃의 끝

[그림 13-5] 일정한 피치각(β)을 가정한 경우 프로펠러 깃의 길이(R)에 따른 유입각(ϕ)과 받음각(α)의 변화

에서 깃의 스팬 방향으로 70%까지의 부분에서 발생한다.

넷째, **깃의 끝부분에 후퇴각(sweep back angle)을 준다.** 초음속으로 비행하는 항공기는 날개 충격파의 발생을 늦추고 실속을 방지하도록 날개에 후퇴각을 적용한다. 이에 따라 임계마하수 및 항력발산마하수를 높여 고속비행이 가능해진다. 프로펠러 깃도 마찬가지로서, **프로펠러 깃 끝 전체 또는 깃 끝의 앞전(leading edge) 부분에 후퇴각을 적용하여 프로펠러를 제작하면 깃 끝에 작용하는 상대풍의 속도를 낮추어 충격파의 형성과 실속의 발생을 늦출 수 있다.** 후퇴각이 없는 프로펠러의 깃 끝은 상대풍의 속도가 대략 $M > 0.8$이면 압축성 효과가 나타나기 시작하는 반면, 후퇴각을 적용하면 음속보다 높은 속도($M > 1$)에서도 압축성 효과를 지연시킬 수 있다.

Antonov An-70 수송기에 장착된 프로펠러의 형상. 깃 끝의 앞전(leading edge)에 큰 후퇴각을 주어 휘어진 칼(scimitar) 모양으로 깃의 형상을 구성하면 높은 비행속도에서도 깃 끝 실속을 완화하여 프로펠러의 효율을 높인다. 또한, 해당 프로펠러는 깃의 개수가 많고 시위길이가 넓어 고형비(σ)가 높음을 알 수 있다.

13.3 프로펠러의 발전

프로펠러가 항공기 추진장치로 처음 활용되었을 당시에는 프로펠러의 회전속도가 낮고, 비행속도가 느렸기 때문에 프로펠러의 깃에서 충분한 추력을 발생시키기 위하여 깃의 단면이 두꺼웠다. 하지만 항공기의 비행속도가 빨라지고 프로펠러의 회전속도가 증가함에 따라 **깃의 실속 문제 때문에 깃 단면의 두께는 얇아지고 있다.** 또한, 고속 회전에 의한 압축성 효과를 지연하기 위하여 프로펠러 깃의 단면에 **초임계 날개단면**(supercritical airfoil)**을 사용**하기도 한다.

또한, 2개의 깃으로 구성된 초창기 항공기용 프로펠러는 가벼운 목제를 이용하여 일체형으로 제작되었다. 이후 프로펠러의 회전속도가 빨라져서 깃에 작용하는 하중이 증가하고, 추력을 높이기 위하여 깃의 개수가 늘어남에 따라 강도가 높은 금속을 사용하였다. 그리고 비행기의 날개와 마찬가지로 **프로펠러 깃의 앞전에도 결빙**(ice accretion) **문제가 발생하기 때문에 방빙**(anti-icing)**장치가 구성**되었다. 최근에는 강도와 탄성이 높고 중량이 가볍다는 장점이 있는 복합재료를 이용하여 프로펠러를 제작하는 것이 일반화되고 있다. 고속비행 중 깃 끝에 충격파가 형성되면 실속뿐만 아니라 소음이 증가하는 문제가 생긴다. 그러므로 고속에 적합한 형상으로 프로펠러의 깃을 제작하면 프로펠러의 효율이 높아질 뿐만 아니라 회전 소음이 감소하여 객실의 안락감 향상에 도움이 된다. **복합재료를 사용하면 구조물의 형상을 다양하게 제작할 수 있으므로 깃의 끝부분에 후퇴각을 주거나, 깃의 단면에 큰 비틀림각을 적용하여 공기역학적인 성능을 높일 수 있다.**

초창기 항공기용 프로펠러는 2개의 깃으로 제작되었고, 100여 년이 지난 현재는 깃의 수가

8개까지 증가하였는데, 복합재료로 제작되기 때문에 프로펠러 중량의 증가는 현저하지 않다. 앞서 살펴본 바와 같이, **프로펠러 깃의 개수가 증가하여 고형비가 늘어날수록 프로펠러의 효율은 증가**한다. 또한, **깃의 수가 많을수록 프로펠러에서 발생하는 진동이 감소**한다.

비행기의 날개 윗면과 아랫면의 압력차에 의하여 날개 끝 와류(wing tip vortex)가 형성되고, 이에 따라 유도항력이 증가한다. 마찬가지로 **프로펠러 깃의 윗면과 아랫면의 압력차로 인하여 깃 끝 와류**(blade tip vortex) **현상이 발생하고 항력이 증가**한다. 비행기의 날개는 가로세로비(aspect ratio)를 증가시키거나, 날개 끝을 날카롭게 구성하거나, 또는 날개 평면 형상을 타원형(elliptical)으로 제작하면 날개 끝 와류를 감소시킬 수 있다. 프로펠러의 경우, 가로세로비를 높이기 위하여 프로펠러 깃의 스팬 길이를 늘리면 회전속도 제한과 지상과의 간섭, 그리고 구조강도 감소 등의 문제가 발생한다. 또한, 깃의 끝부분을 날카롭게 만들면 하중이 집중될 때 파손되는 문제가 있다. 그러므로 초기 항공기용 프로펠러 깃 끝은 둥근 타원형 형상을 하고 있었다. 그러나 타원형 깃 끝은 와류를 감소시키지만, 깃 끝 실속에 취약한 단점이 있다.

[그림 13-6]은 1950년대 처음 등장하여 현재까지도 군용 수송기로 세계 각국에서 널리 사용되고 있는 C-130에 장착된 프로펠러 깃의 수와 형상의 변화를 보여 주고 있다. 처음 C-130A가 등장했을 때는 3개의 깃으로 구성된 프로펠러를 장비하였다. 또한, 깃의 형상은 사각형인데, 큰 피치각에서 깃 끝 실속의 규모가 작고, 이에 따라 프로펠러의 회전 소음과 진동이 낮아서 1950년대 후반부터 보편화되었다. 이후 1970년대에 개발된 C-130H는 프로펠러 고형비를 높여 추력을 증가시키기 위하여 깃의 수가 4개로 늘어났고, 깃의 시위길이(너비)도 증가하였다. 또한, 엔진 설계 및 제작기술의 발전으로 출력이 대폭 향상된 터보프롭엔진을 장착하고 있다.

1990년대에 등장한 C-130J는 프로펠러 깃이 6개로 구성되어 추력이 한층 더 증가하였다. 또한, 날카롭고 둥글게 뒤로 굽어진 칼, 즉 scimitar 형태로 깃이 제작된 것을 볼 수 있다. 이러한 형상은 깃 끝이 날카로워 깃 끝의 와류와 항력을 감소시킬 뿐만 아니라, 뒤로 굽어진 앞전 때문에 압축성 효과의 발생을 지연시켜 프로펠러의 회전속도와 비행기의 비행속도를 높일 수 있다. 프로펠러 깃의 개수 증가에 따른 중량 증가의 문제와 scimitar 형상과 같이 깃 끝을 날카롭게 구성할 때 발생하는 구조적 문제는 가볍고 강도와 탄성이 높은 복합재료를 사용함으로써 해결되었다. C-130H는 약 590 km/hr의 속도로 최대 1,945 km의 거리를 비행하는 것과 비교하여, 고효율 프로펠러를 장착한 C-130J는 670 km/hr의 속도로 최대 3,334 km까지 비행할 수 있다.

Photo: US Air Force

(a) C-130A(1954)
T56-A1 터보프롭엔진(3,750 hp)과 깃이 3개인 금속 프로펠러

(b) C-130H(1974)
T56-A15 터보프롭엔진(4,591 hp)과 깃이 4개인 금속 프로펠러

(c) C-130J(1999)
AE 2100D3 터보프롭엔진(4,700hp)과 깃이 6개인 복합소재 프로펠러

[그림 13-6] 엔진의 출력과 프로펠러의 형상 발전(Lockheed Martin C-130 수송기)

프로펠러의 깃 끝에서 와류가 발생하고 있는 Lockheed Martin C-130H 수송기. 해당 항공기의 프로펠러 깃의 형상은 프로펠러 회전 소음과 진동을 낮추기 위하여 사각형으로 구성되었는데, 이와 같은 형상은 깃 끝 실속현상을 감소시키고 소음과 진동을 낮추지만, 저속 영역에서 강한 깃 끝 와류와 항력의 증가를 유발한다.

13.4 P-factor

기수에 1개의 프로펠러를 장착한 비행기는 P-factor라는 추력의 불균형을 겪을 수 있다. 비행기에 탑승한 조종사가 보았을 때 기수의 프로펠러는 시계 방향으로 회전하고 있고, 비행기는 수평으로 순항하고 있다고 가정하자. [그림 13-7(a)]와 같이 해당 비행기를 왼쪽에서 보았을 때 회전하는 프로펠러 깃은 선속도 ωR로 상승하므로 깃 쪽(아래쪽)으로 같은 속도(ωR)의 유동이 발생한다. 또한, 비행기는 V의 속도로 전진비행하므로 비행기 쪽으로 같은 속도(V)의 유동이 발생한다. 그리고 선속도(ωR)와 비행속도(V)의 합속도인 상대풍속도 V'이 발생한다. 깃의 시위선과 상대풍속도(V')의 방향 사이의 각도는 받음각(α)이다. 또한, 깃의 시위선과 선속도(ωR)의 방향 사이의 각도는 피치각(β)이다. [그림 13-7(b)]와 같이 비행기를 오른쪽에서 보았을 때 동일한 피치각의 프로펠러 깃은 하강하고, 선속도와 상대풍의 방향은 다르지만 크기가 같으므로 같은 크기의 받음각이 나타난다.

이번에는 수평비행이 아닌 기수가 들린 상태로 비행기가 전진하는 경우를 고려해 보자. [그림 13-8(a)]에서 나타낸 바와 같이, 해당 비행기는 꼬리 바퀴(tail wheel)가 장착되었기 때문에 이륙 활주를 할 때 기수가 일정 각도만큼 올라가 있다. 이에 따라 비행기를 오른쪽에서 보았을 때 프로펠러 회전에 의한 선속도의 방향은 기수가 들린 각도만큼 시계 방향으로 기울어지고, 피치

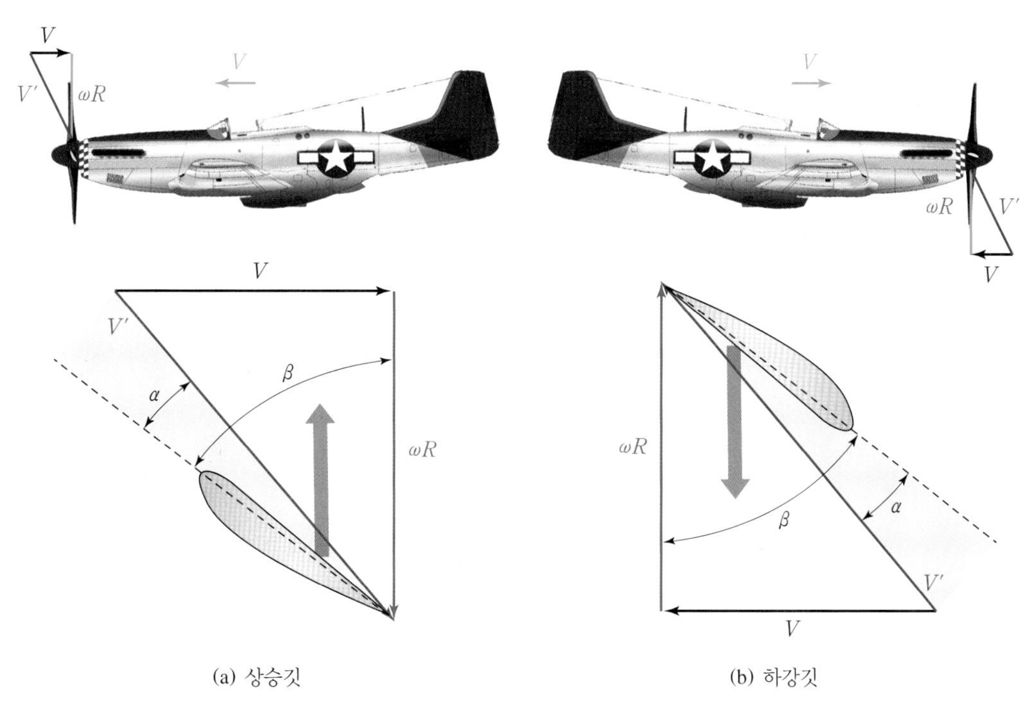

(a) 상승깃 (b) 하강깃

[그림 13-7] 순항 중 프로펠러 깃의 받음각

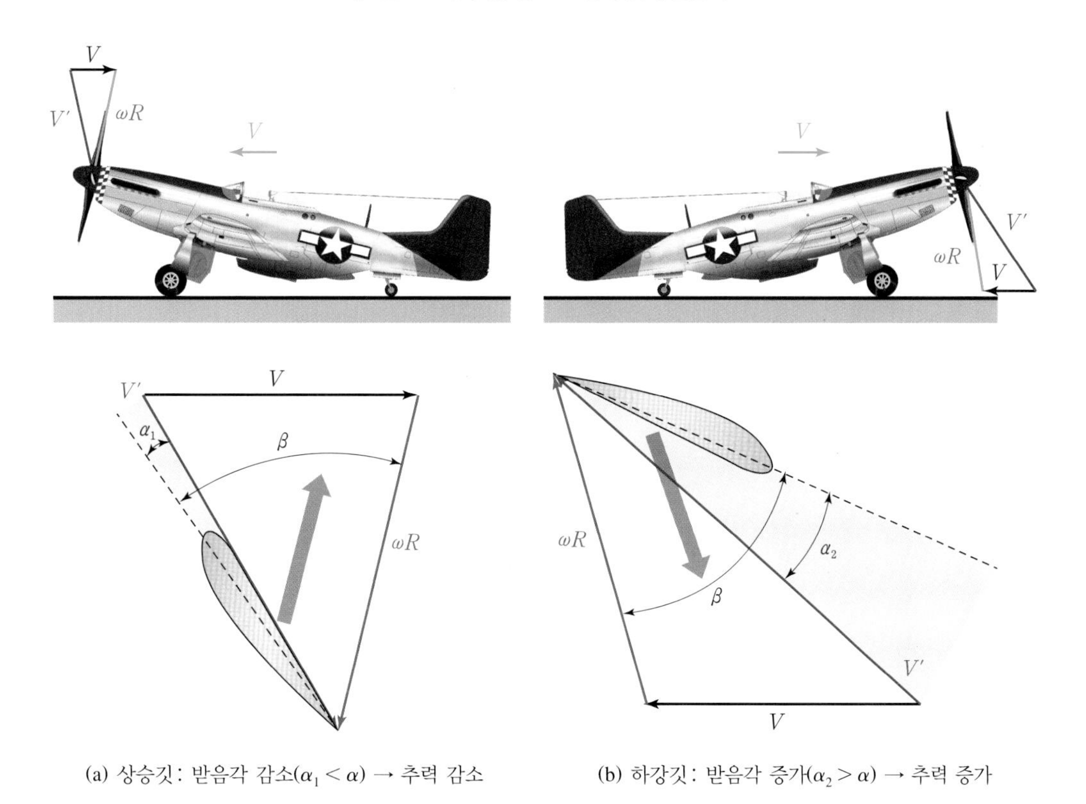

(a) 상승깃 : 받음각 감소($\alpha_1 < \alpha$) → 추력 감소 (b) 하강깃 : 받음각 증가($\alpha_2 > \alpha$) → 추력 증가

[그림 13-8] 이륙 활주 중 프로펠러 깃의 받음각

각(β)은 일정하므로 상승깃의 시위선 각도 역시 시계 방향으로 변화한다. 이에 따라 상승깃에 발생하는 받음각은 [그림 13-7(a)]의 수평 순항비행 중의 상승깃 받음각보다 감소한다($\alpha_1 < \alpha$). 받음각이 낮아지는 것은 프로펠러 깃에서 발생하는 추력의 크기가 작아짐을 의미한다.

반면에 [그림 13-8(b)]에 나타낸 바와 같이, 비행기를 오른쪽에서 보면 하강깃의 선속도(ωR)의 방향은 반시계 방향으로 기울어지는데, 깃의 시위선 방향 역시 반시계 방향으로 기울어지므로 상대풍과 시위선의 각도인 받음각은 [그림 13-7(b)]의 수평비행의 경우보다 증가하고($\alpha_2 > \alpha$) 추력 역시 커진다. 즉, 비행기의 기수가 들린 상태에서 활주함에 따라 조종사 기준 프로펠러 왼쪽 부분의 상승깃에서는 추력이 감소하고, 오른쪽 부분의 하강깃에서는 추력이 증가한다. 결과적으로 [그림 13-9]와 같이 **프로펠러 회전면에 추력의 불균형이 발생하여 비행기를 위에서 볼 때 기수가 왼쪽으로 돌아가는 좌선회 경향**(left-turning tendency)**이 발생하는데 이를** P-factor라고 한다.

이러한 현상이 나타나면 조종사는 조종면을 통하여 기수를 원래대로 돌리는 수정 조작을 해야 한다. P-factor는 **꼬리 바퀴를 장착한 비행기가 프로펠러 회전수를 높이고 추력을 증가시켜 이륙 활주할 때 주로 나타나지만, 단발 프로펠러 비행기가 받음각을 키우기 위하여 기수를 들고 추력을 높여 상승할 때도 발생**한다. 기수가 들린 상태로 착륙할 때는 추력을 감소시키므로 프로펠러 회전면 추력의 불균형이 현저하지 않기 때문에 P-factor 현상은 심각하지 않다.

[그림 13-9] 이륙 활주 중 항공기 기수가 올라갔을 때 P-factor에 의한 기수 회전

13.5 상호 반전 프로펠러와 동축 반전 프로펠러

프로펠러의 추력을 향상시키기 위해서는 깃의 스팬 길이를 늘려 프로펠러 회전면의 면적을 증가시켜야 한다. 하지만 깃의 스팬 길이가 과도하게 길면 지상과의 간섭과 구조강도가 감소하는 문제가 발생하고, 충격파 현상과 실속 때문에 프로펠러의 회전속도가 제한된다. 따라서 추력을 증가시키기 위하여 깃의 스팬 길이를 연장하기보다는 프로펠러의 개수를 늘리는 것이 일반적이다.

앞서 살펴본 대로, 1개의 프로펠러를 기수에 장착한 항공기는 P-factor와 같이 프로펠러 회전면의 추력 불균형을 유발하여 항공기의 안정성을 저해하는 현상이 나타난다. P-factor뿐만 아니라, **기수의 프로펠러가 시계 방향으로 회전하면 뉴턴의 제3법칙, 즉 작용-반작용의 법칙**(the law of action-reaction)**에 의하여 반시계 방향으로 항공기에 옆놀이 모멘트**(rolling moment)**가 발생하는 토크 효과**(torque effect)가 나타나기도 한다.

그런데 2개의 엔진과 2개의 프로펠러를 날개 양쪽에 배치하고, 프로펠러의 회전 방향을 서로 반대로 설정하면 P-factor와 토크 효과를 제거할 수 있다. 즉, **2개 이상의 엔진과 프로펠러를 날개에 장착할 때 서로 반대 방향으로 회전하도록 구성한 프로펠러가 상호 반전 프로펠러**(counter-rotating propeller)이다. 2개의 프로펠러 항공기의 경우 조종사 기준으로 오른쪽 날개의 프로펠러는 반시계 방향으로, 그리고 왼쪽 날개의 프로펠러는 시계 방향으로 회전시키는 것이 일반적이다.

[그림 13-10]은 항공기에 장착된 4개의 프로펠러가 서로 다른 방향으로 회전하는 방식을 보여 준다. 조종사 기준으로 오른쪽 날개의 동체에 가까운 쪽 프로펠러는 시계 방향, 먼 쪽의 프로펠러는 반시계 방향으로 회전하므로, 동일한 날개에 장착된 2개의 프로펠러도 서로 반대 방향의으로 회전하며 2개의 회전면에서 발생하는 추력의 불균형과 토크 효과를 상쇄함을 알 수 있다.

[그림 13-10] Airbus A-400M의 상호 반전 프로펠러(counter-rotating propeller)

엔진에서 발생하는 동력을 프로펠러로 가능한 한 많이 흡수하기 위하여 엔진 1개에 2개의 프로펠러를 장착하기도 한다. 추력을 증가시키기 위하여 프로펠러의 스팬 길이를 늘려 회전면을 넓히거나, 프로펠러의 회전속도를 높이는 방법은 한계가 있다. 대신 엔진 1개에 2개의 프로펠러를 장착하면 깃의 스팬 길이를 늘리지 않고도 회전면을 넓히고 회전속도 또한 높일 수 있어 추력을 극대화할 수 있다. 그리고 1개의 엔진에 장착된 2개의 프로펠러를 서로 반대 방향으로 회전시키면 P-factor와 토크 효과가 같은 문제도 해소할 수 있다. 이렇게 **동일한 엔진 및 회전축에 2개의 프로펠러를 장착하고 서로 반대 방향으로 회전시키는 형식을 동축 반전 프로펠러**(contra-rotating propeller)라고 한다. 동축 반전 프로펠러의 예시가 [그림 13-11]에 나타나 있는데, 동일한 엔진에 장착된 2개의 프로펠러의 피치각을 보면 서로 반대 방향으로 설정되어 있음을 볼 수 있다.

동축 반전 프로펠러의 또 다른 장점은 다수의 프로펠러가 회전할 때 나타나는 날개 비틀림 모멘트의 영향이 작다는 것이다. [그림 13-10]의 비행기의 경우, 양쪽 날개에 장착된 4개의 상호 반전 프로펠러는 각각 다른 방향으로 회전하므로 P-factor 등으로 인한 프로펠러 회전면의 추력 불균형으로 각각의 엔진은 서로 다른 방향으로 추력을 발생시킨다. 그러므로 날개에 비틀림 모멘트가 발생하여 날개 구조물에 대한 하중이 증가한다. 하지만 동축 반전 프로펠러의 경우 하나의 엔진에 장착된 2개의 프로펠러는 추력의 불균형이 서로 상쇄되기 때문에 모든 엔진의 추력 방향이 동일하여 날개 비틀림 모멘트의 발생과 같은 문제가 나타나지 않는다. 하지만 동일한 축에 2개의 프로펠러가 피치각을 변경하며 서로 반대로 회전하도록 구성해야 하므로 **구조가 복잡하고, 이에 따라 중량이 증가하는 단점**이 있다. 또한, 2개의 프로펠러가 좁은 간격을 두고 서로 반대 방향으로 회전하므로 **프로펠러에서 복잡한 형태의 유동이 발생하고, 이에 따라 프로펠러 간 공기역학적 간섭 때문에 회전 소음과 진동이 매우 크다.** 이런 이유로 동축 반전 프로펠러는 승객의 안락함이 우선시되는 여객기에는 일반적으로 사용되지 않는다.

[그림 13-11] Tupolev Tu-95MS의 동축 반전 프로펠러(contra-rotating propeller)

13.6 프로펠러 성능 해석

프로펠러의 추력 및 효율 등 프로펠러의 성능을 가늠하는 관계식을 **운동량이론**(momentum theorem) 또는 **운동량 방정식**(momentum equation)을 이용하여 도출해 보도록 한다. 프로펠러 형상을 단순화하여 깃의 두께가 없는 프로펠러를 가정하고, 프로펠러가 회전할 때 발생하는 두께가 없는 원형의 평면, 즉 프로펠러 회전면(disk)을 정의한다. 프로펠러 회전면의 전방과 후방의 속도 차이와 회전면 직전과 직후의 압력 차이를 통하여 프로펠러에서 만들어지는 추력을 정의할 수 있다. 운동량 방정식을 이용하여 프로펠러 추력을 구하는 관계식을 유도하는 과정은 다음과 같다.

운동량(p)은 질량(m)과 속도(V)의 곱으로 정의한다.

$$p = mV$$

운동량 보존의 법칙(the law of conservation of momentum)은 운동하는 물체에 외부 힘(외력)이 작용하지 않으면 운동량은 보존된다는 것을 설명하는데, 이를 다르게 표현하면 물체에 힘이 작용하면 운동량은 보존되지 않고 시간에 대하여 변화한다고 할 수 있다. 즉, 힘(F)은 시간(t)에 대하여 운동량(p)을 변화시키는데, 다음과 같이 운동량을 시간에 대하여 미분하여 힘을 수학적으로 나타낼 수 있다.

$$F = \frac{d}{dt}p = \frac{d}{dt}mV = \dot{m}V$$

위의 식을 **운동량 방정식**이라고 한다. 여기서 질량을 시간으로 미분한 것은 $\frac{d}{dt}m$인데, 이는 **질량유량**(mass flow rate, $\dot{m}$)이라 하며 다음과 같이 유동의 밀도(ρ), 유동이 지나는 단면적(A), 그리고 유동의 속도(V)의 곱으로 나타낸다.

$$\frac{d}{dt}m = \dot{m} = \rho AV$$

그러므로 힘은 다음과 같이 나타낼 수 있다.

$$F = \rho AV \cdot V = \rho AV_p \cdot V$$

프로펠러의 추력은 위와 같이 질량유량(ρAV_p)과 속도(V)의 곱으로 정의할 수 있다. 여기서 밀도(ρ)와 속도(V_p)는 프로펠러를 통과하는 공기 유동의 밀도와 속도이고, 면적(A)은 [그림 13-12]에서 나타낸 바와 같이 공기 유동이 통과하는 단면적, 즉 프로펠러 회전면의 면적이다. **질량 보존의 법칙**(the law of conservation of mass)에 의하여 회전날개를 통과하는 질량 유량은 일정하기 때문에 결국 추력, 즉 힘의 차이(ΔF)를 발생시키는 것은 속도 차이(ΔV)이다. 따라서 프로펠러

에 의하여 유동의 속도가 V_1에서 V_2로 가속될 때 속도 차이($V_2 - V_1$)에 의하여 추력이 발생한다.

$$T = \Delta F = \rho A V_p \cdot \Delta V = \rho A V_p (V_2 - V_1) \tag{13.1}$$

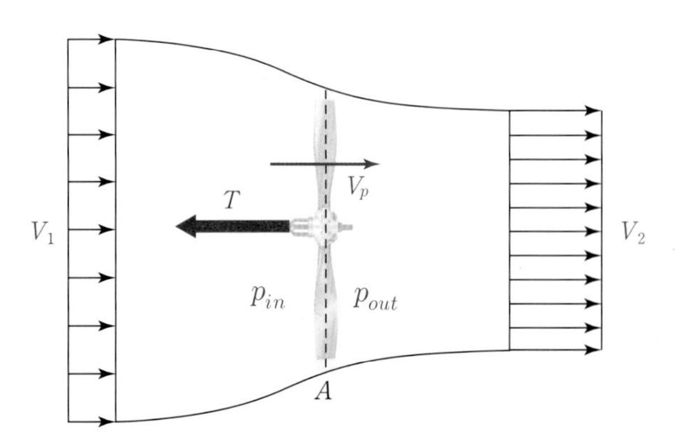

[그림 13-12] 프로펠러 회전면(A)과 영역에 따른 속도(V_1, V_p, V_2)의 정의

여기서 V_1은 프로펠러의 영향이 없는 전방에서의 유동속도로서, 항공기가 전진비행할 때 프로펠러로 들어오는 상대풍의 속도이다. 상대풍의 속도는 비행속도를 의미하므로 V_1은 비행속도와 같으며, 만약 항공기가 정지한 상태에서 프로펠러가 회전하고 있다면 $V_1 = 0$이 된다. 또한, V_2는 프로펠러 후방에서의 속도인데 프로펠러를 지나면서 공기 유동이 가속되므로 $V_2 > V_1$이 된다. 그리고 프로펠러 전방과 후방의 유동속도 차($V_2 - V_1$)가 크다는 것은 그만큼 프로펠러가 유동을 많이 가속시켜 추력이 높다는 것을 의미한다.

그런데 추력은 회전면 전·후의 압력차로 나타낼 수도 있다. 압력(p)은 단위면적(A)에 작용하는 힘(F)으로 아래와 같이 정의한다.

$$p = \frac{F}{A}$$

따라서 힘은 압력과 면적의 곱으로 다음과 같이 표현할 수 있다.

$$F = pA$$

앞서 설명한 대로 프로펠러의 추력은 회전면의 전후 힘의 차이(ΔF)의 결과이고, 힘의 차이는 압력의 차이로 인하여 발생한다. 그러므로 프로펠러 회전면(A)의 직전과 직후의 압력 차이, 즉 $p_{out} - p_{in}$으로 다음과 같이 추력을 표현한다.

$$T = \Delta F = \Delta p \cdot A = (p_{out} - p_{in})A \tag{13.2}$$

식 (13.1)은 프로펠러 회전면 전방과 후방을 지나는 유동의 속도 차이($V_2 - V_1$)를 통하여 프로펠러 추력(T)을 정의하고, 식 (13.2)는 프로펠러 회전면 직전과 직후의 압력 차이($p_{out} - p_{in}$)

를 통하여 프로펠러 추력(T)을 표현하고 있다. 두 식 모두 추력을 나타내므로 식 (13.3)과 같은 관계식이 도출된다.

$$T = (p_{out} - p_{in})A = \rho A V_p (V_2 - V_1)$$
$$p_{out} - p_{in} = \rho V_p (V_2 - V_1) \tag{13.3}$$

식 (13.3)을 통하여 프로펠러의 회전면 전·후의 압력 차이($p_{out} - p_{in}$)는 프로펠러 전방과 후방의 유동의 속도 차이($V_2 - V_1$)에 유동의 밀도(ρ)와 프로펠러 통과속도(V_p)를 곱한 것과 같음을 알 수 있다. 이제 **베르누이 방정식**(Bernoulli's equation)을 활용하여 추력에 대한 관계식을 정립해 보도록 한다. 프로펠러를 지나는 공기유동은 저속, 비압축성, 아음속 유동을 가정한다.

[그림 13-13]은 프로펠러 회전면을 지나는 공기 유동의 속도와 압력의 정의를 나타낸다. 프로펠러는 전방의 공기 유동을 가속하여 운동량을 증가시켜 후방으로 보내고 이때 발생하는 운동량의 차이로 추력을 만든다. 또한, 공기가 회전면을 통과하면서 유동의 통로를 형성하는데, 통로의 단면적은 프로펠러 후방으로 갈수록 감소한다. 이는 앞서 살펴본 질량유량($\dot{m} = \rho A V$)이 일정하게 유지되기 때문이다. 즉, 프로펠러에 의하여 후방으로 분출되는 유동의 속도는 점점 증가한다. 그런데 아음속 유동에 대한 **연속방정식**(continuity equation)에 의하면 속도와 면적은 반비례한다. 따라서 [그림 13-13]에서 볼 수 있듯이, **프로펠러 후방으로 갈수록 유동의 속도가 증가하므로 유동이 통과하는 통로의 단면적은 감소**하게 된다.

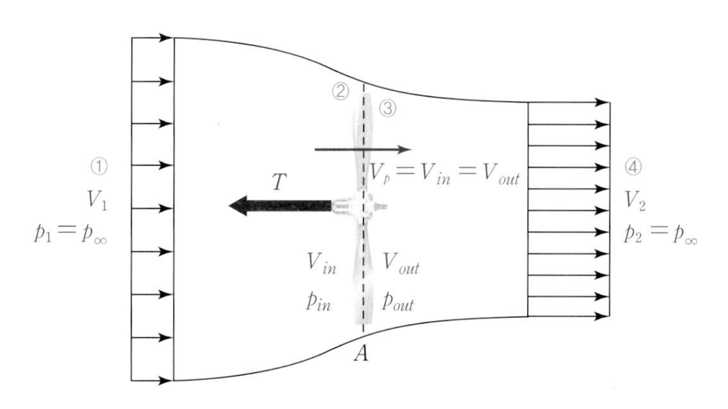

[그림 13-13] 프로펠러 회전면의 직전과 직후의 속도(V_{in}, V_{out})와 압력(p_{in}, p_{out})의 정의

[그림 13-13]에 제시된 프로펠러 전방의 위치 ①은 프로펠러의 영향이 없는 영역으로서 여기에서의 압력은 대기압(p_∞)이다. 그리고 회전면의 직전과 직후, 즉 위치 ②와 ③에서의 속도를 각각 V_{in}과 V_{out}, 그리고 압력을 각각 p_{in}과 p_{out}으로 정의한다. 그런데 프로펠러 깃의 두께가 없다고 가정하면 회전면 직전과 직후에서 유동이 통과하는 통로의 단면적은 회전면 면적과 같다고

볼 수 있다. 따라서 회전면 직전과 직후의 유동속도 역시 동일하다고($V_{in} = V_{out}$) 가정할 수 있다. 그리고 V_{in}과 V_{out}은 프로펠러를 통과하는 유동의 속도 V_p와 같다.

$$V_{in} = V_{out} = V_p$$

프로펠러 후방의 위치 ④는 프로펠러에서 발생하는 유동의 영향이 작용하지만, 압력은 대기압(p_∞)에 가까울 만큼 프로펠러로부터 떨어져 있으므로 위치 ④에서의 압력 역시 p_∞로 표시한다. 물론 위치 ④에서의 유동의 속도(V_2)는 회전면에서 나오는 속도인 V_{out}보다 높다($V_{out} < V_2$). 회전면 이후의 압력(p_{out})이 대기압(p_∞)으로 낮아진 만큼 유동의 속도가 V_{out}에서 V_2로 증가한 것이다.

따라서, 위치 ①과 ②를 기준으로 베르누이 공식을 정리하면 다음과 같다.

$$p_\infty + \frac{1}{2}\rho V_1^2 = p_{in} + \frac{1}{2}\rho V_{in}^2 \tag{13.4}$$

그런데 베르누이 공식을 이용하여 프로펠러 회전면의 직전과 직후, 즉 위치 ②와 ③의 압력과 속도에 대한 관계를 설명할 수 없다. **베르누이 정리는 에너지 보존의 법칙**(the law of conservation of energy)**에서 도출되었기 때문에 에너지가 보존되는, 즉 동일한 에너지 영역에만 적용**할 수 있다. 프로펠러 회전면을 사이에 둔 위치 ②와 ③은 에너지가 같지 않으므로 에너지가 보존된다고 할 수 없다. 왜냐하면, 엔진에서 만들어지는 에너지는 프로펠러를 통하여 프로펠러를 통과하는 유동에 전달되기 때문에 프로펠러 이전 위치보다 이후 위치에서 유동의 에너지는 증가한다. 그러므로 회전면을 사이에 두고 유동의 속도는 같지만($V_{in} = V_{out}$), 압력은 증가하게 된다($p_{in} < p_{out}$).

아울러, 베르누이 공식을 통한 위치 ③과 ④의 속도와 압력의 관계는 아래와 같다.

$$p_{out} + \frac{1}{2}\rho V_{out}^2 = p_\infty + \frac{1}{2}\rho V_2^2 \tag{13.5}$$

식 (13.5)를 p_∞에 대하여 정리하고 이를 식 (13.4)에 대입한다.

$$p_\infty = p_{out} + \frac{1}{2}\rho V_{out}^2 - \frac{1}{2}\rho V_2^2$$

$$p_{out} - p_{in} = \frac{1}{2}\rho V_{in}^2 - \frac{1}{2}\rho V_{out}^2 + \frac{1}{2}\rho V_2^2 - \frac{1}{2}\rho V_1^2$$

그런데 $V_{in} = V_{out}$이므로 식은 아래와 같이 정리된다.

$$\begin{aligned} p_{out} - p_{in} &= \frac{1}{2}\rho V_2^2 - \frac{1}{2}\rho V_1^2 = \frac{1}{2}\rho(V_2^2 - V_1^2) \\ &= \frac{1}{2}\rho(V_2 + V_1)(V_2 - V_1) \end{aligned} \tag{13.6}$$

식 (13.3)을 식 (13.6)에 대입하면 다음과 같다.

$$\rho V_p (V_2 - V_1) = \frac{1}{2}\rho(V_2 + V_1)(V_2 - V_1)$$

$$V_p = \frac{1}{2}(V_2 + V_1) \tag{13.7}$$

즉, 유동의 프로펠러 통과속도(V_p)는 프로펠러 전방의 유동속도(V_1)와 후방의 유동속도(V_2)의 평균값으로 간단히 정의할 수 있다. V_1은 항공기의 비행속도(V)와 같으므로 프로펠러가 회전하지만 항공기가 정지하고 있다면 $V_1 = 0$이다. 따라서 정지한 항공기의 프로펠러 통과속도는 아래와 같이 프로펠러 후방의 유동속도의 절반이다. 또는 프로펠러 후방의 유동속도는 프로펠러 통과속도의 2배이다.

$$V_p = \frac{V_2}{2} \qquad V_2 = 2V_p$$

항공기가 정지한 경우($V_1 = 0$), 추력의 관계식인 식 (13.1)은 다음과 같이 정리된다.

$$\begin{aligned} T &= \rho A V_p (V_2 - V_1) \\ &= \rho A V_p V_2 = \rho A \frac{V_2}{2} V_2 \\ &= \frac{\rho A V_2^2}{2} \end{aligned} \tag{13.8}$$

그리고 $V_2 = 2V_p$이므로 아래와 같이 정지한 항공기의 프로펠러 추력을 표현할 수 있다.

$$T = \frac{\rho A (2V_p)^2}{2} = \frac{4\rho A V_p^2}{2} = 2\rho A V_p^2$$

그러므로 정지한 항공기의 프로펠러에서 발생하는 추력은 운동량이론을 통하여 다음과 같이 나타낼 수 있다.

$$\text{정지한 프로펠러 추력}: T = 2\rho A V_p^2$$

유동의 프로펠러 통과속도(V_p)를 프로펠러 유도속도(induced velocity, V_i)라고도 한다. 이는 프로펠러의 회전에 의하여 추가로 유도되는 유동속도의 증가분이라고 할 수 있다. 위의 추력 관계식을 이용하여 정지한 항공기의 프로펠러에서 유도되는 유동속도(V_i)는 다음과 같이 정의할 수 있다.

$$정지한\ 프로펠러\ 유도속도:\ V_p = V_i = \sqrt{\frac{T}{2\rho A}}$$

동력(P)은 힘(F)과 속도(V)의 곱으로 나타낸다. 따라서 정지한 항공기의 프로펠러의 동력은 프로펠러 추력(T)에 프로펠러 유도속도(V_i)를 곱하여 다음과 같이 표현한다.

$$정지한\ 프로펠러\ 동력:\ P = TV_i = T\sqrt{\frac{T}{2\rho A}} = \sqrt{\frac{T^3}{2\rho A}}$$

이제 **프로펠러의 효율**(propeller efficiency, η_p)을 구하는 식을 정의하도록 한다. 에너지의 효율은 공급한 에너지에 대한 사용할 수 있는 에너지의 비이다. 동력은 시간당 에너지로 정의하기 때문에 같은 시간 동안 발생하는 에너지의 비는 동력의 비로 대신하여 나타낼 수 있다. 따라서 프로펠러 효율은 프로펠러에 공급된 동력(P_{input})에 대한 프로펠러에서 발생하는 동력(P_{output})의 비로 정의한다.

$$\eta_p = \frac{P_{output}}{P_{input}}$$

동력은 힘과 속도의 곱으로 정의하는데, 프로펠러에 공급된 동력으로 인하여 추력과 이에 따른 프로펠러의 유도속도가 나타나므로 **프로펠러에 공급된 동력은 추력(T)과 프로펠러 유도속도 (V_i)**의 곱으로 표현할 수 있다. 또한, **프로펠러에서 발생하는 동력은 추력(T)과 항공기의 비행속도(V)**의 곱으로 나타낸다. 즉, 프로펠러에서 발생하는 동력의 크기는 프로펠러의 추력으로 실제 항공기를 얼마나 빠른 속도(V)로 비행하게 하는지를 통하여 가늠한다.

$$\eta_p = \frac{P_{output}}{P_{input}} = \frac{TV}{TV_i}$$

따라서 운동량 이론에 의한 프로펠러의 효율은 다음과 같이 비행속도(V)를 프로펠러 유도속도 (V_i)로 나누어 정의한다. 항공기가 빠른 속도로 비행하는 것은 프로펠러가 효율이 높음을 의미한다.

$$프로펠러\ 효율(운동량\ 이론):\ \eta_p = \frac{V}{V_i}$$

13.7 프로펠러 성능 해석 : 추력계수, 동력계수, 전진비

항공기의 공기역학적 성능은 양력계수와 항력계수 등의 무차원수를 검토하면 알 수 있다. 프로펠러도 마찬가지로서, **추력계수, 회전력계수, 동력계수, 전진비 등의 무차원수 또는 비례상수는 프로펠러의 성능 해석에 중요한 지표**가 된다.

양력계수 및 항력계수의 정의와 유사하게 추력계수(C_T)는 프로펠러를 회전시키면 회전면에서 발생하는 추력에 유동의 동압과 회전면의 면적(A)을 나누어 정의한다. 여기서 V'은 프로펠러를 회전시킬 때 프로펠러의 깃에 작용하는 상대풍의 속도이다.

$$C_T = \frac{T}{\frac{1}{2}\rho V'^2 A}$$

따라서 프로펠러의 추력은 다음과 같이 정의된다.

$$T = C_T \frac{1}{2}\rho V'^2 A$$

[그림 13-14]에서 알 수 있듯이, 프로펠러에 대한 상대풍의 속도(V')는 프로펠러 회전에 의한 선속도(ωR)와 비행속도(V)의 합속도이다. 그러므로 프로펠러의 상대풍의 속도(V')는 선속도(ωR)에 비례한다. 즉, 동일한 유입각(ϕ)을 기준으로 프로펠러를 빨리 회전시키거나($\omega_1 < \omega_2$) 프로펠러 깃의 길이가 길어져서 회전면 반지름이 증가하면($R_1 < R_2$) 프로펠러에 작용하는 상대풍의 속도는 같은 비율로 빨라지며($V'_1 < V'_2$) 추력이 높아진다. 여기서 '$\propto$'는 비례를 의미하는 수학기호이다.

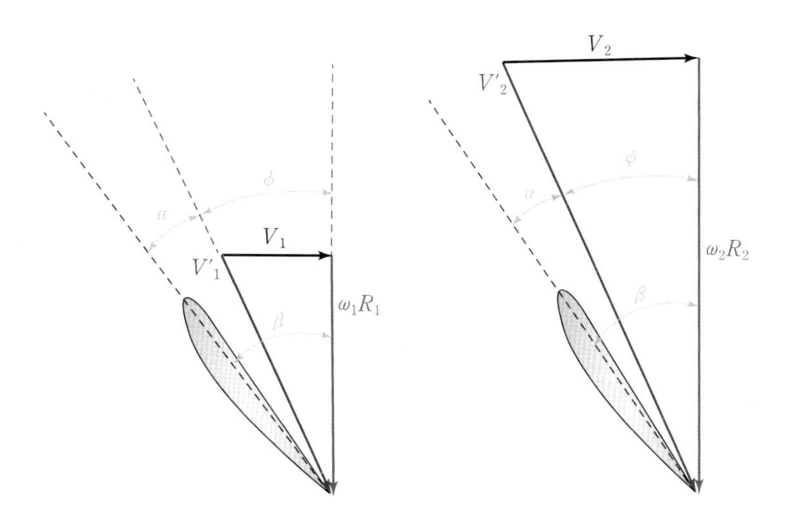

[그림 13-14] 프로펠러 상대풍의 속도 V'과 ωR의 비례관계

$$V' \propto \omega R$$

비행속도의 관계식을 추력 관계식에 대입하면 다음과 같이 표현할 수 있다.

$$T \propto C_T \frac{1}{2}\rho(\omega R)^2 A$$

여기서, 회전면의 반지름(R)과 면적(A)을 다음과 같이 회전면의 지름(D), 즉 프로펠러의 전체 길이로 나타낼 수 있다.

$$R = \frac{D}{2}, \quad A = \frac{\pi}{4}D^2$$

이를 추력 관계식에 대입하면 다음과 같다.

$$T \propto C_T \frac{1}{2}\rho\left(\omega\frac{D}{2}\right)^2\left(\frac{\pi}{4}D^2\right)$$

또한, 회전속도(ω)를 각속도라고도 하는데, 이는 시간[s]에 대한 각도[rad]의 변화이며 단위는 [rad/s]이다. 회전속도를 가늠하는 또 다른 기준에는 시간(초)당 회전수(n)가 있는데 단위는 [rps](revolutions per second)이다. 예를 들어, $n = 2$ rps는 1초에 2번 회전하는 것을 의미한다. 아울러 1번 회전하는 것을 각도로 표시하면 360°이고, 이는 $2\pi \cdot$ rad이므로 [rps]를 다음과 같이 $\left[\frac{\text{rad}}{\text{s}}\right]$으로 표현할 수 있다.

$$1\,[\text{rps}] = 1\left[\frac{2\pi \cdot \text{rad}}{\text{s}}\right] = 2\pi\left[\frac{\text{rad}}{\text{s}}\right]$$

즉, 어떤 물체가 1초에 2번 회전하여 $n = 2$ rps라면 그 물체의 회전속도는 $\omega = 2\pi \times 2\left[\frac{\text{rad}}{\text{s}}\right]$이 된다. 그러므로 회전속도($\omega$)는 회전수($n$)에 2π를 곱하여 나타낸다. 따라서 회전속도(ω)와 회전수(n)의 관계를 다음과 같이 정의할 수 있다.

$$\text{회전속도}: \omega = 2\pi n$$

이를 추력 관계식에 대입하면 다음과 같이 정리된다.

$$T \propto C_T \frac{1}{2}\rho\left(2\pi n\frac{D}{2}\right)^2\left(\frac{\pi}{4}D^2\right)$$

$$T \propto C_T \frac{\pi^3}{8}\rho n^2 D^4$$

$\pi^3/8$은 상수이므로 이를 비례상수인 추력계수(C_T)에 포함해서 위의 관계식을 등식으로 바꾸고,

변수들을 정리하면 다음과 같은 추력 관계식이 성립된다.

$$\text{프로펠러 추력: } T = C_T \rho n^2 D^4$$

위의 식에서 알 수 있듯이, 프로펠러를 회전시킬 때 발생하는 추력은 프로펠러의 시간당 회전수(n)와 회전면의 지름(D)에 주로 영향을 받는다. 특히, **추력은 회전면의 지름, 즉 프로펠러 깃의 전체 길이에 4제곱 비례하여 증가하기 때문에, 추력을 높이기 위해서는 프로펠러 깃의 길이를 연장**해야 한다. 하지만 너무 긴 프로펠러 깃은 깃 끝의 실속과 같은 공기역학적 문제 등을 유발할 수 있다. 추력계수는 다음과 같이 정의할 수 있다.

$$\text{프로펠러 추력계수: } C_T = \frac{T}{\rho n^2 D^4}$$

물체를 회전시키는 힘을 회전력(toque, Q)이라고 한다. 회전력은 물체에 작용하는 힘과 회전 중심부터 힘의 작용점의 거리인 모멘트 암, 즉 회전면 반지름의 곱이다. 따라서 위에서 정의된 추력에 회전면 반지름($D/2$)을 곱하면 다음과 같다.

$$Q = T \cdot \frac{D}{2} = C_T \rho n^2 D^4 \cdot \frac{D}{2}$$

추력계수(C_T)와 상수인 1/2을 포함하고, 위의 비례식의 양변이 같아지도록 하는 비례상수인 회전력계수(C_Q)를 정의하여 등식으로 정리하면 다음과 같다.

$$\text{프로펠러 회전력: } Q = C_Q \rho n^2 D^5$$

회전력은 프로펠러를 회전시킬 때 소요되는 힘, 또는 프로펠러가 회전하도록 공급되는 힘인데, 밀도가 클수록, 시간당 회전수가 빠를수록, 그리고 프로펠러 깃의 길이가 길수록 회전력은 증가한다. 특히 **회전력은 프로펠러 깃의 전체 길이(D)의 5제곱에 비례하므로, 깃의 길이가 긴 프로펠러를 사용하면 매우 큰 회전력이 필요하므로 엔진의 출력을 높여야 하고, 따라서 연료소모가 증가**한다. 회전력 관계식을 통하여 회전력계수는 다음과 같이 정의한다.

$$\text{프로펠러 회전력계수: } C_Q = \frac{Q}{\rho n^2 D^5}$$

동력은 힘과 속도의 곱으로 정의되므로, 프로펠러의 동력(P)은 프로펠러 추력(T)과 프로펠러 상대풍의 속도(V')를 곱하여 나타낸다.

$$P = TV = C_T \rho n^2 D^4 \cdot V'$$

앞서 살펴본 바와 같이, 프로펠러 상대풍 속도(V')는 ωR에 비례하는데, $\omega = 2\pi n$이고 $R = D/2$이다.

$$V' \propto \omega R$$

$$V' \propto 2\pi n \frac{D}{2}$$

$$V' \propto \pi n D$$

위의 내용을 동력 관계식에 반영하면 다음과 같이 표현할 수 있다.

$$P \propto C_T \rho n^2 D^4 \cdot \pi n D$$
$$P \propto C_T \pi \rho n^3 D^5$$

추력계수(C_T)와 상수인 π를 포함하는 새로운 비례상수인 동력계수(C_P)를 정의하여 프로펠러 동력을 다음과 같이 등식으로 나타낼 수 있다

$$\text{프로펠러 동력}: P = C_P \rho n^3 D^5$$

위의 동력 관계식을 검토해 보면 **프로펠러를 회전시키는 동력은 시간당 회전수(n)에 3제곱, 프로펠러 깃의 전체 길이(D)의 5제곱에 비례하여 증가**함을 알 수 있다. 또한, 프로펠러의 동력계수는 다음과 같이 정의된다.

$$\text{프로펠러 동력계수}: C_P = \frac{P}{\rho n^3 D^5}$$

프로펠러의 효율(η_P)은 프로펠러에 공급된 동력(P_{input})에 대한 프로펠러에서 발생된 동력(P_{output})의 비로 나타낸다. 프로펠러를 회전시키기 위하여 공급된 동력은 위에서 소개한 바와 같이 $P = C_P \rho n^3 D^5$이다. 또한, 프로펠러에서 발생된 동력은 프로펠러 추력과 프로펠러 진행속도 또는 항공기의 비행속도의 곱(TV), 즉 $C_T \rho n^2 D^4 \times V$로 정의한다. 항공기의 비행속도가 빠르다는 것은 프로펠러에서 만들어지는 동력이 크다는 것이다. 따라서 프로펠러의 효율은 아래와 같이 정리할 수 있다.

$$\eta_p = \frac{P_{output}}{P_{input}} = \frac{C_T \rho n^2 D^4 \times V}{C_P \rho n^3 D^5}$$

위의 식을 정리하면 다음과 같다.

$$\eta_p = \frac{C_T}{C_P}\frac{V}{nD}$$

여기서 추력계수(C_T)와 동력계수(C_P) 외에, 프로펠러의 효율에 영향을 미치는 변수인 프로펠러의 전진속도, 즉 비행속도(V), 프로펠러의 시간당 회전수(n), 프로펠러 회전면의 지름(D)을 아래와 같이 정리하여 **프로펠러 전진비**(advance ratio, J)로 정의한다.

$$\text{프로펠러 전진비}: J = \frac{V}{nD}$$

프로펠러의 회전수(n)와 회전속도(ω)는 다음과 같은 관계가 있다.

$$\omega = 2\pi n, \qquad n = \frac{\omega}{2\pi}$$

그리고, 회전면의 지름(D)은 프로펠러 깃의 길이(R)의 2배($D = 2R$)이므로 프로펠러 전진비의 분모인 nD를 다음과 같이 표현할 수 있다.

$$nD = \frac{\omega}{2\pi} \times 2R = \frac{\omega R}{\pi}$$

따라서 전진비는 아래와 같이 비행속도(V)와 프로펠러 깃 끝 선속도(ωR)의 비$\left(\frac{V}{\omega R}\right)$에 비례한다고 할 수 있다.

$$J = \frac{V}{nD} = \frac{V}{\frac{\omega R}{\pi}} \propto \frac{V}{\omega R}$$

[그림 13-14]에서 살펴본 바와 같이, 동일한 유입각(ϕ)을 기준으로 선속도(ωR)가 증감하면 상대풍의 속도(V')는 같은 비율로 증감한다. 그리고 그림에서 확인할 수 있듯이 동일한 유입각(ϕ)은 선속도(ωR)와 비행속도(V)와 같은 비율로 증감함을 뜻한다. 즉, 비행속도와 선속도의 비$\left(\frac{V}{\omega R}\right)$가 일정하면 유입각($\phi$) 역시 동일하다. 그리고 nD는 ωR과는 비례하므로 전진비$\left(\frac{V}{nD}\right)$가 일정하면 유입각($\phi$)이 동일하다고 할 수 있다. 특히, 프로펠러깃의 받음각(α)은 피치각(β)과 유입각(ϕ)의 차이만큼 발생한다.

$$\alpha = \beta - \phi$$

따라서 만약 전진비가 일정하다면 유입각(ϕ)이 동일하고, 피치각(β)까지 일정하면 프로펠러깃의 받음각(α)이 동일해진다. 즉, 피치각을 고정하고, 비행속도(V)에 따라 프로펠러 회전수(n)를 조절하여 전진비(J)를 일정하게 유지하면 동일한 받음각이 발생하여 일정 수준의 추력을 유지할 수 있다. 결론적으로 프로펠러에서 **최고의 효율을 발생시키려면 최적의 깃 받음각을 유지해**

야 하고, 이는 최적의 피치각과 전진비에서 나타난다. 프로펠러 전진비를 통하여 다음과 같이 프로펠러 효율을 표현한다.

$$\text{프로펠러 효율}: \eta_p = \frac{C_T}{C_P}\frac{V}{nD} = \frac{C_T}{C_P}J$$

프로펠러의 전진비(J) 그리고 전전비의 영향을 받는 추력계수(C_T)와 동력계수(C_P)는 성능시험 또는 전산유체역학을 통하여 산출된다. **추력계수가 크면 프로펠러의 효율이 높아지고, 동력계수가 증가하면 프로펠러의 회전을 위하여 공급되는 동력이 많아짐을 의미하기 때문에 그만큼 효율이 낮아진다.**

항공기와 날개의 공기역학적 성능은 받음각(α)에 대한 양력계수 및 항력계수의 변화를 통하여 판단한다. 마찬가지로 **프로펠러의 공기역학적 성능은 프로펠러깃의 피치각(β)에 대한 전진비(J), 추력계수(C_T), 동력계수(C_P), 그리고 프로펠러 효율(η_p)의 변화를 검토**하면 알 수 있다. [그림 13-15]의 그래프는 어떤 프로펠러의 피치각(β)과 전진비(J)에 대한 프로펠러 효율(η_p)의 변화를 실험을 통하여 측정한 것이다. 다섯 가지의 피치각(β) 모두 각각의 최고 프로펠러 효율($\eta_{\max}$)을 기점으로 **낮은 전진비와 높은 전진비에서 프로펠러의 효율이 감소**함을 [그림 13-15]에서 알 수 있는데, 그 이유는 다음과 같다.

첫 번째로 프로펠러의 회전수(n)와 회전면의 지름(D)이 일정하다고 가정하면 전진비(J)는 비행속도(V)의 영향만 받는다. 즉, 비행속도가 느려지면 전진비도 감소하고, 비행속도가 빨라지면 전진비가 증가한다. 그런데 [그림 12-11(a)]에서 볼 수 있듯이 회전수(n)와 회전면 지름(D)이 일정하여 이에 비례하는 ωR가 일정한 경우, 비행속도가 느려(V_1) 전진비가 감소하여 프로펠러 깃의 받음각이 최적의 받음각보다 커진다(α_1). 이에 따라 유동박리(flow separation)와 실속(stall)이 발생하면 추력(C_T)이 감소하고, 항력이 커짐에 따라 프로펠러를 회전시키는 동력(C_P)이 증가하기 때문에 프로펠러 효율(η_p)은 떨어지게 된다.

반대로 [그림 12-11(b)]와 같이, 비행속도가 빨라서(V_2) 전진비가 증가할수록 깃의 받음각이 너무 작아지거나, 음(−)의 받음각이 나타나므로($-\alpha_2$) 추력이 떨어져서 프로펠러 효율이 감소한다.

그뿐만 아니라 비행속도가 빨라질수록 프로펠러 깃을 지나는 공기 유동의 레이놀즈수(Reynolds number)가 증가하고 난류경계층 영역이 확대되면서 표면마찰항력이 증가하여 프로펠러 회전을 위한 동력(C_P)이 증가한다. 또한, 비행속도가 과도하면 깃의 끝부분에 발생하는 압축성 효과로 인하여 실속과 항력의 증가가 현저해지고, 이에 따라 프로펠러 효율이 낮아진다. 그러므로 [그림 12-12]에서 알 수 있듯이, **프로펠러 회전수(n)가 일정하여 선속도(ωR)가 일정할 때 저속비행에 따른 낮은 전진비에서는 작은 피치각(β_1), 그리고 고속비행 중 높은 전진비에서는 큰 피치각(β_2)으로 설정하는 것이 최적의 깃 받음각(α)을 유지하여 프로펠러 효율을 높이는 방법**이다. 따라서 저속으로 이착륙할 때와 고속으로 순항할 때는 각각 최적의 프로펠러 효율을 발생시키려면 가변 피치 프로펠러 또는 정속 프로펠러를 사용해야 한다. 특히 모든 속도영역에서 피치각이 최적의 각도로 자동으로 변하도록 구성된 정속 프로펠러의 효율은 $\eta_{max} = 90\%$에 이른다.

두 번째는 비행속도(V)가 일정한 경우로서, 전진비(J)는 프로펠러의 회전수(n) 및 회전면의 지름(D)에 반비례하여 변화한다. [그림 12-13]은 비행속도(V)는 일정하지만, 엔진 출력의 조절에 따라 프로펠러의 회전수(n)가 변화하여 선속도(ωR)가 달라지는 경우를 보여준다. nD와 ωR는 비례하므로 [그림 12-13(a)]는 전진비가 높은 경우이고, [그림 12-13(b)]는 전진비가 낮은 경우이다. 즉, **비행속도(V)가 일정할 때 느린 프로펠러 회전수와 선속도($\omega_1 R$)에 의한 높은 전진비에서는 큰 피치각(β_1), 그리고 빠른 회전수와 선속도($\omega_2 R$)에 따른 낮은 전진비에서는 작은 피치각(β_2)을 설정하여 최적의 프로펠러 깃의 받음각(α)을 유지함으로써 프로펠러 효율을 높인다.** 하지만, 피치각이 부적절하게 설정되어 깃의 받음각이 최적 받음각보다 크거나 작으면 앞서 첫 번째 경우에서 살펴본 바와 같이 유동박리와 실속과 같이 추력(C_T)을 낮추고, 항력 및 동력(C_P)을 높이는 요인들 때문에 프로펠러 효율이 감소하게 된다.

앞서 살펴본 바와 같이, 프로펠러의 효율(η_p)은 피치각(β)과 전진비(J), 그리고 피치각과 전진비에 의한 추력계수(C_T)와 동력계수(C_P) 등의 성능 변수의 영향을 받아 결정된다. 특히, 전진비는 프로펠러를 장착한 비행기의 속도(V), 프로펠러의 회전수(n), 회전면의 직경(D), 즉 깃의 길이에 의하여 정의된다. 그리고 프로펠러의 추력과 동력은 피치각과 전진비뿐만 아니라 프로펠러 깃의 단면형상 및 평면형상, 비틀림각(twist angle)과 고형비(solidity) 등의 형상 변수에 따라 달라진다. 그러므로 이러한 프로펠러의 성능 변수 및 형상 변수들을 면밀히 평가하고 검토한 후 그 결과를 바탕으로 프로펠러의 형상을 최적화하거나 프로펠러를 운용하면 프로펠러의 성능을 대폭 개선할 수 있다.

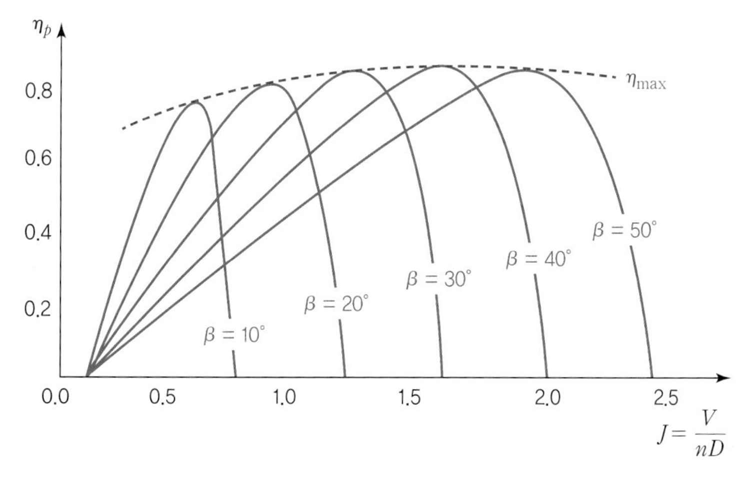

[그림 13-15] 전진비(J)와 피치각(β)에 따른 프로펠러의 효율(η_p) 변화

- **프로펠러 고형비**(solidity, σ): 프로펠러의 회전면의 면적 중에서 전체 깃의 면적, 즉 고체 부분이 차지하는 면적의 비율로서, 깃의 수와 깃의 면적이 증가하여 고형비가 증가할수록 더 많은 추력을 발생시킨다.

  $$\sigma = \frac{NC}{\pi R}$$

  (N: 프로펠러 깃의 수, C: 프로펠러 깃의 시위길이, R: 프로펠러 깃의 스팬 길이 또는 회전면의 반지름)

- **회전하는 물체의 선속도**: $v = \omega R = 2\pi n R$

  (ω: 회전속도, R: 회전면 반지름, n: 시간당 회전수)

- 프로펠러 깃 끝 실속(blade tip stall)은 프로펠러 깃의 끝단에 작용하는 상대풍의 속도가 음속을 넘어 충격파(shock wave) 발생 등의 압축성 현상이 발생하고, 유동이 깃 끝 표면에서 떨어져 나가며 실속이 발생하는 것이다.

- **프로펠러 깃 끝 실속방지방법**
  - 프로펠러 회전속도와 비행속도를 제한한다. 프로펠러에 작용하는 상대풍의 속도는 프로펠러의 선속도(ωR)와 비행속도(V)의 합속도이므로 프로펠러 회전속도(ω)와 비행속도를 낮추어 깃 끝에 작용하는 상대풍의 속도를 낮춘다.
  - 프로펠러 깃의 길이를 제한한다. 프로펠러의 선속도(ωR)는 반지름(R)에 비례하기 때문에 깃의 끝단에 작용하는 상대풍 속도가 음속을 넘지 않도록 프로펠러의 길이에 제한을 둔다.
  - 깃 끝 단면의 피치각을 작게 한다. 프로펠러 깃의 피치각이 높으면 유동박리와 실속이 촉진되므로 깃 끝으로 갈수록 피치각이 감소하는 형태로 비틀림각(twist angle)을 적용하여 깃을 제작한다.
  - 깃의 끝단에 후퇴각(sweep back angle)을 준다. 프로펠러 깃의 끝단 전체 또는 끝단 앞전(leading edge) 부분에 후퇴각을 적용하여 끝단에 작용하는 상대풍의 속도를 감소시킨다.

- P-factor: 프로펠러 회전면에 추력의 불균형이 발생하여 비행기를 위에서 볼 때 기수가 왼쪽으로 돌아가는 좌선회 경향(left-turning tendency)이 발생하는 현상을 말한다.

- **토크 효과**(torque effect): 항공기 기수의 프로펠러가 시계 방향으로 회전하면 뉴턴 제3법칙, 즉 작용-반작용의 법칙(the law of action-reaction)에 의하여 항공기는 반시계 방향으로 옆놀이 모멘트가 발생하는 현상이다.

- **상호 반전 프로펠러**(counter-rotating propeller): 2개 이상의 엔진과 프로펠러를 날개에 장착하여 서로 반대 방향으로 프로펠러를 회전시켜 P-factor와 토크 효과를 제거하는 프로펠러이며, 비행기 날개에 비틀림 모멘트를 유발하는 단점이 있다.

- **동축 반전 프로펠러**(contra-rotating propeller): 동일한 엔진 및 회전축에 2개의 프로펠러를 장착하고 서로 반대 방향으로 회전시키는 형식이므로 추력은 크지만 구조가 복잡하고 중량이 증가하

며 프로펠러 회전 소음과 진동이 크다는 단점이 있다.

- **정지한 프로펠러 추력**: $T = 2\rho A V_p^2$

  (ρ: 유동의 밀도, A: 프로펠러 회전면 면적, V_p: 프로펠러 통과속도)

- **프로펠러 유도속도**(induced velocity, V_i): 프로펠러 통과속도(V_p)라고도 하며, 프로펠러 회전에 의하여 추가로 유도되는 속도의 증가분이다. 정지한 항공기의 프로펠러에서 유도되는 속도는 다음과 같이 정의한다.

- **정지한 프로펠러 유도속도**: $V_p = V_i = \sqrt{\dfrac{T}{2\rho A}}$

- **정지한 프로펠러 동력**: $P = TV_i = T\sqrt{\dfrac{T}{2\rho A}} = \sqrt{\dfrac{T^3}{2\rho A}}$

- **프로펠러 효율(운동량 이론)**: $\eta_p = \dfrac{V}{V_i}$ (V: 비행속도)

- 프로펠러의 추력계수(C_T), 동력계수(C_P), 프로펠러 효율(η_p), 전진비(J)의 변화를 검토하면 프로펠러의 공기역학적 성능을 가늠할 수 있다.

- **프로펠러 추력**: $T = C_T \rho n^2 D^4$

  (n: 프로펠러의 시간당 회전수, D: 프로펠러 회전면의 지름)

- **프로펠러 추력계수**: $C_T = \dfrac{T}{\rho n^2 D^4}$

- **프로펠러 회전력**: $Q = C_Q \rho n^2 D^5$

- **프로펠러 회전력계수**: $C_Q = \dfrac{Q}{\rho n^2 D^5}$

- **프로펠러 동력**: $P = C_P \rho n^3 D^5$

- **프로펠러 동력계수**: $C_P = \dfrac{P}{\rho n^3 D^5}$

- **프로펠러 효율**: $\eta_p = \dfrac{C_T}{C_P}\dfrac{V}{nD} = \dfrac{C_T}{C_P}J$

- **프로펠러 전진비**(advance ratio, J): 프로펠러의 성능에 영향을 주는 전진속도, 즉 비행속도(V)에 대한 프로펠러의 시간당 회전수(n)와 프로펠러 회전면의 지름(D)의 비로, 최적의 전진비에서 프로펠러를 작동시키면 프로펠러의 효율이 극대화된다.

  $$J = \frac{V}{nD}$$

✈ PRACTICE

01 프로펠러 회전면 반지름이 2m이고, 평균시위길이가 0.3m인 깃이 4개 장착된 프로펠러의 고형비는 약 얼마인가?

① 10.5 ② 5.24
③ 0.19 ④ 0.096

해설 고형비(solidity)는 $\sigma = \dfrac{NC}{\pi R}$로 정의하므로, 주어진 조건에서의 고형비는 $\sigma = \dfrac{4 \times 0.3\text{m}}{\pi \times 2\text{m}} = 0.19$이다.

02 회전면 지름이 2m이고 회전속도가 20rad/s인 프로펠러의 중심으로부터 스팬 방향 50%에서의 선속도는 ?

① 5m/s ② 10m/s
③ 20m/s ④ 40m/s

해설 선속도는 $v = \omega R$로 정의하는데, 프로펠러의 회전면 지름이 2m이므로 반지름은 1m이고 중심에서 스팬 방향 50% 지점에서의 반경은 0.5m이다. 따라서 선속도는 $v = 20\,\text{rad/s} \times 0.5\,\text{m} = 10\,\text{m/s}$이다.

03 다음 중 깃 끝 실속이 발생하기 쉬운 프로펠러에 해당하는 것은?

① 회전속도가 빠른 프로펠러
② 깃의 길이가 짧은 프로펠러
③ 깃 끝 방향으로 피치각이 감소하도록 비틀림각(twist angle)이 적용된 프로펠러
④ 깃의 끝단에 후퇴각을 준 프로펠러

해설 프로펠러 회전속도와 비행속도가 너무 빠르면 깃 끝에 작용하는 상대풍의 속도가 음속을 넘어 깃 끝 실속이 발생한다.

04 정지한 프로펠러의 프로펠러 통과속도가 V_p=20m/s이고 공기의 밀도가 ρ=0.125 kgf·s^2/m^{4}이며 프로펠러 디스크의 면적이 A=2m^{2}일 때 발생하는 추력은 몇 kgf 인가?

① 200 ② 300
③ 400 ④ 500

해설 정지한 프로펠러 추력은 $T = 2\rho A V_p^2$으로 정의하므로, 주어진 조건에서 추력은 $T = 2 \times 0.125\,\text{kgf}\cdot\text{s}^2/\text{m}^4 \times 2\,\text{m}^2 \times (20\,\text{m/s})^2 = 200\,\text{kgf}$이다.

05 다음 중 프로펠러의 추력을 정의하는 식은? (단, n: 프로펠러 회전수, D: 프로펠러 회전면 지름, ρ: 유체밀도, C_T: 추력계수)

① $C_T \rho n^2 D^4$ ② $C_T \rho n^2 D^5$
③ $C_T \rho n^3 D^4$ ④ $C_T \rho n^3 D^5$

해설 프로펠러 추력은 $T = C_T \rho n^2 D^4$으로 정의한다.

06 다음 중 프로펠러 전진비를 구하는 식은? (단, V: 비행속도, R: 프로펠러 회전 반지름, D: 프로펠러 회전면 지름, ρ: 공기밀도, n: 프로펠러 회전수)

① $\dfrac{V}{\rho R}$ ② $\dfrac{V}{\rho D}$
③ $\dfrac{V}{nR}$ ④ $\dfrac{V}{nD}$

해설 프로펠러 전진비(advance ratio, J)는 $J = \dfrac{V}{nD}$로 정의한다.

07 다음 중 프로펠러의 효율(η)을 표현한 식으로 틀린 것은? (단, T: 추력, D: 지름, V: 비행속도, J: 전진비, n: 회전수, P: 동력, C_P: 동력계수, C_T: 추력계수)

[항공산업기사 2020년 1회]

① $\eta < 1$ ② $\eta = \dfrac{C_T}{C_P} J$
③ $\eta = \dfrac{P}{TV}$ ④ $\eta = \dfrac{C_T}{C_P}\dfrac{V}{nD}$

해설 프로펠러 효율은 $\eta_p = \dfrac{C_T}{C_P}\dfrac{V}{nD} = \dfrac{C_T}{C_P} J$로 정의하고, 효율은 100%를 넘을 수 없다($\eta_p < 1$).

정답 1. ③ 2. ② 3. ① 4. ① 5. ① 6. ④ 7. ③

08 프로펠러의 회전 깃단 마하수(rotational tip Mach number)를 옳게 나타낸 식은? (단, n: 프로펠러회전수[rpm], D: 프로펠러 지름[m], a: 음속[m/s]) [항공산업기사 2019년 4회]

① $\dfrac{\pi n}{60\times a}$ ② $\dfrac{\pi n}{30\times a}$

③ $\dfrac{\pi nD}{30\times a}$ ④ $\dfrac{\pi nD}{60\times a}$

해설 프로펠러의 선속도는 $v=\omega R=2\pi nR=\pi nD$이고, 마하수는 $M=\dfrac{v}{a}$로 정의하므로 프로펠러 깃 끝 마하수는 $M=\dfrac{\pi nD}{60\times a}$이다. 여기서 선속도의 단위는 [m/s]이고, 프로펠러 회전수의 단위는 [rpm=rev/min]이므로 초[sec] 기준으로 시간 단위를 통일하기 위하여 60으로 나눈다.

09 일반적인 프로펠러의 깃 뿌리에서 깃 끝으로 위치 변화에 따른 깃각의 변화를 옳게 설명한 것은? [항공산업기사 2019년 2회]

① 커진다.
② 작아진다.
③ 일정하다.
④ 종류에 따라 다르다.

해설 프로펠러 깃의 피치각(깃각)이 높으면 깃 끝 유동박리와 실속이 촉진되므로 깃 끝으로 갈수록 피치각(깃각)이 감소하는 형태로 비틀림각(twist angle)을 적용하여 깃을 제작한다.

10 다음 중 프로펠러에 의한 동력을 구하는 식으로 옳은 것은? (단, n: 프로펠러 회전수, D: 프로펠러의 회전면 지름, ρ: 유체밀도, C_P: 동력계수) [항공산업기사 2018년 2회]

① $C_P\rho n^3D^5$ ② $C_P\rho n^2D^4$
③ $C_P\rho n^3D^4$ ④ $C_P\rho n^2D^5$

해설 프로펠러 동력은 $P=C_P\rho n^3D^5$으로 정의한다.

11 프로펠러에 작용하는 토크(torque)의 크기를 옳게 나타낸 것은? (단, ρ: 유체밀도, n: 프로펠러 회전수, C_Q: 토크계수, D: 프로펠러의 지름) [항공산업기사 2018년 1회]

① $C_Q\rho nD$ ② $C_QD^2/\rho n$
③ $C_Q\rho n^2D^5$ ④ $\rho n/C_QD^2$

해설 프로펠러의 회전력(토크)은 $Q=C_Q\rho n^2D^5$으로 정의한다.

12 100 m/s로 비행하는 프로펠러 항공기에서 프로펠러를 통과하는 순간의 공기 속도가 120 m/s가 되었다면 이 항공기의 프로펠러 효율은 약 얼마인가? [항공산업기사 2017년 4회]

① 0.76 ② 0.83
③ 0.91 ④ 0.97

해설 운동량 이론에 의한 프로펠러 효율은 $\eta_p=\dfrac{V}{V_i}$로 정의하므로, 주어진 조건에서의 효율은 $\eta_p=\dfrac{100\,\mathrm{m/s}}{120\,\mathrm{m/s}}=0.83$이다.

13 프로펠러의 진행률(advance ratio)을 옳게 설명한 것은? [항공산업기사 2017년 2회]

① 추력과 토크와의 비이다.
② 프로펠러 기하 피치와 프로펠러 지름과의 비이다.
③ 프로펠러 유효 피치와 프로펠러 지름과의 비이다.
④ 프로펠러 기하 피치와 유효 피치와의 비이다.

해설 프로펠러 전진비(advance ratio, 진행률)는 $J=\dfrac{V}{nD}$로 정의하는데, 프로펠러 유효 피치(effective pitch)는 $ep=\dfrac{V}{n}$이므로 전진비를 $J=\dfrac{V}{nD}=\dfrac{ep}{D}$, 즉 프로펠러 유효 피치와 프로펠러 지름과의 비로 나타낼 수 있다.

정답 8. ④ 9. ② 10. ① 11. ③ 12. ② 13. ③

14 프로펠러의 직경이 2 m, 회전속도 1,800 rpm, 비행속도 360 km/hr일 때 진행률(advance ratio)은 약 얼마인가?

[항공산업기사 2015년 2회]

① 1.67 ② 2.57
③ 3.17 ④ 3.67

해설 프로펠러 전진비(advance ratio, 진행률)는 $J = \frac{V}{nD}$로 정의하므로, 주어진 조건에서 전진비는

$$J = \frac{\left(\frac{360}{3.6}\right)\text{m/s}}{\frac{1,800\,\text{rpm} \times 2\text{m}}{60}} = 1.67$$이다.

여기서 비행속도의 단위는 [m/s]이고, 프로펠러 회전수의 단위는 [rpm] = [rev/min]이므로 초[sec] 기준으로 시간 단위를 통일하기 위하여 60으로 나눈다.

15 500 rpm으로 회전하고 있는 프로펠러의 각속도는 약 몇 rad/s인가?

[항공산업기사 2016년 4회]

① 32 ② 52
③ 65 ④ 104

해설 회전속도(각속도)는 $\omega = 2\pi n$으로 정의하므로, 주어진 조건에서의 회전속도는 $\omega = \frac{2\pi \times 500\,\text{rev/min}}{60}$ $= 52\,\text{rad/s}$이다. 회전속도의 단위는 [m/s]이고, 프로펠러 회전수의 단위는 [rpm] = [rev/min]이므로 [sec] 기준으로 시간 단위를 통일하기 위하여 60으로 나눈다.

정답 14. ① 15. ②

참고문헌
REFERENCES

- Abbott, I. H. and Von Doenhoff, A. E., *Theory of Wing Sections: Including a Summary of Airfoil Data*, Dover Publications, 1959.
- Ackroyd, J. A. D., *The Spitfire Wing Planform: A Suggestion, Journal of Aeronautical History*, Paper No. 2013/02, 2013.
- *Advisory Circular AC 91-74B-Pilot Guide: Flight in Icing Conditions*, Federal Aviation Administration, 2007.
- Anderson, John D., *A History of Aerodynamics and Its Impact on Flying Machines*, Cambridge University Press, 1999.
- Anderson, John D., *Aircraft Performance and Design*, McGraw-Hill Education, 1999.
- Anderson, John D., F*undamentals of Aerodynamics*, 6th ed., McGraw-Hill Education, 2018.
- Anderson, John D., *Hypersonic and High-Temperature Gas Dynamics*, 2nd ed., American Institute of Aeronautics and Astronautics Inc., 2006.
- Anderson, John D., *Introduction to Flight*, 8th ed., McGraw-Hill Education, 2015.
- Anderson, John D., *The Airplane: A History of Its Technology*, American Institute of Aeronautics and Astronautics Inc., 2003.
- *Aircraft Maintenance Technician Handbook-General*: FAA-H-8083-30B, Federal Aviation Administration, 2023.
- *Aviation Maintenance Technician Handbook-Powerplant*: FAA-H-8083-32B, Federal Aviation Administration, 2023.
- Babinsky H., *How Do Wings Work*, Physics Education, 2003.
- Barlow, J. B., Rae, W. H., and Pope, A., *Low-Speed Wind Tunnel Testing*, John Wiley & Sons Ltd., 1999.
- Barnard, R. H. and Philpott, D. R., *Aircraft Flight: A Description of the Physical Principles of Aircraft Flight*, 4th ed., Pearson Prentice Hall, 2010.
- Barnard, R. H., Philpott, D. R., and Kermode, A. C., *Mechanics of Flight*, 11th ed., Pearson Prentice Hall, 2006.

- Barry, R. and Chorley, R., *Atmosphere, Weather and Climate*, 8th ed., Routledge, 2003.
- Dole, Charles E., Lewis, James E., Badick, Joseph R., *Flight Theory and Aerodynamics: A Practical Guide for Operational Safety*, 3rd ed., John Wiley & Sons Ltd., 2016.
- Farokhi, Saeed, *Aircraft Propulsion*, 2nd ed., John Wiley & Sons Ltd., 2014.
- Farokhi, Saeed, *Future Propulsion Systems and Energy Sources in Sustainable Aviation*, John Wiley & Sons Ltd., 2020.
- Gallagher, G. L., Higgins, L. B., Khinoo, L. A., and Pierce, P. W., *U.S. Naval Test Pilot School Flight Test Manual: Fixed Wing Performance*, USNTPS-FTM-NO.108, Veda Inc., 1992.
- *Getting to Grips with Aircraft Performance*, Airbus Costumer Service, 2002.
- Gudmundsson, S., *General Aviation Aircraft Design: Applied Methods and Procedures*, 1st ed., Butterworth-Heinemann, 2013.
- Hansen, J. R., *The Wind and Beyond: A Documentary Journey into the History of Aerodynamics in America*, Vol 1, The NASA History Series, NASA SP-2003-4409, 2003.
- Hansen, J. R., *The Wind and Beyond: A Documentary Journey into the History of Aerodynamics in America*, Vol 2, The NASA History Series, NASA SP-2007-4409, 2007.
- Hoerner, S. F., *Fluid-Dynamic Drag: Practical Information on Aerodynamic Drag and Hydrodynamic Resistance*, Brick Town, 1965.
- Hoerner, S. F., *Fluid Dynamic Drag: Theoretical, Experimental and Statistical Information*, Hoerner Fluid Dynamics, 1992.
- Hurt, H. H. Jr., *Aerodynamics for Naval Aviators*, NAVWEPS 00-80T-80, ASA FAA Handbook Series, 1965.
- Jenkinson, L. R., Simpkin, and P., Rhodes, D., *Civil Jet Aircraft Design*, Elsevier Ltd., 1999.
- Kroo, I., *Aircraft Design: Synthesis and Analysis*, Desktop Aeronautics Inc., 2001.
- Larrimer, Bruce I., *Beyond Tube and Wing: The X-48 Blended Wing-Body and NASA's Quest to Reshape Future Transport Aircraft*, NASA Aeronautics Book Series, NASA, 2020.
- McCormick, B. W., *Aerodynamics, Aeronautics, and Flight Mechanics*, 2nd ed., John Wiley & Sons Ltd., 1995.
- McLean, D., *Understanding Aerodynamics: Arguing from the Real Physics*, John Wiley & Sons Ltd., 2012.
- *Pilot's Handbook of Aeronautical Knowledge: FAA-H-8083-25C*, Federal Aviation Administration, 2023.
- *Principles of Flight*, 4th ed., Oxford Aviation Academy Ltd., 2008.
- Raymer, Daniel P., *Aircraft Design: A Conceptual Approach*, 6th ed., American Institute of Aeronautics and Astronautics Inc., 2018.

- Roskam, Jan and Lan, Chuan-Tau, *Airplane Aerodynamics and Performance*, DARcorporation, 2003.
- Roskam, Jan, *Airplane Design Part VI: Preliminary Calculation of Aerodynamic, Thrust and Power Characteristics*, DARcorporation, 2008.
- Seddon, J. and Goldsmith, E. L., *Intake Aerodynamics*, 2nd ed., American Institute of Aeronautics and Astronautics Inc., 2000.
- Swatton, P. J., *The Principles of Flight for Pilots*, John Wiley & Sons Ltd., 2011.
- Talay, Theodore A., *Introduction to the Aerodynamics of Flight*, NASA SP-367, Scientific and Technical Information Office, NASA, 1975.
- Tewari, Ashish, Basic Flight Mechanics: *A Simple Approach Without Equations*, 1st ed., Springer, 2016.
- Van, D. M., An Album of *Fluid Motion*, The Parabolic Press, 1982.
- Whitford, Ray, *Design for Air Combat*, Jane's Information Group, 1987.
- Anderson, John D., 조태환·변영환·이경태 옮김, *공기역학의 기초*, 텍스트북스, 2011.
- Anderson, John D., 변영환·김창주·박수형 옮김, *항공우주 비행원리*, 텍스트북스, 2017.
- 나카무라 간지, 권재상 옮김, *알기 쉬운 항공역학*, 북스힐, 2017.
- 남명관, *항공기시스템*, 성안당, 2018.
- 노명수, *항공기 왕복엔진*, 성안당, 2017.
- 윤선주, *항공역학*, 성안당, 2012.
- 윤용현, *비행역학*, 경문사, 2011.
- 이봉준·김학봉·김문상, *항공역학*, 세화, 2012.
- 이상종, *항공계기시스템*, 성안당, 2019.
- 장조원, *비행의 시대: 77가지 키워드로 살펴보는 항공 우주 과학 이야기*, 사이언스북스, 2015.
- 진원진, *항공종사자를 위한 비행의 원리*, 성안당, 2022.
- 한국항공우주학회, *항공우주학개론* 6판, 경문사, 2020.

[참고 사이트]

Airliner.net: https://www.airliners.net/

Airteamimages.com: https://www.airteamimages.com/

Global security: https://www.globalsecurity.org/

Jetphotos.com: https://www.jetphotos.com/

SKYbrary: https://skybrary.aero/

University of Illinois Urbana-Champaign, Applied Aerodynamics Group: https://m-selig.ae.illinois.edu/

찾아보기
INDEX

ㄱ

가변날개(variable swept wing) 346
가변 피치 프로펠러(controllable-pitch propeller) 411
가속도(acceleration, a) 7
가속도의 법칙(the law of acceleration) 34
가압식 풍동(pressurized wind tunnel) 264
가역과정(reversible process) 133, 170
각속도(angular velocity, ω) 15, 36
각운동량(angular momentum, L) 36
각운동량 보존의 법칙(the law of angular momentum) 36
간섭항력(interference drag) 233, 238
감속장치(decelerating device) 379
결빙(ice accretion) 218, 302, 431
경계층(boundary layer) 72, 116, 133, 183, 336
경계층 박리(boundary-layer separation) 109
경계층 분리기(boundary-layer diverter) 117
경계층의 경계 103
경계층 펜스(boundary-layer fence 338
경계층 흡입(boundary-layer suction/bleed) 114
경사 충격파(oblique shock wave) 119, 167, 174, 297, 305, 330
계기오차(instrument error, ΔV_i) 72
고(高)바이패스비 터보팬엔진 394
고도(altitude) 55
고도계(altimeter) 64
고속 버피팅(high-speed buffeting) 86, 144, 304
고속용 날개 단면 299
고속 풍동(high-speed wind tunnel) 266
고양력장치(high-lift device) 85, 222, 357
고정 피치 프로펠러(fixed-pitch propeller) 410
고형비(solidity, σ) 425
공기(air)의 기체상수 20, 132
공기(air)의 비열비 132
공기력(aerodynamic force) 69
공기역학 5
공기역학적 힘 69
공기의 비열비 184
공기 흡입구(air intake) 116, 167
공력가열(aerodynamic heating) 184
공력계수(aerodynamic coefficients) 217
과급기(super charger/turbo charger) 399
과대팽창(over-expanded) 174
과소팽창(under-expanded) 175
관성력(inertial force) 105
관성의 법칙(the law of inertia) 34
교정대기속도(Calibrated Air Speed, CAS) 72, 152
교정대기속도 산출식(아음속 압축성) 74
구심력(centripetal force) 204
국제단위계(SI unit) 7
국제민간항공기구(International Civil Aviation Organization, ICAO) 57
국제표준대기(International Standard Atmosphere, ISA) 57
극초음속(hypersonic) 144, 183
기류(air current) 81

기본 물리량 6
기압고도(pressure altitude) 65
기체상수(gas constant, R) 132
기하학 피치(geometric pitch, gp) 408
길이(length) 6
깃(blade) 401
깃각 또는 피치각(blade angle or pitch angle, β) 403
깃 끝 실속(blade tip stall) 427
깃 끝의 와류(blade tip vortex) 429
깃의 끝(blade tip) 401
깃의 뿌리(blade root) 401
깃 피치각 403

난류(turbulent flow) 101
난류 경계층(turbulent boundary-layer) 104
날개 250
날개 결빙 310
날개 끝 시위길이(tip chord length, C_t) 321
날개 끝 와류(wing tip vortex) 244
날개 단면(airfoil) 198, 281
날개 두께 291
날개면적(wing area, S) 321
날개 뿌리 시위길이(wing root chord length, C_r) 321
날개 앞전 반경 296
날개의 가로세로비(aspect ratio, AR) 250, 322
날개의 시위길이 289
날개 캠버 293
내리흐름(downwash, w) 245
내부 블로운 플랩(internally blown flap) 375
내부에너지(internal energy, E) 129, 145
노즐(nozzle) 179
노즐목(nozzle throat) 181, 268
노즐의 수축부 181
노즐의 확산부 181
뉴턴의 가속도 법칙 9
뉴턴 제1법칙 34
뉴턴 제2법칙 9, 34
뉴턴 제3법칙 34, 207, 437

다이아몬드형 날개 단면 172
단면적 32
단열과정(adiabatic process) 133, 164
단위(unit) 5
대기(atmosphere) 55
대기습도(humidity) 64
대기압(atmospheric pressure) 44
대기압 관계식 61, 62
대기온도 관계식 59
대류권(troposphere) 55, 59
대지속도(Ground Speed, GS) 82
대칭형 날개 단면(symmetrical airfoil) 294, 300
동력 13
동압(dynamic pressure, q) 62, 69
동점성계수(kinematic viscosity, ν) 23, 106
동축 반전 프로펠러(contra-rotating propeller) 438
뒷전(trailing edge) 288
뒷전 플랩 364
드룹 플랩(droop flap) 358
등가대기속도(Equivalent Air Speed, EAS) 74
등가대기속도 산출식(아음속 압축성) 74
등속비행(steady flight) 197
등엔트로피 과정(isentropic process) 133, 164, 170
등엔트로피 관계식(isentropic relations) 135, 136
등엔트로피 유동(isentropic flow) 133
등엔트로피 유동 방정식(isentropic flow equation) 144
등엔트로피 유동 방정식(밀도비) 147

등엔트로피 유동 방정식(압력비) 147
등엔트로피 유동 방정식(온도비) 147

ㄹ

램제트(ramjet) 엔진 185, 397
레이놀즈수(Reynolds number, Re) 106, 216, 263, 289, 450

ㅁ

마력(horse power) 14
마찰(friction) 133
마찰력(friction force) 21, 102, 235
마하각(Mach angle, θ) 162
마하계(Machmeter) 78
마하 버피팅(Mach buffeting) 304
마하수(Mach number, M) 78, 142, 151, 216, 263
마하파(Mach wave) 162
매그너스 효과(Magnus effect) 215
면적법칙(area rule) 242
면적-속도 관계식 178
모멘트(moment, M) 12
모멘트 암(moment arm) 12
무게(weight) 10
무게중심(center of gravity, cg) 218, 323
무양력 받음각(zero lift angle of attack, α_0) 295
무양력항력계수(zero-lift drag, C_{D_0}) 260
무한날개(infinite wing) 281
물리량(physical quantity) 6
밀도(density) 19
밀도고도(density altitude) 67
밀도비 76, 136

ㅂ

바이패스비(by pass ratio, BPR) 378, 394
받음각(angle of attack, α) 110, 200, 216, 403
배풍(순풍, tail wind) 82, 83
버피팅(buffeting) 현상 217
범용 날개 단면 299
베르누이 방정식(Bernoulli's equation) 38, 441
벤투리관(Venturi tube) 41
벤투리관의 입구 속도 42
벤투리 효과(Venturi effect) 41
보조동력장치(Auxiliary Power Unit, APU) 397
부압(negative pressure) 284
붙임각(angle of incidence) 262
블렌디드 윙바디(Blended Wing-Body, BWB) 224
블로운 플랩(blown flap) 374, 375
비가역과정(irreversible flow) 164
비압축성(incompressible) 71
비압축성 베르누이 방정식 213
비압축성 유동(incompressible flow) 32, 39, 101, 129
비연료소모율(Specific Fuel Consumption, SFC) 400
비열비(specific heat ratio, γ) 71, 131
비정상 유동(unsteady flow) 101
비체적(specific volume, v) 20
비틀림각(twist angle) 429
비회전 유동(irrotational flow) 101
빗놀이 모멘트(yawing moment) 13

ㅅ

사각날개(rectangular wing) 324, 333
삼각날개(delta wing) 348
상대풍(relative flow) 200, 283
상사성(similarity) 263
상태량(property) 16

상호 반전 프로펠러(counter-rotating propeller) 437
선속도(linear velocity, v) 15, 36, 403
성층권(stratosphere) 56
소닉붐(sonic boom) 163
소산(dissipation) 40, 133, 164
속도(velocity, V) 7, 32, 40
속도계(Air Speed Indicator, ASI) 69
속도 산출식 46
속도의 변화율(du/dy) 22
수직 충격파(normal shock wave) 119, 167, 304
수축(converging) 노즐 179
수축-확산 노즐(converging-diverging nozzle) 179, 267
수평비행(level flight) 197
수평비행속도 220
수평비행 실속속도 220
순압력구배(favorable pressure gradient) 108
순항비행(cruise) 197
순환(circulation) 210
순환강도(circulation strength) 210
슐리렌(schlieren) 174
스크램제트(supersonic combustion ramjet, scramjet) 엔진 185, 398
스태빌레이터(stabilator) 381
스트레이크(strake) 348, 377
스팬 길이(wingspan, b) 321
스팬효율계수(span efficiency factor, e) 248, 326
스포일러(spoiler) 379
스플릿 플랩(split flap) 366
스피드 브레이크(speed brake) 381
슬랫(slat) 222, 362
슬로티드 플랩(slotted flap) 367
슬롯(slot) 358
시위길이(chord length, c) 106, 288
시위선(chord line) 288
실속(stall) 110, 218, 333, 450
실속받음각(α_s) 218
실속속도(stall speed, V_s) 70, 85, 220, 312, 357

아음속(subsonic) 32, 143
아음속(subsonic) 압축성 유동 71
아음속 압축성 양력계수 307
아음속 풍동(subsonic wind tunnel) 265
알짜힘(net force, $\sum F$) 9
압력(pressure) 16, 40
압력계수(pressure coefficient, C_p) 284
압력계수(비압축성) 286
압력비 135, 136
압력중심(center of pressure, cp) 200, 283, 323, 337
압력파(pressure wave) 137, 161
압력항력(pressure drag) 110, 233, 234, 366
압축성(compressibility) 71, 101
압축성 베르누이 방정식 148
압축성 오차(compressibility error, ΔV_c) 74
압축성 유동(compressible flow) 101, 129
압축성 피토 정압관 속도식 151
압축성 현상(compressibility effect) 129, 427
앞전(leading edge) 288
앞전 반경(leading edge radius) 288
앞전 플랩(leading edge flap) 358
앞전 후퇴각(sweep back angle, Λ) 321
양력(lift, L) 197, 198
양력계수(lift coefficient, C_L) 216
양항곡선(drag polar) 260
양항비(lift to drag ratio, L/D) 218, 258, 282, 370
에너지(energy, E) 11
에너지 방정식(energy equation) 145
에너지 보존의 법칙(the law of conservation of energy) 38, 130, 442

에어 브레이크(air brake) 381
엔진 나셀 스트레이크(engine nacelle strake) 378
엔탈피(enthalpy, h) 130, 145
엔트로피(entropy) 164
역압력 구배(adverse pressure gradient) 108, 171, 240
역피치 프로펠러(reverse-pitch propeller) 415
역학적 에너지 38
연속방정식(continuity equation) 31, 137, 177, 203, 267, 363, 441
연속방정식(비압축성 유동) 32
열권(thermosphere) 56
열역학(thermodynamics) 129
열역학 제1법칙(the first law of thermodynamics) 129
열역학 제2법칙(the 2nd law of thermodynamics) 133
영국단위계(British unit) 7
옆놀이 모멘트(rolling moment) 13
옆미끄럼각(sideslip angle) 112
오로라(aurora) 현상 56
오존(ozone) 56
온도(temperature, T) 20
와류(vortex) 112, 340
와류 발생기(vortex generator) 112, 235, 342
와류양력(vortex lift) 377
왕복엔진(reciprocating engine) 399
외기권(exosphere) 56
외부 블로운 플랩(externally blown flap) 375
운동량(momentum) 8, 34
운동량 방정식(momentum equation) 33, 439
운동량 보존의 법칙(the law of conservation of momentum) 8, 33, 439
운동량이론(momentum theorem) 439
운동에너지(kinetic energy) 38
워시아웃(washout) 344
원추형 와류(conical vortex) 348, 377
위치에너지(potential energy) 38
위치오차(position error, ΔV_p) 72
윙렛(winglet) 251
유도받음각(induced angle of attack, α_i) 245
유도항력(induced drag, D_i) 233, 244, 257, 346
유도항력계수(C_{D_i}) 249, 326
유동(流動, flow) 101
유동박리(flow separation) 109, 171, 234, 450
유량(flow rate, Q) 42
유량계(flow meter) 42
유선(streamline) 205
유입각(helix angle, ϕ) 403
유체의 속도변화율(du/dy) 103
유한날개(finite wing) 281
유해항력(parasite drag, D_p) 233, 257, 346
유효받음각(effective angle of attack) 245
유효 피치(effective pitch, ep) 409
음속(sonic speed, a) 78, 141, 137
음파(sound wave) 137, 161
이상기체 21
이상기체 상태방정식(ideal gas equation, $p = \rho RT$) 20, 60, 63, 151, 184
익면하중(wing loading, W/S) 224
익형(翼型) 281
일(work, W) 11
일률(power) 13
임계마하수(critical Mach number, M_{cr}) 87, 241, 292, 304, 330

자외선(ultraviolet radiation) 56
자유터빈(free turbine) 397
작용-반작용의 법칙(the law of action-reaction) 34, 207, 437
저(低)바이패스비 터보팬엔진 395

저속용 고양력 날개 단면 298
저속 풍동(low-speed wind tunnel) 265
전단응력(shear stress, τ) 21, 102, 199, 235
전리(ionization) 184
전산유체역학(computational fluid dynamics) 269
전압(total pressure, p_t) 44, 265
전압구(stagnation pressure hole) 44
전압구(total pressure hole) 167
전이고도(transition altitude) 67
전익기(全翼機, flying wing) 224
전진날개(forward swept wing) 345
전항력(total drag, D) 112, 233, 255
절대고도(absolute altitude) 64
절대온도 K(Kelvin) 21
점성(viscosity) 22, 101
점성계수(coefficient of viscosity, μ) 22, 102, 106
점성력(viscous force) 105
점성 유동(viscous flow) 101
정상 유동(steady flow) 101
정속 프로펠러(constant-speed propeller) 412
정압(static pressure, p) 44
정압구(static pressure port) 44, 69, 286
정압 비열(specific heat at constant pressure, c_p) 131
정적 비열(specific heat at constant volume, c_v) 131
정지한 프로펠러 동력 444
정지한 프로펠러 유도속도 444
정지한 프로펠러 추력 443
정체압력(stagnation pressure) 44
정체점(stagnation point) 44, 286
정풍(역풍, head wind) 82, 83
제트기류(subtropical jet stream) 82
조종석의 주 비행계기(Primary Flight Display, PDF) 79
조파항력(wave drag) 166, 171, 233, 240, 297, 304, 346
좌선회 경향(left-turning tendency) 436
중간권(mesosphere) 56
중량(weight, w) 10, 197, 198
중력가속도(gravitational acceleration, g) 10
중심축(hub) 401
지면 효과(ground effect) 73
지상 조정 프로펠러(ground-adjustable propeller) 410
지시대기속도(Indicated Air Speed, IAS) 69, 152
지시대기속도 산출식(비압축성) 75
지시대기속도 산출식(아음속 압축성) 71
지표면(ground) 64
진고도(true altitude) 64
진대기속도(True Air Speed, TAS) 47, 70, 75, 151
진대기속도 산출식(비압축성) 76
진대기속도 산출식(아음속 압축성) 76
질량(mass) 6, 10
질량 보존의 법칙(the law of conservation of mass) 31, 203, 439
질량유량(mass flow rate, $\dot{m}$) 116, 439

천음속(transonic) 144, 304
천이영역(transition region) 106
천이점(transition point) 107, 289, 301
초음속(supersonic) 32, 71, 143
초음속 풍동(supersonic wind tunnel) 266
초임계 날개 단면(supercritical airfoil) 308, 431
최대 두께(maximum thickness) 288
최대받음각($\alpha_{\max}$) 218
최대양력계수($C_{L\max}$) 218, 357
최대양항비 261
최대운용마하수(Maximum Operating Mach Number, M_{MO}) 87, 143
최대운용속도(maximum operating speed, V_{MO}) 85, 86, 142

최대 캠버(maximum camber) 288
최소항력(D_{min}) 257
추력(thrust, T) 197, 393
충격압력(impact pressure, q_c) 69, 150
충격파(shock wave) 40, 71, 86, 116, 163, 218, 240
충격파 다이아몬드(shock diamond) 174
층류(laminar flow) 101
층류 경계층(laminar boundary-layer) 104, 301
층류 경계층 제어(laminar boundary-layer control/ laminar flow control) 114
층류 날개 단면(laminar flow airfoil) 302
층류 박리 버블(laminar separation bubble) 291

캠버(camber) 18, 108, 198, 288, 357
코리올리 효과(Coriolis effect) 36
코안다 효과(Coandă effect) 208, 374
쿠타-주코프스키 이론 215
크루거 플랩(Krueger flap) 361
키놀이 모멘트(pitching moment) 12

타원날개(elliptical wing) 247, 326, 335
타원날개 유도받음각 247
타원날개 유도항력계수 248
터보샤프트(turboshaft)엔진 396
터보제트엔진 393
터보팬(turbofan)엔진 394
터보프롭(turboprop)엔진 395
테이퍼 날개(tapered wing) 327, 335
테이퍼비(taper ratio, λ) 327
토크(torque, Q) 12
토크 효과(torque effect) 437
톱날 앞전(saw-tooth leading edge) 340

파울러 플랩(fowler flap) 209, 223, 368
팬(fan) 394
팽창파(expansion wave) 119, 169, 174
페더링 프로펠러(feathering propeller) 415
평균공력시위(Mean Aerodynamic Chord, MAC) 323
평균기하학적 시위(Mean Geometric Chord, MGC) 323
평균시위길이(mean chord length, $\bar{c}$) 322
평균캠버선(mean camber line) 288
평플랩(plain flap) 364
표고(elevation) 64
표면마찰항력(skin friction drag) 104, 233, 235, 301, 370
표준대기의 상태량 59
풍동(wind tunnel) 216
풍동시험(wind tunnel testing) 262
풍차 효과(windmilling effect) 415
프로펠러(propeller) 33, 40, 401
프로펠러 고형비 425
프로펠러 동력 448
프로펠러 동력계수 448
프로펠러 유도속도(induced velocity, V_i) 443
프로펠러 유효 피치 409
프로펠러의 효율(propeller efficiency, η_p) 444
프로펠러 전진비 449
프로펠러 조속기(propeller governor) 414
프로펠러 추력 447
프로펠러 추력계수 447
프로펠러 피치(propeller pitch) 407
프로펠러 회전력 447
프로펠러 회전력계수 447
프로펠러 회전면(disk) 402

프로펠러 효율 450
플랩(flap) 222
피스톤엔진(piston engine) 399
피치각 또는 깃각(pitch angle or blade angle, β) 403
피치업(pitch up) 현상 337
피칭모멘트계수(C_M) 262
피토관(pitot tube) 44, 69, 167
피토 정압관(pitot-static tube) 44, 69, 149

ㅎ

항공기의 실속속도(stall speed, V_s) 70
항공역학(aerodynamics) 5
항력(drag, D) 197, 233
항력계수(drag coefficient, C_D) 233, 255
항력발산마하수(drag divergence Mach number, M_{dd}) 88, 241, 292, 304, 308
항법계기(Navigation Display, ND) 72
해리(dissociation) 184
해면고도 59
해수면 59
형상항력(profile drag) 233, 373
확산(diffusion) 105
회전력 12
회전반지름(R) 15, 36
회전속도(rotational velocity, ω) 15, 36, 403, 446
회전수(rpm) 406
회전 유동(rotational flow) 101
후기 연소기(after burner) 174
후류(wake) 110, 378
후퇴각(sweep back angle, Λ) 241, 329, 430
후퇴날개(backward swept wing) 329, 335
힘(force, F) 8, 33

기타

°R(Rankine) 21
2차원 날개 281
3차원 날개 281, 321
Diverterless Supersonic Intake(DSI) 119
Euler 방정식 269
hp 14
ideal gas 21
inlet cone 119
J(joule) 11
KCAS 80
KEAS 80
kgf(kilogram force) 10
KIAS 80
KTAS 80
lbf(pound force) 10
LEX(Leading Edge eXtension) 348, 377
NACA 공기 흡입구(NACA air intake) 117
NACA 날개 단면 300
Navier-Stokes 방정식 269
over-expanded 174
P-factor 434
Prandtl-Glauert 아음속 압축성 압력계수 307
Prandtl-Meyer 팽창파 169
psi(pound per square inch) 16
QFE(Query: Field Elevation) 64
QNE(Query: Nautical Elevation) 65
QNH(Query: Nautical Height) 65
raked wingtip(갈퀴형 날개 끝) 253
Rayleigh 피토관 공식 168
scimitar 형태 432
under-expanded 174
Watt 13

항공종사자를 위한

항공역학의 원리

2024. 7. 17. 초 판 1쇄 인쇄
2024. 7. 24. 초 판 1쇄 발행

지은이 | 진원진
펴낸이 | 이종춘
펴낸곳 | BM ㈜도서출판 성안당
주소 | 04032 서울시 마포구 양화로 127 첨단빌딩 3층(출판기획 R&D 센터)
10881 경기도 파주시 문발로 112 파주 출판 문화도시(제작 및 물류)
전화 | 02) 3142-0036
031) 950-6300
팩스 | 031) 955-0510
등록 | 1973. 2. 1. 제406-2005-000046호
출판사 홈페이지 | **www.cyber.co.kr**
ISBN | 978-89-315-1145-1 (93550)
정가 | 34,000원

이 책을 만든 사람들
책임 | 최옥현
진행 | 이희영
교정·교열 | 이희영
본문 디자인 | 유선영
표지 디자인 | 박현정
홍보 | 김계향, 임진성, 김주승
국제부 | 이선민, 조혜란
마케팅 | 구본철, 차정욱, 오영일, 나진호, 강호묵
마케팅 지원 | 장상범
제작 | 김유석